Haltenorth/Diller
Säugetiere Afrikas

BLV Bestimmungsbücher:

Band 1 Pilze
Band 2 Wildpflanzen (vergr.)
Band 3 Meeresfische
Band 4 Süßwasserfische
Band 5 Aquarienfische
Band 6 Heilpflanzen
Band 7 Steine + Mineralien
Band 8 Sterne + Planeten
Band 9 Tierspuren
Band 10 Pflanzen- und Tierwelt der Alpen
Band 11 Bäume + Sträucher
Band 12 Blumen am Mittelmeer
Band 13 Pflanzen Europas
Band 14 Hunderassen der Welt
Band 15 Insekten + Weichtiere
Band 16 Muscheln + Schnecken
Band 17 Edel- und Schmucksteine
Band 18 Katzenrassen der Welt
Band 19 Säugetiere Afrikas
Band 20 Wetterkunde für alle
Band 21 Die Höhlen Europas

und in der Reihe

BLV Naturführer:

Band 1 Tagfalter
Band 2 Nachtfalter
Band 3 Pilze
Band 4 Vögel
Band 5 Alpenblumen
Band 6 Heimische Pflanzen
Band 7 Strand + Küste

BLV Bestimmungsbuch

Säugetiere Afrikas
und Madagaskars

358 farbig abgebildet
245 Verbreitungskarten
42 Zeichnungen

Dr. Theodor Haltenorth
Helmut Diller

BLV Verlagsgesellschaft
München Bern Wien

CIP-Kurztitelaufnahme der Deutschen Bibliothek

Haltenorth, Theodor
Säugetiere Afrikas und Madagaskars / Theodor Haltenorth; Helmut Diller. – 1. Aufl. – München, Bern, Wien: BLV Verlagsgesellschaft, 1977. –
(BLV Bestimmungsbuch; 19)
ISBN 3-405-11392-X

NE: Diller, Helmut:

BLV Bestimmungsbuch 19

Satz und Druck: Druckerei Georg Appl, Wemding
Farbreproduktionen: Dr. C. Wolf & Sohn, München
Buchbinder: Ludwig Auer, Donauwörth

Printed in Germany · ISBN 3-405-11392-X

Inhalt

Vorwort

Afrika mit seinen rd. 30 Millionen Quadratkilometern an Landmasse ist ein großer alter Erdteil, der sich seit dem Auftreten der Säugetiere vor rund 180 Millionen Jahren nur wenig veränderte und so ein Hort der Säugetierentfaltung wurde. Seine z. Zt. etwa 1500 Säugetierarten sind zusammenfassend bisher nur in zwei systematischen Übersichtskatalogen erfaßt, aber noch nie ausführlicher dargestellt worden. Das liegt mit in der Natur der Sache, weil die größte Artenzahl von den kleinen unscheinbaren und vorwiegend auch noch nächtlich oder unterirdisch lebenden Kerbtierfressern, Fleder- und Nagetieren gestellt wird. Sie bleiben daher dem Natur-, Tierfreund und Touristen weitgehend verborgen und machen es schwer, für über sie geschriebene Bücher den benötigten Abnehmerkreis zu finden.

So befaßt sich denn auch der vorliegende Band nur mit den großen und mittelgroßen Säugetiervertretern Afrikas und Madagaskars sowie solchen Arten, die allgemein bekannt oder für Afrika besonders kennzeichnend sind, d. h. mit Huf-, Raub- und Herrentieren (Affen und Halbaffen), Hasen-, Schuppentieren, Robben, Seekühen, Erdferkel und größeren Nagetieren (Stachelschweinen, Hamster-, Rohrratten, Mähnenratte, Springhase, Kammfingern, Dornschwanzhörnchen und Hörnchen, letztere wegen ihrer Artenfülle größtenteils gekürzt). Von dem Heer der Kerbtierfresser sind als größte Vertreter Igel, Rüsselhündchen und Otterspitzmaus und als Verwandte der beiden letzteren und als reine Afrikaner die übrigen Mitglieder ihrer Familien mit behandelt. Von Madagaskars Säugetieren sind als allgemein bekannte und größte die Halbaffen und Schleichkatzen aufgenommen, aus Platzgründen die 10 Nagetier- und 30 Kerbtierfresserarten jedoch nicht. Aus dem gleichen Grunde wurden auch die über 200 Fledertierarten nicht berücksichtigt und die Unterarten nur der Zahl nach genannt. Bei einigen Arten sind jedoch die Unterarten aufgeführt, da ihre deutschen Namen bekannt sind, und es daher gilt, sie zu erfassen. Auch bei Arten, deren Hauptverbreitung außerhalb Afrikas liegt, sind die afrikanischen Unterarten aufgeführt. Außerdem sind die Unterarten der Madagaskarsäuger und der Affen genannt, weil es z. Zt. für sie keine vollständige Übersicht in Deutsch gibt.

Gebietsmäßig erfaßt das vorliegende Buch ganz Afrika von der Mittelmeerküste bis zum Kap der Guten Hoffnung, die seiner Küste nahe vorgelagerten Inseln Fernando Poo bis Sansibar und Sokotra sowie Madagaskar. Es befaßt sich (wegen der Stoffülle in Stichworten) mit dem Aussehen und Körperbau, den Maßen und dem Gewicht, der Verbreitung, dem Lebensraum, der Tätigkeit und Bewegungsweise, Körperpflege, Lautgebung, den Sinnesleistungen, Feinden, der Nahrung, Geselligkeit, Fortpflanzung, dem Heranwachsen und der Lebensdauer der Arten. Dabei zeigt sich, daß trotz eingehender Feldforschung der letzten 30 Jahre in Afrika und Madagaskar viele Arten immer noch mehr oder minder unzureichend bekannt sind.

Unser herzlicher Dank gilt Herrn Fabrikanten Max Bühler in Pforzheim, der wesentlich dazu beitrug, das Werk in Gang zu setzen, Herrn Lothar Schlawe in Berlin für wichtige Auskünfte, Frl. Dr. Ingrid Weigel und Frau Liselotte Schön von der Bücherei der Zoologischen Staatssammlung München für freundliche Hilfe beim Beschaffen von Schrifttum und den Herren der BLV Verlagsgesellschaft für ihre Mühe und Verständnis bei der Gestaltung des Buches. Außerdem dankt der erstgenannte Verfasser seiner lieben Frau Charlotte für die nimmermüde Geduld bei der Reinschrift des Manuskriptes.

Theodor Haltenorth *Helmut Diller*

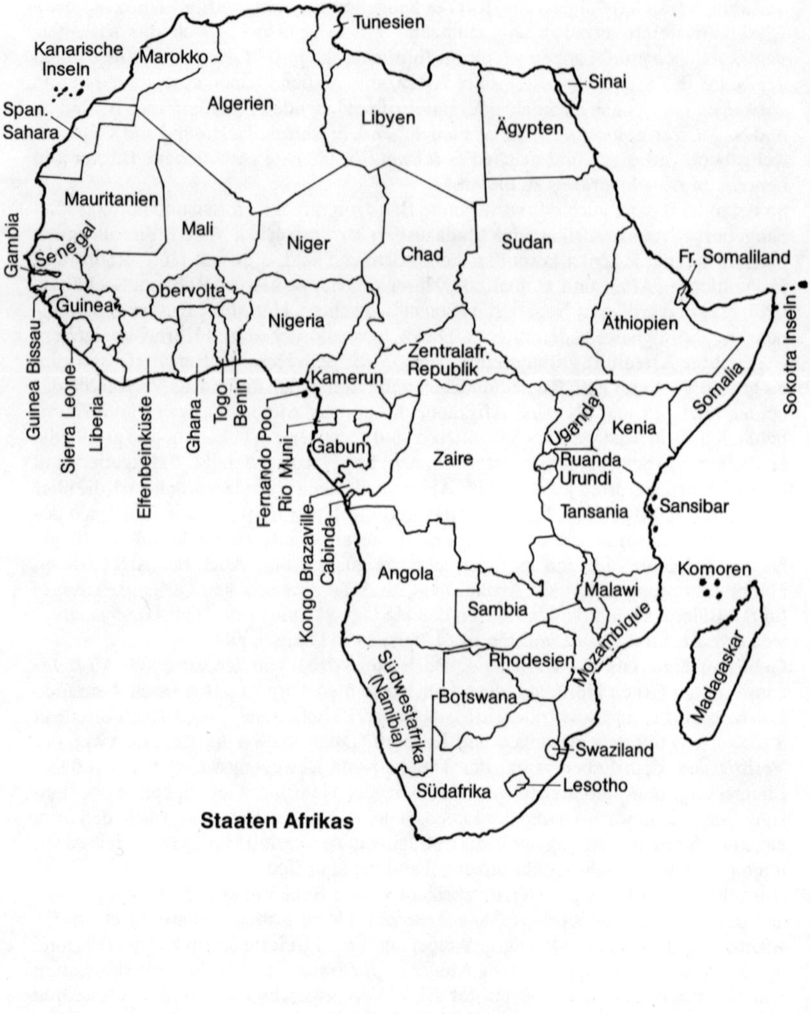

Staaten Afrikas

Einleitung

Erd- und Klimageschichte Afrikas und Madagaskars

Um das eigenartige und vielfältige Bild der afrikanischen Säugetierwelt zu verstehen, muß man sich mit ihrer Vergangenheit und für diese auch mit der Erd- und Klimageschichte dieses Erdteils befassen. Im folgenden sei sie deshalb in großen Zügen skizziert.

Afrika ist als Festland 29921000 km² groß. Mit den um- und anliegenden Inseln, Sokotra-Inseln, Seychellen, Amiranten, Madagaskar, Maskarenen, Komoren, Sansibar, Pemba, Fernando Poo, Kapverdischen und Kanarischen Inseln sowie Madeira sind es ohne die kleinen Küsteninseln 622189 km² mehr.

In diesem Gebiet leben rund 1570 Säugetierarten, die sich auf 14 Ordnungen und 67 Familien verteilen. Von den Ordnungen sind hier 13, von den Familien 38 und von den Arten 324, d. h. die großen und mittelgroßen (s. Vorwort) erfaßt.

Größere Säugetiere beherbergen von den Inseln nur Madagaskar, Sansibar, Pemba, Fernando Poo und kleinere küstennahe. Davon hat nur Madagaskar durch seine weit zurückreichende Trennung von Afrika eine eigene und zudem sehr eigentümliche Tierwelt entwickelt, so daß außer dem Festland nur diese 590000 km² große Insel einer Betrachtung seiner größeren Säugetiere wert ist.

Afrika bewahrte durch alle **Erdzeitalter** hindurch seine Hauptlandmasse fast stets weitgehend. Es stellt also ein uraltes Festland dar, auf dem die Lebewelt sich über mehrere hundert Millionen Jahre, tektonisch wenig und meist nur gebietsweise gestört, entfalten konnte.

In der Erdurzeit war es ein Teil des großen, Australien, Vorderindien, Madagaskar, Südafrika und Südamerika mit umfassenden Südkontinentes oder Gondwanalandes. Gegen Ende der Erdurzeit wurden größere Gebiete Südafrikas vom Meer bedeckt, tauchten jedoch mit Ausklang dieser Zeit wieder auf und erlitten mit weiten Gebieten des Gondwanalandes eine erste (präkambrische) Vereisung.

In der Erdaltzeit blieb Afrika Teil des dem Umfang nach wechselnden Gondwanalandes, erfuhr – vor allem im Norden – verschiedene Meeresüber- und Rückflutungen (Trans- und Regressionen) und unterlag wiederum mit weiten Strecken des Gondwanalandes einer zweiten, starken, der karbopermischen Vereisung, die in ihrer Ausdehnung und mit ihren Zwischeneiszeiten nur der quartärzeitlichen der Nordhalbkugel vergleichbar ist.

In der Erdmittelzeit begann in Trias und Jura das Gondwanaland allmählich auseinanderzubrechen und der Indische Ozean nebst der Straße von Mozambique zu entstehen. Damit fing auch Madagaskar an, sich vom afrikanischen Festland zu lösen. Im Norden trennte die Tethys immer noch die Nord- von den Südfestländern, belegte ähnlich wie im Devon und Karbon größere Teile Nordafrikas mit Beschlag und schaffte sich in der Kreidezeit vom Mittelmeerraum her einen Verbindungsarm zum westafrikanischen Golf von Guinea. Von der Oberkreide bis zum Miozän, d. h. für rund 50 Millionen Jahre war Afrika – zuerst noch mit Vorderindien und Arabien, dann nur noch mit letzterem – eine ringsum meerumflossene riesige Insel.

Mit der Erdneuzeit erhielt Afrika allmählich weitgehend seine heutige Gestalt und war bereits vom Eozän an zwischen etwa 20° n. Br. und dem Kap in seinen Umrissen – d. h. gute 60 Millionen Jahre – ziemlich unverändert wie heute. Dann gab die Tethys auch

Nordafrika wieder frei, der Atlas faltete sich auf und gliederte sich dem afrikanischen Festland an. Madagaskar verband sich im Oligozän mit Afrika, trennte sich im Miozän wieder von ihm und rückte ihm im Pliozän und Pleistozän durch Verschmälern und Verflachen der Straße von Mozambique noch einmal sehr nahe. Arabien blieb im Eo- und Oligozän noch mit Afrika verbunden, nachdem sich im Laufe des Paleozäns Vorderindien von Arabien getrennt hatte. Im Miozän fing das östliche Grabensystem mit Rotmeer-, Äthiopien- und Afrikagraben an einzubrechen und die große südöstliche Randstufe sich herauszuheben, indem im Spätmiozän zuerst der Nordteil des Roten Meeres, bis zum Spätpliozän auch der Südteil einsank. Um letztere Zeit tauchte andererseits die Landenge von Suez auf und riegelte im Norden das Rote Meer wieder

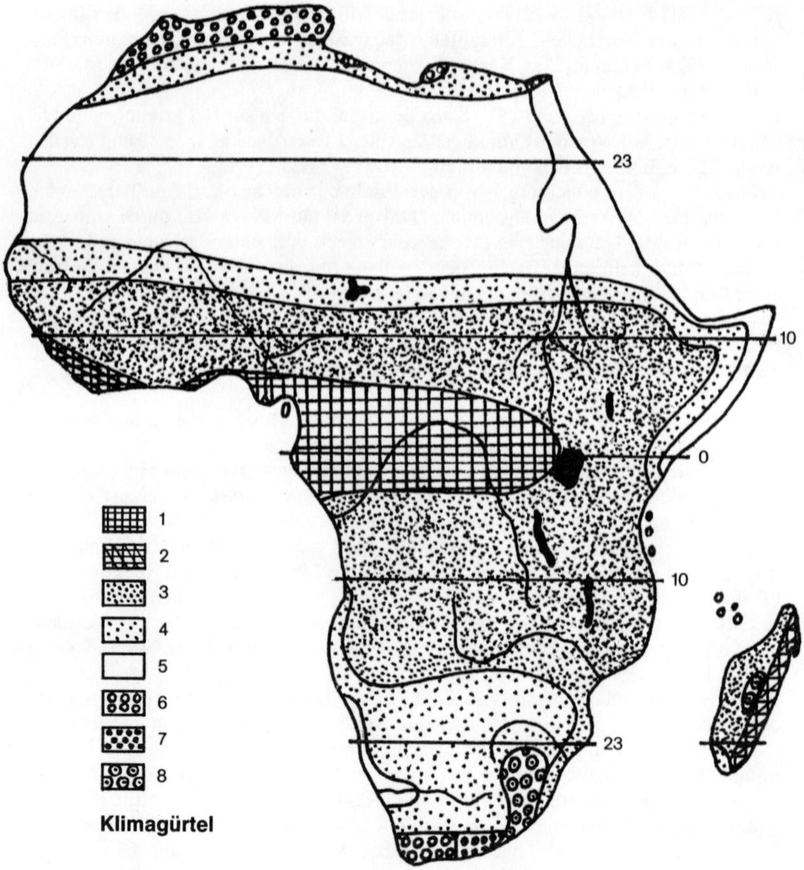

1 Tropisches immerfeuchtes Urwaldklima mit doppelter Regenzeit, 2 tropisches Urwaldklima mit einer Regenzeit, 3 tropisches Savannenklima mit ausgeprägter Trockenzeit, 4 Steppenklima, 5 Wüstenklima, 6 gemäßigtes sommertrockenes Klima, 7 gemäßigtes immerfeuchtes Klima, 8 gemäßigtes wintertrockenes Klima

ab. Damit wurde auch das östliche Mittelmeer wie das westliche ein geschlossenes Becken mit der tunesisch-sizilianisch-italienischen Landbrücke zwischen beiden. Im Westen war die Gibraltarbrücke der Riegel.

Geologisch war Afrika bis zum Mitteltertiär im ganzen nicht stärker gehoben als jetzt, d. h. bis rund 600 m, gebietsweise höchstens 1500 m über dem Meer. Langdauernde Abtragung hatte große ebenartige Flächen geschaffen. Nur Reste harter paläozoischer Gesteinsmassen, die im Jura hochgehoben wurden, blieben nach langer Ringsumabtragung als gut 1000 m hohe Einzelstöcke über den Ebenen stehen und waren auch im und ab Miozän nicht wesentlich umfangreicher als heute. Vom Miozän her verblieb noch eine alte, jetzt niedrige, doch biogeographisch wichtige Geländeschranke entlang

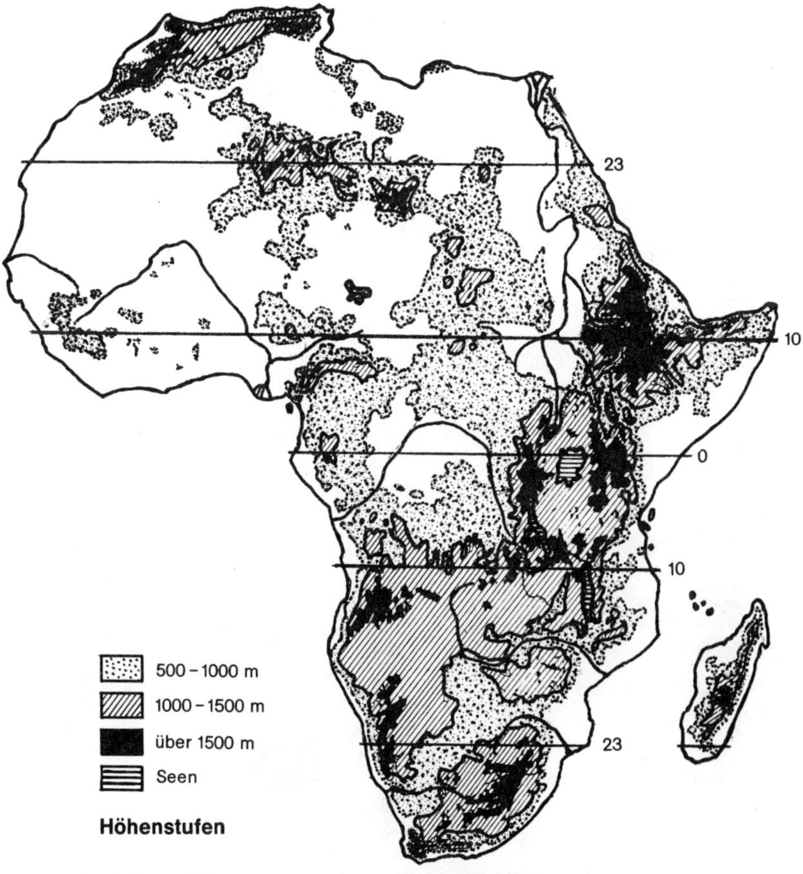

dem Kongo- oder Zaire-Beckennordrand von Äthiopien bis zum Golf von Guinea. Nach dem Miozän entstand in ihrem Ostteil eine Senke, durch die das Rudolfseebekken in den Nil entwässerte, welch letzterer damals bereits ungefähr sein heutiges Großtal hatte.

Am Ende des Miozäns begannen Hebungen großer Flächen und der alten Plateaus bis zu 1000 m, des Äthiopienhochlandes bis rund 2500 m. Letzteres und das Hochland Mittelkenias – als zwei der größten alten Gebirgsstöcke – wurden im Plio- und Pleistozän mit viel vulkanischen Auswurfmassen bedeckt. Unabhängig von diesen stetigen weiten Hebungen entstanden damals durch mehr örtliche tektonische Bewegungen die Vulkankegel des Kilimandjaro, Meru, Kenia, Elgon und Kamerunberges, während der Ruwenzori als nichtvulkanischer Block durch Hebung aufgetürmt wurde. Auch sank das Kongobecken ein, sammelte inmitten einen großen See und drückte an seinem Ostrand große Landschaftsteile hoch.

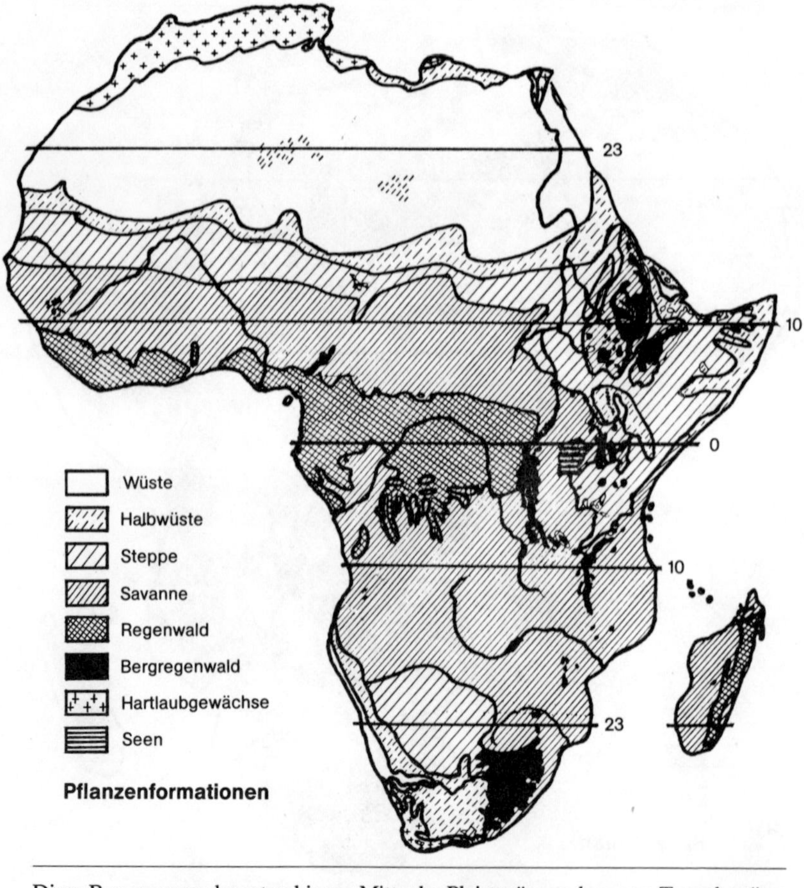

Diese Bewegungen dauerten bis zur Mitte des Pleistozäns und sogar z. T. noch später und formten endgültig die oben genannten Grabensysteme aus, in denen heute der große Nyassa- (Malawi-), Tanganjika- (Tansania-), Kiwu-, Eduard- (Idi Amin-), Albert- (Mobuto-), Rudolf-See und die anderen kleinen liegen. Der Victoriasee, der bereits im Miozän einmal bestand, im Pliozän wieder verschwand, bildete sich ebenfalls neu, während der Kongozentralsee durch Senkung seines Westrandes auslief. Im Pleistozän nahmen auch die oben genannten Großvulkane etwa ihre heutige Gestalt an, während Rungwe, Marsabit, Kulal, Emi Koussi und andere der Sahara erst entstanden. So formte sich vom Miozän an die uns heute so fesselnde afrikanische, vor allem ostafrikanische Landschaft voll aus.

Als sich im Tertiär allmählich die **Klimagürtel** herausbildeten, bot in Afrika der westliche Teil des Äquatorgürtels günstigere Bedingungen für Regenurwald als der östliche, der sowohl Urwald als auch Steppe beherbergte. Der nördliche Monsungürtel war zuerst trockener (teilweise bis zur Halbwüste hin) und schmaler, denn er reichte südwärts höchstens bis zum 10.° n. Br. Der südliche Monsungürtel erstreckte sich jedoch entlang der ganzen Ostseite des Erdteils bis fast zum Kap hinunter. Sahara, Somaliland und Südwestafrika boten sich als Trockengebiete, manche ihrer Teile auch langzeitlich als Wüste. Nur im Oligozän herrschte in Nordafrika feuchteres Klima. Natürlich schwankte die Breitenausdehnung der Klimagürtel im Laufe der langen Zeiten, auch örtlich verschieden, aber erst mit Miozänende schränkten sich die Warmgürtel soweit ein, daß das Mittelmeerklima im Norden und in der Kapprovinz festen Fuß fassen konnte. Doch waren sie wohl kaum zu einer Zeit in Afrika breiter als heute.

Im Pliozän wechselte das Klima Südafrikas stärker zwischen feucht und trocken. Wie stark das auch in Nordafrika geschah, ist noch nicht genauer bekannt. Im Pleistozän jedoch war dieser Wechsel in ganz Afrika offensichtlich. Die Zeiten vermehrten und verminderten Regens, die Pluviale und Interpluviale (der Ausdruck Regenzeiten ist wegen Verwechslung mit den jahreszeitlichen Regen hier nicht angebracht) entsprachen weitgehend den Kalt- und Warmzeiten der Nordhalbkugel. Dabei ist zwischen Isopluvialen mit ganzjährig vermehrten Regen und Displuvialen mit vermehrten Sommerregen aber trockneren Wintern zu unterscheiden. Durch diese Klimaschwankungen veränderte sich sowohl der Pegel der Flüsse und Seen um mehrere Meter als auch die Ausdehnung der Sahara um mehrere Breitengrade. Bei kleinster Fläche wurde ihre Restwüste von Flüssen durchzogen. Ebenso schwankten die Größen der Schnee- und Eiskappen der höchsten äquatorialen Berge nicht unerheblich, was aus den Höhenunterschieden zwischen 500 und 1500 m ihrer Unterrandmarkierungen abzulesen ist. Gerade aus diesen Kappenverschiebungen läßt sich schließen, daß auch im äquatorialen Warmgürtel die Temperatur in den Pluvialen durchschnittlich um 3 bis 5° absank. Nur zu solchen Zeiten drang der nördliche gemäßigte Klimagürtel bis an den äußersten Nordrand Afrikas vor.

Geschichte der Säugetierwelt Afrikas und Madagaskars

Das uralte Festland Afrika spielte in der Geschichte der Säugetiere eine wichtige Rolle. Bekanntlich entstanden die Säugetiere bereits vor rund 170 bis 180 Millionen Jahren in der Trias des Mesozoikums aus säugetierähnlichen Kriechtieren, den sog. Fastsäugern oder Therapsida, die sich in kleinen, z. T. voneinander unabhängigen Entwicklungsschritten Merkmale erwarben, die sie befähigten, auch nächtlich tätig zu sein, in kühleren Klimagebieten auszuharren oder dahin vorzudringen und so neue Lebensräume zu erobern.

Das **Hauptgebiet der Säugetierentfaltung** war das große Südfestland oder Gondwanaland (s. S. 11) und in ihm besonders Südafrika, aus dem die besten Zeugnisse dieses Vorganges überliefert sind. Der alte Festlandsblock erfuhr in der jüngeren Erdaltzeit, dem Karbon und Perm mehrere große Vereisungen, die sich nachhaltig auf die Pflanzen- und Tierwelt auswirkten. Die Lebewesen hatten zwar Raum genug, dem vorrükkenden Eise auszuweichen, waren jedoch gezwungen, sich den durch das Abkühlen des Klimas härter gewordenen Lebensbedingungen anzupassen. Die Pflanzenwelt hatte sich in den Zungenblättrigen Farnsamern oder Glossopterideen bereits zur Hochstämmigkeit mit gut arbeitenden Leitgefäßen für das Wachsen auf Trockenland und ausdauerndem Samen und fleischigen Früchten entwickelt. Sie kamen damit als Nacktsamer (Gymnospermae) den späteren höheren Bedecktsamern (Angiospermae) bereits ziemlich nahe. Das befähigte sie auch, das Laub abzuwerfen, um kühlere Jahreszeiten zu überstehen. Mit Blättern, Samen und Früchten boten sie den Kriechtieren, als damals höchst entwickelten Landtieren, eine breite Nahrungsgrundlage. Diese verstanden es dann auch, durch einen entsprechenden Umbau der Mundhöhle und des Gebisses das Angebot zu nutzen. Lebten die Kriechtiere bis dahin weitgehend räuberisch mit einem einförmigen, spitzhöckerzähnigen Beutegreifgebiß, so gliederten sie nun ihre Zahnreihen in ein festhaltendes und abtrennendes Vordergebiß mit Schneide- und Eckzähnen und in ein zerkleinerndes Hintergebiß mit Backenzähnen. Die mit dieser Gebißveränderung einhergehenden Verbesserungen des Körperbaues verwandelten eine Reihe von Kriechtiergruppen allmählich in Säugetiere, die den Eiszeitauswirkungen erheblich besser als die diesen Weg nicht einschlagenden übrigen Gruppen zu begegnen vermochten. So waren die karbopermischen Vereisungen des Gondwanalandes und besonders Südafrikas wohl der Hauptanstoß zum Werden der Säugetiere.

Sie erwuchsen so in breiter Front aus den Kriechtieren. Am Ende der Trias, im Rhät, waren bereits 5 große Ursäugergruppen vorhanden. Im Jura belebten dann Säugetiere teils als Pflanzen- und Alles-, teils als Kleintier- und Fleischfresser alle Festländer, sind doch aus der damaligen Zeit bereits 5 Ordnungen, 11 Familien und rund 70 Gattungen nachgewiesen. Zwischen Oberjura und Mittelkreide starben zwar davon wieder 4, im Eozän die fünfte Ordnung aus, doch hatten sich inzwischen in der Spätkreide bereits die Beuteltiere (Marsupialia) und Kerbtierfresser (Insectivora), letztere als erste Mutterkuchenträger (Placentalia) und damit Hochsäuger entwickelt. Zu Beginn des Tertiärs im Paleozän überrundeten dann die Placentalia die Marsupialia mit einer Reihe weiterer Ordnungen, nämlich den Fledertieren (Chiroptera), Urraubtieren (Creodonta), Urhuftieren (Condylarthra), Hasentieren (Lagomorpha) und Nagetieren (Rodentia). Ihnen folgten im Eozän schnell die neuzeitlichen Placentalia-Ordnungen, so daß die Zahl der Placentalia-Ordnungen insgesamt auf 28 anstieg, von denen 17 auch heute noch leben. Von der Säugerursprungszeit des Rhät ab brachten es die Säugetiere auf 40 Ordnungen, 258 Familien, rund 3000 Gattungen und ganz grob geschätzt vielleicht 13000 Arten, von denen z. Z. noch rund ein Drittel, d. h. rd. 4250 leben.

In diese kurz skizzierte Entwicklungsgeschichte der Säugetiere der Erde fügt sich **Afrika** sowohl als Entstehungsgebiet eigener Formgruppen und deren Auswanderer nach Europa und Asien und über letzteres auch nach Amerika hinein, als auch als Aufnahmeland eurasiatischer Einwanderer, die sich dort zu eigentlichen Afrikanern ausprägten. Außerdem war Afrika auch Zufluchtsgebiet bestimmter tertiärer Arten, die sich dort länger hielten als auf den übrigen Festländern (Faunenrelikte).

Im **jüngeren Eozän** und **älteren Oligozän** lebte in Afrika eine Säugetierwelt, die der damaligen europäischen bzw. eurasischen ähnlich, doch bereits mit Formen durchsetzt war, die als urafrikanisch bezeichnet werden können. Der Zug zum eigentlichen Afrikanischen hin verstärkte sich noch im Oligozän. Solche Urafrikaner sind die Schliefer (Hyracoidea), Seekühe (Sirenia), Rüsseltiere (Proboscidea), Röhrchenzäh-

ner bzw. Erdferkel (Tubulidentata), Springhasen (Pedetidae), Goldmulle (Chrysochloridae) und höheren Affen (Cercopithecoidea) und war die ausgestorbene, zu den Huftieren gehörende Schwerfüßerfamilie der Arsinotheriidae.
Die Schliefer stammen vermutlich von paleozänen afrikanischen Urhuftieren der Ordnung Knotengelenker (Condylarthra) ab und entwickelten sich bis zum Miozänende hin nur in Afrika. Erst zu Beginn des Pliozäns wanderten sie auch nach Europa und Asien. Sowohl die Zahl ihrer Arten als auch ihre Körpergröße bis zu Tapir- und Nashornausmaßen hin übertrafen die heutigen erheblich.
Umgekehrt nahmen die Rüsseltiere von kleinen, alteozänen, schweineähnlichen Vorfahren *(Moeritherium)* ihren Anfang, um innerhalb einer sich entfaltenden großen Formenfülle Riesentiere herauszubilden, die z. T. selbst die drei gegenwärtig noch übriggebliebenen Elefantenarten in den Schatten stellten. Bis zum Miozän blieben auch die Rüsseltiere ganz afrikanisch, um dann auch Europa, Asien und Amerika zu besiedeln, so daß sie im Jungmiozän bereits in Südamerika angetroffen wurden.
Die Seekühe kommen als pflanzenfressende Süß-, Brack- und Meeresküstengewässer-Bewohner von primitiven Huftieren her, die mit den Ahnen der Schliefer und Rüsseltiere nahe verwandt waren. Sie tauchten erstmalig im Eozän Nordafrikas auf *(Protosiren, Eotheroides)*, verbreiteten sich aber bald auch in die Gewässerbereiche anderer Erdteile und waren ebenfalls früher viel formenreicher als heute.
Auch die Erdferkel scheinen Knotengelenker-(Condylarthra-)Abkömmlinge zu sein, worauf manche Körperbaumerkmale hinweisen. Im Miozän Afrikas sind sie erstmals mit großen Vorfahren nachweisbar *(Myorycteropus)* und gestaltlich den heutigen Nachfahren bereits weitgehend ähnlich. Im Pliozän tauchen sie auch in Europa und Asien auf, in der Eiszeit in Madagaskar, wo überall sie heute wieder verschwunden und so nur in Afrika erhalten geblieben sind.
Die Springhasen sind (gleich den Erdferkeln) mit ihrem Erstauftreten im Miozän Afrikas schon fast so wie ihre rezenten Nachkommen gebaut und nie aus Afrika hinausgekommen.
Dasselbe ist von den Goldmullen zu berichten, die ebenfalls im Miozän Afrikas bereits fertig gestaltet erstmals erscheinen und das Land nie verließen.
Die nashorngroßen Arsinoitherien waren Vorhuftiere (Paenungulata), trugen große, spitze, knochige Doppelnasenhörner mit dahinter stehenden kleinen Stirnhörnern und sind mit 2 Arten einer Gattung und Familie einer eigenen Ordnung der Schwerfüßer (Embrithopoda) nur aus dem Unteroligozän Ägyptens bekannt. Sie lebten als plumpbeinige Hartpflanzenfresser in der Savanne.
Die aus den Kerbtierfressern (Insectivora) bereits in der jüngeren Kreidezeit über spitzhörnchenähnliche Formen hervorgegangenen Halbaffen (Prosimii) hatten bis zum und im Paleozän bereits weltweit eine große Artenzahl entwickelt, denen in Amerika die Breitnasen (Platyrrhina oder Ceboidea), in der Alten Welt die Schmalnasen (Catarrhina oder Cercopithecoidea) entsproßten. Letztere, die sog. höheren Affen, scheinen ihre Wiege ebenfalls in Afrika gehabt zu haben, da dort bereits im Altoligozän eichhörnchen- bis katzengroße Vorfahren auftauchten (*Aegypto-, Para-, Propliopithecus*), die sich in Tieraffen (Meerkatzen, Mangaben, Makaken, Paviane, Schlankaffen), Gibbons, Menschenaffen und Vormenschen aufspalteten. *Propliopithecus* z. B. besaß bereits erste Merkmalshinweise auf die späteren Gibbons, *Parapithecus* auf die späteren Menschenaffen.
Im **Eozän** Afrikas wurden auch Urwale (Archaeoceti) gefunden (*Protocetus, Basilosaurus, Eocetus, Prozeuglodon, Durodon*), die wie die Seekühe vorwiegend als Flachwasserbewohner lebten. Solche Flachgewässer konnten Meeresküsten- oder Brack- oder Süßgewässer sein. Gibt es doch noch heute Wale in allen drei Gewässerarten und

liegt die Annahme nahe, daß die landlebenden Walahnen (die nach neueren Untersuchungen unter den Urhuftieren und nicht, wie bisher angenommen, Urraubtieren oder primitiven Kerbtierfressern zu suchen sind) zuerst ins Süßwasser und von dort über das Brackwasser ins Meerwasser gingen, um später nach Erreichen einer hohen Anpassung ans Wasserleben auch reine Hochseebewohner zu werden. Das Auftauchen der Urwale in Afrika (vor allem Nordafrika) besagt nicht, daß die Wale afrikanischen Ursprungs sind. Wurden doch eozäne Urwale auch in Europa und Nordamerika gefunden. Auch muß diese Säugetierordnung gemäß der bereits im Eozän weit fortgeschrittenen Wasserlebenanpassung schon in der Spätkreide entstanden sein.

Für das **Oligozän** Afrikas sind folgende Ordnungen mit zugehörigen Gattungen nachgewiesen: Kerbtierfresser oder Insectivora (*Metolbodotes*), Fledertiere oder Chiroptera (*Vampyravus*), Nagetiere oder Rodentia (*Phiomys, Metaphiomys*), Fleischzähner oder Creodonta als Urraubtiere (*Sinopa, Metasinopa, Hyaenodon, Pterodon, Apterodon*), Affen oder Primates (s. oben), Rüsseltiere oder Proboscidea (*Moeritherium, Palaeomastodon, Barytherium*), Schwerfüßer oder Embrithopoda (*Arsinoitherium*), Schliefer oder Hyracoidea (*Saghatherium, Geniohyus, Buno-, Megalo-, Titanohyrax*) und Paarhufer oder Artiodactyla (Kohlentiere oder Anthracotheriidae mit *Ragatherium, Brachyodus, Bothriogenys* und *Bothriodon*).

Die Kerbtierfresser waren letzte Vertreter einer aussterbenden, bereits im Paleozän und Eozän Nordamerikas artenreichen, primitiven Familie von Mischgebißlern (Mixodectidae), deren Gebiß noch gemischte Züge späterer getrennter Familien aufwies, sowie erste Rüsselspringer oder Macroscelididae (*Metolbodotes*). – Die Nagetiere hatten bereits gewisse Ähnlichkeit mit den rein afrikanischen Dornschwanzhörnchen (Anomaluridae), in deren Vorfahrengruppe diese oligozänen Theridomyidae-Gattungen *Phiomys* und *Metaphiomys* vielleicht zu stellen sind. – Die Urraubtiere gehörten zur Familie der Hyänenzähner(Hyaenodontidae), die aus Nordamerika stammten, wobei ihre primitiveren Vorschleichkatzen- oder Proviverrinae-Gattungen (*Sinopa, Metasinopa*) die Vorstufen zu den mehr hyänengestaltigen eigentlichen Hyänenzähnern oder Hyaenodontinae (*Hyaenodon, Pterodon, Apterodon*) stellten. – Auf die Affen wurde bereits oben hingewiesen. – Die Rüsseltiere waren zwar noch mit den kleinen Moeritherien (s. oben) vertreten, hatten daneben jedoch bereits im *Palaeomastodon* (oder *Phiomia*) auch größere, erste Zitzenzähner oder Mastodontidae, die ihren Namen von den mit zitzenförmigen Höckern besetzten Backenzähnen tragen, entwickelt. Mit *Brachytherium* hatten sie außerdem eine weitere Familie, die plumpen Schwertiere (Barytheriidae), die auf Afrika beschränkt blieb, herausgebildet. – Die Schliefer waren tapir- bis pferdegroß und z. T. – ähnlich. – Die Paarhufer erschienen in Afrika erstmals mit den Schwerfüßern (s. o.) und einer urschweinähnlichen Gruppe (*Brachyodus, Mixtotherium*) der Kohlentiere, richtiger Braunkohlentiere, da sie der Braunkohlenzeit angehören (Anthracotheriidae), die zur entfernten Verwandtschaft der Schweine zählen und die Vorfahren der Flußpferde lieferten. Mit *Brachyodus* und *Bothriodon* kamen sie von Europa herüber – auch in Südasien war die Familie zu Hause – und bildeten mit *Rhagatherium* und *Bothriogenys* eigene Afrikaner. Es waren große, plumpbeinige Insassen feuchter Wälder und Niederungen.

Im **Altmiozän** Afrikas nahm die Formenzahl weiter zu. Die Rüsseltiere starben einerseits im Laufe des Miozäns in ihren Urformen der Moeritheriidae und auch der Barytheriidae aus (ebenso folgten ihnen darin die verwandten Arsinoitheriidae), andererseits traten sie mit neuen Mastodontiden auf (*Buno-* oder *Trilophodon; Zygolophodon* oder *Turicius; Rhynchotherium*), denen sich im Jungmiozän noch *Tetralophodon* anschloß.Die mit Rüssel verlängerte, gestreckte Schnauze (*Rhynchotherium* = Rüssel- oder Schnauzentier) barg mittellange Stoßzahnpaare im Ober- und Unterkiefer. Dazu kam noch die in Afrika neu entstandene Familie der flachschädeligen Schreckenstiere (Deino- oder Dinotheriidae), die auch in Eurasien beheimatet wurden. Ihre Stoßzähne saßen nur im hakig abwärts gebogenen Vorderteil des Unterkiefers. Vermutlich benutzten sie sie zum Herabreißen von Zweigen, Ästen und Schlingpflanzen, die sie dann verzehrten. Im Laufe des Miozäns nahmen sie an Größe zu, starben in Eurasien im Pliozän aus, erlebten aber in Afrika noch den Eiszeitbeginn.

Die Schliefer waren im Altmiozän mit mehreren großgestaltigen Gattungen (Vor-, Nager- und Überschliefer, *Pro-*, *Myo-* und *Pliohyrax*) sowie der nach ihrem Zahnbau als Vor-Drucktypenzähner (*Protypotheroides*) bezeichneten, vertreten. Die Anthracotheriidae hielten sich mit *Hyoboops* (*Merycops*) und *Brachyodus* teilweise noch bis ins Pliozän. Den Urschweinähnlichen folgten Echtschweine (*Suidae*) mit einer Stammform wie *Propalaeochoerus* (wörtlich = Uraltschwein), die bereits im Oligozän Europas lebte, *Bunolistriodon* (mit furchengetrennten Backenzahnhöckern, daher der Name), das auch eurasisch anzutreffen war, ersten Buschschweinen asiatischer Herkunft (*Palaeochoerus*), aber auch noch typischen Vorformen wie dem in der südafrikanischen Diamantenwüste gefundenen Diamantenschwein (*Diamantohyus*), das noch Pekarimerkmale aufwies. Letzteres ist ein Hinweis auf die altweltliche Herkunft der heute rein neuweltlichen Nabelschweine.

Neben den Schweinen begannen auch andere Paarhufer im Altmiozän Afrikas zu erscheinen. So erste, noch reh- bis damhirschgroße kurzhalsige Giraffenfrühformen, sog. Hirschgiraffen (*Climacoceras*). Das riesige *Libytherium* mit flügelartigen Schädelaufsätzen weist auf einen langen Eigenweg der Giraffen in Afrika hin. Ihre verzweigten, knöchernen, hautüberzogenen Schädelknochenfortsätze wurden nicht abgeworfen, wie später die Geweihstangen der Hirsche. Kleine Hirschvorformen, die Zwergböckchen (Tragulidae) kamen mit dem hirschferkelartigen *Dorcatherium* aus Eurasien und ließen im Wassermoschustier oder Hirschferkel (*Hyemoschus*) einen kaum veränderten Nachfahren im westafrikanischen Urwald bis auf unsere Tage zurück.

Von zwergböckchenartigen eozänen Vorfahren (*Archaeomeryx*) wanderten im Altmiozän auch die ersten Hornträger (Bovidae) aus Eurasien zu. Nicht größer und sehr ähnlich den heutigen Duckern mit kleinem rückwärts gerichtetem Gehörn war *Eotragus* im Sinne seines Namens »Morgenrötebock« der Bote einer für Afrika aufgehenden großen Hornträgerzeit.

Mit *Chalicotherium* (wörtlich Kalktier) wanderte die formenreiche Unpaarhuferfamilie der Hufkrallentiere (Chalicotheriidae) aus Eurasien nach Afrika ein. Sie hatte sich im Eozän Ostasiens und Nordamerikas aus Urhuftieren (Condylarthra) herausgebildet. Sie stellte große Tiere dar mit pferdeähnlichen Köpfen, die gestaltlich ungefähr wie ein Mittel zwischen Pferd und Nashorn aussahen. An ihren Zehen saßen kräftige, krumme Hufe, die sie vermutlich wie Enterhaken zum Wurzelausreißen benutzten. Mit Anfang des Villafranchium starb die ganze Familie wieder aus und hielt sich mit *Ancylotherium* nur in Afrika noch bis etwa zur mittleren Eiszeit.

Als weitere Unpaarhufer lebten damals mit *Brachypotherium* und *Aceratherium* die ersten Nashörner (Rhinocerotidae) in Afrika. Die Familie entstand aus hundegroßen, hornlosen Urunpaarhufern im Mitteleozän Europas und erreichte im Jungeozän über Asien auch bereits Nordamerika. Die Urunpaarhufer des Alteozäns spalteten sich schnell auf, behielten jedoch vorerst noch große Ähnlichkeit miteinander, so daß damals Nashörner, Tapire und Pferde noch nicht sehr voneinander abwichen. Letztgenannte 3 Familien blieben allein von einem Dutzend Familien bis heute erhalten. Die Mehrzahl der zahlreichen tertiären Nashornarten war hornlos. Nur die heutigen restlichen 5 (Sumatra-, Java-, Panzernashorn in Asien und Spitz- und Breitmaulnashorn in Afrika) sind eigenartigerweise alle behornt.

Von den zahlreichen Urraubtieren (Creodonta), die ihre Blütezeit im Paleo- und Eozän hatten, waren im Altmiozän Afrikas nur noch Hyänenzähner der Gattungen *Hyaenodon, Metapterodon, Pterodon* u. a. anzutreffen. Sie starben im Jungmiozän aus wie alle übrigen Urraubtiere bereits vorher. Nur die asiatische *Dissopsalis*-Gattung der Hyaenodontiden erlebte noch den Pliozänanfang. Im Eozän waren nämlich landlebende Echtraubtiere (*Fissipeda*) entstanden, die die Urraubtiere abzulösen begannen. In Afrika erschienen erste Fissipeda im Altmiozän mit *Aelurogale* und *Pseudaelurus*, die aus dem Jungeozän Europas kamen und zu den wohl im Alteozän sich herausbildenden Scheinsäbelzahnkatzen (Nimravidae) gehörten. Letztere haben ihren Namen von den überlangen Eckzähnen des Oberkiefers, die andere Familienvertreter (*Eusmilus* im Oligo-Miozän, *Sansanosmilus* im Mio-Pliozän Eurasiens) ähnlich den im Miozän erstmalig erscheinenden echten Säbelzahnkatzen (Machairodontidae) entwickelten. *Pseudaelurus* z. B. hielt eine Mittelstellung zwischen den eo-oligozänen Urkatzen (Proailuridae) und den im Pliozän aufkommenden Echtkatzen (Felidae).
Unter den kleineren Säugetieren des afrikanischen Altmiozäns finden sich reine Afrikaner, wie die Urgoldmulle (*Prochrysochloris*) und die Urspringhasen (*Para-* und *Megapedetes*). Beide waren ihren heutigen Nachfahren bereits sehr ähnlich. Ein Zeichen, daß sowohl die Goldmulle (Chrysochloridae) als Kerbtierfresser als auch die Springhasen (Pedetidae) als Nager ihre hohe körperliche Anpassung an das unterirdische Wühlerleben einerseits und känguruhartige Schnellhüpfen andererseits bereits im Paleozän begannen.
Die oben bereits für Afrikas Oligozän erwähnten dornschwanzhörnchenähnlichen Theridomyidae warteten im Altmiozän mit weiteren Gattungen auf (*Paraphiomys, Diamantomys, Apodectes, Phthinilla*). Neben diesen Kletternagern waren auch schon Bodennager vertreten, denn *Phiomyoides* und *Neosciuromys* stellten die Vorläufer der Rohrratten oder Borstenferkel (*Thryonomys*), großen, plumpen, bis 9 kg schweren Schilf-, Rohr- und Grasdickichtbewohnern und *Pseudospalax* die der Bodenwühler.
Auch von den richtigen Hasentieren (Lagomorpha), einer seit dem Paleozän selbständigen, mit den Nagetieren (Rodentia) außer einer oberflächlichen Gebißähnlichkeit nichts gemein habenden Ordnung, barg das altmiozäne Afrika mit Süd- und Keniapfeifhase (*Austro-* und *Kenyalagomys*) erste Pfeifhasen. Die von Eurasien zugewanderten Pfeifhasen, die als meerschweinchengroße und -ähnliche Steppen- und Gebirgstiere eine eigene Familie (Ochotonidae) innerhalb der Hasentiere (Lagomorpha) verkörpern, hielten sich in Afrika nicht lange und sind für das Miozänende bereits nicht mehr nachweisbar. Heute leben sie in einer Reihe von Arten in Asien und Nordamerika.
Im **Mittelmiozän** traten zu den genannten altmiozänen Säugetieren Afrikas weitere hinzu. Unter den Kerbtierfressern erschienen die wie hochläufige und sehr langschnauzige Ratten aussehenden Rüsselhündchen (*Rhynchocyon*) als heute noch unverändert so in Afrika lebende Vertreter der Rüsselspringerfamilie (Macroscelididae). Weiterhin Tenreks (*Protenrec, Erythrozootes, Geogale*) als erste Madagaskarigel (Tenrecidae), eine Familie, die z. Zt. nur noch in Madagaskar anzutreffen ist (davon *Geogale* bis heute unverändert). Ferner Haarigel (*Galerix*), eine Igelunterfamilie (Echinosoricinae oder Gymnurinae), die bereits im Alteozän Europas lebte und gegenwärtig nur noch in Ost- und Südasien beheimatet ist, in Afrika und Europa aber mit dem Jungmiozän verschwand. Und schließlich auch Borstenigel (Erinaceinae) in den Gattungen *Amphechinus* und *Gymnurechinus. Amphechinus* hatte als Vorform auch noch Echinosoricinen-Merkmale, trug noch keine richtigen oder nur spärlich Stacheln und kam aus dem Oligozän Europas. *Gymnurechinus* zählt zum engeren Vorfahrenkreis der eigentlichen Igel (*Erinaceus*).

Bei den Herrentieren (Primates) wurden sowohl erste Galagos (*Progalago*) als Vertreter der Halbaffen (Lemuridae) und Vorfahren der späteren, rein afrikanisch gebliebenen Galagos, als auch erste Repräsentanten der Tieraffen (Cercopithecidae) mit *Mesopithecus*, der auf die späteren Seiden- und Stummelaffen (Colobinae) deutet, Gibbon- (*Limnopithecus*) und Menschenaffenahnen (*Proconsul, Sivapithecus*) angetroffen. *Limnopithecus* besaß noch nicht die überlangen Hangelarme der späteren Gibbons. *Proconsul* lebte in einer nur zwergschimpansen- und einer gorillagroßen Art. Sein Fußbau wies funktionell zu dem des Menschen und nicht zu dem der darin anders sich einrichtenden späteren Menschenaffen. *Sivapithecus*, der im Pliozän auch in Südasien wohnte, scheint ein erster Orang-Utan-Vorläufer gewesen zu sein. Dieses mittelmiozäne Nebeneinanderbestehen von Gibbon- und verschiedenen Menschenaffenfrühformen macht deutlich, daß die Stammspaltung der höheren Affen in Tieraffen, Gibbons und Menschenaffen und auch die Aufzweigung innerhalb letzterer bereits im Oligozän einsetzte.
Zu allen diesen mittelmiozänen Säugern Afrikas gesellten sich weitere Schliefer (*Meroehyrax*), Nashörner (*Turkanatherium*), letzte Hyänenzähner (*Hyaenodon*) und erste noch bärenplumpe Hundevorläufer (*Amphycion*). Letztere kamen aus dem Oligozän Europas und Mittelmiozän Nordamerikas und hielten sich bis ins Pliozän Eurasiens und Nordamerikas.
Aus dem **Jungmiozän** Afrikas sind an Raubtieren erste Hyänen (*Hyaena*) und primitivere Waldhyänen (*Ictitherium*) mit noch schleichkatzenartiger Gestalt aber bereits Hyänenanzeichen aufweisendem Gebiß nachgewiesen. An Nagetieren tauchten Hamsterartige (*Cricetodon, Myocricetodon*) und Erdhörnchen (*Heteroxerus*) auf. Die Erdferkel waren den heutigen bereits gattungsgleich (*Orycteropus*), die Rüsseltiere immer noch als Mastodonten (*Mastodon*) und Dinotherien (*Dinotherium*), die Seekühe mit einem Dugongvorläufer (*Felsinotherium*), dem im Mittel- und Altmiozän wiederum *Halitherium* vorausging, vertreten. Die Anthracotherien hielten sich noch bis ins Pliozän (s. o.). An Unpaarhufern erschien am Miozänende erstmalig ein Spitzmaulnashorn (*Diceros* oder *Atelodus*) und ein noch dreizehiges Pferd (*Hipparion*), während die Paarhufer mit bereits ganz wie die heutigen aussehenden Gazellen (*Gazella*), mit verschiedenen Antilopen (Spießbockvorläufern *Palaeoryx* und Nilgauvorfahren *Tragocerus*), okapiartigen (*Palaeotragus*) und rinderartigen Kurzhalsgiraffen (*Helladotherium*) ihre Artenzahl vermehrten.
Aus dem **Altpliozän** liegen noch kaum Funde vor, dafür jedoch zahlreiche aus dem **Jungpliozän** bzw. Villafranchium. Letzteres ist die zeitliche Übergangsspanne vom Pliozän- d. h. Tertiärende zum Pleistozän- oder Quartär- oder Diluvium-, d. h. Eiszeitanfang.
Bei den Rüsseltieren begannen die ersten Elefanten (Elephantidae) mit Südelefanten (*Archidiskodon*) sowohl die letzten Donnertiere (*Dinotherium*) als auch die Zitzenzähner oder Mastodontidae (*Bunolophodon, Mastodon, Pentalophodon, Stegolophodon*) abzulösen. Die Mastodonten hatten sich im Laufe des Tertiärs von ziemlich kleinen, langschnauzigen und noch kurzrüsseligen (*Palaeomastodon*) zu immer größeren Tieren mit immer länger werdendem Rüssel ausgewachsen (*Stegomastodon* oder *Stegodon*). Dabei verkürzte sich die Schnauze, bildete der Unterkiefer seine Stoßzähne zurück und verlängerte der Oberkiefer die seinen. Die Backenzahnzahl verringerte sich. Die restlichen Backenzähne aber streckten sich durch Ansetzen neuer Höckerpaare, wie die Gattungsnamen (*Tri-, Tetra-, Pentalophodon*) verkünden. Schließlich flossen die Höckerpaare unter sich zu Jochen zusammen (*Zygolophodon, Stegolophodon, Stegodon*), um die Kaufläche zu vereinheitlichen. Doch blieben die Zahnkronen niedrig. In diesem Zustand starben die Mastodonten in äußerlich schon weitgehend

elefantenartiger Gestalt in der Eiszeit aus. Im Pliozän hatten sich jedoch bereits von pentalophodonten Zitzenzähnern Tiere herausgebildet, deren Backenzahnkronen in die Höhe wuchsen und den Jochzwischenraum mit Zement ausfüllten. So konnten im Villafranchium mit *Archidiskodon* erste Elefanten auf den Plan treten, deren stärker beanspruchbares Mahlgebiß ihnen weltweit zusätzliche Nahrungsquellen und damit Lebensräume erschloß und die Mastodonten verdrängte. Von diesen Erstelefanten stammten sowohl die eigentlichen Mammute (*Mammuthus* oder *Mammonteus*), die auch nach Afrika kamen, als auch die 3 (von einer ganzen Reihe von Arten übriggebliebenen) Elefanten der Gegenwart (*Elephas maximus* in Südasien und *Loxodonta africana* und *pumilio* in Afrika) ab.

Mit den Dinotherien und Mastodonten verschwanden auch die letzten Hufkrallentiere (s. o.). Dafür wurden die Paarhufer umso artenreicher. Primitive Waldschweine (*Sivachoerus*), verschiedene Ausbildungsstufen von Busch- oder Flußschweinen (*Pro-, Post-, Potamochoerus*) und Warzenschweinen (*Omochoerus, Mitridiochoerus, Notochoerus, Phacochoerus*) waren vertreten. Doch lebten davon *Pro-* und *Postpotamochoerus* ebenso wie erst *Microstonyx* und später die Warzenschweine als Steppentiere. Nashorngroß mit 4 langen Stoßzähnen war der Warzenschweinvorläufer *Afrochoerus*. Flußpferde (*Hexaprotodon, Hippopotamus*) und Giraffen (*Liby-, Griqua-, Sivatherium* als Kurzhalsgiraffen mit Schaufelhörnern, *Giraffa* als stirnzapfige Langhalsgiraffen) erschienen neben Kamelen (*Camelus*); Rinder (Echtrinder, *Bos*; Wasser- und Kaffernbüffel, *Bubalus* und *Syncerus*), Riesenhornbüffel (*Pelorovis*) und Tahrartige (*Numidocapra*) bevölkerten außerdem mit zahlreichen Gazellen und Springböcken (*Gazella, Antidorcas*) und Antilopen Afrikas Fluren. Die Antilopen waren bereits weitgehend den heutigen ähnlich: *Taurotragus* als Elenantilopen, *Strepsiceros* als Kudus, *Tragelaphus* als Schirrantilopen, *Oryx* als Spießböcke, *Damaliscus* als Leierantilopen, *Alcelaphus* als Kuhantilopen, *Redunca* als Riedböcke, *Kobus* als Wasserböcke und *Aepyceros* als Schwarzfersenantilopen oder Impalas. *Menelikia* dagegen war noch eine weniger scharf geprägte, primitivere Großantilopengattung. Die Unpaarhufer zeigten ebenfalls urtümlichere Formen (*Hipparion, Stylohipparion* als dreizehige Pferde) neben modernen (*Equus* mit Zebraartigen und Eseln). Ob allerdings die »Zebras« Streifen trugen, läßt sich natürlich nicht nachweisen. Unter den Nashörnern schälten sich Breit- und Spitzmaulnashorn deutlich heraus (*Ceratotherium, Diceros*). Ein Mönchsrobbenahne (*Pristiphoca*) bevölkerte ab Mittelmiozän die Tethysküsten wie heute noch die Mönchsrobbe (*Monachus*) die des Mittelmeeres und Schwarzen Meeres. Fischotter (*Enhydridon, Lutra*) tummelten sich in den Gewässern. Wolfsähnliche Wildhunde (*Canis*), Wolfshyänen (*Lycyaena*), Säbelzahnkatzen (*Homotherium, Machairodus*) und Ichneumons oder Mangusten (*Herpestes*) zogen auf Raub aus, während Makaken (*Libypithecus*), Rundschnauzen- und Blutbrustpaviane (*Simopithecus, Theropithecus*) nach allerlei Freßbarem Ausschau hielten und gorillagroße Riesenpaviane (*Dinopithecus*) sich wohl auch u. U. räuberisch betätigten, um satt zu werden (wie es die heutigen Paviane nicht selten auch tun).

Mit den Australopithecinen (*Australopithecus, Meg-, Par-, Plesi-, Zinjanthropus*) waren vor rd. 3 Millionen Jahren und später erste Vormenschen neben den Menschenaffen erschienen. Natürlich waren auch die Erdferkel, Schliefer, Goldmulle, Springhasen, weitere Nager und auch Kerbtierfresser, die bereits für frühere Zeiten genannt wurden, noch vorhanden, wenn sie auch erst für später wieder nachweisbar sind. Ebenso waren sicherlich Fledertiere (Chiroptera) zugegen, da diese Säugerordnung bereits im Eozän fertig ausgebildete Vertreter hatte. Doch nachweisen lassen sie sich für Afrika bisher nur aus dem Altoligozän und dann erst wieder aus dem Diluvium.

Die langwährende tertiäre afro-asiatische Landverbindung machte den Säugetieraustausch ziemlich leicht, so daß die Gestaltverschiedenheiten zwischen den Säugetieren der Nordhalbkugel und Afrikas kaum über Art- und Gattungsrang hinausgingen. Rüsseltiere, Schliefer, Erdferkel, höhere Affen und manche Paarhufer wanderten von Afrika nach Eurasien und z. T. weiter nach Amerika, Pferdeartige, Nashörner und viele Paarhufer von Eurasien nach Afrika. Wurden zuerst vornehmlich Wald- und Buschtiere ausgetauscht, so ab Miozänende mit beginnender pliozäner Austrocknung vor allem Steppenbewohner. Auch in Afrika selbst war die pliozäne und altpleistozäne Säugerwelt vom Norden bis zum Süden weitgehend einheitlich. Mit dem Villafranchium hörte durch den dann voll eingebrochenen Rotmeergraben und durch die Barriere des Mittelmeeres der Tierweltaustausch mit Asien und Europa fast vollständig auf.

Von da ab waren also Afrikas Säugetiere isoliert und machten ihre eigene Entwicklung durch. Das betrifft besonders die Südafrikaner, während die Nordafrikaner in der Pliozänmitte wieder nördliche Verbindung und Zuwanderer erhielten (s. u.). Die Altafrikaner wurden durch die Isolierung in ihrer Eigenständigkeit bestärkt (Goldmulle, Rüsselspringer, Otterspitzmäuse, höhere Affen, Springhasen, Dornschwanzhörnchen, Erdferkel, Rüsseltiere u. a.), so daß z. B. die afrikanischen vor allem südafrikanischen Elefanten sich deutlich von anderen abhoben. Aber auch die Busch-, Wald- und Warzenschweine, Ducker-, Klein-, Kuh-, Leier-, Pferde-, Grasantilopen, Wald-, Ried- und Wasserböcke, Erdwölfe, Streifenhyänen, Löffel- und Hyänenhunde u. a. sind von da ab als ausgeprägte Afrikaner oder Endemismen, d. h. Einheimische, nur dort Vorkommende, anzusprechen.

Im **Mittelpleistozän** (ca. 400000–150000 v. Chr.) oder bald danach – in Südafrika z. T. erst in der Späteiszeit – verschwanden die letzten Vertreter der tertiären Tierwelt, die z. T. in Afrikas Isolierung noch eine Zuflucht gefunden hatten. So erschienen denn im mitteleiszeitlichen Tierbestand Afrikas noch einmal Donnertiere (*Dinotherium*), Zitzenzähner (*Bunolophodon*), Hufkrallentiere (*Metaschizotherium*), Dreizehenpferde (*Stylohipparion*), Kurzhalsgiraffen (*Sivatherium*), Säbelzahnkatzen (*Machairodus*), Riesenhornbüffel (*Pelorovis*), und Wolfshyänen (*Lycyaena*) neben Elefanten (*Palaeoloxodon, Loxodonta*), Nashörnern (*Diceros, Ceratotherium*), Zebras (*Hippotigris*) und Eseln (*Asinus*), Flußpferden (*Hippopotamus*), Warzenschweinen (*Phacochoerus*), Kamelen (*Camelus*), Langhalsgiraffen (*Giraffa*), Gazellen (*Gazella*), Kuhantilopen (*Alcelaphus*), Gnus (*Connochaetes*), Spießböcken (*Oryx*), Pferdeantilopen (*Hippotragus*), Elenantilopen (*Taurotragus*), Riedböcken (*Redunca*), Rindern (*Bularchus, Bos, Bubalus, Syncerus*), Löwen und Leoparden (*Panthera*), Geparden (*Acinonyx*), Hyänenhunden (*Lycaon*), Schakalen und Füchsen (*Canis*). Vom Beginn des Villafranchium (vor rd. 1,5 Millionen Jahren) an bis zum späten Ende des Mittelpleistozäns (vor rd. 300000 Jahren) lösten in Afrika mit den Pithecanthropinen (*Homo erectus, Telanthropus, Atlanthropus*) Frühmenschen die Vormenschen allmählich ab. Sie selbst wurden wieder von Echtmenschen (Hominines) in Form der Neandertaler (*Homo neanderthalensis*) verdrängt, denen dann um rd. 60000 v. Chr. der moderne Echtmensch (*Homo sapiens*) folgte.

Die Mehrzahl der Formen war damals mit den heutigen bereits artgleich wie etwa Breit- und Spitzmaulnashorn, Großflußpferd, Warzenschwein, Langhalsgiraffe, Dorkas-, Edmi-, Damagazelle, Kuhantilope, Weißbartgnu, Spießbock, Elenantilope, Pferdeantilope, Riedbock, Kaffernbüffel, Löwe, Leopard, Tüpfel- und Streifenhyäne, Schakal, Hyänenhund u. a. Für den Eiszeitanfang genannte, für die Eiszeitmitte jedoch noch nicht nachgewiesene Formen waren natürlich auch noch da, wenn sie bis in die Spät- und Nacheiszeit oder Gegenwart ausdauerten, wie etwa Wasserbüffel, Springböcke, Schirrantilopen, Kudus, Leierantilopen, Wasserböcke, Impalas, Fischotter und

Ichneumons. Ebenso betrifft das zu all diesen Arten nahverwandte, die heute noch so kennzeichnend für Afrikas Tierwelt sind und die natürlich gleich ihren Vettern damals auch bereits ausgeprägt waren. So daß z. B. außer Makaken, Pavianen und Mangaben auch schon Meerkatzen und Stummelaffen vorhanden gewesen sein müssen. Zumal, wenn sie anderswo bereits aufgefunden wurden, wie z. B. die Meerkatzen im Pliozän Indiens, wo heute entgegen der Vielzahl afrikanischer keine mehr vorkommt. So sind denn Hirschferkel, Ducker, Zwergböckchen, Oribis, Steinböckchen, Klippspringer, Langhalsgazellen, Sumpf- und Moorantilopen, Bongos, Nyalas, etliche Schleichkatzen (Kusimansen, Genetten, Surikaten, Zibetkatzen u. a.), Kleinkatzen (Falbkatzen, Rohrkatzen, Schwarzfußkatzen, Servale, Steppenluchse), Füchse, Schuppentiere, Stachelschweine und viele Kleinsäuger (Spitzmäuse, Otterspitzmäuse, Fledertiere, Hasentiere, Mäuse, Ratten, Erdwühler u. a.) zumindest gattungs- wenn nicht sogar artgleich mit dazuzurechnen, um sich eine richtige Vorstellung von der Fülle damaliger afrikanischer Säugetierarten zu machen.
Um die Mitte der Eiszeit bekam Afrika durch die **Landbrücken** von Gibraltar und Sizilien wieder Verbindung mit Europa und durch die der Suezenge mit Vorderasien. So konnten Zwergelefant (*Loxodonta jolensis = iolensis*), Mammut (*Mammuthus primigenius*), Wald- oder Merck- und Wollnashorn (*Dicerorhinus kirchbergensis = mercki, Coelodonta antiquitatis*), Wildpferde, Wildschwein (*Sus scrofa*), Rothirsch (*Cervus elaphus*), Riesenhirsch (*Megaloceros* oder *Megaceroides algericus*), Mesopotamischer Damhirsch (*Cervus mesopotamica*), Ur (*Bos primigenius*), Mufflon (*Ovis ammon musimon*), Mähnenschaf (*Ammotragus lervia*), Alpen- und Iberiensteinbock (*Capra ibex* und *pyrenaica*), Braun- und Höhlenbär (*Ursus arctos* und *spelaeus*), Rotfuchs (*Canis vulpes*), Eurasischer Fischotter (*Lutra lutra*), Luchs (*Lynx lynx*) u. a. nach Nordafrika einwandern. Doch blieben sie in Nordafrika und drangen nicht über die vom Atlas-Südrand und der heutigen Wüste Nordrand gebildete Grenze vor. Denn der eiszeitliche Klimawechsel bewirkte Pluviale und Interpluviale entsprechend den Eis- und Zwischeneiszeiten der Nordhalbkugel (s. o.). Die kühleren Pluviale förderten die Waldausbreitung, so daß die Tiere des Mittelmeergebietes weiter südwärts und weniger kälteempfindliche Arten vom Norden bis Kleinasien, Syrien, Palästina, Sinai und Äthiopien (z. B. Schneemaus und Steinbock) vordrangen. Die wärmeren Interpluviale begünstigten die Savannen- und Steppenausdehnung, womit wärmeliebende Arten bis Ägypten und Syrien gelangten (z. B. Giraffe, Dorkasgazelle, Spießbock).
In der zweiten Eiszeithälfte lebte in Nordafrika das Thomas-Kamel (*Camelus thomasi*). Es war ein Trampeltier und kein Dromedar von rund 1,2 bis 1,3facher Größe des heutigen Hauskamels. Fund- und zeitmäßig ist es bis jetzt nachgewiesen von Marokko und Tschad bis Nubien und vom Mittelpleistozän bis in die frühe Nacheiszeit. Es kam vermutlich mit den eben erwähnten mittelpleistozänen Zuwanderern aus dem Norden oder Nordosten und war wohl Vorfahre der heutigen asiatischen Wild- und Haustrampeltiere.
War die Villafranchium-Säugerwelt in ganz Afrika noch weitgehend einheitlich, so verschwanden im Mittelpleistozän die tertiären Mitglieder und kamen von Norden und Nordosten die genannten eurasiatischen **Zuwanderer**, die sich jedoch auf Nordafrika beschränkten. Das späteiszeitliche, der Würmeiszeit entsprechende Pluvial festigte die Waldbestände des Atlasgebietes und Mittelmeerrandes noch einmal besonders, bevor der geschichtliche Mensch mit seinem Raubbau begann, so daß im siebenten vorchristlichen Jahrhundert dort sehr wahrscheinlich noch Menschenaffen lebten. Außerdem verlängerten und verbreiterten die **Pluviale** den mittelafrikanischen Waldgürtel, so daß er auch die Ostküste erreichte, während ihn Interpluviale wieder zurückgehen und eine Verbindung zwischen den südwestlichen und nordöstlichen Trockengebieten

entstehen ließen. Dadurch und durch die Nordostzuwanderer erklärt sich einmal das Herausbilden der tiergeographischen Unterregionen Afrikas (ost-, west-, südafrikanische und madagassische; der Norden gehört zur Palaearktis), andererseits manche heutigen Verbreitungslücken wie die zwischen dem nördlichen und südlichen Breitmaulnashorn oder den südwestlichen und nordöstlichen Dikdiks usw. und schließlich das Vorhandensein westafrikanischer Urwaldarten in den Urwäldern ostafrikanischer Vulkankegel wie z. B. des Bongos am Kenia- und Meruberg u. a.

Madagaskar löste sich im Laufe des Erdmittelalters von Afrika, vereinigte sich wieder mit ihm im Oligozän, um sich im Laufe des Miozäns abermals von ihm zu trennen und ihm im Plio-Pleistozän durch Schmal- und Flachwerden der Straße von Mozambique nochmals sehr nahe zu kommen. Nur im Oligo-Miozän war also den ostafrikanischen Säugetieren ausreichend Gelegenheit geboten, Madagaskar zu besiedeln. Da es sich damals um eine feuchtwarme Waldzeit im Bereich des südlichen Monsungürtels handelte, kamen auch fast nur damalige Waldtiere hinüber und zwar Kerbtierfresser, Raubtiere, Halbaffen und Nagetiere. Die frühtertiäre (palaeogene) Säugerwelt Madagaskars ist bisher noch nicht bekannt. So läßt sich auch noch nicht erklären, warum gerade nur diese Gruppen dort Fuß faßten und nicht auch z. B. damalige afrikanische Rüssel-, Kohlen-, Schreckenstiere, Urschweine, Zwergböckchen und Urducker, um nur ausgesprochene Waldformen der frühtertiären Säugetiere Afrikas zu nennen. Die Kerbtierfresser, Raubtiere, Halbaffen und Nagetiere konnten sich ungehindert über die Insel ausbreiten und für alle Lebensräume geeignete Arten herausbilden, wodurch sich ihre Erscheinungsvielfalt erklärt. Die mitteltertiäre Loslösung Madagaskars von Afrika hielt spätere, höher entwickelte und damit überlegenere Nachwanderer fern und bewahrte so die als Ersteinwanderer einheimisch (endemisch) gewordenen Siedler bis in die Gegenwart. Natürlich wandelten auch sie sich im Laufe der nachfolgenden langen Zeiten, vor allem im Hinblick auf besondere Anpassungen, wobei Arten ausstarben und neue entstanden. Doch blieb insgesamt die Altertümlichkeit ihrer Merkmale bewahrt. Damit treten dem forschenden Menschen wie in Australien und Südamerika, den anderen beiden großen Rückzugsländern alter Säugetierformen, noch heute Tiergestalten vor das Auge, wie sie vor rund 35 bis 30 Millionen Jahren allgemein üblich waren.

Die rezenten **Kerbtierfresser** Madagaskars behielten teils noch fast beutelrattenähnliche (Borstenigel, *Tenrec ecaudatus*) oder schlitzrüßlerartige (Halbborstenigel, *Hemicentetes*, 2 Arten) Urtümlichkeit oder wurden igelartig (Igeltanrek, *Setifer setosus*;. Langstacheltanrek, *Echinops telfairi*; Kurzstacheltanrek, *Dasogale fontoynauti*) oder maulwurfsartig (Reiswühler, *Oryzoryctes*, 3 Arten) oder spitzmausähnlich (Zwergfretts, *Microgale*, 18 Arten) oder otterspitzmausartig (Wasserfretts, *Limnogale*, 2 Arten) oder mausähnlich (Mausfrett, *Geogale aurita*, seit dem Miozän unverändert). So verteilen sich die 30 Kerbtierfresserarten Madagaskars als Revierbummler (Borsten-, Halbborstenigel und Tanreks), Bodenschlüpfer (Zwerg- und Kleinfretts) und vermutlich auch Kletterer im Gesträuch (Mausfrett) und Schwimmer (Wasserfrett) auf unterschiedliche Lebensräume.

Für das **Oligozän**, die Zeit, in der die Vorfahren der Madagaskar-**Raubtiere** nach Madagaskar kamen, hat man für Afrika bisher nur Urraubtiere (Creodonta) festgestellt. Daneben bestanden aber dort sicherlich Schleichkatzen (Viverridae), die für diese Zeit für Europa und Asien auch bereits nachgewiesen waren, denn alle rezenten Raubtiere Madagaskars gehören nur zu dieser Familie. Nun stellen aber auch die Viverriden eine alte Familie und unter den lebenden Landraubtieren der Katzen, Hyänen, Hunde, Marder, Kleinbären und Bären die urtümlichste und ungeachtet dessen heute noch mit 71 Arten die bei weitem formenreichste dar. Auch auf Mada-

gaskar spalteten die Schleichkatzen sich auf. Ihre lebenden 7 Arten gehören deshalb auch zu 7 verschiedenen Gattungen und diese zu 3 getrennten Unterfamilien. Von letzteren sind 2 (Cryptoproctinae und Galidiinae), von den Gattungen alle nur Madagaskar zu eigen, was ebenfalls für die lange Abgeschlossenheit auf der Insel spricht. Die dritte Unterfamilie der Hemigalinae mit ihren 2 Arten Falanuk und Fanaloka (*Eupleres goudoti* und *Fossa fossa*) hat eigenartigerweise weitere Angehörige nicht in Afrika sondern in Südasien, wo sie als Bänder-, Flecken-, Schlichtroller und Mampalon (*Hemigalus derbyanus, Chrotogale owstoni, Diplogale hosei* und *Cynogale bennetti*) in Hinterindien, Sumatra und Borneo ebenfalls Restarten in Rückzugsgebieten darstellen.
Das größte madagassische Raubtier ist die fuchsgroße Frettkatze (*Cryptoprocta ferox*), die in Körperbau, Aussehen und Bewegung auf die Katzen (Felidae) hinweist und deswegen innerhalb der Schleichkatzen Unterfamilienrang innehat (Cryptoproctinae), bzw. als letzte Überlebende der alttertiären Vorkatzen (Proailurinae) angesehen wird. Auch die 4 Madagaskarmungos bilden eine eigene nur madagassische Unterfamilie (Galidiinae). Sie heißen Mungos, weil sie eine gewisse Ähnlichkeit mit diesen Tieren zeigen (Breitstreifen-, Bänder- oder Schmalstreifen-, Ringelschwanz- und Schlichtmungo; *Galidictis fasciata, Mungotictis decemlineata, Galidia elegans* und *Salanoia concolor*).
Die **Herrentiere** (Primates) erreichten Madagaskar nur im Halbaffenzustand (Prosimii) und kamen dort nie über diese Stufe hinaus. Dafür entwickelten sie zahlreiche, kleine (nur mausgroße) bis menschenaffengroße Arten. Letztere waren mindestens im Pleistozän vorhanden (*Megaladapis, Hadropithecus, Palaeopropithecus*), wie Moor- und Höhlenfunde beweisen, und starben erst nach dem Eintreffen des Menschen in früh- oder geschichtlicher Zeit aus. Von ihnen erreichte der Riesenmaki *Megaladapis* sogar die Größe eines Esels.
Die Madagaskarhalbaffen bilden innerhalb der Unterordnung der Halbaffen (Prosimii) eine eigene Zwischenordnung (Lemuriformes), was für ihre frühe erdgeschichtliche Isolierung spricht. Die durch 3 Familien mit 10 Gattungen und 19 Arten vertretenen rezenten Lemuriformes bezeugen heute noch die Formenfülle, die die Lemuren durch das Besetzen aller ihnen zusagenden Lebensräume auf Madagaskar hervorbrachten. Vom nur mausgroßen Mausmaki (*Microcebus murinus*), der mit einer Kopfrumpflänge von rund 10 cm der kleinste lebende Primate ist, bis zum gibbongroßen Indri (*Indri*) sind alle Zwischengrößen vertreten. Die Mausmakis erinnern an Bilche, die Makis (*Lemur*) an Meerkatzen, das Fingertier (*Daubentonia*) mit seinen scharfen Nagezähnen und dem buschigen Schwanz an Hörnchen, der schwanzlose Indri, der auch aufrecht auf dem Boden einhergeht, an Gibbons, der auch felsbewohnende Katta (*Lemur catta*) an Makaken usw. Auch das Nachtleben, das so kennzeichnend für Halbaffen ist, und das zusammen mit dem furchterregenden Geschrei den madagassischen Lemuren den Namen nach den im alten Rom ebenso genannten angeblichen Spukgeistern Verstorbener gab, tauschten sie z. T. mit dem Tagleben wie der Katta und andere Arten der Gattung *Lemur*, wie die Sifakas (*Propithecus*) und der Indri.
Die **Nagetiere** blieben alle klein, nur maus- bis rattengroß und -ähnlich, im Körperbau dabei so urtümlich, daß ihre nächsten Verwandten nur im Alttertiär Europas nachweisbar sind. Die Madagaskarnager bilden deshalb mit ihren rezenten 7 Gattungen und 10 Arten eine eigene Unterfamilie der Inselmäuse (Nesomyinae) innerhalb der Familie der Wühler (Cricetidae). Die Großfußmäuse (*Macrotarsomys*, 2 Arten) sind waldmausartig, auch in der Lebensweise. Die Inselmaus (*Nesomys*, 1 Art) und die Nacktschwanzmaus (*Gymnuromys*, 1 Art) sind rattenartig, der Lebensweise nach

jedoch noch ungenügend bekannt. Die Kurzfußmaus (*Brachytarsomys*, 1 Art) sieht einer Rötelmaus ähnlich und lebt auch so. Die Bilchschwänze (*Eliurus*, 2 Arten) haben Schläfergestalt und klettern wie diese. Die Kaninchenmaus (*Hypogeomys*, 1 Art) zeigt zwar den Habitus einer Ratte, lebt aber wie ein Kaninchen, während die Kurzschwanzmäuse (*Brachyuromys*, 2 Arten) wie Wühlmäuse aussehen und gleich diesen in Grasfilztunneln umherschlüpfen.

Alteingesessen scheint auch das madagassische Haftscheibenfledertier (*Myzopoda aurita*) zu sein, das an Daumengrund und Fußsohle Saugpolster trägt und nur auf Madagaskar beheimatet ist. Es verkörpert eine eigene Familie (Myzopodidae) wie die mit ähnlichen Haftscheiben versehene Fledertierfamilie Thyropteridae Mittel- und Südamerikas (1 Gattung, 2 Arten). Die anderen 21 **Fledertierarten** Madagaskars (3 Flughunde, 18 Kleinfledertiere) flogen sicherlich erheblich später zu, teils vom afrikanischen Festland, teils von Osten her, da sie keine nur Madagaskar eigenen Familien, ja nicht einmal Gattungen sondern höchstens einige wenige endemische Arten stellten.

Im **Plio-Pleistozän**, als Madagaskar noch einmal wieder in erreichbarer Nähe des afrikanischen Festlandes lag, gelangten **Flußschweine** (*Potamochoerus*) und Flußpferde auf die Insel. Die Flußschweine hielten sich und sind heute nur unterartlich von den festländischen verschieden. Die **Flußpferde** starben angeblich in vorgeschichtlicher Zeit wieder aus, können aber auch erst durch den Menschen ausgerottet worden sein. Sie gehörten zu einer verzwergten Art (*Hippopotamus lemerlei*), die einen ähnlichen Ahnen im Frühpleistozän in Ostafrika hatte (*Hippopotamus imaguncula*), und wie solche sich damals ähnlich auch auf Mittelmeerinseln entwickelten. Mit dem urtümlichen Zwergflußpferd Westafrikas (*Choeropsis liberiensis*) sind sie nicht näher verwandt.

Auch **Erdferkel** haben einmal Madagaskar bewohnt, worauf einige eiszeitliche Reste hindeuten. Möglich, daß auch das Erdferkel erst vom Menschen ausgerottet wurde. Ebenso lebten seit dem Frühtertiär **Seekühe** und **Wale** in Madagaskars Küstengewässern. Für die Seekühe liegt ein miozäner Dugongfund (vermutlich ein *Halitherium*) vor.

Am **Ende des Pleistozäns**, vor rund 15 000 Jahren, war **Afrika** ein einziger riesiger Tiergarten. Es lebten damals auf dem afrikanischen Festland, wenn man sich auf die Nennung der Familien beschränkt: Goldmulle (Chrysochloridae), Igel (Erinaceidae), Rüsselspringer (Macroscelididae), Spitzmäuse (Soricidae), Fledertiere (Chiroptera) und zwar Flughunde und Kleinfledertiere, Halbaffen der Familie Loris (Lorisidae), Tieraffen (Cercopithecidae), Menschenaffen (Pongidae), Hasen (Leporidae), Hörnchen (Sciuridae), Springhasen (Pedetidae), Wühler (d. h. Wühlmäuse im weiteren Sinne, Cricetidae), Wurzelratten (Rhizomyidae), Mäuse (Muridae), Stachelschweine (Hystricidae), Rohrratten (Thryonomyidae), Felsenratten (Petromyidae), Sandgräber (Bathyergidae), Kammfinger (Ctenodactyliidae), Hunde (Canidae), Bären (Ursidae), Marder (Mustelidae), Schleichkatzen (Viverridae), Hyänen (Hyaenidae), Katzen (Felidae), Säbelzahnkatzen (Machairodontidae), Erdferkel (Orycteropidae), Elefanten (Elephantidae), Schliefer (Procaviidae), Einhufer (Equidae), Nashörner (Rhinocerotidae), Schweine (Suidae), Flußpferde (Hippopotamidae), Kamele (Camelidae), Zwergböckchen (Tragulidae), Hirsche (Cervidae), Giraffen (Giraffidae) und Hornträger (Bovidae), zu denen außer den Rindern auch Wildschafe, Wildziegen, Ducker, Gazellen, Antilopen usw. zu rechnen sind. Allein in Nordafrika begegnete der Mensch – um nur Huf-, Raubtiere und Affen zu nennen – Elefanten, Breit- und Spitzmaulnashörnern, Wildpferden, Wildeseln, Zebras, Warzen- und Wildschweinen, Flußpferden, Kamelen, Riesen-, Rot- und Damhirschen, Lang- und Kurzhalsgiraffen, Spießböcken, Pferde-, Mendes-, Kuhantilopen, Weißschwanz- und Weißbartgnus, Elenantilopen,

Kudus, Wasserböcken, Grasantilopen, Riedböcken, Grant-, Dama-, Sömmering-, Dorkas-, Echt-, Rotstirn-, Heuglin-, Dünen-, Giraffengazellen, Mähnenschafen, Steinböcken, Alt-, Wasser-, Kaffernbüffeln, Uren, Schakalen, Rot-, Sand-, Blaß-, Wüstenfüchsen, Hyänenhunden, Bären, Iltissen, Wieseln, Streifenwieseln, Honigdachsen, Fischottern, Ichneumons, Ginsterkatzen, Flecken- und Streifenhyänen, Löwen, Leoparden, Geparden, Servalen, Wüstenluchsen, Falb- und Wüstenkatzen, Berber-, Husarenaffen, Pavianen und wahrscheinlich auch Menschenaffen. Das sind zusammen 68 Arten. Dazu sind noch erwähnenswert an größeren Tieren Hasen, Stachelschweine, Erdferkel, Strauße und Krokodile. Von diesem Paradies Afrika, in dem sich über 100 Millionen Säugetiere bewegten, blieb nur ein schwacher Abglanz. Eine seit dem Eiszeitende fortschreitende (z. T. vom Menschen mit verursachte) Austrocknung ließ mehr als ein Viertel des Erdteils zur Wüste werden; menschliche Jagd, Besiedlung, Landnutzung und Lebensraumzerstörung rotteten die Großtierwelt der meisten Gebiete aus. Die Beziehung des Menschen zum Wild in Afrika ist eine sich über Jahrhunderttausende erstreckende Geschichte, deren Schilderung ein eigenes Buch füllen würde. In ihrem Verlauf verschwanden Dutzende von Großsäugerarten für immer, bereits vor 50 000 Jahren am Acheuléenende über 2 Dutzend Großsäugergattungen, als letzte Formen Blaubock, Quagga, Kap- und Berberlöwe gleichsam noch in unserer Zeit.

Auch in **Madagaskar** hörten mit dem Auftauchen des Menschen in der Malaiisch-Indischen Invasion um 500–900 n. Chr. die paradiesischen Zustände mit der Vernichtung von 14 Großhalbaffen- und 4 Riesenstraußarten schnell auf und setzte die bis heute fortgeführte Entwaldung ein.

So möge denn die nachfolgende Schilderung der afrikanischen und madagassischen Säugetiere mit dazu helfen, sich bewußt zu werden, welches, auch heute trotz aller bisherigen Aderlässe, immer noch reichhaltiges Erbe es für die Zukunft zu bewahren gilt.

Hauptteil

Benutzungsanweisung

In den nachfolgenden Artbeschreibungen gelten die Abkürzungen:

A	Afrikaans	S	Sinne
E	Englisch	SL	Schwanzlänge
F	Französisch	Tr	Territorium
Fd	Feinde	Tt	Tätigkeit
Fp	Fortpflanzung	UA	Unterarten
G	Gewicht	V	Verbreitung
Gb	Gebiß	W	Wohngebiet
GL	Gesamtlänge (KR + SL)	nl	nördlich
Gr	Geschlechtsreife	sl	südlich
Gs	Geselligkeit	öl	östlich
H	Horn, Hörner	wl	westlich
K	Kisuaheli	nw	nordwärts
KH	Körper-(Widerrist-)höhe	sw	südwärts
Kp	Körperpflege	ow	ostwärts
KR	Kopfrumpflänge	ww	westwärts
Kn	Kennzeichen	N	Nord-
Ld	Lebensdauer	S	Süd-
Lr	Lebensraum	O	Ost-
Lt	Lautgebung	W	West-
Lw	Lebensweise	M	Mittel-
M&G	Maße & Gewicht	♂	Männchen
MA	Madagassisch	♀	Weibchen
N	Nahrung	∅	Durchschnitt

Alle Maße in cm, alle Gewichte in g oder kg je nach Artgröße

Im Gebiß:
I = Incisivi (Schneidezähne)
C = Canini (Eckzähne)
P = Praemolares (Vorbackenzähne)
M = Molares (Mahlzähne)
In der Gebißformel betrifft die 1. Zahl die Schneide-, die 2. die Eck-, die 3. die Vorbacken- und die 4. die Mahlzähne. Aufgeführt sind meist nur die Zahlen einer Kieferhälfte. Sie werden deshalb mal 4 genommen, um die Gesamtzahnzahl zu erhalten. Ist die Zahl einer Zahnsorte im Ober- und Unterkiefer verschieden, steht die des Oberkiefers vor, die des Unterkiefers hinter einem Schrägstrich (z. B. 2/3), ändern diese Zahlen innerhalb einer Säugetierart ab, stehen zwei Zahlen vor oder hinter dem Schrägstrich (z. B. 1–2/1 oder 1–2/2–3).

Die neben den Artnamen am Rande stehenden Zahlen weisen auf die Farbtafeln hin. Die erste Zahl bezeichnet die Tafelnummer, die zweite Zahl die Figurennummer auf der Tafel.

Paarhufer, Artiodactyla

Schweine, Suidae

Mittelgroße, plumpe Paarhufer auf ziemlich niedrigen Läufen, mit langgestreckter Schnauze, die in einer nackten, drüsenreichen Rüsselscheibe endet. Eckzähne oft vergrößert (Hauer). Gesicht z. T. mit Höckern oder Warzen oder Polstern oder Haarbüscheln oder Wangenbart. Zehenzahl 4/4, Afterzehen (2. u. 5.) kürzer als Vorderzehen (3. u. 4.), erreichen normalerweise Boden nicht. Haut dick, nackt oder dicht borstig oder wollig behaart, manchmal Nacken- oder Rückenmähne. Frischlinge einfarbig oder längsgestreift. Nichtwiederkauende, gesellige Allesfresser. Ursprünglich nur in der Alten Welt, jedoch eingeführt wild oder als Haustiere und wieder verwildert in Neuguinea, Melanesien, Australien, Neuseeland, Madagaskar, Nord- und Südamerika und verschiedenen anderen Orten und Inseln. 5 Gattungen mit zusammen 8 Arten, davon 4 Gattungen mit je 1 Art in Afrika nebst Madagaskar.

Busch-, Flußschwein oder **Pinselohrschwein,** *Potamochoerus porcus* (Linné, 1758). 1/1
E.: Bush Pig, River Hog, Red River Hog, African Water Hog; F: Le Potamochère 1/2
d'Afrique; A: Bosvark; K: Nguruwe
Kn Körperfarbe hell rotbraun (Regenurwaldtiere) bis graubraun, dunkelgrau u. -braun mit bis zu schwarzbrauner Unterseite u. schwarzen Beinen (Buschlandtiere), weißlicher Rückenhaarkamm, lange Ohrpinsel. Frischlinge mit hellen Längsstreifen oder Fleckenreihen, Buschlandfrischlinge z. T. mit hellen Füßen, Schwanz u. Ohrrand. Gb 3/3 · 1/1 · 4/3 · 3/3 = 42, obere C bis 10, untere bis 16 cm. 6 (4) Zitzen. Voraugen-, Zehen- u. Hand- bezw. Fußgelenkdrüse vorhanden. – **M&G** KR 100–150, SL 30–45, KH 55–80 (Senegal 100), G 45–120 (Senegal 150). – **V** Afrika sl. Sahara, S-Äthiopien u. S-Somalia sw bis SW-Kapland, auch auf Madagaskar (Malagasy), Mayotte (Kormoren), Sansibar u. Mafia. 13 UA. – **Lr** Ebene u. Bergland bis 4000 m; Primär-, Sekundär-, Galerie-, Buschwald, Sumpfland, Schilf, Hochgras, Waldstücke, Buschhorste in der Savanne, seltener in offener Savanne u. Steppe; auch i. Kulturland, wo geschützte Einstände. – **Tr** Territoriumgrößen u. -einrichtungen sowie Wanderungen noch nicht erforscht. Bei zusagenden Lebensbedingungen ziemliche Standorttreue, Aufsuchen reifender Früchte über größere Entfernungen wahrscheinlich. Vermutlich keine Wohngebietsverteidigung im Sinne eines Territoriums. – **Tt** Ungestört auch tags tätig, bei Bejagung nur nachts oder in der Dämmerung. Ruheplätze in Dickicht, Buschwerk, Hochgras, Schilf u. ä., Wassernähe bevorzugt. – **Kp** Kratzen, Scheuern, Rutschen, Wälzen, Suhlen; gegenseitiges Beknabbern u. Belecken selten. Gute Schwimmer. ♀ leckt und putzt Frischlinge nicht. – **Lt** Grunzen, weich u. regelmäßig als Stimmfühlung, hart u. drohend bei Ärger u. Wut. Quieken beim Paarungsspiel oder in Not, bei Frischlingen Verlassenheitsruf oder gellend als Angstgeschrei. Blasen, Schnaufen, Prusten bei Erschrecken u. als Warn- u. Drohsignal. – **S** Geruch sehr gut, Gehör gut, Sehen mäßig. – **Fd** Hauptfeinde Leopard u. Löwe. Ihre Ausrottung fördert Buschschweinvermehrung. Eltern verteidigen Frischlinge durch Schlagen mit den Eckzähnen gegen Leopard und Hunde, selten Mensch. – **N** Allesfresser: Gräser, Kräuter, Wurzeln, Knollen, Feldfrüchte, Obst, Wildfrüchte, Samen, Pilze, Kleintiere, Jungwild, Aas, Tiere in Fallen u. Schlingen, mineralsalzhaltiger Boden. Als Bodenwühler starker Ackerbauschädling. – **Gs** In Familienrotten

von meist 6–12, manchmal bis 24 Tieren, geführt von einem starken ♂, manchmal Großverbände bis 100 Tiere. Alt♂ auch als Einzelgänger. Längere Bindung von ♂ u. ♀ über Paarung u. Frischlingsführung hinaus wahrscheinlich. – **Fp** Paarungszeit zu allen Jahreszeiten möglich, meist so, daß Wurfzeit in nahrungsgünstige Saison fällt, daher in O- u. S-Afrika hauptsächlich Oktober-März, Schwerpunkt November-Januar. Tragzeit 120–130 Tage, Wurfgröße meist 3–6, öfter bis 8, selten bis 10 Frischlinge. 2 Würfe jährlich möglich. ♀ baut gras-etc.-gefütterten Wurfkessel. Frischlinge bleiben ersten Tage ganz im Kessel. ♀ frißt Nachgeburt nicht. Familie bleibt in Kesselnähe. Geburts-G 0,65–0,9; – KR 45–65; wöchentliche G-Zunahme 0,8–1 bis in 10. Monat. Größenwachstum bis 2 Jahre. Nestkleidwechsel mit rd. $^1/_4$ Jahr, Geschlechtsverhältnis rd. 1 : 1. – **Gr** Mit $1^1/_2$–$1^3/_4$ Jahr. – **Ld** 12–15 Jahre.

1/4 **Waldschwein** oder **Riesenwaldschwein,** *Hylochoerus meinertzhageni* Thomas, 1904. E: Forest Hog, Giant Forest Hog; F: L'Hylochère géant; K: Nguruwe
Kn Rüsselscheibe sehr breit (bis 16 cm). Unterm Auge auf verbreitertem Jochbogen großer, breiter, baumschwammartiger, drüsenreicher Hautwulst. Voraugen- u. Vorhautdrüse vorhanden. 4 Zitzen. Gb 1/2–3 · 1/1 · 3/2 · 3/3 = 32–34. Obere C stark nach hinten gebogen, unterseits mit Schmelzleisten (Länge bis 30 cm), untere lang, spitz, scharfkantig, schräg aufwärts gerichtet, nur sie dienen als Waffen. Haut aschgrau, Haar abgeplattet, 10–15 cm lang, dunkelbraun bis schwarz. Westafrikaner etwas weniger schwarz, Brust und Flanken etwas weiß untermischt, Mundwinkel mit hellem Haarbüschel, gleiches hinterm Ohr. Frischlinge 3 Monate lang einfarbig braun (in Westafrika angeblich mit dunklen Seitenstreifen auf etwas hellerem Grund), Rückenhaar mähnenartig verlängert. – **M&G** KR 155–180, SL 25–35, KH 80–110, G 100–250, ♂ größer u. schwerer als ♀. – **V** Mittelafrikanischer Waldgürtel von Liberia bis Kamerun, Nord-Zaire, Bahr-el-Ghasal, Süd-Äthiopien (Wollega u. Jimma), Kenia u. Nord-Tansania. Oft nur inselartig auftretend oder bisher noch nicht überall nachgewiesen. 3 UA – **Lr** Große Wälder mit Dickichten u. offeneren Hochwaldstellen u. Lichtungen in Ebene u. Gebirge. Im Kiwu-Nationalpark auch auf buschhorstbestandenen Grasebenen. – **Tr** Wohngebiet groß, wird in sich wiederholenden Rundwanderungen durchzogen, wird nicht markiert u. nicht verteidigt. Kotabsatz gern an gleichen Plätzen, (beliebt sind Wurzelgruben gestürzter Bäume), wodurch große Dunghaufen. – **Tt** Nachts u. mittags ruhend in verfilzten Dickungen, die von tunnelartigen Wechseln durchbrochen u. mit kesselartigen Lagerplätzen versehen. Vor- u. nachmittags auf Futtersuche. – **Kp** s. Buschschwein S. 31. – **Lt** Grunzen u. Grollen, als Stimmfühlungslaut ein hohes kläffendes Wäh-wäh, manchmal auch bei spielerischer Abwehr. Kämpfende ♂♂ röhren gelegentlich sehr laut (leise beginnend, elefantenartig anschwellend u. löwengrollenartig ausklingend). – **S** Gehör sehr scharf, Geruch gut, Sehvermögen mäßig. – **Fd** Leopard u. Goldkatze, aber nur für unbeaufsichtigte Frischlinge. Verteidigung: s. Buschschwein S. 31. Kampferregte ♂♂ sondern Augenwinkelschaum ab. – **N** Gräser, Kräuter, Blätter, Knospen, Wurzeln, Beeren, abgefallene Früchte, gelegentlich Feldfrüchte in waldnahen Eingeborenensiedlungen. Kein Bodenwühlen. – **Gs** In Familien von 4–12 wie Busch- u. Wildschwein, wahrscheinlich Lebensehe, zumindest Saisonehe, Eltern verteidigen Junge gemeinsam. Zuweilen kleine Junggesellentrupps (vermutlich aus überzähligen ♂♂), Alttiere manchmal Einzelgänger. – **Fp** Kaum jahreszeitlich gebunden, da Junge das ganze Jahr über beobachtet, doch gegendweise Oktober–November bevorzugte Paarungszeit. Tragzeit 4–$4^1/_2$ Monate, Wurfgröße 1–4 (manchmal bis 8), meist bleiben nur 1–2 übrig, da ungeschickte Mutter welche im Lager erdrückt. Einzelheiten des Heranwachsens u. **Ld** Nicht bekannt, vermutlich ähnlich Busch- u. Wildschwein.

Wildschwein, *Sus scrofa* Linné, 1758. E: Wild Boar, F: Le Sanglier 60/6

Kn Gestalt wie europäisches Wildschwein, Haarkleid gelb mit untermischtem Olivgraubraun. Beine, Schnauze, Augenumgebung, Ohrrückseite u. Schwanzquaste dunkeloliv- bis schwarzbraun. Frischlinge braun mit beiderseits 3–4 gelblichen Längsstreifen. Gb $3 \cdot 1 \cdot 4 \cdot 3 = 44$. C scharf, obere 5–8, untere 6–9 cm. Voraugen-, Kinn-, Handgelenk- u. Vorhautdrüse vorhanden, 10–12 Zitzen. – **M&G** KR 110–130, SL 15–21, KH 70–90, G 60–130, ♂ größer u. schwerer als ♀. – **V** Nordafrika. In Marokko u. Algier bis Sahara-Atlas-Südrand, im dicht besiedelten Kulturland ausgerottet. N-Tunis (Khroumerie-Bergwälder u. Umgebung). In Lybien nur noch in Leptis magna u. Cyrenaika. In Ägypten um 1900 ausgerottet. Im Sudan in Kordofan u. Senaar nur verwilderte Hausschweine, ebenso auf ostafrik. Inseln Mafia u. Pemba. 1 UA: 1 Berberw., *barbatus* Sclater, 1860 (= *algirus* Loche, 1867; *sahariensis* Heim de Balsac, 1937). – **Lr** Bewachsenes Gelände wie Wald, Gehölze, Baumgruppen, Gebüschhorste, Macchia, Schilf, Röhricht, Halfagras etc. in Ebene u. Gebirge. Wasser zum Trinken u. Suhlen muß erreichbar sein. Ortsveränderungen richten sich nach Nahrungsangebot u. Deckung. Bejagung führt zu Unstetigkeit. – **Tr** s. Buschschwein S. 31 – **Tt** Ungestört vorwiegend morgens, spätnachmittags u. abends, mittags u. nachts ruhend. Bei Bejagung Nachttier. – **Kp, S** u. **N** s. Buschschwein, S. 31. –

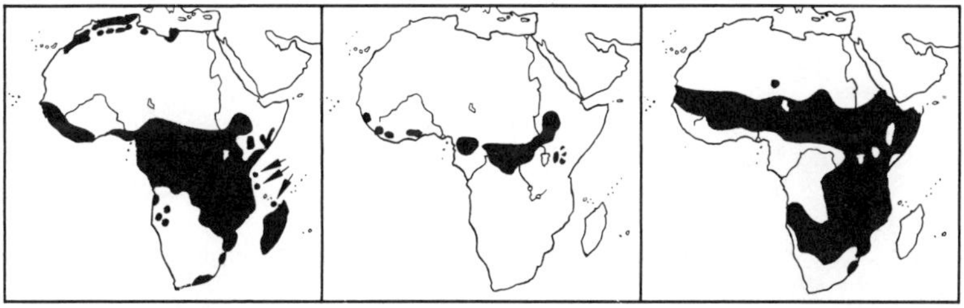

Wildschwein (nördl. Sahara) Waldschwein Warzenschwein
Buschschwein (südl. Sahara)

Lt Ähnlich Buschschwein, S. 31. Rhythmisches Grunzen des führenden ♀ löst Nachfolgen der Frischlinge aus. »Oink oink oink« ♀–Lockruf für Frischlinge zum Saugen. Bei Gefahr kurzer Schrecklaut »Wuff« des ♀, Frischlinge verkriechen sich sofort regungslos im Wurfkessel oder Bodenwuchs (Sichdrücken). Verirrte Frischlinge quieken (Verlassenheitsruf), ♀ antwortet mit röchelndem Grunzen. Hilfeschrei bedrohter Frischlinge alarmiert nicht nur die eigene Mutter, sondern alle führenden ♀♀ in Nähe zum Angriff. Abgehacktes Grunzen ist Suchlaut, gellendes Grunzen Demutslaut, ausgedehntes Grunzen Schlaflaut der Frischlinge. Mutter erkennt Junge nicht an Stimme sondern Geruch. – **Fd** Löwe u. Leopard Hauptfeinde. Beide heute dort ganz bzw. fast ausgerottet. Verteidigung s. Buschschwein S. 31. – **Gs** Familienrotten als Mutterfamilien, ♂♂ in Nähe, oft mehrere Rotten beieinander, zum Werfen ♀♀ abseits, ♂ wacht in Nähe. Alte ♂♂ oft Einzelgänger. – **Fp** Wurfzeit Spätwinter–Frühjahr je nach Landschaftsklima. Tragzeit 112–120 Tage, Wurfgröße 5–8 (4–12), 2 Würfe im Jahr möglich. Säugezeit 2–3 Monate, erste Festnahrung nach 1–2 Wochen. ♀ baut gras- oder laubgefütterten Wurfkessel. Kesselverlassen nach 12–24 Stunden, von da ab kurz oder länger je nach Witterung, nach 1½–2 Wochen endgültig, da dann Frischlinge Körpertemperatur von 40 ° ständig halten können. Geburts-G u. Entwicklung ähnlich Buschschwein, S. 32. – **Gr** Mit ¾–1½ Jahr, ersteres bei ♀♀ in guten Mastjahren. – **Ld** 15–20 Jahre.

1/3 **Warzenschwein,** *Phacochoerus aethiopicus* (Pallas, 1767). E: Wart Hog, F: Le Phacochère; A: Vlakvark; K: Nigri
Kn Haarkleid nur einzelstehende Borsten, doch von Stirn bis Rückenmitte lange, gelb- bis dunkelbraune aufrichtbare Mähne, Unterkieferunterrand mit Backenbart (Borstensaum). Vorderschnauze durch C-Wurzeln sehr breit. Jede Kopfseite mit 3 Hautwarzen (infraocular, praeocular u. mandibular, erstere bei ♂ bis 15 cm lang, zweite bei ♀ spät erscheinend u. schwach). Frischlinge graurosa behaart, nach 1 Woche grau. Haut der Alttiere grau u. mehr oder weniger faltig. Gb anfangs 1/3 · 1/1 · 3/2 · 3/3 = 34, dann ausfallend bis auf 0/2 · 1/1 · 2/2 = 16 oder 0/2 · 1/1 · 1/1 = 12. Alle I, oft auch alle P u. M fallen aus, bis auf hinteren M, der sich sehr verlängert. Obere C halbkreisförmig, bis 60 cm lang. Unteraugendrüse vorhanden, 4 Zitzen. – **M&G** KR ♂ 125–150, ♀ 105–140; SL ♂ 40–50, ♀ 35–40; ♀40–50; KH ♂ 65–85, ♀ 55–75; G ♂ 60–150, ♀ 50–75. ♂ größer u. schwerer als ♀. – **V** Afrika sl Sahara von Ghana bis Somalia, von dort sw bis Natal, SW-Afrika u. Angola. 7 UA. – **Lr** Baum- u. straucharme bis -lose Grasflächen bevorzugt, lichte Savanne auch bewohnt, doch Wald u. a. dichter Bewuchs sowie felsige Steilhänge werden gemieden. Im Gebirge bis 2500 m. Wasser zum Trinken u. Suhlen begehrt, kann notfalls entbehrt werden. – **Tr** Standorttreue auch bei Dürre u. Futterknappheit. Wohngebiet wird oft mit anderen Rotten geteilt. Kot wird verstreut abgesetzt, keine Territoriumsmarkierung. Wohngebietseinrichtungen: Wohn-, Schlafhöhlen, Tränken, Suhlen, Wälzstellen, Weideplätze, Schattenplätze, Wechsel. Bestandsdichte durchschnittlich 1 Paar bezw. Rotte je km^2, doch auch 3 bis 4 und mehr möglich. – **Tt** Nacht- u. Mittagsruhe in Wohnhöhle (verlassener Erdferkelbau u. ä. oder selbstgegrabene Termitenbau- oder Felshöhle oder Erdgrube, notfalls Gebüschhorst). Vor- u. nachmittags Weiden, Trinken, Suhlen, Scheuern (Baum, Termitenhaufen), Sandwälzen. – **Kp** Kratzen, Scheuern, Rutschen, Wälzen, Suhlen. Gegenseitiges Beknabbern von Nacken, Rücken u. Bauch. Madenhacker als Zecken-, Milben- und Fliegenmadenvertilger werden geduldet. – **Lt** Wenig lautfreudig. Schnauben (Blasen) u. Wuffen bei Erschrecken u. Mißmut, Zähnewetzen bei Wut, hohes Grunzen bei Erregung, Frischlinge fiepen zirpend. – **S** Riechen u. Hören vorherrschend, doch Sehen besser als bei anderen afrikanischen Schweinearten. – **Fd** Löwe u. Leopard Hauptfeind, Gepard reißt manchmal Frischlinge u. Überläufer; ♂ verteidigt Familie mit unteren Eckzähnen, ♀ Frischlinge ebenfalls. – **N** Hauptfutter kurzes Gras, daneben bodenliegende Früchte, frische Rinde, bei Wassermangel Graben (mit Rüssel u. Eckzähnen) nach Zwiebeln, Knollen u. Wurzeln. Manchmal werden Kleintiere u. Aas aufgenommen. Siedlungsmeider, daher kaum Flurschaden. – **Gs** Familienrotten (Eltern u. 2–4 Junge). Manchmal Adoption verwaister Frischlinge, manchmal noch vorjährige Junge bei Rotte, manchmal loser Zusammenschluß zweier Rotten. Saisonehe üblich, Lebensehe nicht ausgeschlossen. Nur alte ♂♂ als Einzelgänger. – **Fp** Verlobung, wenn ♀ neu wirft u. vorherige Junge sich überlassen Anschluß suchen, dann auch Eintritt der **Gr** (♀ mit rd. 17–18, ♂ 18–19 Mon.). – **Fp** Wechselt landschaftsweise, ist jedoch als Paarungs- oder Wurfzeit mit Regenzeiten verbunden. Tragzeit 170–175 Tage, Wurfgröße 2–4 (selten mehr, bis 8 möglich). Frischlinge folgen nach 1 Woche aus Wurfhöhle ins Freie und fressen erstmals Gras. Säugezeit 3–4 Monate, nach 2 Monaten Muttermilch nur noch Nebennahrung. Geburts-G 0,8–1,2 (KR rd. 35), Jährlings-G rd. 27–30, Geschlechtsverhältnis bei Jungen u. Erwachsenen rd. 1 : 1. – **Ld** Bis 18 Jahre in Wildbahn festgestellt.

Flußpferde, Hippopotamidae

Plumpe, dick- und rundköpfige und -rumpfige, kurzbeinige und -schwänzige Paarhufer mit nackter Haut, großen Eckzähnen, kleinen Augen und Ohren und verschließbaren Nasenlöchern. Zehenzahl 4/4, Afterzehen (2. u. 5.) etwas kürzer als Vorderzehen (3. u. 4.), am Grunde schwimmhautverbunden. Nichtwiederkauende, wasserliebende, schwimmende und tauchende Pflanzenfresser. 2 Gattungen mit je 1 Art nur in Afrika.

Großflußpferd, Flußpferd oder **Nilpferd;** *Hippopotamus amphibius* Linné, 1758. E: 2/4
Hippopotamus, Hippo; F: L'Hippopotame amphibié; A: Seekoie, K: Kiboko
Kn Ohren u. Nasenlöcher verschließbar, Maul sehr tief gespalten, Unterkiefer bis rechtwinklig abklappbar. Füße vierzehig, Schwimmhautverbindung am Grunde. Haut nackt (nur auf Muffel u. am Schwanzende Borstenhaare), schleimdrüsenreich, bei Geburt rosa, später graubraun, Ganz- oder Teilweißlinge selten. 2 Zitzen. Gb 2·1·4·3 = 40. C des Ober- u. Unterkiefers groß, gebogen, untere in Krümmung gemessen bis 100 cm, Gewicht bis 4 kg. – **M&G** KR ♂ 320–420, ♀ 280–370; SL 35–50; KH ♂ 140–165, ♀ 130–145; G ♂ 1500–3200, ♀ 1350–2500. ♂ im Durchschnitt größer u. schwerer als ♀. – **V** Afrika z. Zt. nur noch südlich Sahara, im Osten ab N-Äthiopien, sw bis SW-Mozambique, Transvaal u. nl SW-Afrika. Auch auf Insel Mafia (Ostafrika) u. Bijagos (Westafrika). 4 UA. – **Lr** Kleine bis große Gewässer mit flachen Uferstellen, Sandbänken u. ä., an deren Rand leicht erreichbare Grasfluren. Dichte, hohe Schilfbestände u. reine Waldufer werden gemieden, von ♀♀ mit Jungen auch starke Strömungen u. felsbodige Ufer. Erforderliche Wassertemperatur 18–35°C. Im Gebirge bis 2000 m. Auch an Meeresküsten. Wasser stets Hauptaufenthaltsort, dorthin Flucht bei Gefahr. Tauchdauer 1–5, selten bis 15 Minuten. – **Tr** Uferaufteilung in Liegeplätze, beste vom stärksten ♂♂ besetzt, werden verteidigt. Vom Ufer aus Wechsel zu Weidegründen, beide werden gemeinsam benutzt. An den Wechseln Kotabgabeplätze, die von allen geschlechtsreifen ♂♂ beim Passieren beschickt werden (Markierungsplätze). Bestandsdichte am höchsten an stark gewundenen, träge fließenden, altwasser- u. kolkreichen Flüssen, dort u. an Seeufern bis 100 Tiere u. mehr je Kilometer. ♂♂ wandern zur Regenzeit nach frischem Grün oft kilometerweit zu neuen Zeitgewässern. – **Tt** Tagsüber im u. am Wasser ruhend, abends ans Ufer zum Weidegang, alte ♂♂ als letzte. – **Kp** Keine besondere. Wasser hält Haut sauber. Gegen Wassereinfluß schützt rosa Hautdrüsenschleim, ebenso gegen Hautaustrocknung an Land. Starke Schleimabgabe bei Erregung. – **Lt** Rinderähnliches Brüllen (mit Maulaufreißen als Drohen) u. grollendes Brummen als Einschüchterungs- u. Kampfruf der ♂♂. Pferdeähnliches Wiehern als Erregungs- u. Alarmruf. Begattungsschrei des ♂ als Reihe von Dreierrufen (muh-muh-muh). Schnauben durch Nasenlöcher dicht unter Wasseroberfläche (sog. Blasen), Bedeutung ungeklärt. – **S** Riech- u. Hörvermögen gut, Sehvermögen dem Unterwassersehen mit angepaßt, trotzdem Überwassersehen nicht schlecht. – **Fd** Außer Mensch wenig natürliche Feinde. An Land nur Löwenrudel für Einzeltiere, im Wasser Krokodile für Junge gefährlich. ♀ verteidigt Junges tapfer, notfalls auch gegen ♂. – **N** saftige, kürzere Gräser u. einige Kräuter (40–60 kg je Mahlzeit), abgefallene Baumfrüchte, Wasserpflanzen nur gelegentlich. Bei Dürre mehrwöchiges Fasten möglich. – **Gs** Rudelgrundlage ♀♀-Verband (Mutter mit Jungen u. Töchtern, die z. T. selbst schon Junge haben) von Alt-♂ überwacht. Geschlechtsreif gewordene ♂♂ werden an Rudelrand verjagt, erst mit 8–10 Jahren stark genug zum Kampf gegen Platz-♂♂. Je höher Siedlungsdichte, um so mehr Rangkämpfe. – **Fp** Landschaftsweise bestimmte Jahreszeiten als Paarungszeiten. Tragzeit 225–257, im Durchschnitt 233–234 Tage.

Meist nur 1 Junges je Wurf, Zwillinge selten. Geburt nach Umstandsgunst im Flachwasser oder an Land (in letzterem Falle macht ♀ Gras- oder Schilfbett in Ufermulde) abseits vom Rudel. Geburts-G 35–55, tägliche G-Zunahme bis 6. Monat rd. 0,5. Säugezeit rd. 1 Jahr, erste Festnahrung mit 3 Wochen. – **Gr** ♂ 4–5, ♀ 3–4 Jahre (in Gefangenschaft ♂ u. ♀ ab 3–4 Jahre). 1. Brunst rd. 50 Tage nach Setzen, wenn ungedeckt Wiederholung alle 4 Monate. Normal alle 1½–2 Jahre 1 Junges. Geschlechtsverhältnis der Geburten 1 : 1, der Erwachsenen ebenso. – **Ld** 40–45 Jahre (im Zoo bis 50 Jahre).

2/3 **Klein-** oder **Zwergflußpferd,** *Choeropsis liberiensis* (Morton, 1844). E: Pigmy Hippopotamus; F: L'Hippotame nain ou H. pygmé

Kn Schweinegroß. Schwanz abgeflacht u. am Rand mit bis 1 cm langen Borsten. Vorderzehen durch kurze Schwimmhaut verbunden, Afterzehen ziemlich lang, Boden fast berührend. Haut glatt, nackt, porenreich, Hautschleim farblos. Farbe graubraun, an Wange, Kehle u. Bauch manchmal rosig. Wie beim Großflußpferd Penis beim Harnen nach hinten gebogen. 2 Zitzen. Gb 2/1 · 1/1 · 4/4 · 3/3 = 38, untere I fallen später bis auf ein Paar aus. – **M&G** KR 170–195, SL 15–21, KH 70–92, G 200–275, ♂ kaum schwerer als ♀. – **V** Küstenlandschaften Westafrikas vom Bufonfluß in Guinea über Sierra Leone u. Liberia bis Bandamafluß in West-Ghana. Außerdem 1300 km weiter ow im Nigerdelta (Owerri- u. Warti-Provinz Nigerias), wo bedroht oder bereits ausgerottet. 2 UA. – **Lr** Randsümpfe u. angrenzende Dickichte von Gewässern im Urwaldgebiet. – **Tr** Revier wird gegen Artgenossen verteidigt. Einstand in Uferhöhlungen oder höhlenartigen Gebüschhorsten, von dort Umherwandern nach Nahrung, auch in Hochwald hinein. Bestandsdichte gering. Auf Land Flucht ins Wasser, im Wasser Flucht ins Dickicht an Land. – **Tt** vorwiegend nachts, näheres unbekannt. – **Kp** s. Großflußpferd S. 35. – **Lt** Schweineartiges Grunzen gleich dem Knarren einer verrosteten Türangel (Bedeutung?). Im Zorn Prusten durch Nase, Fauchen aus offenem Maul, Zähnewetzen, bei Erschrecken kurzes Schnarchen, bei Partnerspiel Blöken. – **S** Hör- u. Riechvermögen besser als Sehvermögen. –

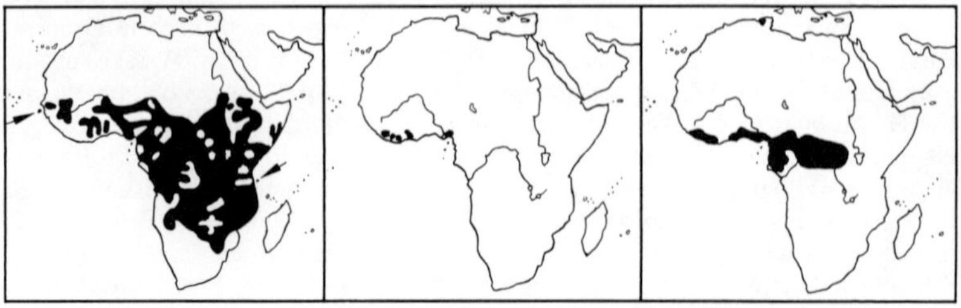

Großflußpferd | Zwergflußpferd | Atlashirsch (Tunis) Hirschferkel (Mittelafrika)

Fd Leopard, Goldkatze (?), näheres unbekannt. Abwehr durch seitwärtiges Schlagen mit Eckzähnen bei offenem Maul. Fluchtweise s. Territorium. – **N** Kräuter, Sumpfpflanzen, deren Wurzeln u. Knollen (die ausgegraben werden), bodenliegende Früchte. – **Gs** Einzelgänger, nur zur Paarung sich treffend. ♀ lebt mit Jungen für sich. – **Fp** Wurfzeit angeblich am Trockenzeitanfang (November–Dezember). Tragzeit 180–210 Tage, 1 Junges je Wurf. Geburt an Land im Hinkauern. Säugen im Liegen an Land oder im Flachwasser 2–3mal täglich. Tägliche Gewichtszunahme 0,5. Nach 3 Monaten erste Festnahrung, Säugezeit viele Monate. Junges bleibt bis 3. Jahr bei Mutter die durchschnittlich alle 2 Jahre 1 Junges. Geburts-G 5–7, – KH 27–30. Schwimmen im tiefen Wasser wird erlernt. – **Gr** Mit 3–5 Jahren. – **Ld** In Gefangenschaft bis 30 Jahre nachgewiesen.

Zwergböckchen, Tragulidae

Kaninchen- bis hasengroße, gedrungene, rundrückige, feinköpfige und stirnwaffenlose Paarzeher mit längsschlitzigen Nasenlöchern, großen Augen und kleinspitzigen oder mittelgroß-rundlichen Ohren, deren Afterzehen (3. u. 5.) kürzer sind als die Vorderzehen (3. u. 4.) und normalerweise den Boden nicht erreichen. Gb 0/3 · 1/1 · 3/3 · 3/3 = 34. Obere C der ♂♂ dolchartig verlängert. Fell kurzhaarig und glatt. Schwanz kurz, z. T. etwas buschig. Zehenspitzengehende, Dickicht bewohnende und durchschlüpfende, einzelgängerische Allesfresser, die pflanzliche Nahrung wiederkauen. 2 Gattungen mit zusammen 4 Arten in der Alten Welt, davon 1 Gattung mit 1 Art in Afrika.

Hirschferkel, Zwerg- oder **Wassermoschustier,** *Hyemoschus aquaticus* (Ogilby, 1841). 2/1
E: Water Chevrotain; F: Le Chevrotain aquatique, Le Chevrotain africain
Kn Hasengroß, gedrungen, rundrückig, feinköpfig. Nasenlöcher langschlitzig, nackte Muffel mit Rüsselknorpel, Ohren kurz. Beine schlank, kurz, Nebenzehenstrahlen II u. V verkleinert. Schwanz buschig, bis Ferse reichend. Fell dicht, fein, an Keulenrückseite verlängert, am Hinterbauch dünn, an Fußrückenseiten zwischen Haupt- u. Nebenhufen fehlend. Oberseite dunkelolivbraun bis rotbraun, manchmal schwärzlicher Stirn-Nasenstreif, Bauch u. Keulenrückseite braungelb, auffallende Weißzeichnung in Form von Flecken auf Rücken. 1–3 Längsstreifen an Flanken, Kinn-, Hals-, Brustband, Beinflecken; Rückenfleckenzahl u. -form abändernd. Kitze wie Erwachsene gefärbt. Kinn-, Anal-, Vorhautdrüse, Gallenblase vorhanden, 4 Zitzen, Kehlkopf blasig erweitert (Resonanzboden). – **M&G** KR 75–85, SL 10–15, KH 35–40, G 10–15. **V**: Guinea- u. Kongowaldgebiet von Guinea bis Kamerum, Zentralafrikanische Republik, N- bis O-Zaire, Gabun. – **Lr** Urwälder u. feuchte Galeriewälder, dichter Unterwuchs u. Wassernähe Bedingung. – **Tr** Standorttreu in kleinem Wohngebiet ohne feste Ruhe- u. Markierungsplätze (Harn-, Kot- u. Kinndrüsensekret-Absetzen überall), jedes Tier für sich, Annäherungsrufe dienen Abstandhalten, besonders ♂♂ dulden sich nicht gegenseitig, Drohknirschen vertreibt Revierfremdling; kein eigentliches Revierverhalten u. keine Rangordnung. – **Tt** Ganze Nacht, ♂ 2, ♀ 1 Ruhepause dazwischen, tags durchgehend ruhend in Versteck (Dickicht, Uferhöhle). – **Kp** Kratzen mit Vorder-, Hinterfüßen, Zähnen u. Fellecken, gegenseitig nur kurz bei Werbung u. Kleinkitzpflege des ♀, sonst nur Beschnüffeln. – **Lt** Kurzer Beller als Annäherungslaut (s. Tr), ♀ gegenüber anderem ♀ hohes rhythmisches Gackern (bis 8 je Sek.). Bellen als Alarmlaut, laute Knirschbeller beim Erschrecken, alarmiert Artgenossen, hohes Schreien als Notruf bei Gegriffenwerden. ♀ verfolgendes ♂ stößt in Brunft mehrere kurze Schreie aus, worauf vollbrunftiges ♀ stehen bleibt u. sich decken läßt. – **S** Riech- u. Hörvermögen besser als Sehvermögen. – **Fd** Leopard, Goldkatze, Zibetkatze, für Kitze auch Eulen u. andere kleine Raubtiere. Bei Alarm Bellen, Stillstehen oder Niedertun oder lautloses Fortschleichen, bei naher Gefahr Fluchtgalopp ins Wasser mit Forttauchen u. untergetauchtem Verstecken. – **N** Allesfresser: Gräser, Kräuter, Blätter, Früchte, Kerbtiere, Krebse, Fische, Kleinsäuger, Aas, Würmer, Boden wird mit Schnauze durchwühlt, Pflanzennahrung wiedergekaut. –

Gs Einzelgänger, nur zur Paarung zusammen (s. Tr). – **Fp** ♂ findet ♀ mit Nase, einfache Werbung ohne Angriffe; Begattungseinleitung u. Begattung wie Schweine. Tragzeit rd. 4 Monate, 1 Laufjunges. Kitz liegt 1. Woche ab, auch nachher kommen ♀ u. Kitz nur zum Säugen zusammen, Säugezeit 8 Monate, 1. Festnahrung jedoch bereits mit 2 Wochen. – **Gr** 8 Monate. – **Ld** Nicht bekannt.

Hirsche, Cervidae

Hasen- bis pferdegroße, zehenspitzengehende Paarhufer, deren Vorderfuß-Afterzehen (2. u. 5.) klein bis groß (jedoch stets kleiner als 3. u. 4. Zehe) und mit unteren oder oberen Mittelhandknochenenden (Tele- oder Plesiometacarpalia) versehen und deren Hinterfuß-Afterzehen ohne solche sind. Schwanz fehlend bis mittellang. Gb 0/3 · 0–1/1 · 3/3 · 3/3 = 32–40, obere C lang, kurz, verkümmert oder fehlend. Stirnbein mit zwei kurzen bis längeren Knochenfortsätzen (Rosenstöcken), auf denen all- oder mehrjährlich neu haut-(bast-)überzogene einfache bis vielendige (-sprossige), runde oder teilweise abgeflacht bis schaufelig verbreiterte Knochenstangen erwachsen, die nach Fertigstellung bastentblößt (gefegt) und halb- bis mehrjährig getragen werden. Einzelgängerische bis gesellige, wiederkauende Pflanzenfresser. In allen Landschaftsformen der Alten und Neuen Welt. Eingeführt in Australien, Tasmanien, Neuseeland, Neukaledonien, Marianen, Mauritius, Komoren, Madagaskar sowie zahlreiche Artenverfrachtungen innerhalb der Alten Welt und zwischen dieser und der Neuen Welt. 14 Gattungen mit zusammen 32 Arten, davon ursprünglich nur 1 Art (Berberhirsch als Rothirschunterart) in Nordafrika, doch neuerdings Damhirsch *(Cervus dama)* nach Südafrika, Java-Mähnenhirsch *(Cervus timorensis russa)* nach Mauritius, Anjouan und Madagaskar und Spanischer Rothirsch *(Cervus elaphus hispanicus)* nach Marokko und Fernando Poo eingeführt.

2/2 **Atlas-** oder **Berberhirsch,** *Cervus elaphus barbarus* Bennett, 1833. E: Barbary Stag; F: Le Cerf de Barbarie
Kn Etwas kleiner als mitteleuropäischer Rothirsch. Sommerkleid hell rotbraun mit Längsreihen weißer Flecken auf dem Rumpf, die meist zeitlebens bestehen bleiben. Spiegel blaßgelb. Winterkleid länger, dunkelbraun, Flecken kaum oder nicht mehr sichtbar. ♂ ohne Brunft-(Hals-)mähne. Kalb rotbraun, Spiegel weißlich, meist beidseits 6 weißliche Fleckenreihen zwischen Schultern u. Hinterkeulen u. 1–2 entlang Hals. Gb 0/3 · 1/1 · 3/3 · 3/3 = 34. Voraugen-, Mittelfuß-, Zwischenzehendrüsen (letztere nur an Hinterfüßen), Unterschwanz- u. Schwanzumgebungsdrüsen vorhanden, ♂ mit Hinterkinn-, ♀ mit Überaugendrüsen. 4 Zitzen. Gallenblase fehlt. Ausgewachsenes Geweih rd. 80 cm lang, Auslage rd. 65 cm, (Rekord 98,7 cm), rd. 15 cm Basisumfang. Stangenperlung mäßig, Stangenfarbe dunkel- bis kastanienbraun. Enden heller. Je Stange 4–6 Sprossen, Achterstufe ist normal, manchmal schwache Eissprosse oder Dreienden- bis Becherkrone möglich. – **M&G** KH ♂ 130–140, ♀ 90–100; SL rd. 15; G ♂ 150–225, ♀ 100–150. – **V** NW-Afrika, früher Marokko bis Tunis, heute Restbestand in W-Tunis, vielleicht auch O-Algerien. – **Lr** Unterholzreiche Wälder in Ebene, Hügel- u. Bergland bis 600 m (selten bis 1200) m. – **Tr** Keine eigentlichen Tr, außerhalb Brunft getrennte Einstände von ♂♂ u. ♀♀. Früher Wanderung im Frühsommer in die Almenlage des Atlasgebirges, im Herbst abwärts in Täler u. Flußauen. – **Tt** Tagsüber Einstand i. Waldesdickicht, vom Frühjahr bis Herbst nachts auf Feldern u. Wiesen zum Äsen. – **Kp** Gelegentlich Kratzen mit Hinterläu-

fen an Vorderkörper, Beinebelecken, Fellschütteln, Scheuern am Baum, Bodenwälzen, in warmer Jahreszeit Suhlen (vor allem ♂♂) in Tümpeln u. Morastlöchern. Nach Geweihverecken Bastabfegen an Bäumen u. Sträuchern. – **Lt** Kalb fiept (Stimmfühlungslaut), klagt »je« (Angsruf), lockt »ije« (Erkennungslaut für Mutter), knarrt wie rostige Türangel (Verlassenheitsruf). ♀ lockt Kalb »möh«, mahnt brunftig nasal »äuh«. ♂ röhrt in Brunft Folge von e-a-ä-ö-Lauten (Jung-♂ hoch, Alt-♂ tief) als Kampfruf, trenzt u. knört als Stimmungsausdruck, treibt brunftiges ♀ oder lästigen Beihirsch abgehackt öh-öh-öh (Sprengruf). Kurzes »wo-wo« ist Schreck- u. Alarmruf. »Äengh« allgemeiner Stimmfühlungslaut beider Geschlechter. – **S** Riechvermögen sehr gut, Hörvermögen gut, Sehvermögen mäßig (auf Bewegungssehen abgestellt, doch werden Farben erkannt). – **Fd** Früher Löwe u. Leopard, beide heute dort ganz oder fast ganz ausgerottet. Außer Mensch u. wildernden Hunden kaum noch Fd. – **N** Gräser, Kräuter, Pilze, Beeren, Strauch-, Baumtriebe, junge Blätter, Wiesengras u. Feldfrüchte. – **Gs** In der Brunft beide Geschlechter zusammen, sonst erwachsene ♂♂ einerseits u. ♀♀ mit Kälbern u. Jungtieren als Familienrudel andererseits in gesonderten Einständen. – **Fd** Brunftzeit von Anfang September bis Ende Oktober. ♂♂ u. ♀♀ treffen sich auf Lichtungen (Brunftplätze), Alt-♂♂ erkämpfen sich unter Röhren ♀♀-Harem u. schlagen Nebenbuhler ab. Die starke Verfolgung des Atlashirsches während der letzten hundert Jahre hat die Brunft unauffälliger und leiser werden lassen. Setzzeit Ende April bis Anfang Juni, Tragzeit rd. 235 Tage. 1 Kalb (Laufjunges) je Geburt, Zwillinge selten. Kalb liegt erste 2–3 Wochen versteckt, danach folgt es ständig der Mutter. Säugezeit endet mit der neuen Brunft der Mutter. – **Gr** $1\frac{1}{2}$ Jahr. – **Ld** 12–15, manchmal bis 20 Jahre.

Giraffen, Giraffidae

Langbeinige und -halsige, 180–580 cm hohe Paarhufer mit großen Augen, kleinen bis großen Ohren und mittellangem, endquastenständigem Schwanz. Stirnscheitelfläche mit 2–5 hautüberdeckten Knochenzapfen, Okapi-♀ ohne. Afterzehen (2. u. 5.) fehlen außer kleinen Resten. Paßgehende, wiederkauende, laubäsende Urwald- oder Savannenbewohner. 2 Gattungen mit je 1 Art nur in Afrika.

Giraffe, *Giraffa camelopardalis* (Linné, 1758). E: Giraffe; F: La Giraffe; A: Giraf, 3/2–4
Kameelperd; K: Twiga
Kn Hörner als hautbedeckte Knochenzapfen bei ♂♂ u. ♀♀, Länge bis 22 cm. 1 Zapfenpaar auf der Stirn, ein 2. kleineres auf dem Scheitel, manchmal noch ein Buckel oder Kleinzapfen zwischen beiden Paaren (2-, 4- oder 5-Hornigkeit). Zapfendurchmesser u. Schädelgewicht beim ♂ (Schädel als Schlagwaffe im Nebenbuhlerkampf) erheblich größer als beim ♀, nämlich 8–14 : 2,5–5 kg. Längliche Nasenlöcher verschließbar. Zunge wie beim Okapi (s. S. 41), aber fleischfarben. Nebenzehen des II. u. V. Strahls fehlen ganz. Halskamm-Mittellinie mit 5–13 cm langer, steifer, gelbroter bis dunkelbrauner Mähne. Körperhaar kurz u. dicht. Grundfarbe weißgelb bis braun mit fahlgelben bis schwarzbraunen Flecken. Fleckenformen wie auf Tafel 3 bezw. mit Übergängen zwischen den dort gezeigten drei Typen. Individuelle u. geographische Musterabänderung groß. Fast weiße oder schwarze oder fleckenlose Tiere kommen manchmal vor. Jugenkleid wie Alterskleid. Gb 0/3 · 0/1 · 3/3 · 3/3 = 32. Gallenblase nachgeburtlich fehlend. Keine Hautdrüsen. 2–4 Zitzen. – **M&G** KR 300–400, SL 90–110, KH 270–330, Scheitelhöhe mit Hörnern 450–580, G 500–800. – **V** Afrika

sl Sahara bis O-Transvaal, Natal u. N-Botswana. Wiedereingeführt in Schutzgebieten S-Afrikas. 8 UA. – **Lr** Busch- u. Baumsavanne (besonders Schirmakazien) bis 2000 m aufwärts, von spärlich baumbestandenem Grasland bis dicht bewachsene Savanne (Njika, Buschwald, Miombo). – **Tr** Standorttreu in größerem Wohngebiet (einige km^2), eigentliches Tr wird nicht behauptet. Wohngebiet gilt für Familientrupp. Ranghohe ♂♂ ziehen weiter umher u. inspizieren mehrere Trupps. – **Tt** Hauptsächlich morgens (6–9^h) u. nachmittags (15–18^h) auf Futtersuche, mittags im Schatten stehend, nachts im Stehen oder Liegen (mehrere Liegedauern von 1–2 Std.) ruhend. – **Kp** Nur Knabbern (dies hauptsächlich), Scheuern, Lecken u. Schütteln, keine Wasser-, Schlamm- oder Sandbäder, kein Kratzen mit Beinen. – **Lt** Rauhes Husten, Kollern oder Grunzen des ♂ bei mißlicher Erregung u. im Nebenbuhlerkampf. Kälber u. Alttiere blöken bei starker Erregung, Steigerung zum Schreibrüllen möglich. Kalb fiepmuht mit geschlossenem Maul (Verlassenheitsruf). Schnauben durch Nasenlöcher ist Warnruf, sanfteres Schnauben oder Schnarchen Verlegenheitsäußerung bei Nichtdeutbarkeit eines Aufmerksamkeit hervorrufenden Vorganges oder Gegenstandes. – **S** Sehschärfe gut (über 1 km), Farben werden unterschieden. Hörschärfe u. Riechvermögen gut. – **Fd** Löwe für Jungtiere. Verteidigung durch Hufschlag. – **N** Hauptsächlich (95%) Baum- u. Strauchblätter, -knospen, -triebe, -früchte, Akazien bevorzugt. Gräser, Kräuter, Wasserkürbisse gelegentlich. Mais- u. a. Felder werden aufgesucht. Salz u. mineralhaltige Erde werden gern genommen. Bei Saftfutter nur alle Woche, bei Trockenfutter alle 2 Tage einmal Trinken (30–50 l). – **Gs** In kleinen oder größeren Trupps bis Rudeln (meist 2–6, weniger häufig 6–12, seltener 1–6 Dutzend Tiere). Keimzelle ist Mutterfamilie, mehrere Mutterfamilien bilden Rudel. Alt♂♂ gliedern sich lose an, kein fester Rudelzusammenhalt, Rudelauflösung

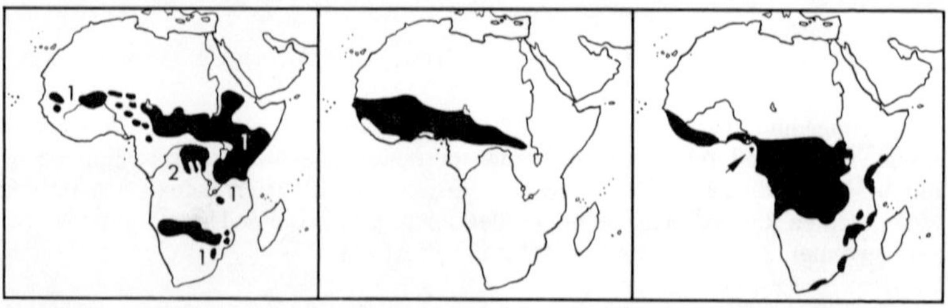

1 Giraffe 2 Okapi Rotflankenducker Blauducker

u. -neubildung beliebig. Auch reine ♂♂-Rudel kommen vor. – **Fp** Tragzeit 400–468, im Durchschnitt 440 Tage, keine festgelegten Paarungszeiten, jedoch in O-Transvaal rd. 60% aller Geburten im Sommer (Dezember–März). Je Wurf 1 Laufjunges, Zwillinge selten. Geburts-G 45–70, Scheitelhöhe 165–190. Säugezeit 6–12 Monate, Wachstum bis 10 Jahre, Geburtenfolge rd. 1½ Jahr. Kalb folgt der Mutter von Anfang an. Geschlechtsverhältnis der Erwachsenen ♂♂: ♀♀ rd. 30–60 : 100. – **Gr** der ♀♀ mit 2½–3, der ♂♂ mit 3–3½ Jahren. – **Ld** In Gefangenschaft bis 28 Jahre nachgewiesen.

3/1 **Okapi,** *Okapia johnstoni* (Sclater, 1901). E: Okapi; F: L'Okapi
Kn Fell kurz, samtig, mit schwärzlichem Hautfett, das Tier u. Umgebung geruchlich anhaftet. Kurze (1,5 cm) Mähne entlang Nackenmittellinie bis zur Schulter. Fellmuster des Kalbes gleich dem der Erwachsenen, doch Braunteile des Felles zuerst schwarz und Stirn rotbraun. Von Nacken bis Schwanzwurzel rückenfarbene, rd. 4 cm lange Steh-

mähne, die mit 1½ Jahr auf Rücken verschwindet und sich auf dem Hals auf 1,5 cm verkürzt. Erwachsenes ♂ angeblich etwas heller als ♀. Zahl der schwarzbraunen Beinquerstreifen 5–8, an Keule u. Oberarm 7–20. Nur ♂ mit kleinen hautbedeckten Hörnern, deren Spitzen meist durch Wetzen hautentblößt. Gallenblase fehlt. Zwischenzehendrüsen an Vorder- u. Hinterfüßen. 4 Zitzen. Proximale Metacarpalia- u. Metatarsaliareste der Strahlen II u. V meist vorhanden (Plesiometacarpalia). – Gb wie Giraffe. Nasenlöcher schlank, verschließbar. Zunge lang, rund, Vorderende blaugrau, sehr weit vorstreckbar (bis Auge). – **M&G** KR rd. 210, SL 30–40, Scheitelhöhe (ohne H) 170–180, KH 150–165, Kruppenhöhe 130–155, H 15–26, G rd. 250. – **V** Nur in Zaire. Nur im Mischwaldgürtel (Waldform gemischt aus Guinea- u. Äquatorialtyp) nl, öl u. sl zentralem Kongobecken-Äquatorialwald, der im W vom Überschwemmungswald begrenzt. Von diesem Mischwaldgürtel stoßen lange Zungen zwischen Flüssen Lomani u. Zaire, Lomani u. La Tshuapa u. La Tshuapa u. Lomela vor. Okapi-Vorkommen daher in Ubangi-, Uelle-, Ituri- u. Aruwimi-Urwald von Libange am Ubangi im W bis dicht an Kiwu- u. Eduardsee, nl bis Faradje, sl bis Sankuru u. Maniema-Distrikt (5° s. Br.). Keine UA. – **Lr** Tiefland. Regenurwald. Nähe von Bächen, Flüssen u. Lichtungen sowie Festboden bevorzugt. Weicher Humusboden u. Morast werden gemieden, festbodige Flachgewässer durchschritten. – **Tr** Jedes Tier hat Wohngebiet von mehreren ha mit festen Wechseln. Bestandsdichte nicht gering, angeblich ½ Dtzd. Tiere je Quadratmeile (= 2½ km^2). – **Tt** Rhytmus aus freier Wildbahn nicht bekannt. – **Kp** Sauberhalten des Felles durch Lecken. Zunge erreicht fast alle Körperstellen einschließlich Augen und Hufe. Spritzbäder durch Wassertraben, anschließend Trockenlecken. – **Lt** Gering. Hüsteln (manchmal hohes Pfeifen mitklingend) als Stimmfühlungslaut. Bei Erregung (Zorn, Angriff) Schnauben. Lauter stöhnender Schmerzschrei bei Verletzungen. Kalb hüstelt (Stimmfühlungslaut), knarrt (wie Rotwildkalb, s. S. 39) als Verlassenheitsruf, blökt schwach rinderartig als Angst- u. Hilferuf (alarmiert sofort Mutter, die in Angriffshaltung herbeistürmt). – **S** Seh- u. Hörvermögen sehr gut, Riechvermögen gut, wichtig für Futterwahl. – **Fd** Für Alttiere nur Leopard gefährlich, für junge Kälber auch Goldkatze u. Serval. Hauptfeind Pygmäen, deren Nähe Okapis in Panik versetzt. – **N** Wählerisch, Blätter, Knospen, zarte Triebe, Waldgräser, Farne, Früchte, Pilze. Wolfsmilchgewächse (auch für Menschen giftige) bevorzugt, Moniak- u. Batatenpflanzungen im Urwald gern aufgesucht, Holzkohle u. salz- u. schwefelhaltiger Ton gerne aufgenommen. – **Gs** Einzelgänger. Treffen der Geschlechter nur zur Paarung. Vorjahrskalb bleibt vermutlich bei oder nahe Mutter. – **Fp** Zwei Hauptpaarungszeiten Mai–Juni u. November–Dezember, daneben Paarungen in allen Monaten. Tragzeit 421–457 Tage, Geburtenfolge 15–17 Monate. Hauptsetzzeiten Juli–August u. Dezember–Februar, sind etwas trockener als übrige Monate. Je Geburt 1 Laufjunges. Geburts-G 20–24, Schulterhöhe 72–83. Säugezeit 8–10 Monate. Kalb liegt die ersten 14 Tage ab, folgt dann der Mutter, die es verteidigt. Fremdkälber werden adoptiert. Ausgewachsensein mit 4–5 Jahren. – **Gr** ♀ mit 3, ♂ mit 4 Jahren. Hörnerbildungsbeginn nach 12 Monaten. – **Ld** In Gefangenschaft 15–20 Jahre.

Hornträger, Bovidae

Hasen- bis rindergroße, klein-zierliche bis großmassige Paarhufer. Stirnbein mit 2 Knochenzapfen, auf denen dauerwachsende Hornscheiden verschiedenster Drehung und Richtung sitzen (nur Vierhor antilope mit 4). Haarkleid von spärlich bis lang- und dichthaarig, oft mit Sonderbildungen (Bart, Schopf, Kragen, Manschetten, Nacken-, Hals-, Schulter-, Rücken-, Bauchmähne u. ä.). Plesiometacarpal (s. Hirsche S. 38), jedoch fehlen Endglieder der Afterzehen (2. u. 5.) ganz. Gb 0/3 · 0/1 · 3/3 · 3/3 = 32. Vielfach gesellige, wiederkauende Pflanzenfresser in allen Landschaftsformen der Alten und Neuen Welt. Eingeführt in Südamerika, Neuseeland und Hawai, nicht bodenständige Arten auch in Nordamerika und Südafrika, als Haustiere Rind, Wasserbüffel, Schaf und Ziege (z. T. verwildert) z. T. weltweit vertreten und auch auf ozeanischen Inseln. 42 Gattungen mit zusammen 99 Arten, davon in Afrika bodenständig 72.

Ducker oder Schopfantilopen, Cephalophinae

Hasen- bis rehgroße, meist rundrückige, schlankbeinige, kurzschwänzige und glattfellige Hornträger mit kleinen, nicht über die Ohren hinausreichenden, einfachen Hörnern, meist bei ♂ u. ♀. Stirnschopf meist vorhanden. Haupthufe schlank-spitzendig, Nebenhufe klein. Voraugen- u. meist auch Zwischenzehen- u. Leistendrüsen vorhanden, Carpal- u. Tarsaldrüsen (Laufbürsten) selten, 4 Zitzen. Gallenblase fehlt. Einzeln oder paarweise verborgen lebende Dickichtschlüpfer des Waldlandes, nur 1 Art im Busch- u. Grasland. 1 Gattung mit 13 bzw. 11 Arten, nur in Afrika.

Ducker, *Cephalophus.* E: Duikers; F: Céphalophes; A: Duiker
13 bezw. 11 Arten, nur in Afrika. Gestalt u. Lebensweise (bis auf Steppen- oder Kronenducker, Untergattung *Sylvicapra,* s. S. 48) sehr ähnlich, deshalb zusammenfassend als Waldducker (Untergattung *Cephalophus*) behandelt. **Kn** Hasen- bis rehgroß, rundrückig, schlankbeinig u. -köpfig. Augen ziemlich groß. Ohren kurz-rund oder mittellang-elliptisch. H meist bei ♂ u. ♀, schräg nach hinten geneigt, kurz, nicht länger als Ohren, oft im Stirnschopf verborgen (besonders beim ♀), an der Wurzel mit Wulstringen. Nebenhufe klein bis mittelgroß. Schwanz kurz, rund, meist mit kleiner Endquaste. Haarkleid kurz, glatt, auf Nacken u. Schultern manchmal sehr dünn, nicht gesprenkelt, oft Stirnschopf. Hautdrüsen: Voraugendrüsen (Öffnung auf nacktem Streifen), meist auch Zwischenzehen- u. Leistendrüsen vorhanden, Laufbürsten (Tarsal- oder Carpaldrüsen) selten, letztere höchstens angedeutet. 4 Zitzen. Keine Gallenblase.

4/1 **Rotflanken-** oder **Blaurückenducker,** *Cephalophus (Cephalophus) rufilatus* Gray, 1846. E: Red-flanked Duiker; F: Le Céphalophe à flancs roux
Kn Beide Geschlechter mit H, die des ♀ aber nur kleine Knoten. Nebenhufe groß. Stirnschopf gut ausgebildet und H überragend. Schulterhaar so lang wie Rumpfhaar. ♂-Hörner schlank und fast gerade, Wurzel gerippelt, im Querschnitt rund, Spitze etwas aufwärts gebogen. Leistendrüsen vorhanden, Schwanz etwas buschig. Körperfarbe rotgelb oder gelbrot oder rotbraun. Ein Streifen von Nase bis Stirn, ein Aalstrich entlang Rückenmittellinie und Beine vom Rumpf abwärts blau- oder braungrau oder grau. Aalstrich schwach bis kräftig, ab Schultern bis Kruppenmitte oder bis Schwanzansatz. Manchmal weißer Fesselring. Stirnschopf und Schwanzende schwärzlich, Schwanzanfang rötlich. Kinn, Kehle, Achseln und Weichen weiß. Kitze gefärbt wie Erwachsene. – **M&G** KR 60–70, SL 71-10, KH 30–38, G 91-12, H ♂ 6–9, 5, ♀ 3–4. – **V** Gambia bis Kamerun, Ubangi-Schari, N-Zaire u. W-Uganda. 2 UA. – **Lr** Waldaußenränder u. -lichtungen, Galeriewaldstreifen, Feldgehölze. Nicht im geschlossenen Inneren großer Wälder.

Blau-, Rotfuß-, Maxwellducker, *Cephalophus (Cephalophus) monticola* (Thunberg, 4/2
1789). E: Blue Duiker, Forest Duiker, Maxwell's Duiker; F: Le Céphalophe noir, La 4/3
Biche cochon, Le Céphalophe de Maxwell; A: Bloubokkie; K: Paa

Kn Beide Geschlechter mit H, beim ♀ manchmal fehlend. ♂-H kurz, konisch, Wurzel stark gerippelt, im Querschnitt rund, z. T. Spitzen leicht aufwärts gebogen; ♀-H kürzer oder fehlend. Muffel etwas rüsselförmig wirkend. Nebenhufe klein. Schulterhaare so lang wie Rumpfhaare. Stirnschopf kurz oder fehlend. Schwanz etwas buschig, Unterseitenanfang nackt. Körperfarbe graubraun bis dunkelgraubraun, braunschwarz oder schwarz mit bläulichem Schimmer. Dunkle Tiere manchmal mit rostrotem Überhauch an Oberarmansatz und Flanken. Bei schwarzer Kruppe scharfe Grenze zur hellen Keulenrückseite. Kinn, Halsunterseite, Brust und Bauch grau oder hell- oder weißgrau. Nasenrücken, Stirn und Ohrrückseite dunkler als Wangen, manchmal heller Überaugenstreif. Schwanzoberseite rot- bis dunkelbraun, -unterseite grau bis weiß. Kitz rötlichbraun, unterseits heller, ab 2½ Monate Umfärbung von Nacken und Schulter her zum Dunklen und Beginn des Hörnerwachstums. – **M&G** KR 55–90, SL 7–13, KH 32–40, G 4–10, H ♂ 2,2–9,8, ♀ 0–4. – **V** Von W-Afrika (mit Fernando Poo) bis O- u. S-Afrika. 19 UA, darunter *maxwelli* (Gambia bis Ghana), die bislang als eigene Art aufgefaßt wurde. – **Lr** Große u. kleine Wälder, Busch-, Galeriewald, Feldgehölze.

Zebraducker, *Cephalophus (Cephalophus) zebra* (Gray, 1838). E: Zebra Duiker, 4/4
Banded Duiker, Zebra Antelope; F: Le Céphalophe zébré ou rayé

Kn Beide Geschlechter mit H; ♂-H kurz, konisch, spitzendig, Wurzelquerschnitt rund; ♀-H kürzer. Stirnschopf kurz oder fehlend. Schulterhaar deutlich kürzer als Rumpfhaar. Nebenhufe klein. Leisten- und Tarsaldrüsen vorhanden. Schwanz mit Endquaste. Körperfarbe oberseits hell rotbraun, doch Stirn, Ohrrückseite, Nacken, Schultern, Kruppenende und Beinaußenseiten dunkler, Rumpfmitte und Hinter-

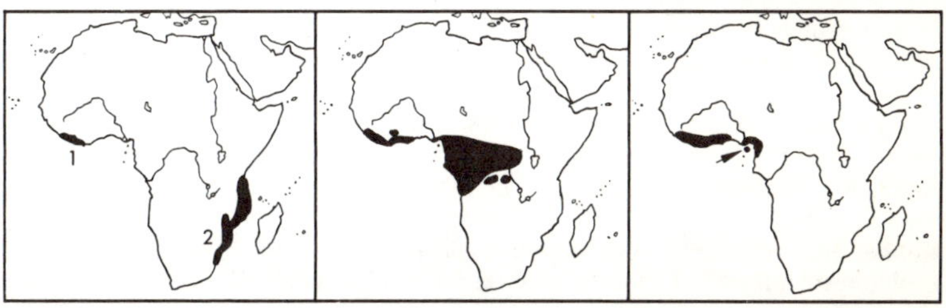

1 Zebraducker
2 Rotducker

Schwarzrückenducker

Ogilbyducker

keulen heller, Ohrinnen- und Schenkelinnenseite kremfarben. Nasenrücken braunschwarz, ebenso um Fersen und über dem Hand- und Kniegelenk. Tarsaldrüse (Laufbürste) rotbraun. Schwanzoberseite rotschwarz gemischt, -unterseite weiß, -endquaste schwarz. 12–15 schwarze Rumpfquerbinden zwischen Schultern und Kruppenende, manchmal schattenhafte Zwischenstreifen. – **M&G** KR 85–90, SL rd. 15, KH 40–50, G 15–20, H ♂ 4–4,8, ♀ 2–2,5. – **V** W-Sierra Leone bis M-Liberia u. sw-lichste Elfenbeinküste. Keine UA. – **Lr** Dichter Hügel- u. Gebirgswald.

4/5 **Schwarzrückenducker,** *Cephalophus (Cephalophus) dorsalis* Gray, 1846. E: Bay Duiker, Black-striped Duiker; F: Le Céphalophe à bande dorsale noire. Le Céphalophe bai

Kn Beide Geschlechter mit schlanken, an der Wurzel schwach gerillten, im Querschnitt runden H, die des ♂ etwas größer als die des ♀. Schulterhaar deutlich kürzer als Rumpfhaar, Stirnschopf gut entwickelt, Schwanz mit Endquaste. Nebenhufe klein. Leistendrüsen vorhanden. Körperfarbe braungelb bis dunkelbraunrot (Flanken zuweilen mit einzelnen weißen Haaren), nur Achseln und Weichen jeweils heller. Stirnschopf rotschwarz. Schwarzer Aalstrich von Nasenrücken bis Schwanzwurzel, manchmal auf Nacken und Widerrist verwischt oder fehlend, sonst scharf begrenzt und manchmal auf dem Kreuz oval verbreitert (zuweilen mit kleinem gelben Fleck darin). Brust mit schwärzlichem Längsfleck. Beine braun, nach unten zu dunkler. Ohrrückseite braunschwarz, -innenseite weiß. Schwanz schwarz. UA *castaneus* Lippen, Kinn und Überaugenstrich weiß. Kitze ganz dunkel, schwarzer Aalstrich nur auf Kruppe deutlich, nach 1/4 Jahr Umfärben in Rotbraun mit durchgehendem schwarzem Aalstrich. – **M&G** KR 70–100, SL 8–15, KH 40–55, G 15–20, H 5,5–10,5. – **V** Sierra Leone bis O-Zaire u. N-Angola. 2 ev. 4 UA, s. nächste Art. – **Lr** Dichter Wald, auch dichter Sekundärwald u. dichter Dschungel.

6/1 **Ogilbyducker,** *Cephalophus (Cephalophus) ogilbyi* (Waterhouse, 1838). E: Ogilby's Duiker; F: Le Céphalophe d' Ogilby, Le Céphalophe de Fernando Poo. – Vermutlich nur Form des Schwarzrückenduckers

Kn Beide Geschlechter mit H, die des ♂ kurz, dick, leicht konkav gebogen, Wurzel stark gerippelt, Querschnitt oval, die des ♀ kleiner und konisch. Nacken- und Schulterhaar kürzer als Rumpfhaar, Stirnschopf schwach bis fehlend, Schwanz mit kleiner buschiger Endquaste. Nebenhufe klein. Leistendrüsen vorhanden. Körperfarbe orange, zur Kruppe hin rötlicher, Kehle, Brust und Bauch kremfarben, Nase, Stirn und Hals rot- bis schwarzbraun. Ab Nacken oder Schultern schwarzer Aalstrich zur Schwanzwurzel (Breite variiert, bei UA *brookei* oft bereits rd. 10 cm vor Schwanzwurzel endend). Schwanzquaste schwarzweiß gemischt. Beine hellbraun, nach den Hufen zu dunkler bis braunschwarz, Fesseln mit weißlichem Ring, der streifig nach oben bis zum Gelenk verlängert sein kann. – **M&G** KR 85–115, SL 12–15, KH rd. 55, G 14–18, H 8–12,1, ♀ rd. 4. – **V** Ober- u. Niederguineawald von Sierra Leone bis Kamerun u. Fernando Poo. 2 UA. – **Lr** Wie vorige Art.

5/3 **Rotducker,** *Cephalophus (Cephalophus) natalensis* A. Smith, 1834. E: Red Duiker, Red Forest Duiker; F: Le Céphalophe de Natal, Le Céphalophe rouge; A: Rooiduiker; K: Funo

Kn H in beiden Geschlechtern, ♂-H kurz und dick, an der Wurzel stark gerippelt, im Querschnitt oval, ♀-H schwächer. Stirnschopf gut ausgebildet, Schulterhaar kürzer als Rumpfhaar, Schwanz mit Endquaste. Nebenhufe klein. Leistendrüsen vermutlich vorhanden, doch noch nicht bestätigt. Körperfarbe orangerot bis dunkelbraun, unterseits etwas heller, zuweilen grau untermischt. Nacken graubraun. Bei Unterart *robertsi* Brust, Achseln und Weichen weißlich. Nasenrücken mausgrau bis schwärzlich, Stirnschopf braunschwarz, Ohraußenseite mausgrau, -innenseite, Kinn und Kehle weißlich. Schwanzstiel kruppenfarbig, -quaste weiß. Bei UA *amoenus* und *natalensis* Fersenrückseite dunkelbraun. Kitz ganz schwarz. – **M&G** KR 70–100, SL 9–14, KH 35–45, G 11,5–13, H 3,3–10,6. – **V** S-Tansania bis Natal-Zululand. 5 UA. – **Lr** Wald, Buschwald u. Buschgelände mit dichtem Unterwuchs, in Ebene Hügel- u. Bergland.

Peters-, Harvey- oder **Schönsteißducker,** *Cephalophus (Cephalophus) callipygus* Pe- 5/1
ters, 1876. E: Peters' Duiker, Zanzibar Duiker; F: Le Céphalophe de Peters. – Vermutlich nur Form des Rotduckers

Kn H in beiden Geschlechtern gleichartig, kurz, dick, an der Wurzel stark gerippelt, im Querschnitt oval, Spitzen etwas nach oben gebogen. Stirnschopf gut ausgebildet, Schulterhaar kürzer als Rumpfhaar, Schwanz mit Endquaste. Nebenhufe klein. Leistendrüsen vorhanden. Körperfarbe hell- bis dunkelrotbraun (bei UA *adersi* Unterseite weißlich), Hinterkörper dunkler als Vorderkörper. Stirn unscharf braunrot bis schwarz, Stirnschopf rotbraun, Wangen rot bis graurot. Ohraußenseite rot- bis dunkelbraun, -innenseite, Kinn und Lippen weiß. Schwanzunterseite und -quaste, Achseln, Weichen und zuweilen Vorderbeinfesseln weißlich. Kehle und Brust rot, letztere mit dunklerem Mittelstreifen. Beine rumpffarben, nach den Hufen zu sich verdunkelnd (zuweilen bis schwarz). UA *callipygus* mit schmalem, rotbraunen bis schwarzen Rükkenmittestreifen, der Schwanzwurzel breit umfaßt, *adersi* mit weißlicher Querbinde am Keulenunterrand (»Hüftstreifen«) und manchmal weißgesprenkelten Vorder- und Hinterhufen. Kitze dunkler als Erwachsene (mit dunklem Brust-Bauch-Längsstreifen), Aufhellung von hinten nach vorn. – **M&G** KR 80–115, SL 10–16,5, KH 45–60, G 12–23, H 5,5–13,8. – **V** Gabun bis SW-Somalia, sw bis etwa zu einer Linie zwischen Süd-Kamerun u. Daressalam. 9 UA. – **Lr** Alle Waldarten, auch in Buschhorsten u. im Grasdschungel der Savanne, am Elgon, Kenia, Meru u. Kilimandjaro bis 3000 m aufwärts. Gewässernähe bevorzugt.

Weißbauch- oder **Gabunducker,** *Cephalophus (Cephalophus) leucogaster* Gray, 1873. 5/2
E: Gaboon-Duiker, White-bellied Duiker; F: Le Céphalophe à ventre blanc, Le Céphalophe du Gabon

Kn Beide Geschlechter mit H, ♂-H kurz und dick, Wurzel stark gerippelt, Querschnitt oval, ♀-H kleiner. Schulterhaar kürzer als Rumpfhaar, Stirnschopf gut ausgebildet, Schwanz mit Endquaste. Nebenhufe klein. Leistendrüsen vorhanden. Körperoberseite hell- bis dunkelrotbraun, an Schultern grau überhaucht, nach Keulen zu Rotbraun kräftiger. Nasenstirnstreifen und Ohrrückseiten sowie Aalstrich dunkelbraun, Stirnschopf hellbraun. Aalstrich zwischen Nacken und Schultern kräftig oder

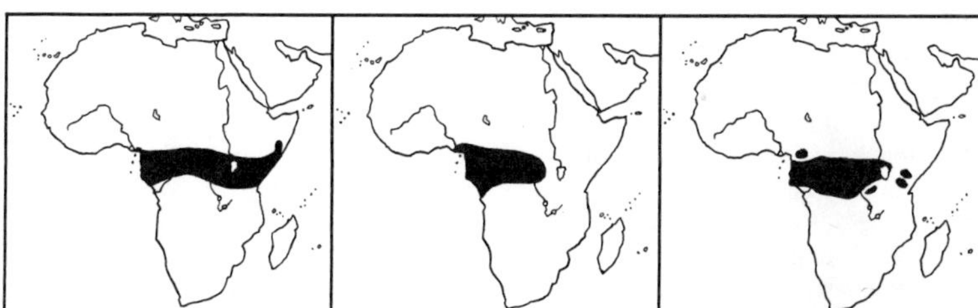

Peters-Ducker Weißbauchducker Schwarzstirnducker

schwach, zwischen Schultern und Schwanz schwarz, seitlich gerade oder gezackt begrenzt, läuft auf roter Schwanzoberseite aus. Schwanzwurzel unterseits nackt, Schwanzquaste schwarz weiß gemischt. Kinn, Kehle, Brust, Bauch, Beininnen- und Keulenrückseiten weiß, ebenso schmaler Fußspannstreifen. Fesseln graubraun. Kitze braunrot, grau untermischt, Aalstrich breit und unscharf. – **M&G** KR 90–100, SL 12–15, KH 42–45, G 15–20, H 5–12,7. – **V** Kamerun, N-Zaire, nebst angrenzenden

Gebieten (O-Nigeria ab Cross-Fluß ow bis Kiwusee), in Zaire sw bis 3° s. Br., von Kamerun sw bis Kongomündung. Keine UA. – **Lr** Mehr Sekundär- als Primärwald, auch am Waldrand, im Galeriewald u. in Gebüschhorsten am Savannenrand.

5/4 **Schwarzstirnducker,** *Cephalophus (Cephalophus) nigrifrons* Gray, 1871. E: Black-fronted Duiker, Black-striped Duiker; F: Le Céphalophe à front noir, Le Céphalophe rouge

Kn Beide Geschlechter mit H, ♂-H kurz, dick, Wurzel stark gerippelt, Querschnitt oval, Spitze sehr dünn und gerade, ♀-H kleiner und schwächer. Schulterhaar fast so lang wie Rumpfhaar, bei Höhentieren das sonst glatte Haar etwas wollig. Stirnschopf gut ausgebildet, Schwanz ohne Endquaste. Haupthufe sehr lang und schlank (rd. 3,5 cm), Nebenhufe groß. Leistendrüsen teils vorhanden, teils fehlend. Körperoberseite rot- bis dunkelbraun (manchmal Schultern schwärzlich), -unterseite etwas heller, Unterbrust mit dunkler Mittellinie, Bauch mit rotschwarzem Fleck. Beine rumpffarben, den Hufen zu schwarz werdend oder mindestens Fesseln mit schwarzem Fleck. Nasenstreifen und Stirnschopf rotbraun bis schwarz. Ohraußenseite schwarz, -innenseite mit weißlichem Fleck. Kinn, Achseln und Weichen mitunter weißlich. Schwanzoberseite schwarz, manchmal mit roten oder weißlichen Haaren, -unterseite grauweiß. – **M&G** KR 85–107, SL 10–15, KH 45–55, G rd. 15,H ♂ 8–12, ♀ 4–8. – **V** Zaire, von dort aus bis S-Kamerun, Gabun, Ruanda-Urundi, Uganda u. Gebirgswälder des Elgon, Kenia u. Meru (aufwärts bis 4300 m). 5 UA. – **Lr** Sumpfiges Waldgelände mit dichtem Unterholz.

5/5 **Schwarzducker,** *Cephalophus (Cephalophus) niger* Gray, 1846. E: Black Duiker; F: Le Céphalophe noir

Kn Beide Geschlechter mit H, ♂-H schlank, Wurzel schwach gerippelt, Querschnitt rund, ♀-H kleiner. Schulterhaar kürzer als Rumpfhaar, Stirnschopf gut ausgeprägt, Schwanz mit Endquaste. Nebenhufe klein. Leistendrüsen fehlen. Körperfarbe braunschwarz bis schwarz, Rücken und Kruppe am dunkelsten, Kopf, Unterhals und Brust etwas heller, Schenkelinnenseiten gelbbraun. Nasenrücken und Stirnschopf rotbraun, Mittelstirn kann schwarz sein. Ohrenaußenseite schwarzbraun, -innenseite rötlich. Schwanz schwarz mit einzelnen hellen Haaren, Quaste schwarzweiß gemischt. – **M&G** KR 80–90, SL 12–14, KH 45–50, G 15–20, H ♂ 7,5–17,5, ♀ 2,5–3. – **V** Sierra Leone bis SW-Nigeria. Keine UA. – **Lr** Waldränder, Gebüschhorste, Dickichte.

6/2 **Abbottducker,** *Cephalophus (Cephalophus) spadix* True, 1890. E: Abbott's Duiker; F: Le Céphalophe d'Abbott, Le Céphalophe spadix; K: Minde

Kn H in beiden Geschlechtern, gleichartig, schlank, Wurzel schwach gerippelt, Querschnitt rund. Schulterhaar kürzer als Rumpfhaar, Stirnschopf gut entwickelt, Schwanz ohne Endquaste. Nebenhufe klein. Ob Leistendrüsen vorhanden, wurde noch nicht überprüft. Körperfarbe dunkel kastanienbraun bis schwarz, Rumpf und Beine mit einzelnen weißen Haaren. Stirn und -schopf rotbraun, -schopf schwarz überhaucht und weiß untermischt. Gesicht mit Kinn, Kehle, Ohrrückseiten und Weichen hell graubraun. Ohrinnen- und Schwanzunterseite nackt. Schwanzoberseite dunkelbraun, auf der Kruppe davor grauer Fleck, Schwanzunterseite weiß. – **M&G** KR 100–120, SL 8-12, KH 50–65, G rd. 50, H 10–12. – **V** N-Tansania (Ulguru-Uzunga-, Rungwe-Berge, Kilimandjaro, Gebirge zwischen Babati u. Mbulu) u. Ruanda-Urundi (Astrida-Wald). Keine UA. – **Lr** Dichtes Waldgelände bis 4000 m aufwärts.

Riesen- oder **Gelbrückenducker,** *Cephalophus (Cephalophus) sylvicultor* (Afzelius, 6/4
1815). E: Yellow-backed Duiker; F: Le Céphalophe à dos jaune ou de forêt 6/5
Kn Gleichartige H bei beiden Geschlechtern, dünn, spitzendig, Wurzel schwach gerippelt, Spitzen leicht abwärts gebogen. Schulterhaar kürzer als Rumpfhaar, Stirnschopf gut entwickelt, Schwanz meist mit kleiner Endquaste, manchmal buschig, Nebenhufe kurz. Leistendrüsen meist fehlend. Körperoberseite hell bis schwarzbraun, Rücken schwarzbläulich überhaucht mit weißgelben bis orangenem Keilfleck, dessen Spitze schulterwärts gerichtet ist und dessen Haare verlängert und aufrichtbar sind. Kruppe hinter dem Fleck mit einzelnen gelben Haaren, Schwanz schwarzbraun. Stirnschopf rotbraun, schwarz untermischt; Ohrrückseite auch schwarzbraun, -innenseite graugelb. Achseln, Unterbauch und Weichen graugelb. Lippen, Kinn, Kehle, Unterwangen weißgelb bis -grau; gelber Augenstreifen nicht selten. Kitze ganz braunschwarz, Gesicht etwas heller, Lippen, Kehle und Schwanzunterseite weißlich; werden dann braun mit grauem Gesicht, dunkelbraunem Stirnschopf, ebensolchen Beinen und Keulen, bekommen ab 5. Monat einen weißen Keilfleck mit einzelnen schwarzen Spitzen und einzelnen weißen Rückenhaaren, bis Keilfleck gelb wird und ab 8. Monat volle Erwachsenenfärbung erreicht ist. – **M&G** KR 115–145, SL 11–20,5, KH 65–85, G 45–80, H 8,3–21,2. – **V** Von Senegal – Sierra Leone – Liberia etc. bis Kenia, Sambia, N-Angola. 2 UA. – **Lr** Feuchtes, unterwuchsreiches Waldgelände einschließlich Galeriewälder u. manchmal kleiner Savannenwälder.

Jentinkducker, *Cephalophus (Cephalophus) jentinki* (Thomas, 1892). E: Jentink's 6/6
Duiker; F: Le Céphalophe de Jentink
Kn Gleichartige H bei beiden Geschlechtern, schlank, fast gerade, Wurzel schwach gerippelt, Querschnitt rund, Enden spitz und kaum abwärts gebogen. Schulterhaar deutlich kürzer als Rumpfhaar, Stirnschopf schwach, Schwanz fast ohne Endquaste. Nebenhufe klein. Leistendrüsen vorhanden. Kopf, Ohrrückseiten, Hals und Brustmit-

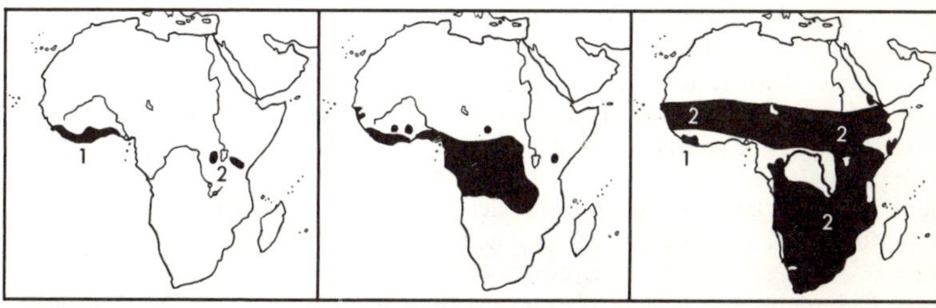

1 Schwarzducker
2 Abbottducker

Riesenducker

1 Jentinkducker
2 Kronenducker

tellinie sowie Hufe schwarzbraun bis schwarz. Lippen, Kinn, Ohrinnenseiten, Schultergürtel, Beine, Achseln, Weichen und Schwanzunterseite weißlich. Rumpf, Bauch, Keulen (manchmal auch obere Vorderbeinvorderseite) und Schwanzoberseite schiefergrau (manchmal mit bräunlichem Anflug), Grannen dieser Gebiete im Querschnitt halbkreisförmig, oberseits dunkel-, unterseits hellbraun, in der Spitze weiß, wodurch schiefergraue Gesamtfarbe entsteht. Kitz weichhaarig dunkelbraun, etwas weiß bis kremfarben untermischt, nach unten zu etwas heller und grau gestiefelt; färbt einjährig schnell ins Erwachsenenkleid um. Bisher gelangten erst 6 Tiere in wissenschaftliche Sammlungen. – **M&G** KR rd. 135, SL rd. 15, KH 75–85, G bis 70, H 15,5–17,5. –

V Liberia (Sharp Hill, Fali, Klosoké, Duotown, Geeke, Grand Gedah-Bezirk, Nimba-Bezirk), wahrscheinlich auch in angrenzender W-Elfenbeinküste zwischen Nimba- u. Sassandrafluß. Keine UA. – **Lr** Dichter Wald, große Dickichte.

Lebensweise der Waldducker

Tr Für Schwarzstirn- u. Kronenducker erwiesen, für die anderen Arten sehr wahrscheinlich, da in Gefangenschaft ♂♂ untereinander unverträglich (Maxwellducker-♂♂ bekämpfen sich durch Kopframmstöße). Pärchenweise bewohnte Tr werden von beiden Geschlechtern mit Voraugendrüsensekret an Zweigenden am Wechsel u. ä. u. an neuen Gegenständen markiert. Pärchen bereiben sich auch gegenseitig das Gesicht u. Hörner damit u. ♀ sein Junges oder drücken Drüsen aufeinander. Wechsel tunnelartig im dichten Unterholz. Kot- u. Ruheplätze liegen in dichten Gebüsch- oder Grashorsten, beim Riesenducker gern in Wurfbodenhöhlen. – Tr-Größe höchstens $^1/_2$–1 Dutzend Ar. Standorttreu. Kleine Ausflüge zu Fruchtreifeplätzen wahrscheinlich. Tr-Markierung mit Voraugendrüsen oder/und Dunghaufen. – **Tt** Schwarzstirnducker tagtätig, übrige Arten Dämmerungs- u. Nachttiere mit tagsüber Ruhen. – **Kp** Gegenseitiges Lecken u. Beknabbern an Kopf, Schultern u. Brust. – **Lt** Kurzes Schnauben als Erregungs- u. Angstlaut, pfiffartiger Schrei als Schrecklaut, Murksen oder nasaler Stimmfühlungslaut. – **S** Gehör- u. Riechvermögen gut, Sehvermögen wohl etwas schwächer, Einzelheiten nicht bekannt. – **Fd** Leopard, Gold-, Falbkatze, Serval, Zibetkatze, Schakale, Tagraubvögel (besonders Kronenadler), Großeulen, Krokodile, Warane, Pythons. Die nur meerschweinchengroßen Kitze sind besonders gefährdet. Mutter verteidigt Kitz mit Vorderhufschlägen gegen kleine Raubtiere, ansonst Heilsuchen in der Flucht, dabei Überspringen von 1,5–1,8 m hohen Hindernissen möglich. Der Maxwellducker duckt sich reflexartig blitzschnell nieder, wenn man seinen Rücken berührt, was zufassenwollenden Feind verwirrt u. noch Entschlüpfen ermöglicht. – **N** Blätter, Knospen, junge Triebe, Gräser, Kräuter, Beeren, Früchte, Termiten, Ameisen, Schnecken, Eier, Aas u. Fleisch. Aus Eiweißhunger Jagd auf Bodenvögel (Laufspurverfolgung mit Nase, Niederschlagen, Kopfbiß), kleine werden ganz gefressen, größeren Flügel u. Beine abgebissen u. von Unterseite her ausgefressen. Trinkbedürfnis gering. – **Gs** Einzeln oder paarweise, letzteres vielleicht ganzjährig, da bei Maxwellducker Lebensehe festgestellt. Kleine Trupps aus 1 ♂ u. 1–2 ♀♀ nebst Jungen sind nicht auszuschließen. ♂ ist kitzfreundlich. – **Fp** An keine Jahreszeit gebunden, da Geburten in allen Monaten. Tragzeit 7–8 Monate. 1 Laufjunges, Zwillinge selten. Zweimaliges Setzen im Jahr möglich oder Regel, ♀-Brunst $^1/_2$–1 Tag, 1. Brunst nach Setzen 4–6 Wochen später. ♀ leckt Kitz nach Geburt trocken u. frißt Nachgeburt. Kitz liegt 2–3 Tage bei ♀, danach 2–3 Monate allein. Geburts-G 0,8–$1^1/_2$, – KR rd. 50, nach $^1/_4$ Jahr halbes, nach $^3/_4$ Jahr fast volles Erwachsenen-G. Saugen 4–6 mal täglich 1–3 Min., Hauptsäugezeit 2, Ausklingen bis 5 Monate, erste Festnahrung mit 2–3 Wochen. – **Gr** ♀ $^3/_4$–1, ♂ $^3/_4$–$1^1/_2$ Jahr. – **Ld** 10–12, im Zoo bis $17^3/_4$ Jahre erreicht.

6/3 **Kronenducker, Steppenducker** oder **Echter Ducker,** *Cephalophus (Sylvia) grimmia* (Linné, 1758). E: Grey Duiker, Common Duiker; F: Le Céphalophe du Cap, Le Céphalophe de Grimm, Le Céphalophe couronné; A: Duikerbok, Gewone Duiker; K: Nsya

Kn ♂ mit, ♀ teils mit teils ohne H, wenn mit, dann mit schwächeren als ♂. H gerade, lang, schlank, Oberseite schwach gekielt, Wurzel gerippelt, Spitzen leicht aufwärts gebogen, im Winkel von 40–50° nach hinten vom Scheitel abstehend. Schulterhaar so lang wie Rumpfhaar. Stirnschopf kurz bis lang. Schwanz ganz oder mehr am Ende quastig. Nebenhufe klein. Voraugen- und Leistendrüsen vorhanden, Carpal- u. Tarsaldrüsen (-bürsten) zuweilen angedeutet. Körperoberseite sandfarben, oft auch Unterhals, Brust u. Bauch. Hinterkörper meist dunkler als Vorderkörper. Brust u. Bauch manchmal, Schenkelinnenseiten, Weichen, Achseln, Kehle u. Kinn immer weiß. Stirn u. Schopf gelblich bis rotbraun, zuweilen schwärzlich überhaucht. Nasenrücken bis Stirn schmal oder breit streifig braun bis schwarz. Ohrspitzen manchmal schwärzlich. Fesseln braun bis schwarz, zuweilen vorderseits bis Hand- oder Fersengelenk verlängert. Schwanzoberseite braun bis schwarz, -unterseite u. Spitzenhaare weiß. Kitze wie Erwachsene, etwas grauer. – **M&G** KR 80–115, SL 10–22, KH 45–55, G 10–20, ♀ etwas größer u. schwerer als ♂, H 8–18,1. – **V** Afrika sl Sahara u. ab Äthiopien sw. Fehlt im Küstengebiet von SO-Tansania. 19 UA. – **Lr** alle Landschaften (bis 4600 m aufwärts) außer Wüste u. Regenurwald. – **Tr** Territorial, ♂♂ sehr kampflustig. Markierung durch Voraugendrüsensekret an Zweigenden. Wechsel, Ruhe- u. Kotabgabeplätze vorhanden. Ruheplatzzubereitung auf Sandplatz durch Niederlassen auf Handgelenke u. Mulde ausheben durch schnelles tretendes Drehen der Hinterbeine um diese Achse. Bestandsdichte in geeignetem Gelände 2–3 Tiere u. mehr je Quadratmeile. Sehr ortstreu, auch bei Bejagung, wird dann heimliches Nachttier. Auch in Siedlungsnähe. – **Tt** Hauptäsungszeiten Morgen- u. Abenddämmerung oder helle Mondnächte, tagsüber in Deckung ruhend. Aufenthalt u. Bewegung stets in Deckung. Bei Störung Fortschleichen mit gesenktem Kopf u. aufgestelltem Schwanz, nach einiger Entfernung Stehenbleiben mit Rückschau. – **Kp** Einzelheiten nicht bekannt. – **Lt** s. Waldducker S. 48. In höchster Not hasenartiges Angstgeschrei der Erwachsenen u. lautes Blöken der Kitze. – **S** s. Waldducker S. 48. – **Fd** Zahlreich, Löwe, Leopard, Gepard, Serval, Karakal, Falbkatze, Zibetkatze, Hyänenhund, Schakale, Hyänen, Honigdachs, Paviane, Pythons, Krokodile, Adler, für Kitze auch Großeulen, Warane u. größere Schleichkatzen. Im übrigen s. Waldducker S. 48. – **N** s. Waldducker S. 48. Öfter erfolgreiche Perlhühner- u. Frankolinjagd. Hauptnahrung Baum- u. Strauchlaub, dazu auch Aufstellen auf Hinterbeine (tun Waldducker nicht). Früchte u. Samen wichtiges Trockenzeitfutter. (Fruchtsaft deckt Flüssigkeitsbedarf.) Wasser wird nicht in der Regenzeit und auch in der Trockenzeit langfristig nicht getrunken. – **Gs** vorwiegend Einzelgänger, Paarbildung nur zur Brunftzeit. – **Fp** In M-Afrika Kitze zu allen Jahreszeiten, südlicher fallen Geburten in Trocken- u. Regenzeitmitte (Rhodesien) oder Regenzeitmitte (Transvaal) oder noch südlicher in den Südsommer (November–März). Tragzeit 7–7½ Monate. 1 Laufjunges, Zwillinge nicht bekannt. Geburts-G 1,35–2,1, -KH 28–32. Geschlechtsverhältnis ♂♂ : ♀♀ meist 1 : 1. Mutter leckt Kitz nach Geburt trocken u. markiert es. Kitz liegt ab (s. Waldducker S. 48). Erstes Grünfutter nach wenigen Tagen. Hörnerwachstumsbeginn nach 1. Monat, mit 4 Monaten halbe Hörnerlänge erreicht. Ausgewachsen mit ½ Jahr. – **Gr** ♀ mit 8–10, ♂ mit 12 Monaten. 2 Geburten in 1 Jahr als Regel. – **Ld** In Gefangenschaft 12 Jahre nachgewiesen.

Böckchen, Neotraginae

Hasengroße, stirnschopflose, zierlich-gedrungene, rundrückige Hornträger. Nur ♂ mit kleinen, spitzen Hörnern. Ohren ziemlich kurz. Nasenspiegel nackt. Haupthufe schlank-spitzendig, Nebenhufe meist fehlend. Voraugen- u. Zwischenzehendrüsen vorhanden, Leistendrüsen fehlen, 4 Zitzen. Schwanz halb bis zur Ferse reichend. Im bedeckten Gelände. 1 Gattung mit 3 Arten in W-, M-, O- u. SO-Afrika.

7/2 **Kleinstböckchen,** Königsantilope, *Neotragus*[1] *(Neotragus) pygmaeus* Linné, 1758. E: Royal Antelope; F: L'Antilope royale, L'Antilope pygmée

Kn Hasengroß, daher von Eingeborenen »König der Hasen« genannt und danach von den Europäern Königsantilope. H nur beim ♂, weit auseinanderstehend, schräg nach hinten gerichtet, bis 3,5 cm lang. Nebenhufe fehlen. Zwischenzehen- u. Voraugendrüsen vorhanden, letztere mit runder, nicht eingesenkter Öffnung. 4 Zitzen. Haarkleid kurz u. glatt, an Flanken u. Hinterkeulen verlängert, ohne Stirnschopf. Nasenrücken u. Stirn braunschwarz, sonst Oberseite dunkelrotbraun bis goldbraun, Unterseite weiß, Vorderbeinrück- u. Hinterbeinvorderseite mit schmalem weißen Längsstreifen. Schwanz kurz, Ende etwas buschig. Kitze etwas dunkler als Alttiere. Obere C manchmal verkümmert vorhanden. Schädel ohne Rostrallücke (s. folgende Art). – **M&G** KR 40–50, KH rd. 25, SL 5–8, G 1,8–2,5. – **V** Sierra Leone, Liberia, Elfenbein- u. Goldküste (Ghana). Keine UA. – **Lw** s. Kleinstböckchen, S. 51.

60/3 **Batesböckchen,** *Neotragus*[1] *(Nesotragus, = Hylarnus) batesi* De Winton, 1903. E: Bates's Dwarf Antelope; F: L'Antilope de Bates

Kn Wie Kleinstböckchen, nur etwas größer. H nur beim ♂, wie Kleinstböckchen, 3–5 cm. Nebenhufe manchmal sehr klein vorhanden oder durch nackten Hautfleck ersetzt. Oberseite zimtbraun bis braunschwarz, Wangen, Halsseiten, Kehlband u. Flanken gelbrot bis rotbraun, Unterseite weiß, manchmal kremfarben. UA *harrisoni* mit wei-

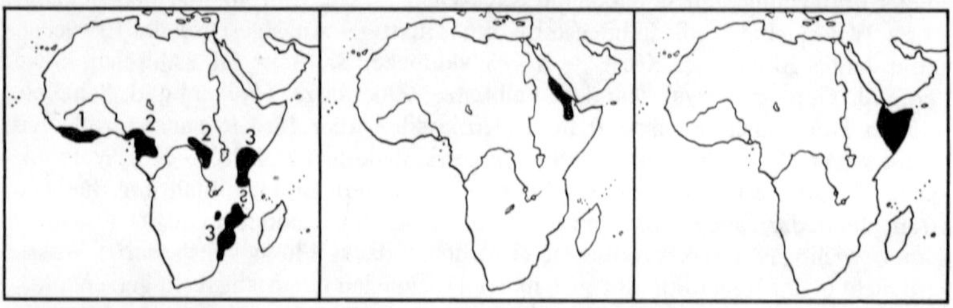

1 Kleinstböckchen
2 Batesböckchen
3 Moschusböckchen

Eritrea-Dikdik

Rotbauchdikdik

ßen Fesseln u. kleinem weißen Fleck über dem Handgelenk. Schädel wie Kleinstböckchen, jedoch mit Rostrallücke (ovales Loch zwischen Nasenfortsatz des Zwischenkiefers und dem Oberkiefer). – **M&G** KR 50–55, SL 5–8, KH rd. 30, G 4–5. – **V** S-Nigeria ow des Niger, S-Kamerun, N-Gabun u. N-Kongo (Br.) sowie ostwärts wieder ab 24° öl Lg. im Kongo-Urwald zwischen rd. 4° nl u. rd. 4° sl Br. mit westlichstem Uganda. 2 UA. – **Lw** s. Kleinstböckchen, S. 51.

60/4 **Moschusböckchen,** *Neotragus*[1] *(Nesotragus = Hylarnus) moschatus.* Von Düben, 1847. E: Suni, Dwarf Antelope; F: L'Antilope musquée, Le Suni, Le Nesotrague; A: Soenie; K: Paa

Kn Wie Kleinstböckchen, nur etwas größer. H nur beim ♂, Länge 6,5–13,3 cm, bis 3/4 Höhe gerippelt, etwas leierförmig geschwungen, Stellung wie beim Kleinstböckchen. Körperoberseite kastanienrot bis dunkelgraubraun, hellbraun überhaucht; bei UA

[1] Die 3 Arten dieser Gattung sind sich in der Lebensweise so ähnlich, daß sie diesbezüglich gemeinsam dargestellt werden (s. Kleinstböckchen S. 51).

livingstonianus Flanken u. Beine rotbraun, bei *zuluënsis* hell rotbraun, Fesseln dunkelbraun. Kinn u. Kehle roströtlich bis weiß; Brust, Bauch, Schenkelinnen- u. Schwanzunterseite weißgrau bis weiß, Schwanzoberseite dunkelgraubraun bis dunkelbraun. Die Voraugendrüsen strömen einen starken Moschusgeruch aus, daher Name. C u. Schädel wie beim Kleinstböckchen, Schädel mit Rostrallücke wie beim Batesböckchen. – **M&G** KR 57–62, SL 8–13, KH 33–38, G 4–6. – **V** Vom Tana-Fluß in O-Kenia (dort ww bis Mt. Kenya u. Aberdares) durch O-Afrika sw bis N-Natal. Westgrenze im Bereich des 35.–36. Längengrades. Auch auf den Inseln Sansibar, Chapani, Bawane u. Mafia. 5 UA.

Lebensweise der Kleinstböckchen

Lr Wald, Galeriewald, Gehölz mit dichtem Unterwuchs, Gebüschhorste u. jegliche Art Gras- u. Buschdschungel auf feuchtem bis trockenem Boden in Ebene u. Gebirge bis rd. 2000 m aufwärts, dabei Kleinst- u. Batesböckchen im Feuchtwaldgebiet, Moschusböckchen auch im Trockenbusch. Auch bei menschlichen Siedlungen mit nächtlichem Besuch von Pflanzungen u. Gemüsegärten, wenn genügend Dickicht vorhanden. – **Tr** Klein, kaum über 1 Aar groß. Markierung kaum oder nicht durch Voraugendrüsen sondern durch Dunghaufen. – **Tt** Kleinst- u. Batesböckchen vorwiegend in Dämmerung u. Nacht, Moschusböckchen vorwiegend am Tage (morgens u. nachmittags). – **Kp** Lecken, Knabbern, Kratzen. Zunge reinigt Wangen u. Augenumgebung, Zähne durchknabbern Rumpf, Beine u. Schwanz, Hinterhufe kratzen Kopf u. Vorderkörper. Partner belecken u. beknabbern sich gegenseitig. – **Lt** Sanfter Muhlaut als Stimmfühlungslaut beim Kleinst- u. Batesböckchen. Scharfes Pfeifschnarchen »tschi-tschi« Schrecklaut u. schirrantilopenartiges, aber schwächeres Bellen Warn- u. Alarmschrecken des Moschusböckchens. ♂ des letzteren meckert beim ♀-Treiben ziegenartig. – **S** Hör- u. Riechvermögen gut u. besser als Sehvermögen. – **Fd** Alle größeren vierfüßigen u. befiederten Räuber sowie Riesenschlangen. Moschusböckchen springt vom Liegeplatz, auf dem es kaum sichtbar, meist erst spät auf, wenn Mensch kommt, läuft wieselflink u. hakenschlagend durch Unterwuchs u. verhofft nach rd. 100 m rückblickend. Kleinst- u. Batesböckchen springen auch springbockartig senkrecht hoch mit rundem Rücken u. hängenden Beinen, überspringen notfalls 2,50 m hohes Hindernis, machen ev. beim schnellen Wegschlüpfen ein Kriechlaufen mit Bauch am Boden. Moschusböckchen wackelt ständig mit Schwanz, Kleinst- u. Batesböckchen tragen ihn meist eingeklemmt. – **N** Blätter, Knospen, Triebe, Pilze, abgefallene Früchte, kaum Gräser u. Kräuter, doch ev. Feldfrüchte u. Gemüse. Trinken nicht nötig. – **Gs** Lebenslängliche Einehe sehr wahrscheinlich. Lockeres Treffen mehrerer Tiere auf kleinen Lichtungen zum Äsen möglich. – **Fp** Tragzeit nicht bekannt. 1 Laufjunges. Geburts-G 0,8–1. Beim Kleinstböckchen Setzzeit November–Dezember, Entwöhnung mit rd. 2 Monaten, Ausgewachsensein nach rd. 1½ Jahr. Weitere Einzelheiten nicht bekannt. – **Ld** In Gefangenschaft für Kleinstböckchen 6, für Moschusböckchen 9 Jahre nachgewiesen.

Windspielantilopen, Madoquinae

Etwas über hasengroße, stirnschopftragende, zierlich-schlanke Hornträger. Nur ♂ mit kleinen spitzen Hörnern. Nase etwas rüsselförmig, vorderseits behaart. Ohren mittellang. Haupthufe schlankspitzendig, Nebenhufe sehr klein. Schwanz nur Stummel. Voraugen- u. Zwischenzehendrüsen vorhanden, Leistendrüsen fehlen, 4 Zitzen. In trockenem Buschgelände. 1 Gattung mit 5 Arten in O- u. SW-Afrika.

Windspielantilopen oder **Dikdiks,** *Madoqua.* E: Dik-Diks; F: Les Dik Dik, Les Madoquas

5 Arten, nur in O-Afrika (eine Kirk-Dikdik- UA auch in SW-Afrika). 2 Arten haben die Schnauze etwas verlängert und die Oberseitenfarben anders verteilt, sie werden daher zu einer eigenen Untergattung *Rhynchotragus* gestellt. Gestalt u. Lebensweise sind bei allen 5 Arten sehr ähnlich, darum sind sie hier gemeinsam behandelt.

Kn Etwas über hasengroß, zierlich, ♀ durchschnittlich rd. 1/5 größer u. schwerer als ♂. Nase beweglich, Endteil oberseits leicht gefurcht. ♂ mit kurzen (5–6, im Höchstfall 11,5 cm langem) weit auseinanderstehendem, rückwärts geneigten H. Nebenhufe sehr klein u. flach. Voraugendrüsen mit runder Öffnung auf kleinem nacktem Rundfeld, Zwischenzehendrüsen vorhanden, 4 Zitzen. Haarkleid einförmig, fein, glatt, glänzend, ohne Unterwolle, aufrichtbarer Stirnschopf beim ♂ länger als beim ♀, Gehörn fast bedeckend. Haarfarbe pfeffer-salz-artig, Rumpffarbe grauweiß bis graurot oder rostrot, Rücken u. Hals grauweiß bis graugelb, Unterseite weiß bis gelbweiß. Kitze wie Eltern gefärbt. Nasenbeine mäßig bis sehr kurz, Zwischenkiefer lang rinnenförmig ausgezogen.

Erstgenannte 3 Arten bilden Untergattung *Madoqua.* Nase nur ganz wenig verlängert, Nasenbeine nur mäßig kurz, Zwischenkiefervorderteil (Rostrum) nur etwas schräg abfallend, M_3 verkürzt u. nur zweiteilig. Kopf- u. Rückenfärbung durch abweichende Halsoberseitenfärbung getrennt. Nur in O- und NO-Afrika.

7/1 **Eritrea-Dikdik,** *Madoqua (Madoqua) saltiana* (Desmarest, 1816). E: Salt's Dik-Dik; F: Le Dik-Dik de Salt

Kn Nasenrücken, Scheitelschopf u. Ohrrückenseiten rostrot, in Äthiopien (UA *cordeauxi*) mit Gelb u. Schwarz untermischt. Wangen, Nacken u. Kehle pfeffer-salz-artig eisengrau. Rücken rotbraun, etwas grau überhaucht, Flanken etwas heller (bei *cordeauxi* Nacken grau bis auf Schultern u. auch Kruppe grau). Vorderhals u. Brust rötlich-grau. Beine rostrot. Kinn, Bauchmittellinie u. Schenkelinnenseiten weiß bis weißgelb. – **M&G** KR 55–60, SL 3–5, KH 33–40, G 2,5–4, H bis 8,9. – **V** Kassala, Eritrea, Dire Daua u. Djebel Ahmer, d. h. in M-Äthiopien um Harar u. ww bis Hawaschfluß. 2 UA.

7/3 **Rotbauchdikdik,** *Madoqua (Madoqua) phillipsi* Thomas, 1894. E: Red belly Dik-Dik, Phillips Dik-Dik; F: Le Dik-Dik de Phillips, La Madoqua de Phillips

Kn Nasenrücken, Scheitel u. Ohrrückenseiten rostrot, in Guban (UA *gubanensis*) mit Schwarz u. Gelb untermischt. Kinn, Bauchmittellinie u. Schenkelinnenseiten weiß. Wangen u. Hals (bei *gubanensis* auch Schultern, Rücken, Flanken u. Keulen) pfeffer-salz-artig eisengrau, bei *gubanensis* mit schmalem rostroten Flankensaum. Vorderbrust u. Beine hell rostrot. *Lawrencëi* in Midschurtin, Nogal u. Abbia mit breitem Flankenrot, solches auch auf Schultern u. Unterkeulen, scharf abgesetzt gegen Rükkengrau. Bei *phillipsi* (NO-Somalia) Rückengrau rötlich überhaucht, Flanken-Rükkengrenze verwaschen. Bei *hararensis* (Dire Daua, Djebel Ahmer, Haut, Ogaden) Rücken u. Keulen rotgrau, Flanken-Rückengrenze stark verwaschen. – **M&G** KR 55–60, S 3–5, KH 33–38, G 2,5–3,6, H bis 8,3. – **V** Öl M-Äthiopien u. nl Somalia, d. h. Dire Daua, Djebel Ahmer, Haud, Guban, Midschurtin, Ogaden, Nogal u. Obbia. 4 UA.

7/5 **Kleindikdik,** *Madoqua (Madoqua) swaynei* Thomas, 1894. E: Swayne's Dik-Dik; F: Le Dik-Dik de Swayne

Kn Kleinste Dikdikart. Nasenrücken, Stirnschopf, Ohrrückenseiten u. Beine hell rostrot. Schopf z. T. mit Gelb- u. Schwarz untermischt. Bauchmittellinie u. Schenkelinnenseiten weiß. Wangen u. Hals pfeffer-salz-artig eisengrau, bei UA *piacentinii* (NO-Somalia, Midschurtin u. Nogal) auch übrige Körperoberseite. *Citernii* (Boran, Juba, Ober- u. Unter-Schebeli) mit Beinrot, bis auf die Flanken u. Rücken etwas überhauchend, *erlangeri* (O-Arussi, W-Ogaden) ebenso u. Rot dazu bis auf Schultern u. Keulen, *swaynëi* (Guban) gleichfalls, doch Rücken noch stärker rötlich, nur Oberrükken, Keulenhinterende, Hals u. Wangen noch grau. – **M&G** KR 45–50, SL 3–5, KH 30–33, G 2–2,5, H bis 7,3. – **V** Somaliland u. Ogaden zwischen 9° u. 5° n. Br. 4 UA.

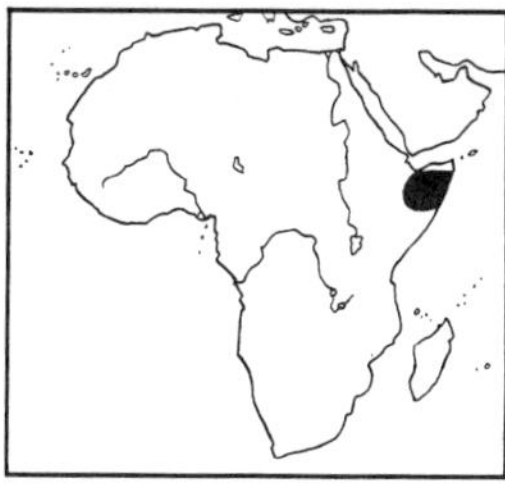

Kleindikdik

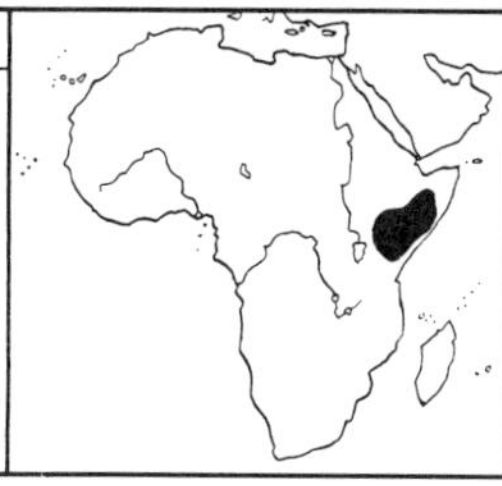

Güntherdikdik

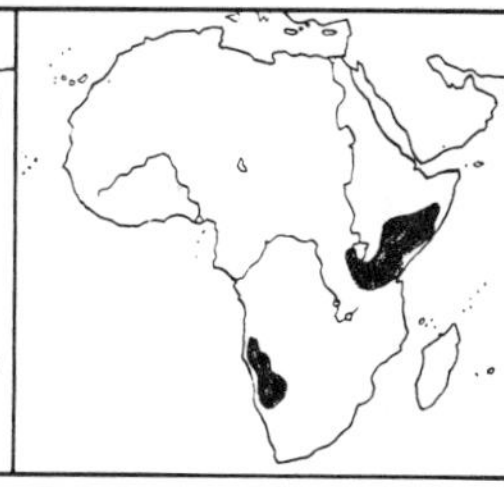

Kirkdikdik

Nachfolgende 2 Arten stellen die Untergattung *Rhynchotragus* (Rüsseldikdiks oder -antilopen oder Tapirböckchen) dar. Nase etwas rüsselförmig verlängert, Endteil mit leichter Oberseitenlängsfurche, Nasenlöcher vorne in der Endfläche. Hals- u. Rückenfarbe fast oder ganz übereinstimmend. Nasenbeine sehr kurz, Rostrum zuerst etwas schräg abfallend, dann waagerecht. M_3 dreiteilig. O- u. NO-Afrika sowie M-Angola bis Namaland.

Güntherdikdik, *Madoqua (Rhynchotragus) guentheri* Thomas, 1894. E: Guenther's 7/6
Dik-Dik; F: Le Dik-Dik de Guenther, La Madoqua de Guenther
Kn Nasenrücken, Kopf u. Ohrrückseiten hell rostrot bis graurötlich. Stirnschopf schwarzweiß untermischt. Wangen, Hals, Rumpf u. Oberbeine pfeffer-salz-artig eisengrau, Unterbeine hell rostrot. Kinn, Kehle, Brust, Bauch- u. Schenkelinnenseiten weiß bis gelbweiß. Bei UA *hodsoni* (Boran) Flanken heller als Rücken mit schwachem rotbraunen Unterrandstreifen. Bei *smithi* (SW-Äthiopien bis NO-Uganda u. N- bis M-Kenia) ganzer Mittelrumpf rotbraun überhaucht. – **M&G** KR 55–65, SL 3–5, KH 35–40, G 3,7–5,5, H bis 9,8. – **V** N-Somalia bis S-Äthiopien u. M-Kenia sowie südöstlichen Sudan u. nordöstliches Uganda. 4 UA.

Kirkdikdik, *Madoqua (Rhynochotragus) kirki* (Günther, 1880). E: Kirk's Dik-Dik; F: 7/4
Le Dik-Dik de Kirk, La Madoqua de Kirk; A: Damaralandse Bloubokkie; K: Dikidiki, Suguya
Kn Nasenrücken, Scheitel u. Ohrrückenseiten hell rostrot bis graurötlich, Stirnschopf schwarzweiß untermischt. Hals, Rumpf u. Oberbeine pfeffer-salz-artig eisengrau, aber auch bis braungrau oder rötlichgrau abändernd. Kinn, Kehle, Brust, Bauch u. Schenkelinnenseiten weiß bis weißgelb. Unterbeine hell rostrot. – **M&G** KR 55–77, SL 4–6, KH 35–45, G 2,7–6,5, H bis 11,4. – **V** S-Somalia bis S-Tansania, außerdem M-Angola bis Namaland. 7 UA, davon nur *damarensis* (Damara-Kirkdikdik) im SW Afrikas.

Lebensweise der Dikdiks

Lr Boden trocken, steinig bis felsig oder sandig. Von *Madoqua*-Arten etwas offeneres Gelände mit niedrigen Sträuchern (Strauchsteppe u. sträuchertragende Halbwüste), von *Rhynchotragus*-Arten geschlosseneres Gelände mit ziemlich hoher, dichter Buschschicht (auch unter höheren Bäumen stehend) bevorzugt. Wo Strauch- u. Buschsteppe sich mosaikartig durchsetzen, Vorkommen von Vertretern beider Untergattungen möglich. Gebüschhorste, auch um einzelne oder zuhauf liegende Felsblöcke herum, als Standquartier u. Zuflucht für die kleinen u. schwachen Dikdiks lebensnotwendig. Auch in menschlichen Siedlungen, wenn dort ungestörte Gebüschhorste oder Opuntienflächen. Im Berggelände bis 3000 m aufwärts. – **Tr** Jedes Dikdikpärchen standorttreu in festem Wohngebiet mit mehreren Buschgruppen oder an oder um einen Felsblock (-kuppe, Kopje), zwischen denen hin- u. hergewechselt wird. Abstand zwischen Tr je nach Jahreszeit u. Bewuchsform 50–500 m oder mehr, dementsprechend durchschnittlich rd. 1 Paar auf 5–¼ ha. Tr mit Wechseln, Ruhe-, Kot- u. Markierungsplätzen, letztere entlang Wechseln u. gehäuft um Dunghaufen, sind Zweig- oder Halmenden, an denen Voraugendrüsensekret abgesetzt wird. ♂ markiert am meisten, verteidigt Revier gegen Nebenbuhler, vor allem wenn ♀ brünstig. Dunghaufen wirken als Grenzmarken oder -pfeiler, wenn dort 2 oder 3 Tr zusammenstoßen, da von allen aus benutzt. Benutzung meist zu verschiedenen Zeiten, wenn nicht, dann Kämpfe. – **Tt** Hauptsächlich kurz vor u. nach Sonnenuntergang. Ab 9^h vormittags Dösen, Wiederkauen, Kurzschlafen. Mittags etwas in Gebüschhorst umhergehend, ab Spätnachmittag wieder äsend, mit zunehmender Dunkelheit weiter ins Freie. Um Mitternacht Ruhepause, 1–2 Std. vor Sonnenaufgang u. bis rd. 9^h wieder äsend. – **Lt** Erregungs-, Warn- u. Schrecklaut klingt wie »Zickzick«, daher Eingeborenenname Dikdik, Kitzangstlaut ähnlich. Kirk-Dikdik-♀ hat Lockruf für entferntes ♂, klingt wie Wiehern. Schwächeres Zickzick-Pfeifen ist Stimmfühlungslaut, Warnlaut der Eltern fürs Kitz u. Erregungslaut des brünstigen, vom ♂ getriebenen ♀. – **S** Sehen, Riechen u. Hören gut entwickelt. – **Fd** Alle größeren Raubtiere des Lebensraumes (Leopard, Wüstenluchs, Serval, Falbkatze, Kronenadler), für Kitze auch kleinere, ferner Warane u. Riesenschlangen. Eingeborene fangen viel mit Hunden oder Schlingen, da Fleisch u. Leder zart. – **N** Hauptnahrung Busch- u. Strauchblätter, -knospen, -triebe, -blüten, -früchte, daneben Gräser, Kräuter u. abgefallene Baumfrüchte, besonders Akazienschoten. Großer Salzbedarf (in Gefangenschaft bei Salzenthaltung Tod nach 1 Woche). Trinken nicht nötig, da Flüssigkeitsbedarf aus Nahrung gezogen wird. – **Gs** Lebensehe in Paaren. Jedes Paar lebt mit letztem u. vorletztem Kitz zusammen. Nach Gr Partner- u. Reviersuche. – **Fp** Tragzeit rd. 6 Monate (Kirk-Dikdik 169–174, Rotbauch-Dikdik 152–177 Tage). Zweimal jährlich 1 Kitz. Paarungszeiten in O-Afrika Mai u. November, in O-Ogaden April–Juni, in Etoschapfanne (SW-Afrika) Juli–August u. Januar–Februar. ♀ frißt Nachgeburt. Neugeborenes Kitz liegt 2–3 Wochen ab, danach folgt es ständig der Mutter. Erste Festnahrung nach 1 Woche. Säugezeit 3–4 Monate. Geburts-G 0,5–0,8, nach 8 Monaten volle Muttergröße, nach 12 Monaten End-G, Beginn des Hornwachstums mit 1 Monat. – **Gr** Mit 6–8 Monaten beim ♀, 8–9 beim ♂. Jungtiere werden dann aus Revier vertrieben. – **Ld** In Wildbahn durchschnittlich nur 3–4, in Gefangenschaft 10 Jahre.

Kleinantilopen, Raphicerinae

Rehgroß oder $^1/_3$ kleiner. Nur ♂ mit Hörnern. Stirnschopf fehlt, zuweilen etwas angedeutet. Nasenspiegel nackt. Ohren mittellang bis lang. Haupthufe schlank u. spitzendig, Nebenhufe klein bis sehr klein oder fehlend. Schwanz kurz, nur $^1/_3$ bis Ferse reichend. Voraugen- u. Zwischenzehendrüsen vorhanden, Leisten- u. Carpaldrüsen vorhanden oder fehlend, 4 Zitzen. In Gras- u. Buschlandschaften. Afrika südlich der Sahara. 2 Gattungen mit zusammen 3 Arten.

Steinantilope oder **Steinböckchen,** *Raphicerus (Raphicerus) campestris* (Thunberg, 7/7
1811). E: Steenbok, Steenbuck; F: Le Steenbok, Le Raphicère champêtre; A: Steenbok, Vlakbok; K: Dondoro
Kn Kronenduckerartig, etwas kleiner, etwas rundrückig. Nur ♂ mit weit auseinanderstehenden glatten, steil hochstehenden H. Ohren groß, Voraugendrüsen mit grubiger Öffnung auf nacktem Hautfleck. Zwischenzehendrüsen u. Vorhautdrüse vorhanden. Leistendrüsen fehlen, 4 Zitzen. Beine zierlich, Nebenhufe fehlen. Schwanz sehr kurz, unterseits nackt, oberseits langhaarig. Haarkleid kurz u. glatt, oberseits hell rotbraun bis venezianisch- oder orangerot oder dunkelbraun. Schwarzer Keilfleck am Nasenspiegelrand, heller Augenring, Ohrinnenseite mit weißhaarigen Radiärstreifen. Unterseite (Kinn bis Bauch) weiß bis weißgelb, Alt-♂ meist am dunkelsten. Kitz wie Erwachsene. Vereinzelt Weißlinge. – **M&G** KR 70–90, SL 5–10, KH 45–60, G 10–16, H 7–19, ♀ etwas größer u. stärker als ♂. – **V** Von M-Kenia u. -Angola sw bis Kapland, fehlt in Sambia (außer SW), Malawi, Mozambique nl Sambesi u. östlichster Kapprovinz. 8 UA. – **Lr** Offenes, buschdurchsetztes Flachland (Gras-, Buschland, Busch-, Baumsavanne), auch in Kalaharidünen u. Karroosteinflächen, nicht auf Bergkuppen, steilen Hügel- oder Berghängen oder Felsblockhalden. Auch in Siedlungsnähe oder an Flugplätzen u. in Kulturlandschaft. – **Tr** Standorttreu, Tr wird mittels Voraugendrüsen u. Dunghaufen markiert. Einzelgänger, nur zur Paarungszeit paarweise. Siedlungsdichte 1–10 Tiere je Quadratmeile. – **Tt** Haupttätigkeit frühmorgens u. spätnachmittags, auch in hellen Mondnächten rege. Ruheplatz unter Busch oder in Grashorst oder in Erdferkelhöhle u. ä. Bei Gefahr Flachliegen im hohen Gras mit aufgelegtem Kopf. Bei großer Feindnähe plötzliches Aufspringen mit leisem Prustlaut (Schreckprusten) u. schnelles, gewundenes Fortgaloppieren mit vorgestrecktem, erhobenen Kopf u. zeitweiligen Orientierungssprüngen. Nach spätestens 100 m Verhoffen u. Rückschau. Zäune werden nicht übersprungen. Bei Hetzen mit Hunden auch Zuflucht in Erdferkel- oder ähnlicher Höhle. – **Kp** Einzelheiten nicht bekannt. – **Lt** Schreckprusten, s. Tt, schreiendes Blöken in großer Bedrängnis, sonst stumm. – **S** scharfes Gehör, weitere Einzelheiten nicht bekannt. – **Fd** Viele Raubtiere, von Leopard bis Wüstenluchs, Kronenadler u. Python, für Kitze auch Falbkatze, Schakale, Honigdachs, Paviane, Warane. Mutter verteidigt Kitz mutig gegen Feinde bis Schakalgröße. – **N** hauptsächlich Strauch- u. Baumlaub, nebenbei auch Gräser u. Kräuter. Trinken nicht erforderlich (daher auch in sehr trockenen Landschaften), doch werden Wasserstellen benutzt. – **Gs** s. Tr. – **Fp** Tragzeit $5^1/_2$–$5^3/_4$ Monate, ganz genau nicht bekannt. 1 Laufjunges. Geburts-G rd. 0,9. Nach 2 Wochen erstes Grünfutter, nach 3 Monaten entwöhnt, nach 6–7 Monaten ♀ –, nach 9 Monaten ♂–**Gr**. Mit 12 Monaten erste Geburt möglich, 2 Geburten innerhalb eines Jahres als Regel. Setzzeit nicht beschränkt, doch Geburten gehäuft von September bis Februar mit Gipfel im November u. Dezember. Geschlechtsverhältnis der Geburten örtlich manchmal doppelt so viel ♂♂ wie ♀♀, dann unter Erwachsenen bis 80% ♂♂-Überhang möglich. Meist jedoch Erwachsenen-Verhältnis rd. 1 : 1. – **Ld** Vermutlich 10–12 Jahre.

Greisbock oder **Greisböckchen,** *Raphicerus (Nototragus) melanotis* (Thunberg, 1811), E: Grysbok; F: Le Grysbok, Le Raphicère; A: Grysbok, K: Dondoro

Kn Sehr ähnlich Steinantilope (s. S. 55), nur etwas kleiner u. gedrungener. Voraugendrüse gut ausgebildet, Zwischenzehendrüsen vorhanden, Leistendrüsen fehlen, *sharpeî*-♂ mit Vorhautdrüse, 4 Zitzen. H nur beim ♂ wie bei Steinantilope, bei *sharpeî* jedoch auffallend kurz u. stämmig. Nebenhufe sehr klein *(melanotis)* oder fehlend *(sharpeî)*. Haarkleid etwas abstehend u. drahtig, von Nacken über Hals u. Rumpf bis Beinansätze mit einzelstehenden weißen Haaren durchsetzt (daher Artname). *Sharpeî* zuweilen mit kleinen weißen Vollflecken auf Rumpf. Haarkleid sonst hell- bis dunkelrotbraun, Kehle rötlichgelb, Brust u. Bauch rötlich u. heller als Oberseite, Stirn zuweilen mit dunkelbrauner Y-Zeichnung, deren Rückstrich über Nacken bis Schulter reichen kann. Ohrinnenseite mit weißbehaarten Radiärstreifen. Alt-♂ u. Kitz dunkler als ♀ u. Jungtier, sonst Jugendkleid wie Erwachsenenkleid. – **M&G** KR 65–75, SL 5–8, KH 45–55, G 8–13, H 6,5–13 *(melanotis)*, 4–10,5 *(sharpeî)*. – **V** Vom Kenia- und Elgonberg südwärts in O-, S-, SW-Afrika u. S-Angola. 2 UA (werden von manchen Autoren als Arten betrachtet): 1. Nördlicher oder Sharpes Gr. *(sharpeî)*, Artgebiet außer dem von *melanotis*. 2. Südlicher oder Kapgr. *(melanotis)*, Zululand, öl u. sl Kapprovinz. – **Lr** Mit dichten Büschen bestandenes Grasland, auch in Busch- u. Baumsavanne u. am Fuß niedriger Hügel sowie in Weingärten *(melanotis)* oder bevorzugt in stein- oder felsübersäten, busch-, heide- u. grasbestandenem Hügel- oder Plateaugelände einschließlich Schilfgürteln an Gewässerrändern, aber auch Buschhorsten des Flachlandes weitab von Hügeln *(sharpeî)*. – **Tr** Standorttreu, Wohngebiet nicht groß, mit festen Kotplätzen, wird damit u. mit Voraugendrüsen markiert. Geringe Siedlungsdichte, nur rd. 1 Tier je km². – **Tt** Hauptsächlich morgens u. spätnachmittags bis in den Nachtbeginn munter. Im Dunkelheitsschutz auch Aufsuchen freierer Flächen. Ruheplätze in Büschen, Grashorsten, Felsschatten. Bei Gefahr Sichdrücken (s. Steinantilope). Bei Feindannäherung meist Aufspringen auf 30–40 m Entfernung u. Fortrennen wie Steinantilope (jedoch ohne Umschausprünge u. Verhoffen) mit plötzlichem Niedertun in Deckung (wie vom Boden verschluckt), von Hunden verfolgt auch Deckungssuche in Höhlen wie Steinantilope. – **Kp** Einzelheiten nicht bekannt. – **Lt** Blökendes Schreien bei Gegriffenwerden, sonst stumm. – **S** Großohrigkeit deutet auf scharfes Gehör, weitere Einzelheiten nicht bekannt. – **Fd** s. Steinantilope (S. 55). Ob Mutter Kitz verteidigt, ist nicht bekannt. – **N** Wie Steinantilope (S. 55). *Melanotis* frißt gerne Rebschößlinge. – **Gs** Einzelgänger, nur zur Brunft paarweise, selbst dann liegen Partner noch in getrennten Verstecken. – **Fp** Paarungs- u. Setzzeiten anscheinend nicht beschränkt, da Kitze in allen Monaten beobachtet. Weitere Einzelheiten nicht bekannt, vermutlich ähnlich Steinantilope (s. S. 55).

7/10 **Bleichböckchen** oder **Oribi,** *Ourebia ourebi* (Zimmermann, 1783). E: Oribi; F: L'Ourébie, Le Scophophore à queue noire; A: Oorbietjie; K: Taya

Kn Hochbeinig, zierlich, nach hinten etwas überbaut. ♂ mit mittellangen, steil stehenden, konkav leicht nach vorne gebogenen H, die im unteren Drittel gerippelt. Voraugendrüsenöffnung als senkrechte Falte vorm vorderen Augenwinkel. Unterhalb Ohr, Duftdrüse mit pfenniggroßer, nackter, schwarzer Hautfläche, durch die Duftsekret verdampft u. durch Ohrwedeln verteilt wird. Leisten-, Zwischenzehen u. Mittelfußdrüsen, Kniebürsten mit verlängerten Haaren vorhanden. 4 Zitzen. Schwanzunterseite nackt. Nebenhufe klein. Haarkleid kurz, glatt, manchmal etwas länger u. rauher. Oberseite isabell, gelb oder rotbraun. Lippen, Kinn, Kehle, Brust, Bauch, Schenkelinnen- u. Hinterkeulenrückseite sowie radiäre Ohrinnenseitenstreifen u. Überaugenfleck oder -strich weiß. Ohraußen-, Nasenspiegelrand, Voraugendrüsenfeld, Unterohr- u. rundlicher Stirnfleck sowie Schwanzoberseite oder nur -ende braun bis schwarz. Fesseln u. »Kniebürsten« hell bis weiß. Kitz dunkelgrau, Rücken am dunkelsten, sonst wie Erwachsene, nach 2 Wochen Umfärben in Dunkelbraun, nach 5 Wochen in Erwachsenenfarbe. Obere C manchmal verkümmert vorhanden. – **M&G** KR 92–110, S 6–10,5, KH 50–67, G 12–22, H 8–19; ♀ rd. 1/5 stärker als ♂. – **V** Afrika sl Sahara u. Äthiopien außerhalb geschlossener Wälder. Heute vielerorts ausgerottet. 13 UA. – **Lr** große, niedrig bewachsene, freie oder nur spärlich mit Büschen u. Bäumen bestandene Grasflächen bevorzugt. Boden glatt oder steinig oder felsig, in Ebene oder Halden im Hügel- u. Bergland bis 3000 m aufwärts. Wasser ist willkommen, kann aber auch ganz fehlen. Bei geeignetem Gelände auch in Siedlungsnähe. – **Tr** Standorttreu, paarweise, feste Wechsel, Kot- u. Markierungsplätze (♂ markiert mit Voraugendrüsen an Halmen u. Zweigenden). – **Tt** Haupttätigkeit morgens, spätnachmittags u. abends, bei bedecktem Himmel länger am Tage, bei Mondhelle auch nachts. Ruheplatz in Mulde, Grashorst, neben Busch oder Felsblock.

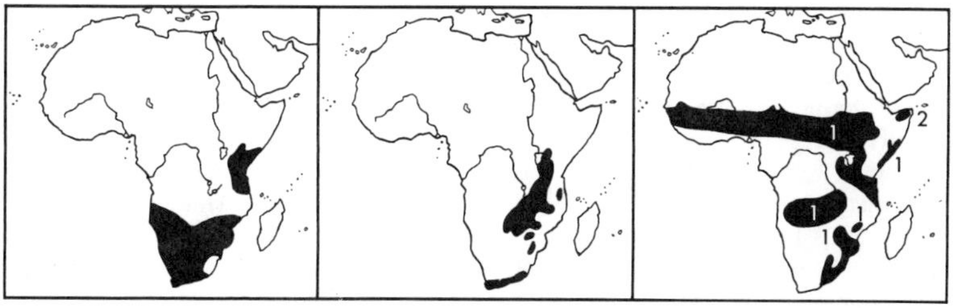

Steinantilope Greisbock 1 Bleichböckchen 2 Beira

Bei Feindannäherung Sichdrücken, bei Feindauflaufen plötzliches Aufspringen mit pfiffartigem Schrecklaut und schnellem Fortlaufen bei waagerechtem Hals u. Schwanz (bei unübersichtlichem Gelände eingestreute steifbeinige Prellsprünge zur Orientierung) über mehrere 100 m, dann Verhoffen u. Rückschau. – **Kp** Einzelheiten nicht bekannt. – **Lt** Außer Schrecklaut (s. Tt) nichts bekannt. – **S** Einzelheiten nicht bekannt. – **Fd** Feindarten weitgehend wie bei Steinantilope (s. S. 55), sonstige Einzelheiten nicht bekannt. – **N** Hauptsächlich Gräser u. Kräuter, nebenher Strauchlaub. – **Gs** s. Tr, weitere Einzelheiten nicht bekannt. – **Fp** Tragzeit 6 1/2–7 Monate. Setzzeiten in Volltropen meist kurz vor oder in Regenzeit, in Subtropen Spätfrühling – Frühsommer. 2 Geburten im Jahr die Regel. 1 Laufjunges. Geburts-G ♀ 1,6–1,8, ♂ 2–2,25, -KH rd. 33. ♀ frißt Eihäute u. Nachgeburt. ♂ bewacht Kitz streng, das in Elternabwesenheit abliegt oder sich nur auf engstem, vom ♂ mit Kot begrenzten Raum bewegt. 3mal täglich Saugen 1–5 Min. Nach 1 Woche erstes Grünfutter, nach 1 Monat erstes Wiederkauen, nach 2 Monaten Entwöhnung, dann 4/5 der Elterngröße erreicht. ♀ wird 1–10 Tage nach Setzen wieder gedeckt. – **Gr** ♂ rd. 14 Monate (Hörner dann 6–7 cm lang), ♀ rd. 12 Monate. – **Ld** 8–12, im Zoo bis 14 Jahre.

Beiras, Dorcatraginae

Klippspringergroß. Nur ♂ mit Hörnern. Ohne Stirnschopf. Ohren sehr lang u. breit. Muffel behaart, nur Nasenlochränder nackt. Haupthufe kurz-hoch, vorne spitz, hinten sehr breit u. rund. Nebenhufe klein. Schwanz fast halb bis zur Ferse reichend. Zwischenzehendrüsen vorhanden, Voraugen- u. Leistendrüsen fehlen, 2 Zitzen. In halbwüstenartigem, buschbestandenem, steinig-felsigem Hügel- u. Bergland NO-Afrikas. 1 Gattung mit 1 Art.

7/9 **Beira,** *Dorcatragus melanotis* (Menges, 1894). E: Beira; F: Le Beira, Le Dorcatrague
Kn Klippspringergroß, doch Beine länger u. schlanker, Kopf u. Schwanz länger, Ohren größer, diese abstehend getragen. H nur beim ♂, senkrecht u. weit auseinander stehend, am Grunde gerippelt. Voraugen- u. Leistendrüsen fehlen, Zwischenzehendrüsen vorhanden, 2 Zitzen. Schwanz lang behaart, bis Ferse reichend. Haupthufeballen über Hufkantenhöhe aufgewölbt, Nebenhufe klein auf nackter Hautstelle. Haarkleid dicht, straff, ziemlich lang, an Bauch u. Keulenhinterkante etwas verlängert. Oberseite rötlich- bis blaugrau, Unterseite kremfarben bis weiß, dazwischen dunkelbrauner Flankenstrich. Weiße Ohrinnenbehaarung durch dunkle, kahle Radiärstreifen unterbrochen. Jugendkleid ähnlich Erwachsenenkleid. – **M&G** KR 80–86, SL 6–7,5, KH 50–60, G 9–11,5, ♀ etwas größer u. schwerer als ♂, H 9–13. – **V** NI Somalia von Golfküste bis rd. 8° n. Br. Bedroht. Keine UA. – **Lr** Trockenes bis wüstenartiges, buschbestandenes Berg- und felsiges bis steiniges Hügelland mit ebensolchen benachbarten Tafel- oder Bergflußflächen. – **Tr** Standorttreu, Bestandsdichte gering, weitere Einzelheiten nicht bekannt. – **Tt** Morgens u. nachmittags äsend umherziehend, mittags ruhend. – **Kp** Einzelheiten nicht bekannt. – **Lt** Nicht bekannt. – **S** Gesicht u. Gehör sehr gut. – **Fd** Karakal als Hauptfeind (für Kitze Falbkatze, Schakal u. Hyäne noch gefährlich), Leopard (früherer Hauptfeind) u. Löwe dort bereits fast ausgerottet u. ohne Bedeutung. – **N** Hauptsächlich Strauchlaub, daneben Gräser u. Kräuter. Von Trinkwasser unabhängig. – **Gs** Paar- bis familienweise oder in kleinen Trupps (vermutlich aus 2–3 Familien), Höchstzahl 1 Dutzend. – **Fp** Einzelheiten nicht bekannt. Setzzeit angeblich April. Jeweils 1 Laufjunges. – **Gr** u. **Ld** Nicht bekannt.

Klippspringer, Oreotraginae

Doppelte Hasengröße. Meist nur ♂ mit Hörnern. Ohne Stirnschopf. Nase kurz, Nasenspiegel nackt. Ohren mittellang. Haupthufe lang, stehen auf abgewetzter Spitze, Nebenhufe groß. Schwanz stummelhaft. Voraugendrüsen vorhanden, Zwischenzehen- u. Leistendrüsen fehlen, 4 Zitzen. Felsdurchsetztes Buschsteppengelände südlich der Sahara. 1 Gattung mit 1 Art.

7/11 **Klippspringer,** *Oreotragus oreotragus* (Zimmermann, 1783). E: Klippspringer; F: L'Oréotrague; A: Klipspringer, Klipbokkie; K: Ngurunguru, Mbuzi mawe
Kn Gedrungen, rundrückig, kurze Schnauze, große Augen, Voraugendrüsen u. Ohren. H nur beim ♂ (nur bei Unterart *schillingsi* in S-Kenia, Tansania u. Ruanda-Urundi, auch beim ♀, jedoch schwächer), gerade oder leicht konkav nach vorne gebogen, am Grunde geringelt, weit auseinander u. steil stehend. Schwanz stummelhaft, unterseits nackt. Beine stämmig, Mittelhandknochen kurz, Zehenknochen lang. Haupthufe weit spreizbar, lang, mit abgewetzter Spitze dem Untergrund aufgesetzt. Nebenhufe mittelgroß, breit, lang, flach, hochsitzend. Zwischenzehen- u. Leistendrüsen fehlen, Vorhautdrüse vorhanden, 4 Zitzen. Haarkleid einförmig, ohne Wollhaare, Einzelhaar lufthaltig, leicht gewellt, storr, brüchig, leicht ausfallend, am Grunde weiß, mittens oliv- bis goldbraun, Spitze gelblich, Gesamthaarkleidfarbe pfeffer-salz-artig. Haare abspreizbar, beim Hautzusammenziehen raschelnd. Körperoberseite goldgelb oder

gelbbraun überhaucht oder sandfarben oder oliv. Nasenrücken, Stirn, Ohrrückseiten, zuweilen auch Fesseln braunschwarz. Beine braun bis silbergrau. Lippen, Kehle, Kinn, Augenumrandung, Brust, Bauch, Beininnen- u. Keulenrückseite weiß bis gelbweiß. Ohrinnenseite weiß mit schwarzen Radiärstreifen. Kitze wie Erwachsene gefärbt. – **M&G** KR 75–115, SL 7–13, KH 47–60, G 10–18, ♀ etwas größer u. schwerer als ♂, H bis 16. – **V** Von N-Nigeria bis Somalia, von dort sw bis Kapland, von dort wieder nw bis S-Angola. Fehlt zwischen N-Nigeria u. Bongobergen (Zentralafr. Republik) sowie weiter ow bis O-Equatoria (Sudan). In Sudan (geogr.), Kapprovinz, Natal, Oranje u. Transvaal weitgehend ausgerottet (im Krügerpark noch vorhanden). 11 UA. – **Lr** Auf Fels jeder Art (Granit, Schiefer, Kalk-, Sandstein usw.), vom Einzelblock über Kopjes u. Walrücken (50–250 m hohe Felskuppen im Gelände) bis Blockhaufen, Blockhalden, Bergstöcken u. -hängen (bis 4000 m aufwärts). Dichtes Gebüsch als Zufluchtsort Bedingung. Fels mit Gebüsch als Lebensraum sind anzutreffen in Halbwüste, Steppe, Savanne, Trockenbusch, -wald (in letzterem auf eingesprengten Grasflächen, sog. Dambos), in Ebene, Hügelland u. Gebirge. – **Tr** bzw. Wohngebiet jeweils Felskuppe oder -platte oder entsprechender Kopje-, Walrücken- oder Berghangplatz mit Gebüsch u. benachbarten Grasplätzen (nur wenige 7,5–9,5 ha groß). Zweigenden u. Felsecken werden mit Voraugendrüsensekret markiert. Ruhe-, Sonnen- u. Kotplätze, letztere nahe Tr-Grenze. Tr wird von ♂ gegen Artgenossen verteidigt. Standorttren. Tr-Bewohner jeweils ein Paar oder 1 ♂& 2 ♀♀ mit letztem (manchmal auch noch vorletztem) Kitz. In günstigem Gelände rd. alle 50–100 m 1 Paar. – **Tt** Haupttätigkeit vor- u. nachmittags (6^h, 10^h, 14^h), auch in mondhellen Nächten bis Mitternacht. Tagsüber einzeln (♂) oder paarweise stundenlanges, fast unbewegliches Wachestehen auf erhöhtem Felsplatz. Bei Gefahr pfiffartiger Schrei durch Nase, wiederholt in 5 Sek. Abstand (manchmal mit Prellsprüngen auf der Stelle) u. halsbrecherische Flucht felsab ins Gebüsch, nach kurzer Flucht Verhoffen u. Umschau. – **Kp** Einzelheiten nicht bekannt. – **Lt** »Pfeifen« (s. Tätigkeit). Leises Knätschen bei Unmut. Durchdringender, röhrender Schrei in höchster Gefahr. Kurzes leises Haarrasseln des ♂ während Paarung. – **S** Gesicht u. Gehör gut, wichtiger als Riechvermögen. Einzelheiten nicht bekannt. – **Fd** Hauptfeinde Leopard, Karakal, Serval u. Kronenadler, Nebenfeinde Falbkatze, Hyänen, Schakale, Paviane, Riesenschlangen; für Kitze auch andere große Greifvögel u. Warane. Mensch fängt Klippspringer leicht in Schlingen, dadurch ganze Landstriche (vor allem in Südafrika) leergewildert. – **N** rd. 45% Busch-, Strauch- u. Baumlaub, -blüten u. -früchte, Bartflechten, rd. 55% Gräser u. Kräuter. Beim Laubäsen auch Aufrichten auf Hinterbeinen. In Trockenzeit Trinken nicht erforderlich, da Nahrung Flüssigkeitsbedarf deckt. – **Gs** Lebensehe sehr wahrscheinlich, daher normales Auftreten in Paaren. – **Fp** Tragzeit rd. 7 Monate, Setzzeit teils begrenzt (SW-Afrika Juli–Dezember, Krügerpark November–Dezember), teils unbegrenzt (Sambia ganzjährig). Zweimaliges Setzen im Jahr. 1 Laufjunges. Geburts-KH rd. 25, – G rd. 1. Geschlechtsverhältnis 1 : 1. – **Gr** Mit 1 Jahr. ♂ sucht sich eigenes Revier, ♀ bleibt meist länger, paart sich auch mit Vater. – **Ld** In Gefangenschaft bis 15 Jahre nachgewiesen.

Waldböcke, Tragelaphinae

Gazellen- bis rindergroße Antilopen, deren ♂♂ (manchmal auch ♀♀) meist schraubig gedrehte und leierförmig geschwungene Hörner tragen. Manchmal Hörner einfach (asiatische Vertreter) und manchmal in Vierzahl (indische Vierhornantilope). Haarkleid meist glatt und kurz, z. T. auch gröber und länger, meist mit Nacken-, öfters mit

Halsvorderseiten-, zuweilen mit Bauchmähne oder Stirnschopf. Helles (meist weißes) Körpermuster aus Stirn-, Wangen-, Kehl-, Bugfleck, Rumpf- und Keulenstreifen oder -flecken oder -streifen und -flecken, Bein- und Fesselflecken ganz oder teilweise stets vorhanden. Voraugen- u. Zwischenzehendrüsen fehlen, meist Nebenhuf- u. 2–4 Leistendrüsen vorhanden, 4 Zitzen. Wald- oder Dickicht- oder Buschsteppen-, selten Steppenbewohner. 3 Gattungen mit zusammen 10 Arten, davon 2 Gattungen mit je 1 Art in Vorderindien (Vierhornantilope, *Tetracerus quadricornis,* und Nilgauantilope, *Boselaphus tragocamelus),* die übrigen als eigentliche Waldböcke oder Drehhornantilopen *(Tragelaphus)* in Afrika südlich der Sahara nebst Äthiopien.

8/1–5 **Schirrantilope,** *Tragelaphus (Tragelaphus) scriptus* (Pallas, 1776). E: Bushbuck; F: L'Antilope harnaché, Le Guib, Le Guib harnaché; A: Bosbok; K: Pongo, Mbawala **Kn** Rehgroß u. -artig. Nur ♂ mit vorderseits gekielten, schwarzen, hellspitzigen in 1–1¼ Längsdrehung gewundenen H, manchmal auch beim ♀. Augen u. Ohren groß. Schwanz buschig, reicht halb bis Ferse. Nebenhufe klein u. flach bis mittelgroß u. dreieckig. Voraugen- u. Zwischenzehendrüsen fehlen, 2–4 Leistendrüsen, 4 Zitzen, Nebenhufdrüsen vorhanden. Haarkleid dünn, glatt, an Hals, Brust u. Keulenrückseite manchmal verlängert, oft auch (vor allem bei ♂♂) kurze Rückenmittellinienmähne vom Widerrist bis Schwanzansatz. Alt-♂♂ an Kopf u. Halsoberseite sehr kurz u. fein behaart, fast nackt wirkend. Färbung individuell u. geographisch (zu letzterem s. Taf. 8) wechselnd. Oft Alt-♂♂ u. -♀♀ dunkler als Jungtiere. Grundfarbe von fahlgelbbraun über gelbrot, rot, rotbraun zu dunkelrotbraun oder grauoliv wechselnd. Weiße Abzeichen voll ausgeprägt oder teils vermindert oder abgeschwächt oder beides. Waldformen meist leuchtend rotbraun mit voll ausgebildetem Muster, ihre ♂♂ dunkel, Buschformen gelbbraun bis braunoliv, Muster schwach u. unvollkommen, ♂♂ u. ♀♀ ähnlich. Jungtiere rotbraun mit vollem weißen Muster, nur bei UA *ornatus* (M-Afrika) schwächer gemustert als Alttiere. Vereinzelt Weißlinge u. verzwergte Inselbewohner beobachtet. – **M&G** KR 115–150, ♀ 105–130; SL 30–35; KH ♂ 70–100, ♀ 65–85; G ♂ 40–80, ♀ 25–60; H ♂ bis 57, ♀ (selten) bis zu 30. Erwachsenes ♂ rd. ½ mal schwerer als ♀ u. dadurch auch ersichtlich größer. – **V** Afrika sl Sahara u. ab Äthiopien sw bis Kapprovinz, fehlt im westlichen Hochland Transvaals, Oranjes u. Lesothos, in SW-Afrika (außer Norden mit Caprivizipfel), SO-Angola u. angrenzendem W-Sambia. 8 UA. – **Lr** Unterwuchs- u. dickungsreiches Gelände in Flach-, Hügel- u. Bergland bis 4000 m aufwärts mit sumpfigem oder feuchtem oder trockenem Boden, meist in Wassernähe (Primär- oder Sekundärwaldlichtungen oder -ränder, Galeriewald, Gehölze, Gebüschhorste, Hoch- u. Riedgrasdschungel in Baum- u. Buschsavanne, auch in Pflanzungen u. Gärten). – **Tr** Einzelgängerisch in beiden Geschlechtern, jedes Tier mit 15–35 ha großem Tr (♂-Tr größer als ♀-Tr) je nach Gelände (Wechsel, Ruhe-, Kotplätze, Bodenforkel- als Markierungsstellen, doch können sich Streifgebiete der einzelnen Tiere überlappen. ♀ mit Kitz u. Jungtier als kleine Familie. Sehr ortstreu. Siedlungsdichte in günstigem Gebiet 0,1–2,5 Tiere je km^2 durchschnittlich, mit Geschlechtsverhältnis 1 : 1. Öfter in Gesellschaft mit Pavianen u. Grünmeerkatzen. – **Tt** Hauptsächlich frühmorgens u. spätnachmittags bis abends, tagsüber u. in zweiter Nachthälfte ruhend. Bei bedecktem Himmel oder Mondschein auch dann munter. – **Tt** Jeweils 2–5 Std. Tag u. Nacht. Wo verfolgt, heimliches Nachttier. Guter Schwimmer. Zäune bis über 2 m Höhe werden übersprungen. – **Kp** Zunge reinigt Nasenlöcher u. Lippe. Zähne knabbern ab Schulter u. Brust rückwärts alle Körperteile. Hörner scheuern Rücken u. Kruppe. Hals- u. Wangenscheuern an festen Gegenständen, Kinn- und Kehlescheuern am Boden. Zur Paarungszeit gegenseitiges Belecken u. -knabbern der Partner. – **Lt** ♂ u. ♀ rauhes

Bellen als Alarmruf (rehbockartiges Schrecken), ferner Grunzlaute. ♂ macht beim Treiben des brunftigen ♀ schnalzend-zwitschernd »teck-teck«. – **S** Riechen u. Hören (große Ohren) gut, Sehleistung weniger. – **Fd** Hauptfeind Leopard, sonst Goldkatze, für Kitze auch Serval, Karakal, Falbkatze, Zibetkatze, Riesenschlange. Manchmal auch Löwe u. am Wasser Krokodil. ♂ greift in Enge getrieben mutig an. – **N** Wie Reh Nascher von Busch-, Strauch-, Baumblättern, -knospen, -trieben, -früchten, nebenher frische Gräser u. Kräuter, Gemüse, Gartenblumen, Baumrinde (besonders von Zitrusbäumen). Salz- u. mineralhaltiger Boden wird gerne aufgeleckt. – **Gs** s. Tr. – **Fp** Jahreszeitlich nicht begrenzt, z. T. (M-Afrika) in allen Monaten möglich, sonst Geburten meist in Trockenzeit. Tragzeit 178–182 Tage. 1 Laufjunges. Geburts-G ♂ 3,5–4,2, ♀ 3,2–3,7. 2 Geburten in 1 Jahr möglich, da ♀ 1 Tag–$^{1}/_{2}$ Monat nach Setzen wieder gedeckt wird. Kitz liegt erste Zeit ab. Säugezeit rd. $^{1}/_{2}$ Jahr. Geschl.verhältnis bei Geburt rd. 1 : 1, bei Erwachsenen ♀♀-Übergewicht. – **Gr** ♂ u. ♀ 11–12 Monate. – **Ld** 12 Jahre u. mehr.

Tieflandnyala oder **Nyala,** *Tragelaphus (Tragelaphus) angasi* Gray, 1849. E: Nyala, 9/1
Inyala; F: Le Nyala; A: Inyala, Nyalabosbok 9/2
Kn Ähnlich Schirrantilope. H nur beim ♂, schwarzbraun bis schwarz, in Windung u. Stärke wie bei Sitatunga, 1$^{1}/_{2}$–2fache Längswindung, zwei bis fast zur hellen Spitze durchlaufende Längskiele. Schwanz buschig, beim ♂ länger u. breiter als beim ♀, reicht $^{2}/_{3}$ statt $^{1}/_{2}$ bis Ferse. Nebenhufe kräftig, die der Hinterfüße innenseits von Drüsenpolster mit Haarbürste umgeben. Voraugendrüsen fehlen, 2 Leistendrüsen, 4 Zitzen. Haarkleid kurz u. glatt. ♂ mit Mittellinienmähne unterseits von Kehle bis Weichen u. Hinterkeulenunterrand (manchmal auch am Unterarmansatz), oberseits von Nacken bis Schwanzwurzel. ♂ oberseits schieferblau, schwach ocker überhaucht,

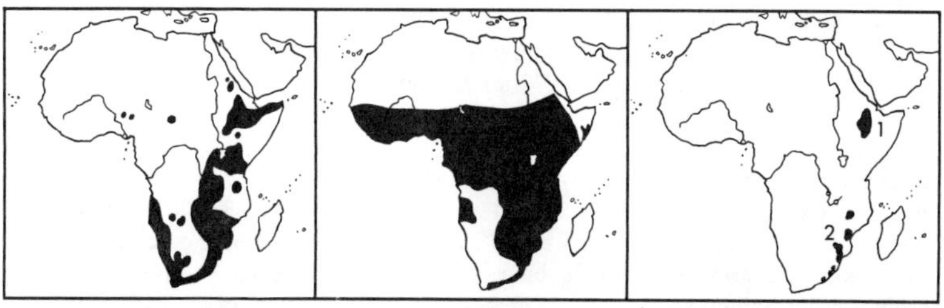

Klippspringer Schirrantilope 1 Bergnyala 2 Tieflandnyala

♀ u. Kitz rotbraun, Jung-♂ färbt mit Gr auf schieferblau um, doch treten manchmal auch hell beigefarbene Alt-♂♂ auf. Weiße Abzeichen s. Taf. 9, Zahl der Rumpfquerstreifen jederseits 8–13, der Hinterkeulenflecke 3–4. Können sich bei Älterwerden des ♂ auf wenige oder gar keine verringern. – **M&G** KR ♂ 150–195, ♀ 135–145; SL ♂ 45–55, ♀ 40–50; KH ♂ 100–121, ♀ 80–105; G ♂ 100–140, ♀ 55–90; H bis 83. – **V** Öl S-Afrika zwischen 30° u. 35° öl Lg. u. 15° u. 28° sl Br. 3 Hauptvorkommen: 1) nördliches, S-Malawi sl Nyassasee mit ringsum angrenzenden Gebieten Mozambiques. 2) mittleres, nl Teil: entlang der u. zwischen den Flüssen Buzi u. Save in M-Mozambique; sl Teil: an Dreiländerecke Rhodesien-Mozambique-Transvaal (mit Krügerpark), von dort entlang Flüsse Nuantsi, Bubye, Limpopo, Pafuki, Singuedsi, Klein- u. Groß-Letaba, Nantsi. 3) südliches: 2 größere Gebiete wl Delagoa-Bucht in S-Mozambique, 1 kleineres nwl u. wl St. Lucia-Bucht in Natal. Ein Nebenvorkommen im Chewore-

Wildschutzgebiet am Sambesi-S-Ufer an der N-Grenze Rhodesiens. Eingeführt im Loskop-Dam-Naturschutzgebiet in Transvaal u. auf Farmen in Natal u. im Adelaide-Gebiet der Kapprovinz. (Mozambique – Vorkommen vor Bürgerkrieg). Keine UA. – **Lr** Lockere bis dichte Buschgehölze in der Savanne, Flußuferwald oder Waldstücke in Wassernähe, in Ebene u. Hügelland, nicht im Gebirge. Vorkommensgebiete inselartig über Artareal verteilt. – **W** Rd. 3–5 Quadratmeilen, standorttreu, nicht territorial, W der Trupps überschneiden sich. Mkuzi-Wildschutzgebiet in Natal ist 15 500 ha groß u. beherbergt 5000 Nyalas, also im Durchschnitt je 3 ha l. – **Tt** Hauptsächlich morgens u. abends, in Trockenzeit mehr am Tag, in Regenzeit mehr nachts tätig. Bei Verfolgung sehr heimliches Nachttier. – **Kp** Einzelheiten nicht bekannt. – **Lt** heiseres Grunzen, tiefes Röhren (Ursachen?). – **S** Riechen u. Hören gut, Sehen nicht ganz so gut. – **Fd** Hauptfeind Leopard. Nebenfeind Löwe. Für Kitze auch kleinere Raubtiere, große Greifvögel u. Paviane gefährlich. In Enge getriebenes ♂ verteidigt sich mutig, auch gegen Mensch. – **N** Baum- u. Strauchlaub, -triebe, -knospen, -rinde, -früchte, nebenbei auch Gräser u. Kräuter. Zum Lauberlangen auch Aufrichten auf Hinterbeinen. – **Gs** Meist kleine Trupps aus mehreren ♀♀ mit Jungen, begleitet von 1 Alt-♂, das Trupp beherrscht u. Jung-♂♂ vertreibt, letztere dann in eigenen Trupps, Alt-♂ auch einzeln. Gegen Trockenzeitende Zusammengehen mehrerer Trupps (bis 50 Tiere beieinander) möglich. – **Fp** Paarungs- u. Setzzeiten teils jahreszeitlich einigermaßen festgelegt, teils nicht (letzteres in Mozambique u. Zululand, ersteres im Krügerpark, wo Setzzeit hauptsächlich Juli–November mit Höhepunkt August–Oktober). Tragzeit 8½ Monate, 1 Laufjunges, liegt rd. 2–3 Wochen im Versteck ab, Geburts-KR 55–60, – KH 48–53,– G 4,5–5,5. ♀ frißt Nachgeburt, kann 1 Woche nach Setzen wieder gedeckt werden. – **Gr** ♀ mit 11–12 Monaten, ♂ mit rd. 1½ Jahr. – **Ld** Bis 16 Jahre nachgewiesen.

9/3 **Sumpfantilope, Sumpfbock, Sitatunga** oder **Wasserkudu,** *Tragelaphus (Tragelaphus)*
9/4 *spekii* Sclater, 1864. E: Sitatunga, Marshbuck; F: Le Sitatunga, Le Limnotrague, Le Guib d'eau, L'Antilope marais; A: Water Koedoe; K: Nzohe

Kn Wie hochbeinige Schirrantilope. Schwanz ⅔ bis Ferse. H nur beim ♂, ähnlich Schirrantilope, aber stärker u. länger u. bis 1½ Längswindungen, 2 Längskiele, olivgraubräunlich bis braunschwarz, Spitzen hell. Haupthufe sehr lang (bis 10 cm), Nebenhufe 2–3 cm, ohne Drüsenpolsterbürsten, Fesselrückseite nackt. Voraugendrüsen fehlen, 2 (manchmal 4) Leistendrüsen, 4 Zitzen. Fell storr-strähnig u. schütter, leicht ölig u. wasserabstoßend, ziemlich lang, am ♂-Hals manchmal etwas mähnenartig verlängert, an Beinen kurz u. glatt. Ober- u. Unterseite gleichfarbig, auch ♂ u. ♀ so oder ♂ dunkel u. ♀ hell mit klarem weißen Muster. Kitze meist hell wie ♀. Jung-♂♂ färben auf Dunkelbraun um. Je nach Unterart u. Geschlecht dunkelschokoladen- bis rotbraun, gelbbraun oder eselgrau. Zahl der Rumpfquerstreifen jederseits 5–8, der Keulenflecken 6–13. – **M&G** KR ♂ 125–170, ♀ 115–150; SL 18–30; KH ♂ 85–125, ♀ 75–105; G ♂ 70–120, ♀ 40–105; H bis 92,4. – **V** Afrika zwischen rd. 10° n. Br. (um Tschadsee um 13° n. Br.) u. 18° s. Br., d. h. von geogr. S-Sudan u. S-Äthiopien sw bis SO-Angola, N-Botswana u. S-Sambia, ow kaum 34° Lg. überschreitend. Auf Insel Rubondo im Victoriasee. Nl W-Grenze Togo (in Gambia fast, in Guinea-Bissau, Sierra Leone, Guinea u. Elfenbeinküste ausgerottet). In Liberia nicht vorhanden, in Nigeria bedroht, in Mozambique, Malawi u. Rhodesien praktisch auch ausgerottet, ebenso in Nzoia-Flußsümpfen u. Saiwa-Sumpf in Kenia. Durch Wilderei u. Sumpftrockenlegen vielerorts bedroht. 5 UA. – **Lr** Sumpfwald, Galeriewald mit Sumpf, sumpfige Flußbuchten u. Altwasser, Waldinseln mit Sumpf, Schilf- u. Papyrussümpfe, Inseln in Seen u. Flüssen. Wohnsumpf mit hohem Gras, Schilf, Papyrus,

Binsen (bis 6 m), das Sitatunga völlig verdeckt, Boden moorig oder mit Schwingrasen- oder Wasserpflanzenpolster. – **Tr** Standorttreu. ♂ außerhalb Brunftzeit Einzelgänger mit Tr, das mehrere ♀♀-Wohngebiete umfassen kann. Wohnsumpf so je nach Größe in mehrere ♂♂-Tr aufgeteilt (Grenzstreitigkeiten häufig). Durch Überflutungen zeitweise Zwangsgeselligkeit auf flutüberragenden Plätzen möglich. – **Tt** Tagsüber im Sumpf (oft halb eingesunken) im Röhrichtschatten ruhend, morgens, abends u. z. T. auch nachts auf Nahrungssuche, in Dunkelheit auch Sumpf verlassend u. in Umgebung äsend. Geschicktes Laufen über Schwingrasen, Pflanzenpolster u. durch Röhrichtdschungel. Gutes Schwimmvermögen. Flucht stets sumpf- bzw. wasserwärts, bei Gefahr Forttauchen u. eingetaucht bis auf Nasenspitze verharrend. – **Kp** Wie Schirrantilope (s. S. 60). – **Lt** Alarmschrecken wie bei Schirrantilope (s. S. 61), ♀ statt dessen nachts auch Nieslaut. ♀-treibendes ♂ knört u. fiehmt mit geschlossenem Maul. Alt- u. Jungtiere blöken manchmal. Kitz hat Mutter alarmierendes Notbrüllen. – **S** Ohr u. Nase wichtigste Sinnesorgane. – **Fd** Krokodil, Leopard, Riesenschlange, bei Trockenfallen von Überschwemmungsböden auch Löwe. Reißende Überschwemmungsfluten ertränken Kitze. Hauptfeind Mensch durch Wilderei u. Lebensraumvernichtung. In Enge getriebenes ♂ setzt sich mutig gegen Hund u. Mensch zur Wehr. – **N** Wasser- u. Sumpfpflanzen, Junggras angrenzender Wiesen, Feldfrüchte sumpfnaher Äcker. – **Gs** s. Tr. – **Fp** Tragzeit 225 Tage, Paarungs- u. Setzzeiten nicht beschränkt oder mit länderweise verschobenem Schwerpunkt. 1 Laufjunges (Zwillinge selten), hat angeborenen Trieb, erhöhte u. damit trockene Liegeplätze aufzusuchen, notfalls schafft Mutter durch Pflanzenniedertreten erhöhte Plattform. Kitz liegt dort rd. 1 Monat ab. Säugezeit 4–6 Monate. – **Gr** ♀ mit 1–1¾, ♂ mit 1½–2 Jahren. – **Ld** Bis 19 Jahre nachgewiesen.

Bergnyala oder **Mittelkudu,** *Tragelaphus (Tragelaphus) buxtoni* (Lydekker, 1919). E: Mountain Nyala; F: Le Nyale des montagnes 9/5

Kn Kuduartig, H nur beim ♂, denen der Tieflandnyala sehr ähnlich, aber weiter auseinanderstehend und dadurch großkuduartiger, mit 1½–2 Längswindungen und 2 Längskielen bis zur hellen Spitze. Ohren groß. Schwanz buschig, bis Ferse reichend. Nebenhufe groß u. kräftig, dicht beieinander sitzend. Voraugendrüsen fehlen. 2 Leistendrüsen, 4 Zitzen. Fell des ♀ dicht anliegend, glatt u. glänzend, des ♂ an Hals, Bug u. Keulenrückseite etwas länger u. storrer, mit 10 cm langem Haarkamm von Nackenansatz bis Schwanzwurzel. Fellfarbe dunkles, sandiges Graubraun bis Dunkelbraun mit weißen Abzeichen (s. Taf. 9). Zahl der Rumpfquerstreifen 2–5, der Rumpfflecken 6–10. Alt-♂ dunkler als ♀, Jung-♂ brauner als rotbraunes Jung-♀, letzteres wird mit Älterwerden braungrau und blaßt weiße Rumpfstreifen u. -flecke ab. Kalb leuchtend gelbbraun, weiße Abzeichen ähnlich wie bei Erwachsenen, doch fehlen noch Rumpfstreifen. – **M&G** KR ♂ 240–260, ♀ 190–200; SL 20–25; KH ♂120 –135; ♀ 90–110; G ♂ 180–250, zuweilen 300, ♀ 150–200; H bis 118. – **V** Nur in Äthiopien, dort nur südlich 10° n. Br., nur im Hochgebirge entlang Gebirgsbogen von Tschertscher (Chercher) mit Asba Tafari im O über Gugu- u. Arussi-Bergland (Cacca-, Boset-, Galana-, Badda-, Erosa-Chilalo-Berge) im Zentrum bis Bali-Bergland sl davon u. weiter sw bis Limmuberge bei Javello (Yabello) in Sidamo. Außerdem im Wollega-Bergland im W M-Äthiopiens. Bisher keine UA beschrieben, doch nach Gehörnform mindestens 3 vorhanden. – **Lr** Baumheidengürtel zwischen rd. 3500 u. 3700 m mit Dickichten, Lichtungen u. Morasten. Zur Regenzeit (nach Abzug der Viehhirten mit ihren Herden) auch in tieferen Lagen des Hartheu-*(Hypericum-)*, *Hagenia-* u. Wacholder-*(Juniperus-)*gürtels (3500–3350, 3350–3200, 3200–3000–2700 m). In der Trockenzeit auch im Moorland- u. alpinen Gipfelgürtel oberhalb Baumheide (3700–4200 m). – **Tr** Die ♀♀-geführten Trupps, denen sich Alt-♂♂ anschließen, sind standorttreu (kleine jahreszeitliche vertikle Standortsverschiebungen s. Lebensraum) aber nicht territorial. Bestandsdichte in Arussibergen durchschnittlich rd. 2,4 (1,5–3,5) Tiere je km^2, in Balibergen rd. 4,5 (2,5–6,9). Gesamtbestand in ersteren auf 4000–11500, in letzteren auf 420–980 geschätzt. Durch Lebensraumvernichtung u. Störung durch Menschen (Feuer, Holzeinschlag, Beweidung, Kultivierung, Durchgangsverkehr, Wilderei) bedroht. – **Tt** Haupttätigkeitszeit zwischen rd. 4^h nachmittags u. 8^h morgens, Alt-♂♂ meist kürzer munter ($17–7^h$). Je ungestörter, desto mehr tags tätig mit Sonnen oder Ruhen auf offenen Plätzen, je gestörter, desto mehr reines Nacht- u. Dickichttier. – **Kp** Einzelheiten nicht bekannt. – **Lt** Wenig. Bei Alarm stößt führendes Trupp-♀ einen mehr keuchenden als bellenden Ruf aus. Auch ♂ ruft so, aber tiefer u. seltener. Bei Gefahrnähe manchmal schreckendes Blöken. Manchmal schreckt ein ♂ mit lautem, rauhen Bellen gegen Nebenbuhler. – **S** Riechen u. Hören sehr gut, Sehen weniger, da Entferung naher Gegenstände schlecht abgeschätzt wird u. bewegungsloser Beobachter unterm Wind nicht erkannt wird. – **Fd** Hauptfeind Mensch (s. Tr). Natürlicher Feind Leopard, schlägt Kälber u. Jungtiere, doch durch menschliche Verfolgung nur noch gering vertreten. – **N** Je nach Jahreszeit u. Ort sowohl Laub, Knospen u. Triebe von Büschen u. Bäumen als auch Kräuter u. Gräser, letztere gern als Jungwuchs auf Brandflächen oder verlassenen Viehkralen. – **Gs** Trupps aus einigen ♀♀ mit Kälbern u. Jungtieren u. einem zeitweise zugesellten Alt-♂. Truppstärke höchstens 1 Dutzend, meist 4–6 Tiere. Jung-♂♂ bleiben bis Gr bei Müttern, dann Vertreibung durch Alt-♂, bilden Junggesellentrupps, später Einzelgänger. Alt-♂ nur in Brunftzeit beim Rudel. Anscheinend starker ♀♀-Überschuß. – **Fp** Tragzeit nicht bekannt, vermutlich rd. 6 Monate. Brunftzeit in Balibergen vermutlich November–Dezember, Setzzeit dort April–Juni (Regenzeit), in Arussibergen Oktober–Dezember, in Gobabergen Dezember–Januar (Trockenzeit). 1 Laufjunges. – **Gr** ♀♀ mit rd. 2 Jahren, ♂♂ etwas später. – **Ld** u. weitere Einzelheiten über Werbung, Paarung, Geburt, Jungenpflege, Heranwachsen, Lebensalter usw. nicht bekannt.

10/1 **Kleinkudu**, *Tragelaphus (Tragelaphus) imberbis* (Blyth, 1869). E: Lesser Kudu; F: Le
10/2 Petit Koudou; K: Tandala ndogo

Kn H nur beim ♂, graubraun mit hornfarbener Spitze, 2 Längskielen u. $2\frac{1}{2}$ Längswindungen. Ohren groß u. trichterförmig. Schwanz buschig, $\frac{3}{4}$ bis an Ferse reichend. Vordere Nebenhufe klein, hintere kurz u. kräftig, innenseitig von haarbürstigem Drüsenpolster umgeben. Voraugendrüsen fehlen, 2 Leistendrüsen, 4 Zitzen. Fell glatt u. anliegend, kurze Mähne vom Nacken (♂) oder Widerrist (♀) entlang Rückenmittellinie bis Schwanzansatz. Fellfarbe des ♂ blau- bis schiefergrau, des ♀ rötlichbraun, weiße Abzeichen s. Taf. 10. Zahl der Rumpfquerstreifen jederseits 11–13. Kalb wie ♀ gefärbt, Jung-♂ färbt auf Blaugrau um. – **M&G** KR ♂ 120–140, ♀ 110–130; SL ♂ 30–40, ♀ 25–30; KH ♂ 95–105, ♀ 90–100; G ♂ 95–105, ♀ 80–95; H bis 91. – **V** Trockengebiete O-Afrikas zwischen rd. 14° n. Br. u. 8° s. Br. Danakil, Harar, Arussi, Ogaden u. Boran in Äthiopien, S-Guban in Somalia u. ab 8° n. Br. sw, ferner SO der Provinz Equatoria in Sudan u. NO Uganda, sowie durch Kenia u. Tansania sw bis rd. 8° s. Br. u. 35° w. Lg. unter Aussparung der Steppengebiete nöl u. öl des Victoriasees. Am Spekegolf wird SO-Ufer des Victoriasees noch erreicht. 2 UA. – **Lr** Trockenes Dornbuschgelände mit dichten Buschhorsten in Ebene u. Hügelland bis 1300 m aufwärts (sog. Njika). Manchmal auch im Steppenfluß-Galeriewald. – **Tr** standorttreu. Wohngebiet rd. 2 km^2. Alt-♂♂ nicht territorial. Jung-♂♂ ziehen

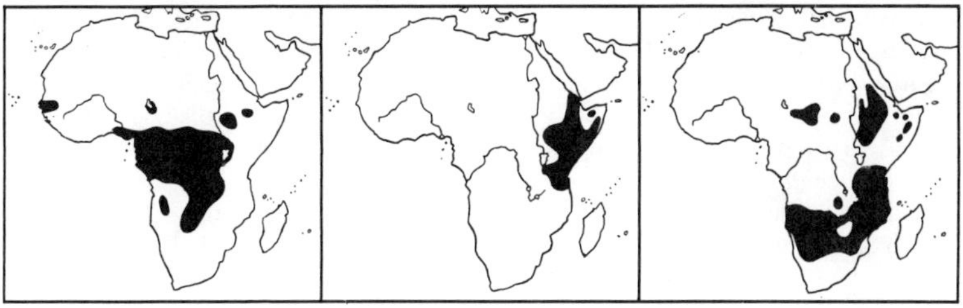

Sumpfantilope Kleinkudu Großkudu

weiter umher. In günstigen Gebieten je nach Jahreszeit 1–2 Tiere je km^2 als Durchschnittsbestandsdichte. – **Tt** Hauptsächlich spätnachmittags, abends u. frühmorgens. – **Kp** Wie Schirrantilope (s. S. 60). – **Lt** Bellender Schrecklaut von ♂ u. ♀ wie bei Schirrantilope. ♀-treibendes ♂ macht »ümmh«. – **S** Hören u. Riechen gut, Sehen nicht so gut. – **Fd** Hauptfeinde Leopard u. Hyänenhund, nebenher auch Löwe. Kleinkälber gefährdet auch durch Serval, Karakal, Pavian u. Riesenschlange. **N** hauptsächlich Baum- u. Strauchlaub, daneben in kleiner Menge Gräser, Wurzeln, Früchte, u. Kräuter. Wo Wasser, wird getrunken, doch monatelanges Auskommen ohne Wasser möglich. – **Gs** Einzeln oder paarweise oder in kleinen Trupps (bis 6 Tiere), meist einige ♀♀ mit Jungen in Nähe eines Alt-♂. Jung-♂♂ bilden ab 18. Monat eigene Trupps. – **Fp** Tragzeit 222 Tage. Ob Paarungs- u. Setzzeiten jahreszeitlich gebunden, nicht bekannt. Für Ogaden Setzzeit September–November. 1 Laufjunges. Geburts-G 7–7,5. ♀ geht zum Setzen abseits. Junges liegt längere Zeit ab. – **Gr** Mit $1\frac{1}{2}$–2 Jahren. – **Ld** Vermutlich 12–15 Jahre, nicht näher bekannt.

Großkudu, *Tragelaphus (Tragelaphus) strepsiceros* (Pallas, 1766). E: Kudu, Greater 10/3
Kudu; F: Le Grand Koudou; A: Koedoe; K: Tandala mKubwa 10/4
Kn H normalerweise nur beim ♂, locker schraubig gewunden mit 2 Längskielen u. $2\frac{1}{2}$ Windungen um Längsachse, graubraun bis dunkelbraun, Spitze hornfarben. Manchmal kleine Hörner bei ♀♀. Ohren u. Schwanz wie beim Kleinkudu (S. 64). Nebenhufe kräftig, innenseitig von haarbürstigen Drüsenpolster umgeben. Voraugen- u. Leistendrüsen fehlen, 4 Zitzen. Fell kurz u. glatt, rd. 10 cm langer Haarkamm von Nacken bis Schwanzansatz (beim ♀ kürzer). ♂ außerdem mit Halsunterseitenmähne (bis 25 cm) von Kehle bis Bug. Fellfarbe braungrau, stumpfbraun, rötlichbraun oder bläulichgrau, am Vorderkörper alter ♂♂ fast blaugrau. ♀ anstelle Vorderhalsmähne mit weißem Streifen. Weiße Abzeichen s. Taf. 10. Zahl der Wangenflecke jederseits 2–3, der Rumpfquerstreifen 4–12. Rumpfquerstreifenzahl ändert auch innerhalb der Unterarten ab. Kälber u. Jungtiere mehr rötlichgrau bis hellbraun. – **M&G** KR ♂ 215–245, ♀ 185–235; SL ♂ 35–55, ♀ 30–50; KH ♂ 130–150, ♀ 120–140; G 225–315, ♀ 180–215; H bis 181. – **V** Vom Tschadseegebiet an ow bis Eritrea, Äthiopien u. Somalia, von dort sw durch O- u. S-Afrika bis Kapland u. von dort nw bis M-Angola. Artareal nicht mehr zusammenhängend, da in manchen Landschaften, vor allem in S-Afrika, ausgerottet. Im Loskop-Dam-Schutzgebiet in Transvaal wieder, in Neu-Mexiko 1962 neu eingeführt. 4 UA. – **Lr** Bevorzugt steiniges, locker bis dicht mit Buschwald bedecktes Hügel- u. Bergland, doch auch im Flachland mit gleichem Bewuchs, dort vor allem in dichterem Akazienbusch-Uferstreifen der jahreszeitlich trockenfallenden Flüsse. Wasserstellen haben Bedeutung, sind jedoch nicht lebenswichtig. Wichtig sind dagegen größere Dickungen für ruhigen Tageseinstand. –

Tr Territorialität nur bei Alt-♂♂ in der Brunftzeit, die Tr gegen Nebenbuhler verteidigen. Tödliches Verkämpfen kommt vor. Standorttreu so lange Umstände günstig, sonst jahreszeitliche Standortwechsel, gegebenenfalls auch durch weitere Wanderungen. Bestandsdichte in günstigem Gelände durchschnittlich ⅓–1 Kudu je km^2. – **Tt** Tagsüber Einstand in dichterem Gebüsch, spätnachmittags Auszug zum Äsen. Unbehelligt auch vor- u. nachmittags außerhalb heißer Mittagszeit tätig, bei Bejagung heimliches Nachttier. – **Kp** Wie Schirrantilope (S. 60). – **Lt** Alarmruf ähnlich Schirrantilope (S. 61), Alt-♂ ruft in Brunftzeit manchmal ähnlich, doch mehr röhrend. ♂ treibt brunftiges ♀ mit »ümmh« (schwach, da Maul geschlossen). ♀ u. Jung-♂ machen »möőö« bei geschlossenem Maul, Bedeutung? Kalb hat »määä« als Stimmfühlungslaut zur Mutter u. lautes »ööö« als Alarmblöken, das Mutter sofort herbeiholt. – **S** Geruch u. Gehör sehr gut, Sehschärfe weniger. – **Fd** Hauptfeinde Leopard, Hyänenhund, Gepard u. Löwe, aber mehr für Jungtiere u. ♀♀ als Alt-♂♂. Jungkälber auch durch Serval, Karakal, Adler u. Riesenschlange bedroht. Rettung vor Feinden fast nur durch Flucht, selbst Alt-♂ verteidigt sich nur selten, selbst wenn in Enge getrieben, weder gegen Hunde noch Menschen. Bis 2,5 m hohe Zäune werden übersprungen. – **N** Zu über 80% aus Baum- u. Strauchlaub, nebenher auch Gräser u. Kräuter. Hauptfutterpflanzen Hülsenfrüchtler (Leguminosen) vor allem Akazien. Gelegentlich nächtlicher Besuch von Pflanzungen u. Gemüsegärten. – **Gs** Meist in kleinen Trupps aus mehreren ♀♀ mit ihren Jungen, denen sich zeitweise 1–2 Alt-♂♂ zugesellen. Truppzahl 6–12, seltener 20–30 Tiere. Höhere Truppzahlen (bis 100 oder mehr) vor allem gegen Trockenzeitende durch Ansammlung an günstigen Futterplätzen. ♂♂ auch in eigenen Trupps. Geschlechtsverhältnis bei Geburt 1 : 1, erhöhte Jung-♂♂-Sterblichkeit ändert es bei Erwachsensein auf 2 : 1 bis 5 : 1 für ♀♀. – **Fp** Wechsel der Fortpflanzungszeit von N nach S (von Oktober im N bis Februar–März im S). Tragzeit rd. 7 Monate. 1 Laufjunges, liegt rd. 2 Wochen fest ab. Geburts-G rd. 15, Säugezeit rd. ½ Jahr, erste Festnahrung mit rd. 1 Monat. – **Gr** ♀♀ mit 1¼–1½, manchmal auch 1¾, ♂♂ mit 1¾–2 Jahren, bei ♂♂ Bildung der 1. Hornwindung mit rd. 2 Jahren, volle Ausbildung des Horns (2½ Windungen) mit 6–6½ Jahren. Geschlechtsverhältnis bei Geburt 1 : 1, jedoch Änderung s. Gs. – **Ld** In Freiheit durchschnittlich 7–8 Jahre, in Gefangenschaft bis 23 Jahre nachgewiesen.

10/5 **Bongo,** *Tragelaphus (Taurotragus) euryceros* (Ogilby, 1857). E: Bongo; F: Le Bongo
Kn Ähnlich Tieflandnyala, nur etwas massiger. H bei ♂ u. ♀, ähnlich Sitatunga, schmal-leierartig, mit 2 Längskielen u. 1½ Längswindungen, braungrau bis dunkelbraun, Spitze hellgelb; ♂-H dicker als ♀-H, letztere aber ebenso lang oder etwas länger. Ohren lang u. breit. Breite Muffel von langen Tasthaaren umgeben. Schwanzhaare verlängert, am Unterende als Quaste bis Ferse. Vordere Nebenhufe lang u. spitz, sich in den Wurzeln berührend, hintere kurz u. weit getrennt. Voraugen-, Leisten- u. Fußdrüsen fehlen, 4 Zitzen. Fell glatt, dicht, beim ♀ glänzender als beim ♂, kurzer Haarkamm entlang Wirbelsäule von Nacken bis Schwanzansatz. Fellfarbe des Kalbes gelb- bis hellrot (Muster schon wie bei Erwachsenen), auch geschlechtsreifes ♀ bleibt so, während ♂ nachdunkelt über Mahagoni- u. Kastanien- bis Schwarzbraun. Weiße Abzeichen (s. Taf. 10) wie bei Schirrantilope, doch Verschmelzen der 2–3 Wangenflecke möglich. Wangen können unter Augen weißlich werden. Kehlfleck fehlt. Beinflecke u. Bugfleck bei Alt-♂ grau, Rumpfquerstreifenzahl jederseits 9–14. – **M&G** KR 170–250, SL 45–65, KH 110–130, G ♂ rd. 270, ♀ rd. 240, H bis 100. – **V** Waldgebiete Afrikas zwischen 10° n. u. 7° s. Br. von Sierra Leone bis S-Sudan, Kenia u. Tansania, nicht in Dahome u. Nigeria. In S-Äthiopien mehrfach gesichtet u. geschossen, doch noch kein Stück in einer wissenschaftlichen Sammlung. In Kenia u.

Tansania in Gebirgs- u. Vulkanwäldern (Kenia: Cherangassi-, Mau-, Kikuju-, Eldoma-, Aberdare-Kinango-Berge, Keniaberg, Ndasegera-, Chepalungawald; Tansania: auf Meru gesichtet, aber noch nicht erlegt; vermutlich auch auf Kilimandjaro; für Elgon noch nicht erwiesen). Keine UA. – **Lr** Dichtester Primär- u. Sekundärwald, Busch- u. Bambusdschungel in Ebene u. Gebirge bis 4000 m aufwärts. Auch in größeren Waldinseln solcher Art. Nachts kurzfristiges Dickichtverlassen zum Äsen auf Lichtungen oder Pflanzungen möglich. Wasser muß stets vorhanden sein. - **Tr** Ziemlich standorttreu. Eigene Wechsel oder Wasserläufe zum Begehen des Wohngebietes. Ob ein Territorium behauptet wird, ist nicht bekannt. Jahreszeitlich bedingtes weiteres Umherwandern zu bestimmten Futterpflanzen möglich, auch von Wald zu Wald bzw. Berg zu Berg. – **Tt** Spätnachmittags, abends u. frühmorgens auf Äsung ziehend, tagsüber im Dickicht ruhend. Bei bedecktem Himmel manchmal auch in der Morgenfrühe oder am Spätnachmittag vor dem Wald- oder Dickichtrand sichtbar, sonst nur im Schutze der Dunkelheit Waldversteck verlassend. – **Kp** Suhlen in Schlammlöchern u. Dreckkrusten-Abscheuern an Stämmen u. dergl. nach Rothirschart. – **Lt** Alarmruf wie Schirrantilope (s. S. 61), Kalb blökt, beides selten. – **S** Hörschärfe hervorragend, Riechschärfe auch sehr gut, Sehschärfe nicht so gut. – **Fd** Hauptfeind Leopard. Gefährlich für Kälber auch Goldkatze u. Riesenschlange. In Enge getrieben (z. B. durch Jäger mit Hunden) mutig angreifend u. sehr gefährlich. Volle Flucht durch dickstes Dickicht, dabei Gehörn auf Rücken. – **N** Hauptsächlich Baum- u. Strauchlaub; weniger Gräser u. Kräuter. Aufrichten auf Hinterbeinen zum Lauberreichen. Aushebeln von Wurzeln mit Gehörn. Rottendes Mark gestürzter Bäume, verkohltes Holz, faulende Früchte u. totes Holz des Krotonbaumes *(Croton macrostachys)* werden auch gefressen. Naschhafter Äser wie Reh, zieht Leckerbissen wegen meilenweit. Salzlecken begehrt. – **Gs** Einzeln, paarweise oder in kleinen Trupps aus einigen ♀♀ mit Jungtieren u. 1 jüngeren ♂. Letzteres verläßt Trupp zeitweise zum Alleingehen oder schließt sich einem für sich bleibenden Alt-♂ an, das nur zur Paarung ♀♀ aufsucht. Salzlecke als Treffpunkt mehrerer Trupps möglich. – **Fp** Tragzeit 9½ Monate. 1 Laufjunges. Geburts-G rd. 22, – KH rd. 70, –KR rd. 90, – SL rd. 23. Ob Paarungs- u. Setzzeiten jahreszeitlich gebunden, nicht sicher, bekannte Setzzeit Dezember–Januar. Junges legt sich ab. Ein 1wöchiges ♀ hatte KH 70, nach 12 Monaten 120, G 112 u. H 10; 1. Brunst mit 20 Monaten. – **Ld** In Gefangenschaft bis 19½ Jahre nachgewiesen.

Elenantilope oder **Elen,** *Tragelaphus (Taurotragus) oryx* (Pallas, 1766). E: Eland, Kamma Antelope; F: L'Elan(d); A: Eland; K: Mbunju, Pofu 10/6–8

Kn Rinderartig groß, aber schlank. Kleiner Widerristbuckel; kleine Wamme zwischen Kehle und Vorderbrust, bei Alt-♂ groß. H bei beiden Geschlechtern, die des ♂ massiger als die des ♀ (letztere manchmal mehr oder minder stark gekrümmt), 2 Längskiele, 1–1½ Längswindungen, hellgrau bis schwarzgrau. Nebenhufe groß, hintere mit innenseitigem Drüsenhaarpolster. Voraugen- u. Leistendrüsen fehlen. 4 Zitzen. Fell kurz u. glatt, Stirn mit Schopf (beim ♂ stark), Wammenmitte mit Haarbüschel (beim ♀ länger als beim ♂, dafür bei letzterem Wamme größer), Haarkamm zwischen Nacken und Widerrist. Fellfarbe graubraun bis dunkelrotbraun, weiße Abzeichen (s. Tafel 10), kräftig bis schwach oder verblaßt je nach Unterart, darunter 2–15 Rumpfquerstreifen, die vorne deutlicher als hinten, bei Jungen und ♀♀ kräftiger als bei ♂♂ u. bei nördlichen Vertretern zahlreicher und ausgeprägter als bei südlichen. – **M&G** KR ♂ 240–345, ♀ 210–270; SL ♂60–90, ♀ 50–80; KH ♂ 140–180, ♀ 130–160; G ♂ 400–1000, ♀ 300–600; H ♂ bis 123, ♀ bis 66. – **V** Afrika sl Sahara u. Äthiopien außerhalb Wüste u. dichtem Wald. Rinderpest, Bejagung u. Landeskultur ließen Art in vielen Landschaften verschwinden, fehlt daher im westl. u. mittleren geographischen Sudan (außer Senegal), in S-Tansania, ganzer Südafrikanischer Union (außer Nationalparks, Wildfarmen u. Schutzgebieten) u. großen Teilen Mozambiques, SW-Afrikas u. Angolas. 5 UA, darunter *derbianus* u. *gigas* als sog. Riesenelen (Giant Eland, L'Elan(d) de Derby) im N der V; erstere früher von Senegal bis N-Nigeria, heute nur noch Reste, letztere in N-Kamerun, S-Tschad, N-Zentralafr. Rep., Bahr-el-Ghasal (SW-Sudan) u. NO-Zaire (Geramba-Nationalpark) – **Lr** Riesenelen in etwas dichterem, ziemlich niedrigen, von kleineren bis größeren Freiflächen unterbrochenem Savannen- oder Buschwald, übrige auch in offenerem Gelände bis Halbwüste hin u. im Gebirge bis 4500 m aufwärts. Waldrand zwar als Einstand, doch wird jeder dichtere Wald gemieden. – **Tr** In begrenzter Form nicht vorhanden, weil in der zum Aufenthalt erkorenen Landschaft jahreszeitlich je nach Futter- u. Wasserangebot umhergezogen u. an einem Platz nur wenige Tage Aufenthalt genommen wird. Bäume u. Sträucher werden mit in Schlamm oder Feuchterde oder Harn getauchtem Stirnschopf markiert, Gegend wird so bei Wiederkehr als vertraut erkannt. Weiträumige Wanderungen nur bei besonderen Umständen (Dürre u. ä.), dann auch Vereinigung von Trupps zu Herden möglich. In Drakensbergen sommers auf Hochweiden (Highveld), winters im Tiefland (Lowveld). Bestandsdichte im günstigsten Fall 1 Tier je 9–10 ha. – **Tt** Morgens u. nachmittags äsend, mittags im Schatten ruhend, nachts nur bei Mondschein rege, sonst ruhend. – **Kp** Einzelheiten nicht bekannt. –

Bongo Elenantilope Spießbock

Lt Erwachsene schnaufen u. grunzen beim Weiden wie Rinder. Angeschossen u. in großer Not Brüllen wie Ochsen. Mutter lockt Kalb mit leisem Fiepen. Erregtes Kalb blökt. – **S** Steppenelen äugt gut über weite Entfernung, auch Geruchssinn gut, zieht deshalb meist gegen Wind. Savannen- oder Riesenelen hört u. riecht besonders gut, hat auch größere Ohren. – **Fd** Hauptfeinde Löwe u. Hyänenhund. Für Kleinkälber sind auch Leopard, Tüpfelhyänen u. Gepard gefährlich. Mutter verteidigt Kalb mutig, mehrere Mütter vertreiben notfalls Hyänen, Leoparden u. Geparden. Sonst ist Elen furchtsam u. greift auch verwundet Mensch nicht an. Wo bejagt, Flucht vor Menschen bereits auf große Entfernung. Bis 2 m hohe Zäune werden übersprungen. – **N** Sowohl Gräser u. Kräuter als auch Baum- u. Strauchlaub. Savannenelen nehmen mehr Baum- u. Strauchlaub, Steppenelen mehr Bodenäsung. Erstere ergänzen ihre Laubäsung durch Bodenäsung, wenn diese frisch u. grün, letztere ihre Bodenäsung in der Trockenzeit durch Baum- u. Strauchlaub u. -knospen. Wasser wird morgens u. abends getrunken oder einmal innerhalb 24 Stunden, kann aber auch wochen- u. monatelang völlig entbehrt werden, wenn saftige Melonen, Knollen, Wurzeln, Zwiebeln, Dickblattgewächse u. ä. vorhanden. Salzlecken werden angenommen, als Ersatz auch Salz- u. Brackwasser in Salzpfannengebieten. – **Gs** In Trupps von ½–1 oder 2, seltener 3–4 Dutzend Tieren, manchmal Zusammenschluß mehrerer Trupps zu einer Herde oder gar Großherde (s. Tr.). Ein Trupp besteht aus mehreren ♀♀ mit Jungen u. einem ♂, bei größeren Trupps auch 2–3 Alt-♂♂, bei Herden sogar bis 12 ♂♂ u. mehr (in Rangordnung). Jung-♂♂ bilden eigene Trupps. Alt-♂♂ außerhalb der Paarungszeit auch allein. – **Fp** ♀-Gr mit $1^1/_4$–2 Jahren (♂ ebenso), hat Dreiwochenzyklus, Tragzeit $8^1/_2$–$9^1/_2$ Monate (254–285 Tage), 1 Laufjunges, selten 2. ♀ wird bald nach Setzen gedeckt, so daß 2 Geburten innerhalb 1 Jahres möglich. Geschlechtsverhältnis rd. 1 : 1, bei Erwachsenen oft erheblicher ♀♀-Überschuß. 1 ♀ bringt im Leben 10–12 Kälber, wenn natürliche Altersgrenze erreicht wird. Hauptsetzzeit in Kenia Oktober–November, in Sambia-Malawi-Rhodesien Juli–November (Höhepunkt August–September), in W-Transvaal März–Mai, in O-Transvaal (Krügerpark) u. SW-Afrika August–September. ♀ frißt Eihäute u. leckt Kalb ab. Kalb liegt rd. 1 Woche ab, folgt dann ♀. Säugezeit ein gutes $^1/_2$ Jahr, erste Festnahrung nach rd. 1 Woche. Geburts-G ♂ 28–35, ♀ 23–31, Ausgewachsensein mit rd. 7 Jahren. Hornwachstumsbeginn mit rd. 1 Monat. – **Ld** 15–20, manchmal 25 Jahre. **Domestikation:** ab 1892 in S-Rußland, nach 1945 auch in Rhodesien u. Südafr. Union in geringem Umfang.

Pferdeböcke, Hippotraginae

Rentier- bis pferdegroße Hornträger. Hörner bei ♂ u. ♀, lang spieß- bis bogenförmig oder locker schraubig um Längsachse gedreht, z. T. quergewulstet. Fell meist kurz u. glatt, z. T. mit Nacken- oder Halsvorderseitenmähne oder Kehlwammenbart oder Stirnschopf. Voraugen- u. Zwischenzehendrüsen meist vorhanden, 4 Zitzen. Haupthufe hoch oder flach, Nebenhufe groß. Gesellig in Trupps bis Rudeln. In offenen Landschaften bis Wüste oder Baumsavanne oder bis lockeren Buschwald. 3 Gattungen mit zusammen 5 Arten in Afrika und Arabien.

Spießbock, Oryxantilope oder **Oryx;** *Oryx gazella* (Linné, 1758). E: Oryx, F: L'Oryx; 11/1-3
A: Gemsbok; K: Choroa
Kn H bei ♂ u.. ♀, bei ♀ etwas dünner u. schwächer gerillt, aber etwas länger als beim ♂; lanzengerade oder leicht bis stärker säbelförmig; 15–30 Ringwulste. ♂ mit stärkerem Hals als ♀. Nebenhufe groß. Zwischenzehendrüsen an Vorder- u. Hinterfüßen. 4 Zitzen. Nackenlinie mit kurzer Stehmähne. UA *leucoryx* u. *gazella* meist mit kleiner Kehlwamme, *callotis* mit Ohrspitzenhaarbüschel. Oberseite weißlich (*dammah* z. T.) oder weiß (*leucoryx*) bis hellbraun-rötlich (*dammah* z. T.) oder rötlichbraun *(gallarum, callotis)* oder bräunlichgrau bis grau u. weißgrau *(annectens, beisa, blainei, gazella)*. Schwarze Zeichnung an Kopf, Rumpf u. Beinen von *gazella,* bei der am stärksten, bis *dammah* u. *leucoryx* immer geringer werdend u. verblassend. Kälber von *dammah* u. *leucoryx* hellgelbbraun ohne Abzeichen, bei O- u. S-Afrikanern hell braunrötlich mit blassen Dunkelabzeichen. Umfärbung in Alterskleid mit 1 Jahr vollendet. – **M&G** KR 160–235, Sl 45–90, KH 85–140, G 55–225, ♂ rd. $^1/_5$ größer u. schwerer als ♀, H (♂ & ♀) 50–127 (*leucoryx* KH 85–90, G 35–70; *dammah* KH 110–125, G 180–200; übrige KH 115–140, G 180–225). – **V** Ursprünglich ganz Afrika außerhalb hoher Berge, großer Sümpfe und geschlossener Wälder, ferner Arabien, Sinaihalbinsel, Israel, Jordanien, Irak u. Syrien. Mensch rottete in Neuzeit Art in $^2/_3$ des Vorkommens aus. Im Alten Reich Ägyptens wurde *dammah,* in alten Hochkulturen Vorderasiens *leucoryx* halb domestiziert zu Opferzwecken zahlreich gehalten. 7 UA.: 1. Nordafrikanische O. oder Säbelantilope (E: Scimitar-horned Oryx, F: L'Oryx

algazelle ou L'Oryx blanc), *dammah;* vor 100 Jahren Nordafrika vom Rio de Oro u. Senegal bis Nil mit N-Grenze Atlas-S-Rand u. S-Grenze zw. 14° u. 12° n. Br. Heute ausgerottet bis auf kleine Reste am Sahara-S-Rand zw. Aîr u. Ennedi. 2. Arabischer Sp. oder Weiße O. (E: Arabian Oryx, F: L'Oryx leucoryx), *leucoryx;* früher Arabische u. Sinai-Halbinsel, Jordanien, Israel, Irak u. Syrien. In Freiheit ausgerottet. In Gehegen z. Zt. rd. 100 Tiere. 3. Eritrea-Sp. (E: Beisa, F: L'Oryx beisa, K: Choroa), *beisa;* Rotmeerküstengebiet Äthiopiens, ferner Eritrea u. Somaliland, sw bis etwa 6° n. Br.; in Eritrea u. Sudan ausgerottet, auch sonst bereits selten. 4. Galla-Sp., *gallarum;* S-Äthiopien u. S-Somalia mit nl Kenia u. söl Sudan. 5. Laikipia-Sp., *annectens;* M-Kenia nl Tanafluß, ww bis Karamajo u. O-Uganda (i. letzt. weitgehend ausgerottet). 6. Büschelohr- oder Kilimandjaro-Sp., *callotis;* Kenia sl Tanafluß u. Aberdares bis Massaisteppe sl Kilimandjaro u. Meru, ww bis Großer Graben u. Sanjan-Steppe. 7. Südafrikanischer Sp. (E & A: Gemsbok, F: Le Gemsbok), *gazella;* Rhodesien (Matabeloland), S-Mozambique, Botswana, SW-Angola, SW-Afrika u. Kapprovinz. Im S d. Vorkommens nur noch i. Schutzgebieten in nl-zentr. Kapprovinz u. N-Transvaal. 1962 eingeführt in Neu-Mexiko (USA). – **Lr** Offene Landschaften in Ebene u. Hügelland außerhalb geschlossenem Wald u. großer Sümpfe; je nach Unterart Grasland bis Wüste: *dammah* u. *leucoryx* in Magersteppe, Halbwüste u. Wüste; *beisa* in Trockensteppe u. Halbwüste, in Trockenzeit in Busch- und Baumsavanne; *gallarum, annectens* u. *callotis* in Grasland, Buschsteppe u. lockerer Savanne; *gazella* wie vorhergehende, aber auch in Halbwüste u. Wüste. – **Tr** Keines; Steppen- u. Savannenbewohner ziemlich standorttreu, Halbwüsten- u. Wüstenbewohner zwangsläufig nomadisch Regenfällen nachziehend. – **Tt** Haupttätigkeits- u. Äsungszeit früher Vor- u. später Nachmittag, auch in Mondnächten rege. – **Kp** Einzelheiten nicht bekannt. – **Lt** Gering; ♀ lockt Kalb mit leisem Laut; ♂ grunzt manchmal beim ♀-Treiben, ♀ manchmal bei Kalbsäubern nach d. Setzen; Kalb blökt meckernd bei Angst, Erwachsene schreien röhrend bei großer Erregung. – **S** Auge, Nase u. Ohr gut. Wüsten- und Halbwüstenbewohner erspähen sich bewegende Menschen (Reiter) u. hören Auto- u. Hubschraubermotoren auf kilometerweite Entfernung (bei meisten wegen schlechter Erfahrung sofortiger Fluchtanlaß). – **Fd** Löwe, Leopard, Hyänenhund, für kleine Kälber auch Hyäne, Gepard, Karakal, Serval, Schakal, doch verteidigt Mutter Kalb tapfer. Heute Hauptfeind Mensch. Angegriffene Erwachsene wehren sich gegen Großraubtiere, Hunde u. Menschen, forkeln sie ev. zu Tode. Zäune werden nicht übersprungen, sondern unter- oder durchkrochen. – **N** Gräser u. Kräuter, nebenher Blätter u. Knospen von Büschen u. Bäumen; in Wüsten Dickblattgewächse, Melonen u. a. Bodenfrüchte sowie Saftwurzeln, Knollen u. Zwiebeln, die herausgeschlagen werden. Wenn Wasser vorhanden, tägliches Trinken, notfalls Graben nach Wasser. Fehlt Wasser, Ersatz durch Saftfrüchte, -knollen etc. u. Tau. – **Gs** Paarweise oder in kleinen Trupps aus ½ bis 2–3 Dutzend Tieren, meist ein Alt-♂ (als Führer u. Hüter) mit mehreren ♀♀ u. Jungen, Alt-♂♂ auch einzeln. In Halbwüsten u. Wüsten öfter Herden von 30–200 (früher *dammah* zur Wanderzeit zu mehreren Tausend). – **Fp** Tragzeit 8½–10 Monate (*leucoryx* 255–260, *dammah* 242–256, übrige 260–300 Tage). Setzzeit gebietsweise verschieden (Juli–August oder Sept.–Oktober oder Sept.–Dezember oder Dez.–Januar). 1 Laufjunges, Zwillinge selten. ♀ vor Setzen abseits, kehrt bei *leucoryx* und *dammah* nach 2–3 Stunden, sonst 2–3 Wochen, mit dann nicht mehr abliegendem Kalb zum Trupp zurück. Säugezeit 3–4 Monate. Geburts-G 9–15, Hörner bei Geburt schon 1,5, in 6 Mon. 45, Säugezeit 3½ Mon., Kalb mit 4 Mon. ½ Muttergröße, Umfärbungsbeginn mit 3½, -ende mit 5 Mon. Geschlechtsverhältnis der Erwachsenen bei *gazella* rd. 2 ♀♀ : 1 ♂. – **Gr** 1½–2 Jahre. – **Ld** In Gefangenschaft 18–22 Jahre nachgewiesen.

Mendesantilope, *Addax nasomaculatus* (De Blainville, 1816); E: Addax, Addax antelope, F: L'Addax au nez tacheté 11/4

Kn Rentiergroß u. -ähnlich. Nasenspiegel nur Schmalstreifen zwischen Nasenlöchern. H bei ♂ & ♀, in $1\frac{1}{2}$–3 (♂ $2\frac{1}{2}$–3, ♀ $1\frac{1}{2}$–2) großen flachen Schraubenwindungen nach hinten-oben-auswärts gerichtet, enggesetzte 30–35 Ringwulste im unteren $\frac{2}{3}$–$\frac{3}{4}$. Hufe niedrig, im Umriß lang halbmondförmig, Sohlenfläche platt, Nebenhufe groß. Zwischenzehendrüsen an Vorder- u. Hinterfüßen. 4 Zitzen. Kalb einheitlich blaßrötlich mit dunklem Scheitel u. kleinem Stirnschopfpolster. Erwachsenenfärbung hellt mit zunehmendem Alter auf, gewisse Individualvariationen vorhanden. Winterfarbe schmutziggrau bis graubraun, Sommerfarbe weißlich graubraun. – **M&G** KR 120–130, SL 25–35, KH ♂ 105–115, ♀ 95–110, G ♂ 100–125, ♀ 60–90, H ♂ 60–109, ♀ 55–80; ♂ rd. $\frac{1}{5}$ größer u. schwerer als ♀. – **V** Vor 150 Jahren noch ganze Sahara u. Libysche Wüste vom Rio de Oro u. Senegambien bis Ägypten u. Sudan, vom Sandwüstennordrand in Algerien, Tunesien u. Libyen bis rd. 14° n. Br. im S. Im Alten Reich Ägyptens vermutlich auch öl des Nils, damals häufig als halbdomestiziertes Speiseopfertier gehalten. Heute ausgerottet bis auf letzte Reste in rd. $\frac{1}{2}$ Millionen km^2 großen Wüste El Dschuf (Ed Djuf, El Djouf) zwischen Adrar-Bergland in Mauretanien u. Adrar-Bergland in Mali u. im Ténéré im Aïr bis Ennedi (Republiken Niger u. Tschad), in Kordofan-Dafur in M-Sudan bereits ausgerottet. Baldige Ausrottung der letzten Tausend Tiere zu erwarten. Seit 1964 internationales Zuchtbuch aller Zootiere (rd. 80). Keine UA. – **Lr** Ergs (Dünenwüsten) u. Regs (Geröllwüsten). Heutige Bestandsreste leben in S-Sahara nl Säbelantilopenvorkommen. – **Tr** Keines; nomadisch den Regenfällen nachziehend (ungewöhnlich gutes Witterungsvermögen für Luftfeuchtigkeitsanstieg). Hauptwanderrichtung N-S-N (Säbelantilope W-O-W). Früher Wanderherden aus über tausend Tieren häufig, heute nur noch aus wenigen hundert. – **Tt** Haupttätigkeit frühmorgens, abends und 1. Nachthälfte, tagsüber (möglichst im Schatten) ruhend. – **Kp** Einzelheiten nicht bekannt. – **Lt** Wenig, genannt werden ein Grunzen u. ein Plärren, jedoch ohne Angabe der Beweggründe. – **S** Auge, Nase u. Ohr sehr gut (s. auch Spießbock S. 70). – **Fd** Früher am Wüstenrande Löwe, Leopard, Gepard, Hyänenhund, für Kälber auch Karakal, Serval u. Hyäne; heute nur Mensch. Gleich Säbelantilope rinderpestanfällig. In Enge getrieben, auch Menschen angreifend. – **N** Gräser, Kräuter, Laub kleiner Büsche. Flüssigkeitsbedarf gedeckt durch Pflanzensäfte u. Tau, notfalls Körperfettverbrennung, so monate- bis jahrelanges Auskommen ohne offenes Wasser möglich. In Gefangenschaft wird regelmäßig getrunken. – **Gs** In Trupps von 2–20 Tieren, bei Fernwanderung Großverbände, wobei ♂♂ u. ♀♀ unter sich je ein Leittier haben. – **Fp** Tragzeit 257–264 Tage. 1 Laufjunges, Geburtsgewicht 4,8–7, ♀ wird 2–3 Tage nach Setzen wieder gedeckt. Hauptsetzzeiten: Früher in N-Sahara Winterende-Frühjahrsanfang, jetzt in S-Sahara September/Oktober u. Januar–Mitte/April. – **Gr** : ♀ $1\frac{1}{2}$, ♂ $2\frac{3}{4}$ Jahre. – **Ld** In Gefangenschaft bis 19 Jahre. Sonstige Einzelheiten über Werbung, Paarung, Geburt, Säugezeit u. Heranwachsen nicht bekannt.

Blaubock, *Hippotragus leucophaeus* (Pallas, 1766). E: Blue-Buck; F: L'Antilope leucophéage; A: Blaauwbok 14/1

Kn H u. Gestalt wie Pferdeantilope (S. 72), nur Gestalt etwas kleiner. H bei ♂ u. ♀, Ringe ♂ 28–35, ♀ 20–26. Ohrspitze ohne Haarpinsel. Nacken-Rückenmähne nur 2–3 cm lang, Haare halsaufwärts gerichtet, Halsunterseite ohne Mähne. Körperoberseite blaugrau, -unterseite weißgrau. Mähne, Nasenrücken, Stirn u. Beinvorderseiten braun, Scheitel u. Ohrrückseiten hellgrau, Muffel, Lippen, Kinn, Überaugenstreif u. Haarbüschel auf Haut über den Voraugendrüsen gelbgrau. Schwanz wie Pferdeantilope, Oberseite u. Quaste dunkelgrau. Voraugen- u. Zwischenzehendrüsen wie Pferdeantilope. Jungtierfarbe nicht bekannt. – **M&G** KR ♂ 200–206, ♀ 188; SL ♂ 50–55, ♀ 49; KH ♂ 105–116, ♀ 102; G vermutlich ♂ 160–170, ♀ rd. 150; H ♂ 55–61, ♀ 51–56. – **V** Swellendam-Gebiet, sl Kapland. 1800 ausgerottet. – **Lr** Teils offene Ebene, teils hügeliges bis bergiges Gelände; Aufenthalt vorwiegend auf offenen Flächen. – **N** Vorwiegend Gräser u. Kräuter. – **Gs** In kleinen Trupps von 5–6 Tieren oder paarweise, Alt-♂ als Einzelgänger. Tiere scheu u. flüchtig. Weitere Einzelheiten der Lw nicht bekannt.

14/2 **Pferdeantilope,** *Hippotragus equinus* (Desmarest, 1804). E: Roan Antelope; F: L'Hippotrague, L'Antilope chevaline ou rouanne; A: Bastergemsbok; K: Korongo **Kn** Pferdegroß. H bei ♂ u. ♀, steiler oder flacher ansteigend nach hinten gebogen, Enden meist etwas auseinanderweichend, Unterende mit 20–40 Ringen. Fell kurz u. glatt. Kurze steife Nacken-Widerrist- u. Halsvorderseitenmähne. Ohr lang u. schmal, Spitze mit 3–5 cm langem Haarpinsel. Ohrrückseite u. Scheitel hellbraun. Schwanz erreicht Ferse, untere Hälfte quastig. Körperoberseite grau (UA *equinus,* S-Afrika), fahlbraun bis umber (*bakeri,* W-Äthiopien, S-Sudan, Uganda), blaß braunrötlich (*langheldi,* O-Afrika), gelbbraun (*koba,* Gambia bis Kamerun) oder ockerrot (*scharicus,* Tschadsee- u. Schari-Gebiet); Körperunterseite grau- bis gelbweiß. Nackenmähne graubraun mit braunschwarzem Rand. Schwanzhaare braunschwarz. ♀ ähnlich wie ♂, H etwas schwächer. Gesichtsmaske des ♂ braunschwarz bis schwarz, des ♀ u. hellbraunen Kalbes (letzteres schon mit Nackenmähne, aber noch ohne Schwanzquaste) braunrot bis dunkelbraun. Voraugendrüsen unter der Haut, durch flach aufsitzendes Haarbüschel gekennzeichnet. Zwischenzehendrüsen vorhanden, 4 Zitzen. – **M&G** KR ♂ 240–265, ♀ 220–245; SL ♂ u. ♀ 60–70; KH ♂ 150–160, ♀ 140–150; G ♂ 260–300, ♀ 225–275; H ♂ 70–100, ♀ 60–80. – **V** Afrika sl Sahara. Im geogr.

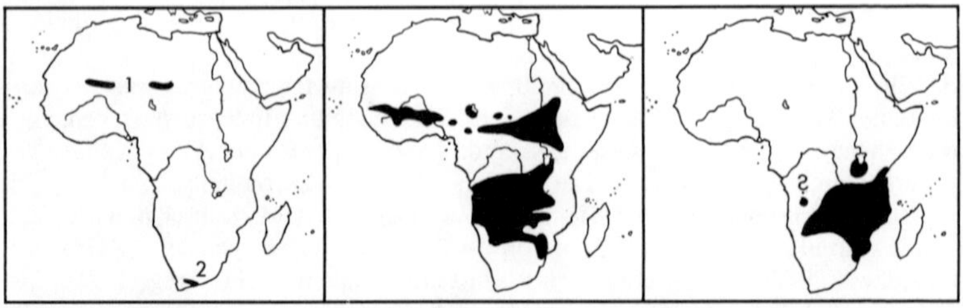

1 Mendesantilope
2 Blaubock

Pferdeantilope

Rappenantilope

Sudan etwa zw. 15° u. 19° n. Br. von Gambia bis W-Äthiopien, sw durch M- u. O-Afrika bis S-Mozambique, O-Transvaal, Swaziland, N-Botswana, Ovamboland, Angola, S- u. M.-Zaire. Mancherorts ausgerottet oder bedroht. Auf Insel Rubondo im sl Victoriasee, in Etoschapfanne, SW-Afrika, in N-Transvaal u. Natal ausgesetzt. 6 UA. – **Lr** Offene Baum- bis lockere Buschsavanne, Galeriewälder, lichte Gehölze in Flach- u. Hügelland bis 2000 m aufwärts. Wassernähe notwendig. – **Tr** Wohngebiet 50–100 km² groß, darin häufiges Umherziehen nur in Trockenzeit,sonst sehr standorttreu, dann ♀♀-Trupp-Gebiet 250–300 ha, darin markierte (an Zweigenden) u. verteidigte ♂♂-Tr 25–50 ha. – **Tt** Morgens u. nachmittags bis nachts, über Mittag Einstand in Deckung. – **Kp** Einzelheiten nicht bekannt. – **Lt** Wenig, nur bei Alarm pferdeartiges Schnauben. – **S** Sehen, Hören u. Riechen gut. – **Fd** Löwe, Leopard,

Fleckenhyäne, Hyänenhund, Nilkrokodil; Flucht in Reihe mit seitlichem Schwanzschlagen, altes ♀ führt, Alt-♂ folgt zuletzt. Bedrängt mutig angreifend. – **N** Überwiegend mittelhohe, frischgewachsene Gräser (rd. 90%), nebenbei Strauch- u. Baumlaub. Täglich Trinken morgens u. abends, in Trockenheit auch mittags. Wasser kann höchstens 2–3 Tage entbehrt werden. – **Gs** In kleinen Trupps von 3–15, höchstens 25 Tieren, nur gegen Trockenzeitende in Herden bis 60 u. mehr. Meist 1 Alt-♂, das straffe Truppordnung hält, mit mehreren ♀♀ u. Jungen. Jung-♂♂ für 3–4 Jahre in eigenen Trupps, werden von Alt-♂♂ mit 2½–3 Jahren aus ♀♀-Trupps vertrieben. In Brunft ♂ u. ♀ paarweise. Manchmal Einzelgänger. Lockere Gs mit Spießböcken, Leierantilopen, Gnus, Büffeln, Zebras oder Straußen möglich. – **Fp** ♂♂ kämpfen als Nebenbuhler heftig unter »Knien« mit Gegendrücken der H. Tragzeit 268–286 Tage. Setzzeit im nl Afrika November; in MO-Afrika April–November, z. T. Oktober–Dezember; in SO-Afrika Januar–Februar; in SW-Afrika August–November, in Zaire ganzjährig, Hauptzeit Februar–Mai. 1 Laufjunges. Geburts-G rd. 16–18, nach 1 Mon. 32–34, Hornwachstumsbeginn mit 1½ Mon. ♀ hält sich mit abliegendem Kalb einige Tage oder Wochen, je nach Landschaft, abseits, säugt auch verwaistes Fremdkalb mit, säugt täglich 2 × (morgens u. nach Mittagsruhe). – **Gr** 2½–3 Jahre. – **Ld** in Gefangenschaft bis 17 Jahre nachgewiesen.

Rappenantilope, *Hippotragus niger* (Harris, 1838). E: Sable Antelope; F: L'Hippotra- 14/3
gue noir, L'Antilope de sable; A: Swartwitpens; K: Mbarapi, Pala-hala
Kn Ähnlich Pferdeantilope, etwas kleiner, H (bei ♂ u. ♀) jedoch länger, 35–60 Ringe. Ohrspitze ohne Haarpinsel. Halsunterseite ohne oder mit nur geringer Mähne. Körperoberseite kastanienbraun bis schwarz, ♀ deutlich heller als ♂ (UA *roosevelti*-♀, SO-Kenia u. Tansania, kastanienbraun, sonst ♀ dunkelbraun bis braunschwarz), Alt-♂ schwarz. Gesichtsmasken- wie Körperfarbe. Ohrrückseite u. Scheitel zimtbraun. Nacken-Widerristmähne braun mit schwarzem Rand, bei Alt-♂ schwarz. Schwanzoberseite u. -quaste schwarz. Körperunterseite u. schmaler Keulenspiegel weiß. Kalb hellbraun, Mähne u. Schwanzquaste schwarz, Weißpartien (Gesicht, Bauch, Spiegel) wie bei Erwachsenen, jedoch zuerst noch sehr fahl. Voraugen- u. Zwischenzehendrüsen wie Pferdeantilope (s. S. 72). 4 Zitzen. – **M&G** KR ♂ 210–255, ♀ 190–230; SL ♂ 45–75, ♀ 40–50; KH ♂ 127–143, ♀ 117–135; G ♂ 200–270, ♀ 190–230; H ♂ 80–165, ♀ 60–100. – **V** O- u. M-Afrika von SO-Kenia bis O-Transvaal, N-Botswana, NO-Kaokoveld, S- u. M-Angola, SO-Zaire. In Swaziland wieder eingeführt. Früher bis Oranje. In Oranje u. Transvaal (außer Krügerpark) ausgerottet, jedoch wieder eingeführt. 3 UA, davon Riesenr. *(variani)* mit längsten H, in M-Angola zwischen oberem Kuanza- u. Luando-Fluß (durch Bürgerkrieg vermutlich ausgerottet) u. kleiner Bestand in S-Sambia. – **Lr** Wie Pferdeantilope (Pf.), aber auch im dichten Buschwald, nicht in offener Grassteppe. – **Fd** Wie Pf., aber Flucht in geschlossenem Trupp. – **Tr** Trupp-Wohngebiet 240–280 ha, ♂♂-Tr darin 25–40 ha, wird durch Abbrechen von Buschzweigen mit Hörnern bis 1 m Höhe markiert u. gegen andere Alt-♂♂ verteidigt, dabei über mehrere Monate bis Jahre gehalten. ♀♀-Trupps mit Jungen stehen mehrere Wochen bis Monate, in S-Afrika ganzjährig in Alt-♂-W. Alt-♂ versucht zur Brunftzeit ♀♀ durch Hornschwünge u. Schnauben im Tr zu halten. – **Tt** hauptsächlich morgens ($7–10^h$) u. nachmittags ($14–17^h$). – **Kp, Lt, S, N** u. **Gs** wie Pf., Trupps jedoch im ∅ größer – **Fp** Tragzeit 261–281 Tage. Hauptsetzzeit in Kenia Januar–Februar u. Juli–September, Angola Mai–Juli, Zaire Oktober–Mai, N-Sambia Juni–September u. Oktober–November, S-Sambia Januar–März u. Juni–Oktober, Rhodesien Dezember–Juni, NO-Botswana Januar–Februar, Caprivi-Zipfel Dezember–Februar, O-Transvaal Januar–März. ♀

steht abseits in Deckung, Kalb drückt sich 10, bei *variani* 20 Tage, danach mit Mutter zu ♀♀-Trupp zurück; ♀ frißt Nachgeburt (Gewicht 1,2); Geburts-G 12–14, selten 16,5, Hornwachstumbeginn nach 1–1½ Monat, Säugezeit 8 Monate, 1. Gras mit 1 Monat. – **Gr** 2½–3 Jahre, 1. Kalb mit 3 Jahren, ♀ fruchtbar bis 10–12 Jahre, Geschlechterverhältnis bei Geburt 1 : 1, bei Erwachsenen überwiegen ♀♀. – **Ld** In Gefangenschaft bis 17 Jahre nachgewiesen.

Ried- und Wasserböcke, Reduncinae

Dam- bis rothirschgroße Hornträger. Hörner nur beim ♂, kurz bis lang, einfach hakig oder sichel- oder leierförmig geschwungen. Fell ziemlich glatt u. kurz oder etwas länger, strähniger und storrer, z. T. mit Halsmähne, Kehl- und Backenbart. Schwanz halb oder dreiviertel oder ganz bis Ferse reichend, buschig oder mit Endquaste. 2 Leistendrüsen, 4 Zitzen, Zwischenzehendrüsen manchmal vorhanden. Haupthufe, kurz bis lang, Nebenhufe groß, P2 bei *Redunca* sehr klein oder fehlend. Einzeln, paarweise, in Trupps oder Herden, in Uberschwemmungsmarschen, Sumpfgebieten oder Grasländern in Wassernähe oder in trockenen Hochgrasflächen. 2 Gattungen (*Kobus* und *Redunca*) mit zusammen 7 Arten in Afrika. Die Gattung *Pelea* (mit 1 Art) ist zwar einfachheitshalber den Reduncinae angegliedert, jedoch ist nicht erwiesen, daß sie zu dieser Unterfamilie gehört. Ihr Hirnfurchenbild zeigt Anklänge an das der Gazellen.

12/1–3 **Wasserbock** oder **Hirschantilope,** *Kobus (Kobus) ellipsiprymnus* (Ogilby, 1833). E: Defassa, Sing-Sing Waterbuck, Common Waterbuck; F: Le Cobe defassa, Le Cobe à croissants; A: Waterbok, Kringgat; K: Kuru

Kn Hirschgroß, doch im Rumpf kompakter. H nur beim ♂, 18–38 Ringwulste, Auslage eng- bis weitwinklig, Schwung schräg nach hinten oben mit schwacher, nach vorn offener Krümmung. Haupthufe schmal u. spitz, Nebenhufe kräftig, Fesselrückseite behaart. Körperoberseite von gelbbraun (UA *unctuosus,* Gambia bis Kamerun), rotbraun (*defassa,* Äthiopien), sepiabraun (*harnieri,* S-Sudan, N-Kenia, N-Uganda bis Ruanda-Urundi) zu graurot (*pallidus,* S-Somalia), grau (*crawshayi,* M-Zaire bis Sambia u. W-Tansania) u. grauschwarz (*ellipsiprymnus,* Sambia bis Zululand) wechselnd; Flanken etwas heller, Beine nach unten zu dunkler. In SO-Afrika Spiegel dunkel umrahmt von weißlichem Ring (Ellipse), in übriger Verbr. ganzer Spiegel weißlich, im mittleren O-Afrika Mischformen zwischen weißem Vollspiegel u. Dunkelspiegel mit weißem Ring. Hautdrüsen: keine, außer bei ♂ u. ♀ Schweißdrüsen am ganzen Rumpf, am häufigsten an Flanken, die mit dunklem Sekret Haarkleid einfettend wasserabstoßend machen u. Moschusgeruch verbreiten. 4 Zitzen. Kalb heller als ♀. – **M&G** KR ♂ 190–220, ♀80–210; SL ♂ 35–45, ♀ 22–36; KH ♂ 110–130, ♀ 100–125; G ♂ 170–250, ♀ 150–200; H 50–99,7. ♂ meist ⅕–¼ größer u. schwerer als ♀. – **V** Afrika sl Sahara u. ab M-Sudan, nl Äthiopien u. sl. Somalia sw bis Transvaal, S-Botswana, NO-Südwestafrika u. S-Angola. 13 UA. – **Lr** Grasland mit Gebüsch oder Galeriewald oder Gehölz als Nachteinstand und ständigem Wasser in der Nähe, da täglich getrunken wird. – **Tr** Erwachsene standorttreu, ♂♂ in Vollkraft dabei meist ganzjährige Halter und Verteidiger begrenzter Territorien an Gewässerrand, ♀♀Trupps bewegen sich durch mehrere ♂♂-Territorien; Jung-♀♀ und -♂♂ eine Zeitlang umherstreifend. – **Tt** Bewegungsdrang gering. Tagesstrecke der Erwachsenen meist nur bis ½ oder 1 km. – **Tt** Morgens und nachmittags bis abends, tagsüber ruhend. – **Kp** Einzelheiten nicht bekannt. – **Lt** Wenig, meist nur bei

Alarm oder Brunft. Schnarcht in brunftiger Erregung, manchmal auch bei Alarm. ♀ lockt Kalb mit sanftem »Muh«, Kalb antwortet hell blökend. – **S** Einzelheiten nicht bekannt. – **Fd** Löwe, Leopard, Hyänenhund, letztere beide reißen eher ♀♀ u. Kälber. Wo genügend anderes Wild, wird Wasserbock gemieden, da ab Alter von 1/4 Jahr Fleisch faserig-zäh, ranzig und moschusriechend. Bei Störung von Einzelgängern oft Sichdrücken mit Flachliegen (s. Riedbock S. 80). Bei Gehetztwerden möglichst Flucht ins Wasser, dort flachstehend Verteidigung mit Horn u. Huf oder im Schilf bis auf Nase untertauchend oder schwimmendes Gewässerdurchqueren. Verwundetes ♂ greift ev. an, auch Mensch. – **N** 70–90% Gräser, Rest Baum- u. Strauchlaub. Gräser sind Arten, die andere Grasfresser wenig nehmen. – **Gs** Trupps aus 1 ♂ u. mehreren ♀♀ mit Kälbern. Wo Alt-♂♂ ganzjährig territorial, ♀♀-Trupps durch mehrere Territorien gehend, Jung- ♂♂-Trupps in Territoriennähe. – **Fp** Paarungszeit teils saisongebunden, teils ganzjährig, je nach Landschaft. Tragzeit 272–287 Tage. 1 Laufjunges, Zwillinge selten. Geburts-G rd. 13. Säugezeit 6–7 Mon., Hornwachstumbeginn mit 5–6 Monaten. – **Gr** ♀ mit 13, ♂ mit 14 Mon., ♀ wird rd. 2–5 Wochen nach Setzen gedeckt, doch ♂ zum Beschlag kommend erst als Platzbock mit frühestens 4, normalerweise 6–7 Jahren. – **Ld** In Gefangenschaft bis 18 Jahre nachgewiesen.

Grasantilope, *Kobus (Adenota) kob* (Erxleben, 1777). E: Kob, Puku, F: Le Cobe de Buffon ou de Thomas, Le Puku; A: Poekoe 12/4 12/5
Kn Rehgroß, doch im Rumpf etwas kompakter. H nur beim ♂, leierartig u. s-förmig nach hinten oben gerichtet, 10–15 Ringwulste. Kleine Voraugendrüsen meist vorhanden, 2 (manchmal dazu noch 2 verkümmerte) Leistendrüsen, Zwischenzehendrüsen manchmal verkümmert vorhanden an allen 4 oder nur an hinteren Füßen, 4 Zitzen.

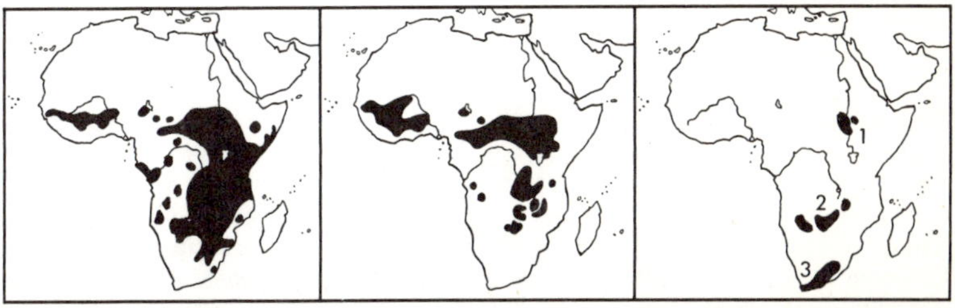

Wasserbock Grasantilope 1 Weißnackenmoorantilope 2 Moorantilope 3 Rehbok

Fesselrückseite behaart. Körperoberseite von hellzimtfarben (UA *kob),* gelbbraun *(loderi)* dunkelocker *(bahr-kettae)* und rötlichocker *(ubangiensis)* zu haselnußbraun *(nigricans)* und schwarzbraun *(leucotis)* wechselnd. *Leucotis-* ♂ färbt mit Geschlechtsreife von fuchsigbraun auf schwarzbraun um mit Weißwerden von Ohr, Augenumgebung und Lippen mit Kehle. – **M&G** KR ♂ 140–180, ♀ 125–1250; SL ♂ 25–40, ♀ 18–30; KH ♂ 80–105, ♀ 70–85; G ♂ 65–120, ♀ 50–70; H 30–69. ♂ rd. 1/5–1/4 größer u. schwerer als ♀. – **V** Sudan (geographisch) von Senegal u. Gambia bis SW-Äthiopien u. W-Kenia nebst NO-Zaire, Uganda u. Ruanda-Urundi einerseits u. Zentralafrika (Malawi, SW-Tansania, Sambia) zw. 4° u. 17° s. Br. andererseits. 12 UA, davon als bekannteste: Senegal-G. *(kob),* W-Sudan (geogr.) bis NW-Nigeria; Weißohr-G. *(leucotis),* Ober-Schari bis Bahr-el-Ghasal, Sennar u. SW-Äthiopien, im öl Teil zw. 11° u. 14° n. Br. bereits ausgerottet; Victoriasee-G. *(thomasi),* Gebiete um N-Hälfte des Victoriasees, ow bis rd. 36° ö. L.; Angola-G. oder Puku *(vardoni),* S-Sambia, M- u.

S-Zaire, NO-Angola u. Botswana, O-Caprivi. – **Lr** Reines oder busch- u. kleingehölzdurchsetztes Grasland, auch aufgelockerte Waldränder zur Savanne hin. Ständiges Gewässer in Nähe erforderlich. – **Tr** Standorttreu, Bewegung im Heimatrevier meist innerhalb 1 km ∅. Vollreife ♂♂ teilen Gelände in Territorien (Brunftplätze) auf, ♀♀ u. Junge ziehen frei darin umher, Jung-♂♂ in Trupps an deren Rand. Bei dichter Besiedlung scharen sich einige Dutzend Kleinbrunftplätze zu einem Großbrunftplatz mit Arena als Kern. Brunftige ♀♀ bleiben je für rd. 1 Tag auf Brunftplatz u. werden je nacheinander von mehreren ♂♂ auf deren Kleinbrunftplätzen gedeckt. Kehren danach zu ♀♀-Trupp zurück. – **Tt** Hauptsächlich frühmorgens u. spätnachmittags bis Nachtanfang, unabhängige Einzeltiere u. kleine Trupps auch tagsüber. – **Kp** Einzelheiten nicht bekannt. – **Lt** Gering. Bei Erregung Pfeiflaut durch Nasenlöcher 1–5mal. ♂ blädert leise beim Paarungsspiel, pfeift nach Beschlag 1–5mal laut. ♀ u. Kitz haben Lockruf füreinander. Kitzangstschrei helles Blöken. – **S** Einzelheiten nicht bekannt. – **Fd** Löwe, Leopard, Gepard, Tüpfelhyäne, Hyänenhund, für Jungkitz auch Serval. Bei Störung von Einzelgängern oft Sichdrücken mit Flachliegen (s. Riedbock S. 80). – **N** Hauptsächlich Gräser u. Kräuter, gelegentlich nebenbei Strauch- u. Baumlaub. Tägliches Trinken. – **Gs** Trupps von 2–40 Tieren, selten bis 100, aus ♀♀ mit Jungen u. einem bis mehreren Alt-♂♂; Jung-♂♂ in eigenen Trupps. Zur Brunftzeit Territorienbesetzung durch Alt-♂♂ (s.Tr). – **Fp** Paarungszeit nicht jahreszeitlich gebunden. Paarungen das ganze Jahr über möglich. Tragzeit 261–271 Tage, 2 Geburten in 1 Jahr möglich, da ♀ 10–40 Tage nach Setzen wieder gedeckt wird. 1 Laufjunges, Geburts-G 4–5, nach 7 Mon. ♂ $^1/_3$, ♀ $^1/_2$ des Erwachsenen-G u. ♂ u. ♀ $^1/_2$ Erwachsenengröße. Jungensterblichkeit in ersten 7 Monaten rd. 50%. Hornwachstumsbeginn mit 5 Mon., nach 1 Jahr ohrlang. Säugezeit 6–7 Mon., ausgewachsen mit 2 Jahren. – **Gr** ♀ ab 13, ♂ ab 14 Mon., ♂ kann aber erst mit 3–4 Jahren Brunftplatz erobern u. decken. – **Ld** In Gefangenschaft bis 17 Jahre nachgewiesen.

12/6 **Moorantilope** oder **Litschi,** *Kobus (Hydrotragus) leche* Gray, 1850. E: Lechwe Water-
12/7 buck, F: Le Cobe lechwe; A: Basterwaterbok

Kn Rehgroß, doch im Rumpf etwas kompakter. H nur beim ♂, ähnlich wie bei Grasantilope, doch dünner u. länger, rd. 20 Ringwulste. Haupthufe sehr lang u. schmal, Nebenhufe kräftig, beide Paare weit spreizbar. Fesselrückseite nackt. 2 kleine Leistendrüsentaschen. 4 Zitzen. Körperoberseite gelbbraun: *smithemani*-♂ färbt mit 3–4 Jahren auf schwarzbraun bis schwarz um, auch altes ♀ wird dunkler; bei *kafuënsis* Vorderbein-Vorderseiten schwarz bis auf Oberarm u. Vorderschulter ausgedehnt. – **M&G** KR ♂ 160–180, ♀ 130–170; SL ♂ 33–45, ♀ 30–35; KH ♂ 85–110, ♀ 85–95; G ♂ 85–130, ♀ 60–95; H 45–92. ♂ rd. $^1/_5$–$^1/_4$ größer u. schwerer als ♀. – **V** SO-Zaire, Sambia, N-Botswana, NW-Südwestafrika mit Caprivizipfel, SO-Angola. Eingeführt in Adelaide-Distrikt der Kapprovinz u. im Oranje-Freistaat. 4 **UA**. 1. Bangweole- oder Schwarze M. *(smithemani),* Bangweolesee-Gebiet (N-Sambia), früher auch anschließend nöl am Tschambesi; 1975 dort wieder eingeführt, Gesamtbestand 1976 25000. 2. Sambesi- oder Rote M. *(leche),* Sambesi-Oberlauf ab Victoriafällen sowie Unterläufe der dortigen Sambesi-Nebenflüsse Kuando, Okavango nebst Delta und Chobe. Gebietsweise ausgerottet. 1976 rd. 30000. 3. Kafuë- oder Braune M. *(kafuënsis),* Kafuë, M-S-Sambia, Areal stark verkleinert, doch noch nicht gefährdet. Bestand 1976 rd. 40000. 4. Kavambwa-M. *(robertsi),* Kawambwa-Distrikt zw. Bangweole- u. Mwerusee, wl N-Sambia; ausgerottet. – **Lr** Überflutungsmarschen an Flüssen, Sümpfen u. Seen, normalerweise 5–50 cm tief u. Marschensaum am Gewässerrand (mindestens 100 m breit bei Niedrigwasser). Starke Wasserbindung: Futtersuche (Gräser vornehmlich) im Flachwasser bis 50 cm tief, auch übrige Tätigkeit vorwiegend dort sowie Flucht vor Raubtier u. Mensch dorthin, nur Ruhen und Jungesetzen auf Trockenland. – **Tr** Landschaftlich verschieden, teils Territorien, teils nicht, wenn ja, teils Klein-, teils Großbrunftplätze der ♂♂ (ähnlich Grasantilope, S. 76). Standorttreu, daher bei örtlicher Ausrottung kein Neuzuzug. – **Tt** Hauptsächlich frühmorgens u. spätnachmittags bis Frühnacht. Bei durch Mensch stark verfolgten Restbeständen reines Nachtleben versteckt im Schilf. – **Kp** Einzelheiten nicht bekannt. – **Lt** Gering, bei Erregung mehrtoniges, abgehacktes Grunzschrecken oder Pfeifen wie bei Grasantilope, jedoch leiser. ♂ prustet manchmal bei plötzlicher Störung, Kitz blökt. – **S** Seh- u. Hörvermögen gut, Riechvermögen nicht besonders. – **Fd** Löwe, Leopard, Gepard, Tüpfelhyäne, Hyänenhund, Krokodil, Python, für Jungkitze auch Adler. Flucht im Springlauf u. Schnelltrab. Sichdrücken mit Flachliegen wie Riedbock (s. S. 80). Schnelle Beständeverminderung der letzten Jahrzehnte jedoch nur durch Mensch. – **N** Gräser u. Kräuter, auch überflutete der Flußmarschen. Tägliches Trinken. – **Gs** Sehr gesellig in lockeren Großherden aus ♂♂, ♀♀ u. Jungen, früher zu vielen Tausenden, heute meist nur noch einigen Hunderten. Großherden untergliedert in gemischte Trupps, Gliederungsverhältnisse landschaftlich u. jahreszeitlich verschieden. – **Fp** Nicht streng jahreszeitlich gebunden, Paarungen u. Geburten in allen Monaten möglich, doch in allen Vorkommensgebieten deutliche Häufung in bestimmten Jahresabschnitten, da Überflutungszeit u. -höhe von Einfluß. Alt-♂♂ besetzen in Brunftzeit kleine erhöhte Stellen als Brunftplätze, hofieren dort ♀♀ u. vertreiben andere ♂♂. Tragzeit 7–8 Monate, nicht genau bekannt. 1 Laufjunges. Geburts-G rd. 5. Säugezeit 3–4 Monate. Junges liegt im hohen Gras ab, wird früh morgens u. abends gesäugt. – **Gr** ♀♀ mit rd. 1½, ♂♂ mit rd. 2–2½ Jahren, voll ausgewachsen ♀♀ mit 3–4, ♂♂ 4–5 Jahren. – **Ld** Bis 15 Jahre nachgewiesen.

Weißnackenmoorantilope, *Kobus (Hydrotragus) megaceros* (Fitzinger, 1855). E: Mrs. Gray's Lechwe, Nile Lechwe; F: Le Cobe de Mrs. Gray 12/8
Kn In Größe und Gestalt dem Litschi sehr ähnlich. H nur beim ♂ wie beim Litschi, doch im Ansatz steiler aufsteigend, 20–30 Ringwulste. Haupthufe lang u. schmal, Nebenhufe lang u. kräftig, Fesselrückseite behaart. 2 Leistendrüsen. 4 Zitzen. Alte ♂♂ oberseits goldbraun bis rötlich braunschwarz oder schwarzbraun, Kopf u. Hals dunkler als Rücken, mit weißen Nackenstreifen und Widerristsattelfleck. ♀♀ oberseits gelb bis kastanienbraun, helle Gesichtszeichnung abgeschwächt, Nackenstreifen u. Widerristsattelfleck fehlen. Junge wie ♀♀. – **M&G** KR ♂ rd. 165, ♀ rd. 135; SL ♂ rd. 50, ♀ rd. 45; KH ♂ rd. 100–105, ♀ rd. 80–85;G♂ rd. 90–120, ♀ 60–90; H 45–87. – **V** S-Sudan, zw. 6° u. 10° n. Br. u. 29° u. 34° ö. L., Sümpfe im Gebiet des Weißen Nils (Bahr-el-Gebel, Bahr-el-Ghasal, Bahr-el-Chabal, Sobat, Pibor u. a.) sowie im angrenzenden SW-Äthiopien im Gambela-Bezirk an den Flüssen Baro (Balo) u. Gela (Ghila). Keine UA. – **Lr** Sümpfe, trockene u. überflutete Grasmarschen u. Steppengebiete, sowohl flachgrasig als auch mit hohen Schilf- u. Rohrdickichten. – **Tr** Standorttreu, Territorialität noch nicht erforscht. – **Tt** Haupttätigkeit morgens, abends u. nachts. In der Mittagshitze (in der Prallsonne) ruhend. – **Kp** Einzelheiten nicht bekannt. – **Lt** Gering. Bei Erregung Grunzschrecken des ♂, weitere Einzelheiten nicht bekannt. – **S** Einzelheiten nicht bekannt. – **Fd** Löwe, Leopard, Hyänenhund, doch von geringer Bedeutung, da Lebensraum natürlicher Schutz u. Moorantilopen gute Schwimmer. Hauptfeind Mensch (Jagd, Lebensraumzerstörung). – **N** Gräser, Kräuter, Wasserpflanzen. – **Gs** In Großherden von 50 Tieren aufwärts bis mehrere Hundert oder Tausend in lockerem Verband. ♂♂ bilden oft eigene Trupps am Rande der Hauptherde. Einzelheiten nicht bekannt. – **Fp** 1

Laufjunges, Geburts-G ♀ rd. 4,5, ♂ rd. 5,5, mit 4–5 Wochen Geburts-G verdoppelt. Weitere Einzelheiten nicht bekannt, doch dem Litschi wie überhaupt die ganze Lw sehr ähnlich. – **Gr** ♀ 1–1½, ♂ 1½–2 Jahre. – **Ld** 10 Jahre nachgewiesen.

13/1 **Rehbok** oder **Rehantilope,** *Pelea capreolus* (Forster, 1790). E: Vaal or Grey Rhebuck; F: Le Rhebouk, Le Pelea; A: Vaalribbok

Kn Rehgroß u. -artig. H nur beim ♂, rund, dünn u. spitz, ziemlich weit auseinander, senkrecht u. gleichgerichtet, meist ganz leicht vorwärts gekrümmt, unterer Teil mit 10–15 schwachen Ringen. Nasenspiegel hinter Nasenlöchern leicht gewölbte drüsenreiche Scheibe. Schwanz halb bis Ferse, schmalbuschig. Haupthufe kurz dreieckig, Nebenhufe kurz-breit, am Grunde etwas zusammengewachsen. Voraugen- u. Leistendrüsen fehlen, Zwischenzehendrüsen vorhanden, 4 Zitzen. Vorderzunge, Vorhaut- u. Eichelflächendrüse schwarz gefärbt. Fell kaninchenartig kurz, weich, dicht u. wollig, an Kopf u. Beinen schlicht. Körperoberseite blaßgrau bis braungrau, untere Beinteile u. Stirn u. Nase mehr gelbbraun, Unterseite weißlich. Junge ähnlich Erwachsenen. – **M&G** KR 105–125, SL 10–20, KH 70–80, G 18–30, H 15–29. – **V** Hauptsächlich öl Südafrik. Union; N-Grenze im O etwa Wendekreis, im W Oranje, in M Griqualand u. S- bis SO-Botswana; fehlt im SW-Kapland; eingeführt im Addo- u. Buntbock-Nationalpark. Keine UA. – **Lr** Wenn ungestört, bevorzugt grasige Täler, Hügel u. Hochebenen, sonst auch grasige Hügelkuppen u. Berge mit niedrigen Büschen u. einzelnen Bäumen, Wasserstellennähe beliebt, jedoch von Oberflächenwasser unabhängig. Areal entspricht dem der Hochweiden u. Strauchsteppen der mediterranen Kapflora. – **Tr** Standorttreu; ♂ hält im W für Familientrupp (einige ♀♀ u. Junge). ein Tr, aus dem es fremde Artgenossen, vor allem ♂♂ vertreibt. Markierung durch Schnalzen (s. Lt), »Wachestehen« (Imponierstellung auf erhöhten Punkten) u. Kot u. Harn, die unter auffälliger Stellung (Sichtbarmachen der weißen Schwanzunter- u. Schenkelinnenseite durch Schwanzaufrollen) verstreut abgesetzt werden. Harn ist durch Vorhautdrüsensekret schwärzlich, riecht durchdringend u. hinterläßt schwarze Markierungsflecke. W-Größe im Sommer (reiche Äsung) 15–40 ha, im Winter (schlechte Äsung) rd. doppelt so groß. – **Tt** Mehrere Äsungs- u. Ruhezeiten über Tag verteilt, im Sommer mittags rd. 3 Std. Ruhe- u. spätnachmittags längere Äsungszeit, im Winter Äsungszeiten länger, Ruhezeiten (auch die am Mittag) verkürzt. Nachts zum Äsen u. Trinken in Talsenken. – **Kp** Wie Großriedbock (S. 81). – **Lt** Scharfes »Schnalzen« (Luftausstoßen durch Nase, in Tonlage u. Lautstärke veränderlich) als Alarm-, Imponier- u. Markierungslaut, kann mit kurzen Pausen bis ½ Std. dauern; schrilles, langgezogenes Klagen als Angst- u. Notruf; kurzes, leises, scharfes Zischen bei plötzlichem Erschrecken; brunftiges ♂ äußert Kehllaute. – **S** Sehvermögen sehr gut (Bewegungserkennen bis 500 m u. mehr, Gestalterkennen bis 150 m), Riech- u. Hörvermögen ausgezeichnet. – **Fd** Früher Löwe, Leopard, Gepard, Hyänenhund, für Kitze auch Karakal, Schakale, Pavian u. Adler. Heute im Vorkommensgebiet meistens Großraubwild verschwunden. Kleinere Feinde werden angegriffen, vor größeren im gestreckten Galopp (bis 65 km/h) geflohen. – **N** Gräser u. Kräuter, daneben Strauchlaub. Trinken s. Lr u. Tt. – **Gs** s. Tr. Jungtiere verlassen mit 1 Jahr Familie, ♂♂ dann einzeln am Gebietsrand bis Tr-Eroberung. – **Fp** Paarung nur im Tr mit Alt-♂. ♂♂ führen zur Brunftzeit heftige Scheinkämpfe (berühren sich nicht) u. Verfolgungsjagden. Tragzeit 9½ Monate. Setzzeit in S-Kapprovinz September–November, in O-Transvaal November–Februar. 1, manchmal 2 Laufjunge. ♀ vor Setzen abseits, Kitz liegt 6 Wochen ab, ♀ säugt es morgens u. abends. Säugezeitdauer u. Einzelheiten des Heranwachsens nicht bekannt (Hornwachstumbeginn mit ½ Jahr). – **Gr** Vermutlich mit 1–1½ Jahr. – **Ld** nicht bekannt.

Bergriedbock, *Redunca fulvorufula* (Afzelius, 1815). E: Mountain Reedbuck; F: Le Redunca de montagne; A: Rooiribbok; K: Tohe 13/2

Kn Gestalt wie beim Gemeinen Riedbock (s. S. 79), aber etwas kleiner. Unterschiede gegenüber Gemeinem Riedbock: H kurz u. gedrungen, mit nur 5–8 Ringen, im Oberteil wenig gebogen, daher Spitzen mehr aufwärts als vorwärts gerichtet, Auslage spitzwinkelig, wenig abändernd. Haupthufe kurz. Unterohrdrüse groß u. schwarzhäutig. Schwanz nur halb bis Ferse u. breitbuschig. Fell etwas länger u. wolliger. – Körperoberseite graubraun, Hals, Kopf u. Schwanzoberseite mehr rotbraun. Beim Ostafrikanischen B. (UA *chanleri)* Stirn, Nasenrücken u. Ohraußenseite dunkelbraun. Überaugenstreif, Lippen, Kinn u. Kehle gelb- bis grauweiß, Rumpf- u. Schwanzunterseite weißlich. 4 Leistendrüsen, 4 Zitzen. ♀ etwas größer u. grauer als ♂. – **M&G** KR 110–125, SL 17–26, KH 60–80, G 20–30, H 13–23. – **V** O-Afrika von S-Äthiopien bis N-Tansania u. O-Uganda, S-Afrika ab Sambesi sw bis O- u. M-Kapprovinz, ferner N-Kamerun. 3 UA. – **Lr** Grasiges, offenes oder mit Büschen durchsetztes, steiniges bis felsiges Kuppen-, Hügel- oder Bergland oder höhere Flußuferhänge. Hänge u. Terrassen werden Hügelkuppen u. Bergkämmen vorgezogen. Im Gebirge bis 4200 m. – **Tr** Standorttreu, Tr wird markiert u. gegen erwachsene ♂♂ verteidigt. – **Kp, Lt, S, Gr** u. **Ld** Wie Großriedbock (S. 81), ebenso **Tt,** nur Ruheplatz außer im Gebüsch auch zwischen Felsen u. Felsbrocken, u. ebenso **Fd**, nur Flucht um

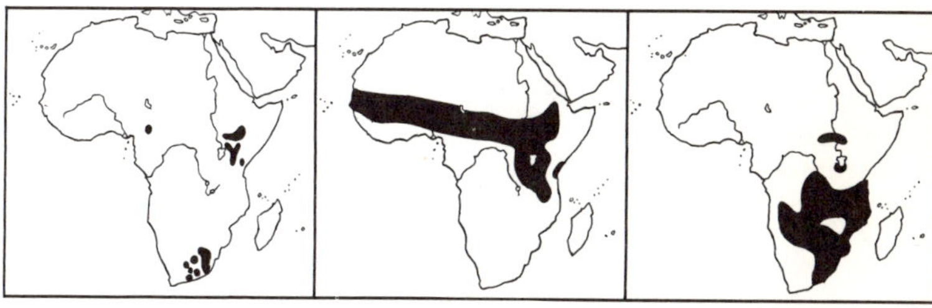

Bergriedbock   Gemeiner Riedbock   Großriedbock

Hügel herum oder hangabwärts u. bei Störung Sichdrücken oder Fortschleichen hangaufwärts. Bis 1,35 m hohe Zäune werden übersprungen. – **N** Gräser u. Kräuter sowie Strauchlaub. Wasser kann lange entbehrt werden. – **Gs** Geselliger als Gemeiner Riedbock, meist in lockeren Herden von 1–3 Dutzend Tieren, meist 1 Alt-♂ mit ♀♀ u. Jungen. – **Fp** Wie Gemeiner Riedbock, in S-Afrika Setzzeit November bis März, doch auch in anderen Monaten Junge gefunden. Geburts-G ♀ rd. 2, ♂ rd. 2,5, in 4–5 Wochen G verdoppelt. Geschlechtsverhältnis rd. 1 : 1. – **Ld** 12 Jahre nachgewiesen.

Gemeiner Riedbock oder **Isabellantilope,** *Redunca redunca* (Pallas, 1767). E: Bohor Reedbuck; F: Le Redunca, Le Nagor de Buffon, L'Antilope cervicapre d'Afrique, Le Cobe des roseaux; K: Tohe 13/3

Kn Rehgroß u. -artig. H nur beim ♂, leierförmig, Spitzen ein- u. vorwärts gerichtet, untere Hälfte mit 5–10 Ringen, Horngrund mit fleischigem, später erhärtenden Polsterwulst, Hornauslage u. -krümmung unterartlich abändernd. Unter Ohransatz runde Duftdrüse mit kleiner, dunkler, beim Erwachsenen nackter Hautfläche, durch die Sekret verdampft u. durch Ohrwedeln verteilt wird. Fell ziemlich glatt u. kurz, etwas wollig oder strähnig, oberseits isabellfarben bis bräunlich-ocker, Beinvorderseiten mit oder ohne dunklen Längsstreifen, unterseits weißgrau, ebenso Überaugenstreif, Wangen, Lippen, Kinn u. Kehle. In W-Tansania öfter Weißlinge. Junge etwas langhaariger u. oft auch etwas dunkler als Erwachsene, besonders Stirn u. Nase braun bis braunschwarz. Schwanz etwas länger als halbe Strecke Ansatz-Ferse, schmalbuschig-spitzendig, weißliche Unterseite leuchtet beim Aufstellen (Flucht). Haupthufe lang u. schmal, Vorderbein-Nebenhufe in Grundflächen fast oder ganz verwachsen. Voraugen- u. Zwischenzehendrüsen fehlen, 2 Paar Leistendrüsen, 4 Zitzen. – **M&G** KR ♂ 125–145, ♀ 115–130; SL ♂ 20–25, ♀ 15–23; KH ♂ 70–90, ♀ 65–80; G ♂ 45–65, ♀ 35–55; H 20–41. – **V** Geogr. Sudan von Gambia bis Äthiopien, u. O-Afrika von NW-Äthiopien bis SW- u. NO-Tansania. 7 UA. – **Lr** Völlig offenes oder mit lichtem Buschwerk durchsetztes, grasiges bis sumpfiges, mit Ried, Schilf oder Hochgras bedecktes oder durchsetztes Flach- oder Hügelland oder entsprechende Gebiete im Bergland. Wasser in der Nähe (höchstens 5–8 km entfernt) erforderlich. – **Tr** Standorttreu. 1 Alt-♂ überwacht u. verteidigt 1–5 beieinanderliegende ♀-Reviere von je 15–40 ha. Jung- u. nichtterritoriale ♂♂ leben in Junggesellengebieten zwischen Territorien, Jung-♀♀ bleiben in Mutternähe in sich allmählich ausgliedernden eigenen Revieren. – **Tt** Morgens u. nachmittags bis abends, auch in hellen Nächten, Mittagsruhe in Hochgras, Schilf oder Gebüsch. – **Kp** Einzelheiten nicht bekannt, doch sicher Großriedbock (S. 81) ähnlich. – **Lt** Schriller Pfiff bei Alarm oder Abspringen. – **S** Sehen, Hören u. Riechen gut. – **Fd** Löwe, Leopard, Gepard, Hyänen, Hyänenhund, für Kitze auch Schakal, Serval, Adler u. Riesenschlange. Bei Störung Drücken durch Flachliegen mit ausgestrecktem Hals, Abspringen erst im letzten Augenblick. Flucht holpriger Galopp mit Hochwerfen von Hinterbeinen u. Schwanz, meist vom Wasser fort, manchmal auch hinein mit Eintauchen bis ans Gesicht. – **N** Fast nur Gräser, dazu einige Kräuter. – **Gs** Einzeln oder paarweise oder in Trupps (6–12 Tiere) aus 1 Alt- ♂ mit mehreren ♀♀ u. Jungen oder aus Jung-♂♂. Entlang Dinder-Fluß (Dinder-Nationalpark, Sudan) Bestand sehr hoch (rd. 15 000 auf 50 km) u. vorwiegend in Herden aus 100 Tieren u. mehr. In S-Tansania (UA *wardi*) Saison- oder Lebensehe, mit Jungen bei Eltern bis Gr. – **Fp** Paarungs- u. Setzzeit anscheinend nicht jahreszeitlich gebunden. ♂♂ kämpfen z. T. heftig während ersterer. In S-Tansania (*wardi*) springen bei Werbung ♀♀ u. nachfolgende ♂♂ tanzend hoch unter Ausstrecken von Körper u. Beinen in einer Linie u. Aufrichten des Schwanzes. Heranwachsende Jungtiere tanzen zahlreich an einem Platz ähnlich im Rundlauf, Alttiere sehen zu. – Tragzeit 7–7½ Monate. 1 Laufjunges, selten 2. – **Gr** Vermutlich mit 1½ Jahr. – **Ld** In Gefangenschaft 10 Jahre nachgewiesen.

13/4 **Großriedbock,** *Redunca arundinum* (Boddaert, 1785). E: Southern or Common Reedbuck; F: Le Redunca grand, L'Eleotrague; A: Rietbok; K: Tohe

Kn Gestalt u. H wie beim Gemeinen Riedbock (s. S. 79), auch Unterohrdrüsenfleck vorhanden, aber etwas größer. Unterschiede gegenüber Gemeinem Riedbock: mehr Hornringe (10–15), Nebenhufe nicht verwachsen, Schwanz nur halb bis Ferse u. breitbuschig, nur 1 Paar Leistendrüsen (bei ♀ manchmal 2), Fell am Hals manchmal etwas verlängert. – Körperoberseiten graubraun bis braungrau oder dunkelbraun, seltener gelbbraun bis rötlichgelb. Nase u. Stirn manchmal dunkler. Beinvorderseiten meist mit dunklem Längsstreif. Überaugenstreif, Lippen, Kinn, Rumpf- u. Schwanzunterseite weißlich. Erwachsenes ♂ mit halbmondförmigem grauweißen Kehlfleck, beim ♀ nur schwach u. gelbgrau. Kitz oben graubraun, unten grauweiß, Ohrrückseite u. Nackenstreif dunkel, nach 3 Mon. gelbbraun, erst nach 1 Jahr Erwachsenenfarbe mit dunkelm Rücken. – **M&G** KR ♂ 130–160, ♀ 120–140; SL ♂ 18–30, ♀ 18–26; KH ♂ 80–105, ♀ 65–95; G ♂ 60–95, ♀ 50–85; H 25–46. – **V** Ab M-Zaire (rd. 3° s.

Br.) u. S-Tansania (rd. 9° s. Br.) sw bis Kap der Guten Hoffnung, fehlt jedoch heute weitgehend wl des 20°, im S des 25° öl Lg. Außerdem im Bahr-el-Ghasal (SO-Sudan) u. SW-Äthiopien. 2 UA. – **Lr** Wie Gemeiner Riedbock (S. 80). Wasser in Nähe (höchstens 2 km entfernt) erforderlich. – **Tr** Standorttreu, ein Teil des Wohngebiets vom erwachsenen (mindestens 3jährigen) ♂ gegen andere erwachsene ♂♂ als Tr verteidigt u. markiert. Letzteres durch Prunkstellung (Kehlfleckvorzeigen unter Kopfheben) oder verstärkt durch Prellsprünge mit erhobenem Kopf, durch Pfeifen u. durch Sekret der Unterohr- u. Leistendrüsen. 1 ♀ mit Jungem lebt mit im Wohngebiet bzw. Tr. Letzteres rd. 30–60 ha, am kleinsten am Trockenzeitende infolge Riedbockansammlung in Nähe verbliebener Wasserstellen. – **Tt** Morgens u. nachmittags bis abends, aber auch nachts. In Trockenzeit längeres Äsen wegen geringen Nährstoffgehalts im Futter bis u. über Mittag, dafür Ruhen frühmorgens u. spätnachmittags. – **Kp** Lecken, Knabbern, Kratzen u. Reiben. Lecken an Rumpf u. Hintervierteln; Knabbern an Schultern, Rumpf u. Beinen; Kratzen mit Hinterfuß an Kopf u. Nacken; Reiben der Wangen an Rumpf u. Vorderbeinen, mit Hörnern an Kruppe. Kein gegenseitiges Belecken oder Beknabbern. – **Lt** Pfeifen mit geschlossenem Maul durch Nasenlöcher (wie Gemse) bei Erregung, je nach Grad der letzteren wenig bis 150 mal u. mehr hintereinander. Schnarchlaut beim Prellspringenbeginn. Scharfes Miefen als Pfeifvorstufe nur beim ♀, wenn Erregung noch nicht groß. Schmatzen der sich im Fluchtsprung durch hohes Hinterbeineanziehen u. -ausschlagen plötzlich öffnenden Leistendrüsentaschen. – **S** Sehen, Hören u. Riechen gut. – **Fd** Hauptfeinde Löwe, Leopard, Gepard, Hyänenhund, weitere Feinde Hyäne, Krokodil u. Riesenschlange, Kitzfeinde Karakal, Serval, Schakal, Pavian, Habichts-, Kaffern-, Kampf- u. Kronenadler. Flucht in langen Sprüngen mit erhobenem Hals u. angelegtem Schwanz, normal nur 20–30 m weit, dann Anhalten mit Rückschau. Bei Störung Fortschleichen mit gesenktem Kopf oder Drücken mit Flachliegen mit ausgestrecktem Hals. Abspringen erst im letzten Augenblick. Normalgalopp holperig. Bis 1,35 m hohe Zäune werden übersprungen. – **N** Fast nur Gräser, dazu einige Kräuter. In Trockenzeit tägliches Trinken. – **Gs** einzeln (Jung-♂) oder paarweise (♂ u. ♀ oder ♀ u. Junges) oder familienweise (♂ u. ♀ mit Jungem), nicht in Trupps oder Herden, keine Jung-♂♂-Trupps. Lockere Vergesellschaftung bis 20 Tiere nur wasser- u. äsungsbedingt in Trockenzeit. – **Fp** Jahreszeitlich nicht fest begrenzt. Kitze zu allen Jahreszeiten mit Häufung zur Regenzeit. Tragzeit 7¾ Monate. 1 Laufjunges. Einzelheiten des Heranwachsens nicht bekannt; ab 5 Mon. Geschlechterverhältnis rd. 1 : 1. – **Gr** Vermutlich mit 1½ Jahr. – **Ld** In Gefangenschaft bisher 10 Jahre nachgewiesen.

Kuhantilopen, Alcelaphinae

Ungefähr rothirschgroß. Kopf lang u. schmal, Rücken etwas oder deutlich abfallend. Hörner bei ♂ u. ♀, halbmond-, s-förmig, knickwinkelig gerichtet oder eng bis hakig gebogen, mit Querwulsten oder glatt. Nasenspiegel nackt. Ohren spitz, mittellang. Schwanz mit Endquaste, bis Ferse oder Fesseln reichend. Hufe schlank u. spitzendig, Nebenhufe ziemlich groß. Haarkleid kurz u. glatt, z. T. mit Stirn-, Nacken-, Unterhals-, Brust- oder Kehlmähne. Voraugen- u. Zwischenzehendrüsen vorhanden, 2 Zitzen. In Gras- u. Buschsteppe bis Savanne außerhalb der Urwaldgebiete in Afrika sowie Nordarabien u. Palästina, doch außerhalb Afrikas u. nördlich der Sahara von frühgeschichtlicher Zeit bis Gegenwart ausgerottet. 4 Gattungen mit zusammen 5 Arten.

14/4 **Bunt-** und **Bleßbock,** *Damaliscus dorcas* (Pallas, 1766). E: Bonte- or Blesbok; F: Le
14/5 Bonte- ou Blesbok; A: Bont- of Blesbok

Kn Hörner, Hautdrüsen, Zitzen u. Gestalt wie Leierantilope (s. S. 83), doch Gestalt kleiner u. zierlicher. Körperfarbe graurotbraun bis schwarz, dabei Rumpf, Beinoberteile u. Schwanzquaste dunkel, Gesichtsfront, Unterseite u. Beinunterteile weiß. Bei UA *phillipsi* Vorder- u. Mittelkörper bis Kruppe rotbraun, etwas grau überhaucht, Sattel (Schulter bis Kruppe) heller. Gesicht (außer Front), Hals, Flanken, Bug, Beine (außer weißen Achseln u. Weichen, Mittelhandrück- u. Mittelfußvorderseiten) dunkelbraun bis braunschwarz, Hinterpartie u. -beine schwarz, Stirn u. Nasenrücken (oft durch schmales, braunes Zwischenaugenband unterteilt), Bauch u. Schwanzwurzelunterseite weiß. Kleiner Spiegel um Schwanzansatz, Schwanzwurzel u. Brust gelbbraun, Ohrrückseite grauweiß. UA *dorcas* wie *phillipsi,* nur Vorderpartie dunkler (dunkelrotbraun), Sattel etwas heller (rötlichgelbgrau), Dunkelpartien an Bug, Flanken, Keulen u. Beinen schwärzer; Bauchweiß bis auf Brust ausgedehnt, Keulenrückseite um Schwanzwurzel u. diese selbst weiß. Mittelfuß weiß, vorderseits mit schmalem schwarzen Streifen von Huf bis Mitte. Ohrrückseite braungrau. Gesichtsweiß oberhalb Augen verengt. ♀ gelbbraun mit ausgeprägten weißen Abzeichen. Hufe u. Hörner grauschwarz bis schwarz, bei *phillipsi* dunkelgrau bis graugelb, Querwulste bis gelbweiß. ♀ insgesamt heller als ♂. Kalb einheitlich hellbraun mit grauschwarzem Nasenrücken, ohne Schwanzquaste, bei *dorcas* mit dunkler Schwanzspitze. Beginn des Hornwachstums im 2. Monat, der Hornkrümmung u. -wulstung mit 8–9 Monaten, der Umfärbung im 6. Monat. Vollendung letzterer beim ♂ mit 3 Jahren. – **M&G** KR 140–160, SL 30–45, KH 85–100, G ♂ 65–80, ♀ 55–70, H bis 50. – **V** S-Afrika. 2 UA. Bleßbock *(phillipsi);* nl u. öl Kapprovinz, Oranje, S- u. W-Transvaal, W-Natal, S-Botswana. In freier Wildbahn ausgerottet. Nur noch in Schutzgebieten und auf Wildfarmen, dort vermehrt u. in weiteren wieder ausgesetzt, so daß nunmehr in allen Staaten der Südafrikanischen Union vielzählig vorhanden. 2. Buntbock *(dorcas);* südlichste Kapprovinz, Strand-Veld-Gebiet wl u. öl Kap Agulhas sl Caledonbergen u. Kleiner Karroo. In freier Wildbahn ausgerottet bis auf 17. Dann voll geschützt und im Buntbock-Nationalpark bei Swellendam (früher Bredasdorp), auf der De Hoop-Wildschutzfarm bei Bredasdorp, im Kapspitzen-Naturschutzgebiet, im Gehege der Universität Kapstadt u. auf den privaten Wildfarmen Van der Byl u. Van Breda, Bredasdorp-Gebiet u. a. wieder vermehrt auf bereits über 1000. – **Lr** Offenes Grasland, ohne oder mit nur wenigen Büschen u. Bäumen; Buntbock z. Zt. auch in macchiabestandenen Schutzgebieten. – **Tr** Vorwiegend standorttreu. ♂ wird mit 4–6 Jahren territorial u. besetzt zur Brunftzeit (Bleßbock) oder ganzjährig (Buntbock) Revier von rd. 10–40 ha, das wie durch Leierantilope (S. 84) markiert wird. Bleßbock-♂ steht oder liegt viel auf zentralem Großdunghaufen. Revierlose ♂♂ werden verjagt, benachbarte Revierinhaber regelmäßig an Grenze unter Abwickeln eines Herausforderungszeremoniells getroffen. Im Revier mehrere ♀♀ (Buntbock meist 3–6, Bleßbock 8–10; doch bis 25 möglich) mit Kälbern (beim Buntbock oft ganzjährig), können sich frei durch Reviere bewegen. Nach Brunft u. zu Regenzeitbeginn kleine bis große (20–500, früher viele Tausende) Mischherden. – **Tt** Morgens u. nachmittags äsend, über Mittag ruhend, bei heißem Wetter möglichst im Schatten liegend, sonst Stehschlafen mit gesenktem Kopf, nachts meist ruhend. Bei Störung Ausrichten gegen Wind mit gesenktem Kopf. Zäune bis 1,35 m Höhe werden überklettert oder unter- oder durchkrochen. – **Kp** Fell wird beleckt oder mit Hinterfuß bekratzt. Bodenforkeln u. Dungliegen s. Tr. – **Lt** Schnauben u. Grunzen. Schnauben bei Erregung, grunzendes »mboa« der Mutter auf Kalbblöken (Verlassenheitsruf), Schnauben der Mutter als Lockruf für Kalb zum Nachfolgen. Kalb hat Stimmfühlungslaut »emm«, Laufspiellaut »mimuiää«

u. »mboa« als Drohlaut bei Spielkämpfen. – **S** Seh- u. Hörvermögen sehr gut, Riechvermögen gut. – **Fd** Früher Löwe, Leopard, Gepard, Hyänenhund, große Adler (für Kälber), heute diese dort alle ausgerottet u. nur noch Schabrackenschakal Hauptfeind der neugeborenen Kälber. Bunt- u. Bleßbock auf freiem Gelände gegen Mensch nicht angriffslustig. – **N** Nur Gräser u. Kräuter. Trinken morgens u. abends, Buntbock im Sommer mittags. – **Gs** Haremtrupps um revierbesitzendes ♂ (s. Tr). Jungtrupps beim Bleßbock aus Kälbern (♂♂ u. ♀♀), die mit 8–10 Mon. Mutter, die wieder Neugeborenes hat, verlassen u. frei umherziehen (Zahl bis 75). ♀♀ bleiben rd. 2 Jahre in Jungtrupps, dann suchen sie sich Revier-♂. Jung-♂♂ errichten erst mit 4–6 Jahren eigene Reviere (s. Tr). Beim Buntbock Jungtrupps aus Jung-♂♂ wie beim Bleßbock, Jung-♀♀ bleiben jedoch rd. 2 Jahre bei der Mutter, dann zu Revier-♂. Mischherden s. Tr. – **Fp** Buntbock-Brunftzeit Januar–Märzmitte, Setzzeit Mitte August–Mitte Dezember (in Swellendam Ende Februar), Hauptzeit November–Dezember (in Swellendam September–Oktober); Bleßbock-Brunftzeit März–April, Setzzeit Oktober–Januar, Hauptzeit November–Dezember. Tragzeit 7½ Monate. 1 Laufjunges. Setzort Hochgras. Mutter frißt Eihäute u. leckt Kalb ab. Geburts-G 6–7, mit 8 Monaten G rd. 35. Geschlechtsverhältnis 1 : 1, später ♀♀-Überschuß. 1. Festnahrung mit rd. 10 Tagen, 1. richtiges Wiederkauen mit rd. 50 Tagen. Säugezeit rd. 4 Monate. – **Gr** Bei ♂ u. ♀ mit 2¼ Jahren, ♀ selten früher, ♂ kommt erst mit 4–6 Jahren nach Reviererrichtung zum Decken. – **Ld** In Wildbahn ♀ bis 14, ♂ bis 16, im Zoo bis 17 Jahre.

Leier- oder **Halbmondantilope,** *Damaliscus lunatus* (Burchell, 1823). E: Tsessebe, 15/1–3
Sassaby, Korrigum, Tiang, Topi, Hirola, Hunter's Hartebeest; F: Le Sassaby, Damalisque, Tiang, Topi, L'Antilope Hirola, Le Damalisque de Hunter; A: Basterhartebees; K: Nyamera

Kn Ungefähr rothirschgroß, doch Rücken etwas abfallend. Kopf ziemlich lang u. schmal, Nasenspiegel nackt, Ohr mittellang-lanzettlich. H bei ♂ u. ♀, beim ♀ kürzer u. dünner als beim ♂, schwach leierartig schräg nach hinten-oben aufsteigend, mit 10–20 weitstehenden hohen Querwulsten oder -ringen, nur Spitzenteil glatt. Fell kurz u. glatt, z. T. seidig glänzend, Gesichtsfronthaare von Muffel bis H aufwärtsgerichtet. Schwanz bis Ferse, mit Quaste. Körperfarbe kastanienbraun (UA *lunatus, jimela, phalius*), purpurrotbraun (*lyra, tiang, topi*) bis leuchtend rotbraun (*korrigum*), rotgelb (*purpurescens*) u. gelbbraun (*hunteri*). Gesichtsfront u. Schwanzquaste schwarz, Unterarm u. -schenkel u. anschließende Oberarm- u. -schenkelfläche grau- oder blauschwarz, Beinunterteile u. Körperunterseite braungelb bis gelb (bei *lunatus* Bauch weiß, bei alten *phalius*-♂♂ Gesichtsfront aufhellend zu bräunlichweiß bis weiß). *Hunteri* einheitlich gelbbraun, nur schmales Zwischenaugenband, Brust, Bauch u. Schwanzquaste gelbweiß bis weiß. Voraugen- u. Zwischenzehendrüsen vorhanden, 2 Zitzen. – **M&G** KR 150–205, SL 40–60, KH 100–130, G 75–160, H bis 72. ♂ etwas größer und schwerer als ♀. – **V** N-, O- u. nl S-Afrika. 9 UA: 1. Eigentliche L. *(korrigum);* von Senegambien bis N-Nigeria, Tschadsee u. NW-Darfur, zw. 11° bzw. 14° u. 19° n. Br. 2. Purpur-L. *(purpurescens);* O-Nigeria, N-Kamerun. 3. Schari-L. *(lyra);* Oberschari-Gebiet (Ubangi-Schari). 4. Kordofan-L. oder der Tiang *(tiang);* Sudan u. anschließende wl Randgebiete Äthiopiens, zw. 5° u. 15° n. Br. 5. Topi-L. oder das Topi *(topi);* Küstengebiet O-Afrikas von S-Somalia (etwa ab Mekka, 2° n. Br.) bis SO-Kenia (Melinde). 6. Hunters-L. oder Hirola *(hunteri),* ww des Gebietes von *topi,* v. sl Somalia (Jubaland) bis Tana-Fluß in O-Kenia. War sehr bedroht, Bestand jetzt wieder über 13000. 1963 30 Tiere im Tsavo-Nationalpark ausgesetzt. 7. Jimela-L. oder die Jimela *(jimela);* um Victoriasee, Uganda, Ruanda, Urundi, Rutschuru, öl Grenzgebiete von Zaire, W- u. M-Kenia, N- u. M-Tansania. 8. Fahlgesicht-L. *(phalius)*; Guasin- oder Uasin-Gischu-Plateau öl Mt. Elgon, W-Kenia. 9. Halbmondantilope oder das Sassaby bzw. Tsesseby *(lunatus)*; südöstlichstes Katanga (Zaire), Sambia (früher bis S-Grenze von Tansania, jetzt im N-Teil nur noch in Samfya, im S-Teil nur noch wl Sambesi), Malawi, W- u. S-Mozambique, Rhodesien, O-Transvaal (jetzt nur noch im Krüger-Nationalpark u. Percy Fyfe-Wildschutzgebiet), N-Botswana, Caprivizipfel, nördlichstes SW-Afrika u. SO-Angola bis rd. 15° w. L. – **Lr** Völlig offene oder busch- u. baumbestandene Steppe oder lichte bis dichte Savanne, ferner sowohl in Überschwemmungsgebieten als auch in trockenen Halbwüsten. Auch Feldfluren werden aufgesucht. In Ebene u. Hügelland. – **Tr** Bei ausreichender Nahrung meist standorttreu, dann u. zur Brunftzeit meist in kleinen Haremtrupps mit Alt-♂, das 10 ha–2 km^2 große Tr mit kleinem, besonders stark markiertem u. gegen Nebenbuhler verteidigtem Kern. Oft etliche Trupps übers Gelände verteilt. Markierung durch Absetzen von Dung, Voraugendrüsensekret an kurzen steifen Grashalmen, Einreiben von Hörnern u. Gesicht an solchen Grashalmenden, durch Reiben des Gesichts am Boden, durch Niederlassen auf Handgelenke oder an Termitenhaufen, durch Bodenforkeln in gleicher Stellung, durch Bodenscharren mit Vorderhufen (Zwischenzehendrüsensekretverteilung) u. durch »Wachestehen« auf Termitenhaufen u. ä. Kopfhochwerfen als Drohgeste vor Nebenbuhler, Kämpfen durch Niederlassen auf Handgelenke u. Hörneraufeinanderschlagen. – **Tt** Hauptsächlich morgens u. abends, mittags im Schatten ruhend. Meist tagsüber 2–3 Liegezeiten. Wenn wenig verfolgt, neugierig,

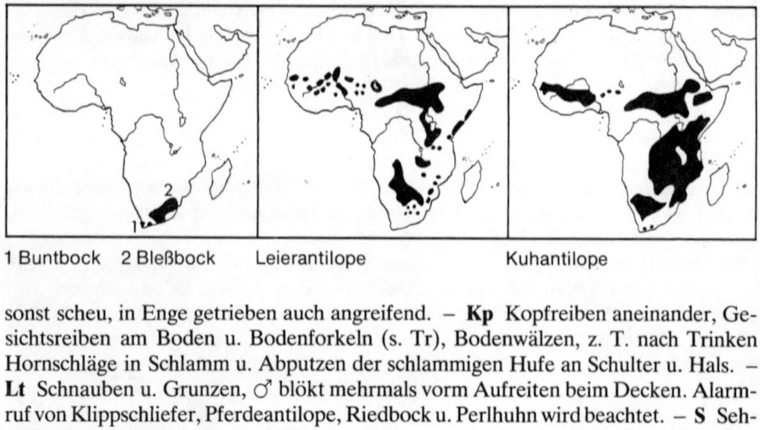

1 Buntbock 2 Bleßbock Leierantilope Kuhantilope

sonst scheu, in Enge getrieben auch angreifend. – **Kp** Kopfreiben aneinander, Gesichtsreiben am Boden u. Bodenforkeln (s. Tr), Bodenwälzen, z. T. nach Trinken Hornschläge in Schlamm u. Abputzen der schlammigen Hufe an Schulter u. Hals. – **Lt** Schnauben u. Grunzen, ♂ blökt mehrmals vorm Aufreiten beim Decken. Alarmruf von Klippschliefer, Pferdeantilope, Riedbock u. Perlhuhn wird beachtet. – **S** Seh- u. Hörvermögen sehr gut, Riechvermögen gut. – **Fd** Löwe, Leopard, Gepard, Tüpfelhyäne, Hyänenhund, für Kälber auch Schakal, Serval, Karakal, Riesenschlange u. große Adler. – **N** Fast nur Gräser u. Kräuter, kaum Laub. Normalerweise Trinken morgens u. abends, doch kann Wasser tage-bis monatelang entbehrt werden. – **Gs** Gesellig in kleinen Haremtrupps (½–2 Dutzend ♀♀ mit Kälbern) mit 1 Alt-♂ (s. Tr), daneben Jungtiertrupps u. einige Einzel-♂♂. Zur Trockenzeit Zusammenkommen größerer umherziehender Herden von einigen Hundert oder beim Topi Tausend. Oft Vergesellschaftung mit anderen Antilopen, vor allem Gnus, sowie Zebras u. Straußen. – **Fp** Tragzeit 7½–8 Mon. Setzzeit im Tschadgebiet Februar–März, in N-Kamerun März–Mai, in NO-Zaire Februar–März, in S-Tansania u. Sambia Juni–September (Hauptzeit September bzw. Juli–August), in Rhodesien Oktober, in N-

SW-Afrika u. Caprivizipfel September–Dezember, in Botswana November–Dezember, in Transvaal September–Januar (Hauptzeit Ende September–Ende Oktober). 1 Laufjunges. Geburts-G 10–12, nach ½ Jahr G ♂ rd. 70, ♀ rd. 45, nach 1 Jahr ♂ rd. 90, ♀ rd. 70, KH rd. 100, nach 1½ Jahr ♂ rd. 110, ♀ rd. 85, nach 2 Jahren ♂ rd. 115, ♀ rd. 95, KH rd. 110–120, nach 3 Jahren ♂ rd. 140, ♀ rd. 125. – **Gr** ♀ mit 1½–2, ♂ mit 3 Jahren, letzteres erkämpft sich frühestens mit 4 Jahren eigenes Tr. Geschlechtsverhältnis ursprünglich 1 : 1, doch gebietsweise ♀♀-Überschuß durch höhere ♂♂-Sterblichkeit. – **Ld** 12–15 Jahre, in Gefangenschaft rd. 9 Jahre nachgewiesen.

Kuhantilope, *Alcelaphus buselaphus* (Pallas, 1766). E: Hartebeest; F: Le Bubale; A: Hartebees; K: Kongoni 16/1–6

Kn Größe u. Gestalt wie Leierantilope (S. 83). Stirn des langen, schmalen Kopfes meist schmal-hoch. Nasenspiegel nackt. Ohr mittellang-lanzettlich. H bei ♂ u. ♀, beim ♀ etwas kürzer u. dünner als beim ♂, Wurzeln z. T. verbreitert u. abgeplattet, Verlauf meist zweifach nach oben-hinten gebogen, letzte Biegung z. T. als Knick, mit 12–25 Querwulsten oder -ringen, nur Spitzenteil glatt. Fell kurz u. glatt, im Strich nach hinten bzw. unten mehr oder minder wellig wechselnd, dadurch Wasser-(Changier)-muster bildend. Vereinzelte Langhaare um Schnauze u. Auge. Schwanz bis Ferse, mit Quaste. Gesichtsfronthaare von Stirnwirbel bis Nasenspiegel nach unten gerichtet, außer bei UA *caama* u. *lichtensteini,* wo sie bereits in Augenhöhe mit von Muffel aus nach oben gerichteten kurzen Querkamm bilden. Alt-♂ öfter auf Rücken ziemlich haarlos. Fellfarbe isabell (*tschadensis, lelwel, jacksoni*), gelbbraun(*tora, cokii, lichtensteini*), rotbraun (*buselaphus, major*), leuchtend kastanienrotbraun (*caama*), stumpf rötlichbraun (*modestus)* oder blaß schokoladenbraun mit weißlichen Haarspitzen (*swaynei*). Färbung meist einheitlich, *modestus* jedoch vorne heller als hinten u. *caama* mit weißen Hinterkeulenseiten u. -rückseiten bis Schwanzwurzel. Kinn, Schwanzkamm, u. -quaste fast stets dunkelbraun bis schwarz. Stirn u. Nasenrücken gedunkelt (*major, tschadensis*), stark braun (*matschiei, invadens, lichtensteini*), braunschwarz bis schwarz (*swaynei, caama*). Bei *swaynei* unterbricht wangenbraune, bei *caama* gelbweiße Querbinde Stirnschwarz zwischen Augen. *Caama* mit kurzem, senkrechten, schwarzen Augenstreif u. schwarzem Aalstrich von Ohrgrund bis Widerrist. Körperunterseite kaum oder deutlich heller als Oberseite, bei *caama* Bauch weiß. Beine rumpffarben (*buselaphus, cokii, jacksoni, tora*) oder Mittelhand u. -fuß mit braunschwarzem Vorderseitenstreifen, bei *swaynei* dieser von Oberarm bis Handgelenk, bei *caama* bis Huf u. von Oberschenkel bis Ferse. Hufe u. Hörner blaß hornfarben (*buselaphus*) bis schwarzbraun. Iris gelb bis braungelb. *Swaynei*-♀ heller als ♂, Gesichtsfront nicht dunkel. Kälber heller als Erwachsene, ohne dunkle Kopf-, Rumpf- u. Beinabzeichen, bei *lichtensteini* jedoch etwas dunkler u. mit schwarzem Aalstrich. Hufe schlank u. spitzendig, Nebenhufe kurz u. breit. Voraugen- u. Zwischenzehendrüsen vorhanden, Leistendrüsen fehlen, 2 Zitzen. – **M&G** KR 175–245, SL 45–70, KH 120–145, G ♂ 135–200, ♀ 120–180 (♂ etwas größer u. schwerer als ♀), H bis 70, – **V** Afrika außerhalb der Urwaldgebiete, N-Arabien u. Palästina. 13 UA: 1. Nordafrikanische K. *(buselaphus);* Atlasländer bis Ägypten, N-Arabien u. Palästina. Im Alten Reich Ägyptens zu Opferzwecken zahlreich halbdomestiziert gehalten, in neuer Zeit in Ägypten um 1850, in N-Arabien u. Palästina um 1900, in Atlasländern u. Tripolis um 1920, in Rio de Oro um 1950 ausgerottet. 2. Westafrikanische K. *(major);* Gambia u. Obersenegalgebiet zw. 10° u. 14° n. Br. Weitgehend ausgerottet. 3. Togo-K. *(matschiei);* Elfenbeinküste bis M-Nigeria, zw. 8° u. 12°–14° n. Br., bedroht. 4. Nigeria-K. *(invadens);* NO-Nigeria bis N-Kamerun. 5. Tschad-K. *(tschadensis);* Tschad, Unter- u. M-Schari-Gebiet. 6. Ubangi-Schari-K. *(modestus);* Ober-Schari-Gebiet (Ubangi-

Schari), Tschad u. Zentralafrikanische Republik. 7. Lelwel-K. oder der Lelwel *(lelwel);* S-Sudan, NO-Zaire, SW-Äthiopien wl Omo-Fluß (Jamboland). 8. Jacksons-K. *(jacksoni);* Gebiete um Victoriasee, teilweise ausgerottet. 9. Tora-K. *(tora);* N- u. W-Äthiopien, Eritrea, SO-Ägypten u. O-Sudan; mancherorts ausgerottet, bedroht. 10. Somali-K. *(swaynei);* M-, S- u. O-Äthiopien, Somalia wl Berbera (ehem. Britisch-Somaliland). In Äthiopien nur noch 4 kleine Restvorkommen (Awaschtal, Javello, Senkele, Schaschamanne) u. Tschamosee-Gebiet; in Somalia ausgerottet, stark bedroht. 11. Cokes K. oder das Kongoni *(cokii);* M- u. S-Kenia, N-Tansania; in M-Kenia ausgerottet. 12. Lichtensteins K. oder das Konzi *(lichtensteini);* M- u. S-Tansania, SO-Zaire, Sambia, Malawi, Mozambique, Rhodesien; S-Grenze Lundi- u. Save-Fluß. 13. Südafrikanische K. oder die Kaama *(caama):* S-Afrika sl einer Linie von S-Angola bis W-Rhodesien u. W-Natal. In SW-Afrika nur noch im O, in Botswana im Kalahari-Nationalpark, in Südafrik. Union in freier Wildbahn verschwunden, doch in Kapprovinz, Oranje u. Transvaal in Schutzgebieten (außer Krüger-Nationalpark, da nie in O-Transvaal gewesen) wieder ausgesetzt. – **Lr** Freie oder mit Büschen u. Bäumen bestandene Steppe bis Trockensavanne oder lockeres oder dichteres Buschland, letztere mit eingestreuten Freiflächen; in Ebene u. Hügelland. – **Tr** Meist standorttreu. 3–4jähriges ♂ besetzt meist ganzjährig Tr von $^1/_3$–3 oder 4 km², in dem 3–10 (15) ♀♀ mit Jungen, markiert es durch Bodenforkelstellen u. Voraugendrüsenreiben am Boden z. T. auch durch grenznahen Dunghaufen sowie »Wachestehen« auf Erhebungen (Sichtmarkierung) u. verteidigt es in Brunftzeit gegen Nebenbuhler (Kampfweise wie Leierantilope S. 84). Z. T. besetzen auch Jung-♂♂-Trupps eigene kleine Reviere und markieren sie durch Bodenforkelstellen. Z. T. in Herden bis 200 oder in Trockenzeit Großherden aus mehreren Hundert oder Tausend. – **Tt** Hauptsächlich morgens u. abends, mittags im Schatten ruhend. Meist tagsüber 2–3 Liegezeiten, Harem-♂ liegt am meisten. – **Kp** Schlammaufnehmen mit Stirn u. Hörnern u. -verreiben auf Rumpf. – **Lt** Bei Erregung Schnauben. ♂♂ »bellen« manchmal beim Kämpfen. – **S** Seh- u. Hörvermögen sehr gut, Riechvermögen gut. – **Fd** s. Leierantilope (S. 84). – **N** Gräser u. Kräuter, selten Laub. Trinken meist täglich, morgens oder abends, doch kann Wasser auch tage- bis monatelang entbehrt werden. Lehmige u. salzige Erde wird gern gefressen. – **Gs** Haremtrupps (s. Tr), Jung-♂♂-Trupps, z. T. auch einzelgehende ♂♂. Größere Verbände s. Tr. Oft Gesellung mit Straußen, Zebras, Gnus u. a. Antilopen. – **Fp** Tragzeit 8 Monate. Setzzeit in Kenia ganzjährig mit 2 Hauptzeiten: Februar–März u. Juli–August, in Sambia Juni–Oktober (Hauptzeit Juli–August), in NO-Zaire Januar–Februar, in S-Zaire Januar–Februar, in S-Transvaal Oktober–November, in Natal September–Oktober, in Botswana September–November, in N-Kapprovinz August–Oktober (Hauptzeit September), in SW-Afrika Oktober–November. 1 Laufjunges. Zwillinge sehr selten. ♀ geht zum Setzen abseits in Deckung, frißt nach Geburt Embryonalhüllen u. Nachgeburt u. leckt das Kalb sauber. Kalb liegt meist 1–2 Wochen versteckt ab. Geburts-G rd. 13–15, – KR rd. 85, – SL rd. 18, – KH rd. 80. Säugezeit rd. 4 Monate. Hörner wachsen erst gerade, mit $^1/_4$ Jahr rd. 15 cm, mit 1 Jahr 1. Krümmung, mit 2 Jahr wie Erwachsene. G 1jährig rd. 100, 2jährig ♂ rd. 160, ♀ rd. 130, 3jährig ♂ rd. 180, ♀ rd. 165. – **Gr** Meist mit $2^1/_4$ Jahr, ♀ z. T. auch früher ($1^1/_2$ Jahr). ♀ wird 1–4, meist 3 Monate nach Setzen wieder gedeckt. Jung-♂ bleibt 10–30 Monate bei Mutter (Jung-♀ auch länger), schließt sich meist mit 20 Monaten Jung-♂♂-Trupp an und versucht mit 3–4 Jahren ein Harem-♂ zu vertreiben. Letzteres kann meist bis 7. oder 8. Lebensjahr Tr behaupten. Geschlechtsverhältnis bei Geburt ♂ : ♀ rd. 1 : 2, erwachsen rd. 1 : 3. – **Ld** In Gefangenschaft bis 19 Jahre nachgewiesen.

Weißbart- oder **Streifengnu,** *Connochaetes taurinus* (Burchell, 1823). E: Brindled Gnu, Blue Wildebeest; F: Le Gnou bleu, Le Gnou à queue noire; A: Blouwildebees; K: Nyumbu ya montu 15/5

Kn Ungefähr rindergroß. Kopf groß, Schnauze breit, Hals kurz, Beine schlank, Schwanz langquastig bis Fesseln, Rücken abfallend. Nasenspiegel groß, Ohren lanzettlich, H bei ♂ u. ♀, zuerst waagerecht oder etwas gesenkt seitwärts, dann aufwärts-einwärts u. etwas rückwärts gebogen, Wurzel breit u. gewölbt. Haarstrich in senkrechte, breitere dunklere u. schmalere hellere Streifen unterteilt, an Hals u. Vorderkörper dichter, nach Kruppe zu sich verlierend. Kurzes Haarpolster auf Stirn u. Nasenrücken. Mittellinie der Halsunterseite, des Nackens u. Vorderrückens mit langen, auf dem Vorderrücken meist liegenden Mähnenhaaren. Körperfarbe streifig dunkel schiefergraublau (UA *taurinus*) oder braungrau (*johnstoni*) oder graurötlich (*cooksoni*) oder hellgraubraun (*albojubatus*), Schmalstreifen dunkler. Stirn u. Nasenrücken schwarzbraun, bei *johnstoni* mit weißer Querbinde, bei *mearnsi* Oberstirn grauweiß. Kinn schwarzbraun. Halsunterseitenmähne schwarzbraun (*taurinus, johnstoni*) oder weißgrau (*albojubatus*) oder grauschwarz gemischt (*mearnsi*). Nackenmähne braunschwarz bis schwarz (*taurinus, johnstoni*) oder grau untermischt (*albojubatus*). Schwanzquaste schwarz bis braunschwarz. Vereinzelt Weißlinge. Kalb braungelb, Unterseite weißlich, Gesichtsfront, Ohrrückseite, Nackenmähne u. anschließender Aalstrich sowie Schwanzspitze braunschwarz bis schwarz. Nach 2–2$^1/_2$ Monaten Umfärbung in Erwachsenenfarbe. Hufe spitz, Nebenhufe groß. Voraugendrüsen u. Vorderfußzwischenzehendrüsen vorhanden, 2 Zitzen. – **M&G** KR ♂ 180–240, ♀ 170–230; SL ♂ 65–100, ♀ 60–90; KH ♂ 125–145, ♀ 115–142; G ♂ 165–290, ♀ 140–260; ♂ rd $^1/_5$ größer u. schwerer als ♀; H ♂ bis 83, ♀ rd. 30–40. – **V** O-, S- u. SW-Afrika: S-Kenia zw. Mara- u. Athi-Fluß, N- u. S-Tansania, SW-Sambia, Mozambique, S-Malawi, S- u. W-Rhodesien, Botswana, S- u. SO-Angola, N- u. M-SW-Afrika, N-Kapprovinz, N-Oranje, N-Natal u. Transvaal. Ausgerottet in Malawi u. Südafrikanischer Union (außer äußerstem N letzterer), in letzterer in Nationalparks u. Schutzgebieten wieder ausgesetzt. 5 UA: 1. Östliches Weißbartgnu (*albojubatus*); S-Kenia u. angrenzendes NO-Tansania öl Großen Graben, sw bis 5° s. Br. 2. Westliches W. (*mearnsi*); NW-Tansania u. S-Kenia wl Großen Graben bis Victoriasee-Ufergebiet. 3. Weißbindengnu (*johnstoni*); S-Tansania, S-Malawi (ausgerottet) u. Mozambique nl Sambesi. 4. Nördliches Streifengnu (*cooksoni*); O-Sambia (Luangwatal). 5. Südliches S. (*taurinus*); übriges Artgebiet sl u. wl Sambesi, Südafrik. Union, Botswana, SW-Afrika u. S-Angola (s. oben). Eine Zuchtherde seit 1910 in Askania Nova, S-Rußland (zeigt, daß Gnu nicht zähmbar). – **Lr** Offene Gras- u. Buschsteppe in Ebene u. Hügelland, zuweilen auch auf lichten Plätzen größerer Buschwälder. – **Tr** Bei genügend Futter u. Wasser territorial. Alt-♂♂ besetzen Tr von 10–20 ha mit meist 6–10 (–30) ♀♀ mit Jungen und halten es u. U. mehrere Jahre. Trupps aus Jung-♂♂ u. territorienlosen ♂♂ am Rande. Tr-Markierung durch Laute (s. dort) u. Bodenstellen, die Mittelpunkt für Stampfen, Scharren, Kopfrecken, Kopfschwanzschlagen, Bodenforkeln, Gesichtreiben, Wälzen, Liegen, Koten, Harnen u. »Wachestehen«. Bodenstellen werden zu kahlen Gruben, liegen gern unter einzelstehenden Bäumen, Gesichtreiben mit Voraugendrüsensekretabsetzen dann am Stamm. Tr-Besitzer bedroht (Scheinäsen, Kopfschütteln, Kopfschwanzschlagen, Parallellstellen, Harnen u. Flehmen, Bocksprünge mit Kopfschütteln), bekämpft (im »Knieen« mit Gegeneinanderstemmen der Hornwurzeln) u. verjagt eindringende Nebenbuhler. Benachbarte Tr-Besitzer üben regelmäßig Herausforderungszeremoniell zur Grenzbestätigung. Wo Kurzgrassteppe u. Akaziensavanne benachbart, stehen Gnus in Regenzeit auf ersterer, in Trockenzeit auf letzterer. Mit Trockenzeitbeginn meist Sammeln der Haremtrupps auf noch guter

Restweide, nach deren Abäsen Zusammenschluß zu weiter wandernden Großherden. Mit erstem Regenfall u. Frischgrün Wiederaufspaltung der Herden in Trupps u. Tr-Errichtung durch Alt-♂♂. In Serengeti-Mara-Steppe Ostafrikas wandert Bestand (rd. 400000) in Großherden langsam Regenfällen nach. Bei jedem Halt errichten Alt-♂♂ sofort dicht beieinander mit viel Streit kleine Tr, in den sie durchziehende ♀♀ durch Umkreisen zu halten versuchen. – Tt: morgens u. nachmittags, in Mittagshitze (wenn möglich im Schatten) ruhend, bei bedecktem Himmel auch über Mittag u. auch in mondhellen Nächten tätig. – Normalgang als Paßgang. – **Kp** Kratzen des Rumpfes mit Hörnern, des Vorderkörpers mit Hinterhufen, Wälzen, Gesichtreiben am Boden oder Baum oder Partner. – **Lt** Schnauben bei Erregung (Alarmschnauben, z. T. mit Stampfen), Grunzen bei Unmut, ♀ muht, Kalb blökt. Tr-Besitzer markieren durch Reihe quakender Rufe, meist morgens u. abends, auch nachts, in Brunftzeit im verdoppelten u. verdreifachten Tempo, dann oft mit hohem Quieken endend, wird beim Decken zu langem Röhren. ♀♀ rufen wie ♂♂ außer Endquieken. UA *albojubatus* am lautfreudigsten, übrige UA weniger u. kürzer rufend. – **S** Seh- u. Hörvermögen sehr gut, Riechvermögen gut. – **Fd** Löwe, Gepard, Leopard, Fleckenhyäne, Hyänenhund; Schabrackenschakal für frischgesetzte Kälber. In Serengeti-Mara-Steppe rd. 16% der Todesfälle durch Unfälle (Ertrinken, Knochenbrüche, Zertrampeltwerden), rd. 37% durch Raubtiere (Anteil des Löwen daran rd. 90%) u. rd. 47% durch Krankheiten (hauptsächlich Rinderpestbefall der Halbjährigen). Bei Störung halbkreis- bis kreisförmiges Umstellen des Störenfrieds mit Schnauben, Bocksprüngen u. kurzen Zweikämpfen. Bei Flucht oft Abgaloppieren in Reihe mit Kopfsenken u. Schwanzschlagen. In Enge getrieben, mutig angreifend. – **N** Kurzgräser bis 10 cm, daher Brände mit Langgrasbeseitigung wichtig. Trinken meist morgens u. abends, doch kann Wasser auch 2–3, manchmal 5 Tage entbehrt werden. – **Gs** Örtlichen u. jahreszeitlichen Verhältnissen gemäß von ständig standorttreuen Harem- u. ♂♂-Trupps über zeitliche bis zu ständigen Wanderherden (s. Tr). – **Fp** Tragzeit 8–8½ Monate. Setzzeit in Kenia u. N-Tansania November-Dezember bis Februar-März (Hauptzeit Januar-Februar), in Sambia August-November (Hauptzeit September-Oktober), in Rhodesien November-Januar, in O-Transvaal November-Dezember, in Botswana September-November (in Kalahari infolge unregelmäßigen Regens auch März-April), in SW-Afrika September-November. 1 Laufjunges. Bei Großherden Abkalben in Gruppen zu 20 u. mehr gleichzeitig, umstehende ♀♀ verjagen dann Schakale u. einzelne Hyänen. Dort verzehren ♀♀ nicht (wie an schwächer besetzten festen Standorten) Embryonalhüllen u. Nachgeburt, die von Schakalen, Hyänen u. Geiern gefressen werden. ♀ leckt Kalb ab, das sich aus Hüllen strampelt, in 3–5 Minuten steht u. Mutter eng folgt. In Großherden 80% der Geburten innerhalb 2–3 Wochen, Kalbverluste rd. 15%, in Kleinherden dagegen bis 50% Kalbverluste durch Raubtiere u. Trennung von Mutter u. Kalb im Herdentrubel. Säugezeit rd. 4 Monate, gelegentliches Saugen bis 1 Jahr, erste Festnahrung mit 10–12 Tagen. Geburts-G ♂ rd. 18, ♀ rd. 14, – KH ♂ rd. 80, ♀ rd. 73. G nach 1 Jahr ♂ u. ♀ rd. 95, nach 2 Jahren ♂ rd. 150, ♀ rd. 120, nach 3 Jahren ♂ rd. 190, ♀ rd. 145, nach 5 Jahren ♂ rd. 225, ♀ rd. 160. Hörner wachsen zuerst gerade, ab ½ Jahr Krümmungsbeginn. Jung-♀ bleibt bei Mutter (Mutterfamilie), Jung-♂ wird rd. 1jährig von Harem-♂ verjagt, geht zu ♂♂-Trupp, erkämpft sich mit 4–5 Jahren Tr, ist nur dort deckfähig. – **Gr** Jung-♀♀-Teil wird mit 1¼–1½ Jahr, Hauptteil mit 2¼ Jahren gedeckt u. bringt dann bis 12 Jahre jährlich 1 Kalb. Geschlechterverhältnis bei Geburt: ♂ : ♀ = 1 : 1–1,7 : 1, erwachsen 1 : 1–0,7 : 1. – **Ld** In Wildbahn bis 18, in Gefangenschaft bis 20 Jahre.

Weißschwanzgnu, *Connochaetes gnou* (Zimmermann, 1780). E: Whitetailed Gnu, Black Wildebeest; F: Le Gnou à queue blanche; A: Swartwildebees 15/4

Kn Ungefähr rothirschgroß. Gestalt wie Weißbartgnu (S. 87), jedoch Rücken gerade. H bei ♂ u. ♀, zuerst schräg nach vorn unten, dann engwinklig steil nach oben gerichtet, verbreiterte Wurzel flach. Fell mit wechselnd welligem Haarstrich (Wassermuster). Nasenrücken, Nacken u. Widerrist mit Stehmähne, die erstere bildet mit nach unten gerichtetem Stirnschopf Stehkamm unterhalb Augen. Kinn u. Kehle mit kurzer, Brust mit langer Mähne. Körperfarbe einheitlich dunkelbraun (Sommerfell mehr bräunlich, Winterfell mehr schwärzlich), Schwanzquaste weißlich, Nackenmähnenhaare im Unterteil weißlich, im Oberteil braunschwarz, Nasenrücken- u. Brustmähne schwarzbraun. Um Augen u. Maul viele einzelne, lange, weiße Haare. Kalbfell weich u. etwas wollig, an Kopf u. Hals etwas verlängert, hellbraungrau, unterer Schnauzenteil, Ohrspitzen u. Oberteil der kurzen Nackenmähne braunschwarz, Beine u. Schwanzende etwas heller als Rücken. Nach 2–2½ Monaten Umfärbung in Erwachsenenfarbe. Hufe spitz, Nebenhufe groß. Voraugendrüsen u. Vorderfußzwischenzehendrüsen vorhanden, 2 Zitzen. – **M&G** KR ♂ 185–220, ♀ 170–205; SL ♂ 90–100, ♀ 80–95; KH ♂ 100–120, ♀ 90–105; G ♂ rd. 180, ♀ rd. 160; H ♂ bis 78, ♀ rd. 45–60; ♂ rd. ⅕ größer u. schwerer als ♀. – **V** Einst auf den Hochveld-Ebenen der Kapprovinz, SW-Transvaals u. W-Natals. S-Grenze zwischen 32° u. 33° s. Br. etwa entlang Linie Beaufort-Bedford, nw bis Griqualand-West, now bis Vaal-Fluß. In freier Wildbahn ausgerottet, doch auf einigen Großfarmen (vor allem De Beers-Company-Farm in Griqualand-West) halbwild erhalten geblieben. Von dort in Schutzgebieten innerhalb der alten Verbreitung u. im NO auch etwas darüber hinaus wieder ausgesetzt. Dazu Zuchten in verschiedenen Tiergärten der Welt. Bestand z. Z. über 3500. Keine UA. – **Lr** Offene Gras- u. Buschsteppe in Ebene u. Hügelland, auch im Karroogelände. – **Tr** Alt-♂♂ besetzen Tr in rd. 150–500 m Abstand voneinander ganzjährig mit meist 5–10 (30) ♀♀ mit Jungen. Trupps aus Jung-♂♂ u. territorienlosen ♂♂ am Rande. Bodenstellen im Tr u. ihre Benutzung sowie optische, akustische Markierung, Herausforderungszeremoniell, Drohen und Kampfweise wie Weißbartgnu (S. 87). Bodenstellen werden auch von ♀♀ u. Jungen zum Koten u. Wälzen benutzt. – **Tt** u. **Kp** Wie Weißbartgnu (S. 87). Auch Paßgänger. – **Lt** Schnauben u. Schwanzseitwärtsschlagen z. T. mit Stampfen, bei Erregung. Schwanzschlagen gibt zischenden Ton, der fast ½ km weit zu hören. Grunzen bei Unmut. ♀ muht. Kalb blökt. Unterlegenheitslaut gegenüber überlegenen, bedrohenden Artgenossen »möau«, bei großer Bedrängnis zu lautem Angstgeschrei werdend. Markierungslaut der Tr-Besitzer (wenn Nebenbuhler naht oder Jung-♂ gejagt wird) zweisilbig hoch-tief (ge-nu) unter Auf-u. Abbewegen des Kopfes. Das helle ge ist weithin zu hören. – **S** Wie Weißbartgnu (S. 88). – **Fd** Wie Weißbartgnu (S. 88), doch außer Schakal alle einst dort vorkommenden Großraubtiere ganz oder fast ausgerottet. Störungsverhalten wie Weißbartgnu (S. 88). – **N** Wie Weißbartgnu (S. 88). – **Gs** s. Tr. Standorttreu, keine größeren jahreszeitlichen Wanderungen. – **Fp** Brunftzeit Februar-März. Tragzeit 8–8½ Monate. Setzzeit November-Januar. 1 Laufjunges. Mutterverhalten, Kalbverhalten u. Heranwachsen des Jungen wie Weißbartgnu (S. 88). Geburts-G etwas leichter als Weißbartgnu. – **Gr** Einige ♀♀ mit 1½, Mehrzahl der ♀♀ mit 2¼, der ♂♂ mit 3 Jahren. Jung-♂♂ können sich aber erst mit 4–5 Jahren Tr erobern u. sind nur dort deckfähig. Geschlechterverhältnis stets rd. 1 : 1. – **Ld** In Gefangenschaft bis 20 Jahre erwiesen.

Schwarzfersenantilopen, Aepycerotinae

Ungefähr rothirschgroß. Hörner nur beim ♂, leier- u. s-förmig geschwungen, mit Querwulsten, Ohren spitz, mittellang. Schwanz leicht buschig, halb bis Ferse reichend. Hufe schlank u. spitzendig, Nebenhufe fehlend. Haarkleid kurz u. glatt. Voraugen-, Leisten- u. Zwischenzehendrüsen fehlen, Mittelfußdrüsen mit schwarzem Haarpolster, 4 Zitzen. Am Schädel große ovale Rostrallücke zwischen Ober- u. Zwischenkiefer. Gesellig in Trupps u. Rudeln in den Savannen Ost- u. Südafrikas. 1 Gattung mit nur 1 Art.

17/4 **Schwarzfersenantilope** oder **Impala,** *Aepyceros melampus* (Lichtenstein, 1812). E: Impala, Impalla; F: Le Pallah, L'Impalla, La Gazelle à pieds noirs; A: Rooibok; K: Swala pala

Kn Ungefähr rothirschgroß, schlank u. elegant, geradrückig. Nasenspiegel als kleines Dreieck zwischen Nasenlöchern. Ohren spitz, mittellang. H nur beim ♂ (doch einige Fälle langbehornter ♀♀ bekannt), stark leierförmig nach hinten-seitwärts-oben geschwungen, mit 16–26 kräftigen Querwulsten. Spitzenviertel glatt. Schwanz gleichmäßig etwas bis stärker buschig, etwa $^1/_2$–$^2/_3$ bis Ferse reichend. Haupthufe schlank u. spitzendig, Nebenhufe fehlen, an ihrer Stelle kleine schwarzbraune Haarpolster. Auf Mittelfußrückseite großes schwarzes Haarpolster (Metatarsaldrüse). Voraugen-, Zwischenzehen- u. Leistendrüsen fehlen, beim ♂ auf Stirn unscharfes Hautdrüsenfeld mit öligem Sekret, 4 Zitzen. Fell kurz u. glatt. Körperoberseite u. Beinaußenseiten braungelb bis leuchtend rotbraun, Flankenunterrand etwas heller. Ohrende, schmaler Aalstrich von Rückenmitte bis Schwanzende u. schmaler senkrechter Streifen am hinteren Keulenrand schwarz. Mittelhand u. -fußvorderseite oft mit schwachem, dunkelbraunem bis schwarzem Schattenstreifen. Manchmal oder gebietsweise Scheitel oder Nasenrücken oder ganze Gesichtsfront bis schwarzbraun hin verdunkelt, bei UA *petersi* letzteres die Regel. Oberlippe, Kinn, Kehle, Brust, Bauch, Beininnen-, Schwanzunterseite, Überaugen- u. Vorderbeinansatzfleck weiß. Fesseln gelbweiß bis weiß, Hörner u. Hufe braunschwarz bis schwarz. Kalb fahler, Ohrenden, Keulenrand-, Aalstrich u. Metatarsendrüsenpolster nur dunkelbraun. – **M&G** KR ♂ 125–160, ♀ 120–150; SL ♂ 30–45, ♀ 30–40; KH ♂ 80–95, ♀ 75–90; G ♂ 45–80, ♀ 40–60; H bis 91; ♂ rd. $^1/_4$ größer u. schwerer als ♀ (außer UA *petersi,* deren ♂♂ nur schwerer, nicht größer). – **V** Ruanda, NO-Uganda, NW-, M- u. S-Kenia, Tansania, SO-Zaire, Sambia, M- u. S-Malawi, Rhodesien, Mozambique, N-Natal, Transvaal, N-Kapprovinz (sw bis Kuruman), O- u. N-Botswana, Caprivizipfel, Ovamboland (sw bis Etoschapfanne), Kaokoveld, S-Angola nw bis Nova Lisboa. Z. T. gebietsweise ausgerottet wie in N-Südwestafrika u. N-Kapprovinz, doch in Südafrik. Union in einigen Gebieten sl des einstigen Vorkommens wieder ausgesetzt u. in Oranje eingeführt. In Transvaal u. Natal zusätzlich an weiteren Stellen inner- u. außerhalb natürlichen Vorkommens ausgesetzt. 6 UA beschrieben, jedoch nicht klar unterscheidbar bis auf 1. Angola-S. (*petersi*), SW-Angola u. angrenzende Gebiete SW-Afrikas bis Etoschapfanne, u. 2. Eigentliche S. (*melampus*), übriges Artgebiet. – **Lr** Parklandschaft, d. h. lichter Buschwald mit Akaziendornbusch oder Trockensavanne (Miombo- u. Mopanewald), Galeriewald in Ebene u. Hügelland. Lichtungsränder bevorzugt, Wassernähe erforderlich. – **Tr** Standorttreu. Wohngebiet eines Rudels 2,5–6 km^2, wird nur bei großer Trockenheit (Nahrung-, Wassermangel) vorübergehend so weit (meist nur 1–10, selten bis 20 km) verlassen, wie nächstes Wasser oder Frischgrün erreichbar. Zur Brunftzeit nehmen Alt-♂♂ im Wohngebiet Tr von 0,2–0,9 km^2 Größe ein, die sich durch »Wachestehen« (Prunkstellung, als Stärkezeichen verdickt sich der Nacken der Tr-Besitzer),

Stirnreiben an Sträuchern u. Bäumen, Dunghaufen (∅ bis 4 m, Höhe bis 8 cm), Röhren u. Grunzen markieren, in denen sie andere über ½ Jahre alte ♂♂ nicht dulden, mehrere ♀♀ (mit Jungen) halten u. decken. In O-Afrika wegen zweier Regenzeiten fast ganzjährig genügend Nahrung u. Wasser u. daher auch Paarungen u. Geburten. Tr bleiben so lange bestehen, wie Rudel im Wohngebiet bleibt. In M- u. S-Afrika mit nur 1 Regenzeit bestehen Tr meist nur während der 8–10 wöchigen Brunftzeit. – **Tt** Hauptäsungszeiten frühmorgens u. spätnachmittags, über Mittag u. nachts Ruhen. Territoriale ♂♂ kommen tagsüber wenig zum Äsen, holen dies nachts, wenn ♀♀ ruhen, nach. Während stärkster Trockenheit Nahrung so unzureichend, daß Alt-♂♂ wegen langer Futtersuche Tr aufgeben müssen. – **Kp** ♀ beleckt u. beknabbert Kalb. Gleichgeschlechtliche Partner jeden Alters beknabbern sich gegenseitig. – **Lt** Alt-♂ röhrt u. grunzt in Brunftzeit. Stimmfühlungslaute zwischen Mutter u. Kalb; leises Mahnen der Mutter als Lockruf, leises Blöken des Kalbes als Antwort, Blöken wird laut bei Verlassensein (Verlassenheitsruf). – **S** Sehen nicht sehr gut, Hören u. Riechen sehr gut. – **Fd** Löwe, Leopard, Gepard, Hyänenhund, Tüpfelhyäne, Krokodil, für Jungkälber auch Schakale, Python u. Großadler. Alarmruf hohes lautes Schnauben. Bei Flucht mehrere Hoch- (Orientierungs-)sprünge bis 3 m Höhe u. 10 m Weite. In Bedrängnis Überspringen 2½ m hoher Zäune. Fluchtgeschwindigkeit bis 60 km/Std. – **N** In meisten Gebieten bevorzugt kurze Gräser (bis 95%), daneben auch Busch- u. Baumlaub, -blüten u. -früchte, im Okavangagebiet Busch- u. Baumäsung jahreszeitlich z. T. überwiegend. Normalerweise täglich morgens u. abends Trinken, doch kann Flüssigkeitsbedarf auch längere Zeit mit Tau gedeckt werden. – **Gs** Gesellig in Trupps von ½–2 Dutzend Tieren oder in Herden von 30–50, seltener 100–200 oder mehr. Kleinere Trupps mehr in der Regenzeit, größere gemischte Herden meist in 2. Trockenzeithälfte. Kleinere Verbände meist aus ♀♀ mit Jungtieren u. 1 Alt-♂, größere auch mit mehreren Alt-♂♂, von denen jedes (mindestens zur Brunftzeit) eigenes Tr errichtet. Jung-♂♂ u. nichtterritoriale ♂♂ meist in eigenen Trupps (Junggesellenklubs) mit Alters- u. Stärkerangordnung. Bewegen sich wie ♀♀-Trupps frei im Wohngebiet, doch meist in ♀♀-Trupp-Nähe. ♀♀-Trupps zur Brunft oft längere Zeit im Tr eines Alt-♂. Bei Ortswechsel folgt (bei *petersi* führt) Alt-♂ Rudel. Impalas oft gesellig mit anderen (im ganzen 16) Huftierarten. – **Fp** Tragzeit 6⅓–7 Monate. Brunftzeit im südlichen Afrika Februar–Juni u. zwar in Natal März–Mai, in Transvaal u. Botswana April–Mai, in Rhodesien Mai–Juni, in N-SW-Afrika u. SW-Angola Januar–März, in Sambia September–November, in O-Afrika ganzjährig mit 2 Hauptzeiten Februar–April u. August–Oktober. In O-Afrika Setzzeit ganzjährig mit 2 Hauptzeiten August–November u. März–Mai, im südlichen Afrika meist Oktober–Dezember mit der Hauptzeit meist im November. 1 Laufjunges. ♀ setzt um Mittag, wenn Raubtiere ruhen, geht zum Setzen abseits in Deckung, leckt Kalb trocken u. verzehrt Nachgeburt, verläßt Setzplatz nach 1½ Std., wenn Kalb läuft u. kehrt zur Herde zurück oder läßt Kalb einige Tage versteckt abliegen (gebietsweise verschieden), wird 1–14 Tage nach Setzen wieder gedeckt. Geburtsgewicht rd. ♂ 5–5,5, ♀ 4–4,5. Geschlechterverhältnis bei Geburt ♂ : ♀ 1 : 1 bis 1 : 1,5, bei Erwachsenen im ∅ 1 : 2. Säugezeit 4–6 Monate. G-Entwicklung: ♂ u. ♀ 1 Monat 7, 4 Mon. 11, 8 Mon. 18, 10 Mon. 27, 15 Mon. 40, ♀ über 18 Mon. 45, ♂ 20 Mon. 50, 30 Mon. 60, 36 Mon. u. älter 65. Hornwachstum ab 2–3 Mon., mit ½ Jahr rd. 15, mit 1 J. rd. 25 u. 1. Querwulste u. 1. Biegung, mit 1½ J. rd. 30 u. Beginn der typischen Form, mit 2 J. rd. 50 u. 9–13 Querwulste, mit 2¼ J. typische Form vollendet, von da ab nur langsames Wachstum. Jung-♂♂, die in O-Afrika älter als ½, in S-Afrika als 1¼ Jahr werden vom Alt-♂ aus ♀♀-Trupp so lange verjagt, bis sie sich nach einigen Monaten endgültig Junggesellenklubs anschließen. – **Gr** Bei ♂ u. ♀ meist mit 1½ Jahr, bei ♀♀

zum Teil früher, doch frühestens mit 1 Jahr. ♂ kommt erst zum Decken, wenn es mit 4½–6½ Jahren stark genug, ein Tr zu behaupten. – **Ld** In der Wildbahn bis 12, in Gefangenschaft bis 15 Jahre.

Gazellen, Gazellinae

Wasserreh- bis guanakogroß. Körper schlank u. grazil. Hörner teils nur beim ♂, teils auch beim ♀ (dann jedoch schwächer), mittellang bis lang, dünn bis dick, glatt oder quergewulstet oder um Längsachse verdreht, gerade oder leier- oder s-förmig oder hakig. Nasenspiegel fehlend oder klein u. nackt. Ohren schmal-spitz oder breit-lanzettlich, kurz bis mittellang. Schwanz kurz bis lang, meist kurz behaart mit Endquaste. Haupthufe schmal-spitzendig, Nebenhufe sehr klein u. flach bis kräftig spitz-mittellang oder kurz-breit. Hautdrüsen teils als Voraugen-, Handwurzel-, Zwischenzehen-, Rücken-, Leisten- oder Vorhautdrüsen, 2 oder 4 Zitzen. Fell kurz u. glatt, nur *Antidorcas* mit Rückendrüsenmähne. In Wüste, Halbwüste, Gras-, Busch- oder Baumsteppe oder lockerem bis dichterem Busch- oder Bergwald von Ebene bis Berghochland. In Afrika, Arabien, Vorder-, Mittel- u. Ostasien. 6 Gattungen mit zusammen 16 Arten, davon 4 Gattungen mit zusammen 12 Arten in Afrika.

17/1 **Sömmeringgazelle,** *Gazella soemmeringi* (Cretzschmar, 1826). E: Aoul, Soemmering's Gazelle; F: La Gazelle de Soemmering
Kn ♂-H leierartig, flach rück- u. auswärts, Spitzen meist aus- u. einwärts geschwungen, untere ⅔ mit 15–22 hohen Querwulsten. Starke Formabänderung (Bogenschwung nach außen schwach bis stark, Spitzen aus-oder ein- oder rückwärts gebogen). ♀-H dünner, kürzer, enger, weniger ausgeschwungen u. mit flacheren Querwulsten. Schmaler, nackter Nasenspiegel zwischen Nasenlöchern. Voraugendrüsenöffnung klein auf nacktem Feld. Ohren mittellang, lanzettlich. Fell kurz u. glatt, Schwanz mit kleiner, schwarzer Oberseiten-Endquaste. Haupthufe schmal u. spitz, Nebenhufe kurz u. breit. Voraugen-, Zwischenzehen-, Leisten- u. Handgelenkdrüsen vorhanden (letztere je durch weißes bis rehbraunes Haarbüschel gekennzeichnet), 2 Zitzen. Oberseite (Scheitel, Wangenunterteil, Hals, Schultern, Rücken, Flanken, Keulen, Beinaußenseiten) blaß- bis dunkel-isabell oder hell-zimtfarben bis maisgelb, in Südäthiopien schmaler schwarzer Streifen am Keulenhinterrand u. angedeutetes dunkles Flankenband. Unterseite (Lippen, Kinn, Halsunterseite, Vorderbrust, Brust, Bauch, Beininnenseite), Keulenrückseite, Schwanz außer Spitze weiß. Hinter Kinn sandfarbene Querbinde. Spiegeloberrand gerade, -seitenrand zipfelförmig in Kruppenbraun vorspringend. Ohren außen weißlich, Spitze u. Rand dunkel. Nasenrücken u. Stirn schwarzbraun (in Zentraläthiopien nur vorderer Nasenrücken). Innerhalb dunkler Gesichtsmaske weißer bis weißgelber Überaugenstreif von Hornansatz bis Muffel, trennt Maskenaußenrand aus dunklem Augenstreif ab. Obere Wangen weißgrau, Muffel grau. – **M&G** KR 125–150, SL 18–28, KH 85–92, G 35–45, H ♂ bis 58, H ♀ bis 40. ♂ etwas größer u. schwerer als ♀. – **V** Von O-Nubien zw. Nil (bei Berber) u. Rotem Meer (bei Suakim) u. Sennar sw durch Äthiopien (bis SW-Grenze), Eritrea u. Somalia (bis S-Grenze). In S-Somalia ausgerottet. Beschrieben sind 6 UA, doch nur 3 sicher unterscheidbar: 1. Sudan-S. (*soemmeringi*), Gesichtsmaske eher braun als schwarzbraun u. Hörner kürzer als bei 2. 2. Somalia-S. (*berberana*). 3. Südäthiopien-S. (*butteri*), mit schmalem dunklen Streifen an Keulenrückseite u. angedeutetem Flankenband. – **Lr** Offenes Buschsteppengelände mit Akazien u. leichtem Gebüsch u. baumarme Grassteppe in Ebenen bis 1800 m, nicht im eigentlichen Berg- u. Hügel-

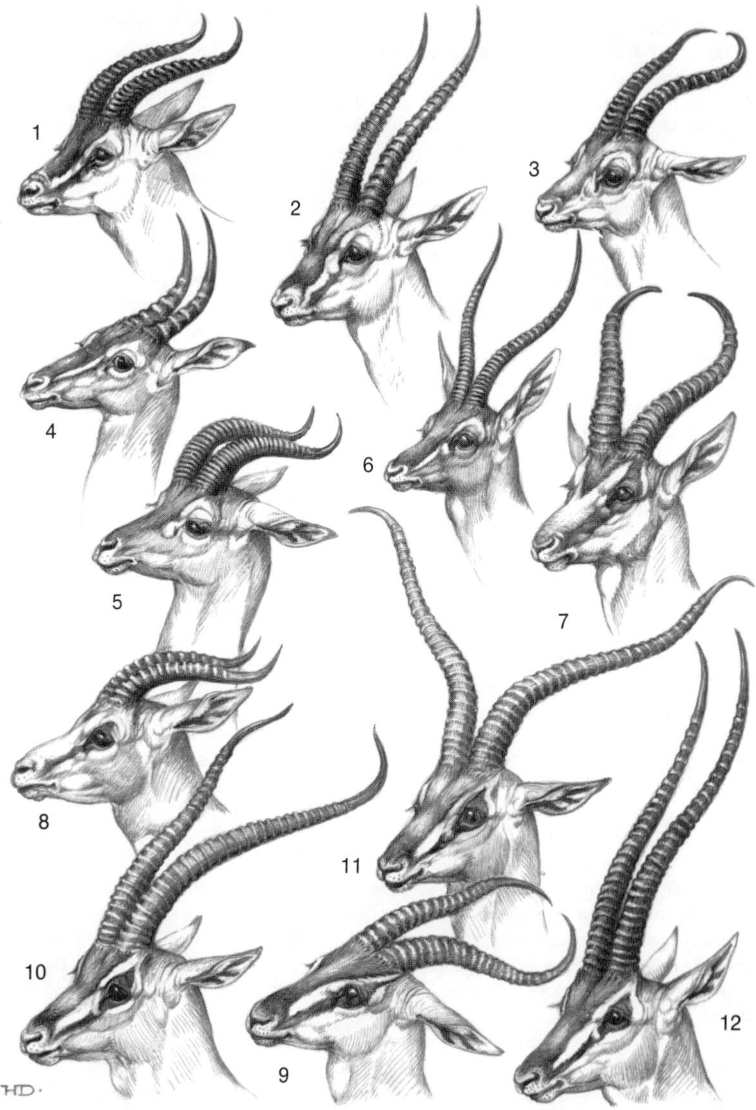

Gazellengehörne 1 Dorkasgazelle, *Gazella dorcas* 2 Thomsongazelle, *Gazella thomsoni* 3 Heuglingazelle, *Gazella rufifrons tilonura* 4 Lamagazelle, *Ammodorcas clarkei* 5 Giraffengazelle, *Litocranius walleri* 6 Dünengazelle, *Gazella leptoceros* 7 Springbock, *Antidorcas marsupialis* 8 Damagazelle, *Gazella dama* 9 Sömmeringgazelle, *Gazella soemmeringi* 10 Eigentliche Grantgazelle, *Gazella granti granti* 11 Weithorngrantgazelle oder Roberts Gazelle, *Gazella granti robertsi* 12 Enghorngrantgazelle oder Raineys Gazelle, *Gazella granti raineyi*

land. Im Sudan jahreszeitliches Wandern,im März–April von S-Nubien (zw Flüssen Rahat u. Atbara) nordwärts, September–Oktober zurück. – **Tr** Alt-♂ ist zur Brunftzeit territorial u. errichtet Revier, aus dem mit heftigen Drohungen u. Angriffen Nebenbuhler u. Jung-♂♂ vertrieben u. in dem ♀♀ geherdet, getrieben u. gedeckt werden. Markieren durch häufiges Koten an festen Plätzen, Imponieren (Prunkstellung, Hörnerpräsentieren, Kopfhochrecken u. a.) u. Boden- oder Strauchforkeln (Forkeln auch als webende Leerbewegung dicht über Boden oder Strauch). Markieren nicht mit Voraugendrüsen. Ob Reviere nach Brunft weiter gehalten werden, nicht bekannt. Trupps und Rudel meist ganzjährig in Wohngebieten, doch Einzelheiten nicht bekannt. – **Tt** Hauptäsungszeiten frühmorgens und spätnachmittags. – **Kp** Belecken, Benibbeln (mit Lippen) u. Beknabbern des Körpers, Kratzen mit Hinterfuß an Kopf, Hals u. Brust, letztere durch Vorderbeine hindurch. Wischen mit Wange u. Horn über Schulter u. Widerrist. Beim Liegen Hals- u. Kopfreiben am Boden. Insektenabwehr mit Huf-, Schwanzschlagen, Kopfschütteln, Ohrwackeln u. Fellzucken. Gegenseitiges Belecken, Benibbeln u. Beknabbern zur Kontaktpflege. – **Lt** Nasales Schnarchen als Droh- u. Treiblaut des ♂. Lautes Blöken als Angstgeschrei. Stimmfühlungs- u. Alarmlaut noch nicht beschrieben. – **S** Seh- u. Hörvermögen sehr gut, Riechvermögen wohl auch. – **Fd** Gepard, Hyänenhund, Löwe, Leopard, für Kitze auch Hyänen, Schakale, Serval, Karakal, Honigdachs, Adler, Python. Bei Erregung u. Warnung Schnarchen, Stampfen, Flankenfellzucken u. Prellsprünge mit erhobenem Kopf. ♀ mit Jungkitz verjagt kleinere Feinde bis Schakalgröße, manchmal auch zwei solcher ♀♀ gemeinsam. Wenn möglich, bei Gefahr auch Fortführen des abliegenden Kitzes in anderes Versteck. – **N** Vorwiegend Gras u. Kräuter. Ob täglich getrunken wird, ist nicht bekannt. Im oft recht trockenen Lebensraum kann offenes Wasser längere Zeit entbehrt werden. Mineralhaltiger Boden oder Salz werden gerne aufgenommen. – **Gs** In kleinen Familientrupps von 3–10 Tieren, aber auch in Rudeln von 10–50 oder Herden von 50–150 u. mehr, zuweilen reine ♂♂- oder ♀♀-(mit Jungtieren)Trupps oder -Herden. Grundeinheit scheint Trupp aus ♀♀ mit Jungen zu sein, der von einem in Nähe sich aufhaltenden Alt-♂ bewacht u. zur Brunftzeit geherdet wird. Sömmeringazellen öfter in Gesellschaft mit Spießböcken, Leierantilopen, Zebras u. a. – **Fp** Brunftzeit September–November. Alt-♂ grenzt Revier ab usw. (s. Tr). Begattung sekundenschnell im Gehen, ♂ dabei fast senkrecht auf Hinterbeinen, Vorderbeine angewinkelt, berührt ♀ kaum. Tragzeit 198–199 Tage. Geburts-G 3,5–4,5. Setzzeit April–Mai. 1 Laufjunges. ♀ setzt abseits, leckt Kitz trocken, frißt Nachgeburt. Kitz liegt Zeitlang ab, ♀ sucht es täglich 3–4 mal auf, lockt es durch leisen Ruf u. mehrmaliges Kopfsenken aus seinem Versteck, säugt es u. beleckt es, nimmt seinen Harn u. Kot auf. Fremde Kitze werden nicht angenommen. Erste Festnahrung mit 1 Monat. Säugezeit rd. ½ Jahr. – **Gr** Mit 1½ Jahr. – **Ld** Bis 14 Jahre nachgewiesen.

17/2 **Grantgazelle,** *Gazella granti* Brooke, 1872. E: Grant's Gazelle; F: La Gazelle de Grant; K: Swala granti

Kn ♂-H lang leierförmig, schwach s-förmig rückwärts-aufwärts, Spitze meist etwas vorwärts geschwungen, Wurzelquerschnitt oval, 20–30 Querwulste, Spitze glatt (bei Weithorng., *robertsi,* in NW-Tansania H nach erstem Drittel fast waagerecht seitwärts abbiegend. Spitze abwärts, Längsachse etwas gedreht). ♀-H ähnlich, aber kürzer, schwächer, Querwulste niedriger, weniger Querwulste (15–20) u. Wurzelquerschnitt rundlich. Schmaler nackter Nasenspiegel zwischen Nasenlöchern. Voraugendrüsenöffnung klein auf nacktem Feld. Ohr mittellang, lanzettlich. Fell kurz u. glatt. Schwanz mit kleiner schwarzer Oberseiten-Endquaste. Haupthufe schmal u. spitz, Nebenhufe kurz-breit. Voraugen-, Zwischenzehen- u. Handgelenkdrüsen vorhanden (letztere je durch weißes bis bräunliches Haarbüschel gekennzeichnet), Leistendrüsen fehlen anscheinend, 2 Zitzen. Oberseite (Wangen, Scheitel, Hals, Rücken, Schultern, Keulenvorder-, Beinaußenseiten) isabell bis rötlich braun (bei Lorigi-G., *notata,* wl M-Kenia, nach Kruppe zu braun verdunkelt). Unterseite (Kehle, Brust, Bauch, Beininnen-, Keulenrückseite mit Spiegel u. Schwanz (außer Quaste) weiß. Keulenstreifen blaßbraun bis schwarz, kurz (dann nur im Oberteil) oder lang, manchmal fehlend. Flankenstreifen bei Jungen u. ♀♀ blaß- bis dunkelbraun, verschwindet bei ♀♀ zwischen 2. u. 5. Jahr, bei ♂♂ zwischen 1. u. 2. Jahr (außer bei *notata,* dort kräftig). Spiegeloberrand gerade, seitwärts zipfelförmig ins Kruppenbraun vorspringend. Bei Serengeti-G. (*serengetae,* Serengeti-Mara-Ebene) schmales, bei Peters G. (*petersi,* SO-Kenia) breiteres Band von Kruppenbraun zu Schwanzwurzel. Außenseitenoberteil des Ohres dunkelbraun, Stirn u. Nasenrücken rotbraun, Nase mit braunem bis schwarzem Dreiecksfleck (Spitze nach oben). Weißer Überaugenstreif von Horngrund bis Muffel, brauner bis schwarzer Augenstreif von Ohrgrund über Auge bis Muffel. – **M&G** KR ♂ 130–150, ♀ 95–110; SL ♂ 25–35, ♀ 25–30; KH ♂ 85–95, ♀ 80–85; G ♂ 55–80, ♀ 35–50; H ♂ 50–80, ♀ 30–43. ♂ etwas größer u. schwerer als ♀. – **V** Von M-Tansania ab Ugogo nw bis S-Äthiopien u. SW-Somalia bis Jubafluß, ww bis Victoriasee, Ladoenklave u. Karamoja-Landschaft wl Rudolfsee, ow bis Küste. Beschrieben sind 9 UA, doch sicher erkennbar nur *notata, petersi, robertsi* u. *serengetae* (s. oben). – **Lr** Offene Grassteppe (im N des Vorkommens auch Halbwüste) bis lockere oder dichtere Buschsteppe in Flach- u. Hügelland, gerne auf größeren busch- u. gehölzumstandenen Grasflächen (sog. Mbugas), nie im Hochgras. – **Tr** Bei genügend Äsung ortstreu in größerem Wohngebiet. Im Buschland errichten Alt-♂♂ für mehrere (bis 8) Monate Tr von ½–1 km ∅, herden dort 10–25 (5–45) ♀♀, umwerben u. decken brunftige ♀♀, verjagen Nebenbuhler. Auf offener Steppe Wohngebiet rd. 5 km ∅, darin jeweils kleinere bis größere Trupps (Harems, Junggesellenklubs,

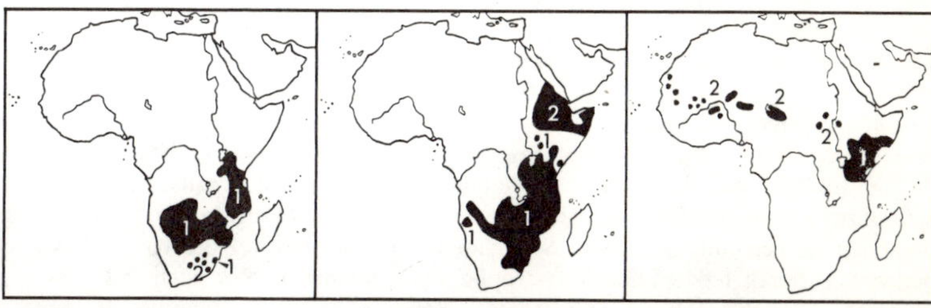

1 Weißbartgnu
2 Weißschwanzgnu

1 Schwarzfersenantilope
2 Sömmeringgazelle

1 Grantgazelle
2 Damagazelle

♀♀-Trupps) oder größere Herden von 40–400 Tieren locker aus Trupps, die langsam umherziehen. Alt-♂♂ errichten auch dort Tr von ½–1 km ∅, herden, umwerben u. decken durchziehende ♀♀, jagen andere ♂♂ nur aus ♀♀-Nähe. Im Übergangsgebiet zwischen Steppe u. Buschland Wohngebiete u. Herden kleiner (30–120 Tiere). In Trockenzeit, vor allem im N des Vorkommens, weiterreichendes Umherwandern der Verbände. Territoriales ♂ markiert wie Sömmeringgazelle (S. 94). – **Tt** u. **Kp** Wie Sömmeringgazelle (S. 94). – **Lt** Nasales »bl-bl-bl« als Droh- u. Treiblaut des ♂. Leises »wuuf« als Lockruf des ♀ für Kitz. Blöken des Kitzes als Verlassenheitsruf. Lautes Blöken als Angstgeschrei. Lautes nasales Grunzen »kwuuf« als Alarmruf. – **S** u. **Fd** Wie Sömmeringgazelle (S. 94). Als Feind für Kitze auch Pavian. –

N Vorwiegend Laub oder Gras je nach Lebensraum, normalerweise kein Trinken, Flüssigkeitsbedarf wird durch Nahrung gedeckt, daher unabhängig von Oberflächenwasser. – **Gs** Grundeinheit Trupp aus 1–3 Dutzend ♀♀ nebst Jungtieren mit 1 Alt-♂, daneben Junggesellenklubs u. ♀♀-Trupps mit Kitzen. Je nach Lebensraum u. Jahreszeit Klein- oder Großverbände (s. Tr). – **Fp** Brunft- u. Setzzeiten jahreszeitlich nicht festgelegt. Begattung sekundenschnell im Gehen, ♂ dabei hoch aufgerichtet, Vorderbeine hängenlassend, Tragzeit, Jungezahl, Setzen, Kitzpflege u. -entwicklung u. **Gr** wie Sömmeringgazelle (S. 94). Geburts-G ♂ 5,4–7,3, ♀ 5–5,5. – **Ld** Wohl mindestens bis 12 Jahre, nachgewiesen in Gefangenschaft bisher 8¾ Jahre.

17/3 **Damagazelle,** *Gazella dama* (Pallas, 1766). E: Dama Gazelle, Nanger, Red-necked Gazelle, Addra Mhorr; F: La Gazelle Dama, Le Nanguer de Buffon, La Biche Robert **Kn** ♂-H leierartig flach u. weit rückwärts geschwungen, Spitzen aufwärts, manchmal wieder vorwärts gebogen, Wurzelquerschnitt rundoval, 18–23 Querwulste, Endteil glatt. ♀-H ähnlich, aber kürzer, dünner u. Querwulste flacher. Schmaler, nackter Nasenspiegel zwischen Nasenlöchern. Voraugendrüsenöffnung klein auf nacktem Feld. Ohr mittellang, lanzettlich. Haupthufe schmal u. spitz, Nebenhufe kurz-breit. Voraugen-, Zwischenzehen-, Handgelenk- u. Leistendrüsen vorhanden, 2 Zitzen. Handgelenkdrüsen durch kleines Haarbüschel gekennzeichnet. Fell kurz u. glatt, Schwanzoberseite mit schwacher Endquaste. Fellfarbe altersmäßig, jahreszeitlich u. geographisch abändernd. 3 Hauptstufen: 1. Dunkelform (*mhorr*): Körperoberseite u. Schwanzquaste braungelb, Körperunterseite nebst Überaugenstreif u. Wange weiß bis weißgelb oder -rötlich, Spiegeloberrand seitlich zipfelförmig in Kruppenbraun vorspringend, Stirn u. Streif von Auge bis Muffel schwarzbraun bis schwarz. 2. Hellform (*ruficollis*): nur noch Hals (außer rundem Vorderseitenfleck) hell rotbraun, Stirn, Rücken, Fesseln u. Vorderbeinvorderseiten vom Handgelenk abwärts hell gelbbraun, übriger Körper weiß. 3. Zwischenform: in Gesamtfärbung zwischen 1 u. 2. Weiß des hinteren Kruppenteils (Spiegel) greift bis auf Kruppenvorderseite über, dadurch Rükken- u. Keulenbraun nur noch durch schmales Band verbunden. – **M&G** KR 140–165, SL 25–35, KH 90–120, G 40–75, H 20–43. – **V** Ganzer Sudan (geographisch) von S-Marokko u. Rio de Oro bis N-Ufer des Senegal, von Senegal (12° öl L.) ow durch S-Sahara (zur Regenzeit nw bis S-Hoggar, 22° n. Br.) u. Sudan (politisch) bis W-Ufer des Blauen Nils (Dongola, Kordofan, Sennar). In Admer-Ebene sl Tassili Azdjer fehlend, auf Air-, Mouydir-Plateau u. Ahnet jedoch vorhanden gewesen. S-Grenze teilweise bis 12° n. Br. In Marokko, Rio de Oro, Dongola, Darfur u. Sennar praktisch ausgerottet, in u. von Senegambien im Sahelgürtel ow vom Menschen bedroht u. durch letzte Dürrekatastrophe stark gefährdet. Nur noch in O-Tschad häufiger. – Beschrieben wurden 9 UA. Hinsichtlich der oben genannten Färbungsabänderungen beruhen die Beschreibungen auf völlig unzulänglichen Unterlagen. Sicher ist nur ein Übergang von der nwl Dunkelform (Marokko-D., *mhorr*) zur söl Hellform (Nubien- oder Rothals-D., polit. Sudan, *ruficollis*). – **Lr** Offene Buschsteppen, Grassteppen, Halbwüsten u. Wüsten. Jahreszeitenwanderungen zur Regenzeit vom Sudan (geogr.) weit nw in Sahara, zur Trockenzeit sw zurück. – **Tr** Nichts bekannt. – **Tt** Hauptäsungszeiten frühmorgens u. spätnachmittags. – **Kp** Wohl wie bei Sömmering- u. Grantgazelle, doch Einzelheiten nicht bekannt. – **Lt** Nichts bekannt. – **S** Seh-, Hör- u. Riechvermögen sehr gut. – **N** Akazien- u. Strauchlaub, Gräser u. Kräuter, Aufrichten auf Hinterbeine zum Lauberreichen. Wasser wird getrunken, doch längeres Auskommen ohne offenes Oberflächenwasser möglich. – **Gs** In kleinen Trupps von ½–2 Dutzend Tieren, meist mehrere ♀♀ u. Junge mit 1 Alt-♂, nichtterritoriale ♂♂ in eigenen Trupps. Bei Wanderungen Rudel u. Herden (bis 500). Öfter in Gesellschaft von Dorkasgazellen. – **Fp** Brunftzeit in Sahara März–Juni, im Tschad April–Mai, im Sudan (polit.) Oktober–November. Tragzeit 198–199 Tage. 1 Laufjunges. Werbung, Begattung, Setzen, Geburts-G, Kitzpflege u. -entwicklung sowie **Gr** u. **Ld** in Einzelheiten nicht bekannt, doch sicher Sömmering- u. Grantgazelle ähnlich.

Thomsongazelle, *Gazella thomsoni* Günther, 1884. E: Thomson's Gazelle; F: La Gazelle de Thomson; K: Swala tomi, Lala 18/1
Kn ♂-H leierartig u. schwach s-förmig nach hinten-oben geschwungen, Spitze aufwärts-einwärts gebogen, Wurzelquerschnitt schlank-oval, 15–18 Querwulste, Spitze glatt. ♀-H viel schwächer, nur bleistiftstark, steiler, weiter auseinander u. fast parallel gestellt, nur Endteil etwas seitwärts ausgeschwungen, meist ungerippt u. glatt, oft ungleich oder schief oder gekreuzt oder ein- oder beidseitig abgebrochen oder ganz fehlend. Schmaler, nackter Nasenspiegel zwischen Nasenlöchern. Voraugendrüsenöffnung senkrechter Schlitz. Ohr mittellang, lanzettlich. Fell kurz u. glatt, untere ²/₃ des Schwanzes mit nach der Spitze an Länge zunehmenden schwarzen Quastenhaaren. Haupthufe schmal-spitz, Nebenhufe kurz-breit. Voraugen-, Zwischenzehen- u. Handgelenkdrüsen (letztere durch Haarbüschel gekennzeichnet) vorhanden, Leistendrüsen fehlen, 2 Zitzen. Oberseite (Wangen, Hals, Rücken, Flanken, Schultern, Keulen, Beinaußenseiten) hellbraun, Flanken heller, unterer breiter Flankenrand u. schmaler Keulenstreif braun bis schwarz, Unterseite (Kehle, Brust, Bauch, Beininnenseiten) weiß. Stirn u. Nasenrücken braun, unterer Nasenrücken mit schwarzbraunem Fleck, Stirn z. T. mit Weiß untermischt, bei Mongalla-T. (UA *albonotata,* S-Sudan) mit weißem Fleck. Weißer Überaugenstreif von Haarwurzel bis Muffel, braunschwarzer Streif vom vorderen Augenwinkel bis Mundwinkel. – **M&G** KR ♂ 90–110, ♀ 80–105; SL ♂ 20–27, ♀ 19–26; KH ♂ 60–65, ♀ 55–62; G ♂ 20–30, ♀ 15–22; H ♂ 25–43, ♀ 7–15; ♂ etwas größer u. schwerer als ♀. – **V** Von S-Sudan (Mongalla-Provinz), N-Grenze bei rd. 7° n. Br., u. N-Kenia (Rudolfseegebiet) sw bis N-Tansania, S-Grenze bei rd. 5° s. Br., O-Grenze ungefähr 38° öl L. Von 15 beschriebenen UA nur 3 berechtigt, von denen nur die Mongalla-T. (*albonotata*) äußerlich leicht am weißen Stirnfleck u. einwärts gebogenen Hornspitzen erkennbar. – **Lr** Offene Kurzgrasebenen u. nur locker bewachsene Buschsteppengebiete in Flach- u. Hügelland bis 2000 m. – **Tr** Alt-♂ ist zur Nichtwanderzeit territorial u. errichtet Revier von rd. 100–300 m Ø, aus dem mit heftigen Drohungen und Angriffen Nebenbuhler u. Jung-♂♂ vertrieben u. in dem ♀♀ geherdet, umworben u. gedeckt werden. Markieren durch Harnen u. Koten an festen Plätzen, Forkeln von Boden u. niedrigem Bewuchs (meist ritualisiert als Weben, s. Sömmeringgazelle S. 94), Absetzen von Voraugendrüsensekret an Pflanzenstengelenden u. ♀♀-Hörnern u. Imponieren (Prunkstellung, Hörnerpräsentieren, Kopfhochrecken u. a.). – **Tt** Hauptäsungszeiten frühmorgens u. spätnachmittags. – **Kp** s. Sömmeringgazelle (S. 94). – **Lt** Schwache nasale Stimmfühlungslaute (Mutter-Kitz), nasaler Drohruf, nasaler ziemlich leiser, ähnlicher Treiblaut des ♂ »kwüff«, lautes Blöken als Angstgeschrei. – **S** Seh-, Hör- u. Riechvermögen gut. – **Fd** Gepard, Löwe, Leopard, Hyänenhund, Tüpfelhyäne, Serval, für Kitze auch Schakale, Honigdachs, Pavian, Adler, Python. Bei Erregung u. Warnung Stampfen, Flankenfellzucken, Schwanzschlagen u. Prellsprünge mit erhobenem Kopf. – **N** Kurzgras (80–90%), daneben Strauchlaub. Bei saftiger Nahrung kein Trinkbedürfnis, bei dürrer Äsung tägliches Trinken erforderlich. – **Gs** Verschiedene, offene, lockere u. zahlenmäßig sich oft ändernde Verbände: Harems (1 Alt-♂ mit 5–65 ♀♀ u. Jungen), Junggesellenrudel (5–500 nichtterritoriale ♂♂), Mütterrudel (trächtige oder frisch führende ♀♀). Bei genügend Äsung (Regenzeiten) stationär, Alt-♂♂ halten Tr (s.

dort), in Trockenzeiten auch in Großherden (mehrere Tausend) umherziehend. Oft in Gesellschaft von Grantgazellen, Gnus u. Zebras. – **Fp** Zeiten nicht festgelegt, Geburten ganzes Jahr über, doch Hauptzeiten durch Regenzeitende gegeben: im Serengeti-Mara-Gebiet (NW-Tansania) Januar–März u. Juni–Juli, in Sanya-Ebene (mittleres N-Tansania) Mai, in Zentral-Kenia November u. April. Begattung s. Grantgazelle (S. 96). Tragzeit 187–188 Tage. 1 Laufjunges. Geburts-G 2,2–3. Setzen, Kitzpflege u. -entwicklung s. Sömmeringgazelle (S. 94). 2 Geburten in 1 Jahr möglich. Geschlechterverhältnis der Kitze 1 : 1, bei Erwachsenen leichte ♀♀-Überzahl. – **Gr** ♀ 1, ♂ 1½ Jahr; ♂ kommt aber erst nach Tr-Errichtung (frühestens mit 2 Jahren) zum Decken. – **Ld** 10½ Jahr nachgewiesen.

18/2 **Spekegazelle,** *Gazella spekei* Blyth, 1863. E: Speke's Gazelle; F: La Gazelle de Speke
Kn ♂-H stark s-förmig rückwärts, Spitzen aufwärts geschwungen, wenig auseinanderweichend, Außenseite flacher als Innenseite, 15–20 kräftige Querwülste, Spitzenviertel glatt. ♀-H dünner, kürzer, weniger s-förmig u. dadurch steiler, nur 10–12 schwache Querwulste. Nasenspiegel, Ohren, Hufe, Hautdrüsen, Zitzen u. Schwanzbehaarung wie Thomsongazelle (S. 97), doch Leistendrüsen vorhanden u. Fell länger (bis 5 cm). Nasenrücken oberhalb Muffel mit 3–5, zu halber Tennisballgröße aufblähbaren Hautquerwülsten. Oberseite (Wangen, Hals, Schultern, Rücken, Keulen, Beinaußenseiten) hellbraun, Flankenunterrand dunkelbraun, Keulenbraunrand etwas oder stärker (♀) verdunkelt, Unterseite (Kinn, Brust, Bauch, Beininnenseiten) u. Keulenrückseiten weiß. Nasenrücken graubraun, hinter Querfalten schwarzer Fleck. Von Horngrund bis Muffel weißer Überaugenstreif, vom vorderen Augenwinkel Richtung Mundwinkel dunkler Streif, der am Auge schwarz, nach vorne zu über Dunkel- u. Hellbraun beim ♂ verblaßt, beim ♀ durchgeht. – **M&G** KR 95–105, SL 15–20, KH 50–60, G 15–25, H ♂ 25–31, ♀ 15–25. – **V** Ogaden (O-Äthiopien) u. Somalia, Hochebenen sl Golf von Aden hinter Gulis-Gebirge, von dort ow bis Plateaurand nahe Indischem Ozean u. sw durch Ogaden bis Mogadischu u. Brava. Keine UA. – **Lr** Steinige Strauch-, Grassteppen u. Halbwüsten bis 2000 m. – **Tr** Alt-♂ wahrscheinlich territorial, Einzelheiten nicht bekannt. – **Tt** Haupttätigkeitszeiten frühmorgens u. spätnachmittags. – **Kp** Ähnlich Sömmeringgazelle (S. 94), Einzelheiten nicht bekannt. – **Lt** Alarmruf durch Herauspressen der im aufgeblasenen Nasensack angesammelten Luft als lautes »poikh«. Andere Laute nicht bekannt. – **S** Seh-, Hör- u. Riechvermögen gut bis sehr gut. – **Fd** Gepard, Leopard, Löwe, Karakal, Hyänen, für Kitze auch Falbkatze, Honigdachs, Schakal, Python u. Adler. Erregung u. Warnung s. Thomsongazelle (S. 97). – **N** Gräser, Kräuter u. Strauchlaub, Wasserbedarf nicht bekannt, vermutlich gering. – **Gs** In Familientrupps von 5–10 oder manchmal 20 Tieren, meist 1 Alt-♂ mit ♀♀ u. Jungen. Weitere Einzelheiten nicht bekannt. – **Fp** Tragzeit rd. 7 Monate, weitere Einzelheiten nicht bekannt. – **Ld** Nicht bekannt.

18/3 **Dorkasgazelle,** *Gazella dorcas* (Linné, 1758). E: Dorcas Gazelle; F: La Gazelle
18/4 dorcas, La Dorcas
Kn ♂-H leierartig s-förmig rückwärts aufwärts geschwungen, Ende etwas hakig aufwärts-einwärts, manchmal (besonders bei Jung-♂) stark einwärts gebogen, Wurzelquerschnitt langoval, 18–28 Querwülste, Spitzenviertel glatt. ♀-H kürzer, dünner, runder, steiler, gerader, mit wenigen, schwachen Querwulsten. Nasenspiegel, Ohren, Hufe, Hautdrüsen, Zitzen u. Schwanzbehaarung wie Thomsongazelle (S. 97), doch Leistendrüsen vorhanden. Oberseite (Wangen, Scheitel, Hals, Rücken, Schultern, Flanken, Keulen, Beinaußenseiten) fahl hellbraun bis kräftig rotbraun, Flanken etwas heller, ihr Unterrand meist bandförmig verdunkelt (braun bis sepia), schmaler, kräftig

brauner bis schwarzbrauner Keulenstreif. Unterseite (Kehle, Brust, Bauch, Beininnen-, Keulenrückseite) weiß. Nasenrücken u. Stirn rotbraun, zuweilen oberhalb Muffel dunkler Nasenfleck. Weißer Überaugenstreif von Horngrund ab oder etwas tiefer bis Muffel. Schwarzbrauner Streifen vom vorderen Augenwinkel bis nahe Mundwinkel. Sommerfell blaß mit nur schwachem, Winterfell dunkler mit kräftigem Flankenband. – **M&G** KR 90–110, SL 15–20, KH 55–65, G 15–20, H ♂ 25–38, ♀ 15–25. – **V** N-Afrika zw Atlantik, Mittelmeer u. Rotem Meer, sw bis Senegambien, Tschad, Darfur, Kordofan u. N-Äthiopien (14°–12° s. Br.), ferner Sinai, Palästina, Syrien, Irak u. Arabien. Innerhalb dieser Verbreitung 8 UA. In großen Gebieten, vor allem in Atlasländern, Arabien u. Vorderasien weitgehend ausgerottet. Neuerdings werden auch die Pelzelngazelle (*G. pelzelni,* N- Somalia, ohne UA) u. die 3 UA der Echtgazelle, *G. gazella,* in Vorderasien, Belutschistangazelle (*fuscifrons,* O-Iran, S-Afghanistan, Belutschistan), Indieng. (*bennetti,* Vorderindien von Sind bis Nepal u. sw bis 16° n. Br.) u. Salzgebirgeg. (*monssalis,* Salt Range, Kaschmir) als UA der Dorkasgazelle betrachtet. – **Lr** Sahelsavanne, Halbwüsten u. Wüsten mit dürftigem Gras-, Kraut- u. Strauchwuchs. Hartbodenwüsten (auch mit Blockflächen, Erosionsschluchten u. Felstürmen) werden Sandwüsten vorgezogen, in letzterem mehr am Rande in Dünentälern mit Pflanzenwuchs. – **Tr** Wie Thomsongazelle (S. 97), Reviergröße jedoch nicht bekannt. – **Tt** Hauptäsungszeit frühmorgens u. spätnachmittags. Bei Verfolgung u. in hellen Nächten auch nachts tätig. – **Kp** s. Sömmeringgazelle (S. 94). – **Lt** Stimmfühlungslaut »rö« (nasal oder oral), Unwillenslaut langes, knurrendes »rööö« (oral), Droh- u. Treiblaut des ♂ kurzes nasales »ro«, Angstgeschrei laut hallendes Blöken, Alarmruf »quääk« durch Herauspressen der im aufgeblasenen Nasensack angesammelten Luft. – **S** Seh-, Hör- u. Riechvermögen gut bis sehr gut. – **Fd** Gepard, Leopard, Löwe (erstere drei im Artgebiet weitgehend ausgerottet), Serval, Karakal, Hyänen, Wolf, für Kitze auch Falbkatze, Honigdachs, Schakale u. Adler.

1 Thomsongazelle
2 Rotstirngazelle
3 Spekegazelle

Dorkasgazelle

Echtgazelle

Erregung u. Warnung s. Thomsongazelle (S. 97). – **N** Gräser, Kräuter, Strauchlaub, in Trockenzeit vorwiegend letzteres. Wasserbedarf gering, kann voll durch Nahrung (Blätter, Sukkulenten u. a. sowie Tau) gedeckt werden. – **Gs** In Wüsten meist paarweise, auf futterreichen Flächen in Familientrupps aus 1 Alt-♂ u. mehreren ♀♀ mit Jungen (5–12 Tiere) oder in Herden von 30–40 Tieren. Während jahreszeitlicher Wanderungen auch Herden bis 100 Tiere. Auch in Gesellschaft von Damagazellen u. weidenden Dromedaren. – **Fp** Brunftzeit April–Mai oder November–Dezember. Setzzeit im Tschadgebiet November–Dezember, in Nordafrika April–Mai, in Ägypten Februar–April u. September–Oktober, Tragzeit rd. 6 Monate (169–181 Tage), zweimaliges Setzen in 1 Jahr möglich. 1 Laufjunges, ♀ wird 1–14 Tage nach Setzen wieder gedeckt. Geburts-G 1,3–1,7; Setzen, Kitzpflege u. -entwicklung s. Sömmeringgazelle (S. 94). – **Gr** ♂ u. ♀ mit 1½–1¾ Jahr. – **Ld** Bis 12½ Jahre nachgewiesen

18/5 **Rotstirngazelle,** *Gazella rufifrons* Gray, 1846. E: Red-fronted Gazelle, Korin, F: La Gazelle à front roux, La Gazelle Corinne
Kn ♂-H schwach bis mäßig oder stark leierartig u. schwach s-förmig rückwärts-aufwärts, Spitzen auf- oder einwärts gebogen, Wurzelquerschnitt rundlich, 9–18 Querwulste, Spitzenviertel glatt. ♀-H kürzer, dünner, steiler, weniger geschwungen, fast glatt, nur bis 13 schwache Querwulste, oft ungleich u. schief. Nasenspiegel, Ohren, Hufe, Hautdrüsen, Zitzen u. Schwanzbehaarung wie Thomsongazelle (S. 97), doch Leistendrüsen vorhanden, Kniebürsten (Haarbüschel an Handgelenkdrüsen) z. T. fehlend. Oberseite (Kopf, Hals, Schultern, Rücken, Flanken, Keulen, Beinaußenseiten) sandfarben bis hell-ocker oder rotbraun (UA *rufina*), Flanken etwas heller, Unterrand mit 3–5 cm breitem, braunem (*kanuri*) bis schwarzbraunem oder schwarzem (*hasleri, rufina, tilonura*) Band (bei alten Tieren schmäler als bei jungen). *Hasleri* u. *tilonura* mit noch schmalem Saum in Flankenfarbe unterhalb des Bandes. Keulenbraun am Hinterrande mit schmalem, schwach dunkelbraunem Streifen (*tilonura* ohne). Unterseite (Kinn, Kehle, Brust, Bauch), z. T. Fesseln, ferner Beininnen- u. Keulenrückseite weiß (letztere bei *tilonura* braun). Meist dunkler Nasenfleck oberhalb Muffel (bei *hasleri* oberer Nasenrücken hellbraun) u. meist weißlicher Überaugenstreif von Horngrund bis Muffel (bei *tilonura* nur weißliches Feld um Auge) sowie dunkelbrauner Streif vom vorderen Augenwinkel bis nahe Mundwinkel. – **M&G** KR ♂ 110–120, ♀ 105–110; SL ♂ 19–25, ♀ 15–20; KH ♂ 68–82, ♀ 65–70; G ♂ 25–35, ♀ 20–25; H ♂ 22–35, ♀ 15–25. – **V** Geograph. Sudan zw. 16° u. 9° n. Br. von Senegambien bis N-Eritrea, N-Äthiopien u. NO-Bahr-el-Ghasal. 7 UA, darunter Algerien-Rotstirn- oder Rotgazelle (*rufina,* sl marokkanisch-algerisches Grenzgebiet, nur 4 ♂♂, keine ♀♀ bekannt, ausgestorben, wird von manchen Autoren als eigene Art angesehen); Nigeria-R. (*hasleri,* N-Nigeria), Kamerun-R. (*kanuri,* N-Kamerun bis Tschadseegebiet) u. Eritrea-Rotstirn- oder Heuglingazelle (*tilonura,* N-Eritrea, Meroe, Sennar, NO-Bahr-el-Ghasal, im S-Teil der Verbreitung weitgehend ausgerottet; wurde bis vor kurzem als eigene Art angesehen). – **Lr** Gras- u. offenere Dornbuschsteppe bis -savanne, bewachsene Sanddünentäler. Bebaute Felder werden gern aufgesucht. – **Tr** Wie Thomsongazelle (S. 97), Reviergröße jedoch nicht bekannt. – **Tt** Hauptäsungszeiten frühmorgens u. spätnachmittags. Bei Verfolgung u. in hellen Nächten auch nachts tätig. – **Kp** s. Sömmeringgazelle (S. 94). – **Lt** Einzelheiten nicht bekannt, doch ähnlich vorhergehenden Arten. – **S** Seh-, Hör- u. Riechvermögen gut bis sehr gut. – **Fd** s. Dorkasgazelle (S. 94). Erregung u. Warnung s. Thomsongazelle (S. 99). – **N** Gräser, Kräuter oder Strauchlaub, landschafts- oder jahreszeitenweise überwiegt das eine oder andere. Zum Laubäsen auch Aufrichten auf Hinterbeine. Wasserbedarf ähnlich Dorkasgazelle (S. 99). – **Gs** Paarweise oder in Familientrupps (1 Alt-♂ mit ½–1 Dutzend ♀♀ u. Jungen). Jahreszeitliche Wanderungen nach N (Regenzeit) oder S (Trockenzeit). – **Fp** Brunftzeit Oktober–November oder März–April, Setzzeit März–April oder Oktober–November, Tragzeit 184–189 Tage, zweimaliges Setzen im Jahr möglich. 1 Laufjunges, Geburts-G 2,5–3,2; Setzen, Kitzpflege u. -entwicklung s. Sömmeringgazelle (S. 94). – **Gr** Nicht bekannt, wahrscheinlich mit 1½ Jahr. – **Ld** Rd. 12 Jahre nachgewiesen.

18/6 **Echtgazelle,** *Gazella gazella* (Pallas, 1766). E: Edmi Gazelle, Cuvier's Gazelle, Mountain Gazelle, Palestine Gazelle; F: L'Edmi, La Gazelle de Cuvier, La Gazelle de l'Arabie

Kn ♂-H schwach s- u. seitlich bogenförmig rückwärts-aufwärts geschwungen, Spitzen aufwärts-einwärts gerichtet, Wurzelquerschnitt etwas abgeflacht-oval, 12–17 Querwulste, Spitzenviertel glatt. ♀-H kürzer, dünner, runder, steiler, gerader, mit wenigen schwachen Querwulsten. Nasenspiegel, Ohren, Hufe, Hautdrüsen, Zitzen u. Schwanzbehaarung wie Thomsongazelle (S. 97), doch Leistendrüsen vorhanden. Oberseite (Wangen, Scheitel, Hals, Rücken, Schultern, Flanken, Keulen, Beinaußenseiten) stumpf rehbraun bis dunkel schiefergraubraun, Flanken etwas heller, ihr Unterrand bandartig schwach bis stark verdunkelt, ebenso ein Keulenstreif angedeutet bis kräftig ausgebildet. Unterseite (Brust, Bauch, Beininnen-, Keulenaußenseiten) weiß. Nasenrücken u. Stirn dunkel rehbraun, zuweilen schwacher bis kräftiger Nasenfleck oberhalb Muffel. Weißer Streifen vom oberen vorderen, dunkelbrauner vom unteren vorderen Augenwinkel bis Muffel. – **M&G** KR 95–105, SL 15–20, KH 60–80; G ♂ 20–35, ♀ 15–20; H ♂ 25–37, ♀ 25–30. – **V** NW-Afrika von Marokko u. Rio de Oro bis Tunis u. Cyrenaika, ferner in Sinai, Palästina, Syrien, S-Irak u. Arabien sowie Farsan- u. Hanisch-Inseln im Roten Meer. 3 UA, davon Afrikanische E. (*cuvieri*) in NW-Afrika. In weiten Gebieten ausgerottet. – **Lr** Sandig-steinige Ebenen, Berge u. Hügel mit spärlichen Gras-, Kraut- u. Strauchwuchs oder locker bestandene Buschsteppe oder Akaziensavanne. Bebaute Felder werden gern aufgesucht. *Cuvieri* auf mit Macchia bestandenen oder steppenartigen Hängen u. Hochflächen der Berge u. Hügel, nie in flacher Wüste, höchstens nachts zum Äsen in Tälern des Berglandes. – **Tr** Wie Thomsongazelle (S. 97), Reviergröße jedoch nicht bekannt. – **Tt** Hauptäsungszeiten frühmorgens u. spätnachmittags. Bei Verfolgung u. in hellen Nächten auch nachts tätig. – **Kp** s. Sömmeringgazelle (S. 94). – **Lt** Einzelheiten nicht bekannt, doch ähnlich vorhergehenden Arten. – **S** Seh-, Hör-u. Riechvermögen gut bis sehr gut. – **Fd** Früher Gepard, Leopard, Löwe, Serval, Karakal u. Wolf, heute diese Raubtiere im Artvorkommen ganz oder fast ganz ausgerottet, für Kitze heute noch Honigdachs, Falbkatze, Schakal u. Adler gefährlich. Erregung u. Warnung s. Thomsongazelle (S. 97). – **N** Gräser u. Kräuter oder Strauchlaub je nach Landschaft oder Jahreszeit. Wasserbedarf wird je nach Landschaft u. Jahreszeit durch Trinken oder saftige Nahrung u. Tau gedeckt. – **Gs** Paarweise oder in Familientrupps (1 Alt-♂ mit einigen ♀♀ u. Jungen), in Vorderasien u. Arabien jahreszeitlich wandernd auch in größeren Herden. Z. T. in Gesellschaft mit Dorkasgazellen. – **Fp** In N-Afrika u. Palästina Setzzeit April–Mai, in Arabien jährlich 2mal im Januar u. Juli–August. Tragzeit rd. 6 Monate, nicht genau bekannt. 1 Laufjunges, manchmal Zwillinge, in Gefangenschaft einmal Drillinge. Geburts-G etwa 2–3, nicht genau bekannt. Setzen, Kitzpflege u. -entwicklung s. Sömmeringgazelle (S. 94). – **Gr** ♂ in Gefangenschaft ½ Jahr, in Wildbahn wohl mindestens 1, ♂ rd. 1½ Jahr. – **Ld** 12 Jahre nachgewiesen.

Dünengazelle, *Gazella leptoceros* (F. Cuvier, 1842). E: Rhim, Slender-horned Gazelle, Loder's Gazelle; F: La Rhim, La Gazelle leptocère, La Gazelle à cornes grêles 18/7
Kn ♂-H wie verkleinerte Grantgazellenhörner, leierartig u. schwach s-förmig rückwärts-aufwärts geschwungen, ziemlich steil gestellt, Spitzen aufwärts gerichtet, Auslage wechselnd, Wurzelquerschnitt lang-oval, 20–25 kräftige Querwulste, Spitzenviertel glatt. ♀-Hörner kürzer, dünner, runder, schwächer s-förmig, steiler u. paralleler gestellt, 20–26 schwächere Querwulste, H oft seitenungleich oder sonstwie unregelmäßig. Nasenspiegel, Hautdrüsen, Zitzen u. Schwanzbehaarung wie Thomsongazelle (S. 97), doch Leistendrüsen vorhanden u. sog. Kniebürsten nur schwach. Ohren sehr lang u. schmal, Haupthufe ebenfalls lang u. schmal, Nebenhufe kurz-breit. Oberseite (Wangen, Hals, Schultern, Rücken, Flanken, Keulen, Beinaußenseiten) hell isabell bis

weißgelb. Unterseite (Kinn, Kehle, Brust, Bauch, Beininnen-, Keulenrückseiten) weiß. ♂-Nasenrücken unten hell graugelb, oben nebst Stirn hellbraun, Überaugenstreif von Hornansatz bis Muffel weißgelb, hellbrauner Streif von vorderem Augenwinkel bis Muffel. ♀-Kopf außer weißem Überaugenstreif hell isabell. – **M&G** KR 100–110, SL 15–20, KH 65–72, G 20–30, H ♂ 30–41, ♀ 20–28. – **V** N-Afrika von M-Algerien u. M-Tunis sl Saharaatlas ow bis Kattera-Senke u. Gebiet wl Fayum (NW-Ägypten) sow u. sw bis Edeien (S-Libyen), Tibesti u. Ennedi (N-Tschad). Nicht in Fezzan u. Libyscher Wüste. Keine UA. Die Maricagazelle (*G. marica*) in Arabien, S-Irak u. S-Chusistan u. die Kropfgazelle (*G. subgutturosa*) in Vorder- bis O-Asien, die einige Autoren miteinander oder/und mit der Dünengazelle vereinigen, bleiben hier unberücksichtigt. – **Lr** Weichbodige Sandwüste mit spärlichem Pflanzenwuchs. – **Tr** Nichts bekannt. – **Tt** Hauptäsungszeiten frühmorgens u. spätnachmittags bis abends. – **Kp** u. **Lt** Nichts bekannt. – **S** Seh-, Hör- u. Riechvermögen sehr gut. – **Fd** Nichts bekannt. – **N** Gräser, Kräuter u. Strauchlaub. Deckung des Flüssigkeitsbedarf meist aus Nahrung u. Tau. – **Gs** Paarweise oder in Familientrupps (1 Alt-♂ mit einigen ♀♀ u. Jungen), genauere Einzelheiten nicht bekannt. – **Fp** Brunftzeit in Libyen Mai–Juni, Setzzeit November-Dezember, in Ägypten (Gizeh-Zoo) Februar-April (Juni) u. Oktober, weitere Einzelheiten nicht bekannt. Tragzeit 156–169 Tage, 1 Laufjunges. Geburts-G 1,8–2. Setzen, Kitzpflege u. -entwicklung wohl ähnlich Sömmeringgazelle (S. 94). – **Gr** ♂ in Gefangenschaft ½ Jahr, in Wildbahn wohl mindestens 1, ♂ rd. 1½ Jahr. – **Ld** 14 Jahre nachgewiesen.

17/5 **Springbock,** *Antidorcas marsupialis* (Zimmermann, 1780). E: Springbuck; F: L'Antidorcas, Le Springbok; A: Springbok

Kn ♂-H leierartig u. leicht s-förmig rückwärts-aufwärts geschwungen, Spitzen aufeinander zu oder aneinander vorbei oder etwas nach oben oder unten gerichtet, Wurzeln eng beieinander, dick, im Querschnitt rund, 17–25 kräftige Querwulste, Spitzenviertel glatt. ♀-H der UA *angolensis* ähnlich, sonst kürzer, dünner, schwächer, steiler, weiter auseinander, 10–18 schwache Querwulste. Nackter Nasenspiegel nur als schmaler kurzer Streifen zwischen Nasenlöchern. Ohren schmal u. spitz, Nebenhufe kurz-breit. Voraugen- u. Zwischenzehendrüsen vorhanden, Leisten- u. Handgelenkdrüsen fehlen, 2–4 Zitzen. Haut entlang der Wirbelsäule von Rückenmitte bis kurz vor Schwanzwurzel verdoppelt eingefaltet (nur als dunkler Strich sichtbar), stark mit gelbe u. klebrige Masse absondernden Talgdrüsen (sog. Rückendrüse) u. 12–15 cm langen, weißen Haaren besetzt, ausstülpbar, wobei Haare aufgerichtet u. fächerartig ausgebreitet werden. Schwanz mittellang, dünn, unterseits bis Spitze nackt, oberseits kurzhaarig bis auf Ende mit quastenartig langer Haarzeile. Fell kurz u. glatt. Oberseite (Scheitel, Hals, Schultern, Rücken, Flanken, Keulen, Beinaußenseiten) hell bis dunkel isabellbraun, Flankenunterrand mit breitem, Keulenrückseite mit schmalem, dunkelbraunem Band. Unterseite (Kehle bis Brust u. Bauch, Beininnen- u. Keulenrückseite) sowie Kopf mit Ohren weiß. Schmaler, hell- bis dunkelbrauner Augenstreif von Hornwurzel bis Mundwinkel u. ebensolchem Stirnfeld vor den Hörnern. Manchmal unterer Nasenrücken hellbraun. Schwanzquaste u. Fersenrückseite schwarzbraun. UA *marsupialis* hat Gesicht ganz weiß oder mit scharf begrenztem dunkelbraunem Stirnfeld, *hofmeyeri* mit allmählichem Übergang zwischen Stirnfeld u. Gesichtsweiß u. mit schmalem Flankenband. Kitze gelbbraun. Jugendkleid ähnlich Alterskleid, nur Stirn-Nasenrücken braun wie Augenstreif u. Flankenband noch unscharf begrenzt. – **M&G** KR ♂ 125–150, ♀ 120–145; SL ♂ 25–32, ♀ 20–27; KH ♂ 75–90, ♀ 68–80; G ♂ 25–45, ♀ 20–30; H ♂ 28–48, ♀ 16–28. ♂ rd. ⅕ größer u. schwerer als ♀. – **V** S-Afrika vom S-Ufer des Limpopo (bis rd. 30° öl L. im O), N-Botswana in der

Mitte u. SW-Angola (Küstengebiete ab Benguella sw). Fehlt im SW der Kapprovinz. War in Südafr. Union weitgehend ausgerottet, hat aber durch Wiederaussetzungen alte Verbreitung wieder erreicht. In SW-Angola zw. Benguella u. Mossamedes weithin ausgerottet. 3 UA: 1. Kapland-S. (*marsupialis*), Kapprovinz, Oranje, Transvaal; 2. Kalahari-S. (*hofmeyeri*), Botswana, Groß-Namaqualand; 3. Angola-S. (*angolensis*), SW-Angola ab Benguella-Bezirk sw bis Kaokoveld u. N-Namib. – **Lr** Offene, trokkene, festbodige bis steinige Ebenen u. Hügellandschaften mit niedrigem Bewuchs, spärlichen Sträuchern u. Buschhorsten. Hohes Gras u. reine Wüste werden gemieden, dichteres Buschgelände nur zum Schutz vor Winterkälte oder von ♀♀ zum Setzen aufgesucht. – **Tr** Ein Teil der Alt-♂♂ errichtet zur Brunftzeit Tr, aus dem mit Drohungen u. Angriffen Nebenbuhler u. Jung-♂♂ vertrieben u. in dem ♀♀ (Harem) geherdet u. gedeckt werden. Markieren durch Schaustehen, ausdrucksvolles Harnen u. Koten mit vorherigem Bodenscharren an festen Plätzen (Dunghaufen), Strauchforkeln u. Hörnerweben (s. Sömmeringgazelle S. 94) u. durch häufiges lautes Grunzbellen. Tr werden meist nach Brunft mit Trockenzeitende aufgegeben, z. T. auch länger gehalten. – **Tt** Hauptsächlich frühmorgens u. spätnachmittags bis abends, bei Mondschein auch nachts. – **Kp** s. Sömmeringgazelle (S. 94). – **Lt** Stimmfühlungslaut als kurzes Grunzbellen, bei Alarm kräftiges hohes Pfeifschnarchen, lautes Blöken als Angstgeschrei, lautes Grunzbellen des brunftigen ♂. – **S** Seh-, Hör- u. Riechvermögen sehr gut. – **Fd** Gepard, Leopard, Löwe, für Kitze auch Karakal, Falbkatze, Honigdachs, Schabrackenschakal u. Adler. Bei Alarm Pfeifschnarchen u. Prelltrab, bei Erschrecken Hochweitsprünge, bei Flucht gestreckter Galopp mit Sprüngen bis 15 m, Geschwindigkeit bis 90 km/std., bei Erregung Prellsprünge mit Kopfheben u. -senken oder Hochsprünge (bis 1 Dutzend mal) mit krummem Rücken, gefächerten Rückendrüsenhaaren u. hängenden Beinen u. Kopf. – **N** Gräser u. Kräuter oder Strauchlaub (auch unter Aufrichten auf Hinterbeinen) je nach Jahreszeit. Wurzeln u. Knollen werden aus dem Boden geschlagen. Wasser wird regelmäßig getrunken, kann

Dünengazelle

1 Springbock
2 Lamagazelle

Giraffengazelle

aber auch längere Zeit entbehrt werden. Auch Salzwasser wird getrunken u. mineralhaltige Erde gern aufgenommen. – **Gs** In Brunft Harems (10–30 ♀♀ mit Jungen) in Tr-Gelände der Alt-♂♂ (s. Tr), daneben größere ♀♀-Herden mit mehreren ♂♂ sowie Junggesellentrupps (Jung-♂♂ u. nicht territoriale ältere ♂♂). In Trockenzeit (nach Brunft) ♀♀ u. Jungkitze in eigenen Trupps mit Kinderstuben. In Regenzeit gemischte Großherden bis mehrere Tausend. Lockere Gesellung mit Weißschwanzgnus, Kuhantilopen, Bleß-, Spießböcken, Quaggas (jetzt ausgestorben) u. Straußen. Früher im unregelmäßigen Abstand mehrerer Jahre Springbockansammlungen (vermutlich aus Futtermangel) zu Zügen aus Tausenden, Hunderttausenden u. Millionen (bis Hundertmillionen), die Hunderte von km wanderten (letzter großer Zug von 1896 füllte Fläche von 220×25 km).In Namaqualand zogen im Abstand von rd. 10 Jahren plötzlich Millionen Springböcke ans Meer, tranken gierig Salzwasser u. verendeten, bis 50 km lange Leichensäume hinterlassend. – **Fp** Zu allen Jahreszeiten möglich, doch landschaftsweise Hauptsetzzeiten (örtliche Zeitverschiebungen von Jahr zu Jahr möglich): SW-Angola Dezember–Januar, Etoschapfanne Januar, Zentralkalahari Dezember, S-Kalahari, Oranje u. Transvaal August–November (Höhepunkt September–Oktober), Groß-Namaqualand August. Tragzeit 167–171 Tage, 2 Geburten in 1 Jahr möglich. 1 Laufjunges, Zwillinge sehr selten. Geburts-G 4–5, mit 1 Monat verdoppelt, mit 2 verdreifacht, mit 10 verfünffacht, mit 18 versechsfacht. Hornwachstumbeginn mit 1 Monat; 9 Mon. ♂ rd. 10, ♀ rd. 3,5; 12 Mon. ♂ rd. 15, ♀ rd. 10; 24 Mon. ♂ rd. 25, ♀ rd. 16. Setzen u. Kitzpflege ähnlich Sömmeringgazelle (S. 94). – **Gr** ♀ 6–7 Mon., ♂ 1 Jahr. – **Ld** 10 Jahre nachgewiesen, doch angeblich das Doppelte möglich.

17/6 **Lamagazelle,** *Ammodorcas clarkei* (Thomas, 1891). E: Clarke's Gazelle, Dibatag; F: Le Dibatag, La Gazelle de Clarke, L'Antilope de Clarke
Kn Gestalt zierlich, sehr langbeinig u. -halsig mit kleinem, schmalem Kopf. Lippen sehr beweglich, Nasenspiegel nur als schmaler, nackter Streifen zwischen Nasenlöchern. Augen groß, Ohren lang, breit-lanzettlich. Nur ♂ mit H, riedbockartig nach vorne-oben gerichtet, Spitzen nur wenig auseinanderweichend, Wurzelquerschnitt rundlich, untere Hälfte mit 6–10 kräftigen Querwulsten, obere Hälfte glatt u. spitz. Runder Schwanz reicht bis Ferse, rundum kräftig behaart, Endquaste angedeutet. Haupthufe schmal-spitz, Nebenhufe sehr klein. Voraugen- u. Handwurzel-(Carpal)-drüsen vorhanden, letztere mit Haarbüscheln (Kniebürsten), Zwischenzehen- u. Leistendrüsen fehlen; 4 Zitzen. Fell kurz u. glatt. Oberseite (Scheitel, Hals, Schultern, Rücken, Flanken, Keulen, Beinaußen-, untere Beininnenseiten) u. zwei Streifen über Vorderbrust zimtbraun, Unterseite (Kinn, Kehle, Brust, Bauch, obere Beininnen- u. Keulenrückseite) weiß. Nasenrücken u. Stirn dunkel rotbraun, weißer Überaugenstreif von Horngrund bis Muffel, rotbrauner Streif vom vorderen Augenwinkel bis Muffel, weißer Unteraugenfleck; Wangen u. Ohrrückseiten isabellgrau. Schwanzwurzel rückenfarbig, übriger Schwanz, Ohrspitzen u. Kniebürsten schwarz, Hörner u. Hufe braunschwarz. Jugendkleid ähnlich Alterskleid. – **M&G** KR 152–168, SL 30–36, KH 80–88, G ♂ 28–35, ♀ 22–29, H 25–33. ♂ etwas stärker u. größer als ♀, vor allem Hals dicker. – **V** Somalia u. Ogaden wl Fluß Djerrer ow z. T. bis Küste, im N sl Gulisgebirges (öl dieses Gebirges z. T. bis N-Küste), im S bis Äquator. Landschaftsweise durch Wilderei u. Überweidung mit Vieh ausgerottet. Keine UA. – **Lr** Sandige bis grasige, locker bestandene Buschsteppe mit einzelnen Bäumen u. dichter oder weiter stehenden Buschhorsten, dazwischen mit nacktbbodigen, jahreszeitlich z. T. hochgrasigen Plätzen. Grasige Ebenen mit geringem Baum- u. Buschbestand werden nur während u. kurz nach Regenzeit betreten, eng verfilztes Buschland mit steinigem Boden gemieden. – **Tr** Jahreszeitliches u. nahrungsbedingtes Umherziehen läßt nur kurzfristige Revierbildung zu. Standorte werden durch feste Harn- u. Kotplätze (besonders des ♂) gekennzeichnet. Säugende ♀♀ sind während Drückzeit ihrer Kitze (1–2 Wochen) standorttreu. – **Tt** Hauptäsungszeit frühmorgens u. spätnachmittags. In Mittagshitze regungslos in Busch- oder Baumschatten stehend. – **Kp** Belecken, Benibbeln u. Beknabbern des Körpers, Kratzen mit Hinterfuß an Kopf, Hals u. Brust. Insektenabwehr mit Hufstampfen, Schwanzschlagen, Kopfschütteln, Ohrwackeln u. Fellzucken. – **Lt** Alarmruf nasales, grunzend-schnaubendes »üöö«. Andere Laute nicht bekannt. – **S** Hör- u. Riechvermögen sehr gut, Sehvermögen weniger scharf. – **Fd** Gepard, Leopard, Löwe, Serval, Karakal, Hyänen, Hyänenhund, für Kitze auch Honigdachs u. Adler, doch Hauptfeind Leopard. Aufgestört mit

erhobenem u. zurückgebogenem Kopf, aufgerichteten Ohren u. bogenförmig über dem Rücken gehaltenen Schwanz fliehend. – **N** Vorwiegend Strauch- u. Baumlaub u. -triebe (Erlangung auch durch Aufrichten auf Hinterbeine), weniger Gräser u. Kräuter (vor allem Frischgras nach Regen). Flüssigkeitsbedarf wird durch Nahrung gedeckt, daher Aufenthalt in Landschaften ohne jedes Oberflächenwasser möglich. – **Gs** in kleinen Familientrupps (1 Alt-♂ mit 3–5 ♀♀ nebst Jungen) oder paarweise, manchmal auch einzeln. Zuweilen locker vergesellschaftet mit Giraffen- oder Sömmeringgazellen oder Somali-Kuhantilopen. – **Fp** Jahreszeitlich nicht festgelegt, jedoch anscheinend in M-Somalia Hauptpaarungszeit März–Mai (Regenzeit). Tragzeit nicht genau bekannt, 6–7 Monate, zweimaliges Setzen im Jahr wohl möglich. 1 Laufjunges, das abliegt (s. Tr). Einzelheiten der Geburt, Kitzpflege, des Heranwachsens u. der **Gr** nicht bekannt. – **Ld** Nicht bekannt, in Wildbahn wohl 10–12 Jahre.

Giraffengazelle, *Litocranius walleri* (Brooke, 1878). E: Waller's Gazelle, Giraffe-Gazelle, Gerenuk; F: La Gazelle de Waller, La Gazelle Girafe, La Gazelle Chameau, Le Gérénuk; K: Swala twiga 17/7

Kn Gestalt zierlich, sehr langbeinig u. -halsig mit kleinem, schmalem Kopf. Lippen sehr beweglich. Nasenspiegel nur als schmaler, nackter Streifen zwischen Nasenlöchern. Augen groß, Ohren lang, breit-lanzettlich. Nur ♂ mit H, dick u. kräftig, leierartig u. s-förmig nach hinten oben, Spitzen mehr oder minder hakig aufwärts-vorwärts-einwärts gebogen, Auslage von eng bis weit wechselnd, Wurzelquerschnitt eiförmig (Spitze vorn), 25–35 starke Querwulste, Spitzenviertel glatt. Runder Schwanz nackt bis auf Oberseitenhaarband u. allseitige Endquaste. Haupthufe schmal-spitz, Nebenhufe sehr klein. Voraugen-, Handwurzel-(Carpal-) u. Zwischenzehendrüsen vorhanden, Carpaldrüsen mit Haarbüschel (Kniebürste), Leistendrüsen fehlen; 4 Zitzen. Fell kurz u. glatt. Dunkelkastanienbraune Schabracke von Nacken bis Schwanzquaste, an Flanken durch schmalen hellockerfarbenen Gürtel scharf begrenzt. Übirge Oberseite (Hals, Schultern, Flanken, Keulen, Beinaußen- u. untere Beininnenseiten) kräftig isabellbraun. Hellockergürtel geht nach unten in Isabellbraun über. Unterseite (Kinn, Kehle, Brust, Bauch, obere Beininnen- u. schmale Keulenrückseiten) weiß. Nasenrücken u. Stirn rotbraun (beim ♀ Mittelfeld aufgehellt u. Stirn schwarzbraun), Wangen, Scheitel u. Ohrrückseiten isabellbraun (beim ♀ Ohrunterteil dunkelbraun). Rundes Feld um Auge u. Ohransatz weißlich, Voraugenstreif dunkelbraun, Kniebürsten braun bis schwarz, Keulenrückseitenweiß setzt sich als schmaler Seitenstreifen auf Schwanzwurzel fort. Hörner u. Hufe schwarzbraun. Jugendkleid wie Alterskleid, nur Rückenschabracke blasser. – **M&G** KR ♂ 155–160, ♀ 140–155; SL 25–35; KH ♂ 95–105, ♀ 90–100; G ♂ 35–50, ♀ 30–40; H 25–44. ♂ etwas stärker u. größer als ♀, vor allem Hals dicker. – **V** Öl Eritrea u. Äthiopien (Danakil, Harar, Ogaden, Borana) u. öl anschließend fast ganz Somalia (außer höheren Gebirgen u. Küstendünen), sw durch Kenia bis N-Tansania (um 5° s. Br.), W-Grenze ist Tal bzw. W-Rand des Großen Grabens (um 37° öl L.). 2 oder 3 UA, Gliederung ungeklärt. – **Lr** Wasserreiche bis -lose Buschsteppe in sandigem u. steinigem Gelände mit lockeren bis dichten Buschgruppen oder hohen Trockengrasinseln, in Ebene u. Hügelland bis 1800 m. – **Tr** standorttreu. Wohngebiet eines Tieres rd. 2,5–6 km². Alt-♂ wahrscheinlich territorial, Tr anscheinend gleich Wohngebiet, in ihm mehrere ♀♀ mit Jungen, wird durch Voraugendrüsensekret u. Harn-Kot-Plätze markiert. – **Tt** u. **Kp** Wie Lamagazelle (S. 104). – **Lt** Alarmruf leiser, kurzer Summton, bei Argwohn Pfeiflaut, bei Abspringen kurzer Schrecklaut. Lautes Blöken als Angstschrei in höchster Not. – **S** u. **Fd** Wie Lamagazelle (S. 104). Bei Fluchtgalopp manchmal Spiegelspreizen. – **N** Strauch- u. Baumlaub nebst -trieben, -knospen, -früchten u. -blüten,

Kletter- u. Schlingpflanzen, keine Gräser u. Kräuter. Flüssigkeitsbedarf wird weitgehend durch Nahrung gedeckt, doch wird gelegentlich auch aus Lachen u. Pfützen getrunken. – **Gs** In kleinen Familientrupps (1 Alt-♂ mit 2–5 ♀♀ nebst Jungen) oder paarweise, manchmal auch einzeln, auch kleine Jung-♂♂-Trupps (2–4) möglich. Zuweilen locker vergesellschaftet mit Lama- oder Grantgazellen oder Spießböcken. – **Fp** Tragzeit 203–210 Tage (rd. 7 Mon.). Setzzeit ganzjährig, doch meist gehäuft zur Regenzeit (N-Somalia Oktober–November, S-Somalia Februar–März, Harar April–Mai, N-Tansania Januar). Paarung im Gehen, ♂ richtet sich steil auf Hinterbeinen auf, läßt Vorderbeine hängen. 1 Laufjunges, das abliegt. 2 Geburten in 1 Jahr möglich. Geburts-G rd. 3, Geschlechterverhältnis rd. 1 : 1. ♀ leckt Kitz trocken u. frißt Nachgeburt. Weitere Einzelheiten des Heranwachsens nicht bekannt. – **Gr** ♀1, ♂ $1^{1}/_{2}$ Jahr. – **Ld** $6^{1}/_{2}$ Jahre im Zoo nachgewiesen, in Wildbahn wohl 10–12 Jahre.

Böcke, Caprinae

Ziegen- u. schafgroße u. -artige Hornträger. Hörner bei ♂ u. ♀. ♀-Hörner fast gleich stark wie ♂-Hörner oder von wenig zu viel schwächer wechselnd. Hörner flach rückwärts gerichtet oder wenig bis stark aufgerichtet, bogen- bis schraubenförmig geschwungen, glatt bis stark quergewulstet. Schwanz kurz bis mittellang, teils flach u. unterseits nackt oder rund u. ringsum behaart. Haupthufe kurz u. spitz, Nebenhufe klein. Fell glatt bis wollig, häufig ungleichmäßig u. stellenweise als Bart, Kragen, Mähne, Nackenkamm oder Manschetten verlängert. Voraugen-, Hinterhorn-, Unterschwanz-, Zwischenzehen- u. Leistendrüsen vorhanden oder fehlend, 2–4 Zitzen. Meist gesellig in Trupps oder Rudeln. Lebensraum bewaldete bis kahle Gebirge, Hochalmen oder -steppen. Eurasien, Nordafrika u. Nordamerika. Haustierformen z. T. weltweit verbreitet. 9 Gattungen mit zusammen 12–20 Arten je nach systematischer Auffassung, davon 2 Gattungen mit je 1 Art im nördlichen Afrika. Der am
63/1 Tafelberg bei Kapstadt ausgesetzte Tahr (*Hemitragus jemlahicus*) zählt hier nicht dazu.

19/2 **Steinbock,** *Capra ibex* Linné, 1758. E: Abyssinian or Ethiopian or Walia Ibex and
60/7 Nubian Ibex or Beden; F: Le Bouquetin ou l'Ibex d'Abyssinie ou d'Éthiopie ou Le Wali et Le Bouquetin ou L'Ibex de l'Arabie ou de la Nubie

Kn Gestalt gedrungen, Kopf kurz, Stirn aufgewölbt, Ohren kurz u. spitz, nackter Nasenspiegel nur als schmaler Saum an u. zwischen Nasenlöchern, Schwanz kurz u. etwas quastig (rd. $^{1}/_{4}$ bis Ferse). Alt-♂ mit langem Bart an Unterkieferunterseite. H bei ♂ u. ♀, die des ♀ kurz, schmal u. einfach bogig rückwärts gekrümmt. Ausgewachsene H des ♂ halbkreis- (UA *walie*) oder dreiviertelkreisförmig (UA *nubiana*) mit starken Vorderkantenknoten (bis 20 bei *walie*, bis 30 bei *nubiana*). Färbung bei *nubiana* hellbraun, bei *walie* dunkelkastanienbraun, bei Alt-♂ Unterhals, Vorderbrust, Flankenunterrand, Beinvorderseiten, Bart u. Schwanz dunkel- bis schwarzbraun, Bauch, Beininnenseiten, Handgelenkvorderflächen u. Fesseln weiß. Kitze hellbraun mit dunkelbraun-weißen Beinen. Haupthufe kurz u. spitz, Nebenhufe klein. Unterschwanzdrüse vorhanden, 2 Zitzen. – **M&G** *nubiana* KR 140–150, SL 15–25, KH ♂ 75–90, ♀ 65–80, G ♂ 60–80, ♀ 50–70, H (♂) bis 138; *walie:* KR 150–170, SL 20–25, KH ♂ 100–110, ♀ 90–100, G ♂ 100–125, ♀ 80–100, H (♂) bis 114; ♂ $^{1}/_{4}$ stärker u. schwerer als ♀. – **V** O-Nil-Gebiet von Unterägypten (Höhe von Suez) bis NO-Eritrea u. Semien- u. Gojjam-Gebirge n-öl Tanasee in N-Äthiopien, NW-, S- u. SO-Arabien, Sinai-Halbinsel, Palästina (Israel) u. Transjordanien bis N-Ufer des Toten Meeres u. S-Syrien. Jungsteinzeitlich in N-Afrika noch ww bis Atlasländer. In Ägypten u.

weiten Teilen des Sudanvorkommens, Arabiens sowie im Gojjam-Gebirge u. Syrien ausgerottet. 2 UA: 1. Nubischer Steinbock (*nubiana*), Verbreitung wie oben außer Äthiopien, stark bedroht, im Sudan nur noch rd. 300; 2. Äthiopischer St. (*walie*), N-Äthiopien (s. oben), stark bedroht, nur noch rd. 150 Tiere. – **Lr** *Nubiana:* Steppe, Halbwüste u. Wüste im Bergland zwischen 200 u. 2000 m mit Blockhalden, Schluchten, Steilböschungen, Gipfelklippen u. Hochflächen, Pflanzen meist spärlich als Gräser, Kräuter u. Sträucher, Wasser während heißer Zeit des Jahres nur an wenigen Dauerstellen; *walie:* Hochgebirgsgipfelregion zwischen 2500 u. 4500, meist zwischen 3000 u. 4000 m, mit Gräsern, Kräutern u. Büschen besetzte Hänge, Schluchtwände u. Almen, Aufenthalt viel im oberen Waldgürtel mit Dickicht unter Baumlobelien oder Nadelhölzern u. Birken. Nahrung u. Wassser reichlich, Temperatur schwankt täglich stärker als jährlich. – **Tr** Standorttreu, Wohngebiet nicht in Tr aufgeteilt. – **Tt** Hauptäsungszeiten morgens u. nachmittags. Hervorragende Kletterfähigkeit auch im schroffen Fels. – **Kp** Fellbeknabbern, Kratzen mit Hinterfüßen u. Hörnern. – **Lt** Alarmpfiff als helles nasales Pfeifschnarchen (meist nur vom ♂ ausgestoßen), Kitz meckert, Angstgeschrei als weithin hallendes Blöken. – **S** Seh-, Hör- u. Riechvermögen ausgezeichnet. – **Fd** Hauptfeind Leopard u. Serval, doch z. T. bereits stark gezehntet, für Kitze Schakale, Hyänen u. hauptsächlich Adler, gegen letztere Verteidigung durch Mutter. – **N** Gräser, Kräuter, Strauch-, *nubiana* auch Baumlaub (dazu Aufrichten auf Hinterbeinen). – **Gs** in kleinen Trupps u. Rudeln von ½–3 Dutzend Tieren, teils gemischt, teils ♂♂-, teils ♀♀-Trupps mit Jungtieren, auch Einzelgänger; bei *nubiana* ♀♀ zum Setzen abseits, bei *walie* gesellig zwecks Kitzverteidigung gegen Adler. – **Fp** *Nubiana* Brunft hauptsächlich September–Oktober, Tragzeit 150–165 Tage, Setzzeit März–April; *walie* Brunft ganzjährig, doch Hauptzeit März–Mai, Setzzeit hauptsächlich nach Juni–August-Regenzeit im September–Oktober. Werbung u. Paarung noch nicht beschrieben, jedoch wohl wie Alpensteinbock (*ibex*). Meist ein Laufjunges, doch öfter Zwillinge u. selten Drillinge. Geburts-G rd. 2. Kitz liegt erste Zeit im Versteck ab. Säugezeit rd. ½ Jahr. – **Gr** Mit 2½ (in Gefangenschaft 1½ Jahren). – **Ld** Gefangenschaft über 10 Jahre nachgewiesen, in Wildbahn wohl 12 Jahre möglich.

Mähnenschaf, Mähnenspringer oder **Afrikanischer Tur,** *Ammotragus lervia* (Pallas, 1777). E: Barbary Sheep, Aoudad, Uaddan, Arui; F: Le Mufflon à manchettes, L'Aoudad, L'Arui 19/1

Kn Gestalt mehr ziegen- als schafartig (Gattung steht zwischen Ziege u. Schaf), Rumpf schmal-hoch, Kruppe abfallend. Schwanz reicht halb bis Ferse, etwas buschig, Wurzelunterseite nackt. Beine stämmig. Kopf lang, Ohren klein u. spitz, Nasenspiegel nur nackter Saum um schräge Nasenlöcher. H bei ♂ u. ♀, erstere stärker, Wurzeln berühren sich meist, im Querschnitt rechtwinklich dreieckig mit hinten gelegenem Winkel und leicht rundlich vorgewölbter Vorderkante, die meist mit schwachem Mittelkiel. Ganze Hornoberfläche mit dichtstehenden, schmalen Wülsten quergeringelt, vorderseits mit zunehmendem Alter verschwindend. H schräg kreisbogenförmig geschwungen. Fell hartgrannig mit feiner Unterwolle, im Sommer kurz u. glatt. Kurzer Haarkamm von Nacken bis Widerrist. Lange Unterhals- u. Vorderbrustmähne vom Kinnwinkel abwärts, zu Vorderläufen hin sich gabelnd, Ellbogen mit langen Manschetten umgreifend. Gesamtfarbe isabell- bis rotbraun. Kinn, Nasenlängsstreifen, Teile der Brustmähne u. seitlicher Bauchlängsstreifen oft dunkelbraun bis schwarz, Mähne, Manschetten, Bauch, Beininnenseiten u. manchmal Nasenlängsstreifen hell bis weiß. ♀ wie ♂, aber Mähne schwach. Kitz hellbraun, unterseits heller, Nasenlängsstreifen u. Stirn dunkler. Nur nackte Schwanzunterseite mit Drüsen (♂ zur Brunft mit starkem Geruch), 2 Zitzen. – **M&G** KR ♂ 155–165, ♀ 130–140; SL ♂ 20–25, ♀ 15–20; KH ♂ 90–100, ♀ 75–90; G ♂ 100–140, ♀ 40–55; H ♂ bis 88, ♀ bis 40. – **V** Früher N-Afrika von Sahara-Atlas-Südhängen, Tripolitanien, Unter- u. Oberägypten sw bis SW-Sudan u. M-Mauretanien, angeblich auch vom öl Nilufer bis Totes Meer in Palästina, doch keine sichere Bestätigung. 6 UA. Ausgerottet in Ägypten, selten in N-Sahara, sehr selten im übrigen Vorkommen bis auf noch häufigeres Auftreten in Darfur, Ennedi u. NW-Sudan, Tibesti, Fessan, Air, Ahaggar (Hoggar), Tassili n'Azdjer, Adrar u. M-Mauretanien. Eingeführt in Neu-Mexiko, Kalifornien, Erisee-Insel u. vielen Revieren in den USA. – **Lr** Felsige Wüstengebirge bis -hügelländer; hervorragende Kletterfähigkeit auch im schroffen Fels. – **Tr** Wohnraumgröße nicht bekannt, ebenso ob Tr errichtet werden. Keine festen Kot- u. Harnplätze. – **Tt** Frühmorgens u. spätabends, in Tageshitze im Schatten (Felsüberhänge, Höhlen u. ä.) ruhend. – **Kp** Kratzen mit Hinterfüßen u. Hörnern, Sich-Beknabbern, Sich-Reiben mit Ast u. a. festem Gegenstand zwischen Hörnern, Sich-Reiben mit Stirn, Wangen, Kinn, Hals u. Brust am Boden, Suhlen im feuchten Sand durch Hinlegen auf Bauch u. Flanken, nebst Sandwerfen mittels Hörnern auf Rücken, Schütteln nach Liegen u. Suhlen. In Gefangenschaft auch im Wasser badend. – **Lt** Junge Kitze in ersten Tagen schafartig hell blökend (Verlassenheits-, Unbehaglichkeitsruf), Mutter antwortet mit tiefem Grunzen, treibendes ♂ stößt ähnliches, aber leises Grunzen aus. – **S** Gesicht u. Gehör sehr gut, Riechvermögen gut. –

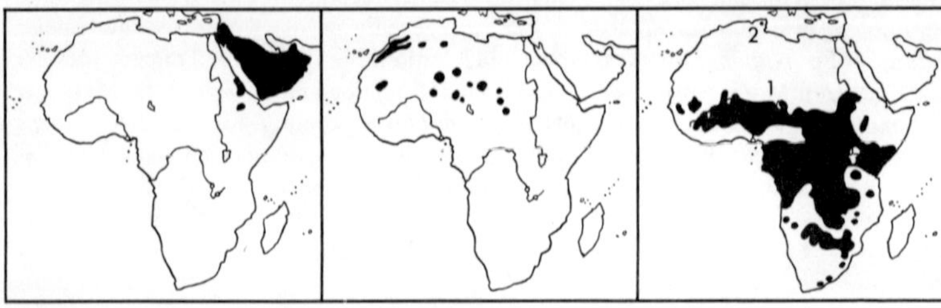

Steinbock | Mähnenschaf | 1 Kaffernbüffel
2 Wasserbüffel

Fd Leopard, Karakal, früher Löwe (jetzt dort praktisch ausgerottet). – **N** Gräser, Kräuter u. Sträucher, Baumlaub, auch auf Hinterbeinen aufgerichtet. Vom Tageseinstand im Fels in Dämmerung zum Äsen auch in umliegende Ebene. Wasserbedarf aus Wasserstellen, wenn fehlend aus Äsung. – **Gs** Gesellig in kleinen Trupps, 1 Alt-♂, mehrere ♀♀ mit Jungen, zu Trockenzeitende Zusammenrottung mehrerer Trupps. – **Fp** Alt-♂ wirbt um hitzig werdendes ♀ durch mehrtägiges hartnäckiges Verfolgen mit Analregionbelecken, ♀-Harnprüfen u. Flehmen, Vertreiben anderer ♂♂, bis ♀ in Hochhitze Abwehrstöße einstellt u. steht. Deckakt nur Sekunden, ♂ dabei hoch aufgerichtet, Vorderbeine um ♀-Hüften. Brunftzeit Oktober–November, Tragzeit 150–165 Tage, Setzzeit März–April, Jungenzahl 1–3, Geschlechterverhältnis bei Geburt 1 : 1, bei Erwachsenen überwiegen ♀♀. ♀ mit Kitz nach Setzen 1–2 Tage abseits, leckt Kitz nach Geburt trocken u. frißt Nachgeburt. Geburts-G 1,5–3. Säugezeit 3–4 Monate. – **Gr** Mit $1\frac{1}{2}$ Jahr. – **Ld** In Gefangenschaft bis 24 Jahre.

Echtrinder, Bovinae

Mittelgroß bis groß. Körper meist muskulös, Rücken mit erhöhtem Widerrist u. Muskelkamm (besonders beim ♂), Rumpf tonnig, Schwanz kurz bis lang, Endquaste schwach bis stark. Meist großer nackter Nasenspiegel. Fell schlicht, meist kurz u. glatt, seltener wollig. Hörner bei ♂ u. ♀, die des ♀ meist nur wenig schwächer als die des ♂, Hornverlauf einfach bis verschiedenartig geschwungen, Hornquerschnitt dreieckig bis rund. Keine Hautdrüsenorgane, 4 Zitzen. Lebensraum von 5000 m hohen Hochebenen bis tropischen Urwald u. Sumpf sowie Steppe. Meist gesellig in Trupps bis Herden. Eurasien, Nordamerika, Afrika. Haustierformen z. T. weltweit verbreitet. 8 Gattungen mit zusammen 11–12 (je nach Auffassung) Arten, davon 1 Gattung mit 1 Art in Afrika (Wasserbüffel, S. 110, nicht mitgerechnet).

Kaffernbüffel, *Syncerus caffer* (Sparrman, 1779). E: African Buffalo; F: Le Buffle d'Afrique, Le Buffle africain; A: Buffel; K: Mbogo, Nyati 19/3 19/4

Kn Rindergroß u. -artig. Schnauze mit großem nackten Nasenspiegel (Flotzmaul), Ohren groß, spitzendig, mit langen Randfransen. Widerrist mit starkem Muskelkamm. Schwanz rund mit großer Endquaste, gut bis Ferse reichend. Beine stämmig, Haupt- u. Nebenhufe groß. Fell kurz, grob u. spärlich, beim Waldbüffel meist kurze Rückenmähne. Fellfarbe von leuchtend rotbraun über tabakbraun u. dunkelbraun bis schwarz. Beim Waldbüffel u. Waldrandformen teils ♂ u. ♀ rotbraun (dabei vereinzelt auch rein braunschwarze bis schwarze Tiere), teils ♂ dunkelrot, ♀ u. Kalb heller rot, teils ♂ schwarz, ♀ u. Kalb rotbraun, bei reiner Steppenform ♂ u. ♀ schwarz, Kalb schwarz bis olivbraun, nach einigen Monaten schmutzig gelbbraun, mit 1 Jahr rot- bis schokoladenbraun (besonders auf hinterem Körper) bis 3. Jahr bei ♀, bis 4. oder 5. bei ♂, danach Umfärben in Schwarzbraun (♀) oder Schwarz (♂). Alte Tiere teilweise haarlos, Gesicht- u. Nackenhaare werden weiß. Rote bis dunkelbraune Tiere mit hellerer Unter- als Oberseite. Oft Gesicht u. Hals dunkler als Rücken, oft Hals-Rükkenmähne, Ohrunterrandfransen, Schwanzquaste u. Stiefel (untere Beinteile) schwarz, andere Ohrfransen orange bis weißgelb, vereinzelt reine Weißlinge, Gelblinge, Rotlinge oder Graurotlinge. H bei ♂ u. ♀, beim ♂ kaum bis deutlicher stärker als beim ♀. Form sehr verschieden, beim Waldbüffel kurz, Wurzeln flach, quergewulstet, deutlich voneinander getrennt, Spitzenteil konisch spitz, schräg nach hinten-oben aufgerichtet. Beim Grasbüffel Wurzeln von unverbreitert u. getrennt bis breit u. aneinanderstoßend (bilden zusammen sog. Helm), quergewulstet u. -gewölbt, vom Grunde zum glatten Spitzenteil sich stark verjüngend, letzterer oft mit senkrecht hoch gekrümmter Spitze. Beim Schwarzbüffel Wurzeln sehr breit, aneinanderstoßend, quergewölbt u. -gewulstet (mächtiger Helm), Spitzenteil lang, seitlich weit ausladend u. Spitzen aufwärts-einwärts gebogen. Zwischen den 3 H-Formen alle Übergänge möglich. Keine Hautdrüsenorgane, 4 Zitzen. – **M&G** KR 170–265, SL 50–80, KH 106–165, G 250–800 (selten mehr), ♂ nur bei Steppentieren merklich schwerer als ♀. Waldbüffel KH 100–120, G 250–320; H 40–75; Grasbüffel KH 120–150, G 320–600, H 75–117; Schwarzbüffel KH 150–165, G 500–800, H 117–150. – **V** Vom nl Savannengürtel des Sudans (geographisch) um etwa 14° n. Br. sw bis Kap, ausgenommen Halbwüsten u. Wüsten. Innerhalb des Gebietes vielfach durch Menschen eingeschränkt. Aus der Vielzahl beschriebener Formen sind nur westafrikanischer Wald- u. ost- bis südafrikanischer Steppenbüffel sehr deutlich voneinander verschieden, zwischen ihnen stehen verbindend die Tiere des Sudangürtels. Deshalb werden hier nur 3 UA bzw. UA-Gruppen unterschieden: 1. Wald-, Rot- oder Zwergbüffel (*nanus*), Urwaldgebiete Westafrikas von Gambia bis S-Zaire u. N-Angola, ow bis Eduard-, Kiwusee u. SW-Äthiopien, auf Fernando Poo ausgerottet; 2. Gras- oder Sudanbüffel (*brachyceros*), Sudan-Savannen von Mauretanien u. Senegambien bis Bahr-el-Ghasal, ferner sw entlang Seenkette von Mobutu-(Albert-) bis N-Tansania-(Tanganjika-)See; 3. Schwarz- oder Kaffernbüffel (*caffer*), von S-Somalia u. -Äthiopien bis Kap im S u. Kuanza (M-Angola) im W. In Südafrikanischer Union nur noch in einigen Schutzgebieten, in SW-Afrika nur noch im äußersten N. – **Lr** Primär- u. Sekundärwald, Dickichte, Sümpfe, Rohrwälder, Feucht-, Trockensavanne u. Grassteppe in Ebene u. Gebirge bis 4000 m. – **Tr** Vom Waldbüffel nichts bekannt. Beim Steppenbüffel hat jede Herde festes Wohngebiet, je nach Kopfzahl bis 50 km ∅, in dem sie standorttreu. In Regenzeit darin fast überall Äsung, in Trockenzeit bevorzugt an Gewässerrändern, dabei Herde aufgeteilt. Keine eigentlichen Tr im Wohngebiet. – **Tt** Vom Waldbüffel wenig bekannt. Beim Steppenbüffel Haupttätigkeit abends, nachts u. morgens, während heißer Mittagszeit Einstand im Schatten von Bäumen, Büschen, Schilf u. ä. – **Kp** Suhlen im Schlamm, Reiben an Baumstämmen. – **Lt** Nicht lautfreudig. Kalb blökt, Mutter grunzt beim Kalbrufen. Stößt Kalb Notschrei aus, greifen alle Tiere in der Nähe grunzend an. Sich bekämpfende brunftige ♂♂ brüllen heiser, forkeln Boden, werfen Erde hoch, rollen sich im Schlamm. – **S** Riechvermögen sehr gut, Hören u. Sehen weniger gut. – **Fd** Hauptsächlich Löwe, am Wasser Krokodil, für Kälber auch Fleckenhyäne. Büffel verteidigen sich u. Kälber mutig, Löwe greift vor allem Kälber u. alte Einzelgänger an, wird dabei öfter verletzt oder getötet. Alte Einzelgänger greifen, wenn verärgert, Mensch aus Hinterhalt an. – **N** Je nach Jahreszeit u. Landschaft Gräser-, Kräuter- u. Laubanteil an Äsung verschieden, meist Hauptanteil Gräser (auch harte), doch zeitweilig Laub u. Kräuter. Tägliches Trinken (jeweils 30–40 l) nötig, daher kaum weiter als 15 km von Wasser. – **Gs** Waldbüffel in kleinen Familientrupps von 3–12 (1 Alt-♂, ♀♀ u. Jungtiere). Steppenbüffel in Herden von 20–2000 Tieren, zur Trockenzeit Herden aufgesplittert in Trupps von 2–20, Herdengrundstock ist ♀♀-Herde mit Jungtieren bis 3 Jahren. Jung-♀♀ bleiben auch länger, Jung-♂♂ ab 3 Jahren u. ältere ♂♂ zu Junggesellentrupps (3–20) innerhalb oder außerhalb (nur rd. 15%) Großherde. ♂♂ über 10 Jahren meist Einzelgänger. Erwachsene ♂♂ haben Rangordnung, stärkste sind 8–10jährige, decken meiste ♀♀. Tiere einer Herde erkennen sich und halten sich getrennt von denen anderer Herden. – **Fp** Setzen übers Jahr hin in Kamerun, Zaire, Sambia u. Rhodesien. In O-Transvaal Setzzeit Januar–April, in SW-Afrika Oktober–Januar, in Uganda mitten in beiden Regenzeiten. Tragzeit 330–345 Tage, 1 Laufjunges, Zwillinge sehr selten. Geburts-G ♂ 26–42, ♀ 26–36, G-KH 76–81. G-Steigerung: ♂ 1 Monat 40, 2 M. 50, 3 M. 55, 6 M. 135, 9 M. 165, 18 M. 270, 2½ Jahre 345, 3½ J. 400, 4½ J. 500, 6½ J. 590, 7½ J. 614, 9½ J. 650; ♀ 1 Monat 44, 2 M. 55, 3 M. 65, 4 M. 75, 7½ M. 120, 12 M. 195, 2 Jahre 360, 5½ J. 520, 9½ J. 550. Säugezeit 5–6 Monate, z. T. bis 1 Jahr. – **Gr** ♂ 2½–3 Jahre, ist aber erst mit 7–8 Jahren stark genug, um zum Decken zu kommen (♂♂ in diesen Jahren bekämpfen sich zur Brunft heftig, öfter tödliches Verkämpfen). ♀ mit 3 Jahren, erste Geburt meist mit 4½–5 Jahren, meist 1 ♀ alle 2 Jahre 1 Kalb, seltener in 2 Jahren 3 Kälber. Geschlechterverhältnis stets rd. 1 : 1. – **Ld** In Gefangenschaft bis 26, in Wildbahn höchstens 20 Jahre.

63/3 **Wasserbüffel,** *Bubalus bubalis* (Linné, 1758). E: Water buffalo, F: Le Buffle d'eau **Kn** Groß u. schwer, KH bis 160, G 400–550, Fell schwarz, im Winter 10 cm lang, Schwanz mit kräftiger Endquaste, reicht bis Ferse, manchmal Quaste weiß. Ohren groß mit langen Haarfransen, großes Flotzmaul, Hörner hellgrau, halbkreisförmig geschwungen, im Querschnitt flach dreieckig, quergerippelt, Länge bis 60. Beine stämmig, Haupt- u. Nebenhufe groß. Keine Hautdrüsenorgane, 4 Zitzen. – **V** Sehr wahrscheinlich bereits seit Römerzeit als wildlebende Herde u. königliches Jagdwild in Ischkeulsümpfen zu Füßen des Ischkeulberges unweit Bizerta, N-Tunis, mit wechselhaftem Schicksal. 1957 bis auf 3 Kälber abgeschossen, aus denen neue Herde wieder aufgebaut, die jetzt eigenes Schutzgebiet im Ischkeul hat. Seit 2000 Jahren wildlebend, ursprüngliche Herkunft jedoch unbekannt.

Unpaarhufer, Perissodactyla

Einhufer, Equidae

Mittelgroß bis groß (KR 180–240, SL 40–90, KH 100–150) mit großem Kopf, kurzen bis langen spitzen Ohren, starkem Hals mit Kammähne, schlanken, einzehigen Beinen mit festem Rundhuf u. langhaarigen oder mit Endquaste versehenem Schwanz. Fell kurz, dicht, anliegend, z. T. im Winter struppiger mit dicker Unterwolle, grau oder hellgrau (Esel) oder gelb- bis rotbraun (Halbesel u. Wildpferd) oder braune bis schwarze Senkrechtstreifung auf hellem Grund (Zebras). Gb 3/3 · 1/1 · 3–4/3 · 3/3 = 40–42. I meißelförmig, P u. M hochkronig mit Schmelzfalten; ♀ ohne C. Hautdrüsenorgane fehlen, 2 Zitzen. Kastanien (etwa talergroße Verhornungsflächen an den Beininnenseiten) bei *Equus* an Vorder- u. Hinterbeinen, bei den übrigen Gattungen nur an Vorderbeinen. Gras- u. Kräuterfresser. Gesellig in Trupps bis Großherden. In Savannen, Steppen, Halbwüsten u. Wüsten. Ost-, Mittel-, Vorderasien u. Afrika. 4 Gattungen (Pferde, *Equus;* Halbesel, *Hemionus;* Esel, *Asinus;* Zebras, *Hippotigris*) mit zusammen 8 Arten, davon Esel u. Zebras mit zus. 4 Arten in Afrika.

20/1 **Afrikanischer Wildesel,** *Asinus africanus* (Fitzinger, 1857). E: African Wild Ass; F:
20/2 L'Âne sauvage de l'Afrique; K: Punda
Kn Kopf groß, Ohren lang u. spitz, Hals mittellang u. kräftig, Hufe steil, Schwanz mit langer Endquaste. Fell kurz u. glatt, kurze Stehmähne von Scheitel bis Widerrist. Farbe gelbbraun bis blaugräulich, Ohrinnenseite, Ring um Auge, Mehlmaul, z. T. auch Mähnenwurzel, Rumpfunter-, Beininnen- u. -unterseite weißlich bis beige, Lippen, Ohrspitzen, Mähne schmaler Aalstrich (von Schulter bis Schwanzquaste) u. Schulterquerstrich (-kreuz), Schwanzquaste u. Beinquerstreifen dunkelbraun bis schwarz, Schwanzquaste z. T. grau untermischt. UA *atlanticus* braungelb bis graurötlich, Beinquerstreifen u. Schulterkreuz gut ausgebildet; *africanus* grau bis graubläulich, sonst wie *atlanticus; somaliensis* graurötlich, meist ohne, manchmal mit (kleinem) Schulterkreuz, bis zu 1 Dutzend Beinquerstreifen, je an Vorder- u. Hinterbeinen. – **M&G** von *atlanticus* keine Maße bekannt, KH bei *africanus* 115–122, bei *somaliensis* 120–125. Weitere Angaben fehlen. – **V** N-Afrika. 4 UA: 1. Atlaswildesel (*atlanticus*), früher Küstenländer des Mittelmeeres von Marokko bis Cyrenaica, um 300 n. Chr. ausgerottet. 2. Nubienwildesel (*africanus*), früher Steppengürtel um bzw. vorgeschichtlich auch in Sahara nebst geographischem O-Sudan von Kordofan u. N-Eritrea durch Nubien bis NO-Ägypten. In Altägypten um 4000 v. Chr. domestiziert, Stammvater des Hausesels. Gegenwärtig ausgerottet bis auf kleine Reste an Rotmeerküste zwischen Suakin u. Atbarafluß (N-Eritrea), vielleicht noch Reste nl Tibesti-Ennedi (Tschad) u. im lybisch-ägyptischen Grenzgebiet bei Djarabub (Giarabub) nl Oase Siwah. (Letztere haben Aalstrich u. 3 Schulterkreuzstreifen, sind vielleicht Überlebende von *atlanticus*?). In Tiergärten rd. 35 Tiere. 3. Somaliwildesel (*somaliensis*). S-Somalia ab Webbe Schibeli durch Somalia u. Ogaden bis Hawasch-Fluß, O-Äthiopien, ausgerottet bis auf höchstens insgesamt 3000 Tiere in N-Somalia (Nogalgebiet) u. Danakil (NO-Äthiopien). 4. Eritreawildesel (*taeniopus*). Vom Hawasch-Fluß nw bis Tokar-Gebiet sl Suakin. Ausgerottet bis auf kleine Reste. – Im ehemaligen Verbreitungsgebiet von *africanus* vereinzelt Trupps völlig wildlebender verwilderter Hausesel, so auch bereits seit Jahrhunderten auf Insel Sokotra im Golf von Aden. In N-Eritrea

kleine Mischbestände von *africanus* u. *somaliensis*. – **Lr** Grassteppe, Halbwüste u. Wüste in Ebene u. zerklüfteter Landschaft. Kletterfähigkeit ausgezeichnet. – **Tr** Erwachsenes ♂ errichtet 5–10 km^2 großes Tr, das auch Wohngebiet für ♀♀ u. Junge, u. hält es durch Regen- u. Trockenzeit über Jahre. Verläßt es nur bei äußerster Trockenheit, wenn andere Artgenossen bereits längst abgewandert, für einige Wochen, bis erste Regen fallen. Im Tr werden andere ♂♂ geduldet, solange sie sich nicht ♀♀ (besonders rossigen) nähern. Andere ♂♂ erkennen Tr-Besitzer als überlegen an. Tr-Grenze wird durch Repräsentieren u. Rufe markiert. Große Dunghaufen (bis 1 m^2 groß u. 40 cm hoch) vom Tr-Besitzer entlang Grenze in größerem Abstand angelegt, halten jedoch andere ♂♂ nicht vom Tr-Betreten ab. Tr-Grenze wird nur bei Anwesenheit rossigen ♀ in Grenznähe verteidigt. Dann kämpfen Nachbarn, ♀ kümmert sich nicht darum u. um Versuche der Gegner, jeweils ♀ zu sich zu leiten, schließlich folgt das ♂ dem ♀, in dessen Tr es zieht und drückt es von Grenze fort. Nur im Tr kann Besitzer ungestört decken u. Nachwuchs sichern, da rossiges ♀ außerhalb von Tr mehrere sich ständig bekämpfende ♂♂ anzieht, die nicht zum Decken kommen. – **Tt** Meist in Dämmerung u. Nacht, sowie frühmorgens u. spätnachmittags, wo Schatten (Berghänge u. ä.), tagsüber dort ruhend. – **Kp** Schwanzschlagen, Beinschlagen u. -stampfen, Scheuern, Kratzen (mit Hinterfuß), Wälzen (in Erde oder Sand), Körperschütteln, Hautzucken, Beknabbern (♀ u. größeres Junge auch gegenseitig). – **Lt** Quieken bei Kampf u. Abwehr, Schnaubprusten beim Angriff, lautes ia-Geschrei als allgemeiner Erregungsausdruck. – **S** Seh- u. Hörvermögen sehr gut, Riechvermögen gut. – **Fd** Löwe, Leopard, Fleckenhyäne, Hyänenhund, aber ohne Bedeutung, da nur noch in geringer Zahl im heutigen Wildeselvorkommen. In Enge getrieben Verteidigung durch Schlagen u. Beißen, auch gegen Mensch. – **N** Gräser u. Kräuter, nebenbei Strauchlaub; Danakilwildesel nur Gräser. Regelmäßiges Trinken täglich oder bis spätestens nach 3 Tagen notwendig. – **Gs** ♂♂ einzeln (meist territorial) oder in ♂♂-Trupps, ♀♀ mit Jungen in eigenen Trupps oder ♂♂- ♀♀-Junge-Trupps, alle Trupps nicht beständig, Kopfstärke ½–1 Dtzd. Tiere, manchmal (Regenzeit) Herden bis 50. Außer ♀-Junge-Beziehung keine engere Bindung der Tiere untereinander, bei Ortsveränderungen kein aktives Leittier, territoriales ♂ allen anderen überlegen, übrige Tiere ohne Rangordnung. – **Fp** ♂ wirbt durch ruhiges Treiben des ♀, lenkt ♀ durch Wegabschneiden oder Androhen oder Kopfhalsanlegen an Kruppe u. Schulterandrängen von hinten links oder rechts her. Häufigeres Aufreiten ohne Erektion u. Schreien, in Hochrosse häufiges Probieraufreiten ohne Erektion, danach stumme Begattung mit leichtem Widerristbiß, Begattungswiederholung alle 1–2 Std. für 1–2 Tage. Tragzeit 330–365 Tage. 1 Laufjunges, ♀ lernt durch Belecken nach Geburt Junges kennen, letzteres braucht umgekehrt mehrere Tage, daher vertreibt ♀ alle Artgenossen u. Tiere aus Nähe, damit durch Nachlauftrieb Fohlen nicht falsch geprägt wird. ♀ verteidigt Fohlen gegen kleine bis mittelgroße Raubtiere. Bei großer Dürre lassen Mütter Fohlen oft ganzen Tag allein, um bis 10 km weit zur Tränke u. zurück zu ziehen. Fohlen bleiben dösend stehen, haben keine Flucht- u. Schutzreaktion und sind dann sehr feindgefährdet. Säugezeit rd. ½ Jahr, nicht genau bekannt. – **Gr** 1 Jahr, volle Empfängnisfähigkeit erst mit 2½ Jahren, 1. Setzen mit 3–3½ Jahren (nur jedes 3. Fohlen überlebt). Jung-♂ kommen erst zum Decken, wenn sie mit 5–7 Jahren Tr halten können. – **Ld** Bis 40 Jahre u. mehr, in Wildbahn selten über 20.

Bergzebra, *Hippotigris (Hippotigris) zebra* (Linné, 1758). E: Mountain Zebra; F: Le Zèbre de montagne, Le Zèbre vrai; A: Bergkwagga 20/3

Kn Kopf, groß, Hals breit, mit kleiner Kehlwamme, Ohren mittellang, spitz, kurze Stehmähne von Scheitel bis Widerrist. Beine schlank, Hufe steil, Schwanz mit kräftiger

Endquaste bis unterhalb Ferse. Schnauze schwarz, oberhalb Nüstern braun. Grundfarbe weiß bis gelblich. Streifung schwarz, mittelbreit, erfaßt auch Mähne, auf Rücken z. T. gegabelt, auf Oberschenkeln breit bogenförmig, auf Gesichtsfront u. Kruppe schmal u. eng, an Beinen bis Fesseln hinunter als Querstreifung, am Bauch offen. Auch Schwanzwurzel quergestreift, Schwanzquaste oben etwas mit Grau untermischt. UA *zebra* unterscheidet sich von *hartmannae* durch kleinere u. eselartigere Gestalt sowie breitere u. enger stehende schwarze Rumpfstreifen, während *hartmannae* größer, pferdeartiger u. mit weiter auseinanderstehenden schmaleren Rumpfstreifen versehen ist. – **M&G** *zebra:* KR 220–225, SL 75–80, KH 120–125, G 230–250; *hartmannae:* KR ♂ u. ♀ bis 260, SL ♂ bis 55, ♀ bis 51; KH ♂ bis 150, ♀ bis 146; G ♂ bis 386, ♀ bis 322 (∅ 7jähr. ♂♂ 300, 4jähr. ♀♀ 275). – **V** Küstennahe Bergländer (meist nur bis rd. 150 km landeinwärts) von Gebiet rd. 150 km nl Mossamedes (Angola) sw bis SW- u. S-Kapprovinz (bis Cathcart-Bezirk, rd. 27° öl L.). Früher vielleicht auch in Groß-Namaqualand, doch seit 150 Jahren nie weiter nwl als Cedarberge, so daß damals bereits beide UA rd. 1000 km voneinander getrennt waren. *Zebra* (Kapbergzebra) ursprünglich weiter in Kapprovinz (aber nie außerhalb dieser) verbreitet, von Kannesbergen in Klein-Namaqualand im NW bis Amatolaberge bei Cathcart im O u. den Suur- u. Bamboesbergen im N. Nur 75–100 km von Kapstadt entfernt lebten Bergzebras auf dem Paardeberg bei Malmesburg, dem Seronsberg bei Riebeek Kasteel, dem Paarl- u. Franschoekberg bei Paarl u. den Hottentotten-Holland-Bergen bei W-Somerset. Ausgerottet bis auf einige Dutzend Tiere im Cradock-Gebiet. Seit 1950 streng geschützt. Nunmehr rd. 170 Tiere, größtenteils im Bergzebra-Nationalpark bei Cradock, kleinenteils im De Hoop-Naturschutzgebiet unweit Kapstadt u. rd. 40 noch verstreut freilebend in Gamka-, Kamanassie-, Outeniqua- u. Kouga-Bergen in S-Kapprovinz. *Hartmannae* (Frau Hartmanns Bergzebra). Vor 25 Jahren noch gut 100 000 in SW-Afrika u. S-Angola von Mossamedes bis Oranje. Heute nur noch 6000–6500 in 4 Restvorkommen: 1. vom Iona-Wildschutzgebiet am N-Ufer des Kunene sw bis Ugabflußgebiet, 2. Erongo-Berggebiet, 3. Khmoas-Hochland-Gebiet (Swakop bis Zarisberge), 4. Fischflußschluchtgebiet (S-SW-Afrika). – **Lr** Trockenes Berg- u. Hügelland. Hartmannszebra nur im Bergland zwischen Hochplateau im mittleren u. öl Teil SW-Afrikas u. Namib im W (also Plateauabfallhänge-Gebiet, das sich von N nach S erstreckt), nach stärkeren Regen auch in sich begrünender Wüste vor dem Bergland. – **Tr** Wohngebiet 5–20 km², zur Regenzeit kleiner als zur Trockenzeit, *zebra* nur 3–5 km², da sehr ortstreu. Nicht territorial, selbst Alt-♂ nicht. – **Tt** Hauptäsungs- u. Tätigkeitszeiten frühmorgens u. spätnachmittags, mittags im Schatten. Ruhen u. Schlafen nur im Stehen mit gesenktem Kopf, fast nie im Liegen, nur junge Fohlen legen sich öfter hin (5–35 Min.). Tägliches Umherziehen, auch zur Tränke, in Regenzeit bis 5 km, in Trockenzeit weiter. – **Kp** Wälzen im feuchten Sand oder im trockenen Staub. Im Liegen Scheuern von Kopf, Hals u. Bauch, im Stehen Scheuern an festen Objekten. Keine gegenseitige Hautpflege (Beknabbern oder Belecken), nur jüngeres Fohlen beknabbert Nacken u. Mähne der Mutter. – **Lt** *Zebra* praktisch stumm, *hartmannae* lautfreudiger. 1. Schnauben beim Weiden u. Ruhen als Stimmfühlungslaut, 2. desgleichen auf weite Entfernung (100 m u. mehr) mehrsekundiges wiederholtes hohes Pfeifen, mit heiserem Grunzen endend, 3. kurzes heftiges Nießschnarchen als Erregungslaut, wird bei Verdacht oft wiederholt, 4. kurzes heiseres meist zweimaliges Bellen als Alarmruf (kann Flucht aller Zebras auslösen), 5. i-ho-Laut (Betonung auf 1. Silbe), entsteht beim Ein- u. Ausatmen, dient auch als Warnruf, 6. Quietschen als Schmerzlaut, Demutslaut gegenüber überlegenen Artgenossen (♀ gegen werbendes ♂, Jung-♂ gegen Alt-♂, älteres Fohlen gegen Mutter). Das saugende Fohlen ist stumm, kein Verbindungslaut zwischen Mutter u. Fohlen. – **S** Sehvermögen im

Bewegungssehen gut, Hör- u. Riechvermögen gut. – **Fd** Löwe, Leopard, Gepard, Fleckenhyäne, Hyänenhund; außer Löwe u. Hyänenhund reißen sie meist Fohlen u. Jungtiere. Normalerweise Flucht, in geschlossener Formation, Alt-♀ führt, Alt-♂ folgt u. beobachtet Feind. Bei Bedrängnis mutige Abwehr durch Auskeilen mit Hinterbeinen. ♀ verteidigt Fohlen, besonders im 1. Vierteljahr. – **N** Gräser, nur in Notfällen auch Laub u. Rinde. Tägliches Trinken zu jeder Tageszeit, manchmal zweimal (morgens u. abends), daher nicht allzuweit von Wasserstellen entfernt, notfalls 1–2, selten 3 Tage Auskommen ohne Wasser. Bei Versiegen oder Verschmutzen der Wasserstellen Ausscharren solcher in Flußbetten bis 90 cm Tiefe. Werden von übrigem Wild mitbenutzt. – **Gs** Gesellig in ♀♀-Trupps mit Fohlen u. 1 Alt-♂ (4–7, seltener 2–13 Tiere; davon 2–4, selten 5 oder 6 erwachsene ♀♀). Alt-♂ ist Ranghöchster, schlägt andere ♂♂ ab, ♀♀ haben Rangordnung unter sich. ♀♀ bleiben ständig im Trupp, Alt-♂ wird durch kräftigeres ♂ ersetzt, wenn zu alt oder krank. ♀-Fohlen bleiben bis 1 Jahr bei Mutter, höchstens 2 Jahre beim Trupp, sind dann voll geschlechtsreif u. begründen mit Jung-♂ neuen Familientrupp. ♂-Fohlen verläßt vor Geschlechtsreife Familientrupp, schließt sich ♂♂-Trupp (2–7, selten 10) an, in dem alle haremlosen ♂♂ von $1^1/_2$–15 Jahren. – **Fp** Nur Haremsbesitzer ist deckfähig, folgt rossig werdendem ♀ hartnäckig bis Hochrosse, legt beim Decken Kopf auf ♀-Schulter u. Ohren an, ♀ macht Rossigkeitsgesicht. Deckdauer nur Sekunden, rd. stündliche Wiederholung über 1–2 Tage. Tragzeit 1 Jahr (362–365 Tage). 1 Laufjunges. Geburts-G rd. 25, -KR rd. 120. Hauptsäugezeit 2 Monate, Entwöhnung mit 10 Monaten, erstes Gras bereits wenige Tage nach Geburt. Skelettwachstumsende mit $2^1/_2$ Jahren. – **Gr** ♀ mit 2, ♂ mit $3^1/_2$ Jahren. 1. Fohlen mit 3 Jahren, Hauptsetzzeit in Regenzeit November–April, vereinzelte Geburten auch in den übrigen Monaten. – **Ld** In Gefangenschaft bis 25 Jahre nachgewiesen.

Grevyzebra, *Hippotigris (Dolichohippus) grevyi* (Oustalet, 1882). E: Grevy's Zebra; 20/4
F: Le Zèbre de Grévy
Kn Größter Einhufer, Kopf lang u. schmal, Ohren auffallend groß, breit abgerundet, Hals kurz u. breit, Stehmähne von Scheitel bis Widerrist, Beine schlank, Hufe steil, Schwanz anfangs rund, dann mit langer Endquaste bis unterhalb Ferse. Grundfarbe weiß. Querstreifen schwarz, am Kopf schmal u. eng, am Hals breit, auf Mähne übergreifend, an Schultern u. Rumpf schmal, auf letzterem manchmal gegabelt, am Bauch offen, auf Kruppe bogenförmig. Beine bis Hufe eng quergestreift. Mähnenhaarspitzen braun, ebenso Aalstrich von Widerrist bis Schwanzanfang, auf Kruppe durch weißes Band von Querstreifen getrennt. Schnauze schwarz, über Nüstern brauner, darüber weißer Fleck. Ohren innen dicht weiß behaart, Rand schwarz, Spitze weiß. Schwanzquaste anfangs weißlich, Endteil schwarz. – **M&G** KR 250–260, SL 70–75, KH 150–155, G 350–430. – **V** Östlich in W-Abhang des Großen Grabens (Linie Rudolfsee, Omofluß, Suaisee, Hawaschfluß) von N-Kenia (N-Ufer des Tana-Flusses) u. S-Somalia nw bis S-Danakil. In Somalia z. T. ausgerottet u. bedroht. In N-Kenia noch rd. 10000 Tiere, auch in Äthiopien größtenteils noch gesichert. Im Tsavo-Nationalpark (SO-Kenia) 1963 ausgesetzt. Keine UA. – **Lr** Trockensavanne bis Halbwüste. – **Tr** Wie Wildesel (S. 113). – **Tt** Hauptzeiten 1. Morgen- u. 2. Nachmittagshälfte, mittags (wenn möglich im Schatten) eng nebeneinanderstehend ruhend, auch Schlafen im Stehen, nur jüngere Fohlen legen sich nieder. – **Kp** Schwanz- u. Beinschlagen u. -stampfen, Scheuern aneinander (Stirn an Schulter u. Brust, Halsunterseite an Rücken oder Nacken u. Rücken an Unterkiefer u. Kehle des Nachbarn), Kratzen mit Hinterfuß, Wälzen in Erde u. Sand, Körperschütteln u. Hautzucken. Kein gegenseitiges Beknabbern. – **Lt** Erregungsgrunzen, kurzes Warnschnauben, langes Wohl-

befindensschnauben, Suchrufe bei Mutter u. Fohlen, Tr-Markierungsgebrüll des ♂ gleicherweise als Treiblaut, wenn ♂ ♀ treibt, u. als Vertreibungslaut, wenn Alt-♂ Jung-♂ verjagt, als eselartiges mehrfach unterbrochenes, tiefes Ausatmungsgebrüll u. hohes Einatmungspfeifen. – **S** Seh- u. Hörvermögen sehr gut, Riechvermögen gut. – **Fd** Löwe, Leopard, Fleckenhyäne, Hyänenhund. Über Feindangriffe u. -abwehr liegen keine Beobachtungen vor. – **N** Nur Gräser. Tägliches Trinken üblich, Auskommen ohne Wasser höchstens 3 Tage. Wie Bergzebra scharrt auch Grevyzebra Wasserlöcher (bis 60 cm tief) in Flußbetten. – **Gs** Wildesel (S. 113) ähnlich, ♂♂ einzeln (meist territorial) oder in ♂♂-Trupps (½–1, selten 1½ Dtzd.), ♀♀ mit Fohlen in eigenen Trupps (Kopfzahl wie ♂♂-Trupps), jahreszeitlich auch Mischherden (♂♂-♀♀-Fohlen) aus 100–450 Tieren. Außer ♀-Junge-Beziehung keine engere Bindung der Tiere untereinander, bei Ortsveränderungen kein aktives Leittier, territoriales ♂ allen anderen überlegen, übrige Tiere ohne Rangordnung. Oft in lockerer Vergesellschaftung mit Steppenzebras, Giraffen, Spießböcken oder Elenantilopen. – **Fp** Werbung, Paarung, Fohlenbetreuung Wildesel sehr ähnlich (S. 113). Tragzeit 390 Tage (nach nur 1 Beobachtung; daher unwahrscheinlich, wahrscheinlich rd. 1 Jahr wie die anderen Einhufer auch). Säugezeit rd. ½ Jahr, nicht genau bekannt. Fohlen bleiben 1½–2 Jahre bei Mutter. – **Gr** ♂ u. ♀ 3½–4 Jahre, erstes Fohlen mit 4½–5 Jahren. Hauptsetzzeit Juli–August, doch Geburten in allen Monaten. 1. Rosse 1½–3 Wochen nach Abfohlen. – **Ld** In Gefangenschaft rd. 21 Jahre nachgewiesen.

21/1–4 **Steppenzebra,** *Hippotigris (Quagga) quagga* (Gmelin, 1788). E: Burchell's Zebra, Bontequagga, Quagga; F: Le Zèbre de steppe, Le Zèbre de Burchell, Le Couagga; A: Bontkwagga, Zebra; K: Punda milia

Kn Kopf mittelgroß, Hals kurz u. breit, Rumpf rundlich, Beine schlank, Schwanz mit langer Endquaste bis unterhalb Ferse. Ohren klein, Stehmähne von Stirn bis Widerrist, Schnauze schwarz, über Nüstern brauner Fleck. Grundfarbe weiß bis gelblich, Kopf u. Beine bis Hufe mit enger, Hals, Rumpf u. Keulen mit breiter, weit stehender, z. T. gegabelter, auch auf die Mähne übergreifender, am Bauch offener Streifung. Fohlenfell etwas wollig, Streifung bräunlich. Tiere mit verblaßter oder fehlender (Gelblinge, Weißlinge) oder vermehrter Streifung (Schwärzlinge) oder fehlender oder in den ersten 5 Jahren ausfallender Mähne in O-Afrika öfter antreffbar. Auch individuelle Musterabänderung groß. Innerhalb Gesamtverbreitung verblaßt Hinterkörperstreifung zunehmend von Nord nach Süd. 5 UA: 1. Böhm- oder Grantzebra (*böhmi, = granti*), Grundfarbe weiß, Streifen schwarz, Beine bis Hufe gestreift. 2. Selouszebra (*selousi, = wahlbergi*), Grundfarbe weiß, Streifen enger u. zahlreicher als bei 1, Beine wie 1. 3. Chapman- oder Damarazebra (*antiquorum, = chapmani*), Grundfarbe gelblich, oft Schattenstreifen zwischen schwarzbraunen Hauptstreifen, Keulenstreifen bräunlich, abgeschwächt, untere Beinteile nur schwach gestreift. 4. Burchellzebra (*burchelli*), Grundfarbe gelblich, Bauch u. Beine weiß, letztere ungestreift oder mit nur einigen schwachen Schattenstreifen. Mähne, Schwanzquaste u. Streifen braun, Streifen breit u. weit stehend, ab Schulter mit Schattenstreifen dazwischen, Hinterkeulenstreifen nur noch schwach angedeutet. 5. Quagga (*quagga*), Grundfarbe gelblich, Bauch u. Beine weiß, Mähne, Schwanzquaste u. Streifen braun, nur an Kopf u. Hals klar ausgeprägt, (a) Rumpf einheitlich braun mit schwacher, etwas dunklerer, nur halblanger Streifung im vorderen Teil oder (b) brauner Rumpf mit sehr breiten, normal langen braunen Streifen, Hinterkeulen beige mit schwachen schmalen Schattenstreifen. Zwischen a u. b alle Übergänge möglich. – **V** O- u. S-Afrika, 5 UA: 1. Böhmzebra (*böhmi*): von M-Sambesi-, Luangwa- u. Rovumafluß nw bis SO-Sudan, SW- bis M-Äthiopien (im Großen Grabental von Boran bis Suai-See) u. S-Somalia.

Teilweise ausgerottet, in S-Somalia bedroht. 2. Selouszebra (*selousi*): M- u. N-Mozambique, O-Rhodesien, Sambia u. Malawi. Teilweise ausgerottet, sonst wenig gefährdet. 3. Chapmanzebra (*antiquorum*): N-Transvaal, S-Mozambique, W-Rhodesien, N-Botswana, S- u. SO-Angola. Teilweise ausgerottet, sonst wenig gefährdet. 4. Burchellzebra (*burchelli*): Zululand, S-Transvaal, Oranje, S-Botswana, NO-Kapprovinz, S-Kaokoveld u. Etoschapfanne. In Oranje (Tiere mit schwächster Streifung, eigentliches Burchellzebra) 1910 ausgerottet, später andere UA-Vertreter wieder ausgesetzt, im Zululand nur noch in Wildschutzgebieten, in O- u. N-Transvaal häufig, in W-Transvaal selten, in M-Transvaal wieder ausgesetzt, im Okavangagebiet selten. 5. Quagga (*quagga*): SW-Kapgebiet nw bis Groß-Namaqualand, ow bis Keifluß, nw bis Vaalfluß (O-Grenze etwa entlang Grenze Orange/Natal). Ausgerottet, letzte 3 Tiere starben in europäischen Zoos: 1872 London, 1875 Berlin, 1883 Amsterdam. – **M&G** KR ♂ 200–245, ♀ 190–245; SL ♂ 43–51, ♀ 47–57; KH ♂ 120–142, ♀ 106–125; G ♂ 220–355, ♀ 175–335. – **Lr** Offene u. locker bewaldete Savanne sowie Grassteppe, in Ebene u. Hügelland, im Gebirge bis 4500 m. – **Tr** Wohngebiet einer Familie, das mit anderen Familien geteilt wird, 80–200 km^2, darin jahreszeitliche Wanderungen u. tägliche Ortsbewegungen (oft auf ausgetretenen Wechseln) zu Schlaf-, Weide-, Wälz-, Scheuerplätzen, Tränken u. a. Einrichtungen. Kein Tr. Absetzen von Kot u. Harn des ♂ auf Kot oder Harn seiner ♀♀ sowie auf Kot anderer ♂♂ ist keine Tr-Markierung. – **Tt** Hauptsächlich tagsüber. Mit Sonnenaufgang Aufbruch vom Schlafplatz zu Weide (im Gänsemarsch), dort Fressen, Wälzen, Trinken, Ruhen in Abwechslung. Spätnachmittags Rückmarsch zum Schlafplatz. Nachts 3 Ruhezeiten mit kurzem Weiden dazwischen. Bei Kälte u. Regen Verbleib in Schlafplatznähe. – **Kp** Hautzucken, Schütteln, Schwanzschlagen, Beinstampfen, Kratzen mit Hinterfuß, Fellbeknabbern, Scheuern an Bäumen, Termitenhaufen u. ä., Wälzen auf trockenem Boden oder Sand, seltener Gras. Gegenseitiges Beknabbern aller Tiere einer Familie

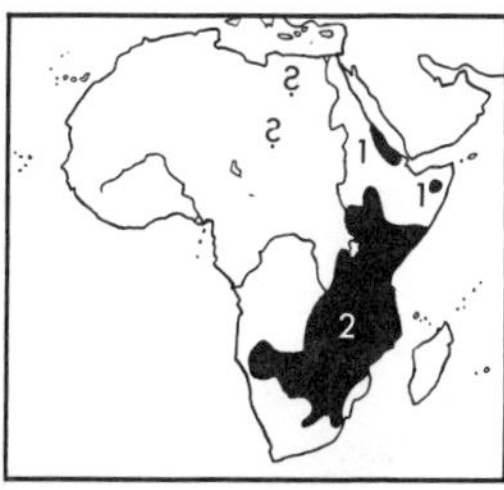

1 Afrikanischer Wildesel
2 Steppenzebra

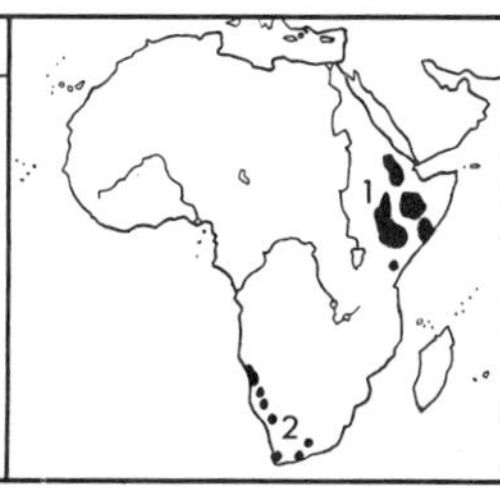

1 Grevyzebra
2 Bergzebra

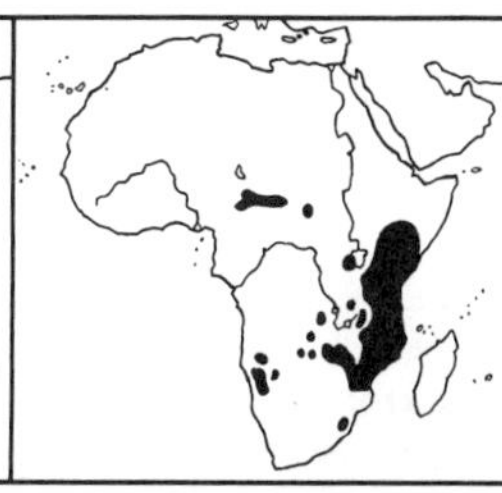

Spitzmaulnashorn

untereinander. Werbendes ♂ bekknabbert ♀ an Kruppe, Schwanzwurzel u. Hinterbeinen. – **Lt** Warnruf »i-ah« oder kurzes lautes Schnauben, langes Schnauben bei Wohlbefinden, kurzes Quieken als Klageruf kämpfender ♂♂, langes Quieken des Fohlens als Notruf (alarmiert Familie), Wiehern (i-ha, Ein- u. Ausatmen, in mehrfacher Folge) als Stimmfühlungslaut, Tiere erkennen sich am Ruf. – **S** Hörvermögen gut, Sehvermögen nicht schlecht, Riechvermögen mäßig. – **Fd** Hauptfeind Löwe, in manchen Landschaften auch Fleckenhyäne, ferner Hyänenhund, für Fohlen Leopard u. Gepard. Einzelne Hyänen werden verjagt, angreifende Löwen u. Hyänen durch Auskeilen abgewehrt (ev. auch schwer verletzt). Bei Bedrohung Zusammenrücken der Familie, ev. Abzug mit Leit-♀ an Spitze u. Alt-♂ als Nachhut. Am Schlafplatz wacht stets eines der Tiere. – **N** Gräser, an einigen Plätzen nebenbei Blätter u. Rinde. Erde wird wegen Mineralienbedarf gefressen. Jungfohlen fressen in ersten Tagen Mutterkot, um Darmflora u. -einzeller aufzunehmen. Regelmäßiges Trinken, Wasserentbehrung für höchstens 3 Tage, auch salz- u. sodahaltiges Wasser wird getrunken. – **Gs** ♀♀-Trupps aus 1–6 ♀♀ mit Fohlen u. 1 Alt-♂ bilden eine Familie. Alt-♂ am ranghöchsten, danach ♀♀ meist Alter nach unter sich. ♀♀ bleiben bis Tod dort, Alt-♂ bis 16–18 Jahre, dann kampflose Ablösung durch 6–8jähriges Jung-♂. Verwaiste Familien übernimmt Jung-♂ oder Alt-♂ mit Familie, dann bilden beide ♀♀-Trupps in 2 Wochen neue Rangordnung. Jung-♀-Rosse mit 1¼ Jahr, ♀ wird dann von Jung-♂ der Familie entführt zwecks Gründung neuer Familie. Jung-♂ geht mit 1 Jahr aus Familie, wenn Mutter neues Fohlen oder wird geduldet, bleibt dann bis zum 4. Jahr, danach Überwechseln in ♂♂-Trupps (2–10 Köpfe), die 1¼jährige bis alte ♂♂ enthalten u. Nachwuchs für Familienhengste stellen. Verhältnis Alt-♂ zu Jung-♂♂ in Familie gut, ersteres vertreibt Jung-♂♂ nicht. Sehr alte, kranke u. verletzte ♂♂ als Einzelgänger. Familien halten auch innerhalb Großherden zusammen, erkennen sich an Streifenmuster, Stimme u. Geruch. Vergesellschaftung mit Hartmann-, Grevyzebras, Spießböcken, Elenantilopen, Gnus, Giraffen nicht selten. – **Fp** Rivalisierende ♂♂ kämpfen um ♀ (♀♀ um Rangordnung) mit Halskampf im Stehen, Beißkampf im Stehen u. Sitzen (Beißen nach Beinen), Steigkampf mit Beißen u. Vorderhufschlagen u. Laufkampf (Verfolger beißt, Verfolgter keilt aus). Keine Demutgebärde, da Flucht jederzeit möglich; obwohl Kampf Beschädigungskampf, selten ernste Verletzungen. ♀ in Rosse läßt ♂ dichtauf folgen, ♀-Kruppe beriechen, belecken, beknabbern. Erst in Hochrosse ♀ deckbereit. Sprung nur wenige Sekunden, ♂ legt Kopf auf ♀-Widerrist, rd. alle 1–2 Std. Decksprungwiederholung über 1–2 Tage. Tragzeit rd. 1 Jahr. Hauptfohlzeit in Tansania Oktober–März, Sambia Juni–September, Rhodesien Juli–August, NW-Botswana Dezember–Februar, O-Transvaal September–März. 1 Laufjunges, Zwillinge selten. ♀ beleckt Fohlen nach Geburt eingehend, lernt es so kennen, frißt weder Embryonalhüllen noch Nachgeburt, setzt in Familiennähe, Alt-♂ wacht. Mutter verjagt erste Tage alle Tiere von Fohlen, da dieses angeborene allgemeine Nachfolgereaktion hat, Fohlen kennt Mutter erst nach 3–4 Tagen. Mutter verteidigt Fohlen gegen kleine u. mittelgroße Raubtiere. Säugezeit mindestens ½ Jahr, 1. Gras nach wenigen Tagen. Selbständigwerden s. Gs. – **Gr** ♀ mit 1¼, voll empfängnisfähig aber erst mit 2½ Jahren, ♂ mit 1½ Jahren, voll zeugungsfähig erst mit 2½–3 Jahren, erste Deckmöglichkeit mit 5–7 Jahren als Familien-♂. ♀-Fruchtbarkeit bis 20 Jahre, im Durchschnitt 1 ♀ jährlich 1 Fohlen, von denen nur jedes 2. überlebt. Geschlechterverhältnis bei Geburt u. bis 2 Jahre rd. 1 : 1, bei Erwachsenen ♂ : ♀ : 1 : 1,25–3,25. – **Ld** In Gefangenschaft bis 40 Jahre, in Wildbahn meist nur bis 20 Jahre.

Nashörner, Rhinocerotidae

Große bis sehr große (KR 200–420, SL 50–100, KH 100–200), großköpfige, plumpe Pflanzenfresser mit 1–2 Hörnern aus Haarfasern auf dem Nasenrücken. Augen klein, Ohren klein bis mittelgroß. Schwanz mittellang mit Endquaste. Beine stämmig, mit je 3 Zehen und Nagelhufen an jedem Fuß und elastischem Sohlenpolster unter den Zehen. Rumpf tonnig. Haut weitgehend nackt, z. T. plattenartig dick gefaltet. Gb 0-1/0-1 · 0/0-1 · 3-4/3-4 · 3/3 = 24–34, Schneidezähne kegelförmig, z. T. ausfallend, Backenzähne niedrig- bis hochkronig mit verbundenen Querjochen. 2 Zitzen. Einzeln oder in kleinen Trupps gehende Gras- oder Laubfresser in Savanne und Wald. 4 Gattungen mit 5 Arten in Südasien und Afrika, in letzterem die beiden Gattungen *Diceros* und *Ceratotherium* mit je 1 Art.

Spitzmaulnashorn, *Diceros bicornis* (Linné, 1758). E: Black rhinoceros, Hook-lipped Rhinoceros; F: Le Rhinocéros noir, Le Rhinocéros bicorne ordinaire; A: Swartrenoster; K: Faru 22/1

Kn Kopf lang, mit zugespitzter Greifoberlippe, kleinen, ziemlich weit vorn stehenden Augen, mittelgroßen, etwas zugespitzen Trichterohren mit Haarfransensaum (in O- u. SO-Afrika manchmal Tiere mit angeborener Ohrmuschellosigkeit und Halbschwänzigkeit) u. zwei Hörnern, von denen vorderes meist längeres (manchmal drittes kleines Horn). Nacken muskulös, jedoch ohne Höcker. Schwanz rund, mit endständiger kleiner Borstenhaarquaste, reicht nur bis Kniehöhe, Haut mit Wulstplatten an Hals, Brust u. Vorderbeinansätzen. Farbe grau. Kalb wie Alttiere, noch ohne Hörner u. stärkere Hautfalten. Gb 0-1 · 0 · 3-4 · 3 = 24–32, I fallen früh aus. – **M&G** KR 295–360, SL 60–70, KH 140–225, G 700–1600, vorderes Horn bis 120 (∅ 50–80), hinteres bis 60 (∅ 35–40). – **V** Von NW- u. S-Ufer des Tschadsees u. N-Kamerun ow durch geographischen Sudan bis W-, S- u. O-Äthiopien, M- u. S-Uganda, Kenia, Tansania, SO-Zaire, S-Angola, SW-Afrika sw bis Oranje, N-Botswana, Rhodesien, O- u. SO-Sambia, Malawi, Mozambique u. Südafrikanische Republik bis Kapprovinz. Heute nur noch in S-Tschad, Zentralafrikanischer Republik, S-Sudan, S-Äthiopien, S-Somalia, N-Uganda, Kenia, O-Tansania, SO-Zaire (nur wenige Plätze), Sambia, Malawi, N-Rhodesien, S-Angola, NW-Südwestafrika, N- u. M-Mozambique u. Natal. Wiederausgesetzt im Kagera-Nationalpark in Ruanda, im Wankie- u. Rhodes-Matopos-Nationalpark in Rhodesien. – Nach Körpergröße u. Schädellänge 7 UA unterscheidbar, darunter als größte Kap-Spitzmaulnashorn (*bicornis*) mit KH 202–224, als kleinste Somali-S. (*brucii*) mit KH 137–142. – **Lr** Meist trockenes, dicht mit Büschen sowie einzelnen Bäumen oder Gehölzen besetztes Buschland, aber auch im Grasland mit wenig Deckung u. in dichterem Wald, sogar Gebirgswald (bis 3500 m) anzutreffen. – **Tr** Wohngebietsgröße richtet sich nach Landschaftsgegebenheiten u. Jahreszeiten, schwankt somit zwischen wenigen ha im dichten Busch u. 75 km^2 in Halbwüste (SW-Afrika). Bei genügend Futter, Wasser, Schatten, Deckung u. Suhlen in Aufenthaltsnähe ortstreu. Tiere verteilen sich ziemlich gleichmäßig über Landschaft, wobei Einzelwohngebiete sich oft überlappen, Nachbarn gemeinsam zufallsverstreute Dunghaufen benutzen u. durch Begegnungen sich kennen, während Gebietsfremde verjagt werden. Sonst (besonders zur Trockenzeit) gemeinsame Benutzung von Äsungsgründen, Wasserstellen u. Suhlen durch Tiere eines ganzen Gebiets, die aus ihren Einständen regelmäßig dorthin ziehen (zum Wasser bis 15 km weit) u. sich dort begegnen können (kurzzeitige Ansammlungen bis 1 Dtzd. Tiere möglich) oder Gegend ohne festen Einstand für sich bleibend nomadisierend durchstreifen. Wohngebiet wird mit 50 cm breiten Haupt- u. Nebenwechseln u. festen Dungplätzen versehen. Nach dortiger Kotabgabe Zerstoßen der Kotballen mit Hinterfüßen zwecks Dufttränkung für Wechselmarkierung. ♂ harnt ritualisiert mit 1–4 waagerecht nach hinten gerichteten sich zerstäubenden Harnstrahlen bis 5 m weit gegen Büsche (Harndusche) vor u. nach Begegnung mit Geschlechtsgenossen. – **Tt** Hauptsächlich morgens u. abends, während Tageshitze Ruhen oder Schlafen im Schatten oder Sandgrube, auch nachts, unterbrochen von insgesamt rd. 6–7 Std. Ruhe, tätig. Wo ungestört, Trinken und Suhlen zu jeder Tageszeit, wo bejagt, tagsüber in Deckung. – **Kp** Schlammsuhlen (öfter stundenlang) oder (in Trockenzeit) Sandbaden durch Wälzen auf beiden Seiten, aber kaum über Rücken hinüber. Manchmal Schnauzen- u. Horngrundreiben an Baumstümpfen. – **Lt** Fiepen, Quieken, Grunzen, Röhren, Schnauben je nach Erregungszustand, dabei mehrfaches Schnauben als Alarmruf, Grunzen u. Röhren bei Paarung u. Kampf, Quieken als Stimmfühlungslaut u. Fiepen als Verlassenheitsruf des Kalbes. Ferner ein Tiefatemzuglaut bei Locken des Kalbes durch Mutter, bei Paarung u. Nähern einer Wasserstelle. – **S** Riech- u. Hörvermögen sehr gut (Riechen über mehrere km), Sehvermögen schlecht. – **Fd** Löwen u. Fleckenhyänen versuchen manchmal Kälber zu reißen, Hyänen versuchen dann Kalb Hinterbeine zu zerbeißen. Meist vertreibt oder tötet Mutter Angreifer, manchmal kommt sie zu spät, manchmal greifen auch führende Elefantenmütter Nashörner an, doch hat an sich Nashorn weder Angst vor Löwe, Hyäne oder Elefant. Nashorn senkt vor Angriff Kopf u. schnaubt, prescht dann los im Galopp (bis 50 km/Std. möglich) u. führt wuchtige Hornstöße. Oft nur Scheinangriff mit plötzlichem Abbremsen vor Ziel, Herumdrehen u. Flucht. Verhalten gegenüber Mensch zu Fuß je nach Alter, Erfahrung u. Situation zwischen Flucht u. Angriff, letzterer besonders durch selbstsicheres Alt-♂ bei Geruchausschaltung (Gegenwind) u. Sehen des sich bewegenden Menschen, erstere überall dort, wo Nashorn bejagt wird, nach Spurkreuzen oder durch Luftwitterung (bereits ab 1 km Entfernung). Kuhreiher, Gabelschwanzdrongo u. Madenhacker (fehlen im wl S-Afrika) begleiten oft Nashorn. Erstere beiden fressen vom Nashorn aufgescheuchte oder angezogene Insekten, letztere suchen Zecken u. Fliegen am Nashorn. Madenhackeralarmruf alarmiert auch Nashorn. – **N** Vorwiegend Blätter, Knospen u. Zweigenden von Sträuchern, Büschen u. Bäumen, auch Akazien mit langen Dornen u. Euphorbien. Bei letzteren Zweigabbrechen durch Hornhebeln (auch unter Aufrichten am Stamm), dabei öfter Hornspitzenabbrechen. Für Menschen hochgiftige Pflanzen werden schadlos gefressen. Futterpflanzenartenzahl hoch (örtlich bis 190), zu bestimmten Zeiten im Jahr starkes Bevorzugen von Hülsenfrüchtlern, wo letztere fehlen, aus Eiweißmangel auch kurzfristig Fressen des Kotes anderer Huftiere. Gras wird nur nebenbei, hauptsächlich zur Regenzeit gefressen. Nashorn erkennt beim Äsen Nährgehalt der einzelnen Pflanzen, frißt nur nahrhafte. Salz oder salzhaltige Erde wird gern gefressen, dabei mürber Mineralboden oder -gestein mit Horn gelockert, wodurch große Höhlungen entstehen können. Wasser wird täglich getrunken, in Trockenzeit notfalls bei kilometerweitem Anmarsch zur Tränke auch nur alle 2–3 Tage. In Trockenzeit Vertiefen von Wasserlöchern mit Vorderhufen bis rd. 1 m. – **Gs** Einzelgänger, nur Mutter-Kind-Bindung, manchmal verschieden alte Kälber bei Mutter (3–4er Gruppe). ♂ u. ♀ bleiben nur zur Paarung einige Tage beisammen, sonst gehen sich Tiere, vor allem Alt-♂♂ aus Weg, bei zufälligem Zusammentreffen nur kurze Fühlungnahme (Begrüßungszeremoniell). Zufallsansammlungen an Tränken u. Suhlen möglich (s. Tr). – **Fp** ♂ folgt in Hitze kommendem ♀ hartnäckig, bis dieses in Hochbrunft u. sich decken läßt (Laute s. Lt). Hitzezyklus 17–60, meist 26–30 Tage, Hitzedauer 2–4 Tage. Begattungsdauer 15–70, meist 20–60 Minuten, dabei mehrere Ejakulationen. Tragzeit 448–472 Tage, im Durchschnitt 15 Monate. 1 Laufjunges. Geburts-G 22–45, -KH rd. 45, KH nach 4 Monaten 83, nach 8 98, G nach 1 Monat 70, nach 2 100, nach 3 140, nach 4 165, nach 5 205, ausgewachsen nach 6–7 Jahren. ♀ leckt Neugeborenes ab oder nicht, frißt Nachgeburt oder nicht. Säugezeit rd. 1 Jahr, 1. u. 2. Tag Saugen alle 1–2 Std. für rd. 2–3 Min., ab 3. Tag 2–2½ Std., ab 5. Tag 3–4 Std. für 3–6 Min. 1. Festnahrungsprobieren mit 9 Tagen, richtiges Fressen ab 1 Mon., 1. Wassertrinken mit 3½ Mon. 1. Suhlen u. Kotscharren mit 3 Mon. Hornwachstumbeginn (Vorderhorn) mit 4–5 Mon. Mutter verjagt Kalb vor neuer Geburt, Kalb kehrt jedoch oft später zurück, sonst vorerst Anschlußsuche bei Altersgenossen. Abstand zwischen 2 Geburten 24–40 Monate, ♀-Fruchtbarkeit bis 30 Jahre, 1. Hitze nach Geburt ab 12. Tag, doch 1. Befruchtung erst im 3.–7. Monat. Geschlechterverhältnis rd. 1 : 1. – **Gr** ♂ u. ♀ mit 4–5½ Jahren, erste Befruchtung nicht vor 4½, meist erst mit 6–7 Jahren. – **Ld** Bis 40 Jahre.

Breitmaulnashorn, *Ceratotherium simum* (Burchell, 1817). E: Wide mouthed Rhinoceros, White Rhinoceros, Square-lipped Rhinoceros; F: Le Rhinocéros blanc, Le Rhinocéros de Burchell; A: Witrenoster 22/2

Kn Gestalt ähnlich Spitzmaulnashorn, aber größer u. mit ausgeprägtem Nackenhökker. Kopf wird meist tief gehalten. Augen, Ohren, Hörner u. Schwanz wie Spitzmaulnashorn, doch Farbe etwas heller grau, Oberlippe sehr breit u. Vorderhorn meist sehr lang. Kalb wie Alttiere, noch ohne Hörner u. starke Hautfalten. Gb 0-1 · 0 · 3 · 3 = 24–28, I fallen früh aus. – **M&G** KR 360–380, SL 90–100, KH 175–205, G $3\frac{1}{2}$–$4\frac{3}{4}$ t, vorderes H bis 158 (∅ 90–110), hinteres meist erheblich kürzer (genauere Angaben fehlen), ♀-H länger u. dünner als ♂-H. – **V** Zwei weit getrennte Vorkommen: 1. Nördliches Br. (*cottoni*): S-Tschad wl bis Tschadsee, O-Zentralafr. Rep., NO-Zaire, S-Sudan wl Nil u. NW-Uganda. Überall Bestände durch Hornwilderei stark zurückgegangen u. bedroht. Heute nur noch in N-Ubangi (Zentralafr. Rep.), SW-Sudan, N-Uganda u. NO-Zaire, insgesamt höchstens 200–300 Tiere. Im Kabalega-(Murchison Falls-)Nationalpark ausgesetzt. 2. Südliches Br. (*simum*): früher S-Afrika sw ab SO-Angola u. Sambesi außer wl Kapprovinz, heute ausgerottet bis auf Restbestand in SO-Angola u. gutem Bestand (über 2000 Tiere) Hluhluwe- u. Umfolozi-Wildschutzgebiet in Natal. Von letzteren beiden Aussetzungen in 4 weiteren Schutzgebieten Natals, im Krüger-Nationalpark in O-Transvaal, im Chobe-NP u. Moremi-NP in Botswana, im Kuneneland in SW-Afrika, im Wankie-NP u. Rhodes Matapos-NP in Rhodesien, im Meru-NP u. im Tsavo-NP in Kenia, sowie Exporte in Zoos in aller Welt (bis 1973 über 500 ausgeführt). – **Lr** Buschland mit Dickichten für Deckung, Bäumen zum Schattenspenden, Grasflächen zum Äsen u. Wasserstellen zum Trinken. – **Tr** Geeignete Landschaft wird von Alt-♂♂ in Tr von rd. 2 km^2 aufgeteilt. Tr ist für Alt-♂ = Wohngebiet, da in ihm alle Tätigkeiten ausgeübt werden. Alt-♂ bleibt jahrelang im Tr, nur am Trockenzeitende alle 3–4 Tage Verlassen, um zur Tränke zu wandern. Grenzsäume zwischen Tr schmal. 20–30 Dunghaufen im Tr u. an Grenze. Alt-♂ kotet u. harnt zeremoniell zwecks Markierung wie Spitzmaulnashorn (Hinterbeinscharren in Dung, Harnduschen s. S. 119). Meist 1–3 jüngere Beibullen im Tr eines Alt-♂, werden geduldet, Harnen u. Koten unzeremoniell wie ♀, Koten auf gleiche Dunghaufen ohne Scharren, verlassen ab u. zu Tr. Wohngebiet eines Alt-♀ erstreckt sich über 6–7 Alt-♂♂ Tr, Größe rd. 10–12 km^2, Aufenthalt im Wohngebiet nur bei genügend Futter u. Wasser, sonst weitere Wanderungen über 2–4 Tage zu Wasser (Trockenzeit) oder Frischgras nach örtlichem Regen, doch stets Rückkehr. Bei Begegnungen von Alt-♂♂ an Tr-Grenze oder von ♀, Bei-♂ oder Jungtier mit Alt-♂ im Tr bestimmtes Verhaltensritual u. kampfloses Auseinandergehen. Ist Bei-♂ so stark, daß es Alt-♂ mit Erfolg bekämpfen kann, kommt es zu ernstem Kampf, wobei Tod durch Hornstoß möglich. Wird Alt-♂ abgeschlagen, bleibt es als Bei-♂ im Tr, hört aber mit Harn- u. Kotzeremoniell auf. – **Tt** Äsen u. Ruhen im Abstand weniger Stunden nachts, morgens, spätnachmittags u. abends, während Tageshitze längeres Ruhen unter schattigen Bäumen, oft zu mehreren. Oft tags u. nachts Schlammsuhlen. Tägliches Trinken, am Trockenzeitende wegen weiten Wegs zur Tränke nur alle 2–3 Tage. Wo verfolgt, Trinken u. Suhlen nur nachts. – **Kp** Schlammsuhlen. – **Lt** Fiepen, Quieken, Grunzen, Röhren, Schnauben u. Prusten. Fiepen als Angst- u. Verlassenheitsruf des Kalbes, Quieken als Stimmfühlungs-, z. T. auch Angstlaut. ♂ grunzt u. schnaubt bei Werbung, ruft schrill trompetenartig bei Abweisung, bedroht Nebenbuhler mit Brüllen; kämpfende ♂♂ röhren u. brüllen. In Friedstimmung Prusten u. Grunzen. – **S** Wie Spitzmaulnashorn (s. S. 120). – **Fd** Außer Mensch keine Feinde, da von Angriffen durch Löwen, Leoparden, Geparden u. Hyänen nichts bekannt. – **N** Nur Gras, besonders Kurzgras. Trinken s. Tt. –

Gs Gesellungsformen: 1) ♀ mit Kalb; 2) ♀ mit jungem u. vorhergehendem Kalb (selten); 3) Junggesellentrupps aus 2–6 Jungtieren meist eines, seltener beider Geschlechter; persönliche Bindung nur jeweils zwischen 2 Tieren; 4) ♀, das Kalb verlor, duldet Anschluß von 1–6 Jungtieren, die alle nur an ♀ gebunden; 5) ♀ mit Kalb duldet Anschluß mehrerer Jungtiere; 6) 2 säugende ♀♀ gehen zusammen; 7) 2 säugende ♀♀ dulden mehrere Jungtiere neben ihren Kälbern; 8) Alt-♂ stets einzeln, schließt sich nur zur Paarung ♀ (nebst Anhang) an. – Wo Spitz- u. Breitmaulnashorn zusammen vorkommen, gemeinsame Dunghaufenbenutzung möglich. – Madenhacker, Kuhreiher u. Glanzstare als Breitmaulnashornbegleiter, Madenhackeralarmruf alarmiert auch Nashorn. – **Fp** Alt-♂ folgt in Hitze kommendem ♀ stetig, läßt ♀ nicht aus Tr heraus (jagt es notfalls mit Hornstößen zurück). Begattungsdauer 20–30 Minuten, mehrere Samenergüsse. Paarung in S-Afrika bevorzugt im Frühling nach Frischgrassprießen (Oktober–Dezember), dadurch Geburtenhäufung im März–Mai übernächsten Jahres. Tragzeit 16 Monate, ♀-Hitze alle Monat, 1. Hitze ½ Jahr nach Setzen, Geburtenabstand 2–3 Jahre, 1. Geburt mit 6–7, letzte mit 35–37 Jahren, Geschlechterverhältnis 1 : 1. ♀ setzt Kalb abseits im Dickicht, kehrt erst nach rd. 1 Monat in altes Gebiet zurück. Geburts-G 80–90, KR am 22. Tag 131, am 68. Tag 136, am 152. Tag 148, Vorderhorn am 22. Tag 1,6, am 68. Tag 2,5, am 152. Tag 6,3. Erstes Grasfressen mit 2 Monaten, Säugezeit gut 1 Jahr. Kalb bleibt 2–3 Jahre bei ♀, bis dieses neues Kalb setzt, dann Vertreibung u. Anschlußsuche bei Altersgefährte oder -tin oder kalblosem ♀. – **Gr** 4–5 Jahre. – **Ld** Bis 40 Jahre.

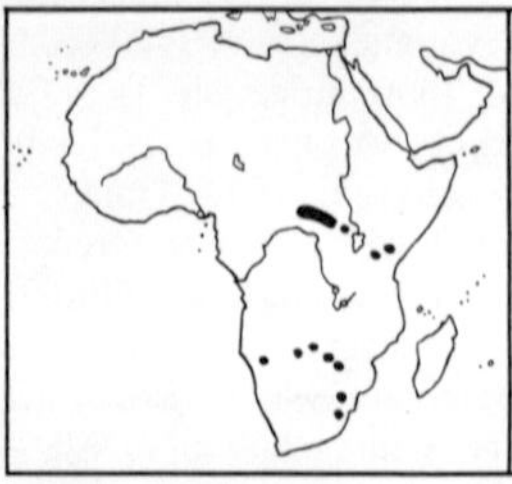
Breitmaulnashorn

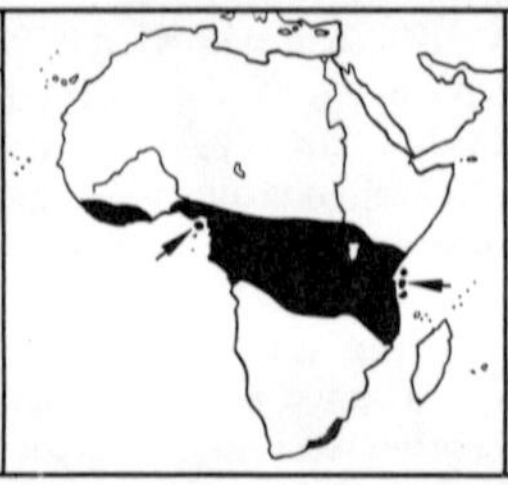
Baumschliefer

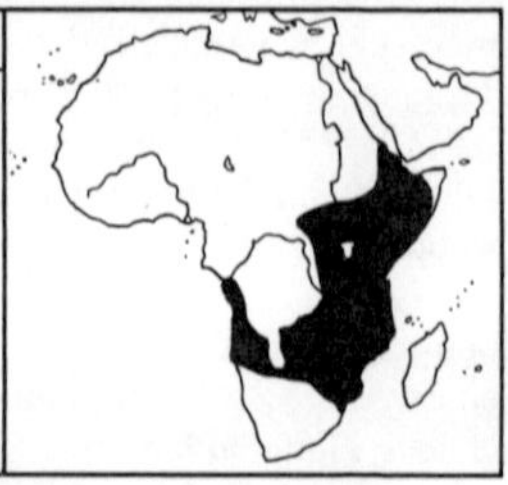
Buschschliefer

Schlieftiere, Hyracoidea

Schliefer, Procaviidae

Kaninchengroße u. -gestaltige Huftiere, jedoch mit kurzen, runden Ohren. Schnauze kurz, Oberlippe gespalten. Augen mittelgroß, mit großer Nickhaut. Fell dicht, kurz bis mittellang, mit feiner Unterwolle, leicht abstehenden Grannen u. langen, über den Körper verteilten Leithaaren. Einfarbig hellgrau bis schwarz. Auf Rückenmitte lang-schmales nacktes Hautdrüsenfeld, dessen Randhaare meist auffallend weiß bis orange. Schwanz fehlt. Beine kurz. Füße mit nackten elastischen Sohlenballen mit Schweißdrüsen. Zehen kurz u. gedrungen, Zahl 4/3, Nägel setzen sich über Zehenvorderkante auf Unterseite fort. Nagelglied der inneren Hinterfußzehe seitlich unter dem Nagel tief gespalten mit dadurch scharfkantigem Putznagel. Gb 1/2 · 1/1 · 4/4 · 3/3 = 38; obere I lang, gebogen, im Querschnitt dreikantig, Rückseite schmelzlos, dauerwachsend; untere schräg nach vorn gerichtet, mit 3 Kroneneinkerbungen, die z. T. im Erwachsenenstadium verschwinden. P u. M niedrig- bis hochkronig, ungefähr quadratisch, mit 2 verbundenen Doppelhöckern. Dünndarm mit großem, zweiteiligem Blinddarm u. einem weiteren großen Blindsack am hinteren Ende. Hoden bauchständig. Zitzenzahl 2–6. Einzeln, paarweise oder gesellig lebende, nacht- oder tagtätige, Bäume oder Felsen bewohnende Pflanzenfresser. Afrika (außer Atlas u. W-Sahara), Arabien, Palästina u. Libanon. 3 Gattungen mit je 1 Art, die alle 3 in Afrika vertreten.

Baum- oder **Waldschliefer,** *Dendrohyrax arboreus* (A. Smith, 1827). E: Tree Dassie, Tree Hyrax; F: Le Daman d'arbre; A: Bosdas, Boomdassie; K: Perere 23/1
Kn Fell ziemlich lang, dicht, weich-wollig bis seidig (bei *dorsalis*-Gruppe straff), grau-, mittel-, schwarzbraun oder schwarz (UA *emini* u. *nigricans* nl Zairefluß von schwarz bis weiß abändernd). Junge wie Erwachsene, manchmal heller. Bauch wie Rücken oder heller, z. T. ocker bis gelbweiß. Rückendrüse 2–7 cm lang, ihre Randhaare weiß bis gelb, bei *dorsalis*-Gruppe verlängert. *Dorsalis*-Gruppe (w- u. m-afrikanischer Regenwald) mit weißem Fleck hinter Kinn u. nacktem Nasenrücken (bei Jungen noch behaart), übrige UA ohne Fleck, mit Nasenrückenbehaarung. UA *arboreus* (O-Afrika u. SO-Kapküstenwald) mit weißlichem Überaugenstreif, Ohrrand, Unterohrfleck u. Lippenrand. Backenzahnkronen niedrig. Zitzenzahl meist 2, bei *arboreus* (Kapland) u. *ruwenzorii* (Ruwenzori) 4, bei *mimus* (Malawi) 6. – **M&G** KR 40–60, KH 25–30, G ♂ 2,5–4,5, ♀ 1,8–3. – **V** Regenwald W- u. M-Afrikas von Sierra Leone bis Großen Graben, O-Katanga u. NO-Angola, ferner feuchte Misch-u. Bergwälder O-Afrikas (Kenia, Tansania, Sambia, Malawi, Mozambique) u. Küstenregenwald Natals u. SO-Kaplandes. Auch auf den Inseln Fernando Poo, Sansibar, Pemba, Tumbatu, Mwana-Mwana, Wete u. Fundu. 15 UA. – **Lr** Tropischer Regenwald in Ebene u. Gebirge, bis 4000 m, immergrüner Küstenwald (im Kapland), Feuchtsavannenwald, Steppenmischwald, Oasenwald, Galeriewald, tropischer Inselwald (nach Waldvernichtung durch Mensch Felsbewohner). Auf Ruwenzori u. O-Zaire-Vulkanen auch im alpinen Gebiet oberhalb Waldgürtel als Felsbewohner. – **Tr** Standorttreu. Wohngebiet rd. 2–3 ha mit Wohnhöhlen, Futter-, Trinkplätzen, Kotplätzen auf Baum oder Boden (Kot rd. 1 cm große grüne Pillen, die zu kleinen Würsten zusammenbacken, mit der Zeit Bildung großer Haufen), Wechseln. Wohnhöhlen in Bäumen (oft in großer Höhe), außerhalb Regenurwald auch zwischen

Baumwurzeln oder in Erdhöhlen oder Felsspalten. Markierungsstellen an Bäumen durch Rückenrdrüsenreiben in Aufrechtstellung, außerdem Markierung durch Rufe (s. Lt.). – **Tt** Im Regenurwald tagsüber Ruhen in Baumhöhle, nachts Abstieg zum Fressen. Hervorragende Kletterfähigkeit, Tiere klettern sogar an dünnen, hängenden Lianen auf u. ab. Vor Ab- u. Wiederaufstieg zur Wohnhöhle Rufmarkierung des Wohngebietes (♂ u. ♀). Außerhalb Regenurwald z. T. bereits nachmittags munter. Im alpinen Hochgebirgsgürtel Tagtiere. – **Kp** Fellkratzen mit Putzkralle. – **Lt** Regenurwaldtiere markieren Wohngebiet täglich durch Rufe. Rufzeit 21–23^{h} u. 3–5^{h}. Ruf beginnt leise seufzend u. steigert sich bis rd. 150 Wiederholungen in kurzen Abständen bis zu ohrenbetäubendem, bis 3 km weit hörbarem Gebrüll, um plötzlich abzubrechen. Rufdauer 10–30 Min., Rufhaltung mit tief vorgestrecktem Kopf. Deutliche unterartliche Rufverschiedenheiten innerhalb Gesamtregenwaldgebietes. Grunzen bei Unmut, dazu hörbares Zähnefletschen, Schreien u. Bodenschlagen mit Vorderfüßen bei Erregung, Pfeifen bei Angst u. in Not. Jungtiere muckern wie Meerschweinchen als Verlassenheitsruf, zwitschern bei Zufriedenheit. Baumschliefer im Steppenwald rufen bei Dämmerungsbeginn ½–1 Std., Gesang beginnt mit Quaken, fährt fort mit Pfiffen, steigert sich zu Schweinequieken u. endet wie Kindergeschrei. – **S** Seh-, Hör- u. Riechvermögen gut. – **Fd** Leopard, Großeulen, außerhalb Regenurwald auch große Taggreifvögel u. Riesenschlange sowie Leopard, Serval, Karakal, Falbkatze u. große Schleichkatzen. Gegen kleinere Feinde Verteidigung durch wütende Bisse. – **N** Laub, Früchte, Kräuter, Gräser, Farne sowie Insekten, Eidechsen u. Vogeleier. Zum Fressen auch Absteigen auf den Boden. Trinkwasser steht ganzjährig zur Verfügung. – **Gs** Paarweise bzw. Eltern mit Jungen, einzelne Tiere auch als Einzelgänger. Auf Elgon im Höhengürtel um 2000 m Baum- mit Busch- u. Klippschliefern, auf Lavafelsen nl Kiwusee mit Pavianen im selben Lebensraum. – **Fp** Tragzeit 8 Monate, Paarungszeit im Regenurwald nicht begrenzt, im alpinen Ruwenzorigürtel Juli–September. Jungenzahl meist 1, öfter 2, selten 3, Geburts-G rd. 0,35–0,4, mit 1 Monat 0,6, 2 Mon. 0,8, 3 Mon. 1,0, 4 Mon. 1,1, 5 Mon. 1,3. KR bei Geburt 15–16, KH rd. 7. Junge voll behaart mit offenen Augen, klettern bereits am 1. Tag sehr gewandt. Säugezeit rd. 3 Mon., 1. Festnahrung mit 2–3 Tagen. – **Gr** Mit 16 Mon. – **Ld** 12 Jahre nachgewiesen.

60/2 **Busch-** oder **Steppenschliefer** *Heterohyrax brucei* (Gray, 1868). E: Rock Dassie, Rock Hyrax, Rock Coney, Yellow-spotted Dassie, Yellow-spotted Hyrax; F: Le Daman de steppe, Le Daman gris; A: Geelkoldas; K: Pimbi

Kn Fell kurz u. straff bis rauh. Oberseite schwärzlich-braun mit gelber Stichelung oder dunkelbraun bis hell-lohfarben oder weißgelb. Hals, Schultern, Flanken u. Beine heller als Oberseite, allmählich in gelb- oder grauweiße oder weiße Unterseite übergehend. Gesicht heller als Stirn u. Scheitel, z. T. Kinn, untere Ohrrückseite u. Füße weiß, z. T. Füße braun oder hellocker oder beides gemischt, Überaugenfleck u. Randhaare der 2–5 cm langen Rückendrüse gelbweiß bis weiß. Junge ähnlich Erwachsenen, bei hellen UA jedoch dunkler. Nasenrücken behaart, Backenzähne niedrigkronig, Zitzenzahl 6. – **M&G** KR 40–57, KH 15–25, G ♂ 2,25–3,25, ♀ 2,15–2,85. – **V** O-Afrika von Eritrea bis Transvaal (Eritrea, Äthiopien, ehemals Französ. Somaliland, S-Sudan, Uganda, Kenia, Tansania, Malawi, Rhodesien, Sambia, Mozambique, Transvaal) sowie W- u. S-Angola, N-Botswana. 6 UA. – **Lr** Ebene bis Gebirge (bis 2500 m), Wald (Galerie-, Busch-, Bergwald), Savanne u. Steppe. Aufenthalt nur auf Bäumen (Bergwaldbewohner) oder Felsen (Inselbergen) oder Termitenhaufen oder auf Bäumen u. Felsen bei gebüsch- oder baumbe- u. umstandenen Felskuppen (Kopjes) oder nur auf Felsklippen an Fluß oder in Savanne. – **Tr** Kolonie-Wohngebiet im Wald oder auf Felspartie (ähnlich Klippschliefer S. 125). Wohnhöhle in Baum, unter u. zwischen Felsen wie Klippschliefer oder in Erdhöhlen an Fluß. Auf Fels Kotplätze wie Klippfschliefer. Standorttreu. – **Tt** Wie Klippschliefer tagtätig. Tätigkeitsfolge mit Sonnen, Äsen, Schattenaufsuchen, sowie Temperaturabhängigkeit der Tätigkeitsstärke u. starkes Überwiegen der Untätigkeit innerhalb 24 Std. (rd. 95%) wie Klippschliefer (S. 125). Hervorragende Kletterfähigkeit auf Baum u. Fels. – **Kp** Fellkratzen mit Putzkralle, Sandbaden. – **Lt** Ähnlich Klippschliefer. Pfiffartiger Alarmruf wird auch von Klippschliefer beachtet. – **S** Wie Klippschliefer. Umbraculum nicht nachgewiesen. – **Fp** Wie Klippschliefer. Bei Gefahr blitzschnelles Baumverlassen u. Zuflucht in Fels- oder Bodenhöhle. – **N** Bevorzugt Baumlaub, aber auch Kräuter u. Gräser, Giftpflanzenverträglichkeit u. Wasserentbehrlichkeit wie Klippschliefer. – **Gs** Wie Klippschliefer, Kolonien meist nicht so kopfstark. – **Fp** Wie Klippschliefer, jedoch Jungenzahl 1–2, manchmal 3. Geburtsgewicht u. Heranwachsdaten nicht bekannt, doch ähnlich Baum- u. Klippschliefer. In O-Afrika Hauptsetzzeit Februar/März. – **Gr** u. **Ld** Wie Klippschliefer.

Klipp- oder **Wüstenschliefer,** *Procavia capensis* (Pallas, 1766). E: Rock Dassie, Rock Hyrax, Rock Rabbit, Rock Coney; F: Le Daman de rocher; A: Dassie, Klipdas, Klipdassie; K: Pimbi 60/1

Kn Fell kurz u. straff bis rauh (bei UA *mackinderi* auf Keniaberg lang). Oberseite dunkel rotbraun bis hell ocker oder graugelb, oft mehr oder minder schwarz gesprenkelt, öfter Hinterrücken rotbraun überhaucht, manchmal Oberkopf kastanienbraun u. vom Rücken abgesetzt, manchmal durch helles Halsband Kopf- von Rückenfarbe getrennt. Hals, Schultern u. Flanken meist heller als Rücken, Beine wie letzterer. Bauch heller als Flanken, gelblich bis weiß. Z. T. heller oder dunkler Fleck hinter Ohr. Randhaare der 2–10 cm langen Rückendrüse schwarz oder orange bis weiß, manchmal schwarz oder hell bei einer UA oder schwarz, braun u. gelb gemischt oder sich vom übrigen Rückenhaar kaum abhebend. Farbe oft abändernd, manchmal dunkle u. helle Tiere nebeneinander. Junge ähnlich Erwachsenen. Nasenrücken behaart, Backenzähne hochkronig, Zitzenzahl 6. – **M&G** KR 43–57, KH 20–30, G 2,5–5. – **V** Afrika außer Atlas, W-Sahara, Regenwald W- u. M-Afrikas, N-Malawi, Sambia u. größtem Teil Botswanas. Auch auf Robben- u. Dassen-Island in Tafelbucht am Kap der Guten Hoffnung. 16 UA. – **Lr** Felsblöcke, Blockhalden, Felsrücken (Kopjes) u. Inselberge in Savanne u. Steppe, steinige Berghänge, zerklüftete Felsberge in Savanne u. Steppe, am Keniaberg im alpinen Gürtel in 4000–5500 m. – **Tr** Kolonie-Wohngebiet auf Felspartie, auf größerem Felsgelände mehrere bis viele Kolonien. Im Kolonie-Wohngebiet Wohnhöhlen für Einzeltiere u. Gruppen, Sonnplätze, Ausgucke für Wachtposten, Weidegründe, Sandbadeplätze, Trinkstellen, Wechsel (30 cm breit, bis mehrere hundert m lang), Kotplätze. Letztere große Haufen oder Flächen mit gelbweißem Harnanstrich (weit kenntlich). 1 cm große Kotpillen zu kleinen Würsten verklebt. Geruch moschusartig, als Hyraceum Verwendung als (Eingeborene) oder für Parfüm. Wetterseitenabgelegener Wohnhöhleneingang muß so klein sein, daß Leopard, Schakal, Serval u. Karakal nicht hineinkönnen, Wohnhöhle selbst nur so groß, daß mehrere dicht beieinander sitzende Tiere Wärme halten können. – **Tt** Hervorragende Kletterfähigkeit im Fels. Körpertemperatur veränderlich (35–37° C bei Tätigkeit außerhalb Höhle), niedriger Grundumsatz, wird durch beschränkte Tätigkeit u. Wärmeaufnahme (Sonnen, dicht gedrängtes Zusammensitzen während kühlerer Stunden) gehalten. Meist morgens mehrere Stunden Sonnen, dann kurze Futtersuche, mit Dämmerung zum Schlafen in Höhle. An manchen Plätzen wegen Feindgefahr auch nachts auf Futtersuche, doch tagsüber auch Sonnen, an anderen Plätzen ab 15–16^{h} durchgehend mit Nacht tätig. Alpine Keniabergtiere nur tätig bei genügend Licht (Sonne oder Mond), sonst in Höhle (bis 3 Tage u. mehr). – **Kp** Fellkratzen mit Putzkralle, Sandbaden. – **Lt** Knurren als Drohung (mit Zähnefletschen), Warn- u. Alarmrufe pfiffartig, langgezogener gellender (bis $1\frac{1}{2}$ km weit hörbarer) Markierungsschrei (verschiedener Klangfarbe u. unterschiedlichen Tempos je nach UA). – **S** Hör- u. Riechvermögen gut, Sehvermögen sehr gut, Feinderkennen auf über Kilometerentfernung. Irisoberrand mit vorstreckbarem Auswuchs (Umbraculum), der Pupille weitgehend abschirmt u. direktes In-die-Sonne-Blicken zuläßt, was wichtig wegen Angriffsgewohnheit des Kaffernadlers (*Aquila verreauxi*) aus tiefstehender Morgensonne heraus. – **Fd** Leopard, Serval, Karakal, Falbkatze, Schakale, große Schleichkatzen, Adler u. große Schlangen. Bei Feindannäherung Alarmpfiff, den auch Buschschliefer beachten. Gegen kleinere Feinde Verteidigung durch wütende Bisse. Leopard-, Schakal- u. Adlerausrottung (z. B. in Kapprovinz) haben Klippschliefer-Massenvermehrung, Ausbreitung ins Flachland u. starken Flurschaden zur Folge. – **N** Gräser, Kräuter, Laub, Beeren, Früchte, bei großer Trockenheit Baumrinde, in Wüste Salzpflanzen, auf Keniaberg Büschelgras, Lobelien, Moose u. Flechten. Hochgiftige Pflanzen werden schadlos gefressen. Manchmal Insekten u. Eidechsen als Beikost. Aufrichten auf Hinterbeinen zum Futtererlangen. Fehlt Oberflächenwasser, wird Flüssigkeitsbedarf aus Nahrung u. durch Sparmaßnahmen des Körpers (hohe Hitzeverträglichkeit, Harnkonzentration, Harnverwertung, Fettverbrennung u. a.) gedeckt, daher Leben in wasserloser Landschaft möglich. Nahrungssuche am u. beim Wohnfelsen, bei größerer Entfernung Anmarsch zum Futterplatz zwecks besseren Feinderkennens truppweise. – **Gs** Gesellig in Kolonien bis zu 50, manchmal auch mehr Tieren, diese unterteilt in Familien (1 Alt-♂, mehrere ♀♀ mit Jungen). Kindergärten als Spielgemeinschaften mehrerer Junge. Sträuben der Rückendrüsenhaare bei Alarm auf 45°, bei Drohung (mit Knurren u. Zähnefletschen) senkrecht, im Nahverkehr untereinander Sträubungswinkel je nach Rangordnungsplatz. Oft in Gesellschaft mit Buschschliefern auf gleichen Felsen, doch hat jede Art eigene Wohnhöhlen u. äsen Buschschliefer in Büschen u. Bäumen, Klippschliefer am Boden. Auch Gesellung mit Agamen, Zebramangusten u. Pavianen möglich. – **Fp** Alt-♂ zur Paarungszeit angriffslustig, stößt Tr-Markierungsruf aus, beißt Nebenbuhler u. Jung-♂♂ ab, bilden eigene Trupps. Nach Paarungszeit wieder Geschlechtervermischung. Paarungszeit in N-Afrika August–September, in O-Afrika je nach Regenzeiten wechselnd, in S-Afrika je nach Landschaft Februar–März oder März–April oder April–Mai oder Mai–Juni. Tragzeit $7\frac{1}{2}$–8 Monate. Jungenzahl 1–6, meist 2–3. Geburts-G rd. 0,15–0,2, -KR rd. 20. Junge voll behaart mit offenen Augen, klettern u. springen bereits am 1. Tag sehr gewandt, sitzen oft auf Mutterrücken. Säugezeit 3, manchmal 5 Monate, 1. Festnahrung mit 2 Wochen, Höhleverlassen nach 3 Monaten. G mit 1 Monat rd. 0,6, 2 Mon. rd. 0,8, 3 Mon. rd. 1,0, 4 Mon. 1,1, 5 Mon. 1,3, volles Erwachsenen-G mit 3 Jahren. – **Gr** Meist mit 16–17 Mon., einige ♂♂ u. ♀♀ bereits mit 4–5 Mon. Geschlechterverhältnis bis 2 Jahre 1 : 1, später ♀♀-Überschuß, weil Jung-♂♂ von Alt-♂♂ vertrieben werden u. bei Suche nach oder Kampf um eigenen Wohnfelsen stark gefährdet sind. Letzter Wurf beim ♀ mit 9, selten 10 Jahren. – **Ld** 12 Jahre nachgewiesen.

Rüsseltiere, Proboscidea

Elefanten, Elephantidae

Größte lebende Landsäugetiere. Kopf groß, rundlich. Nase zu langem, muskelstarken Rüssel entwickelt, der zum Atmen, Riechen, Trinken, Greifen u. Schlagen dient. Augen klein. Ohren mittelgroß bis sehr groß. Beine säulenartig senkrecht gestellt. Zehenzahl 5/5, doch äußere Strahlen z.T. verkürzt, so daß nicht jeder Strahl am Ende einen Nagelhuf trägt; Nagelhufzahl daher 4–5/3–5. Fußknochen ruhen auf elastischem Bindegewebskissen, das runde, nagelhufumsäumte Sohle bildet. Schwanz mittellang, nackt, mit Endquaste steifer Borstenhaare. Haut grau, bei Geburt mit schütterem dunklen Haar bedeckt, das mit Heranwachsen meist völlig verschwindet. Gb 1/0·0/0·3/3·3/3 = 26, obere I zu dauerwachsenden langen, schmelzlosen Stoßzähnen verwandelt (manchmal 1–2 überzählige Stoßzähne u. 7. M) (Zahnbein heißt Elfenbein). Backenzähne aus Reihen senkrechter, zementverbundener, schmelzumgebener Zahnbeinplatten bestehend, die nacheinander von hinten nach vorn erscheinen u. abgenutzt werden, erste 3 erscheinende sind Milchzähne. Magen einfach, Hoden bauchständig, Penis eigenbeweglich, in Ruhe doppelschleifig in einer Tasche, 2 brustständige Zitzen, am Kopf jederseits eine Schläfendrüse. Gesellige Pflanzenfresser. Afrika u. S-Asien. 2 Gattungen mit zusammen 3 Arten, davon 1 Gattung mit 2 Arten in Afrika.

Afrikanischer Großelefant, *Loxodonta africana* (Blumenbach, 1797). E: African Elephant; F: L'Eléphant d'Afrique, L'Eléphant africain; A: Olifant; K: Tembo, Ndovu 23/3
Kn s. Familie. Stirn abgeflacht. Rüsselende mit 2 gegenständigen Greiffingern oder -lippen. Ohren sehr groß. Stroßzähne ziemlich lang u. groß. Backenzahnkauoberfläche mit 4–8, flache Dreiecke bildenden Umrandungen der Zahnbeinplatten (Lamellen), Lamellenzahl von M_6 (größtem Backenzahn) bis 15. Nagelhufezahl 5/4, manchmal 1. oder 5. verkümmert oder einer verloren gegangen, manchmal einige mit tiefer Mittelfurche oder gespalten. ♂ größer u. schwerer als ♀, Stirn breiter u. etwas gewölbt, Stoßzähne länger u. schwerer. Hautfarbe hell- bis dunkelgrau, manchmal Schwärzlinge, sehr selten rosafarbene Weißlinge. 2 Hauptökotypen: 1. Wald- oder Rundohrelefant (*cyclotis*) im west- u. mittelafrikanischen Urwald u. 2. Savannen- oder Großohrelefant (*africana*) im übrigen Land, die, körperlich verschieden, im Grenzgebiet Mischformen bilden. *Cyclotis:* mittelgroß (KH 220–280), höchster Körperpunkt hinter Rückenmitte, Kopf etwas angedrückt getragen, Haut feinfaltig (manchmal sichtbar behaart), Ohr rundlich, vorn-unten stumpfendig, sich über Nacken nicht berührend, Stoßzähne ziemlich gestreckt, meist abwärts weisend, Elfenbein weißlich, fest u. hart. *Africana:* sehr groß (KH 300–400), höchster Körperpunkt vor Rückenmitte, Kopf freigetragen, Haut grobfaltig, Ohr sehr groß, vorn-unten spitz zulaufend, angelegt sich über Nacken berührend, Stoßzähne dick, meist nach vorne gebogen, Elfenbein gelblich, weicher. – Abänderung der Einzeltiere innerhalb Ökotypen u. Mischbevölkerung groß, daher Status früher aufgestellter Unterarten ungewiß. – **M&G** Savannenelefant: KH ♂ 300–350, manchmal bis 400, ♀ 240–280, manchmal bis 300; G ♂ 4500–5000, manchmal bis 6000, ♀ 2200–2500, manchmal bis 3000; Gesamtlänge (Rüssel- bis Schwanzspitze) ♂ 700–730, ♀ 640–660; SL ♂ 130–150, ♀ 110–130; Schwanzborstenlänge bis 75; Rüssellänge ♂ 200–220, ♀ 160–180; Stoßzahn, Länge:

♂ bis 345, ♀ bis 75, G ♂ bis 117, ♀ bis 30. Waldelefant: KH ♂ 240–280, manchmal bis 300, ♀ 210–240, manchmal bis 260; G ♂ 2800–3200, manchmal bis 3500, ♀ 1800–2500, manchmal bis 3000; Gesamtlänge ♂ 500–550, ♀ 450–500; SL ♂ 100–120, ♀ 90–110; Rüssellänge ♂ 120–150, ♀ 100–130; Stoßzahn, Länge: ♂ bis 180, ♀ bis 80, G ♂ 6–25, ♀ 2–5. – **V** Früher ganz Afrika von der Mittelmeer- u. Rotmeerküste bis zum Kap der Guten Hoffnung außer Wüsten. Heute nl 13 n. Br. u. sl südlichem Wendekreises ausgerottet außer vereinzelten Resten: Aouker-Plateau, S-Mauretanien, 60–100 kleinere Tiere (KH ♂ rd. 240, ♀ rd. 235); 2. Bestand am Tschadsee; 3. Knysna-Wald bei Port Elizabeth, Kapprovinz, rd. 1 Dutzend Tiere; 4. Addo-Nationalpark in Nähe von 3, rd. 70 Tiere, 5. Krüger-Nationalpark, 0-Transvaal, rd. 8000 Tiere. Innerhalb genannter Grenzen vertreten in Guinea-Bissau, Guinea, Sierra-Leone, Liberia, Elfenbeinküste, Mali, Obervolta, Ghana, Bonin, NO-Nigeria, S-Niger, S-Tschad, Kamerun, Zentralafrikanische Republik, Gabun, Rio Muni, Kongo, Zaire, Angola, S-Sudan, S- u. W-Äthiopien, S-Somalia, Kenia, Uganda, Tansania, Malawi, Mozambique, Sambia, Rhodesien, N-Botswana, N-Südwestafrika. In vielen freien Landschaften durch menschliche Besiedlung u. Wilderei stark im Rückgang, dagegen in vielen Nationalparks u. Schutzgebieten durch Einwanderung u. Schonung Überbesetzung. Ägypter, Karthager u. Römer verwendeten nordafrikanische Elefanten zu Kriegszwecken, die Römer auch im Zirkus. 1910 gründete Leopold II. von Belgien in Bomakandi bei Bambili (mit späterer Verlegung nach Api) im Belgischen Kongo (jetzt Zaire) eine Station zum Abrichten afrikanischer Waldelefanten für Arbeitszwecke, die 1925 nach Gangala na Bodio im äußersten NO-Kongo umsiedelte u. heute noch besteht. – **Lr** Regenurwald bis Halbwüste in Ebene u. Gebirge bis 5000 m. Savannenelefant ursprünglich Bewohner der Feuchtsavanne u. Galeriewälder mit Wanderungen in die Trockensavanne u. Steppe zur Regenzeit,

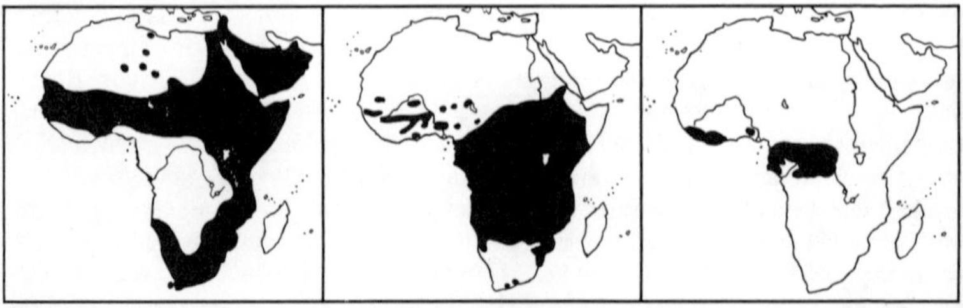

Klippschliefer | Afrikanischer Großelefant | Afrikanischer Zwergelefant

heute durch menschliche Lr-Beschneidung vielfach zum ganzjährigen Trockensavannenaufenthalt gezwungen. Waldelefant bewohnt Regenurwald von Bisseau bis O-Zaire. – **W** Beim Savannenelefanten jahreszeitlich verschieden. In Trockenzeit Aufenthalt der Familien in Feuchtsavanne, Waldrändern, Galeriewäldern u. ä., wo Futter, Wasser u. Schlammsuhlen in Fülle. Zur Regenzeit (Regenwittern auf große Entfernung) Wanderungen (manchmal bis 500 km) (Marschgeschwindigkeit 5–7 km/Std.) der Familien, oft in größeren lockeren Verbänden (bis 1000 Tiere), in Trockensavanne u. Steppe hinaus zwecks Suche anderer, dann blühender oder treibender oder fruchtender Futterpflanzen. Einzelne Alt-♂♂ mit Begleit-♀♀ verlassen Familien und besetzen dort langzeitlich beliebte Einstände, markieren sie mit Schläfendrüsensekret an Bäumen u. Büschen u. dulden dort keine anderen Artgenossen. Nach Regenzeit Rückkehr aller Tiere in die alten Familieneinstände. Heute Wanderungen durch menschliche Siedlungen stark eingeschränkt. Im Tsavo-Nationalpark (Kenia) Einzeltier-W 400–3700 km^2 je nach Landschaft. Auch Waldelefant zieht jahreszeitlich innerhalb größeren Gebietes auf Suche nach jeweils örtlich blühenden oder fruchtenden Futterpflanzen umher. Geht auch nachts vom Waldrand in freies Gelände, wenn Feldfrüchte u. Pflanzungen locken. Savannen- u. Waldelefant benutzten seit Generationen bei Wanderungen Fernwechsel, was heute durch Siedlung (Störung) des Menschen nicht mehr möglich. – **Tt** Savannenelefant vorwiegend morgens, nachmittags, abends u. nachts tätig, während heißer Mittagszeit im Baum- oder Buschschatten ruhend (Körpertemperatur je nach Umgebungstemperatur 32,5–37,5° C), auch nachts 1 oder 2 kurze (1–2stündige) Ruhezeiten. Ruhe öfter im Stehen als im Liegen. Waldelefant ruht tagsüber in schattigem Versteck, geht spätnachmittags bis Ende der Nacht auf Futtersuche mit 1–2 kurzen Ruhepausen dazwischen. – **Kp** Savannenelefant badet nach Möglichkeit täglich ausgiebig, meist nach dem Trinken. Mütter waschen dabei ihre kleinen Kälber ab. Nach dem Baden wird ein Schlamm- oder Staubbad genommen u. der Körper (vor allem Scheitel, Nacken, Rücken) mit dicker Schlamm- oder Staubschicht überdeckt (Schutz gegen Sonne u. Insekten). Später wird die trockenkrustige Schlammschicht an Bäumen oder Termitenhaufen abgescheuert. Auch der Waldelefant badet u. suhlt gern. – **Lt** Neben Vermittlung von Stimmungen zwischen Artgenossen durch Bewegungen, Rüssel-, Ohren- u. Schwanzstellung auch viele Lautäußerungen sowohl durch Luftausstoßen durch Rüssel als Quieken (Kälber u. Jungtiere beim Spiel, Erwachsene bei Überraschung u. Furcht) oder Trompeten (als Ärger- u. Wutausdruck mit Steigerung bis Ohrenbetäubung oder als Kommandoton führender ♀♀ oder Überlegenheitsausdruck starker ♂♂) als auch durch Stimmbänder in Form von Kollern (als Stimmfühlungslaut) oder Grollen (bei Ärger) oder Brummen, Röhren u. Schreien beim Angriff. In Nähe ist auch regelmäßiges Kluckern der Magenflüssigkeit als »Pop-pop-pop« zu hören. – **S** Riech- u. Hörvermögen sehr gut, Sehvermögen mäßig, doch in der Dämmerung besser als im vollen Tageslicht. – **Fd** Löwe, Fleckenhyäne, Hyänenhunde u. Krokodil reißen leicht junge Kälber, wenn diese unbeaufsichtigt, sonst verteidigt Mutter u. Herde Kalb erfolgreich. – **N** Nahrung wird vom Rüssel erfaßt u. zum Maul geführt. Wählerischer Verzehr bestimmter Pflanzenarten (weit über 100 verschiedene) u. Pflanzenteile wie Laub, Knospen, Triebe, Zweige, Äste, Früchte, Rinde, Wurzeln, Knollen u. ä. je nach Jahreszeit u. Landschaft, dabei weite Wanderungen zu bestimmten Blüh- u. Fruchtplätzen. Beliebt sind überreife u. gärige Früchte (deren übermäßiger Genuß zu Trunkenheit führt) sowie besonders Kulturpflanzen, Mais, Maniok, Zuckerrohr, Bananen, Papayas, Mangos, Ananas u. a. Früchte), ferner Aloe, Sanservieria, Borassus-, Ölpalme, Affenbrotbaum u. a. Freßweise sehr verschwenderisch, da weitmehr ab-, umgerissen (Bäume bis über 1 m ∅) u. zertrampelt als gefressen wird. Tägliche Nahrungsmenge je nach Körpergröße 100–200 kg. Wurzeln u. Knollen werden mit Stoßzähnen ausgehebelt, Baumrinde aufgeschlitzt u. abgerissen, das weiche Holz der Affenbrotbäume zerfetzt, mineralhaltiger Boden ausgegraben (oft zu tiefen Gruben) u. gefressen. Zum Futtererlangen mitunter Aufrichten auf Hinterbeinen. Auch für Savannenelefanten sind Gräser u. Kräuter ursprünglich nur Teilkost, werden jedoch jetzt durch Lebensraumeinengung u. Bestandsüberhöhung u. damit Savannenbaum- (dazu auch Affenbrotbaum-)-zerstörung zwangsläufig zur Hauptkost. Von ausgerissenen Bodenpflanzen wird Wurzelerde vor dem Verzehr abgeklopft. Tägliches Trinken erforderlich, Wasser (bei einem Trinken 100–300 l) wird mit Rüssel aufgesogen u. ins Maul gespritzt. Junge Kälber saugen Milch und trinken Wasser mit dem Maul. – **Gs** Gesellungskern ist Mutterfamilie aus Alt-♀ mit verschieden alten Kälbern (3–5). Töchter bleiben bei Mutter oder in Nähe, auch bei eigener Nachzucht. Söhne verlassen mit Gr Muttertrupp, schließen sich zu eigenen Trupps oder als Begleiter von Alt-♂ an. ♂♂-Trupps meist in ♀♀-Trupp-Nähe, manchmal abseits, ziemlich bis sehr alte ♂♂ auch als Einzelgänger. Familientrupps meist 10–20 Köpfe. Jahreszeitlich (Wanderungen, s. W) oft lockerer Zusammenschluß mehrerer Trupps zu Herden (50–60 Tiere) oder mehrerer Herden zu Großherden (einige Hundert, früher manchmal auch über 1000). Kälber u. Jungtiere lernen durch Alttiere alle wichtigen Lebensumstände kennen (Futterpflanzen, -genießbarkeit, -plätze, -blühzeiten, -reifezeiten, Tränken, Einstände, Suhlen, Wanderwege, Feinde u. sonstige Gefahren u. a. mehr), daher derzeitiger Überabschuß älterer Elfenbeinträger für Arterhaltung verheerend. Verhalten der Tiere zueinander friedlich, ernste Kämpfe (die tödlich ausgehen können) selten. Bei Gebären, Verletzungen u. Erkrankungen Hilfeleistung, bei Artgenossentod, wenn ungestört, längeres Wachestehen am Kadaver (oder Mutter schleppt Kleinkalbkadaver tagelang mit) oft unter Zudecken des Kadavers mit Zweigen (manchmal auch bei Menschenleichen). Kuhreiher, Madenhacker u. Piapias häufige Begleitvögel. Fühlen Elefanten sich an Tränken, Suhlen oder sonstwie durch andere Tiere (Antilopen, Büffel, Giraffen, Flußpferde, Nashörner, Zebras) gestört, verjagen sie sie, sonst lassen sie sie unbeachtet. – **Fp** Geburten in allen Monaten, jedoch Zusammenhang zwischen Haupt- oder einziger Regenzeit u. erhöhter Befruchtungsrate (wegen Nahrungsfülle u. Geschlechtshormonanregung) ziemlich sicher. ♀-Zyklus 2–3 Wochen. Kommt ♀ in Brunft, gesellt sich Alt-♂ zu, verjagt Jung-♂♂ aus Nähe, längeres Liebesspiel (Verfolgungsspiel, Gerangel, Liebkosungen) fördert Hochbrunfteintritt. Beim Decken stützt ♂ Vorderbeine auf ♀-Rücken, s-förmiger Penis findet Scheide mittels Eigenbewegungen. Deckdauer 1–2 Minuten, Deckzeit 1–2 Tage. Wo beherrschendes Alt-♂ fehlt, decken ev. mehrere gleichberechtigte ♂♂ ohne Eifersucht. Tragzeit rd. 22 Monate (650–660 Tage). 1 Laufjunges, Zwillinge sehr selten. ♀ sucht zum Setzen Schattenplatz, den es säubert. Gebären im Stehen, oft leisten andere ♀♀ Hilfe. Nachgeburt wird meist nicht gefressen. Geburts-G 90–135, -KH 85–100, monatliche G-Zunahme 20–25, Säugezeit meist 2 Jahre, doch Verlängerung auf 4 u. 6 Jahre möglich. 1. Backenzähne bei Geburt benutzungsbereit, 2. mit 2–3, 3. mit 4–5, 4. mit 10–14, 5. mit 25 u. 6. mit 30–35 Jahren. Wachstum (Waldelefant, 1. Zahl KH, 2. G): 1 Jahr 110/260, 2 J. 135/500, 3 J. 150/700, 4 J. 165/900, 6 J. 190/1300, 9 J. 220/1900, 12 J. 230/2300, 20 J. 300/4500; Savannenelefant, ♂ KH: 1 Tag 110, 1 Jahr 130, 2 J. 170, 4 J. 200, 6 J. 220, 7 J. 230, 10 J. 260, 20 J. 300, 30 J. 320; ♀ (nicht trächtig) G: 10 Jahre 1000–1300, 20 J. 1800–2000, 30 J. 2200–2500, 40 J. 2200–2500, 50 J. 2800–3000. Hauptwachstum mit 25–30 Jahren beendet, danach geringes Weiterwachsen, auch Stoßzähne wachsen lebenslang. Geschlechterverhältnis bei Geburt 1 : 1, bei Erwachsenen leichter ♀♀-Überschuß. – **Gr** Waldelefant 8–10, Savannenelefant 10–12 Jahre (bei Übervölkerung Verzögerung um Jahre). 1. Geburt mit 10–12 (Waldelefant) bzw. 12–14 Jahren (Savannenelefant), Geburten folgen sich alle 2–2½ Jahre (bei Übervölkerung nur 4 Jahre oder später). 1 ♀ bringt im Leben 10–12 Kälber. – **Ld** ∅-Lebenserwartung in Wildbahn 15 Jahre, Lebensdauer beim Savannenelefant bis 60 Jahre, selten mehr, beim Waldelefant 60–70, manchmal 80.

23/2 **Afrikanischer Zwergelefant,** *Loxodonta pumilio* Noack, 1906. E: Pygmy Elephant, Dwarf Elephant; F: L-Eléphant pygmée, L-Eléphant nain

Kn s. Familie. Körper kurz, höchster Punkt hinter Rückenmitte. Haut graubraun bis rötlichbraun, z.T. mit schwachem Violett-Überhauch, z.T. samtig, feinfaltig. Stirn abgeflacht. Rüsselende mit 2 gegenständigen Greiflippen, davon obere merklich länger als untere. Ohren groß, angelegt sich nicht im Nacken berührend, rund-elliptisch, vorn-unten meist stumpf-, seltener spitzendig. Schwanz rund, dünn, mit Endquaste aus Borstenhaaren. Hufnagelzahl 5/5. Stoßzähne schwach u. kurz (Sierra Leone bis S-Kamerun) oder lang, gestreckt u. abwärts weisend (Gabun bis SO-Zaire). Backenzähne wie Großelefant, jedoch nur rd. halb so groß. – **M&G** KH ♂ 170–205, ♀ 160–200; SL 50–70, Rüssellänge 85–105, GL 400–490, G ♂ 1200–1500, ♀ 900–1100; Stoßzahn, Länge: ♂ 60–125, ♀ 40–60, G ♂ 2–15, ♀ 1–5. – **V** Regenurwald von Sierra Leone bis NO-, SO- u. W-Zaire. Nicht überall, jeweils nur gebietsweise. Ob UA (wie z. B. *fransseni* in W-Zaire) zu Recht bestehen, ist ungewiß. – Lebenweise unerforscht (unbekanntester Großsäuger Afrikas). In Trupps (10–20) bis Herden (50–70) aus Alt- u. Jungtieren (kleinste Kälber KH nur 60,5) im Sumpfurwald. Im Vorkommen stets vom Waldelefanten (s. Großelefant S. 128) getrennt (angeblich angriffslustiger als dieser), gebietsweise von Pygmäen, die er sehr fürchtet, bevorzugt gejagt.

Seekühe, Sirenia

Rundschwanzseekühe, Trichechidae

Groß, robbenähnlich, walzenförmig, wasserlebend. Haut runzelig, fast völlig nackt, mit dicker Speckschicht. Beborstete Vorderschnauze schwach nach unten abgebogen, Oberlippe tief dreigeteilt, Seitenteile beweglich. Nasenlöcher mit Klappen verschließbar, Augen sehr klein, mit Nickhaut u. öligen Tränendrüsen, Ohrmuscheln fehlen. Vordergliedmaßen als Flossen, 5 Finger, Nägel verkümmert. Hintergliedmaßen äußerlich verschwunden. An Stelle des Schwanzes eine quergestellte, spatelförmig abgerundete Schwanzflosse. Kieferpartien der abgebogenen Vorderschnauze mit hornigen Reibeplatten besetzt, darunter im Ober- u. Unterkiefer je 2 verlorengehende I. P u. M hinter den Reibeplatten niedrigkronig, schmelzumgeben, zementlos, Wurzeln geschlossen, wandern allmählich von hinten nach vorn, wo sie ausfallen, Gesamtzahl im Ober- u. Unterkiefer je 10, davon jedoch höchstens je 6 gleichzeitig im Kiefer. Nasenbeine vorhanden, 6 Halswirbel, 2 brustständige Zitzen (daher Name Meerjungfrau bzw. Sirene). Gesellige Wasserpflanzenweider in Flachküsten u. Süßgewässern der wl u. öl Mittelatlantikküsten. 1 Gattung, 3 Arten, davon 1 in W-Afrika.

24/4 **Afrikanischer Manati** oder **Lamantin,** *Trichechus senegalensis* Link, 1795. E: African Manatee, African Lamantin; F: Le Lamantin du Sénegal, Le Lamantin d'Afrique
Kn s. Familie. Hautfarbe bräunlichgrün bis dunkelgrau, Bauch heller als Rücken, Hautdicke 5 (Rücken) bis 1 cm (Bauch), Haut so gut wie haarlos außer Kurzborsten auf Seitenteilen der Oberlippe. Beim ♂ Schwanzflossenhinterrand stärker halbkreisförmig geschwungen u. Vorderflossen länger als beim ♀. – **M&G** GL 250–365, davon SL rd. 65–75, Flossenlänge 45–55, G 350–450. – **V** Küstengewässer nebst Lagunen u. ins Meer mündende Flüsse mit angeschlossenen Seen W-Afrikas von rd. 16° n.Br. bis rd. 10° s. Br., d.h. vom Senegal bis zum Kuanza (Hauptflüsse: Senegal, Gambia, Casamance, Corubal, Koukouré, St. Paul, St. John, Cess, Douobé, Sassandra, Bandama, Komoé, Tano, Volta, Mono, Niger, Benue, Tschadsee- u. Schari-Gebiet, Sanaga, Nyong(a), Kouilou, Kongo – angeblich auch im Gewässersystem des mittleren Kongo infolge Verbindungen zwischen Ogooué in Gabun u. Sanaga u. Nyong(a) in Kamerun zu Doumé u. Kadei als Kongo-Nebenflüssen –, Lufunde, Loje, Kuanago, Kuanza). Wegen schmackhaften Fleisches trotz z.T. gesetzlichen Schutzes überall stark verfolgt, von Ausrottung bedroht. – **Lr** Salz-, Brack- u. Süßwasser, d.h. flache Küstengewässer (1–12 m) nebst Lagunen u. Flußmündungen mit reichem Tang- u. Wasserpflanzenbewuchs sowie langsam fließende Flüsse oder ruhige Flußbuchten u. Seen mit reichem Wasser- u. Uferpflanzenbestand. Gedeihliche Wassertemperatur 25°–35° C. – **W** Wohngebietgröße nicht bekannt, ebensowenig über Wanderungen. Vermutlich gebietstreu. – **Tt** Tagsüber vorwiegend ruhend, nachts auf Futtersuche, dabei auch Aufstieg in kleine Nebengewässer. Ruhend im Wasser treibend oder am Grunde mit Auftauchen zum Atmen in regelmäßigen Abständen. Normale Tauchdauer 1–2, im Notfall bis 15 Minuten. Normale Schwimmgeschwindigkeit rd. 10 km/Std., bei Flucht erheblich schneller. Fortbewegung durch Schwanzflossen-Senkrechtbewegung, Vorderflossen teils als Steuer, teils als Gehwerkzeug auf Grund, teils als Futterzureicher zum Maul. Nur im Wasser (zum Landgang nicht fähig), höchstens Kopfherausstecken. – **Lt** Stimmlos . Gegebenenfalls lautes Ausatemgeräusch. Ultra-

schallsenden u. -hören. – **S** Sehvermögen schlecht, Riechvermögen mäßig, Hörvermögen gut. – **Fd** Ev. große Haie, Einzelheiten nicht bekannt. Bei Gefahr Flucht ins tiefe Wasser. Bei menschlicher Verfolgung sehr scheu. – **N** Tange, Seegräser, Süßwasser- u. Uferpflanzen, die ins Wasser hängen. Als Wasserhyanzinthen-Vernichter von großer Bedeutung. Tägliche Nahrungsmenge 25–40 kg. Vorderflossen helfen bei Nahrungszufuhr. Kot als kartoffelförmige Ballen. – **Gs** Gesellig in Familien (♂, ♀, 1–2 verschieden alte Junge), öfter mehrere Familien in Nachbarschaft, Jung-♂♂ auch als Einzelgänger. – **Fp** ♂wirbt um ♀ durch Schnauzenberührung, Umarmung, Aneinanderschmiegen. Paarung Bauch an Bauch im Wasser. Paarungen über ganzes Jahr, ebenso Geburten, keine beschränkte Fortpflanzungszeit. Tragzeit 150–180 Tage (nicht genau bekannt). 1, selten 2 Junge. Geburt im Wasser. Mutter hilft Jungem an Oberfläche. Geburts-GL rd. 100, -G 20–30, Haut rosig. Säugen im Wasser, Säugezeit 1 1/2 Jahr, doch 1. Festnahrung bereits nach wenigen Tagen. Beide Eltern hüten Junges, das auch auf ♀ reitet, bleibt 2 Jahre bei Mutter. ♀ wird 1 Woche nach Setzen gedeckt. – **Gr** 3–4 Jahre. – **Ld** 20–30 Jahre möglich, nachgewiesen bisher 11 Jahre (in Gefangenschaft).

Gabelschwanzseekühe, Dugongidae

Gestalt u. Lebensweise wie Rundschwanzseekühe (S. 132) mit folgenden Unterschieden: Vorderschnauze stark abgebogen, Oberlippe weniger tief gespalten. Im Zwischenkiefer 2, beim ♀ verkümmerte, beim ♂ stoßzahnartige I; P u. M zylindrisch, schmelz- u. wurzellos, Gesamtzahl im Ober- u. Unterkiefer je 6, jedoch nur je 3 gleichzeitig im Kiefer. Schwanzflosse zweizipfelig, Vorderflossen nagellos. Nasenbeine fehlen. 7 Halswirbel, 2 bruständige Zitzen. 1 Gattung mit 1 Art vom Roten Meer u. O-Afrikas Küste ow bis Australien.

Dugong, *Dugong dugon* (P. L. S. Müller, 1776). E: Dugong, F: Le Dugong 24/5
Kn s. Familie. Hautfarbe oberseits braungrau, unterseits fleischfarben, Flanken grau. Rumpf, Gliedmaßen u. Schwanz mit feinen Haaren, Oberlippenseitenteile mit Kurzborsten. – **M&G** GL 250–320, G 150–200, ♂ größer u. schwerer als ♀. – **V** Rotes Meer u. O-Afrikas Küste sw bis Delagoabucht (25° s. Br.) sowie Küsten Madagaskars, der Komoren, Seychellen, Mauritius' u. a. tropischer Indikinseln, Malabars, W-Ceylons, des Golfs von Bengalen, der Adamanen, Nikobaren, Indochinas, S-Chinas bis Formosa u. S-Koreas u. S-Japans, des Malaischen Archipels bis SO-Philippinen, Molukken, Neu-Guineas, N- u. NO-Australiens u. weiter bis Karolinen, Salomonen, Marschallinseln u. Neu-Kaledonien. Wegen schmackhaften Fleisches trotz z. T. gesetzlichen Schutzes überall stark verfolgt u. in vielen Gebieten bereits ausgerottet, stark gefährdet. – **Lr** Flache, wasserpflanzenbestandene Küstengewässer, nicht im Süßwasser. – **W** s. Manati (S. 132). – **Tt** Tags im tieferen Wasser, nachts, wo ungestört auch tags, im flacheren zum Weiden, keine festgelegte Tageseinteilung, im übrigen s. Manati. – **Lt** s. Manati. – **Fd** Große Haie. Bei Gefahr Flucht ins tiefe Wasser, bei menschlicher Verfolgung sehr scheu. – **N** Vorwiegend Seegräser, dabei Bevorzugen bestimmter Arten. Manche Arten werden mit Schnauze aus Sandboden gegraben u. mit Wurzeln gefressen. Vor Fressen Schütteln der Freßbündel zwecks Sandabschlagen. Tägliche Futtermenge 25–40 kg. – **Gs** Gesellig in Familien (♂, ♀, 1–2 verschieden alte Junge), oft mehrere Familien (bis 80–100 Tiere) gemeinsam beim Weiden, Jung-♂♂ auch als Einzelgänger. – **Fp** Werbung des ♂ ähnlich

Manati. Paarung Bauch an Bauch senkrecht aus Wasser ragend. Paarungszeit nicht begrenzt, Junge in allen Monaten. Tragzeit angeblich 11 Monate, s. dazu Manati. Geburts-GL rd. 100, -G nicht bekannt. Geburt, Jungenpflege, Säuge- und Pflegezeit und **Gr** s. Manati. – **Ld** Nicht bekannt, in Gefangenschaft 6 ½ Jahre nachgewiesen.

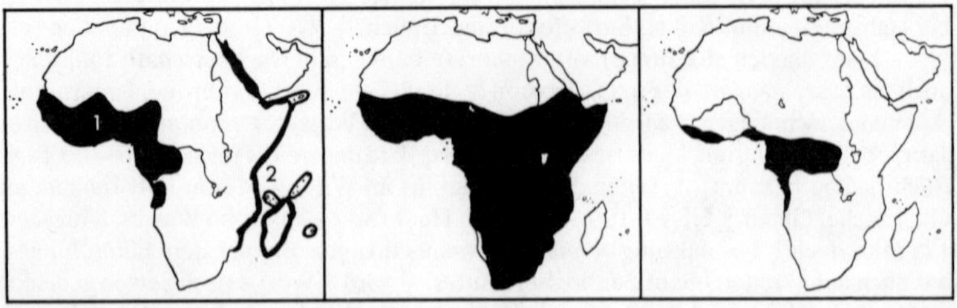

1 Afrikanischer Manati
2 Dugong

Erdferkel

Langschwanzschuppentier

Röhrenzähner, Tubulidentata

Erdferkel, Orycteropodidae

Schweinegroß u. -ähnlich mit gedrungener hochrückiger Gestalt, dicker rosagrauer Schwarte u. schütterem, an den Beinen dichterem, storrem, braungrauem bis schwarzbraunem Haar. ♂ hat dunkle, ♀ helle Wangenhaare, ♀ weiße Schwanzspitze. Schnauze langgestreckt, röhrenförmig, breite vordere Nasenfläche mit großen, haarbüschelgeschützten Nasenlöchern. Ohren sehr groß, nackt, löffelartig, falt- u. verschließbar, senkrecht stehend, Augen mittelgroß. Gliedmaßen mittellang, kräftig, Halbsohlen- bis Zehengänger. Zehen 4/5, mit kräftigen Nagelhufen, die der Vorderfüße starke Grabwerkzeuge. Schwanz hängend, mittellang, Wurzel dick, Spitze dünn, nackt. Gb 0/0 · 0/0 · 2/2 · 3–2/3 = 18–20, Milchzähne brechen nicht durch, Backenzähne gleichartig, dauerwachsend wurzellos, von vorn nach hinten entstehend u. ausfallend, jeder aus rd. 1000–1500 zementverkitteten Zahnbeinröhrchen zusammengesetzt. Zunge wurmförmig, klebrig, bis 30 cm weit vorstreckbar. Hautdrüsen an Ellbogen, Hüfte u. Vorhaut, 4 Zitzen. Einzellebende, nachttätige Kerbtierfresser in Afrika sl Sahara. Nur 1 Gattung u. Art.

Erdferkel, *Orycteropus afer* (Pallas, 1766). E: Ant Bear, Antbear, Aardvark, Aard Vark; F: Le Fourmillier, L'Oryctérope; A: Erdvark; K: Muhanga 25/7
Kn s. Familie (S. 135). – **M&G** KR 120–140 (160), SL 45–60, KH 60–65, G 50–80. – **V** Afrika sl Sahara, N-Grenze von Senegambien bis Air u. Eritrea. Mehrere UA, jedoch Zahl ungeklärt. – **Lr** In allen Landschaften mit genügend Termiten, von Trockensavanne bis Regenwald, harter Lateritboden wird wegen Graberschwernis gemieden. – **W** Selbstgegrabener Erdbau als W-Mitte, von dort nächtlich bis 30 km weit auf Nahrungssuche. Bau besteht aus mehrere Meter langem Gang von rd. 40 cm ∅ mit geräumiger Wohnkammer am Ende, kann auch weiter verzweigt u. mehrkammerig sein. Keine eigentliche W-Markierung, doch werden olivenförmige Kotpillen in kleinen Gruben bei Baueingang abgesetzt u. zugescharrt. Erdferkelbauten dienen vielen anderen Tieren als Unterschlupf: Fledermäusen, Erdhörnchen, Hasen, Katzen, Schleichkatzen, Hyänen, Schakalen, Stachelschweinen, Warzenschwein, Waranen, Eulen u. a. Vögeln. – **Tt** Rein nächtlich, nach kühlen Nächten morgens vor Bau sonnend. Wenn gegen Nachtende zu weit vom Bau, wird Behelfsschlafhöhle gegraben. Bei Baubezug Eingangsverstopfen mit Erde bis auf kleines Luftloch. – **Kp** Nichts bekannt. – **Lt** Schnaubgrunzen beim Gehen, Grunzen vor Baubezug, lautes Blöken bei Schreck u. Angst. – **S** Riech-, Hör- u. Tastvermögen sehr gut, Sehvermögen weniger gut. – **Fd** Löwe, Leopard, Gepard, Hyänen, Hyänenhund, Riesenschlange. Bei Gefahr Flucht in nächsten Bau oder Schnellgraben einer Zufluchtshöhle, in Enge gedrängt Verteidigung mit Schwanz oder Schultern oder Aufrichten u. Schlagen mit Vorderhufen, Auf-Rücken-legen u. Schlagen mit allen Vieren, bei Berühren Purzelbaum mit lautem Blöken zum Feinderschrecken. – **N** Hauptnahrung Termiten in oberirdischen Marschkolonnen, sonst Ausgraben aus Bauten, in Trockenzeit auch die Pilze der Termitenpilzgärten, daneben Ameisen, Heuschrecken, Engerlinge u. a. Kerbtiere. Auch saftige Melone (*Cucumis humifructus*) wird gern gefressen, ihre Kerne keimen nur nach Darmpassage auf Erdferkeldunghaufen. – **Gs** Einzeln, nur ♀ mit Jungem (z. T. jüngerem u. älterem) länger zusammen. Wo viele Erdferkel

vorkommen, manchmal mehrere zum Schlafen in 1 Bau. – **Fp** Tragzeit 7 Monate, Setzzeit in M-Afrika Oktober–November, in S-Afrika Mai–August. 1 (selten 2) nacktes, fleischfarbenes Junges. Augen offen, bleibt 2 Wochen im Bau, folgt dann ♀ bei Nahrungssuche, setzt dann Kot in eigenen Gruben ab, 1. Festnahrung mit 3 Monaten, Säugezeit rd. 4 M., mit 6 M. ♂ selbständig, Jung-♀ bleibt bei Mutter, bis 2. Junges geboren. Geburts-G 1,8–2, -Gl 55, nach 1 Monat 3, 5 u. 68, nach 3 M. 9 u. 93, nach 7 M. 33 u. rd. 120. – **Gr** 2 Jahre. – **Ld** In Gefangenschaft 18 Jahre nachgewiesen.

Schuppentiere, Pholidota

Tannenzapfentiere, Manidae

Niedrigläufig, marder- bis dachsgroß. Kopf, Augen u. Ohren auffallend klein, Schnauze spitz. Körperober- u. Schwanzunterseite mit braunen, dachziegelförmig übereinandergreifenden, auf Lederhautpapillen gebildeten u. notfalls nachwachsenden Hornschuppen bedeckt. Körperunter- u. Beininnenseiten weißgrau behaart. Hinterbeine länger als Vorderbeine, Zehenzahl 5/5, Strahlen mit Krallen, die mittleren der Hand besonders groß. Kletternde Arten mit nackter Schwanzspitzenunterseite als Greiffläche zum Körperaufhängen. Zähne fehlen, Zunge wurmförmig, sehr weit vorstreckbar, Speicheldrüsen sehr groß, Magen muskulös mit Hornzähnevorrichtung zum Kerbtierzerreiben. 2 achselständige Zitzen. Analdrüse z. T. stark entwickelt. Einzelgehende, nächtliche, grabende oder kletternde Ameisen- u. Termitenfresser. Afrika ohne Madagaskar, Vorderindien mit Ceylon, Hinterindien, S-China, Formosa, Hainan, Malakka, Sumatra, Java, Bali, Borneo u. Palawan. 1 Gattung, 7 Arten, davon 4 in Afrika.

Langschwanz- oder **Schwarzbauchschuppentier,** *Manis (Uromanis) tetradactyla* Linné 1766. E: Long-tailed or Blackbellied Pangolin, F: Le Pangolin à longue queue 25/1
Kn SL = 2 × KR. Schwanzspitzunterseite mit nacktem Polster. Vorderfußoberseite behaart, ohne Schuppen. Gesicht, Körperunterseite u. Schuppen ziemlich groß, gekielt, 2 Achselschuppen sehr groß. Schuppen tiefbraun, Rand heller, manchmal bis gelblich, ebenso manchmal einige ganze Schuppen aufgehellt, freier Schuppenrand mit 1 (manchmal 3) Spitze(n). Am Rumpf 10–13 Schuppenreihen. – **M&G** KR 30–40, SL 60–80, G 2,5–3,25. – **V** Regenurwald von Senegal bis NO-Zaire, von dort sww bis Mossamedes, SW-Angola. Keine UA. – **Lr** Regenwald, besonders Überschwemmungswald. – **W** Erwachsene sind ortstreu mit eigenem Revier mit Schlafhöhlen u. mittels Harn u. Analdrüsensekret duftmarkierten Wechseln. ♂ vertreibt Geschlechtsgenossen. – **Tt** Hauptsächlich nachts, doch auch tagsüber sichtbar. Zusammengerollt ruhend in Baumhöhlen. Gutes Klettervermögen, freies Hängen an Schwanzspitze u. Wiederhochklettern am eigenen Schwanz. Gutes Schwimmvermögen. – **Kp** Kratzen mit Vorder- u. Hinterfußkrallen zwischen Schuppen. – **Lt** Hörbares Schnüffeln bei Futtersuche, Fauchlaut bei schnellem Zusammenrollen. – **S** Riechvermögen sehr gut. Erkennen aus Duftspur Geschlecht, Alter, Stimmung u. Konstitution eines Artgenossen; Hörvermögen gut, Sehvermögen schlecht. – **Fd** Schuppenkleid u. schnelles Einrollen schützen gut vor natürlichen Feinden, notfalls Zuschlagen mit Vorderfußkrallen u. scharfen Schwanzschuppenkanten sowie Spritzen übelriechenden Harnes u. Ausstoßen stinkenden Analdrüsensekretes oder Kotes. – **N** Freilaufende Baumameisen werden aufgeleckt, Baumameisen- u. -termitennester mittels Vorderfußkrallen aufgerissen u. ausgeleckt (Tagesportion 150–200 g). – **G** Einzelgänger, Bewohner benachbarter Reviere kennen sich, ♂ u. ♀ halten lockere Verbindung, kommt ♀ in Hitze, wird es tagelang begleitet bis paarungsbereit, trotzdem schläft auch dann jedes in eigener Höhle. – **Fp** Bei Paarung schiebt sich ♂ seitlich mit Becken unter ♀ oder letzteres liegt auf Rücken, gegenseitiges Festhalten durch Schwänzeverschlingen. Tragzeit 4½–5 Monate. Je Geburt 1 Junges, hat Augen offen, klettert schon mit Vorderfüßen auf u. unter Mutter, die sich einrollt u. es so schützt. Wochenstube nackte

Baumhöhle. Nachgeburt fressen Ameisen. Geburts-G 100–150, -GL 30–35, tägliche G-Zunahme 4–6. 1. Woche läßt ♀ Junges in Höhle, wenn auf Futtersuche, danach reitet Junges auf Schwanzwurzel der Mutter. 1. Insektenfressen mit 14 Tagen, Entwöhnung mit 3 Monaten, Mutterverlassen mit 4–5 Monaten, Umherstreifen, **Gr** u. Seßhaftwerden mit 3/4 Jahr. ♀ wird 9–16 Tage nach Geburt wieder gedeckt, 2 Junge innerhalb 1 Jahres möglich. – **Ld** In Gefangenschaft über 3 Jahre nachgewiesen, in Wildbahn nicht bekannt.

25/2 **Weißbauchschuppentier,** *Manis (Phataginus) tricuspis* Rafinesque, 1821. E: Tree Pangolin, Three-cusped or Tricusped Pangolin, White-bellied Pangolin; F: Le Pangolin commun, Le Pangolin à écailles tricuspides

Kn SL rd. 1 1/2 KR. Schwanzspitzenunterseite mit nacktem Polster. Vorderfußoberseite behaart ohne Schuppen. Körperunterseite weißgrau, Gesicht u. Beine mit kurzen dunklen Haaren, Schnauze bräunlich. Schuppen ziemlich klein, Achselschuppen nicht merklich größer als übrige. Schuppen braun, oberseits dunkler, manchmal einzelne hellere. Freier Schuppenrand mit 3 Spitzen, mittlere kielartig verstärkt. Am Rumpf 19–22 Schuppenreihen. – **M&G** KR 33–43, SL 49–62, G 2,15–3. – **V** Urwald von Senegal ow bis NO-Zaire, W-Uganda u. NW-Sambia, von dort sw bis M-Angola u. SW-Angola. Auch auf Fernando Poo. 2 UA. – **Lr** Regenwald, besonders Sekundärwald, wo Termiten u. Ameisen häufig, auch in Pflanzungen, nur im Tiefland, nicht im Gebirge; häufigste Schupptentierart des Regenwaldgebietes. – **W** Wie Langschwanzschuppentier (S. 137). Alt-♂ hat W von 15–30 ha, das mehrere ♀♀-W von 3–4 ha überlappt. Jungtiere verändern noch ständig W-Form u. wechseln täglich Schlafhöhle, wandern weit umher. Schlafplätze in selbstgegrabenen 20–40 cm tiefen Bodenhöhlen oder in Bodentermitenbauen mit oder ohne Termiten oder häufiger in Baumhöhlen oder in Lianenfilz um tote Äste, 10–15 m hoch. – **Tt** Nur nachts. ♀ ist nur 3–4 Std. hintereinander tätig, legt rd. 400–600 m zurück, ♂ 5–6 Std. u. rd. 700 m, bei ♀-Suche auch 1,5–1,8 km. Tt-Beginn individuell verschieden zwischen 19 und 23h. In Regenzeit weniger, bei heftigem Regen gar nicht tätig. ♀ macht nachts nur kleinen Rundgang, hinterläßt Duftspur, wodurch ♀♀-Begegnungen vermieden, schläft oft in derselben Höhle. ♂ wandert quer durch ♀♀-W, wodurch Begegnungen erleichtert, wechselt Schlafhöhle ständig. – **Kp, Lt, S** u. **Fd** Wie Langschwanzschuppentier. – **N** Suche nach Termiten u. Ameisen auf Boden u. Bäumen, unter Rinde toter Äste; flach im Boden sitzende Pilztermitenbaue u. Termitenbaue am Fuß eines Baumes werden ausgegraben, sonst wird wenig gegraben. – **Gs** Wie Langschwanzschuppentier. – **Fp** Geburts-G 100–150, -Gl 30–35, G-Zunahme täglich 4–6. ♀ bleibt nach Setzen 1 Woche ganz in Höhle, macht nur kurze Futtersuchen. Junges kann sich erst mit 2 Wochen auf ♀-Schwanz sitzend richtig festhalten, wird dann von ♀ mitgenommen, schläft rd. 1/3 Jahr mit ♀, wird mit 4–5 Monaten selbständig, bleibt danach in ♀-Nähe, hat kleines W, ist mit 7–8 Monaten jungerwachsen, wird dann von Alt-♂ angegriffen u. beginnt weiter umherzuwandern. Übrige Einzelheiten u. **Ld** wie Langschwanzschuppentier.

25/3 **Riesenschuppentier,** *Manis (Smutsia) gigantea* Illiger, 1815. E: Giant Ground Pangolin, Giant Pangolin; F: Le Pangolin géant

Kn SL kleiner als KR. Schwanzende voll beschuppt, spitz. Vorderfußoberseite beschuppt. Gesicht u. Körperunterseite nackt, hell bräunlichgrau, dichter Ring kurzer Haare um Auge u. Ohröffnung. Krallen braun, die des 1. u. 5. Strahls sehr klein. Schuppen sehr groß, abgerundet breit, Hinterrand oft durch Beschädigung unregelmäßig, an Körperoberseite dunkel olivbraun, Flanken etwas heller, beim Neugeborenen bernsteingelb. Rumpf mit 17 Schuppenreihen, Schwanzseitenkante mit je 15–19 Schuppen. Schuppen nur geriefelt, nicht gekielt, ohne betonte Spitze. – **M&G** KR 75–100, SL 50–70, G 30–35, ♂ etwas größer u. schwerer als ♀. – **V** W-Afrika von Senegal bis M-Gabun ow bis NO-Zaire, Mobuto- oder Albertsee, Uganda u. vielleicht auch W-Kenia u. W-Tansania. Keine UA. – **Lr** Wälder u. waldnahe Savannen in Landschaften mit viel Regen bzw. hoher Feuchtigkeit u. ohne längere Trockenzeit, Sümpfe u. feuchte Flußtäler werden gerne aufgesucht; in Ebene, Hügel- u. unterem Bergland. – **W** ortstreu, oft monate- bis jahrelang in gleicher Gegend wohnend u. gleichen Höhlen schlafend, wenn auch nachts kilometerweit umherwandernd. – **Tt** Nur nachts, hauptsächlich von Mitternacht bis kurz vor Morgengrauen. Tags ruhend in Erdferkel- oder selbstgegrabenen Höhlen, die bis 40 m lang u. 5 m tief sein können. Gehen auf äußeren Handkanten, Krallen einwärts. Öfter Aufrichten auf Hinterbeinen. Schwimmvermögen vorhanden. – **Kp, Lt, S** u. **Fd** s. Langschwanzschuppentier (S. 137). – **N** Am Boden laufende Ameisen oder in oberflächlichen Bodengängen tätige Termiten werden aufgeleckt, hauptsächlich aber ihre ober- u. unterirdischen Bauten mit den starken Vorderfußkrallen aufgebrochen u. ihre Bewohner ausgeleckt (in 1 Nacht $1\frac{1}{2}$–2 l). – **Gs** Wie Langschwanzschuppentier. – **Fp** Paarung wie Langschwanzschuppentier. Tragzeit rd. 5 Monate (nicht genau bekannt), Geburt-G rd. 500, -GL rd. 45. Weiche Schuppen des Jungen erhärten am 2. Tag. ♀ läßt Junges 1 Monat in Höhle, wenn auf Futtersuche, danach Mitnahme auf Schwanzwurzel. Junges fängt dann mit Festnahrung an. Entwöhnungsbeginn mit 3 Monaten (G dann rd. 6000). Weitere Einzelheiten nicht bekannt, jedoch ähnlich Langschwanzschuppentier. – **Ld** In Gefangenschaft bisher 4 Jahre nachgewiesen, in Wildbahn nicht bekannt.

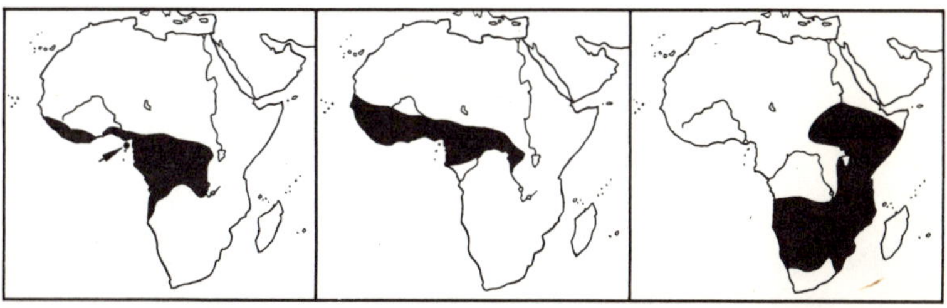

Weißbauchschuppentier Riesenschuppentier Steppenschuppentier

Steppenschuppentier, *Manis (Smutsia) temmincki* Smuts, 1832. E: Temminck's Ground Pangolin, Cape Pangolin, Temminck's Pangolin; F: Pangolin de Temminck, Pangolin du Cap, Pangolin terrestre du Cap; A: Ietermago, Ietermagoy, Ietermagog; K: Kaka, Kakakuona

Kn SL kleiner als KR. Schwanzende voll beschuppt, abgerundet. Vorderfußoberseite beschuppt. Gesicht u. Körperunterseite weitgehend nackt, weißgrau, kurze Haare um Auge, Ohreingang u. auf Wange sowie spärliche schwarze Härchen auf Unterseite. Krallen des 1. u. 5. Strahls sehr klein. Schuppen sehr groß, abgerundet breit, gerieft, ohne betonte Spitze, an Körperoberseite dunkelbraun, Rand heller, die des Neugeborenen gelbgrau mit gelbem Fleck am freien Rand. – **M&G** KR 50–60, SL 40–50, G 15–18. – **V** Zentralafrikanische Republik, S-Sudan, O-Uganda, W-Kenia, Tansania, Malawi, Sambia, Rhodesien, Mozambique, N- u. O-Südafrika, Botswana, NO-Südwestafrika, Angola. Keine UA. – **Lr** Trockenes Buschland, besonders Gebiete mit leichtem, sandigen Boden. – **W** Wie Riesenschuppentier (S. 139). – **Tt** Wie Riesenschuppentier. Höhlen meist nicht selbst gegraben. Kletter- u. Schwimmvermögen vorhanden. – **Kp, Lt, S** u. **Fd** Wie Riesenschuppentier. – **N** Hauptsächlich an Bodenoberfläche erlangbare Ameisen u. Termiten in Dunghaufen, unter oder in morschem Holz, daneben Aufgraben von Nestern. Zwischendurch Aufrichten auf Hinterbeinen u. Sichern. – **Gs** Wie Langschwanzschupptentier (S. 137). – **Fp** Paarung u. Tragzeit wie Langschwanzschuppentier. Geburts-G 330–450, -GL 15–18, nach 3 Monaten G rd. 2000, nach 1 Jahr rd. 3500. ♀ nimmt 1 Monat nach Geburt Junges mit auf Futtersuche (reitet auf Schwanzwurzel), Junges frißt dann 1. Festnahrung. Entwöhnungsbeginn mit 3 Monaten. Weitere Einzelheiten nicht bekannt, jedoch ähnlich Langschwanzschuppentier. – **Ld** Nicht bekannt.

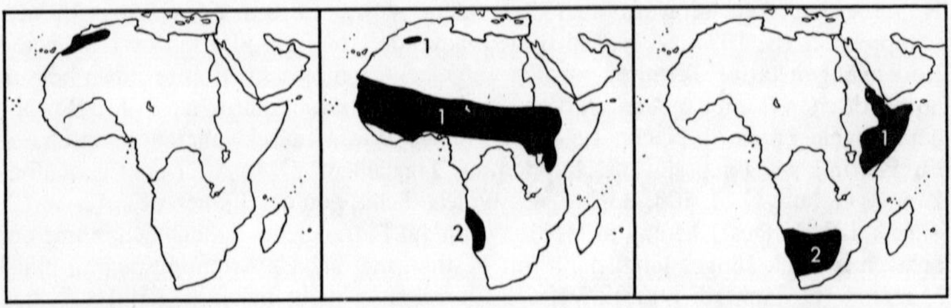

Nordafrikanisches Erdhörnchen

1 West-Erdhörnchen
2 Kaokoveld-Erdhörnchen

1 Ostafrikan. Erdhörnchen
2 Kap-Erdhörnchen

Nagetiere, Rodentia

Hörnchen, Sciuridae

Maus- bis murmeltiergroße Erd-, Baumtiere oder Gleitflieger. Oft Ohren mit Haarpinseln u. Schwanz buschig. Gb $1 \cdot 0 \cdot 1\text{–}2/1 \cdot 3 = 20\text{–}22$, Backenzähne niedrig, Krone mit Höckern, bewurzelt. Zehenzahl 4/5. Meist tagtätig, nur Flughörnchen nachttätig. Erdhörnchen graben sich Erdbaue, klettern nicht. Baum- u. Flughörnchen klettern gut, wohnen in Baumhöhlen oder selbstgebauten Kobeln. Pflanzen-, vielfach Nuß- u. Zapfensamenfresser, z. T. Kerbtiere, Vogeleier u. nestjunge Vögel als Beikost. Alte u. Neue Welt außer Arktis u. Australasien. 46 Gattungen, 245 Arten, davon 10 Gattungen u. 29 Arten in Afrika.
Die 10 afrikanischen Gattungen enthalten 3 von Erd-, 1 von Busch- u. 6 von Baumhörnchen. Die Erdhörnchen sind erd- oder sandfarben mit oder ohne hellen Flankenstreif, haben rauhes, borstiges, kurzes Fell mit wenig Unterwolle, sehr kurze Ohren, einen locker behaarten, buschigen Schwanz u. leben in Erdbauen im offenen Gelände. Die Buschhörnchen sind einfarbig oder schwarzgelblich bis -grünlich gestreift, tragen einen ziemlich kurzen, jedoch buschigen Schwanz u. wohnen in Baumhöhlen oder Kobeln in der Baumsavanne sowie im offenen, lichten Wald. Die Baumhörnchen sind kräftig u. meist auch bunt gefärbt, mit oder ohne Längsstreifen u. wohnen in Kobeln im lichten bis dichten Wald. – Aus Platzgründen sind hier von den 29 afrikanischen Arten nur 4 etwas ausführlicher behandelt.

Erdhörnchen, *Xerini,* Ground Squirrels, L'Écureuils foisseur
3 Gattungen, 5 Arten in N-, O- u. S-Afrika

1. *Atlantoxerus getulus* (Linné, 1758), nur 1 Art, Nordafrikanisches Erdhörnchen, Barbary Ground Squirrel, L'Écureuil de Barbarie. Marokko u. Algerien mit Hohem, Mittlerem Atlas u. Antiatlas (bis 4000 m) bis Sahararand. Keine UA. Oberseite graubraun mit 3 weißlichen Längsstreifen. Schwanz helldunkel geringelt. KR 16–22, SL 14–18.
2. *Euxerus erythropus* (E. Geoffroy, 1803), nur 1 Art, West-Erdhörnchen, Western or Striped Ground Squirrel, L'Écureuil foisseur de Sahel. Von Senegal u. SW-Marokko ow bis M-Äthiopien u. M-Tansania. 6 UA. S. Text S. 147.
   Xerus (= *Geosciurus*), Borstenhörnchen. 3 Arten in O- u. S-Afrika.
3. *rutilus* (Cretzschmar, 1826), Ostafrika- oder Schlicht-, -Borsten- oder -Erdhörnchen, Unstriped Ground Squirrel, L'Écureuil unicouleur, Kindi, Kidiri. Eritrea, O-, S-Äthiopien, Somalia, W-Uganda, Kenia, NW-Tansania. 7 UA. Oberseite u. Schwanz rotbraun bis gelbgrau, mit weißer Stichelung, Unterseite beigegelb, Schwanzspitze weiß. KR 20–26, SL 18–23, G 300–350.
4. *inauris* (Zimmermann, 1780) (= *capensis* Kerr, 1792), Kap-Borsten- oder -Erdhörnchen, Cape Ground Squirrel, L'Écureuil foisseur de Cap, Waaierstertmierkat, Grondeekhoorntjie. W-Transvaal, W-Oranje, N- u. NW-Kapprovinz, S- u. M-Botswana, W-Rhodesien, S- u. M-SW-Afrika. Keine UA. S. Text S. 146.
5. *princeps* (Thomas, 1929), Kaokoveld-Borsten- oder -Erdhörnchen, Kaokoveld Ground Squirrel, L'Écureuil foisseur de Kaokoveld, Waaierstert, Grondeekhoorntjie. N-SW-Afrika u. S-Angola. Keine UA. Wie *inauris,* jedoch Schwanzhaare mit 3 schwarzen Ringen u. gelben I-Vorderseiten. KR 23–29, SL 21–28, G 700–1200.

Buschhörnchen, *Paraxerus,* Bush Squirrel, L'Écureuils des bois
10 Arten in W-, M-, O- u. S-Afrika

1. *alexandri* (Thomas & Wroughton, 1907), Alexander-Buschhörnchen, Alexander's Bush Squirrel, Alexander's Dwarf Squirrel, L'Écureuil d'Alexandre. NO-Zaire u. W-Uganda. Keine UA. Oberseite olivgrünlich, brauner Mittelstreif mit beidseits schwarzem u. weißem Begleitstreif, Unterseite weißgelblich, weißer Ohrrand. KR 9–12, SL 11–15, G 40–70.
2. *boehmi* (Reichenow, 1886), Böhm-Buschhörnchen, Boehm's Bush-Squirrel, L'Écureuil des bois de Boehm. N- u. O-Zaire, S-Sudan, W-Uganda, W-Kenia, W-Tansania, N-Sambia. 4 UA. Oberseite grünlichbraun, Rückenmittellinie olivgrün, beidseits hellgelber bis weißer Längsstreifen, rechts u. links von einem schwarzen Streifen begleitet. Schwanz schwarz u. grünlichbraun gemischt. Unterseite grau, z. T. zur Brust weißlich. KR 10–15, SL 9–20, G 40–100.

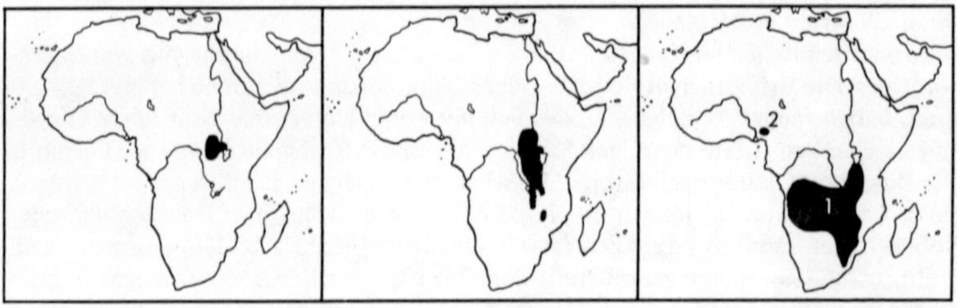

Alexander-Buschhörnchen Böhm-Buschhörnchen 1 Ockerfuß-Buschhörnchen
2 Cooper-Buschhörnchen

3. *cepapi* (A. Smith, 1836), Ockerfuß-Buschhörnchen, Smith's Bush Squirrel, L'Écureuil des bois de Smith, Geelpooteekhoorntjie. W-Tansania, S-Zaire, M- u. S-Angola, Sambia, Malawi, Rhodesien, wl M-Mozambique, Transvaal, O- u. N-Botswana, NO-SW-Afrika. 10 UA. Oberseite braungelb bis gelb- oder olivgrau, dunkel gestichelt, manchmal Flankenunterrand gelblich, Hände u. Füße ocker bis graugelb, Unterseite grau- bis gelblichweiß. Schwanz wie Rücken, mit rd. 15 schwärzlichen Ringen. KR 13–20, SL 12–20, G 120–250.
4. *cooperi* (Hayman, 1950), Cooper-Buschhörnchen, Cooper's Green Squirrel, L'Écureuil des bois de Cooper. Bergwälder (bis 2400 m aufwärts) im Kumba-Distrikt, mittleres W-Kamerun. Keine UA. Oberseite schwarzgelb gestichelt, Unterseite grau-orange gestichelt, Schwanz wie Rücken, unterseits mit mittlerem gelben Längsstreif, Hände, Füße u. Schenkel tiefrot. KR u. SL 19–21.
5. *flavovittis* (Peters, 1852), Streifen-Buschhörnchen, Striped Bush Squirrel, L'Écureuil des bois rayé. SO-Kenia, O- u. S-Tansania, N-Mozambique. 4 UA. Oberseite hellbraun, dunkel gestichelt, weißlicher bis gelblicher Flankenstreifen, manchmal oben u. unten von je 1 schwärzlichem Streifen begleitet, Unterseite weißgelblich, Schwanz wie Rücken mit rd. 7 undeutlichen dunklen Ringen mehr im hinteren Teil. KR 16–20, SL 14–18.
6. *lucifer* (Thomas, 1897) (= *vexillarius* Kershaw, 1923; *vincenti* Hayman, 1950), Berg-Buschhörnchen, Black and Red Bush Squirrel, Mountain Bush Squirrel, L'Écureuil des bois noir et rouge. 3 UA. Gebirge am NW-Ufer des Tanganjikasees, N-Malawi (*lucifer*), am N- u. NO-Ufer des Tanganjikasees, SW-Tansania (*laetus*), Udzungwa-, Uluguru-, Usambaraberge u. Kilimandjaro, S-, M- u. NO-Tansania (*byatti*). Oberseite orangerot mit schwarzer Schabracke, Schwanz ebenso

mit einigen schwärzlichen Ringen (*lucifer*); Kopf, Beine u. Kruppe orangerot, übriger Rücken oliv, schwarz gestichelt, Schwanz oliv, schwarz geringelt (*laetus*); Rücken oliv, gelb gestichelt, Schwanz gelblich, dunkelbraun geringelt, Beine schmutzigocker (*byatti*). Unterseite weiß, weißgrau oder hellgrau. KR 20–32, S 16–27, G 650–750.

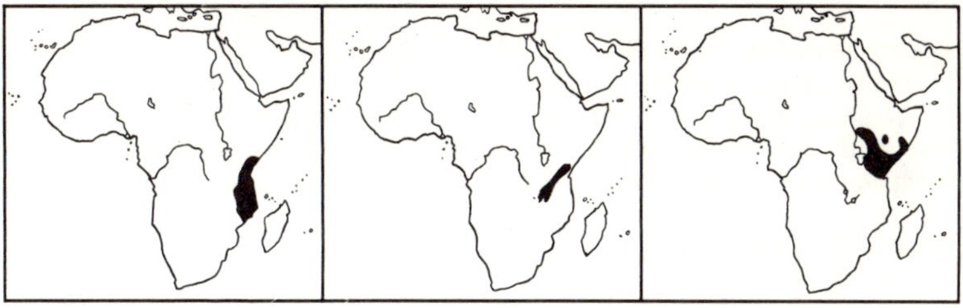

Streifen-Buschhörnchen Berg-Buschhörnchen Ocker-Buschhörnchen

7. *ochraceus* (Huet, 1880), Ocker-Buschhörnchen, Ochre Bush Squirrel, Huet's Bush Squirrel, L'Écureuil des bois ocre. S-Sudan, Kenia, NO-MO-Tansania. Im Gebirge bis 2500 m. 5 UA. Oberseite sandgelb, gelb- oder grünocker, dunkel bis schwarz gestichelt, manchmal blasser Flankenstreif angedeutet. Unterseite weiß bis gelb. Schwanz wie Oberseite mit rd. 15 verwaschenen dunklen bis schwärzlichen Ringen. KR 13,5–18,5, SL 13–19, G 80–100.
8. *palliatus* (Peters, 1852) (= *vincenti* Hayman, 1950), Rotbauch-Buschhörnchen, Red-bellied Bush-Squirrel, Red-bellied Coast Squirrel, L'Écureuil des bois à ventre rouge, Rovieekhoorntjie. Zululand, Mozambique, SO-Rhodesien, S-Malawi, O-Tansania, Sansibar u. Mafia-Inseln, Küstengebiet Kenias u. S-Somalias. 11 UA. Oberseite mittel- bis schwarzbraun, Unterseite Beine u. oft auch Kopf hell- bis leuchtend rot, Schwanz unten rot oder gelb, oben rückenfarbig oder anfangs rückenfarbig u. anderer Teil hellrot. KR 17–25, SL 10–27, G rd. 200.

1 Rotbauch-Buschhörnchen Ölpalmenhörnchen Nacktbauchhörnchen
2 Grün-Buschhörnchen
3 Ruwenzori-Buschhörnchen

9. *poensis* (A. Smith, 1834), Grün-Buschhörnchen, Green Bush Squirrel, Small Green Squirrel, L'Écureuil de Fernando-Po. Sierra Leone bis O-Ghana, O-Benin bis Kamerun mit Fernando Poo, Gabun, Kongo (Brazzaville) u. N-Zaire zwischen Kongo-N-Ufer u. Ubangi ow bis 25° öl L. Keine UA. Oberseite olivgrün, schwarz gestichelt, Schwanz ebenso, jedoch meist dunkler, unterseits grüngelblich wie übrige Körperunterseite, verwaschen schwärzlich geringelt. KR 14–18, SL 14–19.

10. *carruthersi* (Thomas, 1906), Ruwenzori-Buschhörnchen, Carruther's Bush Squirrel, Carruther's Mountain Squirrel, L'Écureuil des bois de Carruther. Ruwenzori u. Bergwälder um Idi Amin- (Eduard-)See, Kiwusee u. N-Ufer des Tanganjikasees. 4 UA. Oberseite olivgrün, schwarz gestichelt, Schwanz ebenso mit rd. 8 breiten schwarzen Ringen, Unterseite grauweiß, heller kremfarbener Ring um Auge. KR 19–26, SL 18–21, G 200–350.

Ölpalmenhörnchen, *Protoxerus*
1 Art in W-, M- u. O-Afrika
stangeri (Waterhouse, 1842), African Giant Squirrel, Giant Forest Squirrel, Le Grand Écureuil de Stanger. Regenwald von Sierra Leone bis W-Kenia, sl bis N-Angola, N-Katanga u. wl M-Tansania, auch auf Fernando Poo. 11 UA. S. Text S. 148

Nacktbauchhörnchen, *Epixerus*
1 Art in W-Afrika
ebii (Temminck, 1853), Temminck's Giant Squirrel, Ebien Squirrel, L'Écureuil d'Ebi, L'Écureuil de Wilson. Regenwald von O-Sierra Leone bis Volta Fluß in Ghana u. S-Kamerun sl Sanaga-Fluß sw durch Rio Muni, Gabun u. W-Kongo (Brazzaville) bis fast Kongo-Mündung. 3 UA. Oberseite rotbraun, schwarz überhaucht, Beine rotbraun, Kehle u. Brust orange, Bauch fast nackt, fein orange behaart, Schwanz schwarzbraun mit 7–8 eisengrauen Ringen, Spitze schwarzbraun. KR 24–30, SL 27–30.

Zwerghörnchen, *Myosciurus*
1 Art in W-Afrika
pumilio (LeConte, 1857), African Pygmy Squirrel, L'Écureuil nain de l'Afrique. SO-Nigeria, M- u. S-Kamerun u. Fernando Poo, Gabun. Gestalt haselmausartig. Oberseite rot- oder gelbgrau, schwarz überhaucht, Unterseite grauweiß, grau oder blaßgelb, Schwanz mäßig buschig, dunkelrötlich, Ohrinnenrand weiß behaart, gelboranger Ring um Auge. KR 7–8, SL 5–6.

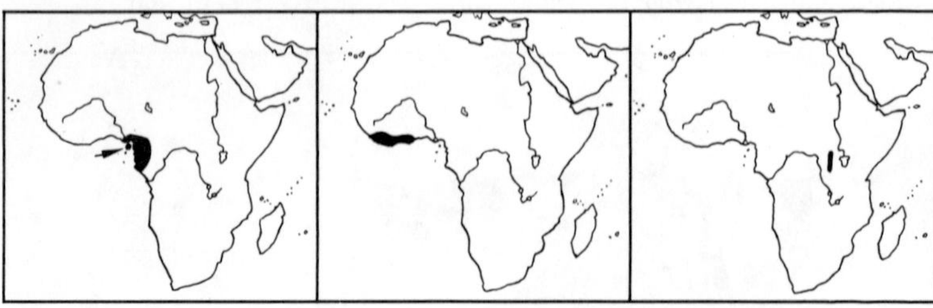

Zwerghörnchen Dünnschwanzhörnchen Ruwenzori-Sonnenhörnchen

Dünnschwanzhörnchen, *Allosciurus*
1 Art in W-Afrika
aubinni (Gray, 1873), Slender-tailed Squirrel, Aubinn's Squirrel, L'Écureuil d'Aubinn. Regenwald von Liberia bis Ghana (Volta-Fluß). 2 UA. Selten. Ganz einfarbig schwarzoliv, gelb gestichelt, Schwanz nur mäßig buschig. KR 23–27, SL 27–33.

Sonnenhörnchen, *Heliosciurus,* Sun Squirrels, Les Héliosciures
3 Arten in W-, M- u. O-Afrika

1. *ruwenzorii* (Schwann, 1907), Ruwenzori-Sonnenhörnchen, Mountain Sun Squirrel, Le Héliosciure de Ruwenzori. Ufergebiete von Mobutu- (Albert-), Idi Amin- (Eduard-), Kiwu- u. N-Spitze Tanganjikasee, Grenzbereich von Zaire-Uganda-Ruanda-Urundi. 4 UA. Dunkelgrau, hell gestichelt, Unterseite heller, weißer Mittelstreif von Kehle bis After, Gesicht u. Beine lohfarben, Schwanz buschig-abgeplattet, Oberseite wie Rücken mit rd. 13 schwarzen Ringen, Unterseite weißlich. KR 20–26, SL 22–28, G 200–380.
2. *gambianus* (Ogilby, 1822), Gambia-Sonnenhörnchen, Graufußhörnchen, Gambian Sun Squirrel, Le Héliosciure de Gambie. Baumsavannen- u. Sekundärwaldgebiete von Senegambien bis Dafur u. Equatoria, Uganda, W-Kenia, W-Tansania, Sambia, S- u. W-Zaire, Angola, S-Kongo (Braz.). 22 UA. Oberseite dunkeloliv, gelb gestichelt oder grau (schwarzweiß gemischt) oder hell- bis graubraun, Unterseite orange, -gelb, grau oder weiß, weißer Ring um Auge, Schwanz wie Oberseite, mit 14 schwarzen Ringen. KR 17–27, SL 18–26, G 250–350.

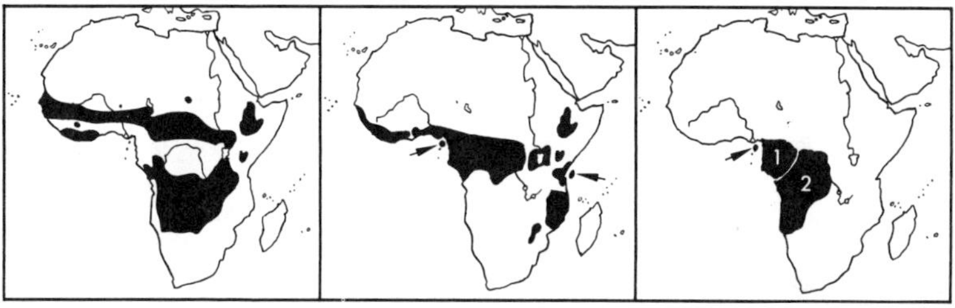

Gambia-Sonnenhörnchen Rotbein-Sonnenhörnchen 1 Vierstreifenhörnchen
2 Kongo-Streifenhörnchen

3. *rufobrachium* (Waterhouse, 1842), Rotbein-Sonnenhörnchen, Red-legged Sun Squirrel, Le Héliosciure à jambes rousses. Regenwald von Senegambien bis SO Kenia, O-Tansania mit Sansibar u. Mafia-Inseln. N-Mozambique bis Sambesi, S-Malawi, N-Sambia, im W sw bis Kongo- u. Kasai-Unterlauf. Auch auf Fernando Poo. 24 UA. Oberseite eisengrau oder grau- bis dunkelrötlicholivbraun, Arm- u. Schenkelinnenseiten rostrot oder schmutzig ocker, Unterseite fahlolivbraun bis grau, grauweiß oder weiß. Heller Ring um Auge. Schwanz wie Oberseite mit rd. 18 schmalen schwarzen Ringen. KR 20–27, SL 21–30, G 250–400.

Streifenhörnchen, *Funisciurus,* Tree Squirrels, Rope Squirrels, Les Funisciures.
7 Arten in W-, M- u. wl O-Afrika

1. *lemniscatus* (LeConte, 1857) (= *isabella* Gray, 1862), Vierstreifenhörnchen, LeConte's Tree Squirrel, Le Funisciure rayé. Regenwald u. Bergwald bis 2100 m in Kamerun, Rio Muni, Gabun u. Kongo (Brazaville), sw bis Kongo-Mündung, ow bis Bangui (Zentralafrik. Republik), auch auf Fernando Poo. 3 UA. Oberseite gelblich olivbraun mit 4 schwarzen Längs- u. 3 helleren Zwischenstreifen, davon die beiden mittleren schwarzen am kräftigsten, Unterseite grauweiß, Schwanz wie Flanken, dunkle Ringelung kann angedeutet sein. KR 15–18, SL 13–19, G 100–150.
2. *congicus* (Kuhl, 1820), Kongo-Streifenhörnchen, Kuhl's Tree squirrel, Western Striped Squirrel, Le Funisciure de Kuhl, Gestreepte Eekhoorntjie. Regen- u. Savannenwald vom Kongo-Fluß sw bis N-SW-Afrika (Ovamboland), Katanga u. NO-Angola. Keine UA. Oberseite gelbbraun, Schultern heller, auf Rückenmitte weißgelber Längsstreif, beidseits von einem dunkelgelben Streif begleitet, Flanken

u. Beine graugelbbraun, Unterseite grauoliv, Schwanz wie Flanken, dunkelbraune Ringelung angedeutet. KR 16–19, SL 14–16.

3. *bayonii* (Bocage, 1890), Bocages Streifenhörnchen, Bocage's Tree Squirrel, Le Funisciure de Bocage. NO-Angola bis Kasai-Fluß, SW-Zaire. Keine UA. Oberseite mit Schwanz braunoliv, letzterer mit verwaschenen schwarzen Ringen, Flanken mit schwachem gelblichen Streif, Unterseite grau. Nur wenige Stücke u. keine Maße bekannt, Größe entspricht der von *anerythrus,* von dem *bayonii* vielleicht nur eine UA.

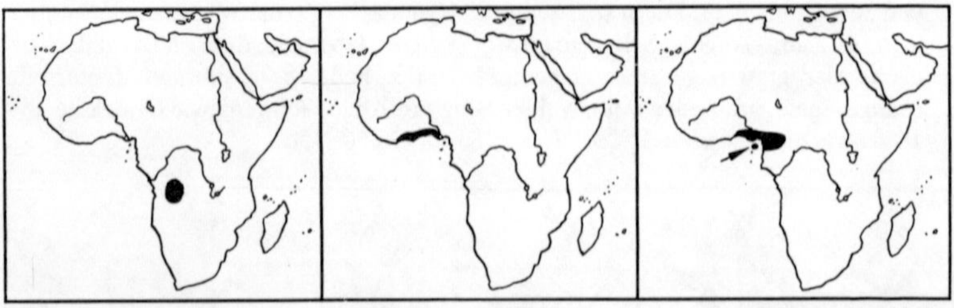

Bocages Streifenhörnchen Togo-Streifenhörnchen Orangekopf-Streifenhörnchen

4. *substriatus* (De Winton, 1899), Togo-Streifenhörnchen, De Winton's Tree Squirrel, Kintampo Squirrel, Green Side-striped Squirrel, Le Funisciure de Kintampo. Im Waldunterwuchs von S-Ghana, Togo, Benin u. SW-Nigeria. Keine UA. Oberseite rotschwarz bis olivgraubraun, weißer oder nur schwach ausgeprägter gelbbräunlicher Seitenstreif, Unterseite rötlich- oder gelbgrau, Schwanz wie Rücken mit dunklen Ringen. KR 15–18, SL 14–20.
5. *leucogenys* (Waterhouse, 1842), Orangekopf-Streifenhörnchen, Orangeheaded Tree Squirrel, Red-cheeked Squirrel, Le Funisciure à tête orange. Regenwald von Ghana ab Volta ow bis Rio Muni u. Fernando Poo sowie SO-Zentralafrik. Republik. 4 UA. Oberseite dunkel- bis hellolivbraun, Gesicht braun bis orange, Flanken mit Längsreihe trübgelber bis orangener Flecken, Unterseite grau- bis weißgelb, Schwanz oberseits wie Rücken, schwarz geringelt, unterseits mittelbraun bis orange. KR 17–24, SL 13–20, G 200–300.
6. *pyrrhopus* (F. Cuvier, 1842), Rotschenkelhörnchen, Red-footed Squirrel, Cuvier's Fire-footed Squirrel, Le Funisciure à pattes rousses. Von Sierra Leone bis W-Ostafrika. 9 UA. S. Text S. 148.
7. *anerythrus* (Thomas, 1890), Thomas-Streifenhörnchen, Redless Squirrel, Thomas' Tree Squirrel, Le Funisciure à dos rayé. SW-Nigeria bis W-Uganda, NO-Katanga, SW-Zaire u. Gabun. 4 UA. Oberseite heller oder dunkler braunoliv, beidseits Rückenmitte ein weißgelber bis fast verblaßt bräunlicher Längsstreif. Beine wie Rücken oder rötlich überhaucht. Unterseite hellgrau bis blaßorange. Schwanz wie Rücken, eisengrau oder blaßgelb geringelt, manchmal unterseits braunrötlich. KR 16–23, SL 14–20. – Manche Autoren sehen 6 u. 7 als 1 Art an.

26/5 **Kap-Erdhörnchen,** *Xerus inauris* (Zimmermann, 1780). E: Cape Bristly Ground Squirrel, F: L'Écureuil foisseur de Cap, A: Waaierstertmeerkat

Kn Gestalt u. Körperbau ähnlich Rotschenkelhörnchen (S. 148), jedoch Fell harsch. Augen groß, Ohren klein, rund, nackt. Zehenzahl 4/5. Penis mit Knochen, 4 bauchständige Zitzen. Oberseite blaß rotbraun oder graubraun, schwarz gestichelt; Unterseite, ein Flankenstreif u. Über- u. Unteraugenstreif weiß. Schwanzhaare buschig, zweizeilig, grau mit heller Wurzel u. schwarzer Spitze, Schwanz am Ende mit 2 weiß-schwarzen Bändern. ♀ wie ♂, Junge wie Erwachsene. – **M&G** KR 20–29, SL 18–25, G 500–1100, ♂ etwas größer u. schwerer als ♀. – **V** S- u. SW-Afrika von N-SW-Afrika, N-Botswana, SW-Rhodesien u. W-Transvaal sw bis Kapland. Keine UA. – **Lr** Offenes Gelände: Grasland, Ränder von Salzpfannen, Überschwemmungsflächen, trockene Flußbetten, Gelände mit niederen Sträuchern, lockere Akaziensavanne, Buschland. – **W** 100–150 m im Umkreis um Bau. – **Tt** Tagtätig, Haupttätigkeit morgens u. spät nachmittags, in Morgenkühle sich vor Bau sonnend. In selbstgegrabenen Erdbauen mit mehreren Ein- oder Ausgängen u. gepolstertem Kessel, je Bau 1 Tier oder ♀ mit Jungen, in kleinen Kolonien mehrere Baue beieinander, meist 6–10, manchmal bis 30 Tiere je Kolonie. Bei Kälte u. starkem Wind Bau nicht verlassend. Oft männchenmachend vor Bau sitzend, Schwanz am Rücken oder umhergehend Schwanz leicht bogig getragen. Auf Futtersuche sich bis 150 m entfernend. Bei Alarm in Galopp zum Bau zurück, Schwanz flach, vor Bau sitzend oder auf Hinterbeinen stehend verhoffend. – **Lt** Alarmruf gezogenes weiniges Schreien. – **S** Seh- u. Hörvermögen sehr gut, Riechvermögen mäßig. – **Fd** Fuchsmanguste, Mungos, Falbkatze, Schwarzfußkatze, Wüstenluchs, Kapfuchs, Schabrackenschakal, Greifvögel, Schlangen. In Enge getrieben, sich mutig verteidigend. – **N** Kräuter, Gräser, Samen, Früchte, Knollen, Wurzeln, Jungvögel, Eier, kleine Kriechtiere, Kerbtiere. – **Gs** s. Tt, oft vergesellt mit Surikaten, Fuchsmangusten u. anderen Erdhörnchenarten. – **Fp** Ganzjährig, je Wurf 2–6, meist 4 blinde Junge im Erdbaukessel. Weitere Einzelheiten nicht bekannt. – Gefährlich als Beulenpestzwischenträger.

West-Erdhörnchen, Gestreiftes Erdhörnchen oder **Tschad-Zieselhörnchen,** *Euxerus erythropus* (E. Geoffroy, 1803). E: Western or Striped Ground Squirrel, F: Le Rat palmiste, L'Écureuil foisseur 26/6

Kn Gestalt u. Körperbau ähnlich Ölpalmen- u. Rotschenkelhörnchen (S. 148), jedoch Fell harsch, Schwanz mehr zweizeilig als gleichmäßig rundum behaart, P^3 sehr klein, 6 bauchständige Zitzen. Haare flach mit Längsrinne, nicht sehr dicht stehend, Unterseite nur spärlich behaart, Achseln u. Leisten nackt. Oberseite dunkelbraun bis sandfarben, Unterseitenhaare weiß, weißer Über-, Unteraugen- u. Flankenstreif. Scheitel wie Nacken u. Rücken, Wangen u. Pfoten heller, Krallen lang, wenig gekrümmt. Weißer Fleck hinter Ohr vorhanden oder fehlend. Schwanzhaare buschig, zweizeilig, verwaschen schwarzweiß geringelt, Mittellinie rückenfarben. ♀ wie ♂, Junge wie Erwachsene, jedoch Nestkleid spärlich, 1. Haarwechsel zwischen 40 u. 100 Tagen, 2. im 5.–6. Monat. – **M&G** KR 22–46, SL 18–27, G 500–950. – **V** Von Senegal u. SW-Marokko (Soûs) bis M-Äthiopien, -Kenia u. nl M-Tansania, N-Grenze um 15° n. Br., auch in Air, S-Grenze im W Golf von Guinea-Küste, ow dann von 5° n. Br. bis 3° s. Br. abfallend. 6 UA. – **Lr** Hochwald bis Halbwüste, in ersterem nur dort wo durch Farmland gelichtet, auf diese Weise in Guinealändern sw bis Küste vorgedrungen. Im Kulturland häufig. – **W** Größe einige Ar um Wohnbau herum. Einzelheiten nicht bekannt. Wohnbau entweder selbstgegraben mit mehreren rd. 50 cm langen Röhren u. z. T. mit gepolstertem Kessel bis 1 m Tiefe oder in Termitenbauen oder in Felsspalten u. -höhlungen. Jedes Tier hat eigenen Bau, jedoch können mehrere Baue beieinander liegen. – **Tt** Tags, Bauverlassen nach Sonnenaufgang, bei schlechtem Wetter erst mittags, in Mittagshitze im Buschschatten oder Bau, bei Schlafengehen zu Dämmerungsbeginn Eingängeverstopfen von innen. Beim Fressen u. auch sonst oft aufrecht sitzend u. Umgebung beobachtend. Normalbewegung: nach einigen Sprüngen männchenmachend verhoffend, Schwanz leicht bogig getragen, bei Erregung über Rücken, bei Flucht schnelles Rennen mit waagerechtem Schwanz. – **Lt** Mehrere abwandelbare Töne, bei Ärger quieken, bei Werbung weiches »tschirr« bei Alarm u. Erregung »tschip-tschip«. Jungeruf »kiuu-kijuu«, bei Angst »tschirr-tschirr«. – **S** Sehvermögen sehr gut, Luftfeinde (Greifvögel) werden bereits von weitem erkannt. Hörvermögen sehr gut, Riechvermögen mäßig. – **Fd** Bodenraubtiere (Falbkatze, Serval, Wüstenluchs, Honigdachs, Füchse, Schakale), Greifvögel, Schlangen. Schnelle Flucht zum Bau. Beißt, in Enge getrieben, kräftig. – **N** Pflanzen mancherlei Art, Blätter, Samen, abgefallene Baumfrüchte, Knollen, Wurzeln, Feldfrüchte verschiedenster Art, auch hartschalige Nüsse u. Samen werden aufgenagt; ferner Kerbtiere, kleine Kriechtiere, Jungvögel, Eier. Nahrungsstücke werden z. T. eingegraben versteckt. – **Gs** s. W. – **Fp** Jungezahl 2–6, meist 4, Würfe teils in allen Monaten, teils jahreszeitlich gehäuft (in O-Afrika August–Oktober). Augenöffnen mit 26–30, 1. Festnahrung mit 35, 1. Herumlaufen mit 39 Tagen. Säugezeit 1½–2 Monate. G mit 2 Wochen rd. 50, 1 Monat rd. 100, 2 M. rd. 260. – **Gr** ½ Jahr. – **Ld** In Gefangenschaft 6 Jahre nachgewiesen.

27/2 **Ölpalmenhörnchen,** *Protoxerus stangeri* Waterhouse, 1843. E: African Giant Squirrel, Giant Forest Squirral; F: Le Grand Écureuil de Stanger, L'Écureuil du palmier Elaeis
Kn Gestalt u. Körperbau wie Rotschenkelhörnchen (S. 148), jedoch größer, Schnauze etwas stumpfer, Schwanz buschiger, P^3 so groß wie M^1, 8 Zitzen. Oberseite gelb- bis oliv- u. rotbraun, z. T. Scheitel weiß gestichelt u. gelber Fleck hinter Ohr. Unterseite nackt, Haut gelbbraun, z. T. Stirn, Kehle, Halsseiten u. Brust mit weißen Haaren. Weißer Trennstrich zwischen Flanken u. Bauch stark oder schwach oder fehlend. Vorderbeine rückenfarbig, Hinterbeine gelb- bis rotbraun. Schwanzwurzel rückenfarbig, übriger Schwanz mit 10–12 schwarzen Ringen auf weißem Grund. ♀ wie ♂, Junge wie Erwachsene, jedoch Schwanz außer Wurzel weiß, letztere mit feinen, weißen Ringen u. schwarzem Unterseitenstreif. – **M&G** KR 22–40, SL 24–36, G 540–1000. – **V** Fast wie Rotschenkelhörnchen. Waldgürtel von Sierra Leone ow bis W-Kenia u. wl M-Tansania, mit Fernando Poo, N-Grenze um 9° n. Br. im W, um 5° n. Br. im O, S-Grenze um 12° s. Br. im W (M-Angola), um 4° s. Br. im O. 11 UA. – **Lr** Hochwald (Regen-, Sumpf-, Galeriewald) mit Lichtungen u. nicht fest geschlossenem Kronendach, auch in Siedlungsnähe, wenn Wald oder Waldstücke mit Großbäumen vorhanden. – **W** Größe nicht bekannt, s. Rotschenkelhörnchen. – **Tt** Haupttätigkeit morgens u. nachmittags. Bewegt sich sehr geräuschvoll. Hauptaufenthalt im Oberstockwerk des Waldes, gelegentlich zum Früchteaufnehmen am Boden im Wald oder Grasland am Waldrand. Rast- u. Schlafplatz großer Kobel hoch in Astgabel. – **Lt** Tschackern, Knurren, bei Angst Quieken u. Schreien. Stimmfühlungslaut dunkles, weit hallendes »ku-ku-ku« oder »kom-kom-kom«, besonders morgens zu hören. Bei Alarm-Tschackern wird Schwanz vor- u. zurückgeschlagen, bei ♀-Jagen des ♂ Schwanz senkrecht, bei Klettern Schwanz hängend, bei Normalhaltung Schwanz bogig nach hinten, bei Sitzen Schwanz auf Rücken wie Rotschenkelhörnchen. – **N** Ölpalmenfrüchte, Nüsse, Früchte, Samen, Blätter, Rinde, gelegentlich nestjunge Vögel. Bei N-Überfluß auch N-Verstecken. – **S** Wie Rotschenkelhörnchen, jedoch Riechvermögen schlechter. – **Fd** Wie Rotschenkelhörnchen, dazu Kronenadler (*Stephanoaëtes coronatus*). Flucht am Baum zur feindabgelegenen Seite. – **Gs** Paarweise. – **Fp** 1–3 blinde Junge je Wurf. Fp-Zeit unregelmäßig.

27/1 **Rotschenkelhörnchen,** *Funisciurus pyrrhopus* (F. Cuvier, 1842). E: Red-footed Squirrel, Cuvier's Fire-footed Squirrel; F: Le Funisciure à pattes rousses
Kn Mittelgroß bis groß. Fell kurz, weich u. glatt, lange Schnurr- u. z. T. auch Wangen-

tasthaare, Schwanz gleichmäßig buschig, etwas kürzer als KR. Schnauze spitz, Augen u. Ohren klein, letztere rundlich, nackt. Arme u. Beine kurz, Strahlenzahl 4/5, Daumen verkümmert. Gb 1·0·2/1·3 = 22, P^3 sehr klein. 4 bauchständige Zitzen, Penis mit Knochen, ♂ mit großen Afterdrüsen. Oberseite hell bis dunkel olivgrau, meist Rückenmitte verdunkelt, Gliedmaßen u. Flanken bis Wangen gelbbraun bis dunkelrot, Unterseite gelb bis weißgelb oder weißgrau oder weiß. Hinter Ohr kleiner oder großer dunkelrotbrauner Fleck. Am Flankenoberrand gelbbrauner oder weißer Längsstrich mit dunklerem Schattenstreifen darunter oder Längsstrich in Fleckenkette aufgelöst. Schwanz mit 10–15 dunkelgrauolivfarbenen Ringen auf weißgrauem Grund, Spitze weißgrau oder grauschwarz, Unterseite mit flankenfarbenem Längsstreifen. ♀ wie ♂. – **M&G** KR 13–27, SL 10–20, G 250–350. – **V** Sierra Leone, Liberia, Guinea, Elfenbeinküste, Ghana, Nigeria, M- u. S-Kamerun, Gabun, Rio Muni, Kongo-Brazaville, S-Zentralafrik. Republik, Cabinda, M- u. N-Zaire bis W-Uganda (Victoria-Nil u. -See), Ruanda, Urundi. 9 UA. – **Lr** Hochwald mit Unterwuchs am Rande u. an Lichtungen, Sekundär-, Galerie-, Küstenwald, Mangrove, Palmsümpfe, Wald-Grasland. – **W** Größe nicht bekannt, jedoch klein, höchstens 1 ha. – **Tt** Hauptsächlich morgens u. spätnachmittags, mittags ruhend in selbstgebauten Kobeln aus Laubzweigen oder gebietsweise nur aus Palmblattrippen in niedrigen

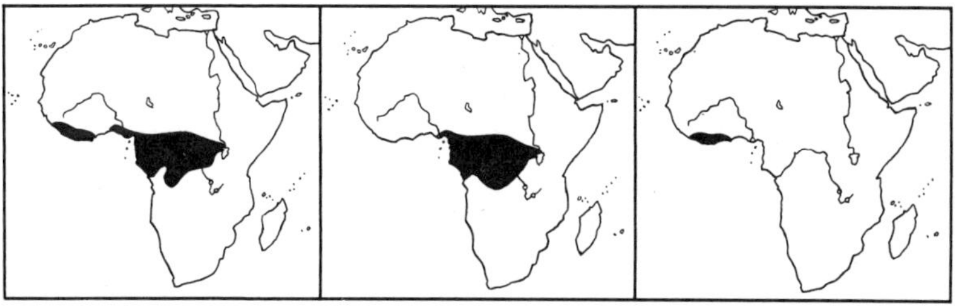

Rotschenkelhörnchen Thomas-Streifenhörnchen Pel-Dornschwanzhörnchen

Astgabeln oder zwischen Baumwurzeln. Aufenthalt im unteren Waldstockwerk u. viel am Boden. – **Lt** Eine Folge von »tschak-tschak-tschak« als Stimmfühlungslaut (Betonung auf 1. Silbe, Skala abfallend). Daneben einsilbiger Ruf, der bei (leicht einsetzender) Erregung zu schneller Folge wird. Schnurren bei geschlechtlicher Erregung, Knurren, Quieken u. Schreien bei Angst u. Schmerz. – **S** Seh- u. Hörvermögen sehr gut, Riechvermögen gut. – **Fd** Schlangen, Ginsterkatzen, Mungos, Greifvögel, besonders Habichtsadler (*Hieraaëtus fasciatus*), Schwarzachseladler (*Cassinaëtus africanus*) u. Langschwanzhabicht (*Urotriorchis macrourus*). Flucht in Spiralen um Baum. – **N** N-Suche meist am Boden. Palmfrüchte (besonders Öl- u. Raphiapalme), davon Kerne eher als Fleisch, ferner andere Früchte, Nüsse, Samen, Kerbtiere, Vogel- u. Kriechtiereier. Kerbtiere, die viel mit der Nase gefunden werden, stellen großen N-Anteil. – **Gs** In Paaren, die je in 1 Kobel schlafen, oder ♀ mit Jungen. – **Fp** Schwanzhaltung als Stimmungsausdruck u. Signal: bei Auseinandersetzungen steif weggestreckt, bei Werbung des ♂ kreisförmig (seitlich gestellt) über dicken Hoden aufgebogen als langsames Radschlagen, bei Alarm schnell vor- u. zurückgeschwungen, normal Rücken lang aufgelegt mit hochgebogener Spitze. Anscheinend landschaftlich jahreszeitlich gehäufte Würfe (1–2 blinde Junge im Kobel). ♂ zeigt entsprechenden Hoden- u. Afterdrüsengrößenzyklus.

Dornschwanzhörnchen, Anomaluridae

Eichhörnchenartige Waldbewohner von Maus- bis Eichhörnchengröße. Augen u. Ohren groß, Zehenzahl 4/5, Schwanz lang u. buschig oder mit Endquaste, Schwanzwurzelunterseite mit spitzendigen Hornschuppen als Kletterhilfe. Ellbogen mit seitwärts gerichtetem Knorpelstab von 2/3 Unterarmlänge zum Abspreizen der zwischen Halsansatz, Unterarm, Zehenansatz u. 1. Schwanzdrittel gespannten Flughaut zum Gleitfliegen (Flughaut fehlt bei *Zenkerella*). Fell weich u. dicht. Gb 1 · 0 · 1 · 3 = 20. 2–4 Zitzen. Nachttätige, baumlebende u. gleitfliegende Baumhöhlenbewohner West-, Mittel- u. Ostafrikas. 4 Gattungen mit zusammen 7 Arten.

27/5 **Pel-Dornschwanzhörnchen,** *Anomalurus peli* (Schlegel & Müller, 1845). E: Pel's Flying Squirrel; F: L'Écureuil volant de Pel, L'Anomalure de Pel
Kn Eichhörnchengroß u. -ähnlich. Schnauze kurz abgestumpft, Augen ziemlich klein, Ohren nackte, häutige, Kopf etwas überragende Muscheln. Fell dicht, weich, ziemlich lang, unterseits kürzer, lange Schnurrhaare, Haarbüschel hinter Ohr. Schwanz fast so lang wie KR, dicht behaart, mit buschiger Endquaste. Beine kurz, Strahlenzahl 4/5, Daumen verkümmert, Krallen gebogen, nadelspitz. Ellbogen mit seitwärts gerichtetem Knorpelstab von 2/3 Unterarmlänge zum Abspreizen der Flughaut beim Gleitfliegen. Flughaut gespannt zwischen Halsansatz, Unterarm, Knorpelstab, Zehenansatz u. 1. Schwanzdrittel, oben wie Rücken, unten spärlich behaart, mit am Musculus triceps ansetzenden Längsmuskelstreifen, die durch M. triceps-Zug Flughaut zusammenfalten. Schwanzwurzelunterseite mit 2 Längsreihen von rd. je 6 scharfkantigen u. spitzendigen Hornschuppen als Kletterhilfe. P u. M gleichgroß. 4 brustständige Zitzen, ♂ mit Penisknochen. Körperoberseite braunschwarz, Nase, Haarbüschel hinter Ohr, oberer Flughautrand ab Knorpelstab zum Schwanz, dieser selbst sowie Körper- u. Flughautunterseite weiß. Kehle sepia, Fußoberseite schwarzweiß gemischt. ♀ wie ♂, Junge wie Erwachsene, jedoch Nasen-, Ohrbüschelfleck u. Schwanz (außer weißer Wurzel) grau. UA *auzembergeri* (O-Liberia) oberseits mit Schwanz rein braunschwarz, unterseits weißlich. KR 40–46, SL 32–45, G 1,35–1,8. – **V** O-Liberia (UA *auzembergeri*), Elfenbeinküste, Ghana (UA *peli*). 2 UA. – **Lr** Wipfelbereich großer Bäume, die ohne Lianen dazwischen etwas Abstand voneinander haben, was unbehinderten Gleitflug von einem zum anderen ermöglicht. Beliebt sind Rodungsrestbäume auch als ausgebrannte Hochstümpfe, die reichlich Höhlungen zum Schlafen enthalten. – **W** Größe nicht bekannt, vermutlich einige ha. – **Tt** tagsüber an innerer Baumhöhlenwand hängend u. schlafend, weit nach Sonnenuntergang munter werdend, weit vor Sonnenaufgang schlafengehend. Auf Ästen u. Zweigen hoppelnd (Vorder- u. Hinterbeine getrennt bewegend) u. so auch senkrecht, unterstützt durch Hornschuppendorne der Schwanzunterseite, kletternd. Im Gleitflug mit gespreizter Flughaut von Baum zu Baum segelnd (Schwanz als Steuer, Flugweite bis 50 m) u. senkrecht aufwärts gerichtet mit auf Rücken gelegtem Schwanz landend, danach sofort Stamm ruckweise aufwärts kletternd, um wieder Abflughöhe zu haben. Am Boden nur unfreiwillig. – **Lt** Einförmiger dunkler »Eulen«ruf »puru-puru« als Stimmfühlungslaut. – **N** Blätter, Blüten, Früchte (besonders Ölpalmenfrüchte), weicher Rindenbast. – **Gs** Paarweise, in Schlafhöhlen sich auch bis zu ½ Dutzend zusammenfindend. – **Fp** Angeblich 2 Hauptwurfzeiten April u. September. Je Wurf 1–3 Junge in Baumhöhle. Weitere Einzelheiten der Lw nicht bekannt.

Gemeines Dornschwanzhörnchen, *Anomalurus derbianus* (Gray, 1842) (= *fraseri* Waterhouse, 1843, *erythronotus* Milne-Edwards, 1879, *fulgens* Gray, 1869, *jacksoni*

De Winton, 1898). E: Lord Derby's Flying Squirrel, Lord Derby's Anomalure; F: L'Écureuil volant de Derby, L'Anomalure de Derby; K: Kipepeo

Kn Gestalt u. Körperbau wie Pel-Dornschwanzhörnchen (S. 150). Oberseite dunkel- oder rötlich- oder orange- oder graubraun oder dunkelgrau mit hellen bis weißen Haarspitzen. Kopf meist grau bis silbergrau, um Ohrgrund schwarze Haare, z. T. schwarz bis Augen reichend. Auch Flughautrand zwischen Händen u. Füßen mit schwarzen Haaren. Kehle grau, übrige Unterseite weiß, manchmal Flughautunterseite zwischen Hinterbeinen bräunlich bis schwärzlich. UA *erythronotus* (Kamerun bis Kongo) mit rotem Vorderrücken, *fulgens* (Gabun) hat ganzen Körper rötlichbraun, Unterseite heller. Flughautunterseite fast nackt. Vordere Schwanzhälfte wie oder heller als Rücken, hintere mit Quaste schwarz oder ganzer Schwanz schwarz. Schwanzwurzelunterseite mit 12–14 Hornschuppen. 2 brustständige Zitzen, ♂ mit Penisknochen, ♀ mit 2 bauchständigen, zeitweise anschwellenden Hautdrüsen. – **M&G** KR 27–38, SL 22–30, G 450–1100. – **V** Regenwaldgebiet von Sierra Leone bis Kamerun, Fernando Poo, Gabun u. N-Angola u. ow bis O-Grenze Zaires u. S-Uganda, SW-Kenia u. W-Sambia. N-Grenze um 10°–7° n. Br. im W u. 5°–3° n. Br. im O, S-Grenze um 5° s. Br. im W u. 12° s. Br. im O. Ferner in O-Kenia u. O-Tansania mit Sansibar u. N-Mozambique. 15 UA. – **Lr** Regen-, Galerie-, Berg-, Busch-, Miombowald. Im Gebirge bis 2400 m. Vorkommen abhängig von Baumhöhlen. Deshalb oft in Siedlungsnähe auf Rodungen mit stehengebliebenen, oft toten oder ausgebrannten jedoch höhlenreichen Bäumen. – **W** Standorttreu, jahrelang in derselben Schlafhöhle, z. T. mit Reife bestimmter Früchte in der Gegend Standort wechselnd. – **Tt** Nur

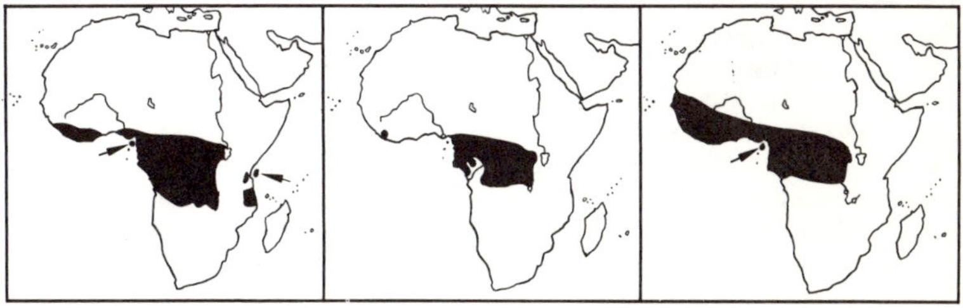

Gemeines Dornschwanzhörnchen | Zwergdornschwanzhörnchen | Beecroft-Dornschwanzhörnchen

nachts, doch morgens zwischen 8 u. 9^h vor Höhle außen am Stamm hängend sonnend. Tagsüber u. Mittelteil der Nacht ruhend. Schlafstellung hängend an Höhlenwand. Abends bei Start aus 4–12 m hochliegendem Höhlenloch Abschnellen mit Hinterbeinen, nach 4–5 m Aufspannen der Flughaut, im Flug auch rechtwinklige Richtungsänderungen möglich. Flugweite bis 250 m. In 1 Std. bis 70 Flüge, meist zwischen 10 u. 80 m weit. Selten am Boden, dort wie Kaninchen hoppelnd. Senkrechtklettern aufwärts spannerartig, schnell, abwärts mit Kopf voran, auch mit Hinterfüßen an Zweigen hängend, im Geäst geschickt wie Eichhörnchen. – **Lt** Schnurren, Zwitschern, in Wut Zischen. – **S** Seh- u. Hörvermögen sehr gut, Riechvermögen gut. Zeitweise affenähnlicher scharfer Körpergeruch. – **N** Früchte, Rinde, Blüten, Blätter, Nüsse, Kerbtiere. Futter wird mit Händen gegriffen u. gehalten. – **Gs** Paarweise, ♀ mit Jungem, manchmal größere Ansammlungen in Schlafhöhlen. – **Fp** Im Guinea- u. Kongowald Junge in allen Monaten, in O-Afrika zum Regenzeitende. Tragzeit?, je Wurf 1 großes (KR rd. 16), voll behaartes Junges mit offenen Augen, manchmal auch 2–3 Junge. Junges hängt an Höhlenwand, Eltern füttern bald mit vorgekautem, im Mund herangetragenem Futter. Weitere Einzelheiten sowie Gr u. Ld nicht bekannt.

Zwergdornschwanzhörnchen, *Anomalurus pusillus* (Thomas, 1887). E: Little Flying Squirrel, Lesser Anomalure; F: L'Écureuil volant pygmée, L'Anomalure pygmée
Kn Gestalt u. Körperbau wie Gemeines Dornschwanzhörnchen (S. 150), jedoch kleiner u. Schwanz kürzer. Oberseite olivbraun mit grauem Scheitel, kein Schwanz um Ohren u. Augen, Flughaut zwischen Hinterbeinen gelb überhaucht. Unterseite weißgrau, in der Mitte gelblich. Schwanz schwarzbraun. Borstenhaare über Hinterfußkrallen blaßgelb (nicht schwärzlich wie beim Gemeinen Dornschwanzhörnchen). – **M&G** KR 21–25, SL 13–16. – **V** Mittelafrikanischer Regenwald von Kamerun u. Gabun bis W-Uganda u. NW-Ufer des Tanganjikasees. Außerdem ein isoliertes Vorkommen in W-Liberia am Du-Fluß. 2 UA. Selten, bisher nur wenige Stücke bekanntgeworden. – **Lr** Regenwald in Ebene u. Gebirge bis 2000 m. – **Lw** Ähnlich Gemeinem Dornschwanzhörnchen, Einzelheiten nicht bekannt.

27/6 **Beecroft-Dornschwanzhörnchen,** *Anomalurops beecrofti* (Fraser, 1852). E: Beecroft's Flying Squirrel; F: L'Écureuil volant de Beecroft, L'Anomalure de Beecroft
Kn Gestalt u. Körperbau ähnlich Pel-Dornschwanzhörnchen (S. 150), jedoch Schnauze spitzer, Ohren rundlicher u. etwas kürzer, Fell vließartig dicht, leicht gelockt u. Schwanz kürzer, am Anfang schlicht behaart, mit dem Ende zu an Haarlänge wachsender Quaste. Unterseite gut behaart, Flughaut etwas lichter. Oberseite dunkelbraun oder leuchtend grünlich oder silbergrau mit leichtem olivgelben Überflug auf Nacken u. Rücken, oft weißer Scheitel- u. Halsseitenfleck, Kehle dunkelgrau oder rötlich, Brust rötlich, Bauch gelblich oder goldgelb, Schwanz rückenfarbig, Wurzelunterseite mit 14–18 Hornschuppen. Das Grün u. Goldgelb der UA *argenteus* (Sierra Leone – Kamerun) verblaßt nach Tod schnell. – **M&G** KR 25–39, SL 16–24, G rd. 650. – **V** Waldgebiete (auch Trockenwälder) von S-Senegal (Casamance), Guinea u. Sierra Leone bis M-Kamerun, Kongo-Unterlauf u. NO-Zaire nebst westlichstem Uganda. Auch auf Fernando Poo. 4 UA. – **Lw** Ähnlich Pel-Dornschwanzhörnchen. Im Gebirge bis 2500 m. Sitzt tagsüber in Baumhöhlen oder reglos außen am Stamm gedrückt, wo es wegen Tarnfarbe leicht übersehen wird. Stimmfühlungsruf ist ansteigende, trillerartige, laute Silbenreihe »rrück-rrück-rrück« usw., die plötzlich abbricht. Lebt in kleinen Trupps. Frißt Blätter u. Früchte, besonders die der Ölpalme.

27/4 **Zenker-Gleitbilch,** *Idiurus zenkeri* (Matschie, 1894). E: Zenker's Flying Squirrel, Dwarf-Anomalure, Pygmy Scaly-tail; F: L'Écureuil volant de Zenker, L'Anomalure nain de Zenker
Kn Gestalt u. Körperbau ähnlich *Anomalurus* u. *Anomalurops,* jedoch Ohren größer u. Schwanz anders behaart. Schnurrhaare sehr lang. Fell oben u. unten sehr fein u. dicht, nur an Flughaut- (die an Beinen in Fersenhöhe ansetzt) u. Gliedmaßenunterseite spärlicher, oberseits einheitlich grau bis braun, unterseits heller bis weißlich. Schwanz länger als KR, oberseits mit verstreuten 2 cm langen Haaren, seitlich mit je einem Kamm aus kurzen (2–3 mm) steifen Borstenhaaren, unterseits an Wurzel 1,5–2,5 lang mit rauher Oberfläche. Gb $1 \cdot 0 \cdot 1 \cdot 3 = 20$, M^3 erheblich kleiner als M^1 u. M^2. Zitzenzahl? Junges wie Erwachsene, ♀ wie ♂. – **M&G** KR 6,5–9, SL 7–13, G 14–17,5. – **V** Ober-Kamerun bis Rio Muni u. NW-Gabun sowie NO- u. O-Zaire öl Lualaba bis Kiwusee u. westlichstem Uganda. 2 UA. – **Lw** Im Flachland-Hochwald (Primärwald). Tags in Gruppen bis Scharen (bis 100) in großen Baumhöhlen oder unter alter, abstehender Rinde dicht beieinander an Wänden hängend, oft mit anderen Dornschwanzhörnchen u. Fledermäusen. Geschickt u. schnell an glatten Stämmen kletternd, auf Ästen laufend u. gewandt Hindernissen ausweichend bis 30 m weit fast ohne Höhenverlust von Baum zu Baum gleitfliegend. Tags genau so gut wie nachts

sehend. Bei Nahrungssuche manchmal mehrere km zurücklegend. – **N** Früchte der Ölpalme, Nüsse, Kerbtiere, auch in Palmenpflanzungen einfallend. Bei Erregung mausartiges Quieken. Vermutlich je Geburt 1 Junges. Weitere Einzelheiten der Lw unbekannt.

Großohrgleitbilch, *Idiurus macrotis* (Miller, 1898). E: Long-eared Flying Squirrel; F: L'Anomalure nain
Kn Gestalt u. Körperbau wie Zenker-Gleitbilch (S. 152), nur insgesamt etwas u. auch Ohren größer. Oberseite mausgrau, Unterseite weiß- bis dunkelgrau, beide mit hellbraunem Überflug, Schwanzoberseite mit langen, weichen, -unterseite mit vielen kurzen Haaren besetzt, -wurzel hell, -spitze dunkelbraun. – **M&G** KR 8–11, SL 13–19, G? – **V** Regenwaldgebiet W- u. M-Afrikas von Sierra Leone bis Kamerun u. Gabun u. weiter ow durch Zaire bis Ituri-Fluß u. Kiwusee. Von Kamerun u. Gabun an ow deckt sich Vorkommen weitgehend mit dem des Zenker-Gleitbilchs. 2 UA. – **Lw** Ähnlich Zenker-Gleitbilch, Einzelheiten kaum bekannt.

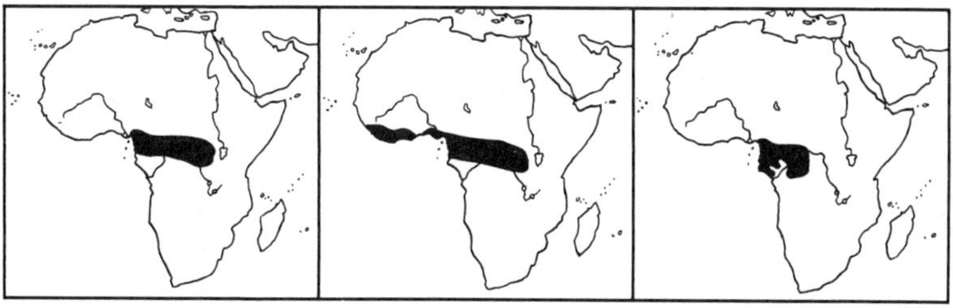

Zenker-Gleitbilch — Großohrgleitbilch — Dornschwanzbilch

Dornschwanzbilch, *Zenkerella insignis* (Matschie, 1898). E: Flightless Scaly-tailed 27/3
Squirrel; F: L'Anomalure aptère
Kn Siebenschläferartig. Schnauze spitz, Ohren nackt, rundlich, mittelgroß, Augen ziemlich klein, Zehenzahl 4/5, Schwanz lang u. zum Ende hin stark buschig werdend, an der Wurzelunterseite 13 Hornschuppen in 2 Reihen. Flughaut fehlt. Oberseite mit Schwanzwurzel asch- bis braungrau, Unterseite hellgrau silbern bis hellbeige, Schwanz außer Wurzel schwarz. Fußgelenkoberseite mit schwarzem Haarpolster über Hautdrüse. Zitzenzahl? – **M&G** KR rd. 20–23, SL rd. 16–17, G? – **V** Kamerun, Rio Muni, Gabun bis W- u. M-Zaire. Keine UA. – **Lw** Unbekannt.

Stachelschweine, Hystricidae

Marder- bis dachsgroß. Kopf rundlich, Schnauze kurz, Augen u. Ohren klein. Körperoberseite mit mehr oder minder aufrichtbaren, kurzen bis sehr langen Stacheln. Schwanz stumpf mit Stachelbüschel oder lang mit Endquaste aus weichen Plättchenborsten. Körperfarbe braun bis schwärzlich, Stacheln u. Haare oft weiß gebändert. Zehenzahl 5/5, doch Daumen u. manchmal auch Großzehe verkleinert, Zehenendglieder mit kräftigen Krallen. 4–6 seitlich sitzende Zitzen. Gb 1 · 0 · 1 · 3 = 20. Vorwiegend nachts tätige Bodenbewohner der altweltlichen Subtropen u. Tropen

(Afrika, Vorder-, Südasien bis Flores, Celebes, Hainan u. Philippinen; in S- u. M-Italien im Altertum eingeführt). 5 Gattungen, 15 Arten, davon 3 in Afrika.

25/4 **Afrikanischer Quastenstachler,** *Atherurus africanus* Gray, 1842. E: African Brush-tailed Porcupine, F: L'Athérure africain
Kn Körper schlank, Stirn etwas gewölbt, Schnauze kurz, mit sehr langen Tasthaaren, Augen klein, Ohren ziemlich kurz, rundlich. Beine kurz u. stämmig, Füße mit Sohlenpolstern u. kräftigen Krallen, Daumen u. Großzehe verkleinert. 4 Zitzen. Körperoberseite graubraun bis braunschwarz, Unterseite grau bis weißlich. Körperunterseite behaart, -oberseite auch mit Haaren, dazwischen kurze, feste, der Rückenmitte zu sich verlängernde (bis 6 cm), abgeplattete, oberseits gekehlte Stacheln, auf Rückenmitte zusätzlich noch rd. 1 Dutzend bis 14 cm langer, dicker Rundstacheln. SL rd. $1/3$ KR, Schwanz rund, fast nackt, Ende mit Quaste aus weißen Plättchenborsten. – **M&G** KR 40–60, SL 15–23, KH 20–25, G 2–4. – **V** Regenwaldgebiete W- u. M-Afrikas von Senegambien bis W-Uganda u. W-Tansania einschließlich Fernando Poo, S-Grenze in M-Afrika ungefähr bei 5° s. Br., ferner ein isoliertes Vorkommen nöl Victoriasee (W-Kenia) u. eines nahe NW-Ufer des Rudolfsees (äußerster SO-Sudan). 3 UA. – **Lr** Waldland (Ur-, Galeriewald, Flußufergehölz, Kleinwald), auch in Pflanzungsnähe. – **W** rd. 2–5 ha für ein Familientrupp, mit festen Wohnhöhlen, Wechseln u. Kotplätzen. – **Tt** Nur nachts von Sonnenunter- bis -aufgang, um Mitternacht $1/2$–2 Std. Ruhe. Tagesaufenthalt in Bodenhöhlen (in Uferböschungen, zwischen Baumwurzeln, in Felsspalten, unter Blocksteinen oder umgefallenen Bäumen, in Termitenhaufen u. ä.). Obwohl reiner Bodenbewohner Kletter-, Spring- u. Schwimmvermögen gut.

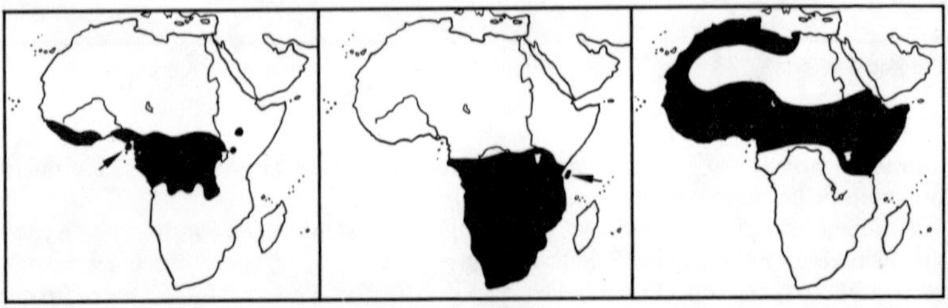

Afrikanischer Quastenstachler — Südafrika-Stachelschwein — Nordafrika-Stachelschwein

– **Lt** Stumm, bei Gefahr schnelles Hinterfüßetrampeln u. Schwanzquastenrasseln. – **S** Seh-, Hör- u. Riechvermögen gut. – **Fd** Bodenraubtiere bis Leopard, ferner Großeulen für Jungtiere u. gelegentlich große Schlangen. Bei Gefahr s. Lt, bei Feindangriff Stachelsträuben u. Hinterkörperzuwenden. Auffallend weiße Schwanzquaste lenkt vom ungeschützten Kopf ab, bricht leicht ab. – **N** Pflanzen in allen Teilen, Ausgraben von Knollen u. Wurzeln, Fressen abgefallener Früchte, in Pflanzungen u. Gärten Schädling. – **Gs** In Familientrupps zu 3–8 Tieren, die alle in 1 Höhle, an günstigen Plätzen mehrere Trupps in Nachbarschaft. – **Fp** Jahreszeitlich nicht beschränkt, Tragzeit 100–110 Tage, 2 Würfe in 1 Jahr als Regel, 3 möglich. Wurfstube in Höhle mit Blättern u. Humus ausgelegt. 1–4 Laufjunge mit offenen Augen u. weichen Kurzstacheln in Doppellängsreihen, die nach rd. 1 Monat zuwachsen, Schwanzquaste noch kurz, Geburts-G 140–175, Säugezeit 2 Monate, 1. Festnahrung nach 2–3 Wochen, ausgewachsen u. **Gr** mit 2 Jahren. – **Ld** Bis 15 Jahre.

Südafrika-Stachelschwein, *Hystrix africaeaustralis* Peters, 1852. E: South African Porcupine, Cape Porcupine; F: Le Porc-épique de l'Afrique du Sud, A: Ystervark, K: Nungu 25/5

Kn Körper plump, Kopf hoch, Schnauze kurz mit langen Tasthaaren, Augen u. Ohren klein, Schwanzrübe kurz, Beine kurz u. stämmig, Füße mit Sohlenpolstern u. kräftigen Krallen, Daumen stark u. Großzehe geringer verkleinert. 4 (manchmal 6) Zitzen. Körperfarbe oberseits dunkelbraun, unterseits schwarzbraun, weißes Kehlband. Auf Kopf feine, auf Nacken, Schultern, Beinen u. Unterseite grobe, gefurchte 2–4,5 cm lange Borsten. Auf Nackenmittellinie weiße Mähne aus bis 30 cm langen Borsten, Hinterrücken mit Flanken u. Schwanzoberseite mit z. T. bis 30 cm langen schwarzweiß geringelten Stacheln. Schwanzende mit oben offenen Hohlstacheln als Rasselbecher. Unterschiede zur nächstfolgenden Art *cristata:* Nackenmähne, Rückenmittellinie, Schwanzmitte (-bürste) u. -unterseite weiß, Rasselbecher dick u. über 6 cm lang. – **M&G** KR 65–85, SL 12–17, KH rd. 25, G 15–27. – **V** Sl Afrika nw bis S-Kenia im O u. M-Gabun im W, N-Grenze um Äquator. Auch auf Sansibar. In S-Kenia u. N- bis M-Tansania gemeinsam mit *Hystrix cristata.* Keine UA. – **Lr** Überall, wo Unterschlupf u. Nahrung, nicht im feuchten Regenurwald u. in reinen Trockenlandschaften. Im Gebirge bis 3500 m aufwärts. – **W** Standorttreu in ständiger, geräumiger, vorgefundener oder selbstgegrabener Wohnhöhle (auch in Felsspalten, unter Steinhaufen, in Uferböschungen u. ä.) mit mehreren Ausgängen. Von dort auf festen Wechseln auf Nahrungssuche, bis 15 km weit. – **Tt** Nur in Dämmerung u. nachts, tags in Wohnhöhle, manchmal auch sonnend davor. – **Lt** Manchmal Grunzen bei Erregung, bei Bedrohung Hinterfußtrampeln u. Schwanzrasseln. – **S** Hör- u. Riechvermögen gut, Sehvermögen geringer. – **Fd** Gelegentlich Bodenraubtiere bis Leopard u. Löwe (wenn dessen Beute kanpp), doch meist schützen Stacheln. Bei Gefahr s. Lt., bei Feindangriff Stachel- u. Borstensträuben u. Rückwärtslaufen mit Stacheleinstechen in Feind, bei Verfolgung plötzliches Stehenbleiben u. Feind-in-Stacheln-laufen-lassen. Stacheln werden nicht abgeschossen, fallen aber leicht aus. – **N** Wie Quastenstachler (S. 154). Elfenbein u. Knochen (Kalk) werden abgenagt, Kadaverknochen in Höhle getragen u. abgefressen, Aas wird nicht verschmäht. – **Gs** Wie Quastenstachler, außerhalb Jungeführung auf Nahrungssuche einzeln oder paarweise. – **Fp** Bei Begattung stellt ♀ Schwanz senkrecht u. legt Stacheln an, Akt nur kurz. Tragzeit 7–8 Wochen, Fp in S-Afrika im Sommer, in M-Afrika Juli-Dezember. 2 Würfe im Jahr möglich. Je Wurf 1–4, meist 2 Laufjunge (in grasgepolsterter Höhlenkammer) mit offenen Augen u. weichen Kurzstacheln. Geburts-G 300-400, -KR 24–27, -SL 4–5, G mit 1 Monat 700, 2 M. 1,3, 3 M. 2,3. Bauverlassen nach 1 Woche, Säugezeit 1½–2 Monate. 1. Festnahrung mit 2–3 Wochen, ausgewachsen u. **Gr** mit 2 Jahren. – **Ld** Bis 20 Jahre.

Nordafrika-Stachelschwein, *Hystrix cristata* Linné, 1758. E: North African Porcupine, F: Le Porc-épique de l'Afrique du Nord, K: Nungu

Kn Wie vorige Art *africaeaustralis.* Kopf bis Schultern gelbgrau, Nackenmähne unten braun, oben grauweißlich, Stacheln schwarzbraun mit 5–10 weißen Querringen, Beine, Flanken u. Unterseite schwarzbraun. Kehle mit unvollständigem weißgelben Querband. Unterschiede zu voriger Art: Nackenmähne braun u. grauweißlich, Rükkenmittellinie, Schwanzmitte (-bürste) u. -unterseite schwarz oder schwarzweiß gesprenkelt, Rasselbecher kurz (unter 5 cm). – **M&G** Wie vorige Art (S. 155). – **V** W-Seite Afrikas von Rio Muni bis Marokko, Algier, Tunis, Libyen, ferner quer durch geographischen Sudan u. Guineawaldgürtel von Senegambien bis Air u. Eritrea, S-Grenze Rio Muni im W, Mobuto-(Albert-)See in Zentralafrika u. M-Tansania im O.

In S-Kenia u. N- bis M-Tansania gemeinsam mit *Hystrix africaeaustralis.* 3 UA. – **Lr** Regenurwald bis Trockenbusch u. Halbwüste. Im Gebirge bis 2000 m. – Übrige Lw wie vorige Art.

Wühler, Cricetidae

Wühlmausartige Nager mit oft etwas stumpfer Schnauze, kleinen Augen u. Ohren u. kurzem Schwanz, Zwerghamster bis bisamrattengroß, doch Gestalt ziemlich abändernd, z.T. mit Backentaschen. Gb 1·0·0·3 = 16. In fast allen Lebensräumen von Ebene bis Hochgebirge u. Urwald bis Wüste. Neue u. Alte Welt (mit Madagaskar u. Malaiischem Archipel) außer Australasien. Rd. 575 Arten, davon rd. 250 in Afrika u. Madagaskar, hier daher aus Platzgründen nur die 3 größten behandelt.

25/6 **Buschhamsterratte,** *Cricetomys gambianus* Waterhouse, 1840. E: Giant Gambian Rat, Gambian Pouched Rat; F: Le Rat géant de Gambie, Le Rat de Gambie; A: Gambia Reuserot; K: Buku

Kn Rattengestalt, Rumpf lang, Schnauze mit langen Tasthaaren, Backentaschen groß, Augen klein, Ohren löffelförmig, Rückseite behaart, Zehenzahl 5/5, Daumen klein, mit Plattnagel, Großzehe kurz, Schwanz rund, nackt, über körperlang, Gebiß 1·0·0·3 = 16. 8 Zitzen. Fell harsch u. etwas locker, 1–1,5cm lang, dunkler Ring um Auge schwach bis kräftig, Fellfarbe grau, braungrau oder braun (Savannentiere) oder dunkelgrau (Waldtiere), Seiten kaum blasser als Rücken, Unterseite z.T. wie hellere Flankenfarbe, z.T. grauweiß bis weiß, unscharf oder scharf von Flanken abgesetzt,

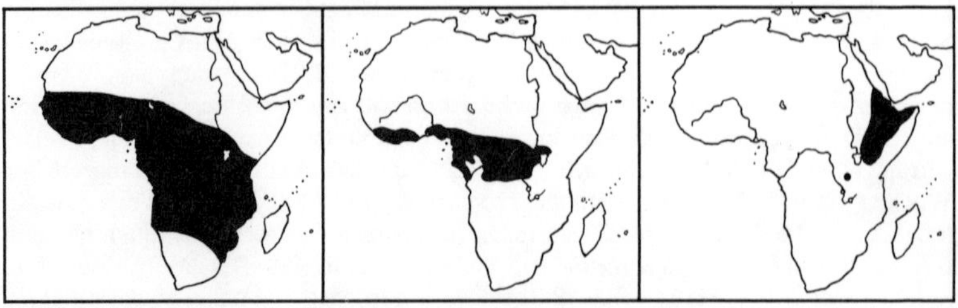

Buschhamsterratte Waldhamsterratte Mähnenratte

1. Schwanzteil wie Rücken, Endteil ($\frac{1}{4}$–$\frac{1}{2}$ SL) weiß, Hinterfüße ganz oder teilweise weiß. – **M&G** KR 35–50, SL 37–52, G 1–2, ♂ deutlich größer u. schwerer als ♀. – **V** Afrika sl Sahara von Senegambien bis Tschadsee, Bahr-el-Ghasal, N-Uganda u. M-Kenia, S-Grenze von Owamboland bis N-Transvaal u. Zululand. UA-Frage ungeklärt. – **Lr** Wald bis Trockensavanne, im Gebirge bis 3500 m aufwärts, häufig bei Siedlungen u. in Gebäuden. – **W** Selbstgegrabene oder vorgefundene, mehrkammerige u. mehrfach zugängige Höhle in Boden, Termitenhaufen, unter gestürzten oder in hohlen Bäumen, in Felsspalten, Steinhaufen, Gebäuden u.ä. als W-Mitte. Von dort Wechsel zu Futterplätzen, ♂ tränkt Wechsel mit Harntropfen, setzt Kotpillen im Handstand ab u. reibt aufgerichtet Backen an Gegenständen als Markierung. Alle paar Wochen neue Wohnhöhle. – **Tt** Nachts (22^{30}–5^{00} h), mit 1 Ruhepause um 2^{00}–3^{30} h dazwischen, selten tags, längeres direktes Sonnenlicht tödlich. Springt, klettert,

schwimmt gut. – **Kp** Täglich einmal $\frac{1}{4}$–$\frac{1}{2}$ Std. Fellputzen (-waschen mit beleckten Pfoten) u. -lecken nach Mäuseart. – **Lt** Kurzer scharfer Schrei als Stimmfühlung nachts häufig, werbendes ♂ hat Pfeiflaut, umworbenes ♀ hohes Pfeifen, hohes Quieken bei Ärger u. als Hilferuf der Jungen, Ultraschallquieken. – **S** Gehör sehr scharf (Ultraschallhören), Dämmerungssehen gut, Riechvermögen scharf, guter Tastsinn. – **Fd** Bodenräuber, große Greifvögel, große Schlangen. – **N** Pflanzen in allen Teilen, jedoch vor allem Früchte, daneben Schnecken, Termiten u. a. Kleintiere. Oft in Pflanzungen u. Gärten. Wasser wird gern getrunken. Sammeltrieb unter Backentaschenbenutzung (Vorratskammer im Bau), oft unter Mitnahme ungenießbarer Gegenstände (Nägel, Münzen, Flaschenkapseln, Kugelschreiber usw.). – **Gs** Einzellebend, zur Fortpflanzungszeit ♀ mit Jungen, manchmal mehrere ♀♀ mit Jungen in 1 Höhle. – **Fp** Werbung durch hartnäckiges Nachfolgen des ♂, Belecken des ♀, Backenreiben an ♀, Begattung nur in Höhle, Tragzeit 31–32 Tage, Wurfgröße 2–4, Junge nackt und blind in grasgepolsterter Wurfkammer, erste Haare mit 5, volles Haar, Ohröffnen u. 1. Festnahrung mit 17, Augenöffnen u. 1. Nestverlassen mit 19–23 Tagen, 1. Höhleverlassen mit 7, Mutterverlassen mit 11 Wochen, Säugezeit 1 Monat, **Gr** mit $\frac{1}{2}$ Jahr, Geburts-G 22–23, -KR 9–10, mit 3 Wochen KR 16–17, G 117–125, mit 8 Wochen KR 28, G 700, mit 11 Wochen 32, G 950. – **Ld** In Gefangenschaft bis $5\frac{1}{2}$ Jahre.

Waldhamsterratte, *Cricetomys emini* Wroughton, 1910. E: Emin's Giant Rat, Emin's Pouched Rat; F: Le Rat Géant d' Emin
Kn Wie vorige Art *gambianus* (S. 156), Unterschiede zu dieser: Gestalt schlanker, Gesicht schmaler, Ohr dünner, länger u. unbehaart. Fell glatt u. weich, 0,5–1 cm lang. Fellfarbe sepiabraun bis rotbraun, Seiten heller als Rücken (orangerötlich), Unterseite meist reinweiß u. scharf von Oberseitenfarbe abgesetzt. Kein dunkler Augenring. – **M&G** wie vorige Art. – **V** Guinea- u. Mittelafrika-Regenwald. N-Grenze von Sierra Leone bis N-Uganda (in Uganda zusammen mit *gambianus)*. Im W sw bis Zaire-(Kongo-)Mündung, im O bis NW-Ufer des Tanganjikasees. UA-Frage ungeklärt. – **Lr** Geschlossener Urwald, kein Siedlungsfolger. – **Lw** Wie *gambianus,* nur ist Stimmfühlungslaut langmelodischer Ruf u. liegt nächtliche Tätigkeit zwischen 18^{30} u. 5^{30} h mit Pause von 24^{30}–4^{00} h.

Mähnenratte, *Lophiomys imhausi* (Milne Edwards, 1867). E: Maned Rat, Crested 26/1
Rat, Crested Hamster; F: Le Rat de Imhause, Le Hamster de Imhause
Kn Meerschweinchengroß u. -artig, gedrungen, kurzbeinig. Kopf kurz, Schnauze ziemlich stumpf, Augen u. Ohren klein, letztere rückseitig dicht behaart. Zehenzahl 5/5, Daumen u. Großzehe kurz, abspreizbar, Zehenendglieder mit Polster, Hand- u. Fußfläche mit 4 Ballen, Krallen kurz u. spitz. Schwanzlänge rd. $\frac{1}{2}$ KR. Gesicht, Beine u. 1 Hautstreifen von Ohr bis Hüfte kurzhaarig; Kopf, Körper u. Schwanz langhaarig (kurze dichte Unterwolle, lange Grannen). Flankenhautstreifen mit vielen kleinen Hautdrüsen, deren Sekret von den Kurzhaaren aufgesogen u. gehalten wird. Schnauze u. Beine schwarz mit weißen Spitzen; Stirn, Wangenstreif, Ohrfransen breite Umrandung des braunen Flankendrüsenstreifens u. Schwanzspitze weiß. Gb $1 \cdot 0 \cdot 0 \cdot 3 = 16$. Schädeldachknochen verstärkt, sehr hart, Oberfläche körnig. – **M&G** KR 25–36, SL 14–22, G 590–920. – **V** Eritrea, Äthiopien, N-Somalia, SO-Sudan, O-Uganda, W- u. M-Kenia sowie isoliert am mittleren O-Ufer des Tanganjikasees in Tansania. Keine UA. Innerhalb Vorkommens nicht häufig. – **Lr** Wald- u. Waldland zwischen 1200 u. 2700 m, in Somalia u. Ogaden auch in tieferen Lagen. – **W** Größe nicht bekannt. Unterschlupf in hohlen Bäumen, Felsspalten, dichtem Unterwuchs. – **Tt** In Dämmerung u. Nacht. Bewegung gemächlich, klettert gut, sogar kopfabwärts. – **Lt** Bei

Erregung ein- oder zweimaliges Fauchen mit anschließendem Knurren. – **Fd** Wenn angegriffen, Mähnesträuben u. Flankenstreifensichtbarmachen (dabei Gegner stets Flanke zuweisend), Fauchen, Knurren u. Beißen. Mähnesträuben u. Flankenstreifenfreilegen ergibt auffällige schwarzweißbraune Warnfärbung, da Flankendrüsensekret giftig (sie beißende Hunde sterben mit Schaum vor Maul). Das sich gemächlich bewegende Tier wird von Feinden gemieden. – **N** Blätter, Früchte, Schößlinge, Knollen, Wurzeln, Feld- u. Gartenfrüchte (Mais, Süßkartoffeln, Erdnüsse u. a.). Futter wird mit Händen gehalten u. sitzend auf Hinterbeinen verzehrt. Trinkbedürfnis wegen Saftgehalt der N gering. – **Gs** Einzeln, zeitweise in Paaren oder ♀ mit Jungen. Untereinander verträglich. – **Fp** Je Wurf 2–3 Laufjunge (vollbehaart, lauffähig, Augen offen). Weitere Einzelheiten nicht bekannt.

Springhasen, Pedetidae

Nur 1 Gattung u. Art in Afrika, s. nachfolgende Artbeschreibung

26/2 **Springhase,** *Pedetes capensis* (Forster, 1778) (= *cafer* Pallas, 1779; *surdaster* Thomas, 1902). E: Spring Hare, Jumping Hare; F: Le Lièvre sauteur; A: Springhaas; K: Kamendegere

Kn Kaninchengroß, känguruhartig. Kopf kurz, Schnauze hoch, Augen groß, Ohren groß, hasenartig-löffelförmig, durch Ohrdeckel verschließbar. Vorderbeine stark verkürzt, Pfoten mit 5 Zehen mit sehr langen, kräftigen Grabkrallen, Hinterbeine verlängert, besonders Füße, deren 4 Zehen (Großzehe fehlt), von denen die 2 mittleren am längsten, in spitzen Krallenhufen enden. Schwanz so lang wie KR, dichtbuschig von Wurzel ab. Penis lang mit Knochen, Eichel mit vielen kleinen Hornstacheln, 4 brustständige Zitzen. Gb $1 \cdot 0 \cdot 1 \cdot 3 = 20$. Am Schädel Gehörblase stark vergrößert. Fell lang, weich, etwas dünn, ohne eigentliche Unterwolle. Oberseite gelblich-, zimt- oder rötlichbraun oder sandfarben gelbgrau, schwarz u. weiß gestichelt, Scheitel, Stirn u. Nase braunschwärzlich. Unterseite weißgelblich oder weiß, so auch Beininnenseiten u. ein vor den Oberschenkeln zur Hüfte aufsteigender Streifen. Vordere Schwanzhälfte oben wie Kruppe, unten weiß, Weiß greift manchmal auf Oberseite über, hintere Schwanzhälfte braunschwarz oder schwarz. – **M&G** KR 35–43, SL 34–49, G 3–4. – **V** Afrika sl Sahara. 2 Vorkommen: 1. Kenia, SW-Somalia, W-Uganda, N- u. M-Tansania. 2. Von M-Angola, S-Zaire, W-Sambia, Rhodesien u. S-Mozambique sw bis Oranje-Fluß u. Oranje-Freistaat sowie S-Küste der öl Kapprovinz ww bis Port Elizabeth. 12 UA. – **Lr** Sandflächen im Überschwemmungsland, am Rande flacher Gewässer, gras- oder nur spärlich mit Büschen oder Bäumen bestandener sandiger Boden. Boden muß gut grabfähig sein. – **W** Fläche um Wohnbau mit 300–400 m Radius, bei N-Mangel durch lange Trockenheit auch etliche km weite Wanderungen zu N u. Wasser. Wohnbau wird schnell gegraben, hat mehrere, mehrere m lange Gänge von 20–23 cm ∅ mit Kessel, der meist nur bis 1 m tief unter Erdoberfläche. Ausgegrabene Erde wird rampenartig vor Eingang aufgehäuft. Meist nur 1–2 Zugänge, die vor Schlafengehen von innen mit Sand verstopft werden. Ein Tier oder Paar hat mehrere Baue, die abwechselnd benutzt werden, dazu kleine unauffällige Notbaue für Flucht vor Feinden. Beieinander liegende Baue sind oft verbunden. – **Tt** Nur in Dämmerung u. Nacht, bei Regen im Bau bleibend. Bei Bauverlassen sorgfältiges Überprüfen der Umgebung, danach auf N-Suche. Ruhige Fortbewegung auf allen Vieren hoppelnd, schnelle nur durch Hinterbeinsprünge von mehreren m (2–8) mit waagerechtem Körper, angelegten Vorderbeinen u. seitlich wedelndem Schwanz. Schlafstellung sitzend auf vorgestreckten Hinterbeinen mit heruntergebogenem Vorderkörper dazwischen, Scheitel auf Boden, erleichtert Wahrnehmung feiner Bodenerschütterungen herannahender Feinde. – **Lt** Schweigsam. Grunzen als Stimmfühlungslaut. In großer Not lautes Blöken. Junges piept leise bei Unbehagen. – **S** Seh-, Hör- u. Riechvermögen sehr gut. – **Fd** Honigdachs, Streifenwiesel, Serval, Karakal, Falb-, Ginsterkatze, Ichneumons, Schakale, Schlangen, Waran, große Nachtgreifvögel. Bei Gefahr immer Flucht zu eigenem Bau. Wehrt sich nicht, wenn in Enge getrieben. – **N** Bevorzugt Graswurzeln (Rhizome), ferner Gräser, Kräuter, niedrig wachsendes Strauchlaub,

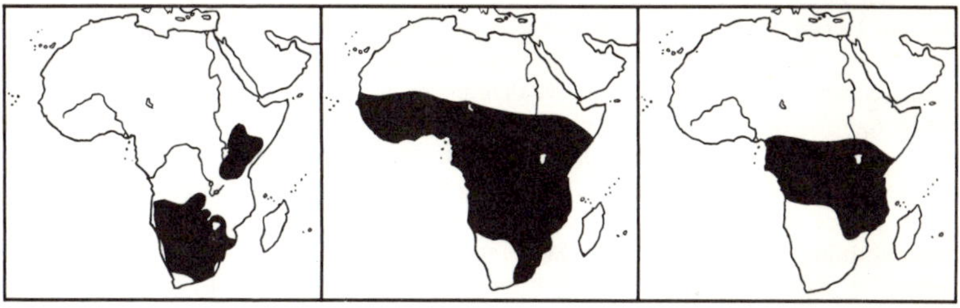

Springhase Große Rohrratte Kleine Rohrratte

Strauchfrüchte, gerne auf Feldern mit Erdnüssen, Süßkartoffeln, Mais, Weizen, Kürbissen, nebenbei auch Kerbtiere. – **Gs** Je Bau 1 Tier oder 1 Paar mit Jungem, oft mehrere Baue benachbart, so daß am Freßplatz 1–3 Dutzend Tiere antreffbar. Friedlich, in Gefangenschaft mehrere im Haufen schlafend. – **Fp** Fp-Zeit in Kenia nicht beschränkt, in Sambia u. Rhodesien November bis Februar, im übrigen S-Afrika bis April. Brünstiges ♀ bietet sich ♂ durch Hinternpräsentieren an. Tragzeit rd. 2 Monate. Geburts-G 240–280. G-Zunahme täglich 10–15, G nach 1 Woche 315, nach 2 W. 440, nach 3 W. 520. Je Wurf 1, sehr selten 2 Junge, jährlich nur 1 Wurf. Junges hat Unterseite nackt rosa, Oberseite mit feiner sandfarbener Behaarung, Schwanzende schwarz oder braunschwarz, Ohren hängend. Junges kann nach Geburt auf Hinterbeinen sitzen, nach 2 Tagen laufen, öffnet dann auch Augen, saugt zwischen ♀-Hinterbeinen sitzend. ♀ leckt es nach Geburt sauber u. frißt Nachgeburt. Junges bleibt bis Halberwachsensein im Bau. – **Gr** Nicht bekannt. – **Ld** In Gefangenschaft 7½ Jahre nachgewiesen.

Rohrratten, Thryonomyidae

Nur 1 Gattung mit 2 Arten in Afrika, s. nachfolgende Artenbeschreibung

Große Rohrratte, *Thryonomys swinderianus* (Temminck, 1827). E: Greater Cane Rat, March Cane Rat, Cutting-grass, Ground-hog; F: L'Aulacode grand; A: Groote Rietmuis; K: Ndezi, Nkungusi 26/4
Kn Gedrungen, massig; Kopf groß, Schnauze hoch u. kurz, Augen u. Ohren klein, letztere nackt, rundlich, fast im Fell verborgen. Schwanz kurz, rattenartig beschuppt u. spitz auslaufend. Beine kurz u. kräftig, Vorderfüße mit 5 Zehen, davon 1. klein u. 5.

verkümmert, Hinterfuß mit 4 Zehen, Großzehe fehlt; 4 oder 6 am oberen seitlichen Bauchrand sitzende Zitzen. Penis mit Knochen. Gb 1 · 0 · 1 · 3 = 20, I mit 3 Längsfurchen auf innerer Hälfte der Außenseite, Milchprämolaren bleibend, Dauerprämolaren fehlen. Fell mittellang, rauh, borstig, Haare in getrennten Längsreihen stehend. Oberseite braun, gelb oder grau gestichelt, Kinn u. Kehle weiß, übrige Unterseite auch oder weißgrau. Junge wie Alte. Fell, Beine u. Schwanzhaut reißen leicht ab. – **M&G** KR 43–60, SL 17–26, G 4,5–9. – **V** Afrika sl Sahara, von rd. 15° n. Br. im W (Senegambien) u. 10–8° n. Br. im O (M-Äthiopien u. M-Somalia) sw bis M-SW-Afrika (20° s. Br.) im W u. öl Kapprovinz (Port Elizabeth) im SO. 5 UA, Zahl jedoch ungewiß. – **Lr** Dichtes Gras bis Elefantengrashöhe, Rohr, Schilf u. Seggen in Feuchtgebieten (Marschen, Gewässerrändern, Sümpfen) u. im dichten Unterwuchsfilz des Waldes. Nur im Tief- u. Hügelland. – **W** Größe nicht bekannt, wohl mehrere Ar (3000–5000 m²). W von Wechseln (oft als Tunnel) zwischen Rastplätzen (gepolsterte Lager oder ausgescharrte, gepolsterte Sassen) im dichtesten Unterwuchs, Freßplätzen (die leicht an Stengelstücken u. Kotpillen erkennbar) u. Wasser durchzogen. – **Tt** Morgens 1 Std. vor bis 1 Std. nach Sonnenaufgang u. abends (z. T. auch tags u. nachts), tagsüber in Lager ruhend; letztere manchmal auch in Felsspalten, Termiten- u. Erdferkelbauten. Läuft schnell u. gewandt, schwimmt gern u. gut. – **Lt** Leises, abgehacktes Pfeifen als Stimmfühlungslaut, Grunzen, bei Alarm Aufklopfen mit Hinterfuß wie Kaninchen. – **S** Hör- u. Riechvermögen gut, Sehvermögen mäßig. – **Fd** Serval, Falbkatze, große Schleichkatzen, Schakale, Honigdachs, Tag- u. Nachtgreifvögel, Schlangen. – **N** Wurzeln, Schößlinge u. Stengel von Gras, Rohr, u. Schilf; Stengel werden am Grunde abgebissen u. in Stücke zerteilt, dann sitzend auf Hinterbeinen u. von Vorderpfoten gehalten verzehrt. Geht gern in Hirse-, Zuckerrohr-, Mais-, Yam-, Kassawa-, Süßkartoffeln- u. Erdnußfelder u. richtet ziemlich großen Schaden an. Frißt nebenher Rinde, abgefallene Früchte u. angeblich Kleinsäuger. Benagt gern Knochen, Elfenbein u. weiche Steine. – **Gs** In Familientrupps (♂♂, ♀♀ u. Junge) bis 1 Dtzd., in Trockenzeit größere ♀♀-Trupps, ♂♂ allein für sich. – **Fp** ♂ schüttelt bei Werbung Schwanz. Tragzeit rd. 3 Monate. 2–6, meist 4 voll behaarte, seh- u. gehfähige Laufjunge je Wurf, 2 Würfe im Jahr möglich. Geburts-G 150–180. In S-Afrika Wurfzeit Frühling bis Sommer, sonst in allen Monaten. – **Gr** 1 Jahr. – **Ld** In Gefangenschaft bis 4, 2 Jahre nachgewiesen.

Kleine Rohrratte, *Thryonomys gregorianus* (Thomas, 1922). E: Lesser Cane Rat, Savanna Cane Rat; F: L'Aulocade petit; A: Kleine Rietmuis; K: Ndezi, Nkungusi
Kn Gestalt u. Körperbau wie Große Rohrratte (S. 159), jedoch kleiner, Schwanz kürzer (nur ½ so lang wie bei Großer Rohrratte), die 3 Längsfurchen der Schneidezähne gleichmäßig über deren Vorderfläche verteilt. Fell oberseits wie Große Rohrratte, z. T. länger u. weicher, unterseits weißgelblich, gelblich oder bräunlich, manchmal auch Oberschenkel u. Aftergegend rotbräunlich. – **M&G** KR 35–51, SL 6–15, G 2,5–7,5. – **V** Von N-Kamerun sw bis NW-Angola, ow bis S-Sudan u. Küste M-Kenias, von dort sw bis M-Mozambique, S-Malawi, S-Rhodesien u. S-Zaire. Keine UA. – **Lw** In feuchter Savanne mit regelmäßigen Regenzeiten, in Ebene, Hügel- u. Bergland (bis 2600 m), in Familientrupps. Schwanzwedeln zur Beschwichtigung u. bei Werbung, bei letzterer auch Treten der Hinterbeine, gegenseitiges Aufrichten u. Schnauzenberühren. Ritualkampf mit gegenseitigem Schnauzenstoßen unter Kopfkreisen sowie Rumpfseitwärtsschwingen zum Gegnerumwerfen. Nicht schnell genug fliehender Verlierer wird in Rumpf gebissen. Sieger kratzt Boden, leert dort seine Analdrüsen u. reibt Wangen an der Stelle. Lw sonst wie oder ähnlich Großer Rohrratte.

Kammfinger, Ctenodactylidae

Meerschweinchengroße u. -ähnliche Nager mit großen Augen, kleinen runden Ohren, kurzen Beinen u. Schwanz. Zehenzahl 4/4, Strahlenendglieder, Hand- u. Fußflächen dick u. rundlich gepolstert, Krallen kräftig gebogen, auf Fingern u. Zehen mehrere Reihen langer, gebogener Borsten u. auf beiden inneren Zehen Querreihe horniger Spitzen über Kralle als Putzbürste u. -kamm. Fell dicht u. weich. Gb $1 \cdot 0 \cdot 1–2 \cdot 3 = 20$ oder 24. 4 Zitzen. Tagtätige Felsgeländebewohner in Halbwüsten u. Wüsten Nordafrikas. 4 Gattungen mit je 1 Art.

Gundi oder **Kammfinger,** *Ctenodactylus gundi* (Rothmann, 1776). E: Gundi; F: Le Goundi 26/3

Kn Meerschweinchengroß u. -artig. Ohren, Beine u. Schwanz kurz. Kopf flach, breit, Augen mittelgroß, Nasenlöcher nackt, Oberlippe mit senkrechter Mittelfurche. Ohren klein, rund, nackt u. steif, jedoch Außenrand u. vorderer Innenrand mit weißem Haarsaum; Rückseite fein behaart. Strahlenzahl 4/4, Daumen u. Großzehe fehlen, Strahlenendglieder, Hand- u. Fußflächen dick u. rundlich gepolstert, Krallen kräftig u. gebogen, auf Fingern u. Zehen mehrere Reihen langer gebogener Borsten u. auf beiden inneren Zehen über Kralle Querreihe horniger Spitzen als Putzbürste u. -kamm, Borsten auf Fingern kürzer als auf Zehen. 4 Zitzen, 2 brust-, 2 bauchständig, an Achseln u. Flankenrand. P^3 fallen aus, wenn M^3 durchbrechen, I ohne Längsfurche. Fell lang u. fein, weich, dicht, mit längeren Leithaaren durchsetzt, Schnurrhaare sehr lang. Schwanzwurzel kurzhaarig, übriger Schwanz mit langen steifen Haaren. Fell oben beigebraun, sand- bzw. felsfarben, unten weißgrau, Ober- u. Unterseitenfarbe ineinander übergehend. Ohrinnenseite dunkelbraun. Junge wie Erwachsene. – **M&G** KR 15–21, SL 3–5. – **V** NW-Afrika: O-Marokko öl u. sl Mittlerem Atlas (sw bis Beni Ounif am Sahararand) ow durch Atlasgebiet Algeriens (sw bis Laghout am Sahararand) u. Tunesiens u. sl Golf von Gabès durch Djebel Nsufa ow bis Beni Unid u. Bu-ngem (Bondjem) in NW-Tripolitanien. 2 UA. – **Lr** Felsgelände mit Galerien, Spalten, Höhlen u. Felsblöcken in Halbwüste oder Wüste in Hügel- u. Bergland. – **W** Nicht territorial, friedlich in Familientrupps dicht beieinander. Vom Wohnfelsen aus kurze Ausflüge von höchstens 100 m ins umliegende Gelände zur Nahrungssuche. – **Tt** Tagtätig. Morgens gegen 5 h Erscheinen am Baueingang, langes Prüfen der Umgebung (Sitzen auf Hinterbeinen mit aufgerecktem Vorderkörper auf gestreckten Vorderbeinen), rd. 1 Std. Nahrungssuche in Bauumgebung, dann Sonnenbaden (flach auf Bauch oder Seite ausgestreckt) bis rd. 10^{30} h, dann Rückzug u. Rast in Höhle, ab 17 h bis Dunkelwerden wieder auf Futtersuche, nachts im Bau. Bei ruhigem Gehen Bauch fast am Boden, Schwanz aufwärts gebogen, bei schnellem hochbeinig. Geschickte, auch senkrecht steigende Felskletterer u. -springer, bei Gefahr blitzschnelles Verschwinden im Bau, der nicht gepolstert. Gern unter Überhängen sitzend zwecks Schutz vor Greifvögeln. Kein Graben u. Holzbenagen. Hitzeverträglich, kälte- u. nässeempfindlich. – **Kp** Kopf u. Vorderkörper werden mit gleichzeitig bewegten Vorderpfoten geputzt, Bauch u. Flanken mit Hinterbeinen bekämmt, dabei greift ein Hinterbein unter Bauch durch u. kratzt oder kämmt Fell gegenüberliegender Seite. – **Lt** Pfeifen u. Piepen morgens beim Munterwerden vor Bauverlassen, kurzer Pfiff bei Schreck, schlagendes zirpendes Pfeifen als Warnlaut. – **S** Seh- u. Hörvermögen sehr gut, Riechvermögen mäßig. – **Fd** Greifvögel, ev. auch vierbeinige Räuber, jedoch Einzelheiten nicht bekannt. Bei Gefahr Warnruf u. Flucht in Bau, bei mehrfacher starker Störung Bauwechsel. Bei Gegriffenwerden Schreckstarre (mit ausgestreckten Beinen auf Seite liegend, Maul u. Augen weit offen, Atem bis 1 Minute aussetzend, tot wirkend, dann Atmung keuchend wieder einsetzend u. Starre lösend, Starredauer je nach Schreckstärke Sekunden, Minuten oder Stunden). – **N** Gräser u. Kräuter, kein Trinken. Kotpillen werden verstreut abgesetzt. – **Gs** In Familientrupps, manche Tiere auch für sich. – **Fp** Im Frühling 2–4 Laufjunge (behaart, Augen offen, lauffähig) in Höhle. Weitere Einzelheiten des Heranwachsens, der Gr u. Ld nicht bekannt.

Buschschwanzgundi oder **Speke-Kammfinger,** *Pectinator spekei* (Blyth, 1856). E: Bushy-tailed Gundi, Speke's Pectinator; F: Le Goundi à queue touffue, Le Pectinator de Speke
Kn Gestalt, Körperbau u. -größe wie Gundi (S. 161), jedoch Schwanz im Verhältnis zum Körper länger u. buschig u. äußerer u. innerer Ohrrand ohne Haarsaum. Oberseite aschgrau bis graubraun, z. T. schwarz überhaucht, Schwanz anfangs braungrau, dann dunkelbraun. Hände u. Füße weißgrau, Körperunterseite grauweiß bis weißgelblich. – **M&G** KR rd. 17, SL 4–5. – **V** O-Eritrea, O-Äthiopien sw bis Dolo, Französisch-Somaliland u. N- u. M-Somalia. 3 UA. – **Lw** Wie Gundi, im Flach- u. Bergland, in letzterem bis 2000 m. Lebt oft mit Klippschliefern zusammen. Weitere Einzelheiten der Lw nicht bekannt.

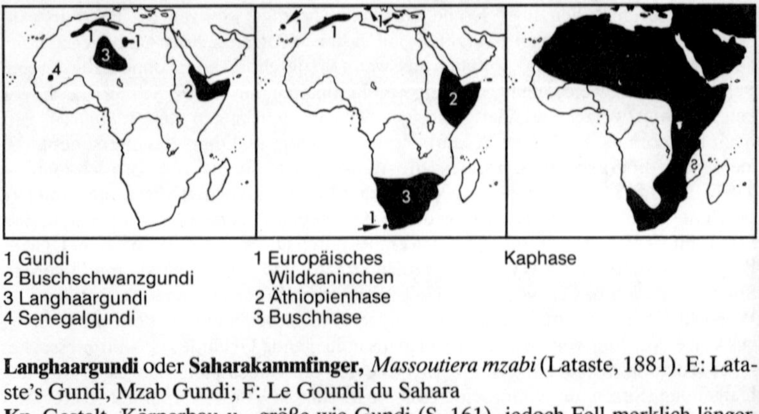

1 Gundi
2 Buschschwanzgundi
3 Langhaargundi
4 Senegalgundi

1 Europäisches Wildkaninchen
2 Äthiopienhase
3 Buschhase

Kaphase

Langhaargundi oder **Saharakammfinger,** *Massoutiera mzabi* (Lataste, 1881). E: Lataste's Gundi, Mzab Gundi; F: Le Goundi du Sahara
Kn Gestalt, Körperbau u. -größe wie Gundi (S. 161), jedoch Fell merklich länger. Oberseite gelblich-bräunlich, Unterseite heller. – **M&G** KR 17–24, SL rd. 3,5. – **V** Mittlere Sahara von Gardaia im N bis Tassili n'Adjer, Hoggar, Tschado u. Tibesti im S. 3 UA. – **Lw** Wohl wie Gundi, Einzelheiten nicht bekannt.

Senegalgundi oder **-kammfinger,** *Felovia vae* (Lataste, 1886). E: Felou Gundi; F: Le Goundi de Felou
Kn Gestalt, Körperbau u. -größe wie Gundi (S. 161), Fell jedoch fast so lang wie beim Langhaargundi, Ohren wie beim Gundi, jedoch kleiner u. mit kleinem weißen Haarbüschel am Grunde, Schwanz etwas länger u. buschiger als beim Gundi. Schneidezähne mit leichter Längsfurche. Hinterfußkamm kurz. Oberseite dunkel rötlichgelb, Unterseite rötlich. – **M&G** KR 17–23, SL rd. 5. – **V** Nur von den felsigen Hügeln bei den Felou-Fällen des mittleren Senegals nahe Medine in W-Mali nahe Senegalgrenze bekannt. Keine UA. – **Lw** Wohl ähnlich Gundi, Einzelheiten nicht bekannt.

Hasentiere, Lagomorpha

Hasen, Leporidae

Kaninchen- bis hasengroß und -gestaltig oder Zwischenformen. Hinterbeine wenig bis viel länger als Vorderbeine, Sohlen behaart, Zehenzahl 5/5, doch Daumen u. Großzehe sehr klein, Strahlen mit Krallen. Schwanz fehlend oder kurz. Ohren mittellang bis sehr lang, Augen mittelgroß, Oberlippe tief gespalten. Fell dicht, weich, manchmal harsch, schlichtfarbig (außer Sumatrakaninchen *Nesolagus*).Gb 2/0 · 0/0 · 3/2 · 3/3 = 28 (nur Riu-Kiu-Kaninchen, *Pentalagus,* M2/3 = 26). Unmittelbar hinter oberem I-Paar steht 2. kleines. Pigmentdrüsen an Nase, Wangen- u. Afterdrüsen vorhanden, 6–10 Zitzen. Pflanzen-, manchmal auch Kleintierfresser. 2 Kotsorten, neben harten, trockenen Normalpillen weiche, vitaminreiche Blinddarm-Kotpillen, die vom After fort gleich gefressen werden. Mehr Dämmerungs- u. Nacht- als Tagtiere. Einzeln (Hasen) oder gesellig (Kaninchen), Bodenbewohner. Ursprüngliche Verbreitung über Alte u. Neue Welt mit Arktis, doch fehlend im sl S-Amerika, afrikanischen Regenwald, Madagaskar, Malaiischen Archipel (außer Sumatra) u. Australasien-Polynesien. Feldhase u. Wildkaninchen durch Menschen weiterverbreitet, ersterer nach Skandinavien, Sibirien, N- u. S-Amerika u. Neuseeland, letzteres vom Nacheiszeitvorkommen NW-Afrika u. Iberien durch Menschen nach Europa, Australien, Neuseeland, S-Amerika u. vielen Inseln. 9 Gattungen, rd. 36 Arten, davon 11 in Afrika.

Europäisches Wildkaninchen, *Oryctolagus cuniculus* (Linné, 1758). E: European 28/1
Rabbit, Rabbit; F: Le Lapin de garenne, Le Lapin
Kn Kopf rund, Augen groß, Ohren kürzer als Kopf, stets aufrecht, Hinterbeine nur wenig länger als Vorderbeine, Schwanz kurz, wollig. Fell dicht, wollig, Oberseite graubraun, Flanken heller, rostroter Nackenfleck, Unterseite (Kehle bis Schwanz) hellgrau bis weiß, Ohroberrand u. Schwanzoberseite schwarz. Farbabweichungen (weiß, gelb, fuchsrot, blaugrau, schwarz) möglich. 6–10 Zitzen. – **M&G** KR 35–45, SL 4–8, Ohr 6–7,5, KH 16–18, G 1,3–3. – **V** Europa von Iberien bis Weichsel, Drau in Jugoslawien, Donau in Ungarn sowie im rumänischen Karpatenbecken u. Ukraine, in Großbritannien, Irland, Korsika, Sardinien, Sizilien, Kreta u. einigen griechischen Inseln, Südschweden, Gotland, ferner in NW-Afrika (Marokko, Algerien) auf Madeira, Azoren u. etlichen anderen Inseln (so auch auf Robben-Island in Tafelbucht bei Kapstadt), dazu Australien, Neuseeland u. S-Amerika. 6 UA in Europa u. NW-Afrika. – **Lr** Deckungsreiche, trockenere Landschaften mit gut grabbaren, leichteren Böden bevorzugt, meidet Gebirge, große Wälder u. Flugsand; sehr anpassungsfähig, notfalls rein oberirdisch mit Lager in dichtem Bodenbewuchs. – **Tr** Wenige ha, Hauptbau Mittelpunkt, mit Wechseln, Sonn- u. Kotplätzen; Markierung durch Harn (auch der Sippenangehörigen), sippeneigenen Kotpillenduft an Kotplätzen entlang Tr-Grenze u. Kinndrüsenduft an allen Tätigkeitsplätzen u. Sippenangehörigen. Tr-Fremde werden vertrieben. Erdbau mit mehreren gewinkelten Röhren, verdeckten Zugängen u. Wohnkessel u. Neben- (z. T. Nest-)kammern. Am Tr-Rande Setzbaue rangniederer ♀♀. – **Tt** Hauptsächlich in Abend- u. Morgendämmerung, z. T. auch nachts u. tagsüber (Sonnen). – **Kp** Fell-Lecken u. -putzen mit Zunge u. Pfoten. – **Lt** Meist stumm, in Rammelzeit, leises, helleres Murksen, in höchster Not lauter quietschend-kreischender Schrei, bei Alarm lautes, ein- bis mehrmaliges Bodenschla-

gen mit Hinterfuß (Trommeln). – **S** Hörvermögen sehr gut, Riechvermögen gut, Sehen auf Bewegungssehen eingestellt (seitwärtige Augen, weites Gesichtsfeld), praktisch kein Farbensehen. – **Fd** Raubtiere der Familien Marder, Schleichkatzen, Katzen u. Hunde, große Tag- u. Nachtgreifvögel; gelegentlich Verteidigung der Jungen. – **N** Pflanzen in allen Teilen, gerne auch Feldfrüchte aller Art, gelegentlich tierische Kost. – **Gs** Gesellig in Familien bzw. Sippen 1/2–2 Dtzd. Tiere mit eigenem Tr (s. dort), beherrscht von einem Alt-♂(Platzrammler) u. dessen Lieblings-♀ das Junge im Hauptbau großzieht. Alt-♂ überwacht u. markiert (mit Harn u. Kinndrüse) Sippenangehörige, deckt meiste ♀♀. – **Fp** ♂ wirbt durch Paradieren, Umkreisen, Treiben, gezieltes Harnbespritzen u. Überspringen des ♀. Begattung im Bau, nur kurz, doch oft hintereinander. 5–6 Würfe von März bis November. Tragzeit 28–31 Tage, Geburt meist in eigenem, 1,5 m langen, 40 cm tiefen Satzbau, Wurfgröße 1–15, meist 3–4, Geburts-G 30–40, mit 1 Monat 300, nackte, blinde Lagerjunge, Augenöffnen nach 10 Tagen, Säugezeit (♀ säugt nur einmal nachts in 24 Std.) 3–4 Wochen, nach 4 Wochen endgültiges Bauverlassen u. selbständig. – **Gr** 8–10 Monate. – **Ld** Bis 10 Jahre nachgewiesen, im ∅ 1½ Jahre.

28/2 **Kaphase** oder **Feldhase,** *Lepus capensis* (Linné, 1758) (= *Lepus europaeus* Pallas, 1778). E: Cape Hare, Common Hare, Brown Hare; F: Le Lièvre du Cap, Le Lièvre commun; A: Kaapse Vlakhaas, Rooipootje; K: Sungura

Kn Ohr länger als Kopf (in Afrika z. T. auch kürzer), Hinterbeine erheblich länger als Vorderbeine. Oberseite braun bis gelb, schwarzgestichelt, Flanken u. Beine rötlichbraun, Kehle u. Brust heller, Bauch, Beininnen- u. Schwanzunterseite weiß, Schwanzoberseite u. Ohrenden schwarz (UA *starcki,* Äthiopien, hat ganzen Schwanz weiß, UA *arabicus,* Arabien, Ohren u. Rücken sehr dunkelbraun). Je nach Klima Tiere dunkler (Feuchtklima) oder blasser (Trockenklima, Abb. zeigt Namibtier). 6 Zitzen. – **M&G** KR 44–76, SL 7–11, KH 22–30, Ohr 8,5–13, G 1–7 (niedrigerer Teil der Werte gilt für Afrika, höherer für M- u. O-Europa). – **V** Kap- u. Feldhase gehören zur gleichen Art, daher sehr weite V. S-, O- u. N-Afrika, Europa (außer S-Irland, M- u. N-Skandinavien), Klein-, Vorderasien bis Iran, Arabien, Afghanistan, Kaschmir, gemäßigtes Asien bis Mongolei, Chinesisch-Turkestan u. China nl Jangtse. Viele UA, Zahl ungeklärt. Europäischer Feldhase eingeführt in USA (1912), Barbados u. Guadelope, Argentinien (1880), Mauritius, Victoria (Australien, um 1870) u. Neuseeland (1867). – **Lr** Meist offenes Gelände aller Art von Meeresküste bis Hochgebirge (2000, in Asien z. T. bis 4500 m), in Europa in Kultursteppe häufig, aber auch im Wald. – **W** Standorttreu, Reviergröße einige (bis 20) km² je nach Gelände; Wechsel, Sassen, Sonn-, Sandbadeplätze; Sassen als flache, geschützte Sitzmulden, z. T. auch unter Sträuchern. – **Tt** Dämmerung u. Nacht, zur Rammelzeit auch tags. – **Kp** Täglich mehrmals Fellreinigen (wie Hamsterratte, S. 157), dazu Sandbäder. – **Lt** Meist stumm, ♂ knurrt bei Werbung u. Nebenbuhlerkampf, gellender Schrei in höchster Not; kleine Junge quieken u. knurren, springen krötenartig hoch, wenn angefaßt; ♀ fiept leise Junge lockend, Zähneknirschen als Drohung; Vorderfüßetrommeln bei Ärger. – **S** Hörvermögen sehr gut, Riechvermögen gut, Sehvermögen mäßig, besonders auf Bewegungssehen eingestellt. – **Fd** Zahlreiche Raubtiere von Wiesel bis Wolf, Luchs u. Gepard, dazu große Greif-, Krähen-, Möven-, Schreitvögel u. große Schlangen. ♀ verteidigt Junge gegen kleine bis mittelgroße Feinde, Verteidigungsreaktion kleiner Junge s. Lt. – **N** Pflanzen verschiedenster Art, dazu Zweige, Knospen, Rinde, Wurzeln, Beeren, Früchte, Pilze, manchmal Kleintiere (z. B. Mäuse) u. tierische Reste als Beikost. Kot in Pillenform. – **Gs** Reiner Einzelgänger, doch dulden sich Artgenossen, zur Rammel-(Paarungs-)zeit mehrere ♂♂ bei 1 ♀. –

Fp Keine Partnerbindung, in Europa Rammelzeit Januar bis Juli, Setzzeit März bis Oktober, in O-Afrika Fortpflanzung ganzjährig, in S-Afrika im Frühling bis Sommeranfang. Tragzeit 42 Tage, in Europa Überfruchtung (Superfoetation) häufig, d. h. trächtiges ♀ wird gegen Tragzeitende bereits wieder gedeckt. Je Satz 1–6, meist 2–4 voll behaarte, seh- u. lauffähige Junge im dichten Pflanzenwuchs, ♀ säugt meist nur einmal nachts für 24 Std., Säugezeit 3 Wochen, 1. Festnahrung mit 2 Wochen, Mutterverlassen mit 3–4 Wochen, in Afrika 1–2, in Europa 3–4 Sätze je Jahr. Geburts-G in Mitteleuropa rd. 130, 1 Woche 150, 1 Monat 1000, 2 Monate 2000, 3–4 Monate 3000, 6 Monate 3500, voll ausgewachsen 12 Monate; in O-Afrika rd. 90, 1 Woche 110, 1 Monat 210, 2 Monate 610, 2½ 750. – **Gr** 6–8 Monate. – **Ld** 10–12 Jahre.

Busch- oder **Strauchhase,** *Lepus saxatilis* F. Cuvier, 1823. E: Bush Hare, Scrub Hare, Mountain Hare; F: Le Lièvre des buissons; Le Lièvre des rochers; A: Ribbokhaas, Kohaas; K: Sungura 28/4

Kn Gestalt wie Feldhase, mit langen Ohren u. verhältnismäßig langem Schwanz. Oberseite braungelb bis braungrau, kräftig schwarz gestichelt, Flanken u. Beine etwas heller, Nacken allein oder mit Vorderschultern rotbraun bis rötlich, Körper- u. Schwanzunterseite weiß, Schwanzoberseite schwarz. Heller Ring um Auge. Äußerste Ohrspitzen schwarz oder dunkel. Weißer Stirnfleck häufig. Je nach Klima Tiere heller oder dunkler. – **M&G** KR 45–58, SL 8–15, KH 22–28, Ohr 10–16, G 2–3. – **V** S-Afrika sl Kunene u. Sambesi. 6 UA. – **Lr** In allen Landschaften außer dichtem Wald, bevorzugt in buschbestandenem steinigen Hügelland, auch im Kulturland. Im Bergland bis 1500 m. – Lebensweise in Einzelheiten wenig bekannt, der des Kaphasen (S. 164) sehr ähnlich. Im sl Vorkommen 2 Sätze im Jahr, im nl 3 (–4), je Satz 1–3 Laufjunge, Setzplatz im dichten Unterwuchs. – **Gr** Mit 1/2 Jahr. – **Ld** Nicht bekannt.

Äthiopienhase, *Lepus habessinicus* Hemprich & Ehrenberg, 1832. E: Abyssinian Hare, Ethiopian Hare; F: Le Lièvre éthiopien

Kn Gestalt wie Feldhase, Hochlandtiere größer u. langohriger als Tieflandtiere. Ohren länger als Kopf. Oberseite braungelb bis gelbgrau, etwas schwarz gestichelt, Nacken z. T. zimtfarben bis blaßrötlich, Ohrspitzenfleck klein, schwarz bis dunkelgrau oder verblaßt, Körperseiten etwas heller als Rücken, Beinaußenseiten z. T. erdbraun bis rotbraun, Körper- u. Schwanzunterseite weiß, Schwanzoberseite schwarz. – **M&G** KR 50–55, SL 8,5–10, KH 25–28, Ohr 11–12, G 2–3. – **V** Eritrea, Äthiopien, Somalia, NO-Kenia. 4 UA. – **Lr** Offene Landschaften, Wüste, Halbwüste, Trockenbusch, Hügelland u. Hochland bis 2500 m. – Lw in Einzelheiten nicht bekannt, der des Kaphasen (S. 164) sehr ähnlich.

Whyte-Hase, *Lepus whytei* Thomas, 1894 (= *crawshayi* De Winton, 1899). E: Whyte's Hare; F: Le Lièvre de Whyte; A: Whytehaas; K: Sungura 28/7

Kn Gestalt wie kleiner Feldhase, Ohren länger als Kopf. Oberseite gelbgrau bis braungrau, schwarz gestichelt, Kruppe dunkler als Vorderkörper, Nacken grau, oft dunkles Flankenband, Unterseite einschließlich Schwanz weiß, Ohrspitzen u. Schwanzoberseite schwarz, heller Ring um Auge. – **M&G** KR 42–48, SL 7,5–13, Ohr 10,5–13, KH 22–25, G 1,5–2,5. – **V** Geographischer Sudan von W-Mauretanien u. Senegambien bis Kordofan, von dort sw zwischen äthiopischem Hochland u. Kongourwald nach Uganda, Kenia, Tansania, weiter im ganzen mittleren u. sl Afrika sl Kongourwald, fehlt nur in wl Kapprovinz, wl SW-Afrika u. wl S-Angola. 18 UA, doch z. T. zweifelhaft. – **Lr** Savanne, Trockenbusch, Steppe, Halbwüste u. Wüste, offenes, trockenes u. sandiges Gelände bevorzugt, in Ebene u. Hügelland. – Lw in Einzelheiten nicht bekannt, der des Kaphasen (S. 164) sehr ähnlich.

28/6 **Buschmannhase,** *Bunolagus monticularis* (Thomas, 1903). E: Bushman Hare; F: Le Lièvre de boshismane; A: Vleihaas
Kn Gestalt wie kleiner Feldhase. Ohren länger als Kopf. Hinterfüße ziemlich kurz u. wollig behaart. Fell fein u. weich. Oberseite (Kopf u. Rücken) schmutziggrau, schwarz gestichelt. Ohren hellgrau bis gelbgrau, Nacken u. Kehle rotbraun, Kinn, Lippen u. Unterwange weißlich, durch schwarzen Streifen von Oberwange abgesetzt. Brust, Bauch u. Beininnenseiten hellgrau bis braungrau, Beinaußenseiten rotbraun, Sohlen rauchgrau. Schwanz dick, rundlich, buschig, einheitlich rotbraun, äußerste Spitze z. T. schwarz. – **M&G** KR 35–42, SL 7,5–9, KH 18–22, Ohr 11–12, G 1–2,5. – **V** In der mittleren Kapprovinz am S-Rand des Buschmannlandes von Calvinia im W bis Deelfontein im O. – **Lr** Gestrüppbesetzte Schluchtenhänge des Berglandes. Einzelheiten der Lw nicht bekannt.

28/8 **Natal-Rothase,** *Pronolagus crassicaudatus* (I. Geoffroy, 1832) (= *randensis* Jameson, 1907). E: Natal Red Hare, Natal Red Rock Hare; F: Le Lièvre roux de Natal; A: Natalse Rooihaas, Natalse Kliphaas
Kn Gestalt kaninchenartig, Ohren nicht länger als Kopf, Hinterbeine nur mäßig länger als Vorderbeine, Füße wollig behaart, Schwanz ziemlich kurz, stark buschig. Rücken u. Seiten braungrau bis braungelb, schwarz gestichelt, Kopf u. Ohren grau, heller Ring um Auge. Nasenrücken, Nacken, Hals, Brust, Beinaußenseiten, Hinterrücken u. ganzer Schwanz rotbraun, z. T. Spitze schwarz. Beininnenseiten u. Bauch weißgrau. Fell meist sehr weich (manchmal harscher). Haare sitzen sehr locker.

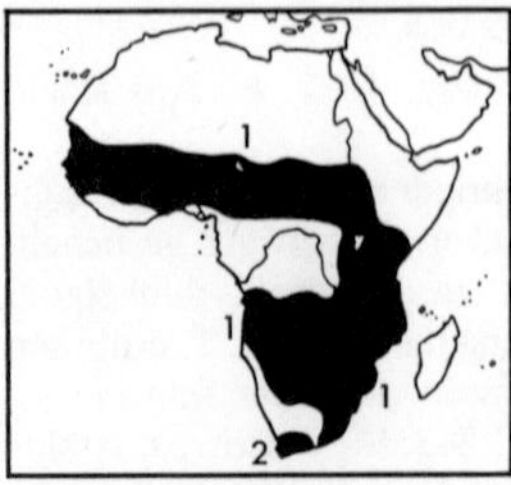

1 Whyte-Hase
2 Buschmannhase

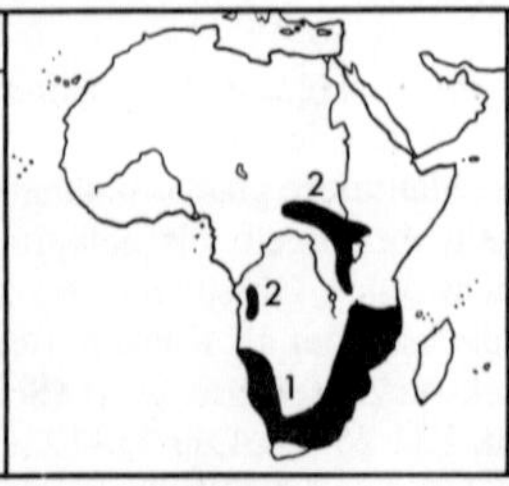

1 Natal-Rothase
2 Uganda-Grashase

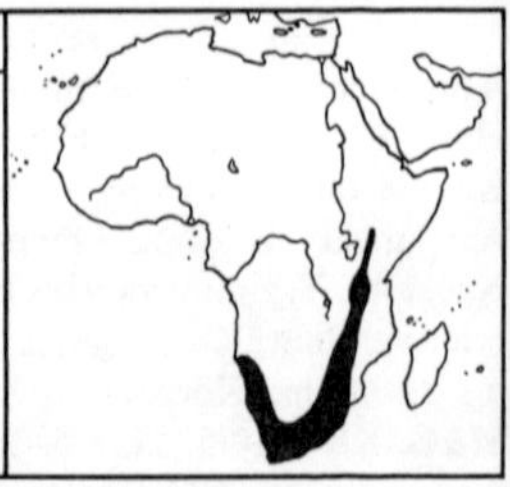
Smith-Rothase

Rotbraun des Nasenrückens kann fehlen, das des übrigen Felles ausgedehnter oder verringert, die Rückenfarbe dunkler oder heller, die Schwanzfarbe schwarzbraun sein. 6 Zitzen. – **M&G** KR 42–50, SL 6–14, KH 22–25, Ohr 7,5–8,5, G 1,5–2,5. – **V** SW-Afrika ab Kaokoveld sw, mit anschließendem Klein-Nama(qua)land (äußerster NW der Kapprovinz), ferner im öl Teil der Kapprovinz von Beaufort West u. Albany-District ow bis Pondoland, Griqualand West, Oranje, Natal, Zululand, Transvaal, S- u. O-Botswana, Mozambique, M- u. S-Rhodesien, O-Sambia u. Malawi. Viele UA, Zahl ungeklärt. – **Lr** Steinig-felsiges Gelände mit Gestrüpp u. einzelnen Bäumen in Ebene, Hügel- u. Bergland bis 2500 m aufwärts. In Natal auch am Rande größerer Wälder, dort nachts auch auf Feldern. – **W** nicht groß, standorttreu, Sassen unter Grasbüscheln u. Büschen, im Notfall Zuflucht in Felsspalten u. -höhlen (gern in Klippschlieferhöhlen) u. ä., möglichst mit 2 Ausgängen. Erhöhte Steine u. Felsblöcke als Sonnplätze u. Wachpostensitze, dort große Kothaufen zwischen Felsen. – **Tt** In Dämmerung u. Nacht, ungestört auch schon am Spätnachmittag. – **Lt** Stößt nachts, wenn aufgescheucht u. fortrennend eine Reihe durchdringender Schreie aus. – **S** Seh- u. Hörvermögen sehr gut, Riechvermögen gut. – **Fd** Wie Kaphase (S. 164). Springt in Enge getrieben, Feind plötzlich an, erschrickt ihn u. kann fliehen. Flitzt sehr gewandt u. schnell durchs Steingelände. – **N** Gräser, daneben Kräuter. – **Gs** Einzelgänger. An günstigen Plätzen zu mehreren, jedoch ohne Bindung. Oft bei Klippschliefern u. in deren Höhlen. – **Fp** Tragzeit angeblich 1 Monat. 1–2 voll behaarte Junge je Wurf in mit Bauchhaaren des ♀ ausgepolstertem versteckten Lager. Einzelheiten des Heranwachsens u. **Ld** nicht bekannt.

Smith-Rothase, *Pronolagus rupestris* (A. Smith, 1834). E: Smith's Red Hare; F: Le Lièvre roux de Smith; A: Smithse Rooihas 28/3

Kn Gestalt wie Natal-Rothase. Oberseite rotbraun, schwarz gestichelt, Unterseite u. obere Beine rötlich, grauweiß gestichelt, Lippen weiß, Kinn u. Kehle blaß rötlich, Füße u. Schwanz dunkel rotbraun, Schwanzspitze braunschwarz bis schwarz, manchmal ganzer Schwanz schwarz. Farbe heller oder dunkler möglich, z. T. grauer Anflug (Wüstentiere), z. T. Rot sehr ausgeprägt (UA *melanurus,* Klein Nama(qua)land). – **M&G** KR 40–50, SL 6–16, KH 20–25, Ohr 6–11, G 1,5–2,5. – **V** SW-Afrika, Südafrikanische Republik, Rhodesien, O-Sambia, Malawi u. ein schmaler n-sl Mittelstreifen Tansanias bis M-Kenia hinauf. 10 UA, doch z. T. zweifelhaft. – Lebensweise in Einzelheiten nicht bekannt, doch der des Natal-Rothasen (S. 166) sehr ähnlich.

Uganda-Grashase oder **Zentralafrikanisches Kaninchen,** *Poelagus marjorita* (St. Leger, 1932). E: Uganda Grass Hare, Bunyoro Rabbit, African Rabbit; F: Le Lapin sauvage d'Afrique 62/2

Kn Gestalt kaninchenartig, Ohren kürzer als Kopf, Hinterbeine nur wenig länger als Vorderbeine. Fell kurz u. etwas harsch. Oberseite graubraun, Seiten etwas heller, gelblicher, Unterseite weiß, grau überhaucht, Schwanz oben rückenfarbig, unten weiß, Füße kremgelb. ♂ u. ♀ mit Drüsengrube rechts u. links der Geschlechtsöffnung. – **M&G** KR 44–50, SL 4–5, KH 22–25, Ohr 6–7, G 2–3. – **V** Uganda, NW-Kenia, S-Sudan, NO-Zaire sw bis N-Spitze des Tanganjikasees, öl Zentralafr. Rep. sowie W von M-Angola. 3 UA. – **Lr** Steiniges, felsiges, grasbestandenes Gelände, besonders grasige Hügel mit Erosionsgräben u. Büschen, auch in Waldnähe. Sassen unter Sträuchern, im langen Gras Wechsel als Tunnel, Aufenthalt auch in Felsspalten u. Blockfelsenhöhlen, oft zusammen mit Klippschliefern. Kurzgrasflächen zum Äsen bevorzugt, daher auch Anschluß an Kaffernbüffel, die solche Flächen schaffen. – **W** Klein, wenige ha, standorttreu. – **Tt** In Dämmerung u. Nacht, tagsüber verborgen ruhend. – **Lt** Stumm, Zähneknirschen als Drohlaut. – **S** Hör-, Riech- u. Sehvermögen gut. – **Fd** Serval, Falbkatze, Ginsterkatzen, Schakale, Paviane, große Greifvögel u. Schlangen. Bei Gefahr blitzschnelle Flucht in Deckung. – **N** Gräser, Kräuter, frische Strauchtriebe. – **Gs** Paar- oder familienweise (♀ mit Jungen), an günstigen Plätzen häufig, doch nicht eigentlich gesellig. – **Fp** Junge in allen Monaten, Tragzeit 5 Wochen, je Satz 1–2 fast nackte, blinde Junge mit sehr kurzen, schwarzen Ohren in einer grasgepolsterten Höhlung. Einzelheiten des Heranwachsens u. **Ld** nicht bekannt.

Flossenfüßer oder Robben, Pinnipedia

Hundsrobben, Phocidae

Gestalt torpedoförmig. Gliedmaßen verkürzt u. durch Schwimmhäute zu Flossen verwandelt. Schwanz nur Stummel. Unterhaut mit dicker Speckschicht. Fell kurz u. dicht. Gliedmaßen klein, Strahlenzahl 5/5, Krallen meist gut entwickelt, Zehenspitzen mit Knorpelverlängerung als Schwimmhautstütze. Hinterbeine nicht zum Laufen geeignet, Fortbewegung an Land durch Spannern des Körpers (sog. Robben). Sohlen behaart. Nasen- u. Ohrlöcher verschließbar, Ohrmuscheln fehlen. Gb 2–3/1–2 · 1/1 · 4–6/4 · 5 = 26–36, C kräftig, P u. M gleichförmig mehrspitzig. Einzeln oder gesellig lebende Fisch-, Tintenfisch- oder Kleinkrebsfresser. In nord- u. südpolaren, borealen u. tropischen bis subtropischen Meeren, in der Holarktis auch in Süßwasserseen. 13 Gattungen mit zusammen 18 Arten, davon 1 an Afrikas Küsten.

24/1 **Mittelmeer-Mönchsrobbe,** *Monachus monachus* (Hermann, 1779). E: Mediterranean Monk Seal, F: Le Phoque moine mediterranéen

Kn Nase breit, bis auf schmale Nasenlöcherränder behaart, mit kurzer Mittelfurche. Augen groß. Barthaare ungewellt, weich, nicht besonders lang. Schwanz kurzer Stummel. Vorderflossen kurz, Fingerlänge vom 1. zum 5. abnehmend, Krallen flach, erreichen Flossenrand. Hinterflossen ziemlich lang, äußere Zehen überragen innere weit, Krallen nur als schwache Nägel, Zwischenhaut behaart. 4 Zitzen. Gb 2 · 1 · 5 = 32. Fellhaare kurz (0,5 cm), fest, dicht anliegend. ♂ oberseits braunschwarz, unterseits graugelb, feine schwarzbraune Sprenkelung an Unter- u. gelbliche an Oberseite sowie großer, unregelmäßiger, weißgrauer Bauchfleck. Alt-♂ silbrig überhaucht. Schwarzmeertiere grauer. ♀ u. Jungtiere oberseits Haare dunkelbraun mit gelben Spitzen, unterseits hell graugelb, Sprenkelung, wenn vorhanden, wie beim ♂, ♀ ohne Bauchfleck. Junges erste 4 Wochen mit weichem, 1,5 cm langem, oberseits schwarzbraunem, unterseits etwas hellerem Wollkleid, bei ♂ großer schmutzig gelber Bauchfleck. – **M&G** GL ♂ 230– 250, ♀ 270–300; G ♂ rd. 280, ♀ rd. 320. – **V** Früher ganzes Schwarzes Meer u. Mittelmeer sowie Atlantikküste NW-Afrikas sw bis Cap Blanc, dazu Gewässer Madeiras u. Kanarischer Inseln. Heute nur noch in kleinen Trupps oder Einzeltieren im Schwarzen Meer (rd. 100), Libanon (rd. 20), im Dodekanes (rd. 200), in der Cyrenaika (20–30) u. bei Port Etienne-Cap Blanc (rd. 50), ferner noch 20–30 bei Madeira u. Kanarischen Inseln. Insgesamt höchstens 400 Tiere, damit Ausrottung kurz bevorstehend. – **Lr** Landaufenthalt an einsamen, sandigen, kiesigen oder flachfelsigen Küsten, heute wegen starker Verfolgung tagsüber in vom Meer aus erreichbaren Grotten. Standorttreu. – **Tt** Wo ungestört, tagsüber Sonnen u. Fischen, sonst nachts tätig. – **Kp** Fellkratzen mit Vorderflossen. – **Lt** Meist stumm, bei Erregung hundeartiges Winseln, Jaulen und Bellen. Zähneklappern als Drohen. – **S** Riechvermögen mäßig, Hörvermögen u. Unterwassersehen gut, bei Überwassersehen kurzsichtig u. auf Bewegungssehen abgestellt. – **Fd** Große Haie, Schwertwal, vor allem Mensch, der auch heute noch rücksichtslos verfolgt (Fischer). – **N** Makrelen, Meerbrassen, Seebarsche, Bonitos, Sardinen, Sardellen, Flundern, Schollen, Aale, Langusten, u. bevorzugt Tintenfische. Tagesbedarf 10–12 kg. – **Gs** Einzeln oder in kleinen Trupps, Einzelheiten nicht bekannt. – **Fp** Tragzeit 11 Monate, Wurfzeit September/Oktober, Werfen des 1 Jungen an Land. Geburts-G 20–30, -länge

90–100. Jugendkleidwechsel zwischen 4. u. 6. Woche, Entwöhnung mit 6 Wochen (G dann rd. 80–100), von da ab Junges selbständig u. ins Wasser, bleibt jedoch 2–3 Jahre bei Mutter, die nur jedes 2. Jahr wirft. ♀ paart sich 2 Wochen nach Absetzen des Jungen. Paarung im Wasser. – **Gr** Mit 4 Jahren. – **Ld** 30 Jahre möglich, Einzelheiten nicht bekannt.

Ohrenrobben, Otariidae

Gestalt, Gliedmaßen, Schwanz u. Unterhaut s. auch Hundsrobben. Fell kurz u. dicht (manchmal ♂ mit kurzer Halsmähne), mit oder ohne Unterwolle (Haar- oder Pelzrobben). Kleine Ohrmuscheln vorhanden. Vorder- u. Hintergliedmaßen ziemlich lang, beweglich, zum Gehen an Land geeignet. Gb 3/2 · 1/1 · 4/4 · 1–3/1 = 34–38, C kräftig, P u. M gleichförmig mehrspitzig. ♂ größer als ♀. Gesellige Fisch-, Tintenfisch- u. Krebsfresser. An den Küsten kalter u. warmer Meere. 6 Gattungen mit zusammen 12 Arten, davon 1 an Afrikas Küsten.

Zwergseebär oder **Südafrikanische Pelzrobbe,** *Arctocephalus pusillus* (Schreber, 24/2
1776). E: Cape Fur Seal, Cape Sea Lion; F: L'Otarie de l'Afrique de Sud, L'Otarie à 24/3
fourrure du Sud; A: Seeleeu, Rob

Kn Kopf rund, Nase spitz, 30–33 lange steife Barthaare auf jeder Schnauzenseite, Ohrmuscheln sehr klein, anliegend. Schwanz kurzer Stummel. Unterseite aller 4 Flossen nackt, Hinterflossenzehen ungefähr gleich lang, 1. u. 5. ohne, 2., 3. u. 4. nur mit kleinen nagelartigen Krallen. Vorderflossenfinger von 1.–5. an Länge abnehmend, alle ohne Krallen. Finger u. Zehen über Nägel bzw. Nägelplätze hinaus stark verlängert. 2 Zitzen. Gb 3 · 1 · 6 = 36. Fell mit dichter Unterwolle. Neugeborene mit schwarzem Wollhaar. Nach 4–5 Wochen Wechsel in 2. Haarkleid aus schwarzen Grannen mit weißen Spitzen u. brauner Unterwolle, Barthaare schwarz, Fellgesamteindruck olivgrün. Mit 16–17 Monaten Wechsel in 3., silbergraues Haarkleid. Nächster u. alle folgenden jährlichen Haarwechsel im Januar–Februar. Ausgewachsene Tiere mit weißen Barthaaren, ♂ schwärzlich, grau gestichelt, Fellhaar grob, ♀ braungrau bis braungelb, Unterseite bei ♂ u. ♀ heller. – **M&G** KR ♂ 220–240, ♀ 150–180; G je nach Jahreszeit ♂ 200–310, ♀ 90–115. – **V** Küste u. küstennahe Inseln SW-Afrikas u. der Kapprovinz vom Kreuzkap (21° s. Br.) sw um Kap der Guten Hoffnung herum ow bis Birds Island in Algoa Bucht (34° s. Br., 26° ö. L.). – **Lr** Sand-, Stein- oder flachfelsige Küste, zum Fischfang im küstennahen Meer, selten weiter draußen (vereinzelt bis 150 km Entfernung). – **W** Gebietstreu, jüngere Tiere ziehen meist nur innerhalb Verbreitungsgebiet umher, kehren oft mit Gr zum Geburtsplatz zurück. – **Tr** s. Gs. – **Tt** Tagtätig, nachts schlafend an Land oder im Wasser (wenn weit draußen). – **Kp** Fellkratzen mit Flossen. – **Lt** Lautfreudig, je nach Stimmung Brummen, Knurren, Keuchen, Röhren, Bellen. – **S** Riechvermögen mäßig, Hörvermögen gut, Sehvermögen unter Wasser gut, über Wasser kurzsichtig u. auf Bewegungssehen abgestellt. – **Fd** Haie, Schwertwal. – **N** Fische (Bastardmakrelen, Sardinen, Eingeweide- u. a. Fische), Tintenfische, Krebse. Je Mahlzeit normalerweise 2–3 kg, sonst im Höchstfall 10 kg. – **Gs** u. **Fp** Ende Oktober (südlicher Frühling) errichten Alt-♂ an Küste Tr von 10–50 m² Größe (je nach ♂-Stärke) u. behaupten sie durch Drohen u. Kämpfen gegen andere ♂♂. Kurz danach an Küste eintreffende ♀♀ bilden Harems (2–20) in Tr u. werfen gleich darauf Junge (Geburts-KR 60–70, -G 6–7). Jung-♂♂ u. verletzte, kranke oder zu alte ♂♂ siedeln abseits Harems. ♀ säugt

Junges (Zwillinge sehr selten) 1 Woche, geht dann 1–2 Tage fischen, kehrt zurück (erkennt Junges an Stimme u. Geruch, säugt nur eigenes) u. geht in allmählich kürzer werdenden Abständen u. länger ausbleibend zum Fischen. Junge erkunden nach u. nach Umgebung, gehen ins Wasser, fressen Krabben u. aus Hunger auch Steine, wechseln mit $^{1}/_{2}$ Jahr Milchzähne in Dauerzähne, jagen u. fressen dann kleine Fische u. Tintenfische, obwohl Mutter sie 1 Jahr lang säugt. ♀ wird 1 Woche nach Werfen gedeckt (Paarung auf Land oder im Wasser), Blastocyste bleibt bis März-April uneingebettet. Haremsauflösung nach rd. 6 Wochen, Fischfangausflüge machen dann $^{2}/_{3}$ eines Monats aus, ♂ frißt sich wieder dicken Speck an. – **Gr** ♀ mit 2, ♂ 3 Jahren, ♂ kommt aber erst nach Haremseroberung mit 5–6 Jahren zum Decken. – **Ld** 20 Jahre nachgewiesen.

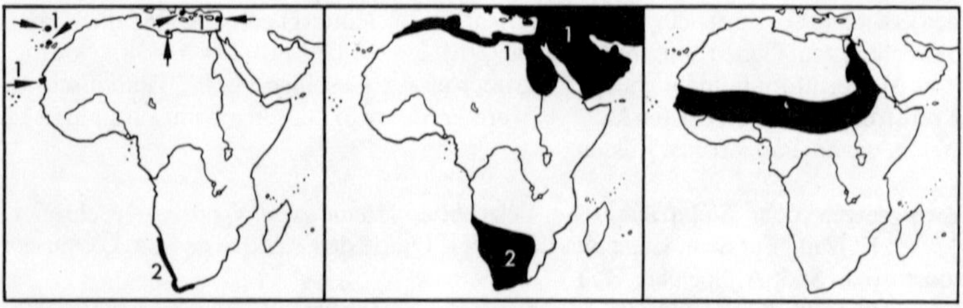

1 Mittelmeer-Mönchsrobbe 1 Rotfuchs 2 Kapfuchs Blaßfuchs
2 Zwergseebär

Raubtiere, Carnivora

Hunde, Canidae

Niedrig- bis hochbeinige Zehengänger. Zehenzahl 5/4–4, Daumen verkümmert, beim Hyänenhund (*Lycaon*) u. Löffelhund (*Otocyon*) fehlend; Großzehe fehlend. Schnauze mehr oder minder spitz, Augen mittelgroß. Ohren klein bis groß. Schwanz mittellang, buschig. Gb 3/3 · 1/1 · 4/4 · 1–4/2–4 = 38–48; alle afrikanischen Gattungen haben 3/3 · 1/1 · 4/4 · 2/3 = 42 außer *Otocyon* mit 3/3 · 1/1 · 4/4 · 4/4 = 48, dessen Backenzähne verkleinert sind. Ballen-, After-, Schwanzwurzel-(Veilchen-)drüsen u. Penisknochen vorhanden, 6–14 Zitzen. Einzelgehende bis gesellige Laufraubtiere oft großer Ausdauer, teils Gemischtfresser, teils Hetzräuber u. reine Fleischfresser, teils Dämmerungs- u. Nachttiere, teils Tagtiere. In allen Erdteilen außer Australasien (dorthin erst mit dem Menschen). 4 Unterfamilien, 14 Gattungen, 31 Arten, davon 11 in Afrika.

Hunde, Caninae

Daumen vorhanden, Gb 3 · 1 · 4 · 2/3 = 42. Kurz- bis langbeinig, Ohren klein bis groß, Schwanz mittellang u. buschig, 4–14 Zitzen. Umfaßt Wölfe, Schakale, Füchse u. Zwischenformen der Neuen u. Alten Welt außer Australasien (dort eingeführt). 11 Gattungen, 27 Arten, davon 9 in Afrika.

Rotfuchs, *Canis (Vulpes) vulpes* Linné, 1758. E: Red Fox, F: Le Renard 29/1
Kn 3 UA in N-Afrika: 1) Berber-R. (E: Barbary Fox, F: Le Renard de Barbarie), *barbarus* Shaw, 1800. Rücken fuchsrot, Seiten blaßgelb, Ohrspitzen schwarz, Pfotenrückseiten ocker, Unterseite u. Schwanzspitze weiß. 2) Atlantischer R. (E: Atlantic Fox, F: Le Renard atlantique), *atlanticus* Wagner, 1841. Rücken grau überhaucht, sonst wie 1. 3) Ägyptischer R. (E: Egyptian Fox, F: Le Renard d'Égypte), *niloticus* E. Geoffroy St. Hilaire, 1803. Rücken mit dunkel rotbraunem Aalstrich, Seiten blaßgelb, Ohrspitze schwarz, Pfotenrückseiten rotbraun, Unterseite weißgrau, Kehle, Kinn, Unterwangen u. Schwanzspitze weiß. – 8 Zitzen. – **M&G** 1) KR 50–55, SL 33–40, KH rd. 30, G 4–8 (♂ im ∅ schwerer als ♀). 2) KR 58–60, SL rd. 40, KH & G wie 1. 3) wie 2. – **V** 1) Küstengebiete NW-Afrikas, 2) Atlasgebiet, 3) N-Libyen, Ägypten u. NO-Sudan. Gesamt-V der Art: Ganz Europa (außer Balearen, Malta, Kreta u. Zypern), N-Afrika, Arabien u. über Klein- u. Mittelasien bis Sibirien (außer N), China, Korea, Japan, Kamtschatka, sw bis Himalaja u. N-Hinterindien, dazu fast ganz N-Amerika (außer NO-Tundra) bis Florida, Golf von Mexiko u. M-Kalifornien. Eingeführt in Australien u. einigen pazifischen Inseln. 47 UA. – **Lr** Alle Landschaften von Meer bis Hochgebirge (4500 m) u. Halbwüste bis Wald. Sehr anpassungsfähig. – **Tr** Ortstreu, Tr kaum größer als 100 ha, versehen mit Erdbauen (Haupt- u. Nebenb.), Wechseln, Markierungsstellen (Harn- u. Kotstellen, Futterverstecken, Sonnplätzen u. ä.). – **Tt** Hauptsächlich in Dämmerung u. Nacht, tagsüber in Bau, wo ungestört auch im Freien schlafend, zur Ranz- u. Welpenzeit auch tags tätig. – **Kp** Fellbelecken u. Kratzen mit Hinterpfoten. – **Lt** Zahlreiche Laute (7 Welpen-, 38 Erwachsenenlaute), in der Ranz heiseres »kau-kau-kau« des ♂, leiser auch des ♀, »waih-waih-

wä« als Schrecklaut, ♀ warnt damit auch Welpen aus Entfernung, »qua-wa-wa« als Lockruf des ♀ für Bauverlassen der Welpen zum Fraßentgegennehmen, heller, kurzer Klagelaut bei Verwundung, giftiges Keckern beim Streit, hundeartiges Winseln u. katzenähnliches Greinen bei spielenden oder fraßbettelnden Welpen. – **S** Hör-, Riech- u. Sehvermögen sehr gut. – **Fd** Wolf, Luchs, Puma, Bär, Vielfraß, Adler, Uhu, in N-Afrika früher auch Leopard. – **N** Allesfresser: Kerbtiere, Vogeleier, Jungvögel, Jungwild, Hasen, Kaninchen, Vögel bis Auerwild- u. Gänsegröße, hauptsächlich aber Mäuse, daneben Beeren, Früchte u. Obst, täglicher N-Bedarf 1/2–1 kg. – **Gs** Einzelgänger, zur Ranzzeit bemühen sich mehrere ♂♂ um 1 ♀, 1 ♂ bleibt bis zur Wurfzeit bei ♀ u. trägt Futter für die Welpen zu (Saison-Ehe), Lebensehe möglich, doch noch nicht sicher erwiesen. – **Fp** Begattung mit »Hängen« 15–25 Minuten. Paarungszeit in N-Afrika Dezember–Januar, in M-Europa Januar–Februar, in N-Europa Februar–März. Tragzeit 49–55, meist 51–52 Tage, Wurfgröße 3–12, meist 3–5. Welpen werden im Kessel des Erdbaues geworfen, sind blind, mit grauem wolligem Fell, Augenöffnen nach 12–14 Tagen, Säugezeit 4 Wochen, 1. von Eltern vorgebrochene Nahrung mit 2, 1. Festnahrung nach 3 Wochen, 1. Bauverlassen nach 4 Wochen, selbständig mit 3–4 Monaten. – **Gr** Mit 3/4 Jahr. Geburts-G 50–150, nach 6 Wochen 1000, nach 3 Monaten 2000, nach 4 Monaten 3000, nach 6 Monaten 4000–5000. – **Ld** 10–12 Jahre.

30/2 **Kapfuchs, Kama, Silberrückenfuchs** oder **Silberschakal,** *Canis (Vulpes) chama* A. Smith, 1833. E: Cape Fox, African Silver Fox, Silver Jackal; F: Le Renard du Cap; A: Silver-, Vaaijakkals, Klein Rooijakkals

Kn Rotfuchsartig, doch zierlicher, Schwanz buschiger, Ohren größer. Kopf, Ohrrückseiten u. Beine rotbraun, Nacken, Rücken, Keulen u. Schwanz außer Spitze gelbbraun mit schwarzweißer Stichelung, die Fell silbrig erscheinen läßt u. nach Flanken u. Schwanz zu schwächer ist. Schwanzspitze, Kinn u. Oberlippenhinterrand sowie Streifen zwischen Knie u. Ferse schwarz, Oberlippe u. Körperunterseite grauweiß. Einzelne Tiere blasser u. silbriger. Körpergeruch sehr gering. 6 Zitzen. – **M&G** KR 54–62, SL 30–39, KH rd. 30, Ohr rd. 9–10, G 2,5–4,0. – **V** Fast ganz S-Afrika sl Linie SW-Angola bis S-Rhodesien, nicht in S-Mozambique, Krüger-Nationalpark u. Küstengebiet Natals. Keine UA. – **Lr** Nur offene, bevorzugt sandige oder felsige, Gebüsch bewachsene, Spalten, Höhlen u. Felsüberhänge bietende Landschaften, gerne am Fuß von Kopjes. – **W** Nicht groß, Einzelheiten nicht bekannt, standorttreu. Mittelpunkt ist vorgefundener oder selbstgegrabener Erdbau. – **Tt** Nur in Dämmerung u. Nacht, tags in Erdbau oder Felshöhle, -spalte, unter Felsüberhang u. ä. Versteck ruhend. – **Kp** Ähnlich Fennek (S. 174), Einzelheiten nicht bekannt. – **Lt** Gezogener, nicht sehr lauter Schrei mit 2–3 »kau-kau« zum Abschluß als Stimmfühlungslaut, kein Heulen. Weitere Laute nicht bekannt. – **S** Hör- u. Sehvermögen hervorragend, Riechvermögen gut. – **Fd** Einzelheiten nicht bekannt. Sehr scheu u. vorsichtig. Schlägt auf Flucht scharfe Haken, rennt sehr schnell u. gewandt durch Gebüsch u. Geklüft. – **N** Kleintiere wie Kerbtiere, Eidechsen, kleine Säuger u. größere bis Hasen, Bodenbrüter, Jungvögel u. Eier, Beeren u. Früchte; älteres Aas wird verschmäht, Hausgeflügel u. Schaflämmer nur selten angegriffen. – **Gs** Paarweise in Lebensehe, Eltern mit Jungen als Familientrupps. – **Fp** Tragzeit 51–52 Tage, Wurfzeit September–Oktober, Wurfplatz meist Erdbau, Wurfgröße 3–5, Eltern ziehen Junge gemeinsam groß, überschüssige Beute wird in Baunähe vergraben. Einzelheiten des Heranwachsens nicht bekannt. – **Gr** Wohl mit 3/4 Jahr. – **Ld** Nicht bekannt.

Blaßfuchs oder **Sandfuchs,** *Canis (Vulpes) pallidus* Cretzschmar, 1826. E: Sand Fox, Pale Fox, Pallid Fox, Pale Sand Fox; F: Le Renard pâlé, Le Renard blond des Sables, Le Chien de Sable 30/3
Kn Rotfuchsartig, doch kleiner, schlanker, hochläufiger, Ohren größer. Blaßbraun bis flachsblond; Nacken, Rücken, Schwanzoberseite dunkler, schmutziggrau-rötlich, Unterseite blaßgelb, Pfoten weißlich, Schwanzspitze schwarz, z. T. auch Vorderbeinvorderseite schwärzlich. Hellere oder dunklere Tiere möglich. Körpergeruch sehr gering. 6 Zitzen. – **M&G** KR 38–45, SL 23–28, KH rd. 25, Ohr 6,5–7,2, G 2–3,6. – **V** Sahelgürtel des geographischen Sudans von Senegambien bis Kordofan, sowie Nubische u. Arabische Wüste ow Nil bis Rotes Meer. 5 UA. – **Lr** Sandige oder sandig-felsige Steppe, Halbwüste oder Wüste. – **W** Wie Kapfuchs (S. 172). Erdbau wird selbst gegraben in 2,5–3 m Tiefe, Gänge 10–15 m lang, mehrere grasgepolsterte Kammern, gern unter Sandstraßen u. in Ortschaftnähe. – **Tt** Nur in Dämmerung u. Nacht, tags im Bau ruhend. – **Kp** Ähnlich Fennek (S. 174). Einzelheiten nicht bekannt. – Lebt wohl paarweise in Lebensehe u. in Familientrupps ähnlich Fennek u. Kapfuchs. Frißt Kleintiere, Beeren u. Früchte wie diese, stellt jedoch gern Hausgeflügel nach. Jungenzahl je Wurf 3–4. Weitere Einzelheiten der Lw nicht bekannt.

Sandfuchs oder **Rüppellfuchs,** *Canis (Vulpes) rüppelli* Schinz, 1825. E: Sand Fox, Desert Fox, Rüppell's Fox; F: Le Renard du desert, Le Renard famélique 30/5
Kn Rotfuchsartig, doch kleiner, zierlicher, Ohren größer, Schwanz buschiger. Fell sehr dicht u. weich. Oberseite mit Ohrenrückseite rötlichbraun, durch einzeln stehende Haare entsteht silbriger bis stahlblauer Schimmer. Rückenmitte dunkler als Seiten, die gelblichgrau. Gesicht meist heller, hell gelbbraune bis gelbe, dunkelbraune bis schwarzbraune Augenumrandung mit gleichfarbigen Streifen aus innerem Augen- zum Mundwinkel. Unterseite weißgrau, Beinaußenseiten oben wie Rücken, z. T. mit dunklem Anflug, Füße weißlich, z. T. oberhalb Ferse rötlicher Fleck. Schwanz gelblichbraun, oberseits mit schwarzen Haaren durchsetzt, Spitze weiß. Körpergeruch sehr gering. 6 Zitzen. – **M&G** KR 40–48, SL 30–39, KH rd. 30, Ohr 9–12, G 2–4,5. – **V** M- u. O-Sahara von Hoggar u. Air über Tibesti bis Libysche, Nubische u. Arabische Wüste, Cyrenaika, Ägypten, Nubien, Eritrea ow bis Rotes Meer, söl bis Berbera am Golf von Aden (N-Somalia), Sinai-Halbinsel, Arabische Halbinsel, nw bis Totes Meer im W u. Bagdad im O, ferner durch Persisch-Belutschistan bis W-Afghanistan. 5 UA. – **Lr** Sandige u. steinige Halbwüste u. Wüste. – **W, Tt** u. **Kp** Wohl wie Kapfuchs (S. 172), Einzelheiten nicht bekannt. – **Lt** Dunkles Schnattern u. langes Stöhnen bei Behaglichkeit, Knurren, Bellen u. Kläffen bei Ärger u. Wut. Weitere Einzelheiten nicht bekannt. – **S** Seh- u. Hörvermögen hervorragend, Riechvermögen gut. – **Fd** Bei Bedrohung Buckelmachen, Schwanzheben u. Bespritzen des Gegners mit übelriechendem Afterdrüsensekret. – **Ld** In Gefangenschaft 6½ Jahre nachgewiesen. Weitere Einzelheiten der Lw nicht bekannt, doch Blaß- u. Kapfuchs ähnlich.

Fennek oder **Wüstenfuchs,** *Canis (Fennecus) zerda* Zimmermann, 1780. E: Fennec Fox; F: Le Fennec 30/1
Kn Rotfuchsartig, doch erheblich kleiner. Ohren außergewöhnlich groß, Augen groß, Schnauze fein u. spitz. Fell dicht u. weich. Sohlen dicht behaart, Schwanz buschig. Oberseite hell sand-(isabell-)farben. Rücken u. Ohraußenseiten etwas rötlichbraun überhaucht, Flanken heller, Unterseite, Beininnen-, Pfotenaußenseiten, Ohrinnenseiten u. Gesicht weißlich. Schwanz rötlichbraun, an der Wurzel dunkler Veilchendrüsenfleck, Spitze schwarz. 6 Zitzen. – **M&G** KR 37–41, S 19–21, KH 19–21, Ohr rd. 10, G rd. 1. – **V** Wüsten N-Afrikas (Sahara u. Libysche Wüste) in Marokko, Algerien,

Tunis, Libyen, Ägypten u. Sudan, sw bis rd. 17° n. Br. (N-Mauretanien, N-Mali, N-Niger, N-Tschad), ferner auf Sinai-Halbinsel u. von dort öl bis Kuweit. Keine UA. – **Lr** Halbwüsten u. Wüsten mit grabungsfähigem sandigem Boden. – **Tr** nicht sehr groß, Einzelheiten nicht bekannt. Standorttreu. ♂ markiert in Ranzzeit mit Harn, während sonst Harn u. Kot zugescharrt werden. Tr-Mittelpunkt ist selbstgegrabener Bau mit gepolstertem Wohnkessel u. mehreren Gängen. – **Tt** Nachts, von Sonnenunter- bis -aufgang, tagsüber Ruhen im Erdbau. – **Kp** Putzen mit Vorder-, Kratzen mit Hinterpfoten, Fellbelecken, Sandbäder. – **Lt** Jammern bei Unbehagen (Jungwelpen wimmern), Knurren u. Keckern bei Erregung. Heulschrei (wehmütig-zitternd, leicht absteigend) »Graaaaa« (1–2 Sek., oft wiederholt) als Stimmfühlungsruf, ist auch Sehnsuchtsschrei bei Suche nach Partner oder Welpen, bei Hunger u. Kälte. Begrüßungskreischen. Erregungsschreien bei Jagd oder Flucht, lautes Kreischen bei Unterwerfung in Rückenlage. ♂ knurrt rollend bei Begattung. Welpenalarmschrei holt Eltern herbei. – **S** Gehörvermögen außerordentlich, Seh- u. Riechvermögen gut. – **Fd** Einzelheiten nicht bekannt. Sehr angriffsmutig, Eltern verteidigen Junge heftig. – **N** Kleintiere (Kerbtiere, Wüstenschnecken, Eidechsen, Kleinsäuger, Vögel), Eier, Beeren, Früchte. Eingraben von Überresten. – **Gs** Paarweise in Lebensehe, Familiengruppen aus Eltern u. Kindern, sehr gesellig. – **Fp** Ranzzeit Januar–März, Wurfzeit März–Mai, jährlich 1 Wurf, bei Jungeverlust 2. Wurfgröße 1–5, Tragzeit 49–52 Tage, Geburts-KR 5, -SL 5, -G 42–45, nach 1 Woche 65–75, nach 2 Wochen 95–110, 3 Wochen 135–160, 4 Wochen rd. 200, 5 Wochen rd. 270, 6 Wochen rd. 320, 7 Wochen rd. 380, mit 4 Monaten Elterngröße. Schwanz u. Ohren der Neugeborenen kurz, wachsen ab 3. Woche stark. Nestkleid sandfarben (Gesicht, Fersen, Aalstrich schwärzlich), nach 2 Wochen hellbeige, nach 4 Wochen flaumig weich, nach 3 Monaten wie

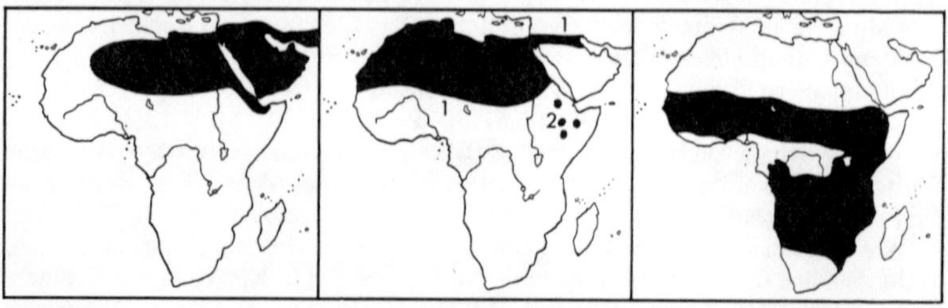

Sandfuchs 1 Fennek 2 Äthiopienfuchs Streifenschakal

Erwachsene. Augenöffnen mit 12–20 Tagen, 1. Festnahrung, die nicht vorgekaut wird, mit 3 Wochen, 1. Bauverlassen mit 4 Wochen, Säugezeit 2 Monate. – **Gr** Mit rd. 1/2 Jahr. – **Ld** In Gefangenschaft 11 Jahre nachgewiesen.

29/2 **Äthiopienfuchs,** *Canis (Simenia) simensis* Rüppell, 1835. E: Semien Fox, Simyen Fox, Abyssinian Wolf; F: Le Chien sauvage d'Abyssinie, Le Loup d'Abyssinie, Le Renard du Sémien

Kn Gestalt wie Kojote, Farbe wie Rotfuchs. Schnauze lang u. spitz, Ohren mittelgroß, dreieckig-spitz, Beine lang u. schlank, Schwanz dick buschig. Oberseite nebst Ohrenrückseite sowie 2 Kehl-Brust-Querbänder fuchsrot, Mittelrücken etwas dunkler, Lippen, Kinn, Unterwangen, Kehle, Brust, Bauch, Beininnenseiten u. -unterteile sowie Schwanzwurzel-Mittelstreifen u. untere Schwanzhälfte schwarz. – **M&G** KR rd. 100, S 25–30, KH 50–55, G rd. 10. – **V** Nur in Äthiopien, im N im Bergland von Semien (dort bedroht) u. Umgebung, in der M im Bergland von Arussi öl Zwaisee, im O im

Bergland von Garamuleta bei Harar, im S im Bergland von Bale u. Sidamo. Mehrere UA, z. T. noch nicht beschrieben. – **Lr** Bergplateaus zwischen 3000 u. 4500 m mit dichten Baumheiden- u. Johanniskrautbaumbeständen, untermischt mit Mooren u. Sümpfen mit Seggengrashorsten u. Lobelien. – **W** s. Lr, im W Wechsel mit Kotablagerungen, z. T. in kleinen Haufen. Vorkommen des Fuchses richtet sich nach Wühlrattenbestandsdichte (s. N.). – **Tt** Nachts u. tags tätig. – **Lt** Hohes Winselheulen, in kurzen Abständen mehrmals wiederholt, als Stimmfühlungslaut, fuchsartiges scharfes Kläffen bei Unmut, ferner ein Jiep-jiep-Laut unbekannter Bedeutung. – **Fd** Ev. Leopard. – **N** In großen Kolonien lebende u. Boden mit Gängen durchsiebende Wühlratten als Hauptnahrung. Fuchs greift sie blitzschnell außerhalb ihrer Gänge, gräbt sie nicht aus. Nebennahrung andere Kleintiere (Hasen, Schliefer, Vögel). – **Gs** Einzeln, manchmal paarweise oder ♀ mit 2–3 Jungen. – **Fp, Gr** u. **Ld** Nicht bekannt.

Streifenschakal, *Canis (Canis) adustus* Sundevall, 1846. E: Side-striped Jackal; F: Le Chacal à flancs rayés, Le Chacal des savanes boisées; A: Vaaljakkals, Grysjakkals, Witkwasjakkals; K: Bweha 29/3
Kn Hochläufig, Schnauze schmal, Ohren groß, spitz, Schwanz mittellang, buschig. Gesamtfarbe schwärzlich graubraun, Rücken u. Flanken dunkler, leicht bräunlich überhaucht, Kopf, Schenkel u. Beinaußenseiten rostbraun untermischt, Körperunterseite weißgelb. Flanken mit stärker oder schwächer ausgeprägtem, schwarzem, oberseits hell bis weißlich gesäumtem Schrägstreifen vom Oberarmansatz zum Becken, oft auch Vorder- u. Hinterschenkel mit schwachem bis kräftigem senkrechtem, schwarzem Streifen. Ohrrückseiten u. Schwanz wie Rücken gefärbt, Schwanzspitze schwarz oder weiß, in letzterem Falle Schwanzmitte schwarz. Welpen einfarbig schwarz, braun überhaucht, Schwanzspitze weiß, Umfärbungsbeginn mit 5–6 Wochen. – **M&G** KR 70–80, SL 35–45, KH 45–50, G 6–13,5, ♂ etwas größer u. schwerer als ♀. – **V** Afrika zwischen 15° n. Br. u. 23° s. Br. (Wendekreis des Krebses) außer west- u. zentralafrikanischem Regenwald, Ogaden u. Somalia, im SO sw bis S-Transvaal u. Natal. 7 UA. – **Lr** Savanne u. Steppe, bevorzugt gebüsch-, baum- oder gehölzbestandene Landschaften in Ebene u. Gebirge bis 2000 m. – **Tr** Standorttreu, Tr nicht sehr groß, einige km^2, enthält Wechsel, Schlafplätze (Gebüschhorste, Erdhöhlen u. ä.) u. Sonnplätze, wird mit Kot u. Harn markiert, auch vom ♀. – **Tt** Nachts u. in Dämmerung, tagsüber in Gebüschhorsten, Höhlen u. dergl. ruhend. – **Lt** Doppelbeller «hau-hau», bis 1 Dutzend mal hintereinander als Stimmfühlungslaut, wobei Kopf nach rechts u. links geworfen wird, bei Erregung Knurren. – **S** Hör- u. Riechvermögen sehr gut, Sehvermögen gut, auf Bewegungssehen abgestellt. – **Fd** Leopard, ev. Löwe. Ängstlich, verteidigt sich wenig u. nicht kräftig, unterliegt schnell gegen Hunde. – **N** Kleintiere aller Art bis etwa Hasengröße, die im Sprung gegriffen werden (Kleinsäuger, bodensitzende Vögel, Eidechsen, Kerbtiere), dazu Früchte u. sehr gerne Aas. – **Gs** Paarweise (Lebensehe), Eltern ziehen Junge gemeinsam auf. – **Fp** Ranzzeit verschiebt sich von N nach S, in N-Afrika Januar–Februar, in S-Afrika April–Mai, in O-Afrika keine Saisongebundenheit. Tragzeit 57–60 Tage, Wurfgröße 1–4 (–7), Welpen werden in Versteck (meist vorgefundene oder selbstgegrabene Höhle) geworfen. G mit 5 Tagen 280–290, Augenöffnen mit 8–11 Tagen, 1. Zähne mit 14 Tagen, selbständiges Fressen mit 5 Wochen. Weitere Einzelheiten des Heranwachsens nicht bekannt, doch Schabrackenschakal ähnlich. – **Ld** 10–12 Jahre.

Schabrackenschakal, *Canis (Canis) mesomelas* Schreber, 1775. E: Black-backed Jakkal, Saddle-backed Jackal, Silver-backed Jackal; F: Le Chacal à chabraque; A: Rooijakkals, Blourugjakkals, Saalrugjakkals, Silwerrugjakkals; K: Bweha 29/4

Kn Gestalt wie Streifenschakal, jedoch Ohren etwas größer u. Beine nicht so lang. Rücken mit schwarzgrauer Schabracke von Nacken bis Schwanzwurzel, scharf gegen Gelbrot der Seiten abgesetzt. Kopf, Flanken, Vorder- u. Hinterbeine gelbrot, Kehle, Brust u. Bauch weiß. Schwanz hellbraun, schwarz gestichelt, Endteil schwarz. Auffälliger Körpergeruch. Jungtiere zuerst einfarbig graubraun, Rücken dunkler, dann Rükken rotgelb mit schwarzgrauer Sprenkelung. 8 Zitzen. – **M&G** KR 70–100, SL 30–35, KH 45–50, G 6,5–10, ♂ etwas größer u. schwerer als ♀. – **V** In O-Afrika: Eritrea, Äthiopien, Somalia, SO-Sudan, Uganda, Kenia, Tansania, in S-Afrika: Rhodesien, M- u. S-Mozambique sl Sambesi, SW-Angola, SW-Afrika, Botswana u. Südafrikanische Republik. 6 UA. – **Lr** Deckungsreiche Landschaften (Savanne, Buschland, lichte Waldungen) werden offener Steppe u. Halbwüste vorgezogen, in Ebene, Hügel- u. Bergland bis 2000 m. – **Tr** Je nach Gelände u. Beuteanfall 2–5 km^2 (selten mehr), wird von einem Paar gegen fremde Artgenossen verteidigt, enthält Wechsel, Schlaf-, Sonnplätze, wird mit Kot u. Harn markiert. – **Tt** Wo ungestört tags ebenso wie nachts tätig, wo verfolgt nur in Nacht u. Dämmerung. – **Kp** Sichkratzen, Sichbeknabbern, Pfotenwischen, Fellschütteln. Partner beknabbern sich gegenseitig. – **Lt** Langgezogenes helles Heulen, unterbrochen von kurzen Bellern als Stimmfühlung bei nächtlichem Auszug zur Jagd, bei Alarm hundeartiges Bellen, bei Gefahr helles fuchsartiges Keckern, bei Unmut u. Kampf tiefes Knurren u. Grollen, ♀ warnt Welpen mit »wuff«, in der Ranz gibt ♀ schrilles hartes Lachen, ♂ langes Heulen von sich. – **S** Wie Streifenschakal (S. 175). – **Fd** Leopard, Gepard, Großgreifvögel, Python. Verteidigt sich, wenn in Enge getrieben. – **N** Kleintiere aller Art (Säuger, Vögel, Eier, Eidechsen, Schildkröten, Kerbtiere, Skorpione), Früchte, Beeren, Aas, Beutekadaver der Großraubtiere, Nachgeburten von Antilopen u. Zebras, reißt frisch gesetzte u. bis 14 Tage alte Gazellen u. kleinere Antilopen u. als Kulturfolger Schaflämmer, Jungkälber, Jungfohlen, erwachsene Schafe u. Hausgeflügel u. stiehlt alles Genießbare. Jagt auch Paarhufer bis Riedbockgröße. – **Gs** Paarweise in Lebensehe, Eltern ziehen Junge gemeinsam auf, Jagd in Familientrupps. – **Fp** Wurfzeit in S-Afrika Juni–November, in O-Afrika Juni–Juli u. September–Oktober. Tragzeit 60–65 Tage, 2 Würfe im Jahr möglich jedoch nicht Regel, ebenso Überfruchtung möglich. Wurfplatz meist Erdbau, gern Termitenbau, sonst Felsspalte, -höhlung oder Gebüschhorst. Wurfgröße 5–7 (2–10). Augenöffnen mit 8, 1. Höhleverlassen mit 14, 1. vorgebrochene Festnahrung mit 21 Tagen (von Anfang an trägt ♂ für ♀ u. Junge Futter zu), Säugezeit 8–10 Wochen, danach 1. Jagd mit Eltern, endgültiges Bauverlassen mit 2–2½Monaten, Umfärbung mit 3 Monaten beendet, ausgewachsen mit 8–10 Monaten, Familienauflösung mit 1/2 Jahr, auch Eltern dann mehr für sich, bleiben jedoch bis nächste Ranz in Verbindung. – **Gr** 6–8 Monate. Geschlechterverhältnis 1 : 1. – **Ld** 10–12, in Gefangenschaft 14 Jahre nachgewiesen.

29/5 **Goldschakal,** *Canis (Canis) aureus* Linné, 1758. E: Golden Jackal, Common Jackal, Asiatic Jackal; F: Le Chacal commun, Le Chacal des savanes, Le Chacal à dos brun-noirâtre; K: Bweha

Kn Gestalt Schabrackenschakal sehr ähnlich, jedoch etwas gedrungener u. Ohren etwas kleiner. Oberseite einheitlich schmutzig gelbgrau mit rötlichem Anflug u. schwarz untermischt, manchmal durch helleren Streifen kleine Schulterschabracke abgesetzt. Schwanz wie Rücken, untere Hälfte oder Spitze schwarz. Beinaußenseiten u. Ohrrückseite gelb- bis rötlichbraun. Lippen, Kinn, Unterwange, Kehle u. Vorderbrust weißlich, Brust, Bauch u. Beininnenseiten gelbbraun. Je nach Landschaft Gesamtfärbung rötlicher oder mehr dunkelfahlbraun. Junge Welpen einheitlich graubraun. 8 Zitzen. – **M&G** Bei nl Vertretern KR 85–105, S 22–27, KH 45–50, G

10–15, bei sl KR 65–85, S 18–25, KH 40–45, G 6–10. – **V** In SO-Europa sl Linie Dalmatien – Schwarzes Meer, in Vorderasien von Kleinasien, Syrien u. Palästina bis Belutschistan, Afghanistan, Iran, Russisch-Turkestan, Vorderindien mit Ceylon, Burma u. Siam, ferner Arabien u. N-Afrika sw bis Senegal, Sudan, Äthiopien, Somalia u. Kenia. 19 UA. – **Lr** offenes Gelände mit guter Deckung in Form von Bäumen, Büschen, Gehölzen, Hochgras, Felsen, Klüften, Weinbergen, Gärten u. Feldern; Siedlungsfolger. Im Gebirge bis 2000 m aufwärts. – **Tr** Wie Schabrackenschakal (S. 176), auch ♀ markiert mit Harn unter Hinterbeinheben. – **Tt** u. **Kp** Wie Schabrackenschakal. – **Lt** Mehrmals wiederholtes, ansteigendes, klagendes Heulen mit nachfolgenden, kurzen Kläffern als Stimmfühlungslaut besonders kurz nach Sonnenunter- u. kurz vor Sonnenaufgang u. zur Ranzzeit. Bei erhöhter Aufmerksamkeit (Voralarm, Warnruf für Junge) mehrfaches Niesen, bei steigender Erregung Bellen, bei Unmut Knurren, bei Schmerz lauter Schrei (wie Haushund), Winseln als Sehn-

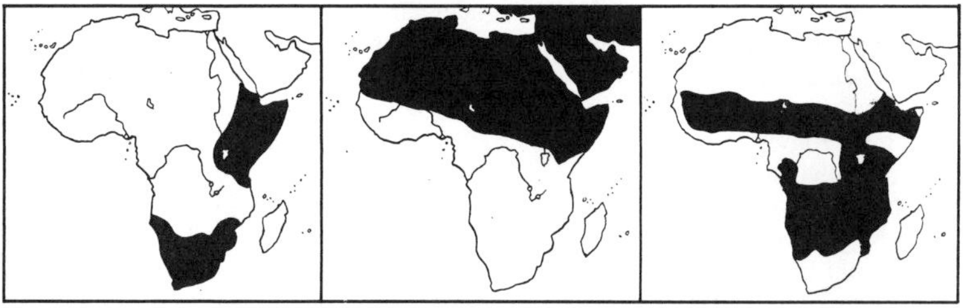

Schabrackenschakal Goldschakal Hyänenhund

suchtsausdruck, Weinen der Welpen als Hilferuf, ♀ warnt Welpen durch dunkles »tschak-tschak« bei geschlossenem Maul. – **S** Hör- u. Riechvermögen sehr gut, Sehvermögen gut, auf Bewegungssehen abgestellt, farbenblind. – **Fd** Wolf, Leopard, Python, für Welpen Großgreifvögel. Verteidigt sich, wenn in Enge getrieben. – **N** Wie Schabrackenschakal, dazu Schlangen sowie Mais, Zuckerrohr u. a. Pflanzenstoffe; stellt sich tot zum Beuteüberlisten. Angeboren ist das Forttragen anreizender auch ungenießbarer Gegenstände. – **Gs** Wie Schabrackenschakal. – **Fp** Verlobung (Paarbildung) durch gemeinsames Heulen u. Besteigen bereits Monate vor der Paarung, Tragzeit 60–63 Tage, Wurfgröße 3–8 (12), Wurfplatz u. Vaterverhalten wie Schabrackenschakal. Augenöffnen mit 10–14 Tagen, 1. Festnahrung mit 4, Säugezeit 6 Wochen, Wechsel des wolligen Welpenkleides von Ende 2. bis Ende 3. Monats, übrige Entwicklung u. **Ld** wie Schabrackenschakal, **Gr** etwas später (10 Monate).

Stumpfschnauzenhunde, Lycaoninae

Daumen fehlend, Gb $3 \cdot 1 \cdot 4 \cdot 2/3 = 42$, M_3 sehr klein. Wolfsgroß, Schnauze kräftig, ziemlich kurz, Ohren groß, Beine schlank, Schwanz buschig, 12–14 Zitzen. In Rudeln lebende Großwildhetzer Afrikas. 1 Gattung mit 1 Art.

Hyänenhund, *Lycaon pictus* (Temminck, 1820). E: Hunting Dog, Cape Hunting Dog, Wild Dog; F: Le Cynhyène, Le Chien-Hyène, Le Lycaon, Le Loup peint, Le Chien chasseur, Le Chien sauvage d'Afrique; A: Wildehond; K: Mbwa mwitu 29/6
Kn hochläufig, Kopf breit, Schnauze ziemlich kurz, kräftig, Ohren groß, rundlich, mit

angedeuteter Spitze, Schwanz buschig. Färbung aus schwarzen bis schwarzbraunen, hellgelben bis braungelben und weißen Flächen unregelmäßiger Anordnung, verschiedenartiger Größe u. Form zusammengesetzt. Alle Übergänge von fast ganz gelben bis fast ganz schwarzen Tieren vorhanden. Kein Tier gleicht einem anderen. Schwanzende immer weiß. 12–14 Zitzen. Jungwelpen schwarz mit unregelmäßigen individuell verschiedenen weißen Flecken, meist an Beinen, Schwanzende weiß. Ab 6. Lebenswoche treten auch Gelbtöne auf. Ab 1. Lebenstag durchdringender unangenehmer Körpergeruch. – **M&G** KR 80–108, SL 30–40, KH 70–75, G 18–28, südafrikanische Tiere im ∅ 5 cm größer u. 5 kg schwerer als ostafrikanische. – **V** Früher in ganz Afrika außer Wüsten u. Urwäldern, heute nur noch sl Sahara von Senegambien bis Eritrea, von dort sw durch O-Afrika bis S-Mozambique, O-Transvaal, nördlichste Kapprovinz u. S-SW-Afrika einerseits u. S-Zaire, N-Angola u. S-Kongo andererseits. 4 UA. In vielen Gebieten bereits ausgerottet. – **Lr** Offene Savanne, Steppe bis Halbwüste, im Gebirge bis 3000 m, am Kilimandjaro bis 5000 m beobachtet. – **W** Jagdgebiet eines Rudels viele bis hundert, Hunderte oder gar einige tausend km², in ihm nomadisch, nur zur Welpenzeit seßhaft. – **Tt** Jagd frühmorgens oder spätnachmittags, bei Mondschein auch nachts. Sonst ruhend in Gebüsch, Kurz- oder Hochgras oder Erdbau oder auf Kuppe. – **Lt** Weiches, bis 6mal wiederholtes Bellen »ho«, das weit zu hören, dient dem Rudelzusammenhalt; tiefes Bellen oder Knurren bei Schreck u. Alarm; hohes Zwitschern bei starker Erregung (z. B. bei Jagdbeginn), wird bei höchster Erregung helles Kläffen; futterbettelnde Welpen winseln, Winseln auch zur Beschwichtigung von Artgenossen; Jaulen als Verlassenheitsruf der Welpen; ♀ lockt Welpen mit leisem Jaulen zum Säugen aus Bau. – **S** Seh-, Hör- u. Riechvermögen sehr gut. – **Fd** Hyänen und Adler rauben evtl. unbeaufsichtigte Welpen. – **N** Aufenthalt nur in wildreichen Gegenden. Auf Sicht im Rudel jagender Hetzjäger. Hauptbeute mittelgroße Paarhufer (Gazellen, Moor-, Grasantilopen, Riedböcke, Impalas, Großantilopenkälber, Zebrafohlen), aber auch Großantilopen u. Zebras selbst, nebenher auch Hasen, Springhasen, Gazellenkitze u. ä. Erkorenes Beutetier wird im Pirschtrott angegangen, nach Wenden zur Flucht in 5–10 Minuten Rennjagd mit 45–55 km/St, durch Ablösung im Rudel u. Wegabschneiden eingeholt, durch Bisse gefällt u. in Minuten zerrissen. Täglicher Nahrungsbedarf 3–6 kg Fleisch. – **Gs** nur in Rudeln, von 4–6 oder mehr, seltener 20–40 Tieren; früher waren Großrudel mit bis zu 100 Tieren nicht selten. Nur Rudel von mindestens 4–6 Tieren ist jagdlich erfolgreich u. existenzfähig. Rudelleben wird durch etliche Laute, Gesten u. Körperhaltungen geregelt, keine eigentliche Rangordnung, jedoch dominante Tiere vorhanden. Fraßaustausch zwischen allen Mitgliedern. – **Fp** Ranzzeit in N- u. S-Afrika im Spätwinter, im Äquatorgebiet unregelmäßig übers Jahr verteilt. Begattung ohne »Hängen«. Tragzeit 69–72 Tage. Welpen werden meist in Erdhöhle (oft Erdferkel- oder Warzenschweinbau) auf Graspolster geworfen, öfter werfen 2 ♀♀ in enger Nachbarschaft oder gleicher Höhle. Wurfgröße 2–16, ∅ 7. Geschlechterverhältnis ♂ : ♀ 2 : 1, bei Erwachsenen oft 4–6 : 1. Augenöffnen u. Lauffähigkeit nach 2 Wochen, dann 1. Höhleverlassen, Säugezeit 10-12 Wochen, 1. vorgebrochene Festnahrung mit 2 Wochen, endgültiges Bauverlassen u. volles Mitjagen der Jungen nach 1/2 Jahr. – **Gr** 1½ Jahre. – **Ld** 10–12 Jahre.

Großohrhunde, Otocyoninae

Daumen vorhanden, Gb 3 · 1 · 4 · 3–4/4–5 = 46–50. Fuchsartig, Schnauze spitz, Ohren sehr groß, Schwanz sehr buschig, 6 Zitzen. Paarweise lebende Kleintier- u. Gemischtfresser Afrikas sl der Sahara. 1 Gattung mit 1 Art.

Löffelhund oder **Löffelfuchs,** *Otocyon megalotis* (Desmarest, 1822). E: Bat-eared Fox, Long-eared Fox, Big-eared Fox, Delalande's Fox; F: L'Otocyon; A: Bakoorjakkals, Draijakkals; K: Bweha masigio 30/4

Kn Gestalt wie hochläufiger, großohriger Fuchs. Schnauze kurz u. spitz, Augen groß, Ohren sehr groß, breit u. langoval mit angedeuteter Spitze. Rumpf kurz, Beine lang, Schwanz lang u. sehr buschig. Körper ziemlich einheitlich dunkelgrau-fahlgelb, manchmal mit etwas grünlichem Schimmer, Flanken heller, Unterseite graugelb. Ohraußenseiten dunkelbraun mit schwarzem Rand, Schwanzoberseite u. -endhälfte sowie Füße schwarz, übriger Schwanz grau. Schnauzenoberseite hellbraun, Kinn, Lippen, Augenlider u. -umgebung schwarz. Auf Rückenmitte Haarschlitz mit Drüse, Körpergeruch auffällig. 6 Zitzen. – **M&G** KR 60–70, SL 23–35, KH 35–40, Ohr rd. 10, G 2,5–5,0. – **V** In O-Afrika: Somalia, S-Äthiopien, SO-Sudan, Uganda, Kenia, N- u. MW-Tansania. In S-Afrika: S-Angola, SW-Afrika, Botswana, SW-Rhodesien, N-Teil der Kapprovinz, Oranje u. W- u. NO-Transvaal. 3 UA. – **Lr** Sandiges Gelände, Gras-, Buschsteppe, Savanne. – **W** Nicht groß (Einzelheiten nicht bekannt), als Mittelpunkt vorgefundener oder selbstgegrabener Erdbau mit mehreren Zugängen u. Kammern. ♂ u. ♀ markieren nur während der Ranz mit Harn rund um Bau, sonst Harnen u. Koten weitab vom Bau. – **Tt** Hauptsächlich in Dämmerung u. Nacht, tagsüber im Bau ruhend oder vor Bau sonnend. – **Kp** Gegenseitiges Beknabbern, hauptsächlich am Kopf. Rückenwälzen. Weitere Einzelheiten nicht bekannt. – **Lt** Dünnes, fuchsähnliches, doch mehr weinerliches Bellen als Stimmfühlungslaut, Knurren bei Ärger, Keckern bei Aufregung, schrilles Zwitschern als Unmutsausdruck, ♀ lockt kleine Junge mit leisem »hau-hau«. – **S** Hör- u. Sehvermögen hervorragend, Riechvermögen gut. – **Fd** Großgreifvögel, manchmal Fleckenhyäne. – **N** Kleintiere (Regenwürmer, Kerbtiere, Skorpione, Schlangen, Eidechsen, Kleinsäuger), bodenbrütende Vögel, Eier, Früchte, Beeren, saftige Knollen u. Wurzeln. Mäuse u. Kerbtierlarven werden auch ausgegraben. – **Gs** paarweise in Lebensehe, Eltern mit Kindern in Familientrupps. – **Fp** Nach Begattung »Hängen«. Tragzeit 2 Monate, Wurfzeit November–April, Wurfgröße 3–4 (2–6), Wurfplatz Erdbau. Nestkleid wollig, sandfarben, Ohren u. Schwanz kurz, Füße u. Schwanzende schwarz. G 1 Woche alt rd. 150, 4 Wochen 370, 5 Wochen 480, 7 Wochen 1125, 1/2 Jahr ♂ 3600, ♀ 3000, dann ausgewachsen. Augenöffnen mit 2, 1. Höhleverlassen mit 2½, 1. Festnahrung mit 3, Säugezeit 4–5 Wochen. – **Gr** 3/4 Jahr. – **Ld** In Gefangenschaft 5½ Jahre nachgewiesen.

Marder, Mustelidae

Zwergwiesel- bis riesenottergroß, schlank bis plump, stets niedrigläufig. Schnauze kurz-breit bis lang-spitz. Augen u. Ohren meist klein. Schwanz kurz bis lang u. buschig. Zehen mit kurzen bis langen Krallen, bei Ottern z. T. verkümmert oder fehlend und mit Schwimmhäuten zwischen den Strahlen, Strahlenzahl 5/5. Gb 3/2–3 · 1/1 · 2–4/2–4 · 1/1–2 = 28–38, M breitkronig u. niedrighöckerig. Fell kurz bis lang, weich bis storr. Praegenital-, Anal- u. Zirkumanaldrüsen (letztere mit Stinksaft) vorhanden, 4–8 Zitzen. ♂ mit Penisknochen. Teils Einzelgänger, teils gesellig, teils Nacht- u. Dämmerungs-, teils Tagtiere. Gemischt-, Kleintierfresser u. Räuber, Otter auch Fisch-, Krebs- u. Weichtierfresser. Neue u. Alte Welt außer Madagaskar u. Australasien. 5 Unterfamilien, 24 Gattungen, rd. 65 Arten, davon 10 in Afrika.

Wiesel, Mustelinae

Wiesel- bis vielfraßgroß. Gb 3·1·3·1/2 = 34, 6–8 Zitzen. Tag- oder nachttätige boden- oder baumlebende Bewohner offener u. bewaldeter Landschaften. Neue u. Alte Welt außer Australasien. 11 Gattungen, 33 Arten, davon 4 Gattungen mit 5 Arten in Afrika.

31/1 **Mauswiesel,** *Mustela nivalis* Linné, 1766. E: Weasel, F: La Belette
Kn 2 UA in N-Afrika: 1. Numidisches M. (E: Numidian Weasel, F: La Belette de Numidie), *numidica* (Pucheran, 1855). Oberseite mit Beinen u. Schwanz leuchtend braun, Unterseite mit Oberlippenrand, Beininnenseiten u. Füßen weiß bis kremfarben. 2. Ägyptisches M. (E: Egyptian Weasel, F: La Belette d'Égypte), *subpalmata* Hemprich & Ehrenberg, 1833. Oberseite mit Beinen, Füßen u. Schwanz kastanien- bis umberbraun, Kinn, Kehle, Brust u. Teile des Bauches weiß bis kremfarben. Rückenbraun greift z. T. auf Bauch über oder als Gürtel quer hinüber. Gb: 3/3·1/1·3/3·1/2 = 34, 8 Zitzen. – **M&G** 1. KR ♂ 22–27, ♀ 20–24, SL ♂ 9–12, ♀ 7–8; 2. KR ♂ 26–29, ♀ 23–24, SL ♂ 11–13, ♀ 8–9; KH (1&2) rd. 3,5–4; G (1&2) rd. 125–250, ♂ rd. 1/3 größer u. schwerer als ♀. – **V** 1. Marokko (sw bis Atlas-Nordhang), Algerien, eingeführt auf Malta, Azoren u. Sao T(h)omé (Golf von Guinea); 2. Unterägypten: Nildelta von Alexandrien u. Port Said bis Kairo u. im Siedlungsland weiter flußaufwärts bis Fajum-Provinz. Gesamt-V der Art: Ganz Europa (außer Irland, Island, Orkneys, Gotland, Bornholm, Zypern) mit Balearen, Korsika, Sardinien, Sizilien u. Kreta, ferner Kleinasien, gemäßigtes u. nl Asien (bis rd. 70° n. Br.) bis Beringstraße, N-Japan, M-China, Himalaja, N-Iran sowie in N-Amerika, Alaska u. Kanada außer SO u. arktischem NO. Eingeführt in Neuseeland. 21 UA. – **Lr** Alle Landschaften mit genügend Schlupfwinkeln u. Mäusen, nasses Gelände u. große Wälder werden gemieden, gern in Kulturlandschaft mit Feldrainen, Hecken, Gebüsch, Gehölzen, Gärten,

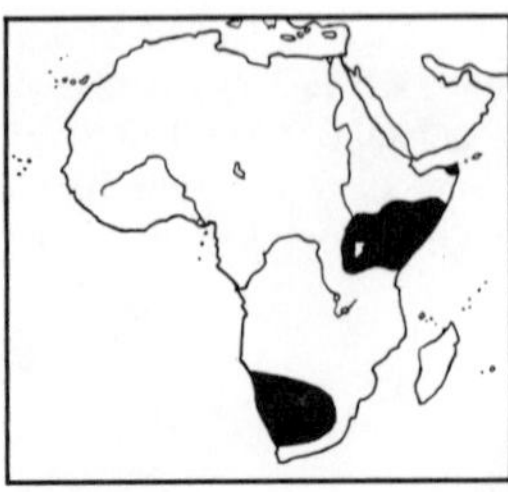
Löffelhund

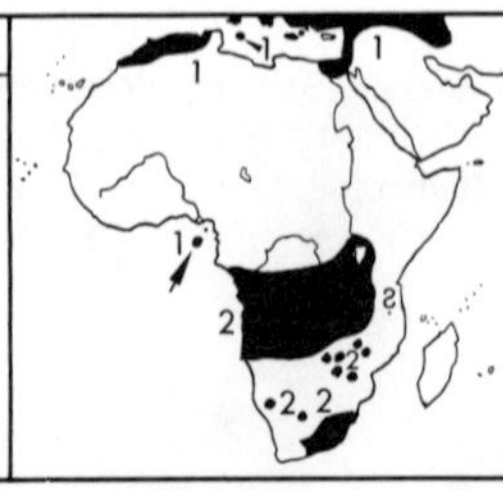
1 Mauswiesel
2 Weißnackenwiesel

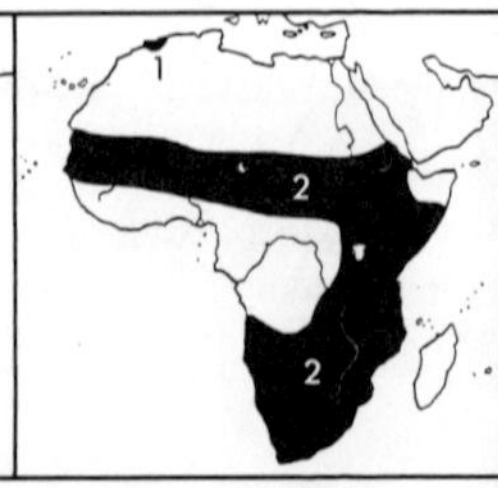
1 Iltis 2 Streifeniltis

Gehöften u. ä., im Gebirge bis 3000 m. *Subpalmata* ausgesprochener Siedlungsfolger, lebt fast nur in Gebäuden u. dort von Mäusen, Ratten u. Küchenschaben. – **Tr** Je nach Gelände u. Beutedichte 1–5 ha, ♂-Tr größer als ♀-Tr (letztere liegen meist in ersteren). Grenzen werden verteidigt. Markierung durch Harn u. Kot an allen hervorragenden u. neuen Gegenständen, mit ganzem Körper (Individualgeruchabgabe), mit Praegenitaldrüsen in Ranz. – **Tt** Vorwiegend in Dämmerung u. am Tag tätig, mehrere Ruhe- u. Tätigkeitszeiten innerhalb 24 Std. – **Kp** Kratzen mit Hinterfuß, Waschen mit bespeichelten Vorderfüßen, Fellbeknabbern u. -belecken, Kopfreinigen nach Fressen auch durch Reiben an Gegenständen. Wasserbäder. – **Lt** Über 1 Dutzend je nach Stimmungslage. Bei Wut u. Angst scharf explosiver Drohschrei »tscheck« gegen

Feinde, wird bei steigender Erregung zum Wutkeckern oder Kreischen mit Drohmimik u. Stinkdrüsenbetätigung, bei abklingender Erregung zum Quetschen, Quengeln, Fauchen u. Schnauben. Zecken u. Klicken als lauter u. leiser Laut bei Belästigung durch Artgenossen, Maunzen u. Nörgeln bei leichtem Ärger, Quäken bei Schmerz, Kollern des ♂ u. Girren des ♀ bei Paarungsspiel, auch als Begrüßungs-, Lock- u. Beschwichtigungslaut. Nestjunge piepsen leise u. »weinen« als Verlassenheits- u. Hilferuf. – **S** Seh- u. Hörvermögen sehr gut, Riechvermögen gut, als Spaltenschlüpfer Tastsinn sehr ausgeprägt. – **Fd** Alle Raubtiere vom Hermelin an aufwärts, alle größeren Greif-, dazu Krähen- u. Stelzvögel. Stinkendes Afterdrüsensekret zur Abwehr. Todesmutige Verteidigung selbst gegen größte Feinde. – **N** Hauptbeute Mäuse, daneben andere Nager bis Kaninchengröße, Kerbtierfresser, Kleinvögel, Eier, Eidechsen, manchmal auch Lurche. – **Gs** ♂ polygamer Einzelgänger, zur Ranz in ♀-Gesellschaft, hilft nicht bei Jungenaufzucht, Mutterfamilie besteht rd. $^{1}/_{4}$ Jahr. – **Fp** 1. Wurf Februar–März, 2–3 Würfe im Jahr möglich. Begattungsdauer $^{3}/_{4}$–3 Std., 3–5 Begattungen in 3–4 Tagen. Tragzeit 33–37 Tage. 4–9 (12) blinde, nackte Junge in verstecktem, gut ausgepolsterten Nest. G nach Geburt 2–4, nach 10 Tagen 18–20, nach 20 T. ♂ 35–40, ♀ 30–35, nach 30 T. ♂ 70–80, ♀ 50–60, nach 40 T. ♂ 110–120, ♀ 70–80, nach 50 T. ♂ 160–175, ♀ 80–90, nach 60 T. ♂ 200–210, ♀ 90–95, nach 90 T. ♂ rd. 300, ♀ rd. 95. KR u. SL nach Geburt rd. 5 u. 0,5–0,7, nach 8 Tagen rd. 7,5 u. 1,0, nach 16 T. rd. 9,5 u. 1,4–1,6, nach 30 T. rd. 14 u. 2,5, nach 40 T. rd. 7,5 u. 3,8. Erste volle feine (weiße) Behaarung mit 1 Woche, mit 3 Wochen Oberseite braun, Eckzahndurchbruch mit 2, 1. Festnahrung mit 2–3, Augenöffnen mit 3–5, 1. Nestverlassen mit 4, 1. Beuteschlagen mit 6–7, Säugezeit 6–8, Mutterverlassen mit 8–12 Wochen. – **Gr** ♀ $^{1}/_{2}$, ♂ 1 Jahr. – **Ld** 7–8 Jahre.

Iltis oder **Waldiltis,** *Mustela putorius* Linné, 1758. E: Polecat, European Polecat; F: Le Putois, Le Putois d'Europe 31/2

Kn 1 UA in N-Afrika: Afrikanischer Iltis (E: African Polecat, F: Le Putois ou Furet de Berbérie), *furo* Linné, 1758. Oberseite blaß-sepiafarben, Gesicht mit Ohrrändern weißlich bis auf sepiafarbenes Feld um u. unter Augen (Brille). Unterseite mit Schwanz u. Gliedmaßen schwarzbraun bis schwarz. Fell dicht mit langen dunklen Grannen u. feiner dichter gelblicher durchschimmernder Unterwolle. Augen u. Ohren klein, Schwanz mittellang, mäßig buschig. Gebißformel u. Zitzenzahl wie Mauswiesel (S. 180). – **M&G** KR 35–45, SL 12–16, KH 4,5–6, G 700–1500, ♂ größer u. schwerer als ♀. – **V** N-Marokko, Er-Rif-Gebiet zwischen Tanger u. algerischer Grenze. Gesamt-V der Art: Europa außer Irland, N-Skandinavien, Mittelmeerinseln u. Balkan nebst Griechenland. In M-Rußland bis Ural, im S bis Schwarzes Meer (ohne Krim) u. N-Bulgarien. 6 UA. Die Haustierform, das Frettchen, verwildert auf Sardinien u. Sizilien sowie ausgesetzt zusammen mit Iltisfrettchen in Neuseeland (beide dort als »New Zealand fitch« bezeichnet). – **Lr** In allen deckungsreichen Landschaften, außer in großen geschlossenen Wäldern; abwechslungsreiche Kulturlandschaft mit Feldgehölzen, Ackerraingebüschen u. Hecken, bewachsenen Gewässerufern u. grabendurchzogenen Wiesen bevorzugt. Siedlungsfolger, gerne in Scheunen, Ställen, Mieten u. ä. Im Gebirge bis 2000 m. – **W** Standorttreu, W-Größe je nach Gelände bis zu einigen km^2, Umgebung des Wohnbaues wird mit Afterdrüsensekret, markante Geländepunkte werden mit Harn u. Kot markiert. Unterkunft in Erdbauen, auch von Fuchs, Dachs, Kaninchen u. a., in Felsspalten, Mauerlöchern, unter Holzstapeln u. in ähnlichen Schlupfwinkeln. – **Tt** In Dämmerung u. Nacht, tags im Versteck. – **Kp** Wie Mauswiesel (S. 180). – **Lt** Wispern der Jungwelpen im Nest, »Weinen« bei Unbehagen u. Verlassenheit, von 19.–30. Tag als Pfeifen, Keckern bei Ärger u.

Schmerz, Muckern oder Gackern bei Freude (auch bei Ranz), Zischen bei Zorn, Knurren bei Mißbilligung, Fauchen bei Angriff, Schreien bei Schmerz, gellender Drohschrei im Staccato (oft mit Stinkdrüsenentleerung) bei starkem Schreck. – **S** Riech- u. Hörvermögen sehr gut, Sehvermögen hauptsächlich auf Bewegungssehen abgestellt, voll farbtüchtig für Rot u. Blau, bedingt für Gelb u. Grün; als Spaltenschlüpfer Tastsinn sehr ausgeprägt. – **Fd** Alle Raubtiere von Wildkatze u. Fuchs bis Schakal u. Wolf sowie größere Greifvögel. Guter Schutz durch stinkenden Afterdrüsensaft u. durch sehr mutige Verteidigung selbst größten Feinden gegenüber. – **N** Hauptsächlich Kleinsäuger (Mäuse, Spitzmäuse, Maulwürfe, Hamster, Ratten, Schermäuse), Bisamratten, Kaninchen, Junghasen, Bodenbrüter, Eier, Eidechsen, Schlangen, Frösche, Fische, Regenwürmer, Kerbtiere, Früchte, Obst. Anlegen von Vorräten aus toten oder gelähmten Beutetieren. – **Gs** Einzelgänger, doch zueinander (außer ♂♂ in Ranzzeit) verträglich, ♂ beteiligt sich nicht an Jungenaufzucht. – **Fp** Ranzzeit Februar–März, Begattungsdauer 1–2 Std., Tragzeit 41–42 Tage, 1–12, meist 4–8 fein grau behaarte, blinde Welpen in verstecktem, gut ausgepolstertem Nest. Geburts-KR 6–7, -SL 1,4–1,5, -G 9–10; G mit 7 Tagen 20, 11 T. 40, 19 T. 80, 27 T. 120, 35 T. 220, 43 T. 320, 60 T. 580, 70 T. 680. 1. Festnahrung u. Beginn der Umhaarung ins Erwachsenenkleid mit 3, Augenöffnen u. 1. Nestverlassen mit rd. 4, Säugezeit rd. 6–7 Wochen, Selbständigwerden mit 3 Monaten. – **Gr** 9 Monate. – **Ld** 5–6 Jahre, in Gefangenschaft bis 10, ja sogar 18 Jahre nachgewiesen.

31/3 **Weißnackenwiesel** oder **Kappeniltis,** *Poecilogale albinucha* (Gray, 1864). E: White-naped Weasel, African Striped Weasel, Snake Polecat; F: Le Poecilogale à nuque blanche; A: Slangmuishond, Snake Muishond

Kn Iltisartig u. wieselgroß. Augen u. Ohren klein, Beine kurz, Schwanz mäßig buschig. Fell kurz, seidig-glatt. Schwarzbraun bis schwarz, Stirn, Nacken u. angrenzende Ohrränder weiß, von Nacken aus beiderseits schwarzem Aalstrich zwei parallel laufende gelbweiße bis weiße Streifen bis Schwanzwurzel, Schwanz weiß. Weißteile können auch krem- bis orangefarben, Unterlippe kann weiß sein; Seitenstreifenbreite veränderlich. Gebißformel wie Mauswiesel (S. 180), 4–6 Zitzen. – **M&G** KR ♂ 30–35, ♀ 27–30; SL ♂ 18–24, ♀ 14–18; KH 7–8; G ♂ 300–350, ♀ 230–250; ♂ im ∅ 1/3 größer u. schwerer als ♀. – **V** Wl Afrika von S-Gabun bis S-Angola, ow bis Uganda, W-Kenia u. W-Tansania, sl anschließend zwischen 22 u. 32–35° öl L. sw bis Kapprovinzküste, kein Nachweis aus Mozambique, 1 aus SW-Botswana u. 1 aus M-Südwestafrika. 6 UA. – **Lr** Baum- u. Buschsavanne, Steppe u. Halbsteppe, im Gebirge bis 1500 m. – **Tr** Anscheinend territorial, Markierung durch Kotabsetzen unter Hinterteilheben an senkrechtem Gegenstand. – **Tt** Vorwiegend nachts, daneben auch in Dämmerung, tags in Versteck ruhend (Erdbau, Felsspalte u. ä.). – **Kp** Fell-Belecken u. -Beknabbern, Kratzen mit Hinterfüßen. – **Lt** Knurren bei Ärger, nimmt mit Ärger in Lautstärke u. Tonhöhe zu, bei Zorn lautes Bellkreischen mit Schwanzsträuben u. Auf- u. Abhüpfen mit Vorderbeinen, bei starker Bedrohung dazu noch Stinksaftspritzen (bis 1 m). Muckern beim Umherschnüffeln. Abgehacktes Schnurren bei Ranz. Junge wispern im Nest. – **S** Seh-, Hör- u. Riechvermögen gut. Jagt mit Nase u. Augen gleichermaßen. – **Fd** Bei Unwillen bzw. leichtem Bedrohtfühlen mehrmaliges Drohgähnen. Verteidigt sich durch Stinkdrüsensaft, warnt vorher durch Schwanzaufstellen u. -sträuben. – **N** Kleinsäuger (auch in deren unterirdischen Gängen) u. kleinere Vögel (keine Eier, Kriech- u. Kerbtiere). – **Gs** Wie Streifenwiesel (S. 183). – **Fp** 2–4 Junge je Wurf, zeigen bereits früh Erwachsenenfärbung. Weitere Einzelheiten nicht bekannt. – **Ld** In Gefangenschaft bis 5 Jahre nachgewiesen.

Streifenwiesel, *Poecilictis libyca* (Hemprich & Ehrenberg, 1833). E: Striped Weasel; F: Le Zorille 31/4

Kn Gestalt iltisartig, wieselgroß. Augen u. Ohren klein, Schwanz mäßig bis stark buschig. Unterwolle fein u. dicht, Grannen lang bis sehr lang, etwas steif, werden bei Erregung stark gespreizt, was Körperumriß vergrößert. Kopf, Unterseite u. Beine schwarzbraun bis schwarz, Kopf mit weißer Stirnbinde bis Kinn u. z. T. weißen Ohrspitzen. Oberseite weiß mit Längsstreifung in Unterseitenfarbe bestehend aus Aalstrich, der sich auf Kruppe erst verbreitert, dann beiderseits als Parallelstreifen abspaltet und sich wieder mit ihm vereinigt, sowie beiderseits parallelem Flankenlängsstreifen, der im Nacken vom Aalstrich entspringt u. z. T. über Schwanzwurzel wieder mit ihm vereinigt. Schwanz vorwiegend weiß oder schwarz. Sohlen behaart, Sohlenballen nackt. Fellmuster individuell u. geographisch abändernd. Gebißformel u. Zitzenzahl wie Mauswiesel (S. 180). – **M&G** KR 22–30, SL 12–19, KH 6–9, G 500–750. – **V** N-Afrika ungefähr ab 12° n. Br. nw, zwischen Atlantik u. Rotem Meer einerseits u. Senegambien–N-Nigeria–Eritrea u. Mittelmeer andererseits. 7 UA. – **Lr** trockenes, sandiges, gern auch steinig-felsiges Gelände. – **Tt** In Dämmerung u. Nacht, tagsüber versteckt in Felsspalten, vorgefundenen Erdhöhlen oder selbstgegrabenen einfachen Bauen in Dünenhängen u. ä. – **Lt** Bisher nur Fauchen u. Knurren bei Ärger bekannt. – **Fd** In Bewegungen ziemlich langsam, auf Warnfarbe u. Stinkdrüsensaftwirkung vertrauend, Saft erregt Übelkeit. Bei Angriff Kehrseite mit hochgestelltem Schwanz zum Feind (wie Skunke) als Warnung vor Saftspritzen. – **N** Kleinsäuger, Vögel, Eier, Kriech- und Kerbtiere. – **Gs** Wie Iltis (S. 182). – **Fp** Wurfzeit März–April, Tragzeit unsicher, 7 oder 11 Wochen. Meist 2–3 fein weiß behaarte, blinde Junge in einfachem Erdbau auf nacktem Boden. Geburts-KR rd. 5,5, -SL rd. 1,8, -G 2–3, nach 2 Wochen KR 7,5–8, SL rd. 3, G 15–18, nach 4 Wochen KR rd. 10, SL rd. 4, G rd. 40–43. Umfärbung in Erwachsenenfarbe mit 3, Augenöffnen mit rd. 3½ Wochen. Weitere Einzelheiten des Heranwachsens u. der Lw nicht bekannt. – **Ld** In Gefangenschaft 6 Jahre nachgewiesen.

Streifeniltis, Bandiltis oder **Zorilla,** *Ictonyx striata* (Perry, 1810). E: Striped Polecat, Cape Polecat, African Skunk, Zorilla; F: Le Zorille commun; A: Stinkmuishond, Kaapse Stinkmuishond; K: Kicheche, Kanu 31/5

Kn Iltisartig u. -groß. Augen u. Ohren klein, Vorderfußkrallen sehr lang u. kräftig, Schwanz mäßig buschig. Rückenfell länger u. lockerer als kurzes Brust- u. Bauchfell. Kopf, Unterseite, Beine u. 3 von Nacken bis Schwanzwurzel reichende Längsstreifen des Rückens braunschwarz bis schwarz. Breiter Stirnstreifen bis Wangenunterrand (z. T. dreigeteilt) u. Körperoberseite weiß. Schwanz schwarzweiß gemischt, z. T. Weiß, z. T. Schwarz vorherrschend. Rückenstreifenbreite wechselnd. Weißlinge kommen vor. Gebißformel wie Wiesel (S. 180). 6 Zitzen. – **M&G** KR 30–38, SL 22–30, KH 10–13, G ♂ 0,7–1,4, ♀ 0,5–0,8. – **V** Afrika sl Sahara außerhalb Guinea- u. mittelafrikanischem Urwald, N-Grenze zwischen Senegambien u. Eritrea um 15° n. Br. 21 UA. – **Lr** Offene Landschaften, im Gebirge bis 3000 m, nicht in geschlossenem Wald u. dicht bewachsenem Buschland. – **Tt** In Dämmerung u. Nacht, tags ruhend in vorgefundenen oder selbstgegrabenen Erdbauen, Felsspalten, unter Steinhaufen oder Scheunen u. Ställen, in Gebüschhorsten u. ä. – **Lt** Nur schriller Drohschrei bekannt. – **Fd** Verhalten wie Streifenwiesel (S. 183), mutig, stellt sich tot, wenn von größerem Feind gepackt u. geschüttelt. – **N** Kleinsäuger bis Hasengröße, Vögel, Eier, Kriech- u. Kerbtiere, auch große Schlangen, Geflügelräuber. – **Gs** Wie Iltis (S. 182). – **Fp** 2–3 Junge, früh mit Erwachsenenzeichnung. Weitere Einzelheiten, auch der Lw nicht bekannt. – **Ld** In Gefangenschaft 5½ Jahre nachgewiesen.

Honigdachse, Mellivorinae

Dachsartig. Gb 3 · 1 · 3 · 1 = 32, 4 Zitzen. Meist nachttätige, bodenbewohnende Räuber vorwiegend offener Landschaften. 1 Gattung mit 1 Art in Afrika, Arabien u. Vorderasien.

31/6 **Honigdachs,** *Mellivora capensis* (Schreber, 1776). E: Ratel, Honey Badger; F: Le Ratel, Le Blaireau friand de miel; A: Ratel; K: Nyegere, Njegäre, Kinyegale, Kiharhara

Kn Gestalt u. Größe wie Europäischer Dachs. Kopf breit, Augen klein, Ohren klein u. rund, Beine kurz u. stämmig, Vorderfußkrallen sehr lang u. kräftig, Schwanz kurz u. buschig. Fell kurz u. rauh. Oberseite von Stirn bis Schwanzwurzel weißgrau (Schabracke), übriger Körper schwarz. Schabracke durch schmalen weißen Saum von Unterseitenschwarz abgehoben. Kruppe manchmal grau, gelblich oder braun, Schabracke manchmal bis auf vordere Schwanzhälfte ausgedehnt oder bis auf Nacken u. Scheitel verringert oder ganz fehlend (Schwärzlinge). Haut in sich sehr fest, jedoch sehr lose am Körper, so daß das sehr kräftige, kampfwütige Tier kaum zu packen u. festzuhalten ist. 2 Saftdrüsen am After mit ekelhaftem Sekret. 4 Zitzen. – **M&G** KR 65–75, SL 18–25, KH 23–28, G 8–16. ♂ größer u. schwerer als ♀. – **V** Afrika sl Sahara sw bis Kap, N-Grenze um 15–20° n. Br. (in Ennedi, Tibesti, Air u. Adrar der Iforas vorhanden), im W nw bis S-Marokko, im O nw bis N-Sudan (früher auch in Ägypten), in Südafrik. Union nur noch stellenweise. Ferner Arabische Halbinsel, Palästina, Syrien, Mesopotamien, S-Turkmenien (zwischen Kaspi-, Aralsee u. Amu-Darja), Iran u. Vorderindien ab Himalaja sw. 15 UA. – **Lr** Wüste bis Urwald,

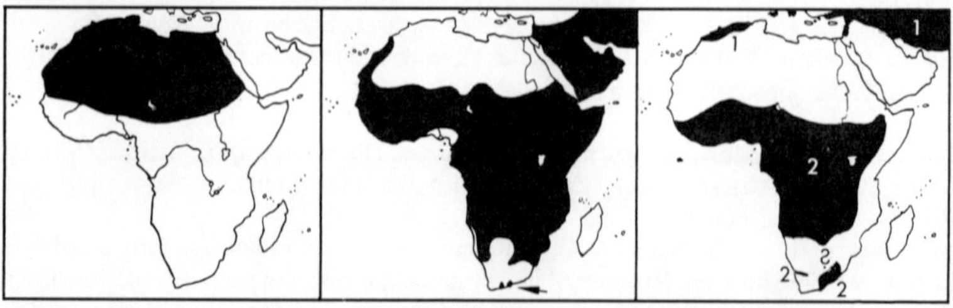

Streifenwiesel — Honigdachs — 1 Fischotter, 2 Fleckenhalsotter

im Gebirge bis 3000 m. – **W** Einige km² (Genaues nicht bekannt), auf Nahrungssuche weit umherschweifend. Wechsel u. wichtige Stellen werden mit Afterdrüsensekret durch Aufdrücken (Stempeln) markiert. Im Wohngebiet Schlupfwinkel in vorgefundenen oder selbstgegrabenen Erdbauen (letztere rd. 1–3 m lang, ¼– 1½ m tief, nur 1 Gang mit ungepolstertem Kessel), Felsspalten, Baumwurzelhöhlen u. ä. – **Tt** Vorwiegend in Nacht u. Dämmerung, wo ungestört auch tags. – **Kp** Kratzen mit Hinterfüßen, Felldurchknabbern. – **Lt** Grunzen, Knurren, Jaulen. – **S** Riechvermögen sehr gut, Hörvermögen gut, Sehvermögen mäßig. – **Fd** Wenig angreifbar (s. Kn), greift oft selbst Störenfriede (bis Büffelgröße) wütend an (starke Kiefer haben hohe Beißkraft), daher wenig belästigt. Stellt sich tot, wenn gepackt u. kein Entkommen möglich. – **N** Kerbtiere, Skorpione, Spinnen, Fische, Lurche, Kriechtiere (auch Giftschlangen u. Schildkröten), Bodenvögel, Eier, Kleinsäuger, Jungwild (einschließlich Antilopenkälbern), Aas, Knollen, Wurzeln, Beeren, Früchte;

durchsucht Mülltonnen in Safari-Lodges. Hautflüglernester werden geöffnet (dazu auch Bäume erklettert) u. Larven nebst Honig gefressen. Läßt sich vom wachsfressenden Honiganzeiger (*Indicator indicator*) zu Bienennestern führen. – **Gs** Wie Iltis (S. 182). – **Fp** Tragzeit 6–7 Monate, je Wurf 1–2 Junge in Erdbau. Weitere Einzelheiten nicht bekannt. – **Ld** In Gefangenschaft bis 24 Jahre nachgewiesen.

Otter, Lutrinae

Otterartig. Gb 3·1·4/3·1/2 = 36, 4–6 Zitzen. Tag- oder nachttätige vorwiegend fisch-, krebs- u. weichtierfressende Bewohner von Binnengewässern u. Meeresküsten. Neue u. Alte Welt außer Australasien. 6 Gattungen mit zusammen 13 Arten, davon 2 Gattungen mit 4 Arten in Afrika.

Fleckenhalsotter, *Lutra (Hydrictis) maculicollis* Lichtenstein, 1835. E: Spotted-nek- 31/7
ked Otter, Spotted-throated Otter, Speckle-throated Otter; F: La Loutre à cou tacheté; A: Kleinotter, Gevlekte Otter; K: Fisimaji
Kn Gestalt u. Gebiß wie Fischotter (S. 186), 4 Zitzen. Körper hell kastanien- bis dunkelbraun. Kinn, Kehle, Vorderbrust u. meist auch Bauch weiß bis orange mit unregelmäßigen Flecken der übrigen Körperfarbe, Weißflächen- u. Fleckengröße stark abändernd, am Bauch auch ganz fehlend. – **M&G** KR 60–65, SL 35–40, KH rd. 30, G ♂ 4–6,5, ♀ 3–4. – **V** Afrika sl Sahara, im W ab 10° n. Br., in Mitte ab Tschadsee (13° n. Br.) u. im O ab S-Sudan u. nl Äthiopien (10–14° n. Br.), sw bis öl Kapprovinz. Fehlt in Somalia, O-Kenia, -Tansania, Mozambique u. O-Transvaal sowie in wl Kapprovinz (ab rd. 23° öl Br.), S-Botswana u. S- u. M-SW-Afrika (außer Oranjefluß). 6 UA. – **Lr** Seen, Sümpfe u. ständig wasserführende Flüsse in Ebene u. Bergland. – **W** Umherziehen innerhalb eines größeren W, Einzelheiten nicht bekannt. – **Tt** Wo ungestört, Haupttätigkeit morgens nach Sonnenaufgang (6–9^{h}) u. vor Sonnenuntergang (16–19^{h}), wo verfolgt Nachttier. – **Kp** Kratzen mit Hinterfüßen, Felldurchknabbern (auch gegenseitig), selten nur Fell-Belecken u. Putzen mit Vorderfüßen. Bei Wasserverlassen wird Wasser nur vom Kopf abgeschüttelt, übriger Körper gar nicht oder durch Rollen u. Reiben am Boden getrocknet. – **Lt** Langgezogenes Miauen als Stimmfühlungslaut, hohes Trillern bei Mißfallen, quiekendes Pfeifen bei Erregung, wird mit steigender Erregung lauter u. schneller. – **S** Sehvermögen mäßig, bis 3 m scharf, bis 10 m Objekterkennen, auf Bewegungssehen eingestellt; Riechvermögen gut, riecht sofort jedes Wasser; Hörvermögen gut; Tastvermögen ausgeprägt. – **Fd** Im Wasser Krokodile, über Landfeinde nichts bekannt. Verteidigungsstellung auf Rücken mit Schlagen, Beißen u. Quieken. – **N** Hauptsächlich Fische, daneben Krebse, Weichtiere u. Frösche. Tauchdauer beim Fischen 15, manchmal bis 21, selten bis 45 Sek. – **Gs** Meist gesellig in Familien- u. Junggesellentrupps bis zu 6 oder 10 Tieren. – **Fp** Einzelheiten nicht bekannt. Am Victoriasee Ranz im Juli, Werfen September. Tragzeit vermutlich 2 Monate. Wurfplatz Uferhöhle oder Schilfhorst. G eines zahmen ♀: $1^{1}/_{2}$ Monat 1,36, 5 Mon. 2,5, $6^{1}/_{2}$ Mon. 3,3, $7^{1}/_{2}$ Mon. 3,5 u. damit ausgewachsen. – **Gr** u. **Ld** Nicht bekannt.

Fischotter oder **Eurasischer Otter,** *Lutra (Lutra) lutra* (Linné, 1758). E: Common 31/8
Otter, European Otter; F: La Loutre d'Europe
Kn 1 UA in N-Afrika: Afrikanischer Fischotter (E: Common Otter of North Africa, F: La Loutre de Berbérie), *angustifrons* Lataste, 1885. Oberseite mit Schwanz u. Beinen dunkelbraun bis gelbbraun, Kinn u. Kehle weißgrau, übrige Unterseite hell-

braun bis falb. Fell mit sehr feiner u. dichter Unterwolle u. dicht überdeckenden Grannen, wasserundurchlässig. Gestalt walzenförmig, Beine kurz, alle Füße mit Krallen u. Schwimmhäuten zwischen den Zehen. Kopf u. Schnauze breit u. flach, starke Schnurrhaare, Augen u. Ohren klein, letztere kaum aus Fell ragend, verschließbar wie auch Nasenlöcher. Schwanz rundlich, breitwurzelig, spitz zulaufend, behaart wie Rükken. 2 Analdrüsen (Moschusgeruch), meist 6, manchmal 4 Zitzen. – **M&G** In N-Afrika KR rd. 65, SL rd. 42, sonst KR 60–95, SL 25–55, KH rd. 30, G 6–16 (in Ausnahme bis 27). ♂ größer u. schwerer als ♀. – **V** Marokko (von Küste bis in Atlas) u. N-Algerien. Gesamt-V der Art: Ganz Europa (mit Korfu, ohne übrige Mittelmeerinseln), z. T. ausgerottet; ferner gemäßigtes Asien nw bis rd. 70°, ow bis Beringstraße, Kamtschatka, Kurilen, Japan, Formosa, Hainan, sw bis Sumatra und Java (fehlt auf Malaiischer Halbinsel), Vorderindien nl Ganges u. sl 11° n. Br., Ceylon, Vorderasien bis Palästina (ohne Arabien) u. Kleinasien. 10 UA. – **Lr** Schlupfwinkelreiche, schilf-, busch- oder baumbestandene Ränder fischreicher Gewässer, auch an Flußmündungen u. Meeresküsten. Im Gebirge bis 2500 m. – **Tr** Alt-♂ hält Tr von 1–2 Dutzend km Gewässerlänge, Größe wechselt nach Gelände u. Jahreszeit (im Frühling u. Herbst am größten), Markierung durch Kot an erhöhten Punkten u. Drohschreien, Verteidigung gegen andere erwachsene ♂♂. Innerhalb Tr 1–3 kleinere Tr von ♀♀ mit Jungen. Tr-Einrichtungen: Wohnbaue, Wechsel, Freß-, Kot-, Sonn-, Spielplätze (z. B. Rutschbahnen in Schlamm, Schnee oder auf Eis), Ein- u. Ausstiege, Atemlöcher. – **Tt** Vorwiegend in Nacht u. Dämmerung, wo ungestört auch tags, meist schwimmend u. tauchend (Tauchdauer 1–2, möglich bis 10 Min.). Bei Tt-Beginn stromab, später stromauf zurück, auch Wanderungen über Land u. Gebirgswasserscheiden. – **Kp** Kratzen mit Hinterfüßen, Felldurchknabbern, auch gegenseitig, Felltrocknen nach Schwimmen durch Rollen u. Reiben. – **Lt** Weiches Pfeifen als Stimmfühlung, Trillern als Warnruf, langer, zitternder Pfiff als Ranzschrei, langes rauhes Miauen als Drohschrei, beim Spielen u. sonstiger Erregung Fauchen, Knurren u. Kreischen. – **S** Hör- u. Riechvermögen sehr gut, Sehen vor allem auf Bewegungen abgestellt, hochentwickelter Tast- u. Gleichgewichtssinn. – **Fd** Wolf, Bär, Vielfraß gelegentlich. – **N** Hauptsächlich Fische, daneben Krebse, Weichtiere, Lurche, Kriechtiere, Vögel, Eier, Kleinsäuger bis Bisamratten- und Hasengröße, Kerbtiere, Aas, am Meer auch Stachelhäuter. Oft gemeinsames Jagen. – **Gs** Mutterfamilie, ♂ familienfreundlich, doch Rangordnung Alt-♂, ♀ (♀♀), Junge. – **Fp** Ranzzeit nicht festgelegt. Würfe in allen Monaten. Paarung bevorzugt im Wasser, Dauer 1–1½ Std., Tragzeit 59–63 Tage, Wurfgröße 1–5, meist 2–3, Geburts-G rd. 225, Junge blind mit erst kurzem seidigem, dann längerem wolligem, dunkelgraubraunem Fell. Wurfplatz Erdbau am Ufer (mit Unterwasserzugang, Luftschacht u. gepolstertem Kessel), hohler Baum oder Schilfhorst. Augenöffnen mit 28–35 Tagen, dann auch 1. Festnahrung, 1. Schwimmen mit 1½ Mon. (wenn Nestkleid durch zweischichtiges Fell mit Unterwolle u. Grannen ersetzt), 1. Tauchen mit rd. 2 Monaten, Säugezeit 2 Mon., Junge selbständig mit ½ – ¾, voll ausgewachsen mit 1–1¼ Jahr. – **Gr** ⅘–1 Jahr. – **Ld** In Gefangenschaft bis 22 Jahre nachgewiesen.

31/9 **Fingerotter, Kap-Fingerotter** oder **Weißwangenotter,** *Aonyx (Aonyx) capensis* (Schinz, 1821). E: Cape Clawless Otter, Cape Otter; F: La Loutre à joues blanches; A: Groototter, Kaapse Otter; K: Fisi maji

Kn Gestalt, Zahn- u. Zitzenzahl wie Fleckenhalsotter (S. 185). Finger krallen- u. schwimmhautlos, auch Zehen ohne Schwimmhaut, mit kurzen, spitzen Krallen, meist nur an 3. u. 4., die auch fehlen können. Körperoberseite hellbraun bis schwarzbraun, Beine etwas dunkler als Rücken. Unterseite heller graubraun. Schnauze, Wangen,

Fingerotter

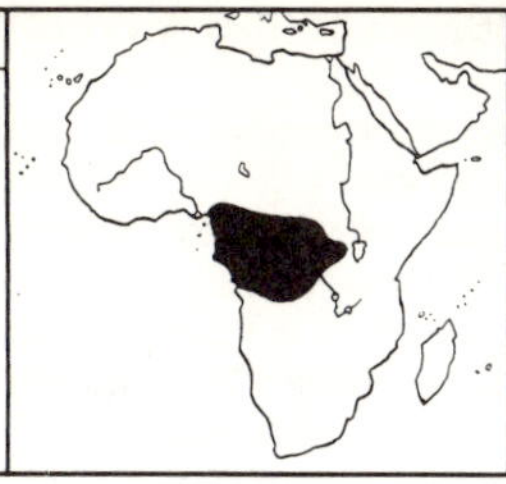

Kleinzahn-Fingerotter

1 Afrika-Linsang
2 Gemeine Ginsterkatze

Halsseiten, Brust, Kehle u. Kinn weiß bis gelblich, von dunkler Farbe überall oder an Kopf u. Hals scharf abgesetzt. Ohren weißrandig. Junge wie Erwachsene, doch Kopf u. Nacken durch weiße Haare silbrig scheinend. Großer rechteckiger schwarzbrauner Voraugenfleck im Wangenweiß. – **M&G** KR 75–92, SL 40–57, KH rd. 35, G 16–20, selten bis 27. – **V** Afrika sl Sahara (ab Senegambien-Tschadsee-Äthiopien, d. h. rd. 15° n. Br.) sw bis Kap. 5 UA. – **Lr** Stehende u. fließende Gewässer in Wald, Savanne u. Steppe, in Ebene u. Gebirge bis 3000 m. Auch an Meeresküsten. – **W** Einzelheiten nicht bekannt. Auch weitab von Gewässern antreffbar. – **Tt** u. **Kp** Wie Fleckenhalsotter. – **Lt** Hohes Quietschen als Stimmfühlungslaut, schnurrendes Knurren bei Wohlbehagen, »Weinen« bei Mißbehagen, Fauchen u. Knurren bei Ärger, lautes Schreien bei großem Schreck u. Angst, knallendes »Ha« bei plötzlichem Alarm. Nestjunge trillern u. quieken. – **S** u. **Fd** Wie Fleckenhalsotter. – **N** Fische, Krebse, Weichtiere, Lurche, Kriechtiere, Klein- u. Mittelsäuger, Wassergeflügel, Vogel- u. Krokodileier. – **Gs** Wie Fischotter (S. 186). – **Fp** Einzelheiten nicht bekannt. Tragzeit vermutlich 2 Monate, Jungenzahl 2–3, Wurfplatz wie Fleckenhalsotter. **Gr** u. **Ld** Nicht bekannt.

Kleinzahn-Fingerotter, Kleinzahn-Weißwangenotter oder **Kongootter,** *Aonyx (Paraonyx) congica* Lönnberg, 1910. E: Small-toothed Clawless Otter, Congo Clawless Otter, Cameroon Otter; F: La Loutre à joues blanches du Congo, La Loutre de Cameroun

Kn Gestalt, Zahn- u. Zitzenzahl wie Kap-Fingerotter (S. 186). Vorderfüße ohne Krallen oder mit kleinen Krallenresten an mittleren Fingern, ohne Schwimmhäute, Hinterfüße mit kleinen Krallen u. Schwimmhäuten bis zu halber Zehenlänge. Körperober- u. -unterseite dunkel kastanienbraun, Beinaußenseiten dunkler als Rücken. Schnauze, Wangen, Halsseiten, Kinn, Kehle u. Vorderbrust weißgrau, an Brust allmählich ins Körperbraun übergehend, sonst scharf abgesetzt. Junge wie Erwachsene, doch Kopf, Nacken, Schultern u. Vorderrücken durch weiße Haarspitzen silbrig überhaucht. Ohrränder weißlich u. großer schwarzbrauner, geradkantiger Voraugenfleck im Wangenweiß. – **M&G** KR rd. 78–90, Sl rd. 40–59, KH rd. 35, G 15–25. – **V** Unteres u. mittleres Kongobecken: äußerstes SO-Nigeria, S-Kamerun, Gabun, Rio Muni, Kongo, W-, N- u. M-Zaire, NO-Angola, S-Zentralafrik. Republik, ow bis Uganda u. Ruanda, N- u. S-Grenze ungefähr bei 5° n. u. s. Br. 3 UA. – **Lw** Kaum bekannt. Lebt an Bächen, Flüssen u. besonders gern in Sümpfen. Geht auch landeinwärts. Ruht im Schilf, Gras, unter Baumwurzeln oder in Uferhöhlen. Mehr nachts als tags tätig. Frißt Fische, Krebse, Frösche, Eidechsen, Vögel, Eier, Kleinsäuger u. Regenwürmer, die er aus dem Uferschlamm gräbt. Lebt einzeln oder in Mutterfamilien. Tragzeit rd. 2 Monate, Jungenzahl 2–3.

Schleichkatzen, Viverridae

Zwergmungo- bis binturonggroß. Schnauze spitz, Augen u. Ohren klein bis groß, Beine kurz bis mittellang, Zehenzahl 4–5/4–5, da Daumen u. Großzehe manchmal fehlen. Krallen zurückziehbar oder nicht. Schwanz lang, oft buschig. Gb 3/3 · 1/1 · 3/4 · 1/3 = 32–44, M breiter als lang, ziemlich spitzhöckerig. Penisknochen meist gut entwickelt, 2–6 Zitzen, Anal- u. Perianaldrüsen meist gut ausgebildet. Tag- oder nachttätige, meist einzelgängerische, Gemischt- oder Kleintierfresser u. Räuber, manchmal Fischfresser. Südeuropa, Afrika, Madagaskar, Klein-, Vorder- u. Südasien mit Indonesien u. Philippinen. 6 Unterfamilien, 32 Gattungen, 72 Arten, davon 36 in Afrika u. 7 in Madagaskar.

Ginsterkatzen, Viverrinae

Ginster- u. zibetkatzenartig. Zehenzahl 5/5, 4 Zitzen, Gb 3 · 1 · 4 · 1/2–1 = 38–40. Nächtlich tätige, vorwiegend baum- oder bodenlebende Wald- u. Savannenbewohner. 6 Gattungen mit 15 Arten in S-Europa, Afrika u. S-Asien, davon 4 Gattungen mit 12 Arten in Afrika. 1 Gattung u. Art, *Viverricula malaccensis,* aus S-Asien nach Madagaskar eingeführt.

61/1 **Afrika-Linsang,** *Poiana richardsoni* (Thompson, 1842) (= *leightoni* Pocock, 1908). E: African Linsang, Richardson's Linsang; F: La Poiane, Le Linsang africain
Kn Ginsterkatzenartig, jedoch kleiner u. Schwanz länger. Schnauze spitz, Augen u. Ohren mittelgroß, letztere dreieckig abgerundet. Rumpf schlank. Beine niedrig, hintere etwas länger als vordere, Daumen u. Großzehe klein, Sohlen außer Zehen- u. Sohlenballen behaart, Krallen gebogen, fein u. spitz, halb zurückziehbar. 4 Zitzen. Penisknochen u. Analdrüsen vorhanden. Gb 3/3 · 1/1 · 4/4 · 1/2 = 38, C schlank, P spitzhöckerig, M klein, Unterkiefer schwach. Fell kurz u. dicht, Schwanz lang u. zylindrisch, gleich oder länger als KR. Oberseite blaßgelb oder braungrau bis orangebraun, Unterseite (Kinn, Kehle, Brust, Bauch u. Schenkelinnenseiten) kremfarben bis weiß, ebenso Oberlippenvorderteil, Wangen u. Überaugenfleck. Oberseite mit dunkelbraunen bis schwarzen, runden bis ovalen Flecken in 4–5 unregelmäßigen Reihen auf beiden Körperseiten u. 2–4 Fleckenreihen oder Streifen auf dem Nacken. Flecke entlang Schultern u. Rücken oft zu Streifen verschmolzen, sonst größer oder kleiner, enger oder weiter stehend, auf Schenkeln meist kleiner werdend u. weiter auseinander. Manchmal dünner, fast durchgehender schwarzer Aalstrich von Nasenrücken bis Schwanz. Letzterer mit 10–14 schmalen bis breiten oder mit beiden abwechselnden, schwarzen Ringen, Spitze schwarz oder hell. Hinterfußrückseite schwarz. – **M&G** KR 33–38, SL 35–40, KH 15–18, G 500–700. – **V** Sierra Leone, Liberia, Elfenbeinküste, M- u. S-Kamerun mit Fernando Poo, Gabun, Kongo u. N-Zaire ow bis rd. 28° öl L. sw bis rd. 6° s. Br. 3 UA. – **Lr** Regenwald. – **Lw** Rein nächtlich, gut kletternd, mehr auf Bäumen als Boden lebend, schlafen zu mehreren in selbstgebauten Kobeln in den Kronen, die jeweils nur einige Tage benutzt werden, fressen Kerbtiere, Jungvögel, Früchte u. a. Pflanzenteile, werfen 1–2mal im Jahr 2–3 Junge. Weitere Einzelheiten der Lw nicht bekannt.

32/1 **Gemeine, Europäische** oder **Kleinfleck-Ginsterkatze,** *Genetta genetta* (Linné, 1758). E: Common, European or Small-spotted Genet; F: La Genette vulgaire, La Genette d'Europe; A: Kleinkol- of Kleinvlek-Muskejaallat; K: Kanu

Kn Kopf klein, Rumpf schlank, Beine kurz, Schwanz lang. Schnauze spitz, Augen groß, Ohren mittelgroß, dreieckig u. etwas stumpfendig. Fell etwas rauh, kurzer aufrichtbarer Haarkamm entlang Rückenmittellinie. Schwanz schlank, fast körperlang, an der Wurzel mit verlängerten Haaren, spitzendig. Zehenzahl 5/5, Fußsohlen außer Ballen behaart, Krallen krumm u. spitz, fast ganz zurückziehbar. 2 Anal- u. 2 Perianaldrüsen (letztere erzeugen Moschussekret u. -geruch), Penisknochen gut entwickelt, 4 Zitzen, Gb der Gattung $3 \cdot 1 \cdot 4 \cdot 2 = 40$, P^2 u. M^2 klein. Fellgrundfarbe weißgrau bis grau u. bräunlichgrau, Unterseite heller. Über-, Unteraugen- u. vorderer Oberlippenfleck weiß, hintere Oberlippe schwarz. Nacken u. Rücken mit rund- bis länglich-braunen bis schwarzen Flecken, die beidseits dunklem Aalstrich 5 Längsreihen bilden, von denen die 2 oberen zusammenfließen können und die unterste meist unvollständig ist. Schwanz mit 8–10 schwarzen Ringen, Spitze weiß bis schwarz. Oberschenkel u. Arme mit einzelnen Flecken. Vorderfüße oberseits blaß-, unterseits dunkelgrau, Hinterfüße oberseits blaßgrau, unterseits schwarz, Schwarz umgreift Ferse. Neugeborene voll behaart, dunkelgrau, Flecke grau überhaucht, doch viel dunkler als bei Erwachsenen, Schwanz mit allen (schwach angedeuteten) Querringen, am Kopf schon dunkle Oberlippe u. weißlicher Unteraugenfleck. Mit 1½–2 Monaten wird Färbung u. Zeichnung wie bei Erwachsenen. – **M&G** KR 40–55, SL 40–51, KH 15–20, G 1,3–2,25. ♂ etwas schwerer u. größer als ♀. – **V** Frankreich (sl Loire u. wl Rhône, Einzeltiere bis Normandie, Belgien, Elsaß, W-Schweiz, franz. W-Alpen), Iberien, Mallorca, Ibiza, Marokko, Algerien, Tunesien, Cyrenaika, Israel, W-Arabien, Spanische Sahara, Mauretanien, S-Ägypten, Nubien sowie Afrika sl Sahara etwa ab 20° n. Br. außer west- u. zentralafrikanischem Regenurwald. 11 UA, davon 6 in Afrika. – **Lr** offene, schlupfwinkelreiche Landschaften von Trockensavanne bis Halbwüste. Im Gebirge bis 2500 m. – **W** Standorttreu, ♀ mehr als ♂, das weiter umherwandert (bis 30 km), vermutlich territorial, da W mit Analdrüsensekret (im Handstand an senkrechten Gegenständen), Kot an festen Plätzen u. Harn markiert wird. – **Tt** In Dämmerung u. Nacht, meist ab Einbruch der Dunkelheit bis Mitternacht oder etwas später tätig, tagsüber ruhend in Erd-, Baum- oder Felshöhle u. ä. Versteck, seltener in dichtem Gebüsch. Klettert gut, auch kopfabwärts. – **Kp** Fell-Belecken u. -Beknabbern (auch gegenseitig), Gesichtswäsche mit bespeichelten Vorderpfoten, Kratzen mit Hinterfüßen, Krallenschärfen, Sichwälzen in angenehmen Duftfeldern. Feste Kotplätze. – **Lt** »Üff-üff-üff« als Stimmfühlungslaut, Knurren bei Erregung, Fauchen beim Drohen, Spucklaut bei stärkster Drohung, Schnurren nur der Jungen (nicht Erwachsenen) bei Behagen, Muckern bei Paarung u. Verlangen nach Fühlungsnahme, Miauen bei Begattung, Quäken bei Schmerz, Junge schrillen bei Verlassenheit (Notruf) u. lassen ständiges Nestgezwitscher hören, wenn ♀ abwesend. – **S** Sehvermögen (Dämmerungs- u. Bewegungssehen, doch farbenblind) sehr gut, Hörvermögen sehr gut, Riechvermögen gut. – **Fd** Wie Falbkatze (S. 231). Abwehr durch Katzbuckeln, Schwanz- u. Rückenkammsträuben, Ohrenanlegen, Knurren, Fauchen u. Spucken, notfalls auch durch Zubodenwerfen u. Kratzen u. Beißen aus Rückenlage, ferner Absondern übelriechenden Analdrüsensekrets. Flüchtet bei Verfolgung auf Baum. – **N** Kleintiere wie Kleinsäuger bis Hasengröße, Kleinvögel bis Perlhuhngröße, Eier, Eidechsen, Schlangen, Frösche, Fische, Kerb-, Spinnentiere, Skorpione, Tausendfüßer, Krabben, Muscheln, Süßwasserschnecken, manchmal Früchte oder Aas. Beutefang nach Falbkatzenart. In Altägypten als Mäuse- u. Rattenvertilger gehalten. Leicht zähmbar. Hausgeflügelräuber. – **Gs** Einzelgänger. – **Fp** Paarung u. Begattung wie Falbkatze. Begattungsdauer 3–5 Minuten. Tragzeit 68–77 Tage. Wurfzeit in Europa u. N-Afrika März–April u. ev. 2. Wurf August–September, in O-Afrika Oktober-Dezember, in W-Afrika März-Juni u.

September-Dezember (2 Würfe jährlich), in S-Afrika Oktober–Februar. Wurfplatz Baum-, Erd-, Felshöhle, Felsspalte, unter Steinhaufen u. ä., Wurfgröße 1–4, meist 2–3. Neugeborene blind, voll behaart, jedoch Bauch noch nackt (Nestkleid s. Kn). Ohrenöffnen 5.–8., Augenöffnen 5.–12. Tag, 1. Festnahrung mit 1½ Monat, volle Lauffähigkeit mit 2, Säugezeit 2–3 Monate, Mutterverlassen mit ½–¾ Jahr. – **Gr** Mit 2 Jahren. Geburts-G 60–80, nach 8 Tagen 130–160, 16 T. 200–210, 30 T. 280–310, 60 T. 410–470, nach ¾ Jahr rd. 1200, mit 2 J. rd. 2000, Geburts-KR u. -SL 17–18 u. 13–15, nach 2 Mon. rd. 30 u. 25. – **Ld** In Gefangenschaft bis 14¾ Jahre nachgewiesen.

32/2 **Angola-** oder **Bürstenginsterkatze,** *Genetta angolensis* Bocage, 1882. E: Angola Genet; F: La Genette d'Angola
Kn Gestalt, Farbe u. Muster ähnlich *genetta,* jedoch meist Haarkamm entlang Rükkenmitte (Bürste) bis 6 cm lang u. Schwanz dicker u. voller behaart. Farbe dunkelgrau oder dunkelrötlichgrau mit schwarzen bis braunschwarzen Flecken in Anordnung wie bei *genetta.* Unterseite heller grau. Vorderfußunterseite u. Hinterfüße ab Ferse grauschwarz bis schwarz. Schwanz mit rd. 8 schwarzen Ringen u. Spitze hell oder unterseits schwarz u. letzte Ringe zu schwarzem Ende verschmolzen. Gesicht dunkelgrau, Oberaugenfleck nur wenig heller, Unteraugenfleck, vordere Oberlippe u. Kinn weiß, hintere Oberlippe, Nasenrücken u. Stirnmittelstreif schwarz. Stark verdunkelte oder ganz schwarze Tiere nicht selten. – **M&G** KR 44–48, SL 38–43, KH 18–20, G 1,3–2. – **V** Gürtel zwischen Atlantik u. Indik zwischen rd. 5 u. 15° s. Br. (N-Angola, S-Zaire, N-Sambia, Malawi, N-Mozambique, S- u. M-Tansania). 3 UA. – **Lr** Urwald u. Feuchtsavanne. – **Lw** Einzelheiten nicht bekannt, jedoch ähnlich *genetta.*

32/3 **Haussa-Ginsterkatze,** *Genetta thierryi* Matschie, 1902 (= *Pseudogenetta villiersi* Dekeyser, 1949, Trugginsterkatze). E: Hausa Genet, Thierry's Genet, Villiers' Genet; F: La Genette de Villiers, La Genette de Thierry
Kn Gestalt, Farbe u. Muster ähnlich *genetta,* Gestalt jedoch etwas kleiner u. Rücken ohne Haarkamm. Oberseite graugelb bis graubräunlich, Unterseite u. Beine gelbgrau. Aalstrich schmal, oft zweireihig mit dünnem hellem Zwischenstreif. Aalstrich u. Flecke rotbraun bis schwarz, Flecke im Schulterbereich manchmal verschwommen, Anordnung sonst wie bei *genetta.* Schwanz mit 7–9 dunklen Ringen, von denen erste oft rotbraun, folgende dunkler werdend bis schwarz, letzte können zu schwarzem Schwanzende verschmelzen. – **M&G** KR 40–45, SL 40–45, KH 15–18, G 1,3–1,5. – **V** Savannengürtel von Gambia u. Senegal bis N-Kamerun (Gambia, Senegal, Sierra Leone, Guinea-Bissau, N-Guinea, N-Elfenbeinküste, N-Ghana, N-Togo, N-Benin, N-Nigeria, N-Kamerun). – **Lr** Feucht- bis Trockensavanne mit Waldinseln. – **Lw** Einzelheiten nicht bekannt, jedoch ähnlich *genetta.*

32/4 **Sennar-** oder **Streifenginsterkatze,** *Genetta abyssinica* Rüppell, 1836. E: Ethiopian Genet, Abyssinian Genet; F: La Genette d'Éthiopie
Kn Gestalt, Farbe u. Muster ähnlich *genetta.* Fell kurz, etwas rauh, ohne Rückenkamm, Oberseite u. Beine hellgrau oder hell sandgelbgrau. Unterseite, Über-, Unteraugenfleck u. vordere Oberlippe weiß, Pfoten weißlich, hintere Oberlippe, Nasenrükken, Körperflecke, 7–8 Schwanzringe u. Schwanzspitze schwarz. Hellgrauer schmaler Aalstrich, beidseits davon große langgestreckte Flecke zu 2 Längsstreifen u. auch Nacken-Schulterfleckenreihe jederseits zu Längsstreifen verschmolzen. Flanken mit 2 Reihen langer Flecke. – **M&G** KR 40–50, SL 40–45, KH 18–20, G 1,3–2. – **V** Sennar u. Äthiopien. – **Lr** Deckungsreiches offenes, trockenes Gelände in Ebene u. Bergland, auch in Siedlungsnähe. – **Lw** Einzelheiten nicht bekannt, ähnlich *genetta.*

Waldginsterkatze oder **Servalginsterkatze,** *Genetta servalina* Pucheran, 1855. E: Servaline Genet, Small-spotted Genet; F: La Genette servaline 32/5

Kn Gestalt ähnlich *genetta.* Fell samtig-weich, Haarkamm entlang Nacken u. Rücken meist kurz, teils nur auf Nacken, teils nur auf Rücken (dann teils entlang Kruppe länger), teils ganz fehlend. Oberseite grau-, krem- oder ockergelb, Seiten heller, Beinunterteile braun bis schwarz. Unterseite gelblichgrau bis braunschwarz (in letzterem Falle Kinn u. Kehle heller). Rückenmittellinie ohne Aalstrich. Hals, Rücken, Flanken u. Beinoberteile mit vielen dichtstehenden, kleinen, meist etwas eckigen, schwarzen Flecken, an Unterseite lockerer stehend u. abgeschwächt. Flecke sind an Körperseiten in 6–7 Längsreihen angeordnet, können nahe Rückenmittellinie manchmal auch z. T. verschmelzen. Vordere Oberlippe u. Unteraugenfleck weißlich, Überaugenfleck schwach, gelblich. Schwanz mit 8–12 schwarzbraunen Ringen, Zwischenringe gelblich oder weißlich, Spitze weißlich, gelblich oder schwarz. – **M&G** KR

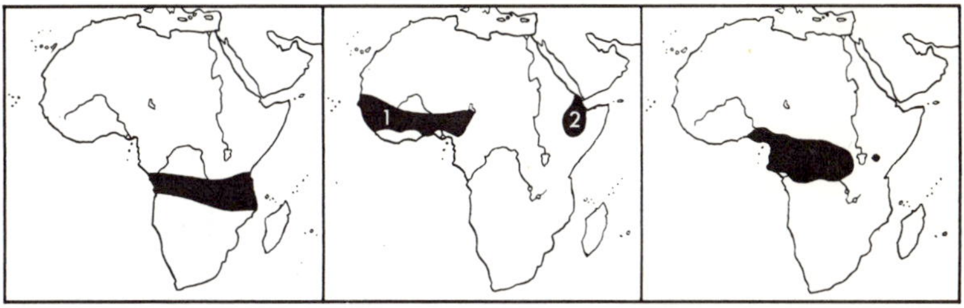

Angola-Ginsterkatze | 1 Haussa-Ginsterkatze 2 Sennar-Ginsterkatze | Waldginsterkatze

45–60, SL 40–50, KH rd. 20, G 1,3–2. – **V** West- u. zentralafrikanischer Regenwald von S-Benin u. -Nigeria bis S-Kamerun, S-Zentralafrikanische Republik, Gabun, Kongo, Zaire (S-Grenze um rd. 6° s. Br.), ow bis W-Uganda, sowie einzelne Wälder in Kenia. 5 UA. – **Lr** Wald und Urwald, dort Boden- und nicht Baumtier. – **Lw** Einzelheiten nicht bekannt, in vieler Hinsicht jedoch ähnlich *genetta.*

Großfleck- oder **Tigerginsterkatze,** *Genetta tigrina* (Schreber, 1776) (= *rubiginosa* Pucheran, 1855). E: Large-spotted Genet, Rusty-spotted Genet, Bush Genet; F: La Genette à grandes taches, La Genette tigrine; A: Grootkolmuskejaatkat, Rooikolmuskejaatkat, Rooigevlekte Muskejaatkat; K: Kanu 32/6 34/1

Kn Gestalt ähnlich *genetta.* Fell kurz, ziemlich weich, kein oder unbedeutend kurzer Rückenkamm. Ohren etwas kürzer u. rundlicher als bei *genetta.* Oberseite gelbgrau bis gelbocker oder braunrötlich. Braunschwarzer bis schwarzer Aalstrich, beidseits 2 Reihen großer langgestreckter kastanienroter oder dunkelbrauner bis schwarzer Flecke, die am Rande dunkler als in Mitte sein u. manchmal zusammenfließen können, darunter 2–3 Reihen kleinerer Flecke. Beine ab Ellbogen bzw. Knie braun oder dunkelbraun bis schwärzlich. Unterseite gelb- bis weißgrau. Gesichtszeichnung wie *genetta.* Schwanz mit 7–9 rostroten bis braunschwarzen oder schwarzen Ringen, die breiter als helle Zwischenringe u. am Schwanzende zu langer ($^{1}/_{4}$ – $^{1}/_{3}$ SL) schwarzer Spitzenfarbe zusammenfließen. Musterabänderung groß, öfter Teil- oder Vollschwärzlinge. Neugeborene dunkelgrau mit noch dunklerem grauen Fleckenmuster u. dunkler Oberlippe u. gelbweißem Unteraugenfleck wie Erwachsene. Bauch noch nackt, ab 4. Tag beginnt dort Haarwuchs. Mit $1^{1}/_{2}$ Monat Erwachsenenfarbe u. -muster, bei *rubiginosa* jedoch Rostrot der Flecke erst mit $^{3}/_{4}$ Jahr voll ausgebildet. –

M&G KR 40–55, SL 40–54, KH rd. 18, G 1,2–3,1. – **V** Afrika sl Sahara u. Äthiopien-Somalia, N-Grenze die des Savannengürtels von Senegambien bis Kenia (rd. 13° n. Br. i. W. u. 3° n. Br. im O). Auch auf Fernando Poo. Fehlt in S-Afrika in W-Transvaal, Oranje, Kapprovinz (außer Küstenstreifen ab Kapstadt ww), S- u. M-Botswana u. S- u. M-SW-Afrika. Rd. 14 UA. – **Lr** Waldrand, Waldlichtungen, Feuchtsavanne, Buschland, Kulturland, Schilf, Langgras, gern in Gewässer- u. Sumpfnähe. Übrige Lw wie *genetta.* – **Junge** Haarkleid s. Kn. Augenöffnen 5.–12., Ohrenöffnen 8.–10., Milchgebißdurchbruch 20.–58. Tag, Dauergebißdurchbruch 5.–11. Monat. G: 5 Wochen 227, 2 Monate 340, 3 Mon. 510, 4 Mon. 700, 5 Mon. 1000, 6 Mon. 1230, 7 Mon. 1400, 8 Mon. 1600, 9 Mon. 1700, 10 Mon. 1840, 11 Mon. 1950, 12 Mon. 1900. KR u. SL: 5 Wochen 28/20, 2 Mon. 28,5/26,5, 3 Mon. 34,5/32, 6 Mon. 44/41, 8 Mon. 45/42, 10 Mon. 46,5/42,5. Übrige Entwicklung wie *genetta.* – **Ld** In Gefangenschaft 9½ Jahre nachgewiesen.

32/7 **Riesenginsterkatze,** *Genetta victoriae* Thomas, 1901. E: Giant Genet; F: La Genette géante

Kn Gestalt ähnlich *genetta,* jedoch etwas größer u. langbeiniger. Fell dicht u. weich, mittellanger Haarkamm auf Nacken u. Rücken. Oberseite gelbgrau bis gelbocker, Unterseite etwas heller oder gelb bis gelbweiß. Reihe schwarzer Flecke entlang Rükkenmitte, beidseits davon 5–6 Längsreihen kleiner bis mittelgroßer, oft eckiger, dicht stehender schwarzer Flecke, dicht auch auf Schulter u. Oberschenkel, auf Nacken oft

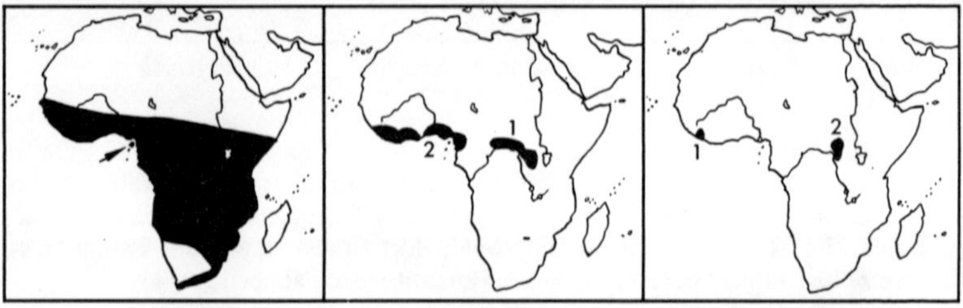

Großfleckginsterkatze | 1 Riesenginsterkatze, 2 Pantherginsterkatze | 1 Liberia-Ginsterkatze, 2 Wasserschleichkatze

zu 4 Streifen verschmolzen. Beine dunkelbraun bis schwarz. Gesichtszeichnung wie *genetta,* jedoch auch vordere Oberlippe schwarz. Schwanz etwas dick, mit meist 5–8 sehr breiten, schwarzen Ringen (die oberseits durch Aalstrich verbunden sein können) u. nur schmalen gelben bis weißlichen Zwischenringen, Spitze schwarz. Gesamteindruck sehr dunkel. – **M&G** KR 55–60, SL 45–50, KH 20–25, G 2,5–3,5. – **V** Wälder u. Urwälder zwischen Ubangi, Kongo u. Victoriasee. – **Lr** s. V. – **Lw** Einzelheiten nicht bekannt.

32/8 **Pantherginsterkatze,** *Genetta pardina* I. Geoffroy, 1832 (= *maculata* Gray, 1830). E: Forest Genet, Pardine Genet; F: La Genette pardine. Vermutlich nur Waldform von *tigrina*

Kn Gestalt ähnlich *tigrina.* Fell ziemlich kurz, weich, kurzer Rückenkamm von Schultern bis Schwanzansatz. Oberseite graugelb bis gelbbraun, schwarzer oder rostroter Aalstrich, Unterseite etwas heller. Beidseits Aalstrich 4 Reihen aus engstehenden, schwarzen bis rotbraunen oder schwarzgerandeten rotbraunen Flecken runder bis ungefähr vier- oder rechteckiger Form, die z. T. auch zusammenfließen können. Beine dunkelbraun bis schwarz. Gesichtszeichnung wie *genetta*. Schwanz etwas dick u. weitgehend schwarz wirkend, da die rd. 8 dunklen Ringe viel breiter als helle Zwischenringe u. letzte 3 fast ganz zu schwarzem Schwanzende verschmelzen. Gesamteindruck dunkel, manchmal Teil- oder Vollschwärzlinge. – **M&G** Wie *tigrina*. – **V** Guinea-Urwaldgürtel von Guinea bis Ghana, sowie Wälder S-Nigerias u. W- bis S-Kameruns. – **Lr** Urwald bzw. dichter Wald. – **Lw** Einzelheiten kaum bekannt, jedoch ähnlich *tigrina*.

Liberia-Ginsterkatze, *Genetta (Paragenetta) johnstoni* Pocock, 1907 (= *lehmanni* 61/2
Kuhn, 1960). E: Johnston's Genet, Kuhn's Genet; F: La Genette de Johnston
Kn Gestalt ähnlich *pardina*. Fell dicht u. weich, mittellanger Haarkamm entlang Rücken. Oberseite gelbbraun, Unterseite heller, Bauch weißlich. Schwarzer Aalstrich, beidseits davon 4 Reihen schwarzbrauner z. T. rotbraun gestichelter Flecke, in deren oberste zwei Flecke z. T. oder ganz zu Streifen verschmelzen können. Unterhalb der 4 Reihen noch 2 unvollkommene. Flecke auf Nacken in Reihen oder streifig verschmolzen. Oberschenkel u. -arme stark gefleckt, Beine u. Füße schwarzbraun. Schwanz dichthaarig, mit 7–8 schwarzen Ringen, die ebenso breit wie oder breiter als weißliche Zwischenringe u. oben durch schwarzen Aalstrich verbunden sein können, Spitze schwarz. Ober-, Unterkiefer, Jochbögen u. Backenzähne schmaler u. schwächer als bei anderen *Genetta*-Arten, daher eigene Untergattung *Paragenetta* bildend. – **M&G** wie *pardina* bzw. *tigrina*. – **V** W-Liberia. – **Lr** Wald u. Urwald. – **Lw** Einzelheiten nicht bekannt, gemäß Gebißbau vorzugsweise Kerbtier- u. Gliederfüßerfresser.

Afrika-Zibetkatze oder **Civette,** *Viverra civetta* Schreber, 1776. E: African Civet, 33/1
Civet Cat; F: La Civette d'Afrique, La Civette africaine; A: Siwetkat, Sivetkat, Muskejaatkat; K: Fungo, Ngaua, Ngawa
Kn Größe eines mittelgroßen Hundes. Kopf breit, Schnauze spitz, Augen u. Ohren klein, letztere rund. Hals kurz u. kräftig. Rumpf seitlich abgeflacht, Hinterbeine merklich länger als Vorderbeine, Rücken nach vorn abfallend, Kopf niedrig getragen. Zehenzahl 5/5, Krallen kurz, nicht zurückziehbar. Schwanz buschig, seitlich flach, spitzendig, rd. $^1/_2$ KR. Fell rauh, Haare locker stehend, aufrichtbarer Haarkamm von Nacken bis Schwanzende, auf Kruppe u. Schwanzwurzel am längsten. Gb $3 \cdot 1 \cdot 4 \cdot 2 = 40$. 4 Zitzen. Oberseite dunkelgrau bis gelblichgrau, untere Gesichtshälfte (außer hellem Voraugen- u. Oberlippenfleck), Kinn, Kehle, Brust, Beine, Aalstrich (von Scheitel bis Schwanzende) u. Zeichnungsmuster schwarzbraun bis schwarz. Ohrrand u. -spitze weiß, restliche Rückseite schwarz. Schwanz mit 5–6 breiten oder 5–9 schmalen schwarzen, oben u. unten verbundenen Ringen u. schwarzer Spitze. Zeichnungsmuster aus 3 gebogenen Hals-, 5–6 senkrechten Schulter-, ebensovielen waagerechten Kruppen- u. Oberschenkelstreifen u. großen, meist in 6–8 senkrechten Reihen angeordneten Flankenflecken. Muster ändert geographisch u. individuell ab, kann eng oder weit, verstärkt (Teil- oder Vollschwärzung) oder verringert (Unterseitenschwarz-Rückbildung, Fleckenzahlverringerung oder Fleckenschwund im dann grauen Nakken-Schulterbereich), Halsseitenfarbe zwischen Streifen weiß bis grau sein u. a. mehr. Junge ähnlich Erwachsenen, doch 1. Monat Halsstreifen grau statt weiß u. Stirn dunkel, kaum von dunkler Gesichtsmaske abgehoben. – Das reichlich gebildete ölige Analdrüsensekret wird von alters her in manchen Gegenden (z. B. Äthiopien bis Sansibar) von gefangen gehaltenen Tieren regelmäßig gewonnen, dient als Trägerstoff für Parfüme. **M&G** KR 80–95, SL 40–53, KH 35–40, G 9–20. ♂ etwas größer u. schwerer als ♀. – **V** Afrika sl Sahara (etwa sl 15° n. Br.) sw im W bis S-Angola u. N-SWAfrika, im O

bis S-Mozambique, N-Zululand, O-Transvaal, O- u. N-Botswana. Fehlt in Eritrea, Ogaden u. Somalia, auf Sansibar vorhanden. 4 UA. – **Lr** Wald, Feucht- u. Trockensavanne in Ebene u. Hügelland, Gewässernähe bevorzugt, auch in Kulturlandschaft. – **W** Größe nicht bekannt, vermutlich territorial, da mit Analdrüsensekret an Bäumen, Steinen u. dergl. markiert u. Kot an festen, von Laub gesäuberten Plätzen (sich dort zu Haufen sammelnd) abgesetzt wird. – **Tt** Nachts, tagsüber in Hochgras, Dickicht, Erdbau, Felsspalte, unter Baumwurzeln u. ä. Versteck schlafend. Bodentier, baumt nur in Not (bei Verfolgung) auf. – **Kp** Fell-Belecken u. -Beknabbern, auch gegenseitig, Gesichtswäsche mit Vorder-, Kratzen mit Hinterpfoten, Fellschütteln. Hals- u. Schulterreiben auf frischer Beute u. angenehmen Duftquellen. – **Lt** Knurren bei Ärger (Drohen), tiefklingendes Spuckhusten bei Erschrecken (dann gleichzeitig Mähnesträuben u. Hochspringen mit allen Vieren) oder heftigstem Drohen, Schreien bei höchster Erregung, Verlassenheitsmiauen der Jungen im Nest, Miauen des ♀ bei Hochbrunst u. Begattung, mehrmaliges kurzes »hä« als Stimmfühlungslaut, Heulen, Japsen u. Knurren bei ♂♂-Kämpfen. – **S** Riech- u. Hörvermögen sehr gut, Sehen ausgeprägt als hochempfindliches Dämmerungs- und Bewegungssehen. – **Fd** Einzelheiten nicht bekannt, Lagerjunge durch kleinere Katzen, Ginsterkatzen, Mungos u. Hyänen gefährdet. Bei Verteidigung kampfmutig, Haare gesträubt, auch ♀ verteidigt Junge mutig. – **N** Kleine bis mittelgroße Säuger (auch Jungantilopen u. Hauskatzen) u. Vögel, Eier, Hausgeflügel, Aas, Eidechsen, Schlangen, Kröten, Frösche, Fische, Krebse, Kerb-, Spinnentiere, Tausendfüßer, Schnecken, Beeren,

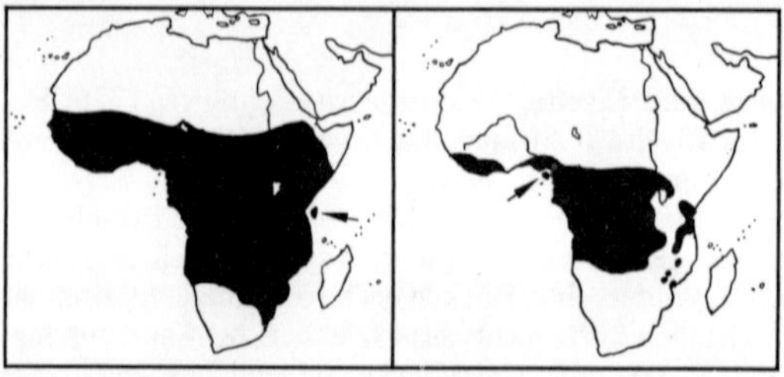

Afrika-Zibetkatze Pardelroller

Früchte, Gräser, Kräuter u. Blätter. – **Gs** Einzelgänger. – **Fp** Wurfzeit in N-Afrika Frühling, in Kenia-Tansania März–Oktober, im sl Afrika August–Oktober, im tropischen W-Afrika ganzjährig. Werbung u. Paarung katzenähnlich. Begattungsdauer 1–2 Minuten. Tragzeit 63–68, selten 72–82 Tage, Wurfplatz Versteck (s. W). Wurfgröße 1–4, meist 2. 3 Würfe jährlich möglich. Augen bei Geburt offen oder Öffnen nach 1–3 Tagen, 1. Festnahrung mit 3, Lagerverlassen mit 3$\frac{1}{2}$ Wochen, Säugezeit rd. 3 Monate. Geburts-KR rd. 15, –SL 9–10, –G 315–335, G mit 4 Tagen 680–790, 54 T. rd. 2250, 73 T. 2830–3170, 80 T. 2940–3620, 3 Monaten 3620–4080, 6 Mon. rd. 6800, 7 Mon. 8280. – **Gr** ♂ $\frac{3}{4}$–1, ♀ 1 Jahr. – **Ld** In Gefangenschaft 14 Jahre nachgewiesen.

33/5 **Wasserschleichkatze,** *Osbornictis piscivora* J. A. Allen, 1919. E: Water Civet, Aquatic Civet; F: La Genette aquatique

Kn Gestalt ginsterkatzenartig. Schnauze spitz, Augen u. Ohren mittelgroß, letztere dreieckig, etwas rundlich mit angedeuteter Spitze. Schwanz lang u. dickbuschig. Beine niedrig, hintere etwas länger als vordere, Daumen u. Großzehe ziemlich klein u. hochsitzend, Krallen gebogen u. spitz, ganze Sohlen nebst Ballen nackt. Hautdrüsen u.

Penisknochen bisher nicht untersucht, Zitzenzahl ? (vermutlich 4). Gb 3 · 1 · 4 · 2 = 40, C schlank, M schmal u. spitzhöckerig. Fell ziemlich lang, mit dichter Unterwolle, oberseits braunrot, Rückenmittellinie, Ohrrückseite u. Beine dunkler, Fußoberseiten u. Schwanz schwarz; unterseits etwas heller, Kehle, Kinn, Oberlippenvorderteil u. -rand, Wangen u. länglicher Überaugenfleck weißlich. Jugendkleid unbekannt. – **M&G** KR 45–50, SL 35–42, KH rd. 22, G ? (vermutlich um 3). – **V** NO-Zaire, sw bis Lowa-Fluß. – **Lw** Bisher nur einige Felle u. Schädel bekannt. Gemäß Fundstellen u. Körperbau schließt man auf Gewässerränder im Urwald als Lebensraum u. auf Fische als Nahrung.

Frettkatzen, Cryptoproctinae

Katzenartig. Zehenzahl 5/5, 6 Zitzen, Gb 3 · 1 · 3 · 1 = 32. Nächtlich tätige, boden- u. baumlebende Räuber des Waldlandes. 1 Gattung mit 1 Art in Madagaskar.

Frettkatze, *Cryptoprocta ferox* (Bennett, 1833). E: Fossa; F: Le Foussa, Le Fossa, Le 33/2
Cryptoprocte; MA: Fosa, Kintsala, Tratraka
Kn Katzenartig. Kopf katzenartig rundlich, jedoch Schnauze etwas länger, Schnurrhaare kopflang. Augen groß, Ohren mittelgroß, rundlich. Hals kurz u. gedrungen. Rumpf lang u. schlank. Beine niedrig, hintere länger als vordere, Daumen u. Großzehe gut entwickelt, Krallen kurz, rund, scharf u. zurückziehbar, nackte Sohlen- u. Zehenpolster gut entwickelt, meist Halbsohlen-, seltener Zehengänger. Schwanz fast körperlang. Anal- u. Vorhautdrüsen gut entwickelt, Penisknochen groß (rd. 7 cm lang), 6 Zitzen. C groß, P 1 klein, einwurzelig, früh ausfallend. Fell kurz u. dicht, oberseits rotbraun, entlang Rückenmitte etwas dunkler, unterseits etwas heller, am hellsten an Weichen u. Schenkelinnenseiten. Öfter Schwärzlinge. Junge erst hellgrau, fast weiß, dann perlgrau, mit $1\frac{1}{2}$ Monat beginnt am Kopf Umfärbung in Erwachsenenbraun, ist mit 3 Monaten vollendet. – **M&G** KR 60–75, SL 55–70, KH 36–40, G 7–12, ♂ etwas größer und schwerer als ♀. – **V** Ganz Madagaskar, am häufigsten im Küstenbereich, selten im zentralen Hochland. – **Lr** Waldland. – **W** Mehrere km^2 groß, je nach Landschaft, ♂ markiert mit Anal- u. Vorhautdrüsensekret an senkrechten Gegenständen, vermutlich territorial. – **Tt** In Dämmerung u. Nacht, zur Ranzzeit gelegentlich auch tags. Klettert hervorragend, nimmt Schwanz zur Hilfe (jedoch kein Greifschwanz), ist ebenso Baum- wie Bodenbewohner. – **Kp** Fell-Belecken u. -Beknabbern, Kratzen mit Hinterfüßen, Gesichtswäsche mit Vorderpfoten, Halsreiben an Unterlage u. Gegenständen. – **Lt** Drohschrei kurz, 5–7 mal hintereinander, in Ranz Partnerruf des ♀ langes (bis 15 Sek.) Miauen, Verlassenheitsruf der Jungen spitzes langes Wimmern, Junge schnurren bei Saugenbeginn, ♂ u. ♀ miauen u. knurren bei Paarung. – **S** Hör- u. Sehvermögen sehr gut, Riechvermögen gut. – **Fd** Keine natürlichen, stärkstes Raubtier Madagaskars. – **N** Säugetiere bis Halbaffen-, Schleichkatzen- u. Flußschweinfrischlingsgröße, Vögel bis Perlhuhngröße, Eier, Schlangen, Eidechsen, Frösche, Kerbtiere, dazu Hausgeflügel, -kaninchen, Schafe. – **Gs** Einzelgänger. – **Fp** Ranzzeit September–Oktober, Wurfzeit Dezember–Januar, Tragzeit 3 Monate, Begattung ähnlich Falbkatze (S. 231), ♀ sitzt, Dauer $\frac{3}{4}$–$1\frac{1}{2}$ Std., Wurfplatz Erd-, Fels-, Baumhöhle oder Nische am Ansatz großer Äste. Jungenzahl 2–4, meist 2–3. Jugendkleid s. Kn. ♀ zieht Junge allein auf. Augenöffnen mit 12–15, manchmal bis 25. Tag, mit $1\frac{1}{2}$ Monaten 1. Milchzähne u. 1. Nestverlassen, mit 2 M. 1. kleine Sprünge, mit $2\frac{1}{2}$ M. 1. Klettern, mit 3 M. Milchgebiß vollständig u. 1. Festnahrung, mit 4 M. Säugezeitende, mit 2 Jahren Erwachsenengröße, um diese Zeit ($1\frac{1}{2}$–2

Jahre) Mutterverlassen. Mit 4 J. voll ausgewachsen u. **Gr.** Geburts-G rd. 100, mit 1 Monat 250–300, KR 20–22, SL 15, mit 2 M. 750–800, KR 30, SL 27, mit 3 M. 800–875, KR 37, SL 30, mit 4 M. 1–1,3, mit 6 M. 1,4–1,8, mit 8 M. 2–2,7, mit 10 M. 2,8–4,1, mit 1 Jahr 3,2–4,6, mit 1½ J. rd. 5, mit 2 J. rd. 7. – **Ld** In Gefangenschaft 17 Jahre nachgewiesen.

Roller, Paradoxurinae

Ginsterkatzen- bis binturongartig. Zehenzahl 5/5, 4–6 Zitzen, Gb 3 · 1 · 4 · 2/1–2 = 38–40. Nächtlich tätige, vorwiegend baumlebende Waldbewohner. 6 Gattungen mit 9 Arten in S-Asien u. Afrika, davon in letzterem 1 Gattung mit 1 Art.

33/4 **Pardelroller,** *Nandinia binotata* (Gray, 1830). E: Tree Civet, African Palm Civet, Two-spotted Palm Civet; F: La Nandinie, La Nandinie à deux taches; A: Palmsivet **Kn** Gestalt ginsterkatzenartig, jedoch Schnauze kürzer u. Schwanz länger. Augen mittelgroß, Ohren kurz, rund, Schnurrhaare sehr lang, Beine niedrig, Daumen u. Großzehe ziemlich hoch sitzend, gut entwickelt, Krallen gebogen u. spitz, halb zurückziehbar, Zehen u. Sohlenballen nackt, Sohlenballen ausgedehnt, am Hinterfuß nackte Sohlenfläche bis Ferse, Sohlengänger. Drüsenbeutel mit Längsschlitz auf nacktem Hautfeld oberhalb Penis bzw. Scheide, sondert stark riechende gelbe Flüssigkeit ab, Tasthaarbüschel am Handgelenk (Carpalorgan), Kinn (Mentalorgan), Mundwinkel u. über Auge. Penisknochen klein (8–9 mm), 4 Zitzen. Am Schädel Gehörblase nur knorpelig. Gb 3 · 1 · 4 · 2 = 40, C kräftig, M spitzhöckerig, M^2 sehr klein, fällt oft aus. Fell kurz, wollig, sehr dicht, etwas straff, Schwanz etwas buschig. Oberseite blaßgraubräunlich bis dunkelrotbraun, Unterseite blaßgelb bis dunkelolivbraun, Flecke dunkelbraun bis schwarz. 1 Aalstrich oder Fleckenreihe von Stirn bis Schwanzwurzel, beiderseits je ein Nackenstrich, auf Schultern u. Flanken je 5–6 Längsreihen kleiner runder Flecke. Flecke eng bis weitstehend, scharfrandig oder verwaschen, Nackenstreifen schmal bis breit, durchgehend oder unterbrochen, manchmal fehlend. Schwanz mit 12–15 dunkelbraunen bis schwarzen Ringen. Ringbreite wechselnd, im vorderen u. hinteren Schwanzdrittel öfter Ringe zu Flecke aufgelöst, manchmal Ringe verdoppelt oder verdreifacht. Beine ungefleckt. 2 weißliche bis gelbbraune Flecke auf Widerrist meist vorhanden, jedoch manchmal verblaßt oder fehlend. Hinter jedem Ohr ein braunschwarzer Fleck. Junge wie Erwachsene, nur Grundfarbe u. Schulterflecke blasser, übrige Flecke schwarz u. unscharf, Grundfarbe weiß gestichelt. – **M&G** KR 44–60, SL 48–62, KH rd. 22, G 2,2–3,2. ♂ etwas größer u. schwerer als ♀. – **V** Regenwaldgebiete W- u. M-Afrikas von Guinea–Bissau u. Sierra Leone bis SW-Sudan, W- u. S-Uganda u. SW-Kenia. S-Grenze von M-Angola bis M-Mozambique, rd. 12° s. Br. im W u. 20° s. Br. im O. Auch auf Fernando Poo. 4 UA. – **Lr** Regenwald in Ebene u. Gebirge bis 2000 m, Galeriewald, Savannenwald. – **W** Nichts bekannt. – **Tt** Dämmerung u. Nacht. Klettert sehr gut. Springt bei Bedrängnis mit gespreizten Beinen aus Baumkronen zu Boden. – **Kp** Gesichtswäsche mit beleckten Vorderpfoten wie Falbkatze, Kratzen mit Hinterfuß, Fell-Belecken u. -Beknabbern, Krallenschärfen, Körperreiben an festen Gegenständen, Hals- u. Schulternreiben auf Fleischfutter oder sonstwie angenehmem Duftträger wie Ginsterkatze. – **Lt** »Kwak-kwak« bei Zufriedenheit, dann auch Schnurren (Junge u. Erwachsene), Knurren u. Fauchen beim Drohen, scharfes, kurzes »krää« bei Erschrecken, dumpfes Grollen bei Erregung, schrillkläffendes Schreien bei Wut, Fiepen als Bettellaut, ansteigender, langer Miauton (auch im Wechselgesang) als Stimmfühlungslaut, »u-u-u« als

Warnruf. – Seh-, Hör- u. Riechvermögen gut. – **Fd** Nichts bekannt. – **N** Kerbtiere, Kleinsäuger, Kleinvögel, Eidechsen, Früchte verschiedenster Art (können auch als alleinige Nahrung dienen), Grassamen, zarte Blätter. – **Gs** Einzelgänger. – **Fp** Junge anscheinend in allen Monaten, Wurfgröße 2–3, Tragzeit 64 Tage. Weitere Einzelheiten des Heranwachsens nicht bekannt, jedoch ähnlich *Genetta genetta* (S. 189). – **Gr** u. erwachsen mit rd. 1 Jahr. – **Ld** In Gefangenschaft $11\frac{1}{4}$ Jahr nachgewiesen.

Civetten, Hemigalinae

Vorwiegend rollerartig. Zehenzahl 5/5, 2–4 Zitzen . Gb 3 · 1 · 4/3–4 · 2 = 38–40. Nächtlich tätige, meist baum-, z. T. auch bodenlebende Waldbewohner. 6 Gattungen mit 7 Arten in S-Asien u. Madagaskar, davon in letzterem 2 Gattungen mit je 1 Art.

Fanaloka, *Fossa fossana* (R. L. S. Müller, 1776). E: Fossa Genet, Malagasy Civet, 34/5
Fanaloka, Fossana; F: La Civette fossane, La Civette malgache, La Fossana; MA: Fanaloka, Kavahy, Tomkasodina, Tombosadina, Tombokatosody
Kn Ginsterkatzenartig, jedoch etwas hochläufiger u. kurzschwänziger. Schnauze spitz u. etwas langgezogen, Ohren kurz u. rund. Beine schlank u. zart, Sohlen- u. Zehenballen nackt, Daumen klein, ohne Kralle, Daumen u. Großzehe hochsitzend, Krallen gebogen u. kräftig. Schwanz buschig, SL rd. 3/5 KR. 2 Zitzen. Analdrüsenbeutel fehlt, jedoch ausgeprägter Drüsenring um Afteröffnung vorhanden, außerdem 5 kleine

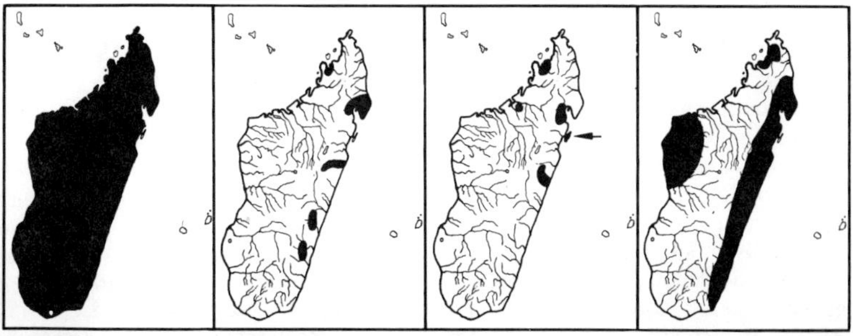

Frettkatze | Fanaloka | Ameisenschleichkatze | Ringelschwanzmungo

Kopfdrüsen als nackte Stellen mit einigen Langhaaren, davon 2 auf jeder Wange und 1 an Kehle. Penisknochen klein (rd. $\frac{1}{2}$ cm). Gb 3 · 1 · 4 · 2 = 40, C lang und kräftig. Fell kurz, weich u. dicht. Oberseite u. Schwanz hellbraun, Unterseite hellgrau, etwas bräunlich überhaucht. Überaugen- u. Augenwinkelfleck, schmaler Ohrrandstreifen, Oberlippenrand, Kinn u. Unterwange weißlich. Oberseite beiderseits Wirbelsäule von Hinterkopf bis Schwanzwurzel mit 2, vorn durchgehenden, hinten unterbrochenen, dunkelbraunen Längsstreifen, darunter auf Flanken 2 ebensolche Längsfleckenreihen. Oberschenkel u. Arme mit einzelnen solchen, meist rundlichen Flecken. Schwanz oberseits mit dunkelbraunen Flecken, die sich ungefähr zu rd. 8–10 Querbändern anordnen, Schwanzspitze dunkelbraun. Junges wie Erwachsene, nur Flecke schärfer hervortretend. – **M&G** KR ♂ 48–56, ♀ 42–51; SL ♂ u. ♀ 25–27; G ♂ 1,8–2,65, ♀ 1,4–1,74. – **V** Madagaskar. Regenwaldgebiete des O, N u. NNW. – **Lr** Regenwald in Ebene u. Gebirge bis 2000 m. – **Tr** 1 Paar auf 35–100 ha je nach Landschaftsform. Tr erstreckt sich 2–3 km entlang einem Wasserlauf, wird durch Afterdrüsen- u. Kopfdrüsenreiben an Gegenständen markiert u. gegen Artgenossen heftig verteidigt, hat feste Wechsel u. Schlupfwinkel (Felsspalten, Steinhaufen, Hohlbäume, vorgefundene Erdlöcher u. -baue u. ä.). – **Tt** Rein nächtlich. Bodenbewohner, klettert kaum, geht ins Flachwasser zum Beutefangen, benutzt zu letzterem weit aufreißbares Maul nicht Pfoten. – **Kp** Nicht bekannt. – **Lt** Meist stumm, wenig stimmfreudig. Drohlaut Knurren, Angriffs-Wut- u. Schrecklaut rauhes abgehacktes Miauen, Ranzlaute (♂ u. ♀) ähnlich Droh- u. Angriffslaut, Stimmfühlungslaut zwischen Eltern u. Jungen bis rd. 5 Monate nach Geburt gedämpftes »tschak-tschak-tschak«. – **S** Hör-, Riech- u. Sehvermögen gut. – **Fd** Frettkatze. – **N** Bevorzugt Tiere im u. am Wasser wie Fische, Aale, Krabben, Krebse, Lurche u. Kerbtiere, daneben Nager, unbestachelte Kerbtierfresser, kleine Halbaffen u. Vögel. Schwanzwurzel kann Fett speichern. Wasser wird viel getrunken (mit Zunge aufgelappt), kann höchstens 24 Std. entbehrt werden. – **Gs** Paarweise in Lebensehe. – **Fp** Ranzzeit August–September, Wurfzeit November–Dezember, Wurfplatz ungepolsterter Schlupfwinkel (s. Tr), Begattung im Stehen wie *Galidia* (S. 200), Dauer 3–5 Minuten. Tragzeit 3 Monate. Je Wurf 1 vollbehaartes Junges (Jugendkleid s. Kn) mit offenen Augen, die aber erst mit 1 Woche voll sehfähig. Durchbruch der Milchzähne vom 1.–3., der Dauerzähne vom 11.–14 Monat. 1. Festnahrung mit $1^1/_2$, Säugezeit $2^1/_2$ Monate, Laufen mit 12 Tagen, Fang leichter Beute mit 4, schwieriger Beute erst mit 11, Elternverlassen mit 12 Monaten. ♀ hält ♂ erste Wochen vom Jungen fern. Geburts-G 60–70, G mit 1 Mon. rd. 230, mit 2 M. rd. 420–500, mit 3 M. 650–750, mit 6 M. rd. 920–1200, mit 12 M. 1250–1350. – **Gr** u. **Ld** Nicht bekannt.

33/6 **Ameisenschleichkatze,** *Eupleres goudoti* Doyère, 1835. E: Small-toothed Mongoose, Falanouc; F: L'Euplère; MA: Amboa-Laola, Fanaloka, Falanuk, Ridaridy

Kn Schnauze spitz u. schlank, Augen u. Ohren mittelgroß, letztere rundlich, Körper rundlich, hinten höher u. stärker als vorne, Kopf im Verhältnis zu ihm auffallend klein. Beine vorne niedriger als hinten, Schwanz dickbuschig, $^1/_2$ KR, kann an Wurzel Fett speichern. Daumen u. Großzehe fast in gleicher Ebene wie übrige Zehen, Krallen lang, schmal u. gebogen. Sohlen- u. Zehenpolster nackt, bei UA *major* 1 zusätzliches Sohlenpolster am Vorderfuß u. lang ausgezogene nackte Fläche mit mittlerer Haarinsel hinter Sohlenpolster des Hinterfußes. Praescrotaldrüsen fehlen, Afterdrüsenring gut entwickelt, 5 Kopfdrüsen wie bei *Fossa* (S. 197), Penisknochen winzig (3,5 mm), 2 Zitzen. Am Schädel Rostrum, Unterkiefer- u. Jochbögen schmal, Gehörblasen groß. Gb $3 \cdot 1 \cdot 4 \cdot 2 = 40$, C u. M klein, letztere spitzhöckerig. Fell ziemlich kurz, dicht u. wollig, oberseits rotbraun (bei *major* grau gestichelt), unterseits hell graubraun, Schnauzenspitze, Unter- u. Überaugenfleck heller. Junges wie Erwachsene, doch schwarzbraun statt rotbraun. – **M&G** KR: *goudoti* 46–50, *major* 52–65, SL *goudoti* 22–24, *major* 24–25, G *goudoti* 2–2,3, *major* 2,8–4,6. – **V** UA: 1. Kleine A., *goudoti* Doyère, 1835, Regenwaldgebiet u. Sümpfe der O-Küste; 2. Große A., *major* Lavauden, 1929, dieselben Lebensräume im N. Beide UA werden durch Lebensraumvernichtung selten. – **Lr** Regen- u. Sumpfwald. – **Tr** Größe etwa wie bei *Fossa,* Einzelheiten nicht bekannt. ♂ u. ♀ markieren mit After- u. Kopfdrüsen an Stämmen u. ä. Als Schlupfwinkel dienen dichte Gras- u. Gebüschhorste. – **Tt** In Dämmerung u. Nacht. Bummelt in langsamem Hüpfgang umher, klettert nicht, springt kaum u. nur schlecht, geht ohne Scheu bis Bauch ins Wasser. – **Kp** Kratzen des Vorderkörpers mit Hinterfuß, keine Benutzung der Vorderfüße. Eingehendes Fellbelecken, des ♀ auch beim Jungen. – **Lt** Sehr schweigsam. Beim Drohen u. Angreifen leises Fauchen mit aufgerissenem Maul, bei unmittelbarer Gefahr mehrmalig Spucklaut. Stimmfühlungslaut zwischen Eltern u. Jungen wie *Fossa.* Junges miaut. – **S** Wie *Fossa.* – **Fd** Frettkatze. Bei Gefahr reglos verharrend (bis 1 Std.). Bei Verteidigung Schlagen mit Vorderpfotenkrallen aus Sitzen u. Kopfvorschnellen mit Zubeißen. – **N** Hauptsächlich Regenwürmer, die aus Laub u. Boden gescharrt werden, daneben Frösche, Sumpfschnecken, Kerbtiere, vielleicht auch Kleinnager u. -vögel. Starkes Fettspeichern unter Haut u. im Schwanz (500–800 g) für Trockenzeit Juni–Juli, wenn Regenwürmer knapp. – **Gs** Paarweise in Lebensehe. – **Fp** Ranzzeit August–September (Frühling), Wurfzeit Oktober–Dezember, Tragzeit rd. 3 Monate. Je Wurf 1 Junges auf nicht zubereitetem Schlupfwinkelboden. Junges ist voll behaart, dunkel- bis schwarzbraun, kriechfähig, hat Augen offen, kann nach 1 Tag mäßig, nach 3 T. gut, nach 8 T. schnell laufen, bleibt 1 Monat im Versteck, wenn ♀ abends auf Futtersuche, frißt Festnahrung aber erst mit 9 Wochen (dann Ende der Säugezeit), ist mit 5½ Monat ganz erwachsenenfarbig u. selbständig, verläßt ♀ bei nächster Ranzzeit. ♀ trägt bei Gefahr kleines Junges (bis 1½ Mon.) im Maul fort. Geburts-KR rd. 15, -SL rd. 5, -G rd. 150, G mit 1 Monat rd. 380, 2 M. rd. 650, 3 M. rd. 1100, 4 M. rd. 1650, 5 M. rd. 2000, 6 M. rd. 2200. – **Gr** u. **Ld** Nicht bekannt.

Madagaskarmungos, Galidiinae

Skunk- bis marder- oder ichneumonartig. Zehenzahl 5/5, 2 Zitzen, Gb 3·1·3–4/3·2/1–2 = 36. Nächtlich tätige, vorwiegend bodenlebende Waldbewohner. 3 Gattungen mit 4 Arten in Madagaskar.

Ringelschwanzmungo, *Galidia elegans* (I. Geoffroy Saint-Hilaire, 1837). E: Madagascar Ring-tailed Mongoose; F: La Galidia, La Galidie; MA: Vontsira, Kokia 33/3

Kn Ichneumonartig. Kopf zierlich, Schnauze schlank u. spitz, Augen klein, Ohren mittelgroß, zugespitzt. Beine mittellang, hintere etwas länger als vordere. Krallen kurz, rund, scharf, nicht zurückziehbar, Sohlen mit nackten Polstern, kurze Verbindungshaut zwischen Zehen, Daumen u. Großzehe in gleicher Ebene wie übrige Zehen. 2 Zitzen, Praescrotal-, Praevulval-, Anal- u. 5 Kopfdrüsen (letztere als kleine nackte Stellen mit einigen langen Haaren; je 2 Drüsen auf jeder Wange, 1 an Kehle). Gb 3·1·3·2 = 36, C mäßig groß, P1 sehr klein. Fell kurz u. etwas rauh, Schwanz lang u. stark buschig. Ohren weißgelb, heller Überaugenfleck, Gesamtkörperfarbe rotbraun, Schwanz mit 5–7 breiten schwarzen Ringen. Färbung der 3 UA: *elegans:* Körper rotbraun, Beine schwarz, 6–7 Schwanzringe; *dambrensis:* Körper samt Beinen hell rotbraun, Kehle u. Vorbrust gelbgrau, 5 Schwanzringe; *occidentalis:* Rücken hell rotbraun, Kopf graurötlich, Körperseiten, Bauch, Schenkel u. Beine schwarz, 5 Ringe. Junge wie Erwachsene gefärbt. – **M&G** KR 35–40, SL 23–30, KH 18–20, G 850–1000. – **V** Madagaskar. 3 UA: 1. Östlicher R., *elegans* (I. Geoffroy Saint-Hilaire, 1837), ganze O-Küste, von Meer bis Gebirgskamm; 2. Nördlicher R., *dambrensis* Tate & Rand, 1941, Nordspitze der Insel, Waldgebirge von Ambres u. Ankarana zwischen Diégo-Suarez u. Ambilobé; 3. Westlicher R., *occidentalis* Albignac, 1971, mittleres W-Küstengebiet zw. Soalala im N, Bekopaka im S u. Kelifely-Abhang im W. – **Lr** Waldland. Regenwaldgebiet an O-Küste, Trockenwald auf Kalkfelsen mit Wasserstellen in Schluchten u. Klüften im N u. W, in der Savanne nur im Galeriewald. Deckung u. Schatten lebensnotwendig, verträgt Prallsonne nicht. – **Tr** 1 Familie auf 20–25 ha, Tr wird markiert u. heftig gegen Artgenossen verteidigt, hat feste Wechsel u. Schlupfwinkel. – **Tt** Tagsüber, zu allen Tagesstunden möglich. Nachts schlafend in

Schlupfwinkel (selbstgegrabener Erdbau, Mulde unter Büschen, Hohlbaum) oder auf Baum. Schlafstellung liegend eingerollt oder sitzend mit untergestecktem Kopf. Arbeitet katzenartig geschickt mit Pfoten. Klettert u. schwimmt gut. – **Kp** Nicht bekannt. – **Lt** Leises Pfeifen als Stimmfühlungslaut (je 2–6 mal alle 4–5 Sek.), äußern auch bereits Junge wenige Stunden nach Geburt, verstärken es zu miauendem Winseln bei Verlassensein; kleiner gedämpfter Schrei als Beuteruf, wenn kleine Beute entdeckt; Knurren bei Mißmut; heller Schrei bei Ärger (2–3 mal alle 3 Sek.); dumpfes Knurren als Drohen, steigert sich mit Gefahrnäherung u. wird gefolgt von 4–5 Spucklauten; bei Angriff oder Angegriffenwerden heller spitzer Schrei von 4–5 Sek. – **S** Hör-, Riech- u. Sehvermögen gut. – **Fd** Frettkatze. – **N** Kleinsäuger (Nager, Kerbtierfresser, Tanreks, kleine Halbaffen), Kleinvögel, Eier, Kriechtiere einschließlich Schlangen, Lurche, Fische, Krebse, Schnecken, Kerbtiere, Früchte. Eier u. große Schnecken werden geöffnet durch kraftvolles Werfen mit Hinterbeinen aus Seitenlage rückwärts gegen Baum oder Stein. Trinkt viel, teils Wasser mit Zunge auflappend, teils eingetauchte Vorderpfote ableckend. Wasser kann kaum länger als 24 Std. entbehrt werden. – **Gs** Paare in Lebensehe mit dem Jungen des letzten, manchmal auch noch des vorletzten Wurfes. Familie hält sich stets beieinander. Nach Werfen hält ♀ ♂ für 1½ Monate auf Abstand u. läßt es erst danach an Junges heran. – **Fp** Ranzzeit Juli–November, hauptsächlich September–Oktober. Begattung im Stehen, ♂ legt Kopf auf ♀-Rücken, leckt ♀-Hals, Dauer der 1. Begattung rd. 40 Min., der folgenden 3–10 Min., Tragzeit 74–90 Tage, Wurfzeit September–April, Wurfplatz Schlupfwinkel, je Wurf nur 1 Junges. Jugendkleid s. Kn. Augenöffnen mit 6–8, Laufen mit 21, 1. Festnahrung mit 30, Springen mit 45, Milchgebißdurchbruch ab 16 bis 45 Tage, Dauergebißdurchbruch ab 8 bis 12 Monate, Säugezeit 2 Monate, selbständiges Beutefangen mit 14 Monaten, Elternverlassen ab 1½ Jahr. Geburts-G rd. 50, – KR 11–13, – SL 7–8, G mit 1 Monat rd. 100, 2 M. rd. 180, 3 M. rd. 280, 6 M. 300–500, 9 M. 470–900, 12 M. 620–870. – **Gr** Wohl erst mit 2 Jahren. – **Ld** Nicht bekannt.

34/3 **Schmalstreifenmungo,** *Mungotictis decemlineata* (A. Grandidier, 1867) (= *Galidictis vittata* Gray, 1848). E: Madagascar narrow-striped Mongoose, F: La Galidie à bandes étroites, MA: Vontira, Votsotsoke, Bokiboki

Kn Ichneumonartig. Schnauze spitz, Augen mittelgroß, Ohren kurz, breit dreieckig, Rumpf schlank, Beine niedrig, hintere etwas länger als vordere, Schwanz buschig, rd. ⅔ KR. Pfoten mit nackten Zehen- u. Sohlenpolstern, auch Mittelfußunterseite nackt, Krallen kräftig, kurze Verbindungshaut zwischen Zehen. Daumen u. Großzehe tiefsitzend. 2 Zitzen, Perianaldrüsen in Anlage vorhanden, Analdrüsenring kräftig, 5 Kopfdrüsen wie bei *Galidia*. Gb $3 \cdot 1 \cdot 3 \cdot 2 = 36$, C kräftig, M vorwiegend spitzhöckerig. Fell kurz, Schwanzhaare etwas harsch. Oberseite u. Schwanz bei UA *decemlineata* graubeige, mit 8–10 dünnen rotbraunen Streifen auf Rücken u. Seiten, Unterseite heller. Oberseite bei UA *lineata* hellgrau mit 8 schmalen braunen Streifen auf Rücken u. Seiten, Unterseite u. Schwanz grauweiß. Heller Über- u. Unteraugenfleck. Junges wie Erwachsene, etwas heller, Streifen noch schwach, nach 1½ Wochen in Erwachsenenfarbe nachdunkelnd. – **M&G** KR 30–35, SL 24–27, KH 18–20, G 725–880. – **V** 2 UA: 1. *decemlineata* (A. Grandidier, 1863), mittleres W-Madagaskar zwischen Tsiribihina-Fluß im N u. Mangoky-Fluß im S. 2. *lineata* Pocock, 1915, SW-Madagaskar, nl u. sl von Tulear. Beide UA wegen der Lr-Zerstörung stark bedroht. – **Lr** Trockenwald auf Sandboden mit laubabwerfenden (Mai–September) Hochstämmen von 20–30 m (dazwischen Affenbrotbäume), immergrünen, dornigen 3–6 m hohen Niedrigstämmen u. gras- u. krautlosem Boden mit Teppich aus trockenen Blättern. – **Tr** Wie *Galidia* (S. 199). – Schlupfwinkel hauptsächlich selbstgegrabene

Erdhöhlen mit 1–2 Zugängen, daneben Hohlbäume – **Tt** Nur tags, vormittags weniger, nachmittags 15–17^h Hauptzeit. Vorwiegend Bodenbewohner, klettert aber gut. – **Kp** Pfotenbelecken u. Kopfwaschen, Fellbelecken (auch gegenseitig). – **Lt** Stimmfühlungslaut 2–8 mal »buk-buk«, Junges bereits ab 1. Tag. Junges miaut bei Mißbehagen. Beim Entdecken u. Packen kleiner Beute kurzer heller Schrei. Kurzes Knurren (6–8 mal) als Drohruf (mit Schwanzaufrichten u. Haaresträuben sowie Kopfnicken), bei naher Gefahr u. Tr-Verteidigung Knurren höher u. länger. Schwanz- u. Haarestellung wichtige Signalgeber. – **S** Seh-, Hör- u. Riechvermögen gut. – **Fd** Frettkatze. – **N** Kleintiere: Kerbtiere, Krebse, Schnecken, Lurche, Kriechtiere (auch Schlangen), Kleinvögel, Eier, Kleinsäuger (auch Tanreks). Öffnet Eier u. Großschnecken wie *Galidia,* außerdem auch in Hockstellung durch Werfen mit Vorderpfoten zwischen Hinterbeinen durch wie Ichneumons. – **Gs** Paarweise in Lebensehe. – **Fp** Ranzzeit Juli–Dezember, Wurfzeit Oktober–März, Tragzeit 90–105 Tage, je Wurf 1 Junges. Begattung wie *Galidia.* ♂ wird durch ♀ für 1½ Monate vom Jungen ferngehalten. Bei Geburt Augen bereits offen u. gewisse Gehfähigkeit, nach 3 Tagen richtiges Gehen, nach 14 T. Springen und Klettern, nach 15 T. 1. Festnahrung, bis 1 Monat bei Gefahr Transport im Maul der Mutter, nach 2 M. Entwöhnung, mit 3 M. Fang von Kleinbeute, mit 6–12 M. auch größere Beute. Nestkleid s. Kn. Milchgebißdurchbruch 8.–30. Tag, Dauergebiß 6.–8. M., Elternverlassen mit 1, **Gr** mit 2 Jahren. Geburts-G rd. 50, – KR 12–13, – SL 7–8, G mit 1 M. 150, mit 2 M. 200–280, mit 3 M. 280–310, mit 6 M. 330, mit 9 M. 470, mit 12 M. 510–540. – **Ld** Nicht bekannt.

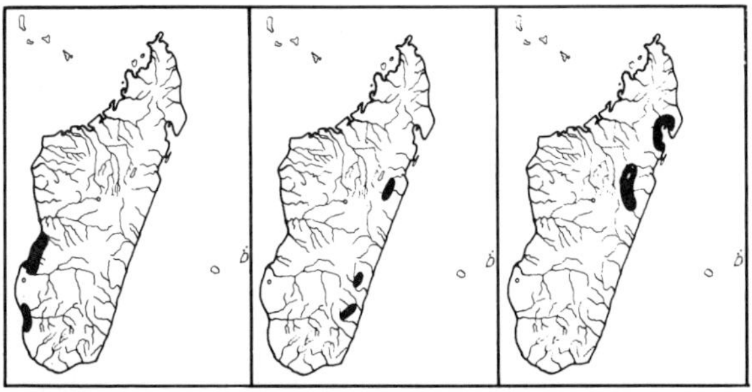

Schmalstreifenmungo — Bändermungo — Schlichtmungo

Bänder- oder **Breitstreifenmungo,** *Galidictis fasciata* (Gmelin, 1788). E: Madagascar broad-striped Mongoose, F: La Galidie rayée, MA: Vontsira fotsy; Bakiaka bestaminea *(fasciata),* Bakiaka belomboka *(striata)* 34/4

Kn Gestalt ähnlich *Galidia.* Schnauze spitz, Ohren klein u. rund, Beine kurz, hintere etwas länger als vordere, Finger u. Zehen lang, Daumen u. Großzehe gut entwickelt, Krallen kräftig. Schwanz lang (⅔ KR) u. buschig. 2 Zitzen, Analbeutel u. Penisknochen vorhanden. Gb $3 \cdot 1 \cdot 3 \cdot 2 = 36$, I^3 C-artig verstärkt, C außergewöhnlich groß u. massig, P spitzhöckerig, M breitkronig. Fell kurz u. dicht. UA *fasciata* hellbeige, fast weißlich mit beiderseits Rückenmittellinie 3 1–1,5 cm breiten dunkelbraunen Längsbändern von Nacken bis Schwanzwurzel, auch Oberarm u. -schenkel entsprechend gestreift. Unterseite u. Schwanz (außer Wurzel) weiß. Schwanzwurzel rotbraun, leicht geringelt. UA *striata* gelblichbraun mit beiderseits 4 dunkel rotbraunen Längsstreifen,

Unterseite u. Pfoten gelblich, Schwanz ganz weiß. Jugendkleid nicht bekannt, vermutlich ähnlich Erwachsenenkleid. – **M&G** KR 30–33, SL 22–26, KH rd. 18, G rd. 800. – **V** Madagaskar. 2 UA: 1. Breitstreifenmungo, *fasciata* (Gmelin, 1788), SO-Madagaskar, selten. 2. Bändermungo, *striata* (E. Geoffroy-Saint Hilaire, 1826), NO-Madagaskar, selten. – **Lr** Regenwald. Schlupfwinkel selbstgegrabene Erdbaue, Hohlbäume, Felsspalten u. ä. – **Tr** Ähnlich *Galidia,* Einzelheiten nicht bekannt. – **Tt** Nachts. Klettert gut. – **N** Nager, Halbaffen, Geflügel, mehr Räuber als *Galidia.* – **Gs** Paarweise in Lebensehe. – **Fp** 1 Junges im Frühjahr. Weitere Einzelheiten der Lw nicht bekannt.

34/2 **Schlichtmungo,** *Salanoia concolor* (I. Geoffroy-Saint Hilaire, 1839) (= *Hemigalidia* Mivart, 1882). E: Madagascar brown-tailed Mongoose, F: La Galidie unicolore, MA: Salano, Vontsira

Kn Gestalt ähnlich *Galidia,* nur Schwanz kürzer. Kopf zierlich, Schnauze schlank u. spitz, Augen u. Ohren klein, letztere rund. Beine ziemlich niedrig, Pfoten kräftig, hintere stärker als vordere, Krallen lang u. kräftig. 2 Zitzen, kleiner Penisknochen, Analdrüsen vorhanden. Gb 3/3 · 1/1 · 4/3 · 2/1 = 36, C kräftig, P spitzhöckerig, M breitkronig. Fell kurz u. dicht, Schwanz dickbuschig, rd. ½ KR. Körper u. Schwanz einheitlich rotbraun oder braunoliv. Junges wie Erwachsene. – **M&G** KR 35–38, SL 18–20, G rd. 800. – **V** NO-Madagaskar. Selten. – **Lr** Regenwald. – **Tr** 1 Familie auf mindestens 25–30 ha. – **Tt** Tagsüber, nachts im Schlupfwinkel (selbstgegrabener oder vorgefundener Erdbau, Hohlbaum u. ä.). – **Kp**, **Lt**, **S** u. **Fd** Nicht bekannt. – **N** Vorwiegend Kerbtiere, daneben Lurche, kleine Kriechtiere, Eier (werden geöffnet wie von *Galidia,* s. S. 200), vielleicht auch kleine Säuger u. Vögel. – **Gs** Paarweise in Lebensehe. – **Fp** 1 Junges je Wurf, weitere Einzelheiten nicht bekannt, jedoch *Galidia* ziemlich ähnlich.

Mungos, Herpestinae

Spitzgesichtig, kleinohrig, kurzbeinig, langschwänzig. Zehenzahl 4–5/4–5, 2–6 Zitzen, Gb 3 · 1 · 3–4/2–4 · 2 = 34–40. Bodenlebende, meist tagtätige Bewohner offener bis bewaldeter Landschaften in SW-Europa, Afrika, Vorder- u. S-Asien. 11 Gattungen mit 31 Arten, davon 11 Gattungen mit 23 Arten in Afrika.

35/7 **Eigentliches Ichneumon, Manguste** oder **Pharaonenratte,** *Herpestes (Herpestes) ichneumon* (Linné, 1758). E: Ichneumon, Egyptian Ichneumon, Egyptian Mongoose, Cape Ichneumon, Large Grey Ichneumon, Greater Grey Mongoose, Pharaoh's Cat, Monkey Cat; F: La Mangouste ichneumon, La Mangouste grise, La Mangouste cafre; A: Groot Grysmuishond, Groot Vaalmuishond, Groot Vaal Kommetjiegatmuishond, Kot Pharoon; K: Nguchiro

Kn Mardergroß, rattenartig, spitzköpfig, kurzbeinig u. langschwänzig. Schnauze spitz, Augen u. Ohren klein, letztere rund, nur wenig aus Fell ragend. Beine kurz, Daumen u. Großzehe klein, hochsitzend, Zehen-, Sohlenballen u. Hinterfußsohle bis Ferse nackt, Krallen lang, schwach gebogen, nicht zurückziehbar, kurze Spannhaut zwischen 2. bis 5. Strahl. Sohlengänger. Duftdrüse als Analdrüsenring rings um After. Penisknochen gut entwickelt, meist 4, manchmal 6 Zitzen. Gb 3/3 · 1/1 · 4/3–4 · 2/2 = 38–40, C kurz u. kräftig, P_1 sehr klein, M^2 klein. Fell mit dichter Unterwolle u. am Rumpf mit langen, etwas steifen, aufrichtbaren Deckhaaren, die an Flanken, Keulenrand u. Schwanzwurzel am längsten. Schwanz lang u. schlank, an Wurzel dicht behaart, zur Spitze, die pinselartige Endquaste trägt, sich verjüngend. Unterwolle meist gelb bis gelbbraun, Deckhaare schwarz-weiß geringelt, Gesamteindruck bräunlichgrau pfeffer- u. salz-artig. Unterseite gelblich, z. T. kahl, Schnauze u. Beine dunkelbraungrau, Schwanzquaste schwärzlich. Gesamtfarbe wechselt je nach UA zwischen hellweißgrau (mit dunklem Kopf, Beinen u. Schwanzquaste) bei Trockenlandtieren u. schwärzlich rotbraun bei Regenwaldtieren. Junge wie Erwachsene. – **M&G** KH 45–60, SL 35–58, KH 19–21, G 1,9–4,0. – **V** Sl Iberische Halbinsel (im W sl Tajo im O sl Guadalquivir), Palästina, Syrien, öl Türkei, Marokko, Algier, Tunis, Ägypten, Sudan, ferner Afrika ab rd. 15° n. Br. sw bis N-SW-Afrika, N-Botswana, Transvaal, Natal, Zululand u. Kapprovinz-Küste wl bis Knysna-Forest. Eingeführt in Madagaskar, Mjilet in Dalmatien u. Monte Circeo zwischen Rom u. Neapel. 11 UA, davon 10 in Afrika. – Wurde im Alten Reich Altägyptens als heilig verehrt. – **Lr** Urwald, Feucht- u. Trockensavanne, Steppe u. Halbwüste, im Gebirge bis 2000 m. Gewässernähe wird bevorzugt, Siedlungsnähe nicht gescheut. – **W** Nicht bekannt, vermutlich Familien-Tr. – **Tt** Je nach Landschaft vorwiegend am Tage oder manchmal auch in Dämmerung u. Nacht. Ruheplatz vorgefundener oder selbstgegrabener Erdbau, Felsspalte, Hohlbaum, unter Steinhaufen, Gras-, Schilf-, Gebüschhorst u. ä. Schläft im Sitzen mit nach vorn untergesteckter Schnauze. Schwimmt gut, springt u. klettert mäßig, letzteres abwärts mit Schwanz voran, macht Männchen bei Neugier. – **Kp** Kratzen mit Hinterpfoten, Schmutzabkratzen mit Vorderpfoten, Gebißreinigen mit Vorderpfotenkrallen, Fellbeknabbern, Afterfeldbelecken. – **Lt** »U-u-u« als Stimmfühlungslaut, »hä-hä-hä« als Paarungslaut, lautes Hecheln des ♂ u. lautes Schreien des ♀ am Begattungsende, Knurren u. Fauchen mit Drohbuckel u. Fellsträuben bei Abwehr, in höchster Erregung kurzer, scharfer Drohschrei, Abwehrkeckern u. -beißschnappen, Zufriedenheitsmuckern. Querren als Verlassenheitsruf der Jungen. – **S** Riech-, Seh- u. Hörvermögen gut, farbtüchtig. – **Fd** Vermutlich größere Raubtiere u. Greifvögel, Einzelheiten nicht bekannt. Außer Abwehrlauten (s. Lt) u. Drohbuckel in höchster Gefahr Verteidigung aus Rückenlage. – **N** Kleinsäuger bis Rattengröße, Vögel bis Perlhuhngröße, Hausgeflügel, Eidechsen, Schlangen (auch große Giftschlangen), Kerbtiere, Krabben, Krebse, Fische, Früchte. Erdnüsse werden ausgegraben, Frösche u. Kröten von ihrer schleimigen u. z. T. giftigen Haut durch Rollen auf der Erde befreit, Giftschlangen durch schnelle Reaktionen u. Bewegungen ermüdet u. überwunden, ihre Giftzähne durch das harsche, gesträubte Fell mit abgewehrt. Die Giftempfindlichkeit ist vermindert. – **Gs** Meist paar- oder familienweise, in letzterem Falle oft im Gänsemarsch. – **Fp** Ranzzeit in gemäßigten Breiten im Frühjahr, ob in Tropen jahreszeitlich gebunden, noch nicht erwiesen. Begattung im Stehen, Dauer 3–5 Min., Tragzeit 7–11 Wochen, Jungenzahl 2–3, selten 4. Wurfplatz im Versteck. ♂ zieht Junge mit auf. Ausgewachsen mit 1 Jahr, – **Gr** Mit 2; weitere Heranwachsensdaten nicht bekannt. – **Ld** In Gefangenschaft 12¾ Jahre nachgewiesen.

Rot-, Schmal- oder **Schlankichneumon,** *Herpestes (Galerella) sanguineus* Rüppell, 1835. E: Slender Mongoose, Lesser Mongoose, Ruddy Mongoose, Black-tipped Mongoose, Red Mongoose; F: La Mangouste rouge, La Mangouste naine; A: Rooimuishond, Vuurrooimuishond, Kleinvaalmuishond 35/3

Kn Gestalt u. körperliche Einzelheiten wie *Herpestes ichneumon* (S. 202), jedoch nur halb so groß, Hinterfußsohle nur halb bis Ferse nackt, Krallen gebogen u. spitz, 4 Zitzen, Gb $3/3 \cdot 1/1 \cdot 4/3 \cdot 2/2 = 38$, P^1 u. M^2 klein. Deckhaare nicht so lang wie bei *ichneumon,* Fell daher glatter. Oberseite dunkeloliv, olivgrau, ocker, rötlich, rotbraun oder dunkelgraubraun je nach UA, wegen helldunkler Einzelhaarringelung fein gesprenkelt. Unterseite meist heller, einfarbig gelbgrau bis kremfarben, manchmal wie

Oberseite, jedoch ungesprenkelt. Schwanz fast körperlang, nach Spitze zu sich verjüngend, Farbe meist anfangs wie Rücken, dann einfarbig u. Spitze rot bis schwarz. – **M&G** KR ♂ 27–40, ♀ 25–33, SL ♂ 24–36, ♀ 21–35, KH 10–12, G ♂ 400–900, ♀ 350–500; ♂ etwas größer u. schwerer als ♀. – **V** Afrika sl Sahara, N-Grenze von Senegal bis Air u. N-Sudan etwa zwischen 15° u. 18° n. Br., fehlt in N-Somalia u. W-Kapprovinz. 43 UA. – **Lr** Alle Landschaften von Wüste bis Regenwald, im Gebirge bis rd. 3000 m, deckungsreiches Gelände u. Wassernähe bevorzugt, z. T. Siedlungsfolger in Dörfern u. Vorstädten. – **W** Nicht bekannt. – **Tt** Nachts ruhend in Dickicht, Hohlbaum, Termitenbau, Felsspalte, unter Steinhaufen, vorgefundenen Erdhöhlen u. a., jagt am Tage u. in Dämmerung, bei Mondschein auch nachts, am Boden u. in Bäumen. Klettert geschickt wie Eichhörnchen, abwärts mit Kopf voran,

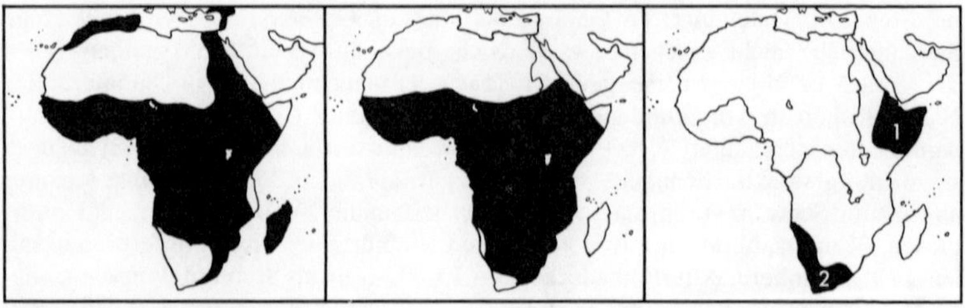

Eigentliches Ichneumon Rotichneumon 1 Gelbichneumon
2 Kleinichneumon

flüchtet auch auf Baum. Stellt vor Erreichen einer Deckung Schwanz senkrecht. Macht bei Neugierde Männchen. – **Kp** Nicht bekannt, vermutlich ähnlich *ichneumon,* – **Lt** Schweigsam, »huuwe« als Stimmfühlungslaut. Weitere Lautäußerungen nicht bekannt. – **S** Seh-, Hör- u. Riechvermögen gut. – **Fd** Größere Raubtiere u. Greifvögel, beobachtet fliegende größere Vögel scharf. Droh- u. Abwehrstellung ähnlich *ichneumon.* – **N** u. **Gs** Wie *ichneumon.* – **Fp** Meist 2 Junge je Wurf, Wurfplatz ist Schlupfwinkel (s. Tt). Weitere Einzelheiten des Heranwachsens u. **Ld** nicht bekannt.

35/4 **Gelbichneumon,** *Herpestes (Galerella) ochracea* (Gray, 1849). E: Abyssinian Mongoose; F: La Mangouste d'Abyssinie

Kn Rotichneumon (S. 203) in Größe u. Gestalt sehr ähnlich. Von ihm jedoch durch etwas größere Ohren, größeren Schädel, größere Gehörblasen, kräftigeren Unterkiefer mit fast geradem anstatt gebogenem Kronenfortsatzhinterrand, etwas dichter stehenden Zähnen u. größere M^2 unterschieden. Gebißformel u. Zitzenzahl wie Rotichneumon. Oberseite gelbbraun, grauocker oder gelbocker, durch helldunkle Deckhaarringelung fein gestichelt, Unterseite grauweiß bis kremweiß, Schwanz wie Oberseite, etwas dunkler, Ende schwarz. – **M&G** KR 23–32, SL 21–27, KH u. G ähnlich Rotichneumon. – **V** NO-Äthiopien, Somalia u. NO-Kenia. 4 UA. – **Lw** Tags tätig, lebt einzeln, paarweise oder in Familientrupps. Weitere Einzelheiten nicht bekannt, jedoch Rotichneumon ähnlich.

35/1 **Kleinichneumon,** *Herpestes (Galerella) pulverulentus* Wagner, 1839. E: Cape Grey Mongoose, Cape Lesser Grey Mongoose, Small Grey Mongoose; F: La Mangouste grise du Cap; A: Klein Grysmuishond, Klein Gryskommetjiegatmuishond

Kn Gestalt u. Größe fast wie Rotichneumon, jedoch gedrungener u. kräftiger u. Deckhaare länger. Fell in Bau u. Farbe fast wie *ichneumon,* braungrau pfeffer- und salz-artig. Gesicht, Füße u. Schwanzspitze dunkler. Unterseite heller. Gb 3/3 · 1/1 · 4/3–4 · 2/2 = 38–40. P_1 fehlt meist, C kräftig, M spitzhöckerig. 2–6 Zitzen. UA *shortridgei* in S-Angola hell- bis dunkelrotbraun mit schwarzer Schwanzspitze, UA *nigratus* in M- u. N-SW-Afrika mit fast schwarzem Rücken u. schwarzbraunen Flanken sowie schwarzer Schwanzspitze. KR 28–37, SL 27–36, KH u. G ähnlich Rotichneumon. – **V** Südafrika: Oranje, Lesotho, Kapprovinz, SW-Afrika u. südlichstes Angola. 5 UA. – **Lr** Busch- u. Felsgelände, gern an Kopjes, auf Blockhalden, an Flußbetten u. a. deckungsreichem Gelände. – **Tt** Tags. Bodentier, klettert jedoch, wenn verfolgt, auf Baum. – **N** Kleinsäuger bis Hasengröße, Kleinvögel bis Perlhuhngröße, Eidechsen, Schlangen (auch giftige) Kerbtiere, Krabben. Würmer, Eier. Letztere sowie Gehäuseschnecken, Krabben, Nüsse, u. Rollasseln werden durch Werfen mit Vorderpfoten auf Boden oder zwischen Hinterbeinen hindurch gegen Stein oder Baum aufgebrochen. – **Gs** Einzeln, paarweise oder in Familientrupps. Weitere Einzelheiten der Lw nicht bekannt. – **Ld** In Gefangenschaft 8¾ Jahr nachgewiesen.

Sumpfichneumon, Wassermanguste oder **Kurzschwanzichneumon,** *Herpestes (Atilax) paludinosus* (G. Cuvier, 1829). E: Marsh Mongoose, Water Mongoose, River Mongoose; F: La Mangouste des marais; A: Watermuishond, Grootswart Kommetjiegatmuishond; K: Nguchiro 35/5

Kn Gestalt wie *ichneumon,* jedoch Kopf massiger, Körper stämmiger u. Schwanz kürzer (⅔ KR). Zehen lang ohne jegliche Spannhaut, Krallen kräftig, Daumen u. Großzehe klein u. hochsitzend, Fußsohlen (am Hinterfuß bis Ferse) völlig nackt. Sohlengänger. Analdrüsen u. Penisknochen gut entwickelt, 4 Zitzen. Gb 3/3 · 1/1 · 3–4/2–4 · 2/2 = 34–40, C u. M kräftig, Pl u. 2 klein oder fehlend. Fell wie *ichneumon* (S. 202), etwas grobhaariger, rotbraun oder dunkelbraun oder dunkelbraungrünlich oder dunkelbraunschwärzlich, manchmal mit verwaschener Querbänderung, durch Einzelhaarbänderung kann ein grauer bis rotbrauner Schimmer entstehen, manchmal schimmert Oberseite metallisch. Rücken u. Beine am dunkelsten, Kopf u. Unterseite heller, Wangen etwas grau gesprenkelt, Lippenränder hell bis weißlich. Ganz schwarze Tiere kommen vor. Junge etwas dunkler als Erwachsene. – **M&G** KR 45–60, SL 25–40, KH rd. 18–20, G 2–4. – **V** Afrika sl Sahara ab rd. 12° s. Br. (im W auch in Senegal) sw bis Kap der Guten Hoffnung, auch auf Pemba vor Tansanias Küste. Fehlt in O-Äthiopien u. Somalia, in Kapprovinz nl des Oranje, in S- u. M-Botswana u. S- u. M-SW-Afrika. 10 UA. – **Lr** Sümpfe Marschen u. Gewässerränder in Savanne u. Wald, im Gebirge bis 2000 m. Schlupfwinkel sind Uferhöhlungen, Hohlbäume, Gras-, Schilf- u. Binsenhorste, Schilf u. Binsenplattformen. – **W** Größe nicht bekannt, vermutlich Tr, da Markierung mit Afterdrüsen (auch im Handstand) an Gegenständen u. feste Kotplätze u. Wechsel. – **Tt** In Abend- u. Morgendämmerung sowie Nacht, manchmal auch am Tage. Hält sich meist am u. im Wasser auf, schwimmt u. taucht gut, klettert normalerweise nicht. – **Kp** Fellbelecken u. -glätten mit einer Vorderpfote, Wälzen im Flachwasser mit anschließendem Trokkenwälzen u. -lecken. – **Lt** Schnurren bei Wohlbefinden, Knurren, scharfes Luftausblasen durch Nase u. Spuckbellen als Droh- u. Abwehrlaute, abgehackter, wiederholter hoher Bell-Laut bei Erregung, verstärkt bei Schmerz, noch mehr verstärkt u. von lautem Knurren u. stärkstem Haarsträuben begleitet bei Wut. Kurzer Schrei mit Haarsträuben bei Schreck. – **S** Riech- u. Hörvermögen sehr gut, Sehvermögen gut. – **Fd** Nichts bekannt. – **N** Kleinsäuger, Kleinvögel, Eidechsen, Schlangen, Frösche, Fische, Kerbtiere, Tausendfüßer, Muscheln, Schnecken, Krabben, Krebse, Vogeleier, Krokodileier, Früchte. Geschicktes Finger- u. Handbenutzen bei Beutesuchen u. -halten. Aufbrechen hartschaliger Beute wie Kleinichneumon (S. 205). –

Gs Einzeln, paarweise oder in Familientrupps. – **Fp** Je Wurf 1–2 Junge, Wurfzeit im sl Afrika November–Dezember. Einzelheiten der Fp u. des Heranwachsens nicht bekannt. – **Ld** In Gefangenschaft 11½ Jahre nachgewiesen.

35/6 **Langnasenichneumon,** *Herpestes (Xenogale) naso* De Winton, 1901 (= *microdon* J. A. Allen, 1919). E: Long-snouted Mongoose; F: La Mangouste à long museau, Le Xenogale

Kn Gestalt u. Größe wie Sumpfichneumon, jedoch Schnauzenoberteil länger, Ohren etwas größer, Schwanz etwas länger (¾ statt ⅔ KR) u. dicker u. auch Beine etwas länger. Fell ebenfalls lang- u. grobhaarig u. glänzend braunschwarz, so daß auf ersten Blick Verwechslung mit Sumpfichneumon möglich. Fell mit feiner graubrauner bis ockerfarbener Stichelung (durch Einzelhaarbänderung), die auf Rücken fehlen kann. Kopf grau überflogen, deutlich heller als Körper. Unterseite etwas heller, Beine dunkler als Rücken. Sohlen bis kurz hinter hochsitzendem kleinem 1. Strahl völlig nackt. Strahlen u. Krallen gedrungen. Gb 3 · 1 · 4 · 2 = 40, Pl sehr klein, C u. M kräftig. Jugendkleid, Zitzenzahl, Afterdrüsen- u. Penisknochenbau noch nicht beschrieben. – **M&G** KR 52–59, SL 36–43, KH rd. 20, G 3–4,25. – **V** SO-Nigeria, M- u. S-Kamerun, Rio Muni, N-Kongo u. -Gabun sw bis Äquator, ow durch N-Zaire bis Uelle, nicht sl des Kongoflusses. 2 UA. Selten, bisher nur 30 Tiere bekannt. – **Lw** Lebt im Regenwald. Einzelheiten sind nicht bekannt.

35/2 **Scharrtier, Surikate** oder **Erdmännchen,** *Suricata suricatta* (Schreber, 1776). E: Suricate, Meerkat, Grey Meerkat, Slendertailed Mierkat; F: La Suricate; A: Graatjiemeerkat, Stokstertmierkat

Kn Iltisgroß. Gedrungen, Kopf rundlich mit kurzer spitzer Schnauze. Augen mittelgroß, etwas nach vorn gerichtet u. so ziemlich eng beieinander. Ohren tief sitzend, klein, rund, verschließbar. Beine ziemlich kurz, Zehenzahl 4/4, Zehen lang u. schlank, Krallen der Vorderfüße doppelt so lang wie die der Hinterfüße. Sohlen nackt. Schwanz rd. ¾ KR, von dicker Wurzel aus sich zur Spitze verjüngend. Analdrüsen nur beim ♂. 6 Zitzen. Gb 3/3 · 1/1 · 3/3–4 · 2/2 = 36–38, C kurz u. kräftig, M spitzhöckerig. Fell etwas lang u. weich, an Flanken-, Keulenrand u. Schwanzwurzel am längsten, unterseits spärlicher. Oberseite graubraun bis weißgrau, Rücken mit rd. 10, vorn u. hinten kurzen, braunen bis schwarzen unscharfen, an Flanken undeutlichen auslaufenden Querbinden. Kopf u. Kehle weißlich, Nase Augenring u. Ohr schwarz. Unterseite blaßgelb, am Bauch dunkler, Beine gelblich, Schwanz gelbbraun, letztes Drittel oder Spitze schwarz. Junge an Hals, Bauch u. Beininnenseiten noch spärlich behaart, noch ohne Querstreifen, die erst nach 1 Woche erscheinen, nach 14 Tagen Fell dichter, mit 2 Monaten Erwachsenen gleich. – **M&G** KR 25–31, SL 19–24, KH rd. 15, G 620–970. – **V** S-Afrika: S-Transvaal, Oranje, Lesotho, W-Natal, Kapprovinz (außer sl Küstengebiet zw. East-London u. Kapstadt), M- u. S-Botswana, S- u. M-SW-Afrika, nur im Kaokoveld nw bis zum Kunene. 6 UA. – **Lr** Offenes, auch steiniges oder felsübersätes Gelände mit festem, sandigem, kiesigem u. ä. grabfähigem Boden in der Trockensavanne u. -steppe, im Buschland auf größeren Lichtungen, auch auf Ufer- oder Sand- u. Kiesbänken trockener Gewässer u. Pfannen, bis 1000 m über Meereshöhe u. mehr. Vielfach auch halbzahm auf Farmen gehalten. – **W** Jeweils 10–30 Tiere leben in einer Siedlung mit mehreren Bauen in Felsspalten oder meist in Erdbauen mit je mehreren, rd. 10 cm ∅ u. 150 cm langen Gängen in einem grasgepolsterten Kessel. Das Gelände in 100–200 m Umkreis um die Baue bildet das Wohn- u. Jagdgebiet. Da Nahrung nur einige Wochen vorhält, wechseln die Tiere mehrmals im Jahr zu anderen, rd. ½–2 km entfernt liegenden Bauen. Baue werden oft friedlich mit Erdhörnchen

(Geosciurus s. *Xerus),* Springhase *(Pedetes)* oder Fuchsmanguste *(Cynictis)* geteilt. Die Baueingänge u. feste Gegenstände im Gelände werden vom ♂ mit Afterdrüsensekret markiert. Feste Kotplätze vor den Baueingängen. – **Tt** Tagsüber einzeln, paarweise oder in kleinen Trupps auf Nahrungssuche in Bauumgebung unter häufigem Sichern u. Männchenmachen. Guter Gräber u. Kurzstreckenläufer, schlechter Springer u. Kletterer. Schlafstellung oft im Sitzen mit nach vorn untergestecktem Kopf. Schütter behaarte Unterseite als Wärmeregler. Wärmesammeln durch aufrechtsitzendes Sonnen oder Liegen auf warmem Boden oder auf Artgenossen (nachts oft mehrere Tiere übereinanderliegend). Wärmeabführen durch Liegen auf kühlem Untergrund. – **Kp** Fellbeknabbern (auch gegenseitig), Gebißsäubern mit Vorderfußkrallen. ♂ hebt beim Harnen ein Hinterbein. – **Lt** Kurzes Knurren als Stimmfühlungslaut bei Nahrungssuchen (leises Gurren zahmer Tiere als Stimmfühlungslaut zum Menschen); Grunzen u. Muckern bei Zufriedenheit (Junge schnurren stattdessen); scharfe wiederholte »Kru«-Laute bei Unzufriedenheit u. Verteidigung; kurzes, wiederholtes scharfes Bellen als allgemeiner Alarmruf; klarer wiederholter Ton als Warnlaut, abgehackt gegenüber Bodenfeinden, langgezogen gegenüber Luftfeinden; Knurren als Drohen bei Bodenfeindannäherung, steigert sich zu Spucklaut; Lagerjunge zwitschern wie junge Ginsterkatzen, querren bei Unbehagen, »räk-räk-räk«-Schreie bei Mißbehagen, »ü-ü-ü« als Stimmfühlung, wenn sie laufen können. – **S** Sehvermögen sehr gut, farbtüchtig. Riech- u. Hörvermögen gut. – **Fd** Größere Raubtiere (Falbkatze, Serval, Karakal, Schakale, Honigdachs, letzterer gräbt Surikaten aus) u. Greifvögel. Bei Feindannäherung Alarmruf, Flucht in Bau oder Deckung (Luftfeind). Bei Annäherung kleineren Bodenfeindes Knurren, Haaresträuben u. steifbeiniges Hochspringen

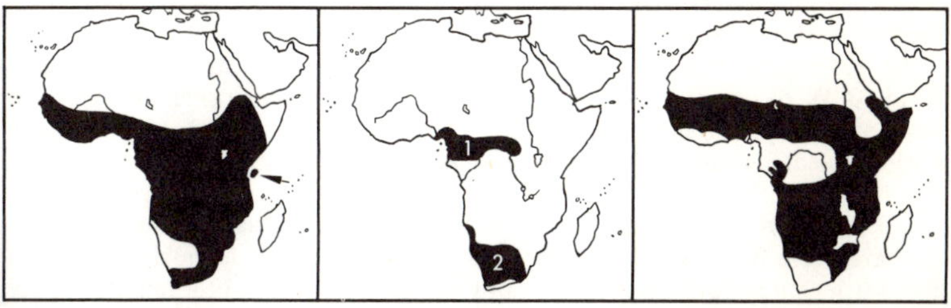

Sumpfichneumon | 1 Langnasenichneumon, 2 Scharrtier | Zebramanguste

als Drohung, notfalls schneller Sprung mit scharfem Zubiß. Greifvogelgefahr zwingt zu ständiger Himmelsbeobachtung, Greif- u. Friedvögelflugbilder werden sicher unterschieden. – **N** Kerb-, Spinnentiere, Skorpione, Hundert- u. Tausendfüßer, Kleinsäuger, Kleinvögel, Vogel- u. Kriechtiereier, Eidechsen, Schlangen (auch giftige), Schnecken, Wurzeln, Knollen, junge Triebe, Früchte, safthaltige Dickblattgewächse; Kleinbeute wird vielfach aus Boden gegraben. Empfindlichkeit gegen Skorpion- u. Schlangengifte gering. – **Gs** In Familien, meist mehrere Familien bilden eine Kolonie oder Siedlung (bis rd. 30 Tiere). – **Fp** Hauptwurfzeit Oktober–April. Paarung im Stehen. Tragzeit 11 Wochen, Wurfgröße 2–5 (meist 2–3). Nestkleid s. Kn. Wurfplatz grasgepolsterter Kessel. Geburts-G 25–36, G nach 1 Woche 55–80, nach 2 Wochen 65–100, nach 1 Monat 140–225, nach 2 M. 360–450, nach 6 M. fast Elterngröße. Ohröffnen mit 8–10, Augenöffnen 12–14 Tagen, lauffähig mit 3, Mutterbegleiten mit 4, Säugezeit 4–6 Wochen, Milchgebißdurchbruch zwischen 5. u. 30. Tag, 1. Festnahrung mit 3–4, selbständiges Futtersuchen mit 10 Wochen. – **Gr** 3/4 Jahr, Jung-♀♀ werden mit Gr vertrieben, Jung-♂♂ bleiben in Elternnähe. – **Ld** In Gefangenschaft 8 1/2 Jahre nachgewiesen.

36/1 **Zebramanguste,** *Mungos (Mungos) mungo* (Gmelin, 1788). E: Banded Mongoose; F: La Mangue rayée, La Crossarche rayée; A: Gebandenmuishond, Gestreepte Kommetjiegatmuishond; K: Gitschiro

Kn Ichneumonartig, jedoch gedrungener, etwas kurzschnauziger u. kurzschwänziger. Augen u. Ohren klein, Schwanz spitz zulaufend, rd. 3/5 KR. Zehenzahl 5/5, Daumen u. Großzehe klein, hochsitzend, kurze Spannhäute zwischen Strahlen, Krallen der Vorderfüße doppelt so lang wie die der Hinterfüße, ganze Sohlen nackt. Analdrüsen bei ♂ u. ♀, Penisknochen rd. 1,5 cm lang, 6 Zitzen. Gb $3 \cdot 1 \cdot 3 \cdot 2 = 36$, C u. M kräftig. Fell ohne oder nur mit wenig Unterwolle, Deckhaare etwas steif u. abstehend, die an Flanken-, Keulenrand u. Schwanzwurzel am längsten. Oberseite grau, oliv- bis braun- oder rötlichgrau, Einzelhaare helldunkel geringelt. Durch Sich-Überdecken gleichfarbiger Ringe stehen zwischen Schultern u. Schwanzwurzel bis zu 35 helle u. dunkle gleichbreite Querbänder, die sich an Flanken verlaufen. Kopf u. Unterseite wie Oberseite, Kopf manchmal dunkler, Beine dunkelbraun, Füße u. Schwanzspitze braunschwarz. Junge feinhaarig dunkelgrau, mit dunklen Querbändern, schwarzen Beinen u. Füßen u. langen Krallen, nach 1 1/2 Monaten tritt helldunkle Haarringelung auf, mit 3 Monaten voll erwachsenenfarbig. – **M&G** KR 30–45, SL 20–30, KH 18–20, G 0,6–1,5. – **V** Savannen Afrikas sl Sahara, N-Grenze von Senegambien bis Tschadseegebiet, Kordofan u. Eritrea, im O sw bis NO-Zaire, S-Sudan, Uganda, O-Äthiopien, Somalia u. Kenia sowie Tansania, Mozambique, Sambia, SO-Zaire, Rhodesien, N- u. O-Botswana, Transvaal u. Natal, im W in Angola, N- u. M-SW-Afrika. Fehlt im Guinea- u. Mittelafrikanischen Urwald, Malawi, Kapprovinz u. S-SW-Afrika. 17 UA. – **Lr** Trocken u. Feuchtsavanne, Wassernähe bevorzugt, nicht im geschlossenen Wald. – **W** In Familientrupps von 6–30 Tieren, die innerhalb eines größeren Gebietes ständig umherziehen, sich oft nur 1–2 Tage, manchmal auch 1–2 Monate (Wurfzeit) an einem Platz aufhalten u. immer wieder dieselben Quartiere benutzen (selbstgegrabene oder vorgefundene Erdbaue, Hohlbäume, Höhlungen zwischen Baumwurzeln, Felsspalten, Steinhaufen u. ä.). – **Tt** Am Tage, bei bedecktem Himmel ganztägig, bei heißem Wetter frühmorgens u. spätnachmittags, auch in mondhellen Nächten. Sonnt sich gern morgens. Größere Trupps teilen sich zur Futtersuche auf, treffen sich abends wieder am Bau. Futtersuche auffällig in breiter Front ohne Vorsichtsmaßnahmen, ständig zwitschernd zur Stimmfühlung. Macht aus Neugierde oft Männchen (stehend u. auf Hinterkeulen sitzend). Klettert im Felsgelände gut, notfalls auch auf Bäume, sonst ungern, schwimmt auch ungern, obwohl gerne an Gewässern. Oft Schlafstellung im Sitzen mit nach vorn untergestecktem Kopf. – **Kp** Fellbeknabbern, viel gegenseitig, auch gegenseitiges Markieren mit Afterdrüsen, daneben Markieren aller Umgebungsgegenstände mit Afterdrüsen. Gebißreinigen mit Vorderpfotenkrallen. – **Lt** Zwitschern als Stimmfühlungslaut. Knurren u. Fauchen mit Nackenhaarsträuben, Buckelmachen u. Hin- u. Hertreten auf Hinterbeinen als Drohung u. Abwehr. Gellender Warnruf, Schnurren bei Behagen. – **S** Seh-, Hör- u. Riechvermögen sehr gut. – **Fd** Größere Raubtiere u. Greifvögel. In Enge getrieben, mutige Verteidigung unter Haarsträuben u. kurzen, schnellen Angriffen aus steifbeinigem Imponiergang heraus, dabei Spucklaute. Bei Angegriffenwerden Zudrehen des Rückens zum Gegner u. Zuschlagen mit Eckzähnen über Schulter. Gemeinsame Verteidigung des Trupps möglich. Wenig schmerzempfindlich. – **N** Durchschnüffeln u. -graben des Bodens, toten Laubes, der Grasbüschel, Umdrehen aller Steine u. Zerteilen aller

Dunghaufen nach Kleintieren (Kerb-, Spinnentiere, Skorpione, Hundert- u. Tausendfüßer, Kleinsäuger, -vögel, Eier, Lurche, Kriechtiere, Schnecken, Früchte, Wurzeln, Knollen), Schlangen u. größere Beutetiere werden oft gemeinsam getötet, Frösche zwecks Hautschleimentfernung im Sand gerollt, Eier, Schnecken u. Nüsse durch Schmettern mit Vorderpfoten auf Boden oder durch Hinterbeine hindurch gegen Stein oder Baum zerbrochen. – **Gs** s.W. – **Fp** Wurfzeit in N-Afrika Frühling, in S-Afrika Frühling u. Sommer Oktober–März. Begattung im Stehen. Tragzeit rd. 2 Monate, Wurfgröße 2–6, Wurfplatz grasgepolsterter Kessel im Erdbau. Nestkleid s. Kn. Augenöffnen mit 10 Tagen, 1. Bauverlassen mit 3 Wochen, ausgewachsen mit 3 Monaten. – **Gr** ♀ mit $^{3}/_{4}$, ♂ mit 1 Jahr. Geburts-G rd. 20, in 5 Monaten angestiegen auf 1750–2250. Junge werden tagsüber von 1 ♀ gehütet, abends nach Rückkehr von Futtersuche von allen ♀♀ gesäugt. – **Ld** In Gefangenschaft 11 Jahre nachgewiesen.

Gambiamanguste, *Mungos (Mungos) gambianus* (Ogilby, 1835). E: Gambian Mon- 36/3
goose, F: La Mangue de Gambie

Kn Gestalt, Fußbau, Gebiß, Hautdrüsen nebst Zitzen u. Fellbeschaffenheit wie bei Zebramanguste (S. 208). Oberseite braungrau, gelb gesprenkelt, Einzelhaar auch helldunkel geringelt, jedoch keine Querstreifenbildung. Unterseite schwächer behaart, rötlich. Kinn, Kehle, Vorohrfeld u. Ohrrand hellgelblich, an Halsseite durch schmales weißes u. schwarzes Band von Halsoberseite abgesetzt. Schnauze u. Augenumrandung, Füße u.Schwanzspitze braunschwärzlich. Jugendkleid nicht bekannt. – **M&G** KR rd. 35, SL rd. 21, KH rd. 18–20, G etwa wie Zebramanguste, nicht bekannt. – **V** Feuchtsavanne u. Waldland (jedoch nicht Regenwald) von Gambia bis W-Nigeria am Niger. Keine UA. – **Lw** Kleintierfresser wie Zebramanguste, jagt am Tage in Familiengruppe wie diese, weitere Einzelheiten nicht bekannt, jedoch ähnlich Zebramanguste.

Dunkelkusimanse, *Mungos (Crossarchus) obscurus* (F. Cuvier, 1825); E: Kusimanse, 36/2
Cusimanse, Dark Mongoose, Long-nosed Mongoose; F: La Mangue brune, La Crossarche brune

Kn Gestalt ähnlich Zebramanguste (S. 208), jedoch Kopf u. Schnauze länger. Letztere mit erheblich über Unterlippe hervorragender Oberlippe u. Nase. Zehenzahl u. Fußbau wie Zebramanguste, nur Hinterfußsohle im letzten Drittel vor Ferse behaart. Analdrüsen, Penisknochen, Zitzenzahl u. Gebiß wie Zebramanguste. Fell mit dichter, feiner Unterwolle u. langen, struppigen u. etwas steifen Deckhaaren. Kopf u. Kehle kurzhaarig, Bauch spärlicher behaart als Rücken. Oberseite dunkelbraun bis braunschwarz, gelblich gestichelt, Kopf u. Unterseite heller, braungrau, Beine dunkler als Rücken, schwarzbraun, Schwanz wie Rücken, seine Spitze wie Kopf. Junge feinwollig, noch ohne Deckhaare, rotbraun, Nase noch kurz, Deckhaare u. Nasenverlängerung ab $1^{1}/_{2}$ Monat. – **M&G** KR 30–40, SL 15–25, KH rd. 18–20, G 1–1,5. – **V** Regenwald von Gambia u. Sierra Leone bis M- u. S-Kamerun u. Gabun. Keine UA. – **Lr** Regenwald. Im Gebirge bis 2000 m. – **W** Nichts bekannt. Markierung an senkrechten Gegenständen im Handstand. – **Tt** Tags. Nachts in selbstgegrabenem Erdbau mit mehreren Zugängen (oft altem Termitenbau) u. ä. Schlupfwinkel. Bodentier, klettert selten u. ungern. – **Kp** Keine. – **Lt** Zwitschern als Stimmfühlung bei Futtersuche. Knurren mit Haarsträuben als Drohen, dazu Katzbuckel bei naher Gefahr. Verschiedene Laute für Hunger, Müdigkeit, Unwillen u. Angst. – **S** Seh-, Hör- u. Riechvermögen sehr gut. – **Fd** Größere Raubtiere u. Greifvögel; greift selbst große Hunde furchtlos an, ist auffallend schmerzunempfindlich. – **N** Kleintiere (Würmer, Asseln, Tausend-, Hundertfüßer, Spinnentiere, Kerbtiere, Schnecken), die erschnüffelt u. ausgescharrt werden, Krabben, Fische, Lurche, Kriechtiere (auch Giftschlangen), Kleinsäuger u. -vögel, Früchte u. a. Pflanzenstoffe. Eier- u. dgl. Öffnen wie Zebramanguste. – **Gs** In Familientrupps (bis zu 1 Dutzend Tieren) umherziehend, Einzelheiten nicht bekannt. – **Fp** Begattung im Stehen. Tragzeit rd. 10 Wochen, Wurfgröße 2–4, meist 4. Fortpflanzungszeit jahreszeitlich nicht festgelegt, 2–3 Würfe im Jahr möglich. Nestkleid s. Kn. – **Gr** mit $\frac{3}{4}$ Jahr. – **Ld** In Gefangenschaft $4\frac{1}{2}$ Jahre nachgewiesen. Weitere Einzelheiten des Heranwachsens nicht bekannt.

36/5 **Kongokusimanse,** *Mungos (Crossarchus) alexandri* (Thomas & Wroughton, 1907). E: Alexander's Kusimanse, Long-snouted Mongoose; F: La Mangue d'Alexandre, La Mangue congolaise
Kn Gestalt, Gebiß, Fußbau, Analdrüsen, Penisknochen, Zitzenzahl u. Fellbeschaffenheit wie Dunkelkusimanse (S. 209), nur etwas größer u. zusätzlich kurzer dichter Haarkamm von Nacken bis Schwanzwurzel. Oberseite braun-lehmfarben mit hellgrauer Stichelung, Unterseite etwas heller, Kopf u. Kehle hellgrau, Kinn, hintere

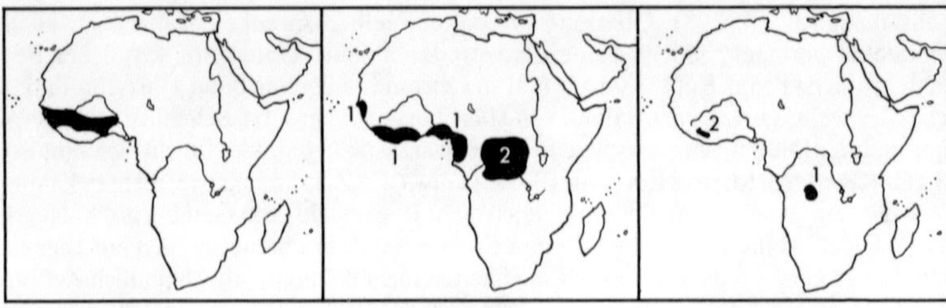

Gambiamanguste | 1 Dunkelkusimanse, 2 Kongokusimanse | 1 Angolakusimanse, 2 Liberia-Kusimanse

Oberlippe u. Unterwange weißlich, Füße schwarzbraun. Nestkleid aus kurzer brauner Unterwolle u. feinen, silberweißen Langhaaren, Kopffarbe wie Erwachsene, Unterseite dunkelbraun, rötlich überhaucht, Haarkamm schon vorhanden. Wechsel ins Erwachsenenkleid noch während Milchgebißzeit. – **M&G** KR 36–44, SL 24–32, KH u. G nicht bekannt. – **V** Regenwald des Kongo (Zaire u. angrenzende Gebiete der Republik Kongo u. Zentralafrikanischen Republik). Keine UA. – **Lw** Ähnlich Dunkelkusimanse, Einzelheiten nicht bekannt.

36/4 **Angolakusimanse,** *Mungos (Crossarchus) ansorgei* (Thomas, 1910). E: Ansorge's Kusimanse; F: La Mangue d'Ansorge, La Mangue angolaise
Kn Gestalt, Fußbau, Gebiß u. Fellbeschaffenheit wie Dunkelkusimanse (S. 209). Ober- u. Unterseite mittelbraun, Schnauze, Ohrrand, Füße u. Schwanzunterseite schwärzlich, Gesicht zimtfarben, Schwanzspitze schwarz. – **M&G** KR rd. 32, SL rd. 21. – **V** NW-Angola. – **Lw** Nicht bekannt. Bisher nur 1 Stück im Brit. Museum.

61/4 **Liberia-Kusimanse,** *Liberiictis kuhni* Hayman, 1958. E: Liberian Mongoose; F: La Mangue de Libéria
Kn Gestalt ähnlich Dunkelkusimanse (S. 209), jedoch schlanker u. hochläufiger. Kopf schlank, Schnauze lang u. spitz, Oberlippe u. Nase weit über Unterlippe vorspringend. Auge u. Ohr klein, letzteres rundlich. Zehenzahl 5/5, Sohlen nackt, Krallen lang u. kräftig, die des Vorderfußes $\frac{1}{3}$ länger als die des Hinterfußes. Analdrüsen, Penisknochen u. Zitzenzahl bisher nicht beschrieben. Gb $3 \cdot 1 \cdot 4 \cdot 2 = 40$, C u. M verhält-

nismäßig klein u. schwach. Fell wie Dunkelkusimanse; kurzer Haarkamm von Schulter bis Schwanzwurzel; einfarbig dunkel- bis schwärzlich-braun, etwas hell (blaßocker) gestichelt, Schwanz fast wie Rücken, mehr gestichelt, Beine dunkler, Füße schwarz. Kleiner Vorohrfleck, Unterwangen, Kinn u. Kehle blaßocker. Halsseite mit schwarzbraunen, kurzen Längsstreifen von Ohr bis Schulter, oben u. unten von hellockerfarbenen Streifen begleitet. Nasenrücken u. Schnauze schwarz. Jugendkleid nicht bekannt. – **M&G** KR 40–45, SL rd. 20, KH rd. 20–25, G 2–2,3. – **V** N- u. NO-Liberia. – **Lr** Laubabwerfender Regenwald nl Vollregenwald auf Sandboden, Sekundärwald mit undurchdringlichem Unterwuchs. – **Lw** Kaum bekannt, angeblich in kleinen Trupps (Familien?) tagtätig, Unterschlupf in Erdbauen u. Höhlungen, Hauptnahrung Kleintiere, vor allem Regenwürmer, die mit Schnauze aufgestochert werden.

Schwarzfußichneumon oder **Hundemanguste,** *Bdeogale (Galeriscus) nigripes* Pucheran, 1855. E: Black-footed Mongoose, Black-legged Mongoose, Western Four-toed Mongoose; F: La Mangouste à pattes noires, Le Bdeogale à pieds noirs; K: Nguchiro, Kitu 36/6

Kn Groß, kräftig, Kopf massig, Nase etwas breit, Augen u. Ohren klein, letztere rundlich, Beine stämmig, hintere etwas länger als vordere, Zehenzahl 4/4, Daumen u. Großzehe fehlen, Zehen kurz u. kräftig, Krallen kräftig, an Vorder- u. Hinterfuß gleichlang, Sohlen auf u. zwischen Polstern nackt, dahinter behaart. Gb $3 \cdot 1 \cdot 4 \cdot 2 = 40$, obere C gerade, seitlich abgeflacht, P1 sehr klein, P^4 mahlzahnartig. Analdrüsen gut entwickelt. Penisknochen u. Zitzenzahl? Fell kurz u. dicht, Schwanz ziemlich langhaarig. Kopf u. Kehle weißgrau, übrige Oberseite hellgraubräunlich bis weißgrau, fein gesprenkelt, Vorderbrust bis Vorderbauch u. Beinunterteile braunschwarz, Hinterbauch weißgrau, Schwanz weißgrau bis weiß. UA *jacksoni* mit gelber Kehle u. Halsseite. Fast erwachsene Junge bis auf Beine viel heller u. am Rumpf erheblich langhaariger als Vollerwachsene. Kleine Junge sehr wollig. – **M&G** KR 55–65, SL 35–40, KH rd. 20, G? – **V** Regenurwald von O-Nigeria (öl Cross-Fluß) bis NO-Zaire einerseits u. N-Angola andererseits (*nigripes*). Außerdem in SW-Kenia [*jacksoni* (Thomas, 1894)]. 2 UA. – **Lw** Im Regenwald, im Gebirge bis 2000 m, einzeln oder paarweise, hauptsächlich nachts tätig, Unterschlupf in vorgefundenen Bauen u. Höhlungen, Bodentier, klettert nur im Notfall, Stimme hundeähnliches Bellen, Nahrung Kleintiere u. Früchte, 1 Junges je Wurf. – **Ld** In Gefangenschaft 11 Jahre nachgewiesen. Weitere Einzelheiten unbekannt.

Buschschwanzichneumon oder **Iltisichneumon,** *Bdeogale (Bdeogale) crassicauda* Peters, 1852. E: Bushy-tailed Mongoose, Eastern Four-toed Mongoose; F: La Mangouste à queue touffue; Dikstertmuishond; K: Kitu, Nguchiro 36/8

Kn Gestalt, Fußbau, Gebiß u. Analdrüsen wie Schwarzfußichneumon (S. 211), Gestalt jedoch etwas kleiner u. Schwanz kürzer u. buschiger. Fell mit dichter Unterwolle u. längeren, etwas rauhen Grannen. Je nach UA mittel-, dunkelbraun (ohne oder mit heller Stichelung) bis braunschwarz u. schwarz. Gesicht u. Unterseite etwas heller (Kehle goldgelb bis dunkelbraun), Beinunterteile dunkler bis schwarz, ebenso Schwanz mittelbraun bis schwarz. Jugendkleid u. Zitzenzahl? – **M&G** KR 40–50, SL 20–30, G 0,9–1,6. – **V** O-Afrika von M-Mozambique (Sambesital), Malawi u. Sambia durch N-Mozambique, O-Tansania einschließlich Sansibar bis Küste M-Kenias. 5 UA. – **Lw** Scheu, furchtsam, nachts tätig, tagsüber versteckt in vorgefundenen Erdbauen u. Höhlungen, frißt Kleintiere einschließlich Eidechsen u. Schlangen. Lr Küstenwald, Akaziensavanne, felsige Hügel. Weitere Einzelheiten nicht bekannt.

36/7 **Weißschwanzichneumon,** *Ichneumia albicauda* (G. Cuvier, 1829). E: White-tailed Mongoose; F: La Mangouste à queue blanche, La Mangouste à queue variable, La Mangouste grise; A: Witstertmuishond; K: Karambago, Nguchiro

Kn Gestalt wie *ichneumon* (S. 202), jedoch hochbeiniger (Hinterbeine etwas länger als Vorderbeine) u. Schwanz buschiger, Zehenzahl 5/5, Daumen u. Großzehe klein, hochsitzend, Sohlen bis dahin nackt, dahinter behaart. Krallen an Vorder- u. Hinterfüßen mittellang. Analdrüsen gut ausgebildet, Sekret sehr übelriechend, kann ausgespritzt werden. Penisknochen vorhanden, 4 Zitzen. Gb 3/3 · 1/1 · 3/4 · 2/2 = 40, C kräftig, P^1 fehlt, P_1 sehr klein, M2 verhältnismäßig groß. Fell mit dichter, gelblicher Unterwolle u. langen, rauhen, schwarzen, verschieden breit hell geringelten Deckhaaren. Kopf grau, silber- oder rötlichgrau. Beine, Füße, Brust u. Bauch dunkelbraun, braunschwarz oder schwarz. Schwanz weiß oder schwarz oder schwarzweiß oder schwarzrötlich verschieden gemischt oder weiß- oder schwarzspitzig. Übrige Oberseite je nach Durchschimmern der Unterwolle u. der Breite der hellen Deckhaarringe dunkelgelbgrau, rötlichgrau, schwarzgrau bis schwarz. Junge wollig fahlbräunlich, noch ohne lange Deckhaare, Unterseite u. Zehen u. oft auch Schwanzspitze dunkelbraun bis schwarz. – **M&G** KR 47–69, SL 36–50, KH 22–25, G 1,8–5. – **V** Afrika sl Sahara außerhalb Regenwald u. Wüste. N-Grenze um 15–18° n. Br. (Senegambien im W, N-Sudan im O). Fehlt außer im W- u. M-Afrikanischen Regenwald auch in Oranje, Kapprovinz (außer öl Küstenstreifen ab Port Elizabeth), S- u. M-Botswana u. -SW-Afrika. Außerdem vorhanden in Oman (SO-Arabien). 5 UA. – **Lr** Feucht- u. Trockensavanne, dichtes Buschland, Waldränder, unterschlupfreiches Gelände, gern in Wasser-, manchmal in Siedlungsnähe, nicht in Regenwald u. Wüste. – **Tt** Vorwiegend nächtlich, wo ungestört, auch bereits am Spätnachmittag munter.

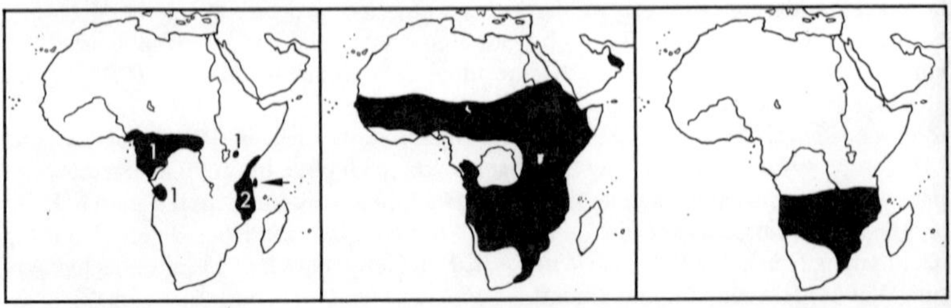

1 Schwarzfußichneumon
2 Buschschwanzichneumon

Weißschwanzichneumon

Südliches Zwergichneumon

Tagsüber in vorgefundenen Erdbauen u. Höhlungen aller Art. Klettert schlecht u. wenig, schwimmt gut, aber ungern. – **Lt** Alarmruf ähnlich Bellen eines kleinen Hundes. – **Fd** Verspritzt bei Feindabwehr sehr übelriechenden Analdrüsensaft. – **N** Kleintiere von Kerbtieren bis Kleinsäuger (bis Hasengröße) u. Kleinvögel (bis Perlhuhngröße), ferner Muscheln, Schnecken, Krebse, Eidechsen, Schlangen (auch giftige), Beeren, Früchte u. Eier. Letztere werden auf Zebramangustenart (S. 209) geöffnet. – **Gs** Einzeln oder paarweise. – **Fp** Je Wurf 2–3 Junge. – **Ld** In Gefangenschaft 12½ Jahre nachgewiesen. – Weitere Einzelheiten der Lw nicht bekannt.

37/1 **Südliches Zwergichneumon,** *Helogale parvula* (Sundevall, 1846). E: Dwarf Mongoose, Pygmy Mongoose, Short-tailed Mongoose, Small brown Mongoose; F: La Mangouste naine; A: Dwergmuishond

Kn Gestalt wie kleines eigentliches Ichneumon, nur Kopf etwas kürzer u. rundlicher

Schnauze spitz, Augen u. Ohren klein, letztere rundlich, Beine kurz. Zehenzahl 5/5, Daumen u. Großzehe klein u. hochsitzend, Sohlen nackt, Krallen mittelgroß, Sohlengänger. Anal- u. Wangendrüsen gut ausgebildet, Penisknochen vorhanden, 6 Zitzen. Gb 3·1·3·2 = 36, C kräftig. M mehr einfach schneidend. Fell ohne Unterwolle, Deckhaare etwas harsch, ihre Schicht dünn, Deckhaare an Schwanzwurzel etwas verlängert. Oberseite rötlichbraun bis dunkelbraun, (manchmal ganz schwarz), wegen helldunkler Deckhaarringelung fein hell gestichelt, Unterseite meist nur etwas heller als Oberseite (manchmal auch gestichelt), Beine u. Schwanz dunkler als Rücken (manche Tiere mit hellem Kopf u. hellen Beinen). Junge bei Geburt nackt, danach einsetzende Behaarung wie die der Erwachsenen. – **M&G** KR 18–28, SL 14–19, KH 7–8, G 210–350. – **V** Sl Afrika von S-Tansania u. N-Malawi bis Natal, Transvaal, Zululand, W-Rhodesien, O- u. N-Botswana, N-SW-Afrika, S- u. M-Angola, Sambia u. SO-Zaire. 6 UA. – **Lr** Savanne u. Buschland mit Termiten u. Ameisenbauen, Erdhöhlungen, umgestürzten Bäumen, Steinhaufen, Felsblöcken u. a. Schlupfwinkeln für Wohnbau. – **W** Größe nicht bekannt. Mittelpunkt vorgefundener u. umgebauter Erdbau u. ä. (s. Lr) mit mehreren Zugängen. Innerhalb W mehrere solcher Zufluchtsorte, da nach Nahrungserschöpfung Aufenthaltswechsel. – **Tt** Tags, von Sonnenauf- bis -untergang. Morgens auch Sonnen vor Bau, dann gemeinsame Futtersuche, mittags am lebhaftesten, nachmittags nach Rückkehr noch Spielen vor Schlafengehen. Schlafstellung auch sitzend mit nach vorn untergestecktem Kopf, sonst dicht Beieinanderliegen im Bau. Männchenmachen im Sitzen u. Stehen. Notfalls Klettern auf Bäume, Abwärtsklettern mit Kopf voran. Wasser wird gemieden, Schwimmen ebenso ungern wie Klettern. Kotabsetzen an festen Plätzen vor Bau. Harnen mit Beinheben. Kot u. Harn keine Duftmarken. Kopfdrüsensekret dient Drohung (3 Wochen wirksam), Analdrüsensekret Markierung von Gegenständen (auch im Handstand) u. Familienangehörigen (2 Tage wirksam). Kombinierte Kopf-Analdrüsensekret-Duftmarke verrät einem Artgenossen den Absetzer, seine Drohstimmungsstärke u. Zeit des Absetzens (auf 1 Std. genau). – **Kp** Gebißreinigen mit Krallen. Kratzen des Vorderkörpers mit der Hinterpfote. Keine Gesichtswäsche, kein Krallenschärfen, dafür eigenes u. sehr häufig gegenseitiges Fellbeknabbern u. -belecken. – **Lt** Bei Nahrungssuche ständiges Zwitschern zur Stimmfühlung. Junge im Lager zwitschern ebenso zur Stimmfühlung, geben bei Unbehagen hohes Piepen von sich, bei Wohlbehagen (im Alter von 1–5 Monaten) u. körperlicher Fühlungsnahme Schnurren. »Zi-zi-zi« als Bettellaut. Knurren aus Futterneid. Muckern bei Erregung. Droh- u. Warnlaut »tschéé-tschéé«, je nach Lautstärke veranlaßt er Sichern durch Männchenmachen oder Flucht in Schlupfwinkel. »Tzit-tzit« Schrecklaut bei Überraschung. Drohknurren mit Buckel u. Nackenhaarsträuben gegen Feind, wird verstärkt zum Angriffslaut, wenn Feind sich weiter nähert. – **S** Seh-, Hör- u. Riechvermögen sehr gut. – **Fd** Größere Raubtiere u. Greifvögel. Wegen unzähmbarer Neugier furchtlos u. sich oft in Gefahr bringend. – **N** Kleintiere (Tausendfüßer, Spinnen, Skorpione, Kerbtiere, Schnecken, Eidechsen, Schlangen, Kleinvögel u. -säuger sowie Eier), Früchte u. Beeren. Hauptnahrung Kerbtiere. Schlangen (auch giftige) werden auch gemeinsam getötet, Schnecken u. Eier durch Schleudern mit Vorderpfoten zwischen Hinterbeinen hindurch gegen Stein oder Baum zerbrochen. Schleimige oder borstige Beute wird am Boden gerollt, zähhäutige oder pelzige abgehäutet. Wenn Wasser erreichbar, tägliches Trinken (Zungeschlappen oder Pfotenbenetzen u. -ablecken). – **Gs** In Familien u. Sippen, bestehend aus 1 erwachsenen ♂ u. ♀ mit deren Kindern u. Enkeln. Kopfzahl meist 6–12, aber auch bis 30 u. mehr möglich. Ranghöchste sind Eltern (♀ vor ♂) u. jeweils jüngste Kinder, übrige Kinder (Jungtiere) helfen bei Kinderaufzucht u. -bewachung, Jung-♂♂ bei Wachestehen u. Verteidigung gegen Feinde mit. Alt-♂ verhindert Paarung der Jungtiere untereinander, nur Alt-♂ u. -♀ zeugen Kinder. Jungtiere sind erst mit 3 Jahren voll ausgewachsen, gründen erst dann eigene Familie. – **Fp** Paarung im Stehen, Dauer rd. 5 Minuten. Tragzeit 50–54 Tage, Wurfgröße 2–6, meist 3–4, Wurfplatz nackter Kessel im Erdbau. Neugeborene nackt u. blind, KR rd. 4, SL rd. 2,5. Einsetzende Behaarung gleich der der Erwachsenen. Augenöffnen mit 2, Umherlaufen u. 1. Nestverlassen mit 3, Entwöhnung mit 3–4 Wochen, 1. Festnahrung mit 7–10 Tagen, völlig selbständig mit 2 Monaten, – **Gr** In Gefangenschaft bereits mit 4 Monaten möglich, in Wildbahn meist erst mit 3/4 Jahr, voll ausgewachsen mit 3 Jahren. 2–3 Würfe im Jahr möglich. – **Ld** Nicht bekannt.

37/2 **Östliches Zwergichneumon,** *Helogale undulata* (Peters, 1852). E & F wie bei *parvula* (S. 212), K: Nguchiro
Kn Gestalt u. Körperbau wie *parvula.* Rotbraun bis dunkelgraubraun, hell gestichelt, Kopf u. Brust etwas rötlich. – **M&G** KR 20–25, SL 12–16, KH 7–8, G 210–350. – **V** NO-Mozambique, Tansania, Kenia, Uganda, S-Somalia, SW- u. SO-Äthiopien. 10 UA. *Undulata* ist sehr wahrscheinlich mit *parvula* artgleich. – **Lw** Wie *parvula.*

37/3 **Somali-Zwergichneumon,** *Helogale hirtula* Thomas, 1904. E: Shaggy Mongoose, F: La Mangouste velue
Kn Gestalt u. Körperbau wie *parvula* (S. 212), Fell etwas länger u. rauher. Rauchgrau, hell gestichelt, Füße dunkler, Unterwangen heller, Unterseite etwas ocker überflogen. – **M&G** KR 20–27, SL 15–20, KH 7–8, G? – **V** NO-Kenia, S- u. M-Somalia, O- u. S-Äthiopien. 5 UA. – **Lw** Nicht bekannt, jedoch wohl ähnlich *parvula.*

37/4 **Listige Manguste,** *Dologale dybowskii* (Pousargues, 1893). E: Pousargues' Mongoose, Savannah Mongoose; F: La Mangouste de Dybowski
Kn Gestalt u. Größe wie *H. parvula* (S. 212), nur Schwanz etwas buschiger. Fell ziemlich kurz, jedoch Unterwolle vorhanden u. Deckhaare etwas steif. Dunkelbraun, fein gelbgrau gestichelt, Kopf etwas dunkler als Rücken, fein weiß gestichelt, Kruppe

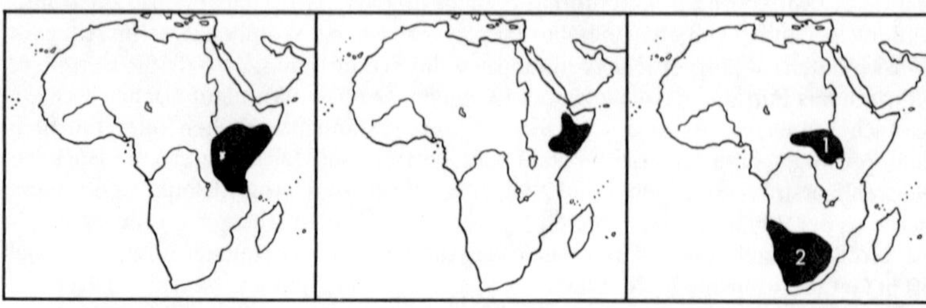

Östliches Zwergichneumon Somali-Zwergichneumon 1 Listige Manguste
2 Fuchsmanguste

oft gelblich überhaucht, Schwanz wie Rücken, oft unterseits etwas rötlich, Körperunterseite blaßsepia, Kehle u. Unterwangen grau. Füße braunschwarz bis schwarz. Fußbau wie *Helogale,* Hautdrüsen u. Zitzenzahl nicht beschrieben, Penisknochen klein (1 cm). Gb 3/3 · 1/1 · 3–4/3 · 2/2 = 38, P^1 kann fehlen, sonst Zahnbau wie *Helogale.* Jugendkleid nicht bekannt. – **M&G** KR 22–29, SL 16–22, KH rd. 7–8, G? – **V** NO-Zaire, SO-Zentralafrik. Republik, M- u. S-Sudan, Uganda. Keine UA. – **Lw** Savannenbewohner. Einzelheiten nicht bekannt.

Fuchsmanguste, *Cynictis penicillata* (G. Cuvier, 1829). E: Yellow Mongoose, Red Meerkat, Bushy-tailed Mierkat; F: La Mangouste fauve; A: Geelmeerkat, Rooimeerkat 37/5

Kn Gestalt ähnlich kleinem Fuchs. Schlank, hochbeinig, spitzköpfig, buschschwänzig. Schnauze kurz u. spitz, Augen mittelgroß, Ohren breit angesetzt, kurz-rundlich, jedoch mit abgerundeter oberer Ecke Kopf überragend. Beine schlank, Zehenzahl 5/4, Daumen klein, hoch angesetzt, Großzehe fehlt, Krallen lang, Sohlen bis Daumenansatz bzw. Großzehenansatzstelle nackt. Schwanz dickbuschig, Analdrüsen gut entwickelt, Penisknochen klein (¾ cm), 6 Zitzen. Gb $3 \cdot 1 \cdot 4 \cdot 2 = 40$, C u. M kräftig, letztere spitzhöckerig, P1 sehr klein, kann einstellig fehlen. Winterfell mit dichter Unterwolle u. längeren Deckhaaren, Sommerfell kurz u. dünn, Winterfell blasser als Sommerfell. Oberseite u. Schwanz weißgrau, gelbgrau bis braungelb, orange oder rötlich, dunkel gestichelt, Unterseite u. Füße heller als Rücken, Lippen, Kinn u. Kehle weiß, Schnurrhaare schwarz. Vorderkörper mit Vorderfüßen manchmal heller (bis weißgrau) als Hinterkörper. Schwanz meist in Mitte dunkler u. Spitze weiß, manchmal überwiegend weiß. Jugendkleid nicht beschrieben. – **M&G** KR 25–40, SL 18–30, KH rd. 15–18, G 440–800. – **V** Sl Afrika. Südafrik. Union wl Drakensberge (M- u. W-Transvaal, W-Natal, N-Oranje, Kapprovinz, außer S zwischen St-Helena-Bucht u. Port Elizabeth), SW-Rhodesien, Botswana, südlichstes Angola ab 16° s. Br. zwischen Kubango u. Kunene, SW-Afrika. 12 UA. – **Lr** Trockene, offene mit dürftigem Graswuchs u. Buschbestand versehene, hügelige oder etwas höher gelegene, auch felsige oder steinige Landschaften bevorzugt, in Trockenzeit, wenn keine Überschwemmungsgefahr, auch in tiefliegenden Ebenen, an Rändern trockener Gewässer u. Pfannen. – **W** Auftreten paar-, familien- oder sippenweise in Kolonien bis 50 Tiere u. mehr. Mittelpunkt ist Erdbau, der von Springhasen *(Pedetes)* oder Erdhörnchen *(Geosciurus* s. *Xerus)* übernommen u. ausgebaut wird, sich über 50 m² erstrecken u. bis 100 Zugänge haben kann. Baue auch unter Felsbrocken, oft in kleinen, um Akazienbuschwurzeln angeblasenen, 1–1,5 m hohen u. 10–20 m langen Sanddünen. Friedliches Zusammenleben mit Erdhörnchen u. Surikaten, auch Junge spielen zusammen. Feste Kotplätze in Bauumgebung. Nahrungssuche einzeln oder Paarweise vom Bau aus bis über 3 km fort. Bei Nahrungserschöpfung Umzug in entfernten Bau. – **Tt** Tags; nur in Dorfnähe, da scheu, auch nachts. Sonnen frühmorgens im aufrechten Sitzen oder Stehen wie Surikate. In dieser Haltung auch Wachen. Nahrungssuche s. W. Viele Kleintiere werden ausgescharrt. – **Kp, Lt, S** u. **Fd** Einzelheiten nicht bekannt. – **N** Kleintiere (Tausendfüßer, Spinnen, Skorpione, Kerbtiere, Kriechtiere, auch giftige Schlangen), Kleinvögel u. -säuger bis Hühner- u. Hasengröße. Wichtiger Nagervertilger. Nahrungssuche s. W. u. Tt. Als Koloniesiedler gefährlichster Tollwutträger u. -verbreiter seines Vorkommengebietes. – **Gs** s. W, weitere Einzelheiten nicht bekannt. – **Fp** Je Wurf 2–4 (meist 2) Junge in nacktem Erdbaukessel. 2 Würfe im Jahr möglich. Weitere Einzelheiten nicht bekannt. – **Ld** In Gefangenschaft 12 Jahre nachgewiesen.

Trugmanguste, *Paracynictis selousi* (De Winton, 1896). E: Selous' Mongoose, Selous' Meerkat; F: La Mangouste de Selous; A: Selouse Mierkat, Kleinwitstertmuishond 37/6

Kn Ichneumonartig. Schnauze spitz, Augen klein, Ohr kurz, rundlich, breit angesetzt. Beine ziemlich kurz, Zehenzahl 4/4, Daumen u. Großzehe fehlen, Sohlen außer Ballen behaart, Krallen lang u. kräftig. Schwanz lang, nach Spitze zu sich verjüngend. Analdrüsen gut entwickelt, 6 Zitzen, Penisknochen? Fell ziemlich lang, Unterwolle dicht, bräunlich, Deckhaare etwas steif, helldunkel geringelt. Oberseite dunkel gelbbraun bis gelbgrau, hell gestichelt, Unterseite weißlich bis gelblich. Manchmal Stirn u. Wangen weißlich. Schwanz wie Rücken, Spitze weiß. Füße dunkelbraun bis schwarz. Jugendkleid nicht beschrieben. Gb 3 · 1 · 4 · 2 = 40, C u. M kräftig, letztere spitzhöckerig, P1 klein. – **M&G** KR 35–48, SL 28–40, KH rd. 15–18, G 1,3–2,7. – **V** Sl Afrika: NO-Natal, O- u. N-Transvaal, Rhodesien, S-Sambia, O- u. N-Botswana, O-Caprivi, M- u. S-Angola u. vielleicht NO-SW-Afrika. 4 UA. – **Lr** Trockensavanne, Busch- u. offenes Baumland mit sandigem oder sonstwie grabfähigem Boden. – **W** Größe nicht bekannt. Mittelpunkt vorgefundener oder selbstgegrabener Erdbau (auch unter Büschen oder zwischen Baumwurzeln) mit verzweigtem Gangsystem u. mehreren Zugängen. – **Tt** In Dämmerung u. Nacht, tagsüber im Bau ruhend. – Übrige **Lw** kaum bekannt. Einzeln oder paarweise lebend, Wurfzeit September–März, Jungenzahl 2. Nahrung Kleintiere (Tausendfüßer, Spinnen, Skorpione, Kerbtiere, Frösche, Eidechsen, Kleinvögel, Mäuse). – **Ld** Nicht bekannt.

37/7 **Maushund** oder **Meller-Manguste,** *Rhynchogale melleri* (Gray, 1865). E: Meller's Mongoose; F: La Mangouste de Meller; A: Mellerse Muishond; K: Nguchiro
Kn Ichneumonartig. Schnauze spitz, Augen u. Ohren klein, letztere rundlich. Schwanz lang, an Wurzel langhaarig, nach Spitze zu sich verjüngend. Zehenzahl 5/5, Daumen u. Großzehe hoch sitzend, klein, Sohlen außer Polstern behaart, Krallen mittellang. 4 Zitzen. Analdrüsen- u. Penisknochenbeschaffenheit nicht bekannt. Gb 3/3 · 1/1 · 4–5/4 · 2/2 = 40–42, C u. M kräftig, flachkronig, P1 klein. Fell ziemlich lang u. etwas rauh, Unterwolle vorhanden. Kehlhaare nach vorn gerichtet, bilden seitlich

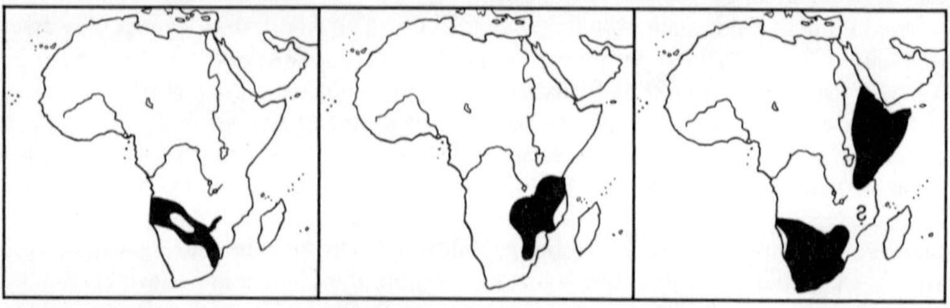

Trugmanguste Maushund Erdwolf

Grenzkamm mit Nackenhaaren. Oberseite rötlichbraun, hell gestichelt, Kopf u. Unterseite heller, Rücken u. Füße dunkler, letztere dunkelbraun, Schwanz rückenfarbig, Endteil schwarz. Wangen u. Kinn hell graubräunlich, Jugendkleid nicht beschrieben. – **M&G** KR 45–50, SL 35–40, KH rd. 15–18, G 1,5–2,7. – **V** M-Tansania, M- u. W-Mozambique, S-Malawi, M- u. S-Sambia, SO-Zaire, Rhodesien, O-Transvaal, Ngwana (Swaziland). 3 UA. – **Lr** Busch- u. Baumsavanne. – **Lw** So gut wie unbekannt. Nachttätiger, einzelgehender, bodenlebender Kleintier- u. Früchtefresser, Hauptnahrung anscheinend Termiten. Tags versteckt in Erdhöhlen oder Felsspalten. Wurfzeit September–März. Je Wurf 2–3 Junge. – **Ld** Nicht bekannt.

Hyänen, Hyaenidae

Ungefähr schäferhundgroß. Schnauze spitz bis stumpf, Augen u. Ohren mittelgroß, Hals mittellang, Rücken abfallend, da Hinterbeine kürzer als Vorderbeine. Zehenzahl 5/4–4, Daumen (außer bei *Proteles*) u. Großzehe fehlen. Schwanz mittellang, dichtbuschig. Fell kurz bis mittellang, weich bis storr, *Proteles* mit sehr langer, *Hyaena* mit mäßig langer, sträubbarer Nacken- u. Rückenmähne. Gb 3/3 · 1/1 · 3–4/3 · 1/1 = 32–34. Backenzähne bei *Proteles* verkümmert, sonst außerordentlich stark. 2 Afterdrüsensäcke münden in Tasche über After. ♂ ohne Penisknochen. 4–6 Zitzen. Einzelgänger oder gesellig, nächtliche Aasfresser u. Räuber, *Proteles* Termitenfresser. Afrika, Klein-, Vorder-, SW-Asien u. Arabien. 2 Unterfamilien, 3 Gattungen, 4 Arten, alle in Afrika.

Erdwölfe, Protelinae

Hyänenartig, jedoch Schnauze spitz, Vorder- u. Hinterbeine gleichlang, Schwanz dichtbuschig, lange sträubbare Rückenhaare. Zehenzahl 5/4, 4 Zitzen, Gb 3 · 1 · 3 · 1 = 32, Backenzähne verkümmert. Nächtlich tätige, kerbtierfressende Steppen- u. Savannenbewohner O- u. S-Afrikas, 1 Gattung mit 1 Art.

Erdwolf oder **Zibethyäne,** *Proteles cristatus* (Sparrman, 1783). E: Aardwolf; F: Le Protèle, Le Loup fouisseur; A: Erdwolf, Maanhaarjakkals; K: Fisi ndogo, Lekimbu 38/1
Kn Gestalt u. Färbung der Streifenhyäne sehr ähnlich. Schnauze ziemlich spitz, Ohren ziemlich groß, spitz zulaufend. Beine schlank, vorn mit 5, hinten mit 4 Zehen. Rücken mäßig abfallend. Nacken u. Rücken mit langer, aufrichtbarer Mähne. Schwanz lang u. stark buschig. M schwach, z. T. ausfallend. Zunge sehr lang, beweglich u. mit klebrigem Speichel bedeckt. 4 Zitzen. Körperfarbe blaßgelb bis rötlichbraun, Wangen u. Kehle gelbweiß, Schnauze schwarz u. fast haarlos, hintere Stirn u. Scheitel grauschwarz, Mähne schwarz längsgestreift, Schwanz fast ganz oder nur Ende schwarz, Körperseiten mit 4–8, Beine mit 2–5 waagrechten bis schrägen, schwarzen Querstreifen. Streifen können sehr ausgeprägt oder verkürzt u. abgeschwächt, an den Beinen nur Flecken sein. – **M&G** KR 65–80, SL 20–30, KH 45–50, G 7–10. – **V** Im öl Afrika von NO-Sudan bis Kapprovinz, von dort bis M-Angola u. Sambia, in M- u. W-Afrika wl 33° öl L. fehlend. 6 UA. – **Lr** Offene, vorwiegend trockene Landschaft (Steppe, Dornbusch, Savanne), nicht im Gebirge. – **Tr** Rd. 1–1½ km^2 groß um Wohnhöhle herum. Wohnhöhle ist Erdferkel- oder erweiterter Springhasenbau, wird in lockerer Erde auch selbst gegraben, am Eingang wird eine Mulde zum Sonnen ausgescharrt. Im Tr wird viel durch Stempeln (Analdrüsen auf Boden drücken) markiert, mehrere große Kotplätze (1–2 m^2), vor Koten wird dort Mulde ausgekratzt u. nach Koten zugescharrt. – **Tt** Nur in Dämmerung u. Nacht (7–23 u. 4–6^h), tagsüber in Höhle, vormittags auch sonnend davor. – **Lt** Stumm, nur bei Bedrohung Grunzen, Knurren, u. dünnes Bellen. Junge winseln. – **S** Hörvermögen für Feingeräusche (krabbelnde Termiten) sehr scharf, Riech- u. Sehvermögen gut. – **Fd** Löwe, Leopard, Tüpfelhyäne, Python. Verteidigt sich mutig gegen Hunde. Bei Verteidigung Mähnesträuben u. Afterdrüsensaftabgabe. – **N** Hauptnahrung Termiten der Gattung *Trinervitermes,* die nachts auf dem Boden Gras einsammeln, werden durch Gehör u. Geruch geortet u. schnell aufgeleckt (je Mahlzeit rd. 500 g). Bei Termitenmangel auch andere Kerbtiere, Vogeleier, Kleinsäuger, junge Schildkröten, Eidechsen, manchmal auch weiches Aas. – **Gs** Meist einzeln, zur Jungenaufzucht paarweise, ♂ versorgt mit. – **Fp** Im sl Afrika Wurfzeit September–Dezember. Tragzeit nicht bekannt. 2–4 blinde Junge in Erdhöhle, die schon das noch engstehende Streifenmuster der Erwachsenen zeigen. Geburts-KR rd. 9,5, -SL rd. 8, -G rd. 450. Manchmal ziehen 2 ♀♀ ihre Jungen in 1 Höhle auf. Einzelheiten des Heranwachsens nicht bekannt. Nach Säugezeit (Dauer?) füttern Eltern mit ausgewürgten Termiten. – **Ld** In Gefangenschaft 13 Jahre nachgewiesen.

Hyänen, Hyaeninae

Merkmale s. Familie. Zehenzahl 4/4, 4–6 Zitzen, Gb 3 · 1 · 4/3 · 1 = 34. Meist nächtlich tätige Räuber u. Aasfresser offener Landschaften Afrikas, Arabiens, Vorder- u. Kleinasiens. 2 Gattungen, 3 Arten, alle in Afrika.

38/2 **Braune Hyäne, Schabrackenhyäne** oder **Strandwolf,** *Hyaena brunnea,* Thunberg, 1820. E: Brown Hy(a)ena; F: L'Hyène brune; A: Strandwolf, Strandjut
Kn Kopf massig, Schnauze breit u. ziemlich kurz, Ohren mittelgroß, spitzendig, Rücken abfallend, Beine schlank, Zehenzahl 4/4, Schwanz mittellang, stark buschig. Fell (außer Kopf u. Beinen) rauh-langhaarig, auf Nacken, Halsseiten u. Schultern als Mähne verlängert. Gebiß u. äußere Geschlechtsorgane wie Streifenhyäne (S. 219). 4 Zitzen. Kopf, Halsunterseite, Rumpf u. Schwanz einfarbig braunschwarz, manchmal Flanken mit 3–5 undeutlichen schwärzlichen Querstreifen. Mähne weißgelb bis gelbbraun. Beine dunkel gelbbraun, vordere mit rd. 6, hintere mit 4–5 schwarzen Querstreifen, Pfoten u. Stirn mit hellbraunen Flecken. Welpen zuerst ohne Mähne, grau, mit dunklen Querstreifen an Rumpf u. Beinen u. Aalstrich. – **M&G** KR 110–125, SL 25–30, KH 70–80, G 40–55. – **V** Sl Afrika sl einer Linie von S-Angola (um 15° s. Br.) bis M-Mozambique (Sambesi als N-Grenze); früher im ganzen Gebiet, fehlt heute in Oranje, Natal, Kapprovinz (außer NW), Malawi, Sambia, M- u. O-Rhodesien, Teilen Mozambiques. Keine UA. – **Lr** Trockensavanne, Steppe, Halbwüste u. Wüste sowie Meeresstrand. – **W** Wandert auf Nahrungssuche bis 30 km weit umher. W eines Tieres groß (in Kalahari bis 200 km² u. mehr), wird an vielen Punkten mit Analdrüsensekret gestempelt u. durch Kotabsetzen rings um bestimmte einzelne

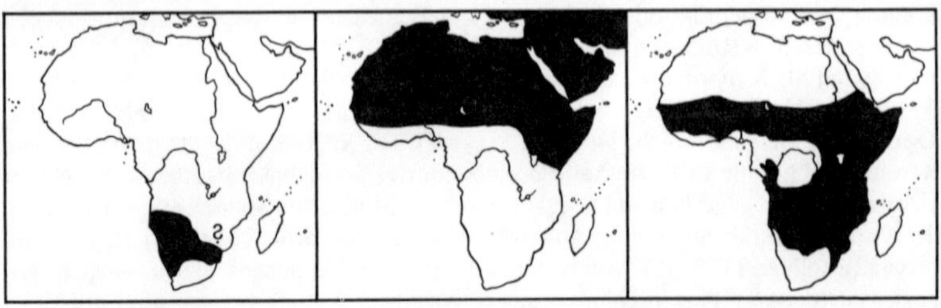

Braune Hyäne — Streifenhyäne — Fleckenhyäne

Bäume markiert (ist also wohl Tr). Mittelpunkt ist Wohnhöhle (meist alter Erdferkelbau). – **Tt** In Nacht u. Dämmerung, seltener am Tage, ruht tagsüber in Bau, Felsspalte, Gebüsch oder Hochgras. – **Lt** Lautes, eulenartiges »Uah-uah-uah« in Abend- u. Morgendämmerung oft wiederholt als Stimmfühlungslaut, kein Gelächter. Bei Streit um Kadaver Jaulen, Winseln u. Knurren. Bei Paarung Quieken. – **S** Riech- u. Hörvermögen sehr gut, Sehvermögen gut. – **Fd** Löwe, Fleckenhyäne in Rudeln, für Welpen auch Schakale, Serval u. Karakal. Scheu u. vorsichtig, am Löwenriß nicht so frech wie Fleckenhyäne u. Schakale. In Notwehr sich tapfer verteidigend. – **N** Kleintiere aller Art (Nager, Vögel, Eier, Kriech-, Kerbtiere), Jungwild, Geflügel, verletzte Großtiere, Aas, Früchte, am Meeresstrand Muscheln, tote Fische, Tintenfische, angespülte Kadaver (Vögel, Robben, Wale), raubt Lämmer u. Kitze, ist jedoch meist nicht so angriffslustig wie Fleckenhyäne, reißt jedoch im Krüger-Nationalpark Großantilopen wie diese. Überflußfutter wird verschleppt u. versteckt. Junge beherbergender Bau an umherliegenden Fraßresten (Knochen, Schädel, Federn) leicht kenntlich. – **Gs** Einzelgänger, an Großkadavern zu mehreren, gebietsweise in Jagdtrupps. Bei Jungenaufzucht trägt ♂ Futter zu. Junge bleiben $1\frac{1}{4}$–$1\frac{1}{2}$ Jahr bei Eltern. – **Fp** Bei Werbung verstärkter Analdrüsensekretabsatz an auffälligen Geländepunkten. ♂ umtanzt ♀, wälzt sich am Boden, knurrt u. quiekt. Bei Begattung sitzt ♀ (wie Katze), ♂ beißt in Mähne, beide quieken. Wurfzeit in Kalahari Juli, aus anderen Gegenden nicht bekannt. Wurfplatz meist Erdhöhle, solange Welpen klein sind, mit engem Zugang, damit Schakale u. andere Räuber nicht eindringen können, wenn Eltern auf Futtersuche. Tragzeit 92–98 Tage. Wurfgröße 2–4, Geburts-G 635–750. Welpenkleid s. Kn. Augenöffnen nach 5 Tagen. Säugezeit 3 Monate; s. auch Gs. – **Gr** Nicht bekannt. – **Ld** In Gefangenschaft 13 Jahre nachgewiesen.

Streifenhyäne, *Hyaena hyaena* (Linné, 1758). E: Striped Hy(a)ena; F: L'Hyène rayée; K: Fisi 38/3

Kn Kopf massig, Schnauze kräftig, Ohren mittelgroß, spitzendig, Rücken abfallend, Beine schlank, Zehenzahl 4/4, Schwanz mittellang, stark buschig. Hals- u. Rumpffell mit langen, rauhen Grannen über dichter Unterwolle. Nacken, Schultern u. Rückenmittellinie bis Schwanz mit mittellanger, aufrichtbarer Mähne. Gb: 3/3 · 1/1 · 4/3 · 1/1 = 34. 6 Zitzen. Äußere Geschlechtsorgane normal. Körperfarbe grau bis gelbgrau. Seiten mit 8–11 schwarzen Querstreifen, die kräftig bis fast verblaßt sein können. Beine mit ebensolchen 5–12 Querstreifen. Schnauze, 2 Backenstreifen u. Kehle schwarz, Mähne mit schwarzen Haarspitzen oder fast ganz schwarz. Schwanz einfarbig körperfarben oder schwarz gestreift. Welpen mit enger Erwachsenenstreifung u. schwarzem Aalstrich. – **M&G** KR 100–120 (in Ausnahme bis 150), SL 25–35, KH 65–80, G 25–45 (in Ausnahme bis 55). In manchen Gebieten ♂ im ∅ 5 kg schwerer als ♀ – **V** N-Afrika (heute vielerorts ausgerottet) von Mittelmeerküste bis Guineasavanne (um 10° n. Br.), im O von Ägypten bis M-Tansania. Überall dort selten, wo kräftigere Fleckenhyäne auch vorkommt. Ferner Kleinasien, Palästina, Irak, Syrien, Arabien, Transkaukasien, S-Turkestan, Iran, Afghanistan, Belutschistan, Kaschmir bis Nepal, Sind, Cutch, sw bis Nilgiri-Berge (11° n. Br.). 6 UA, davon 2 in Afrika; 1. Berber-Str., *H. h. barbara* De Blainville, 1884, in NW-Afrika u. 2. Nubische Str., *H. h. dubbah* Meyer, 1793, in NO-Afrika. – **Lr** Trockensavanne, Dornbusch, Steppe, Halbwüste u. Wüste. In O-Afrika Akaziensavanne, offenes Grasland mit mittelhohem Gras (bis 70 cm), kleinen Büschen u. einzelnen Bäumen, auch im dichten Buschgelände (Jahresniederschlag stets unter 800 mm), Deckungsreichtum wichtig. – **W** ♂ hat größeres W als ♀ (70–80 gegenüber 40–50 km^2). Im W zahlreiche Schlafplätze (Erdlöcher, Felsüberhänge, -spalten, -höhlen, unter Baumwurzeln u. ä.). Harn- u. Kotabgabe nicht als Markierung, diese durch Afterdrüsensaftreiben auf Gras als rd. 30–60 cm lange gelbe Streifen. – **Tt** Nur nachts. Haupttätigkeit von Nachteinbruch bis Mitternacht, dann Ruhe, 2. Tt noch einmal kurz am Nachtende. Im Zickzackkurs Gelände-Absuchen nach N, Geschwindigkeit 2–4 km/St., streckenweise im Trott mit 8 km/Std. ∅-Strecke einer Nacht rd. 19 (7–27) km. Unterkunft, wo Tagesanbruch Tier überrascht. – **Lt** Kichern bei Überraschung, Kichern u. Gellen beim gegenseitigen Futterabjagen, weiches langgezogenes Heulen bei Schreck u. Angst, Knurren bei Streit um Futter, Welpen winseln bei Hunger. An sich Art schweigsam, Laute nur bei Begegnung mit Artgenossen oder Erschrecken. – **S** Hör- u. Riechvermögen sehr gut, Sehvermögen gut. – **Fd** Keine ernsthaften, ist an sich scheu u. vorsichtig, geht Löwen aus dem Weg, wird zudem wegen Analdrüsengeruchs von Großraubtieren gemieden, vertreibt jedoch u. U. Leopard u. Gepard vom Riß, kann aber andererseits von diesen vertrieben werden. Kleinere Raubtiere werden mißachtet oder als Beute behandelt.

Streifenhyäne meidet meist die stärkere Fleckenhyäne, bei Begegnung mißtrauisches Umkreisen auf Abstand, dann Weitergehen; Schmierstellen werden beachtet. In Enge getrieben, greift Streifenhyäne wütend an. – **N** Großteil bilden Mittel- u. Kleinsäuger, Vögel, Eidechsen, Schlangen, Schildkröten, Kerbtiere u. Früchte (auch von Feldern u. aus Gärten), Huftierkot, in Siedlungsnähe Küchenabfälle u. Lederstücke. Beim eigenen Jagen auf schnelle Tiere (Hasen, Springhasen u. ä.) wenig Erfolg, da zu unvorsichtig darauf loslaufend u. nicht schnell genug (Höchstgeschwindigkeit 50 km/Std.). Viel gefressen werden Aas u. Beutereste von Löwe, Leopard, Gepard u. Hyänenhund, auch schlecht eingegrabene Menschenleichen, Kadaverknochen werden zerbissen (Kot dann kalkweiß u. trocken), Jungwild, Schafe, Ziegen, Hunde u. unbeaufsichtigte Menschensäuglinge geraubt. Beim Jagen wird Mähne gesträubt. In Regenzeit tägliches Trinken, in Trockenzeit seltener oder überhaupt nicht. Futterteile werden oft in dichtem Gras oder Gebüsch versteckt, jedoch nicht zugedeckt. – **Gs** Meist einzeln, zur Fp-Zeit in Paaren, an Großkadavern auch zu mehreren. Bei Begegnung von Artgenossen Schwanz senkrecht, gegenseitiges Beriechen an Nase, Kopf u. After, der vorgestülpt wird (Afterdrüsenduft). Oft legt sich ein Tier auf Seite u. lüftet Hinterbein, um Afterbeschnuppern zu erleichtern. Mähnesträuben u. Schwanz waagerecht bei Jagd u. gegenüber Angreifern, Schwanz auf Rücken bei Futterstreit. – **Fp** In Subtropen Wurfzeit Frühjahr, in Tropen in allen Monaten. Tragzeit 3 Monate. 2–4 blinde Junge in Erdbau, Felshöhle u. ä. ♂ hilft bei Aufzucht, ♀ säugt mehrmals nachts. Säugezeit bis über 1 Jahr, auch wenn bereits lange Festnahrung gefressen wird. Junge verlassen Höhle u. folgen ♀ auf Jagd nach ½ Jahr, vorher trägt ♀ bereits lange Futter zu. – **Gr** Mit 2–3 Jahren. – **Ld** In Gefangenschaft bis 24 Jahre nachgewiesen.

38/4 **Fleckenhyäne** oder **Tüpfelhyäne,** *Crocuta crocuta* (Erxleben, 1777). E: Spotted Hy(a)ena; F: La Hyène tachetée; A: Tierwolf, Gevlekte Wolf, Gevlekte Hiena; K: Fisi

Kn Kopf massig, Schnauze kräftig, Ohren mittelgroß, rundlich, Rücken abfallend, Beine schlank, Zehenzahl 4/4, Schwanz mittellang, buschig, Fell kurz, Nacken u. Schultern mit kurzer Mähne. Gebiß wie Streifenhyäne (S. 219). 4 Zitzen (davon 2 nicht tätig). Äußeres Geschlechtsorgan des ♀ durch gliedartigen Kitzler dem des ♂ sehr ähnlich. Körperfarbe weißgrau bis gelbrot, Kopf u. Füße dunkler braun, Hals u. Körperunterseite nebst Beininnenseiten weißgrau, ungefähr taler- bis pfenniggroße, rundliche, dunkelbraune bis schwarzbraune Flecke unregelmäßig über Rumpf- u. Beinoberseite verteilt. Färbung u. Fleckung sehr veränderlich. In Äthiopien ab u. zu Weißlinge. Welpen wollig, einfarbig dunkel- bis schwarzbraun. – **M&G** KR 120–180, SL 25–30, KH 70–90, G 55–85, ♀ ⅕ größer u. schwerer als ♂. – **V** Afrika sl Sahara (im O ab N-Sudan) außerhalb Urwald, sw früher bis Kap, heute nur noch bis S-Mozambique, Zululand, O-Transvaal, M-Botswana u. M-SW-Afrika. 6 UA. – **Lr** Halbwüste bis Feuchtsavanne, nicht im dichten Wald, im Gebirge bis 4500 m. – **Tr** Meist ortstreu in mehrere km^2 großen Tr, in Serengeti auch kurzfristig mit Huftierherden mitziehend. In O-Afrika z. T. in Rudeln von 10–30, manchmal 100 Tieren. Jedes Rudel hat eigenes Tr von 15–30 km^2, wird markiert durch Harnen (hundeartig mit Beinheben), Koten (feste bis 1000 m^2 große Plätze mit vielen von Knochenkalk weißen Kothaufen), Absetzen von Afterdrüsensekret an Grashalmen u. a. markanten Punkten u. durch Bodenkratzen mit Vorderpfoten (die anscheinend stark riechende Zwischenzehendrüsen haben). Tr sind festgelegt, werden regelmäßig abpatroulliert u. Rudelfremde verjagt. Rudelangehörige erkennen sich am Geruch. – **Tt** Vorwiegend in Dämmerung u. Nacht (in manchen Gegenden auch tags jagend), tagsüber ruhend in gefundenen oder selbstgegrabenen Erdhöhlen (bis 1,8 m im ∅ und bis 1,5 m hoch), hohem Gras, dichtem Busch oder zwischen Felsblöcken. – **Kp** Suhlen im Schlamm, Wälzen in Gras, Aasresten u. in ausgebrochenem Mageninhalt aus Haaren. Gegenseitiges Belecken u. Beknabbern. – **Lt** 1. Heulen (2–3 Sek., bis 15mal hintereinander) als Stimmfühlungslaut vor abendlichem Beutezug, 2. hohes Angriffsheulen (kürzer, schneller u. höher als 1 der Rudelmitglieder vor Vertreiben von Nahrungskonkurrenten (Löwe, anderes Rudel) vom Riß, 3. tiefes, gezogenes Heulen, wie 2 vor Angriff, 4. Knurren bei Mißstimmung, 5. Grunzen bei Paarung, 6. schauriges Gelächter als Angstruf bei Angegriffen- u. Gejagtwerden, 7. Gellen, wie 6, beim Gebissenwerden, 8. lautes Grollen bei wütendem Zurückbeißen, 9. weiches, rollendes Lachen als Schreckäußerung bei plötzlichem Angriff seitens Löwe oder Mensch, 10. lautes rollendes Lachen bei Begegnungen mit Löwen am Riß oder Fremdrudeln, 11. Bettelweinen (abgehackt) der Welpen, 12. hohes, leises Heulen der Jungwelpen als Stimmfühlungslaut, 13. Begrüßungswinseln der Welpen u. Erwachsener, 14. grollendes Knurren des ♀ zum Herauslocken der Welpen aus Höhle, 15. rasselndes Alarmknurren des ♀ jagt Welpen in Bau, 16. Winseln u. Quieken spielender Welpen, 17. Schreien als Verlassenheitsruf junger Welpen. – **S** Seh-, Hör- u. Riechvermögen sehr gut. – **Fd** Löwen u. Hyänenhunde gegenüber Einzeltieren, Jungwelpen durch ♂♂ u. rudelfremde Artgenossen gefährdet, daher starker Schutztrieb des ♀. – **N** Hauptnahrung Aas, oft in Form von Löwenbeuteresten. Kadaver werden mit Haut u. Haaren u. selbst großen Röhrenknochen, die zerbissen werden, gefressen. Junge, kranke u. alte Tiere werden gerissen, im Kampf (mit Löwe oder Fremdrudel) getötete Artgenossen nicht verschmäht. In manchen Landschaften werden im Rudel Gazellen, Antilopen u. Zebras gejagt u. gerissen; Verfolger lösen sich ab, bringen Opfer durch Fesselbisse zu Fall u. zerreißen es bei lebendigem Leibe. Löwen, Leopard, Gepard u. Hyänenhunde werden durch Rudel von Beute vertrieben (umgekehrt verjagen auch Löwen Hyänen von ihrem Riß). Auch einzelne Menschen werden nachts durch Rudel bedroht. In Viehkrale wird eingebrochen u. Schafe, Ziegen, Rinder, Esel u. Pferde gerissen, in Siedlungen alles nicht sicher verwahrte Genießbare gestohlen. Nebennahrung Kleintiere von Fischen bis Säugetieren, Pflanzen und Huftierkot zur Verdauungsregelung. – **Gs** Seltener einzeln, meist paarweise oder in Trupps, in manchen Landschaften in größeren Rudeln (s. Tr). In Rudeln Rangordnung mit Vormachtstellung der ♀♀. – **Fp** Werbung ähnlich Brauner Hyäne (S. 219). Paarung im Sitzen wie Katze. Tragzeit 99–130 Tage, Wurfgröße 1–2, seltener 3, Wurfzeit in allen Monaten, Wurfplatz Erdbau, Geburts-G rd. 1,5, Augen bei Geburt offen, Eck- u. Schneidezähne bereits durchgebrochen, nach 1 Woche gut laufend, nach 2 Wochen 1. Höhleverlassen. Oft ziehen mehrere ♀♀ Junge gemeinsam in einer oder in dicht benachbarten Höhlen auf, Junge können bei allen diesen ♀♀ saugen. Säugen nach 2 Wochen vor der Höhle, Säugedauer oft länger als 1 Std. Welpenkleid s. Kn. Nach 1–1½ Monaten Umfärbungsbeginn am Kopf, nach 4 Mon. am Rumpf, mit 1 Jahr an Beinen. Säugezeit 1–1½ Jahr, danach sind Junge ausgewachsen, werden abgebissen u. müssen sich dann Platz im Rudel u. Beute sichern. Während Säugezeit trägt ♀ kein Futter zu u. würgt nichts Vorverdautes vor. – **Gr** ♂ mit 2, ♀ meist erst mit 3 Jahren. – **Ld** In Gefangenschaft bis 40 Jahre nachgewiesen.

Katzen, Felidae

Hauskatzen- bis tigergroß. Schnauze kurz, Augen groß, Ohren mittelgroß, z. T. mit Spitzenhaarpinsel. Beine mittellang bis lang, Zehenzahl 5/4, Krallen (außer Gepard) zurückziehbar. Schwanz kurz bis sehr lang, meist gleichmäßig dicht behaart, manchmal mit Endquaste. Fell weich, kurz bis mittellang, z. T. mit Bartkrause oder Hals-, Schulter- u. Bauchmähne. Gb 3/3 · 1/1 · 2–3/2 · 1/1 = 28–30. Backenzähne schmal, spitzhöckerig. Penis mit verkümmertem oder fehlendem Knochen. Zirkumanaldrüsen u. Analbeutel vorhanden, 4–8 Zitzen. Vorwiegend ungesellige nächtliche Klein- bis Großtier-, einige auch Fischräuber. Neue u. Alte Welt außer Madagaskar u. Australasien. 4 Unterfamilien, 19 Gattungen u. 35 Arten, davon 10 in Afrika.

Pantherkatzen, Pantherinae

Groß, langschwänzig, Krallen zurückziehbar. 4 Zitzen, Gb 3 · 1 · 3/2 · 1 = 30, P^2 u. M^1 klein. Zungenbein mit elastischem Zwischenstück (Epihyale), daher zum Brüllen befähigt. Vorwiegend nächtlich tätige Bewohner offener oder bewaldeter Landschaften in Ebene u. Gebirge. 2 Gattungen mit 5 Arten in der Neuen u. Alten Welt, davon 1 Gattung mit 2 Arten in Afrika.

39/1–3 **Löwe,** *Panthera leo* (Linné, 1758). E: Lion, F: Le Lion, A: Leeu, K: Simba

Kn Kopf breit, Schnauze mittellang, Ohren kurz u. rund, Beine mittellang u. stämmig, Schwanz lang. Fell kurz, ♂ mit Halsmähne, ♂ u. ♀ mit kurzer Quaste am Schwanzende, in der verborgen ein krallenförmiger, 6–12 mm langer Hornstachel. Fellfärbung wechselt von fahl graugelb bis dunkel rötlichbraun, Unterseite beim ♂ etwas, beim ♀ Kehle, Brust u. Bauch merklich heller bis weiß. Oberlippen, Kinn u. Augenränder weiß, kurzer dunkler Senkrechtstreifen über innerem Augenwinkel. Ohrrückseite unten schwarz, oben körperfarben. Weiß- u. Schwärzlinge äußerst selten. Junge ohne Mähne u. Schwanzquaste, Fell etwas wollig, mit leopardenartigem braunschwarzem Rosettenmuster, das bei Erwachsenwerden durch Einfarbigkeit ersetzt wird, an Bauch u. Beinen noch länger (besonders beim ♀) erhalten bleibt. ♂-Mähne wächst ab 1½ Jahre, ist fertig ausgebildet mit 5–6 Jahren, Mähnenform wechselt geographisch von kurzer Gesichtsumrahmung nebst Halsmähne bis zu langer (bis 25 cm) Mähne auf Scheitel, Backen, Hals, Ellbogen, Schultern, Brust u. Bauch, Mähnenfarbe geographisch von hellgelb bis schwarz, mit Älterwerden von Hell zu Dunkel fortschreitend von hinten nach vorn. Schwanzquaste braun bis schwarz. Penisknochen vorhanden, 4 Zitzen. – **M&G** KR 145–200, SL 67–102, KH 75–112, G 120–200. ♂ größer u. schwerer als ♀. – **V** Im Jungpleistozän Afrika, Vorderasien (mit Arabien, Vorderindien u. Ceylon), Europa u. nl Holarktis bis M- u. nwl S-Amerika, in geschichtlicher Zeit noch ganz Afrika (außer Regenurwald), Sinai, Arabien, Mesopotamien, Kleinasien, Thrazien, Mazedonien, Iran, Belutschistan, N- u. M-Vorderindien. Heute ausgerottet bis auf rd. 200 im Gir-Schutzgebiet Kathiawars (NW-Vorderindien) u. Afrika zwischen etwa 20° n. u. 23° s. Br. (in Natal bis 27° s. Br.). 9 UA, davon 7 in Afrika, von denen nördlichste, Atlas- oder Berberlöwe, *P. l. leo* (Linné, 1758), u. südlichste, Kaplöwe, *P. l. melanochaita* (Smith, 1842), bereits ausgerottet, die anderen z. T. mehr oder minder stark bedroht sind. – **Lr** Offene Landschaften von Halbwüste bis Trocken- u. Feuchtsavanne, nicht im dichten Wald, im Gebirge bis zur Schneegrenze (4500 m). – **Tr** Wird gehalten von 1–3 Alt-♂♂ für ihren oder ihre ♀♀-Trupps mit Jungen als deren Jagdgrund u. Ernährungsgrundlage, wird durch Harnspritzen

u. Gebrüll markiert u. gegen Rudelfremde, vor allem geschlechtsreife ♂♂, verteidigt. Tr-Größe richtet sich nach Landschaft, Beutedichte u. Rudelgröße, schwankt danach zwischen 20 u. 400 km^2. In Serengeti wandert ein Teil der Löwen mit den Großherden. – **Tt** Träge, von 24 Std. rd. 20 ruhend, wenn ungestört auch tags tätig (vormittags u. später Nachmittag), wenn bejagt reines Nachttier. Ruhe im Baumschatten (örtlich auch hoch auf Bäumen), im Gebüsch, im Felsschatten u. ä. Klettert u. schwimmt gut. – **Kp** Fell-Belecken (auch gegenseitig), Kratzen mit Pfoten, Reiben u. Rollen am Boden. – **Lt** Brüllen (sehr laut, bis 8 km weit zu hören, ♂ lauter als ♀) als Tr-Markierung u. Kräfteüberschuß, tiefes Knurren zur Stimmfühlung, Schnurren bei Wohlbehagen, tiefes Grollen als Warnung, Husten vor Angriff, weiches Grollen des ♀ als Lockruf für Junge, die Mutter mit hohem Winseln begrüßen, ♂ winselt bei Begattung, ♀ schnurrt. – **S** Sehvermögen (Bewegungssehen) sehr gut, Hörvermögen wie Leopard (S. 224), Riechvermögen gut. – **Fd** Hyänen, Leopard, Python u. ä. für unbewachte kleine Junge, Hyänen- u. Hyänenhundrudel manchmal für Erwachsene. – **N** Mittelgroße u. große Säuger, hauptsächlich Gazellen, Antilopen u. Zebras, manchmal auch erwachsene Kaffernbüffel, Giraffen u. Flußpferde, ferner Vieh, notfalls auch Kleinsäuger, Aas, Vögel, Schlangen, Krokodile oder eigene Artgenossen (Kannibalismus), manchmal Menschen (meist bei Verletzungen, die Schlagen normaler Beute verhindern). In Serengeti auch Schmarotzer der Fleckenhyäne. Beute wird einzeln oder gemeinsam erjagt, in letzterem Falle vorwiegend von ♀♀. Jagdweise: Anschleichen aus kurzer Entfernung, schneller (bis 65 km Std.) Ansprung, Töten durch Kehl- oder Genickbiß oder Genickbrechen. Tägliches Trinken, notfalls monatelang ohne Wasser auskommend. – **Gs** Selten einzeln oder paarweise, manchmal Junggesellentrupps aus 2–4 noch revierlosen Jung-♂♂, meist in Familienrudeln aus 1–3 Alt-♂♂ und mehreren (bis 15) ♀♀ mit Jungen, z. T. in mehreren Trupps. Verwaiste Junge werden von anderen ♀♀ mit betreut. Bei Futtermangel bedienen sich Alt-♂♂ zuerst, dann ♀♀ u. Junge als letzte, die rücksichtslos abgedrängt werden, wodurch etliche verhungern. Jung-♀♀ bleiben beim Rudel, Jung-♂♂ werden mit 1½–2 Jahren vertrieben. – **Fp** Nicht jahreszeitlich gebunden. ♀wird alle 3 Monate für 4–8 Tage hitzig, Alt-♂ gesellt sich zu und begattet es mehrere Tage häufig. Begattung im Sitzen wie Falbkatze (S. 231). Tragzeit 102–113 Tage. Wurfplatz Versteck zwischen Felsen, in Hochgras, Buschhorst u. ä. Wurfgröße 1–6, meist 2–3, Geburts-G 1–1,75, -KR rd. 22, -SL rd. 8, G mit 6 Wochen 3,5–6,3, mit 6 Monaten 18–20, mit 10 M. rd. 60, mit 20 M. rd. 90. Nestkleid s. Kn., Augenöffnen mit 6–9 Tagen, 1. Zähne u. richtiges Gehen mit 3, schnelles Laufen mit 6, 1. Festnahrung mit 8, 1. Treffen mit Rudel mit 10, 1. Jagdbegleitung mit 14. 1. Reißzähne u. Schwarzfärbung des Schwanzendes mit 15 Wochen. Säugezeit 6, Oberseiten-Einfarbigkeit mit 10, **Gr** (♂ u. ♀) mit 18 Monaten, Jagdfähigkeit mit 2, volles Ausgewachsensein mit 5–6 Jahren. – **Ld** Normal 13–15, in Gefangenschaft 30 Jahre nachgewiesen.

Leopard, *Panthera pardus* (Linné, 1758). E: Leopard; F: Le Léopard, La Panthère 40/1
d'Afrique; A: Luiperd, Afrikaanse Tier; K: Chui 40/2
Kn Körperbauverhältnisse ausgeglichen u. harmonisch, Gestalt muskulös u. geschmeidig. Kopf breit, Schnauze mittellang, Ohren kurz u. rund, Beine mittellang, stämmig, Schwanz lang. Fell weich, kurz u. dicht, in kühleren Gebieten länger. Oberseite von rahmgelb u. hell gelbgrau bis olivgrau, orangegelb, olivbraun oder braungrau wechselnd, Unterseite (Kinn, Kehle, Brust, Bauch, obere Beininnenseiten) weiß bis weißgrau oder gelbweiß. Kopf, Nacken u. Unterseite mit schwarzen Massivflecken, übrige Oberseite mit Rosetten (aus 2–4 schwarzen Flecken um körperfarbenen oder verdunkelten Hof), auf Kehle u. Brust Flecken teils zu Querbändern verschmolzen,

auf Rücken z. T. zu 1–3 Längsreihen geordnet, am Schwanzende Flecken zu mehreren Querbändern verschmolzen, Schwanzspitze schwarz. Individuelle u. geographische Farb- u. Musterabänderung sehr groß. In Feuchtgebieten am Rücken verdunkelte bis schwärzliche oder ganz schwarze Tiere (Panther) antreffbar. Weißlinge sehr selten. Junge wie Erwachsene, nur grauer, Muster noch sehr eng stehend u. Rosetten noch massiv, daher dunkel wirkend. Ohrrückseite schwarz mit weißem Fleck, der sich mit Heranwachsen vergrößert, gelb wird u. nur schwarzen Unter- u. Hinterrand stehen läßt. Penisknochen vorhanden, 4 Zitzen. – **M&G** KR ♂ 130–190, ♀ 110–140; SL ♂ 70–100, ♀ 60–75; KH ♂ 50–70, ♀ 45–60; G ♂ 45–85, ♀ 35–50. ♂ größer u. schwerer als ♀. – **V** Ganz Afrika mit Sansibar, nl rd. 20° n. Br. u. in Kapprovinz, Oranje, W-Transvaal, sowie im geographischen Sudan weitgehend ausgerottet. Außerhalb Afrikas in Sinai, Arabien u. Mesopotamien (überall weitgehend ausgerottet), Israel, Kleinasien (weitgehend ausgerottet) bis Kaukasus, S-Turkmenien, Afghanistan (bedroht), Iran, Belutschistan, ganz Vorderindien bis Himalaja, Ceylon, ganz Hinterindien mit Malaiischer Halbinsel, Java, Kangean-Inseln, S- u. M-China (bedroht), Korea u. Mandschurei (bedroht). 26 UA, davon 12 in Afrika. – **Lr** In allen Landschaften von Wüste bis Regenurwald u. von Ebene bis Schneegrenze (4500 m) des Hochgebirges. – **W** Größe je nach Beutedichte 1–10 km^2, meist 5–10 km^2. In bestimmten Landschaften scheinen ♂♂ Tr zu errichten, die sich jedoch meist überschneiden (Markierung durch Rufen. Harnspritzen an Büsche u. Baumäste u. -stämme sowie Boden- u. Baumrindenkratzer). – **Tt** Wo ungestört, tag- u. nachttätig, wo verfolgt heimliches Nachttier. Sonnt sich gern auf Baum oder Fels. Klettert u. schwimmt gut. Schlafplatz Baum, Erdbau, Felsspalte, Gebüsch-, Schilf-, Grashorst u. ä. – **Kp** Kratzen mit Hinterfüßen, Fellbelecken u. -beknabbern. – **Lt** Rauhes,

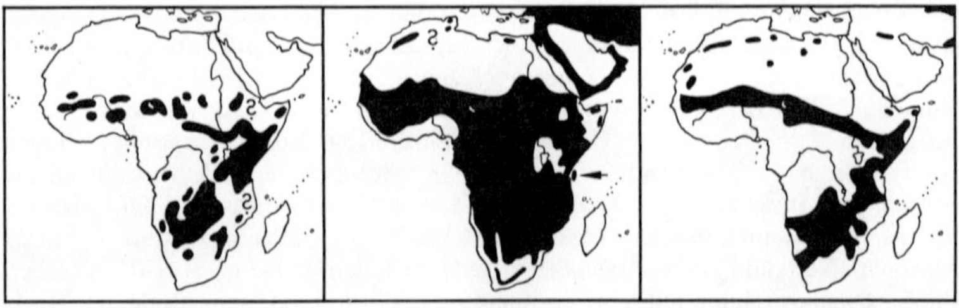

Löwe Leopard Gepard

sägendes Husten bis 1 Dutzend mal hintereinander als Tr-Markierungs- u. Stimmfühlungslaut (♂ ruft tiefer als ♀), kurzes Grollen als Begrüßungslaut, kurzes Knurren bei Beuteanschleichen, explosionsartiges Grollen bei Alarm, 2–3 kurze Huster bei Galoppbeginn, bei Ärger Grollen u. Fauchen, bei Wut Heulen u. Brüllen, bei Angriff Brüllen, bei Wohlbehagen Schnurren, ♀ begrüßt Junge mit leisem, raschen »Pit-pit-pit«-Ruf. – **S** Hörvermögen außerordentlich (Hörbereich 15–45 000 Herz), Sehvermögen sehr gut, Riechvermögen gut. – **Fd** Gelegentlich Löwe, Hyänenhund, Fleckenhyäne, Krokodil. Löwe u. Fleckenhyäne vertreiben manchmal Leopard von Beute. Junge sind durch Hyänen, Schakale u. ähnlich große Raubtiere gefährdet. – **N** Alle Säugetiere (auch Raubtiere) bis Riedbockgröße, manchmal auch Großantilopen, Löwenjunge u. Menschenaffen, alle Vögel bis Storchgröße, ferner Schlangen, Schildkröten, Fische, Kerbtiere sowie Haustiere (Schafe, Ziegen, Kälber) u. Hausgeflügel, besonders beliebt sind Haushunde u. Affen. Aas wird nicht verschmäht, auch eigene größere Beute nach u. nach ganz verzehrt, dabei gern als Schutz vor Mitfressern auf Bäume geschleppt. Gelegentlich werden durch Verletzung am Schlagen normaler Beute verhinderte Leoparden zu Menschenfressern. Wo möglich, wird täglich getrunken, wo nicht, monatelanges Auskommen ohne Wasser. – **Gs** Einzelgänger. – **Fp** Wurfzeit in Subtropen im Frühling, in Volltropen in allen Monaten möglich. ♀-Hitze alle 20–50, meist 45 Tage, Hitzedauer 6–7 Tage. Mehrere ♂♂ folgen u. kämpfen um ♀. Begattung wie Falbkatze (S. 231). Tragzeit 90–112, meist 95–98 Tage. Wurfplatz Felsspalte, -höhle, Erdbau, Baumhöhle, Schilfnest, Gebüschhorst u. ä. Wurfgröße 1–6, meist 2–3. Geburts-G rd. 430, -KR rd. 20, -SL rd. 15, G nach 1 Monat rd. 1, nach 2 Mon. rd. 2, nach 3 M. rd. 3, nach 4 M. rd. 5, nach 6 M. rd. 10, nach 12 M. rd. 30. Augenöffnen nach 1 Woche, Säugezeit 3 Monate, Mutterbegleiten ab 3 Monate, Mutterverlassen mit 1½–2 Jahren. – **Gr** 2½–3 Jahre. – **Ld** In Gefangenschaft 21 Jahre nachgewiesen.

Geparde, Acinonychinae

Leopardengroß, jedoch sehr hochbeinig. Schwanz lang, Krallen bei Erwachsenen nicht zurückziehbar. Zungenbein ohne Epihyale. 10–12 Zitzen, Gb 3 · 1 · 2–3/2 · 1 = 28–30. Tagtätige Gazellenjäger offener Landschaften in Afrika, Arabien u. Vorderasien. 1 Gattung mit 1 Art.

Gepard oder **Jagdleopard,** *Acinonyx jubatus* (Schreber, 1775). E: Cheetah, Hunting 41/3
Leopard; F: Le Guépard; A: Jagdluiperd; K: Msongo, Duma 41/4
Kn ungefähr leopardengroß. Gestalt (außer Kopf) windhundartig. Kopf kurzschnäuzig, klein u. rund, Ohren kurz u. rundlich, Rumpf lang mit tiefem Brustkorb, hoch eingezogenen Weichen u. hohem Widerrist (Schulterblätter), Beine lang u. schlank, Krallen nur in Jugend (bis ½ Jahr) zurückziehbar, Schwanz lang. Fell kurz u. etwas harsch, Nacken u. Schultern mit kurzer rauher Mähne oder Mähnenmittelstreif. Oberseite hellgelb oder gelbgrau bis hellrotbraun, Unterseite (Kinn, Kehle, Brust, Bauch, Beininnenseiten) weißlich. Wangen, Stirn, Scheitel, Nacken, Rumpf, Beine u. vordere Schwanzhälfte mit zahlreichen rundlichen, pfennig- bis markstückgroßen, schwarzbraunen bis schwarzen Flecken, verblaßt auch auf Vorderbrust, Mittelbauch u. Beininnenseiten. Hintere Schwanzhälfte mit 3–6 schwarzen Querringen, letzter am breitesten, Schwanzspitze weiß. Ohrrückseite unten weiß, oben körperfarben. Schwarzer Streif vom inneren Augen- zum Mundwinkel. Bei einzelnen Tieren in Rhodesien u. Umgebung Rumpfflecke vergrößert u. streifig zusammengeflossen (sog. Königsgepard, forma *rex*). Junge wie Eltern gefärbt, jedoch mit langer gelbgrauer oder weißgrauer aufrichtbarer Mähne im Nacken u. Rücken, die mit Heranwachsen verschwindet. Penisknochen? 10–12 Zitzen. M^1 u. P^2 sehr klein, letzterer kann fehlen. – **M&G** KR 110–140, SL 65–80, KH 75–85, G 40–60; ♂ etwas größer u. schwerer als ♀. – **V** Afrika außerhalb geschlossener Wälder, früher von Mittelmeer bis Kap der Guten Hoffnung, heute nl rd. 20° n. Br. u. sl rd. 28° s. Br. ausgerottet, weitgehend fehlend in Mozambique, M-Angola, S-Zaire u. im Sahelgürtel wl Tschadsee, überall in starkem Rückgang. Außerhalb Afrikas in Arabien, Jordanien, Irak, Iran, Turkmenistan (nw bis Aralsee u. Ssyr-Darja), Afghanistan, Belutschistan u. N-Vorderindien sl Ganges bis Dekkan u. Mysore (in Vorderindien u. Arabien ganz, im Vorderen Orient z. T. ausgerottet; bedroht). 8 UA, davon 6 in Afrika. – Die Art wurde im Vorderen Orient u. in Indien zur Jagd auf Gazellen abgerichtet. – **Lr** Hauptsächlich offene Landschaften von Wüste bis Trockensavanne einschließlich offenem Buschland,

manchmal am Feuchtsavannenrand, im Gebirge bis 2000 m. – **W** Größe richtet sich nach Beutedichte, in freier Landschaft meist 25–40 km^2, in Nationalparks u. Schutzgebieten genügt ev. 1/4 davon. Beim Umherziehen markiert ♂ alle auffälligen Geländepunkte mit Harnspritzern (Markierung hält 24 Std. an), andere Trupps erkennen daraus Wanderrichtung, die sie dann vermeiden. Auch bei Sichtbegegnung Ausweichen, kein Kampf. – **Tt** Tags, da Sichtjäger, ev. auch in mondhellen Nächten. Hauptjagdzeiten morgens u. am späteren Nachmittag. – **Kp** Kratzen mit Hinterfüßen, Fellbelecken u. -beknabbern (auch gegenseitig). – **Lt** Tiefes Schnurren bei Wohlbefinden, bei Ärger u. Wut Knurren, Fauchen u. »Spucken«, hohes Gezwitscher als Stimmfühlungslaut, auch Junge zwitschern u. zischen, haben dazu eigenartigen Knacklaut, ♀ legt bei Jagd Junge mit »ugh« ab, holt sie dann mit hohem »tschirp« zur Beute. – **S** Sehvermögen hervorragend, Hörvermögen sehr gut, Riechvermögen gut. – **Fd** Löwe, Leopard u. Fleckenhyäne fressen Hälfte aller bis 8 Monate alten Jungen, auch Erwachsene werden manchmal von diesen Arten getötet. Gepard ist friedlich, kein Kämpfer, daher auch leicht zähmbar. – **N** Hasen, Schakale, Stachelschweine, Gazellen, Dikdiks, Oribis, Kronenducker, Schirr-, Schwarzfersen-, Mendesantilopen, junge Warzenschweine u. junge Großantilopen, Perlhühner, Frankoline, Trappen, Jungstrauße. Beute wird angeschlichen, letzte 100 m im Galopp errannt, Verfolgung bis 500 m mit gut 80 Std.km gehalten, dabei bis 7 m weite Sprünge. Beute wird durch Ansprung umgeworfen u. durch Kehlgriff erwürgt, welch letzteres 5–10 Min. dauert. Geschwindigkeit kann notfalls 110 Std.km erreichen. Mehrere erwachsene Geparde reißen zusammen manchmal auch Großantilopen u. Zebras. Vor Jagd oft Ausguck von Termitenhügel oder Baum. Keine Rückkehr zum Riß. Aas wird nicht gefressen. Löwe u. Fleckenhyäne vertreiben öfter Gepard vom Riß. Wasserbedarf gering, notfalls Trinken von Beutetierharn u. Fressen wasserreicher Wüstenmelonen (Tsammahs). – **Gs** Einzeln, paarweise oder in Trupps, diese aus ♀ mit Jungen oder selbständig gewordenen Geschwistern bzw. Junggesellen, da bei Erwachsenen ♂♂ in Überzahl. In solchen Erwachsenentrupps führt 1 ♂. ♀ zieht Junge allein auf, doch trägt ♂ Beute zu, wenn Junge größer. – **Fp** ♀-Hitze alle 7–10 Tage für 2 Wochen, ♀ wird vom stärksten der heftig aber meist unblutig kämpfenden ♂♂ gedeckt. Paarung im Sitzen wie Falbkatze (S. 231). Tragzeit 91–95 Tage. Wurfplatz Gebüschhorst, Felsspalte, vorgefundene Höhle u. ä. Wurfzeit in SW-Afrika hauptsächlich Dezember–Januar, in Transvaal Juni–Dezember, in Rhodesien März–April, in O-Afrika März–Dezember. Wurfgröße 1–6, meist 2–4, Geburts-G 250–300, tägliche Zunahme rd. 50, mit 2 Monaten rd. 4, mit 3 5–6, mit 4 rd. 8, mit 1 Jahr 25–28. Nestkleid s. Kn. Krabbeln mit 2–3, Stehen mit 10, Laufen mit 14, Augenöffnen 4–14, 1. Festnahrung 21–28 Tagen, 1. Jagdbegleitung mit 5–6 Wochen, Rückenmähnenschwund (von hinten nach vorn) beendet mit 2 1/2, Säugezeit 1 1/2–2, **Gr** ♀ 9–10, ♂ 14, Mutterverlassen 15–17 Monaten, Junge müssen lange geführt werden, um Jagdweise voll zu lernen u. zu beherrschen. ♀ hat 1. Hitze nach Werfen mit 3 1/2–4 Monaten. – **Ld** In Gefangenschaft bis 16 Jahre nachgewiesen.

Luchse, Lyncinae

Mittelgroß, hochläufig, kurz- bis stummelschwänzig, Ohrspitzen mit Haarpinseln, Krallen zurückziehbar, Zungenbein ohne Epihyale. 6 Zitzen, Gb $3 \cdot 1 \cdot 2 \cdot 1 = 28$. Vorwiegend bodenlebende, tag- oder nachttätige Bewohner offener u. bewaldeter Landschaften der Neuen u. Alten Welt. 2 Gattungen mit 3 Arten, davon 1 Gattung mit 1 Art in Afrika.

Wüstenluchs oder **Karakal,** *Caracal caracal* (Schreber, 1776). E: Caracal, Caracal Lynx, African Lynx, Red Lynx, Red Cat; F: Le Caracal; A: Rooikat; K: Sibamangu 43/1
Kn Luchsartig. Kopf etwas abgeflacht, Ohren spitz dreieckig mit langem Haarpinsel, Beine lang (hintere etwas länger als vordere), Schwanz nur 1/3 KR (manchmal länger, bis 1/2 KR). Fell dicht u. weich, oberseits einfarbig, von hell sandfarben über gelbrot oder hell zimtfarben bis kräftig braunrot, rotgrau oder weinrot wechselnd, oft grau oder schwarz überflogen. Rücken dunkler als Seiten, Unterseite (Wangen, Kinn, Kehle, Brust, Bauch) weißlich, Kehle u. Vorderbrust manchmal auch gelbrötlich. Brust, Bauch u. Beininnenseiten mit gelblichen bis rotbraunen Flecken, hintere Oberschenkel manchmal mit blassen Querstreifen. Ohrrückseite, senkrechter Überaugenstreif, innerer Augenwinkelstreif bis Nase, Mundwinkelfleck u. Schnurrhaarflecken graubraun bis schwarz.Ohrpinsel meist schwarz, manchmal weiß. Manchmal Schwärzlinge. Junge grauer u. dunkler als Erwachsene, Oberlippe bis Auge u. Ohrrückseite schwarz, meist oberer Wangen-(Hinteraugen-)streif angedeutet. Zitzenzahl 6, Penisknochen vorhanden. – **M&G** Kr 65–90, SL 20–30, KH 40–50, G 8–18. ♂ etwas größer u. schwerer als ♀. – **V** Ganz Afrika außer Regenurwald W- u. M-Afrikas, Sinai-Halbinsel, Arabien, Mesopotamien, Israel, Libanon, Kleinasien, Iran, Afghanistan, Turkmenistan, Belutschistan, Sind, Punjab, Cutch u. Rajputana bis Zentralprovinzen Vorderindiens. 9 UA, davon 7 in Afrika. – Die Art wurde früher in Persien u. Vorderindien zur Jagd auf Hasen u. Federwild abgerichtet. – **Lr** offene Landschaften (Savanne, Steppe, Halbwüste, Wüste) in Ebene, Hügel- u. Bergland. – **W** standorttreu. W einige bis etliche km^2 groß, je nach Beutedichte (Einzelheiten nicht bekannt). – **Tt** In Dämmerung u. Nacht, jedoch auch viel tags unterwegs. Streift weit umher, klettert gut, schläft in vorgefundenen Erdbauten, Baumhöhlen, Felsspalten, im dichten Gebüsch, manchmal auch auf Bäumen. – **Lt** Meist stumm, bei Ärger u. Wut Knurren u. Fauchen. Lauter bellartiger Partnerruf. – **S** Seh- u. Hörvermögen sehr gut, Riechvermögen mäßig. – **Fd** Nichts bekannt, für Junge andere Raubtiere. Sehr mutig, greift in Enge getrieben an. Flüchtet auch auf Baum. – **N** Alle Säuger von Maus bis Riedbockgröße, alle Vögel bis Großtrappengröße. Fängt auffliegende Vögel im hohen Sprung. Reißt Schafe, Ziegen, Kälber u. Hausgeflügel. Frißt Kriechtiere einschließlich Giftschlangen, schleicht sich an u. überbrückt letzte Strecke im Blitzspurt. Springt auch von Baum oder Fels auf Beute. Nimmt auch frisches Gras u. Früchte. – **Gs** Einzelgänger. – **Fp** Werbung u. Paarung ähnlich Falbkatze. Tragzeit 69–70 Tage. Wurfzeit in Subtropen im Frühjahr, in Volltropen nicht festgelegt. Wurfplatz verstecktes, mit Haaren u. Federn gepolstertes Lager im Versteck (s. W). Wurfgröße 1–6, meist 2–3. Geburts-G rd. 300, G mit 12 Tagen ♂ rd. 560, ♀ rd. 500, mit 18 T. ♂ rd. 800, ♀ rd. 650, mit 1 Monat ♂ rd. 950, ♀ rd. 870, mit 2 M. ♂ rd. 1300, ♀ rd. 1200. Augenöffnen mit 6–9 Tagen, Lagerverlassen mit 3, 1. Festnahrung mit 4 Wochen, Säugezeit 6 Monate, selbständig mit 3/4–1 Jahr. – **Gr** Mit 2 Jahren. – **Ld** In Gefangenschaft 17 Jahre nachgewiesen.

Kleinkatzen, Felinae

Hauskatzen- bis pumagroß, meist langschwänzig, Ohrspitzen ohne Haarpinsel, Krallen zurückziehbar, Zungenbein ohne Epihyale. Gb 3 · 1 · 2–3/2 · 1 = 28–30. 6–8 Zitzen. Teils boden-, teils baumlebende nacht- oder tagtätige Kleintier-, Fischfresser oder Räuber offener u. bewaldeter Landschaften. 14 Gattungen mit 26 Arten in der Neuen u. Alten Welt außer Australasien, davon 3 Gattungen mit 6 Arten in Afrika.

41/1 **Serval** oder **Servalkatze,** *Leptailurus serval* (Schreber, 1776). E: Serval, Serval Cat; F:
41/2 Le Chat tigre, Le Serval, Le Servalin; A: Tierboskat; K: Mondo, Kisongo, Marara, Tschui mbara

Kn Hochbeinig u. groß wie Karakal, auch Hinterbeine etwas länger als Vorderbeine. Kopf verhältnismäßig klein. Ohren groß, breit angesetzt, dichtnebeneinander stehend, hoch u. spitzendig. Schwanz nur 1/3 KR. Oberseite hellocker bis ocker- u. olivbraun, Unterseite weiß bis weißgrau oder -gelb. Helle Tiere mit großen schwarzen Flecken in Längsreihen, dunkle Tiere mit vielen feinen Tupfen oder Spritzern oder oberseits fast einfarbig. Muster der hellen Tiere auf Wangen, Stirn u. Hals beginnend, Rumpf überziehend, auch Vorderbrust u. Beine bedeckend u. bis Bauch reichend. Schwanz mit 6–7 braunschwarzen Ringen u. schwarzer Spitze, Ohrrückseite schwarz mit weißem Mittelfleck. Dunkler Überaugenstreif u. Augenwinkelfleck. Bei dunklen Tieren abgeschwächte Musterreste an Brust, Bauch, Beinen u. Schwanz, Ohrrückseitenfleck gelblich. Großfleckiger, meist heller Typ bewohnt Trockensavanne u. Steppe, kleinfleckiger bis einfarbiger, meist dunkler Typ (auch Servalkatze genannt) Feuchtsavannengürtel um Regenurwald (Guinea-, Kamerun-Kongo-Zaire-Urwald), breites Mischgebiet mit allen Übergängen zwischen beiden Typen. Schwärzlinge werden öfter (besonders in Feuchtgebieten) angetroffen. Junge wie Erwachsene gefärbt, jedoch Haarkleid flauschig-lose. Penisknochen vorhanden. Zitzenzahl 8. Gb 3 · 1 · 3/2 · 1 = 30, P^2 u. M^1 klein. – **M&G** KR 65–90, SL 25–35, KH 45–55, G 6–15. – **V** Afrika sl rd. 20° n. Br. außer geschlossenem west- u. zentralafrik. Regenurwald. Früher auch in NW-Afrika u. sw bis Kapland, heute in NW-Afrika u. sl Oranje ausgerottet. – 6 UA. –

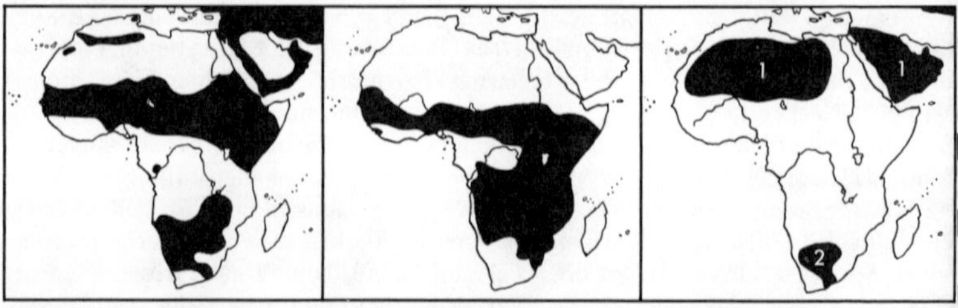

Wüstenluchs — Serval — 1 Sandkatze, 2 Schwarzfußkatze

Lr Trocken- u. Feuchtsavanne, Steppe, Galeriewald, kleine Waldungen, nicht in großen Wäldern. Wassernähe u. gute Deckung (Hochgras, Schilf, Gebüsch, Felsklüfte) erforderlich. Im Gebirge bis 3000 m. – **W** Standorttreu. W 1,5–3 km² groß (genauere Einzelheiten nicht bekannt). Harnmarkieren an Büschen nach Beutefang u. Begegnung mit Artgenossen. Begegnung meist friedlich. ♀♀ bewegen sich frei durch ♂♂-W. – **Tt** Am Tage, gelegentlich in Dämmerung u. mondheller Nacht. Haupttätigkeit vor- u. nachmittags, in Mittagshitze im Schatten ruhend. Unterschlupf in vorgefundenen Erdbauen, Gebüschhorsten, Felsspalten u. ä. – **Lt** Hohes, mehrfach wiederholtes »Meoa« als Partnerruf, klagendes Maunzen bei Mißstimmung, Knurren, Grollen u. Fauchen bei Ärger u. Wut. Bei Wohlbefinden Schnurren wie Hauskatze. – **S** Seh- u. Hörvermögen sehr gut. Riechvermögen mäßig. – **Fd** Löwe, Leopard, Gepard, Hyänen, für Junge auch kleinere Raubtiere. Nicht sehr mutig. Flüchtet auch auf Baum, da notfalls gut kletternd. – **N** Revierbummelnder Tagjäger mit Auge u. Ohr, starker Wind unterbindet Jagen. Beute wird angeschlichen u. durch Sprung gepackt. Oft Spiel mit Beute vorm Fressen. Säuger von Maus- bis Bleichböckchengröße, Vögel bis Perlhühnergröße, holt auffliegende Vögel mit hohem Sprung aus der Luft, raubt auch Hausgeflügel, frißt manchmal Eidechsen, Fische, Kerbtiere, Frischgras u. Früchte. – **Gs** Einzelgänger. – **Fp** Begattung wie Falbkatze (S. 231), ♀-Hochbrunst 1 Tag, Tragzeit 67–77 Tage. Wurfplatz Versteck zw. Felsen, Gebüschhorst, Erdbau. Wurfgröße 1–4, meist 2–3, Geburts-G rd. 250, Augenöffnen mit 9–12 Tagen, 1. Festnahrung mit 3 Wochen, Säugezeit 6 Monate, selbständig mit $^3/_4$–1 Jahr. – **Gr** Mit 2 Jahren. – **Ld** In Gefangenschaft bis 20 Jahre nachgewiesen.

Sandkatze, *Felis (Otocolobus) margarita* Loche, 1858. E: Sand Cat, General Margueritta's Cat; F: Le Chat des sables 42/1

Kn Gestalt wie Falbkatze, nur etwas kleiner u. gedrungener. Kopf breit, Ohren breit u. tief angesetzt. Fell weich u. dicht, Fußsohlen mit langen dunkelbraunen bis schwarzen Haaren, die Ballen verdecken (Sohlenbürste). Fell heller oder dunkler gelblich-sandfarben, untere Gesichtshälfte u. Unterseite weißlich. Muster wie Falbkatze (S. 230), wechselt zwischen deutlicher Ausprägung u. fast völligem Verblassen. Aber auch im letzteren Falle bleiben erhalten dunkelbraune Ohrspitzen, Wangen-, Stirn-, Ellbogen-, Oberschenkelstreifen, Sohlenpolster u. einige Ringe oder Flecke vor der schwarzen Schwanzspitze. Jungtiere haben ausgeprägtes dunkel- bis schwarzbraunes, wegen der Körperkleinheit eng sitzendes Muster auf fahlgelbem Grund; Sohlenpolster fehlt noch, bildet sich in dem Maße langsam heran, wie Muster verblaßt. Hautdrüsen, Penisknochen u. Gb wie Falbkatze, jedoch M^1 noch kleiner. Knöcherne Gehörblase sehr groß. – **M&G** KR 43–52, SL 23–31, KH 24–30, G ♂ 2,1–3,4, ♀ 1,5–3,1. ♂ etwas größer u. schwerer als ♀. – **V** Wüsten (einschließlich Sandwüsten) N-Afrikas (Sahara, Libysche Wüste sw bis rd. 15° n. Br.), Arabiens, Mesopotamiens, Irans, Pakistans, Turkmeniens (Karakum u. Kysylkum) u. wahrscheinlich auch Afghanistans. 4 UA, davon Saharak. (*margarita* Loche, 1858), in Afrika. – **Lr** s. V. – **W** Nicht bekannt, sicherlich einige km², standorttreu. – **Tt** In Dämmerung u. Nacht weit umherstreifend, ausdauernder Läufer, klettert ungern u. springt nicht sehr gut, wegen dünner Besiedlung lauter Partnerruf (s. Lt). Tagsüber in vorgefundenem oder selbstgegrabenem Erdbau (meist in Dünen unter Gesträuch) oder in Felsspalten, unter Steinblöcken u. ä. im felsigen, steinblockübersäten Gelände. – **Kp** Wie Falbkatze. – **Lt** Wie Falbkatze, dazu mehrfacher, sehr lauter, hartmaunziger bis bellartiger Partnerruf. – **S** Hörvermögen außerordentlich, Sehvermögen sehr gut, Riechvermögen mäßig. – **Fd** Giftschlangen, Schakale, Großeulen. Abwehrverhalten wie Falbkatze. – **N** Kleinsäuger (vor allem Nager), die wohl auch ausgegraben werden, Hörnchen u. a. Säuger bis Hasengröße, Vögel, Kriech- u. Kerbtiere. – **Gs** Einzelgänger. – **Fp** Werbung u. Paarung ähnlich Falbkatze. Tragzeit 63 Tage, Wurfzeit März–April, Wurfgröße 2–4, Wurfplatz Bau u. ä. (s. W), Geburts-G 50–60, -KR rd. 12, -SL rd. 6, G mit 1 Woche rd. 100, mit 2 W. rd. 200, mit 3 W. 270, mit 4 W. über 300, Augenöffnen mit rd. 2, 1. Lagerverlassen mit 3–3½, 1. Festnahrung mit 5 Wochen, Mutterverlassen mit 3–4 Monaten. – **Gr** Vermutlich mit 10–12 Mon. – **Ld** In Gefangenschaft 8 Jahre nachgewiesen.

Schwarzfußkatze oder **Karrookatze,** *Felis (Microfelis) nigripes* Burchell, 1823. E: Blackfooted Cat, Sebala Cat; F: Le Chat à pieds noirs; A: Swartpoot-Wildekat 42/2

Kn Gestalt ähnlich Falbkatze, doch um $^1/_3$ kleiner u. Schwanz kürzer. Ohren an der Spitze etwas abgerundet. Gesamtfärbung dunkel- bis hellocker oder sandfarben, im Winter blasser u. grauer. Wangen, Kehle, Brust, Bauch u. Beininnenseiten weißlich. Körpermuster falbkatzenähnlich, jedoch Flecken größer u. z. T. länglich, braun bis schwarz, auf Schultern auch verblaßt u. rostfarben überhaucht. Kehle mit 3 dunkelbraunen bis rötlichen, unterbrochenen, Wangen mit 2 rotbraunen, Vorderbeine mit 3, Hinterbeine mit bis zu 5 schwarzen Querbinden. Kehle, Brust u. Bauch mit Querflecken. Fußsohlen schwarz mit mäßig langem Haarpolster. Schwanz oben rückenfarbig, unten fahlocker, Spitze schwarz, davor 2–3 schwarze Querbinden, davor noch mehrere unvollständige dunkelbraune Querbinden oder Flecke. ♀-Muster deutlich kräftiger u. schwärzer als ♂-Muster. Junge wie Erwachsene gefärbt, erscheinen jedoch wegen engstehenden Musters viel dunkler. Hautdrüsen, Penisknochen u. Gb wie Falbkatze (S. 230), jedoch P^3-Innenhöcker verkleinert; knöcherne Gehörblase vergrößert. – **M&G** KR ♂ 37–50, ♀ 34–37; SL ♂ 15–20, ♀ 16–18; KH rd. 25; G ♂ 2,5–2,75, ♀ 1,5–1,75. – **V** S-Afrika ab S-Angola u. N-Botswana sw durch N- u. M-Südwestafrika, Botswana, mittlere bis söl Kapprovinz nebst Oranje u. W-Transvaal, sowie N-Teil des Krüger-Nationalparks bis Karroo-Südrand. 2 UA: 1. *nigripes* Burchell, 1822; Kapprovinz. 2. *thomasi* Shortridge, 1931; übrige Artverbreitung. – **Lr** Trockene Landschaften (Steinwüste oder Karroo, Festboden-, Sand-, Halbwüste, Steppe). **W** u. **Tt** Wie Sandkatze (S. 229). – **Kp** u. **Lt** Wie Falbkatze. Wegen dünner Besiedlung lautes Gebrüll (ähnlich Tiger, jedoch 1 Oktave höher) als Partnerruf. Junge schnurren wie Hauskatze. – **S** Wie Sandkatze. – **Fd** Wie Sandkatze. Bei Alarm laufen Junge von Mutter fort und drücken sich regungslos, bis Mutter Entwarnungsruf (leises »ah-ah-ah«) hören läßt. – **N** Kleinsäuger bis Erdhörnchengröße, kleine Vögel, Eier, Kriechtiere, Kerbtiere, Spinnentiere. Beute wird vermutlich auch ausgegraben. Frisches Gras wird gern gefressen. – **Gs** Einzelgänger. – **Fp** ♀-Hochbrunst 5–10 Stunden, dann mehrere Begattungen, diese wie bei Falbkatze. Tragzeit 63–68 Tage. Wurfgröße 1–2, Wurfplatz Erdbau oder ä. Versteck. Geburts-G 60–88, G mit 1 Woche rd. 155, 2 W. rd. 215, 1 Monat ♀ rd. 235, ♂ rd. 280, 2 M. ♀ rd. 550, ♂ 620, 3 M. ♀ rd. 820, ♂ rd. 1110, 4 M. ♀ rd. 960, ♂ rd. 1500, 5 M. ♀ rd. 1300, ♂ rd. 1900, 6 M. ♀ rd. 1500, ♂ rd. 2500. Augenöffnen mit 6–9, 1. Festnahrung mit 34–35, 1. Beuteschlagen mit 43–44 Tagen. Selbständig mit 3, **Gr** mit 8 Monaten. – **Ld** In Gefangenschaft 13 Jahre nachgewiesen.

42/3 **Falbkatze,** *Felis (Felis) silvestris* Schreber, 1777. E: African Wild Cat, Grey Wild Cat,
42/4 Cape Wild Cat, Kaffir Cat, Caffer Cat; F: Le Chat sauvage d'Afrique, Le Chat sauvage de brousse, Le Chat botté, Le Chat ganté d'Égypte, Le Chat de Libye, Le Chat de Cafrerie; A: Vaalboskat; K: Kimburu, Paka pori

Kn Gestalt wie Hauskatze, z. T. etwas größer. Farbe je nach Landschaft wechselnd zwischen hell sandfarben oder hellgrau (in trockenen Landschaften) bis ockerbraun (in feuchten Landschaften). Unterseite (Brust, Bauch, Beininnenseiten) weiß bis goldkremfarben. Aalstrich schwach bis kräftig. Körperseiten mit rd. 1 Dutzend dunkleren Querstreifen, die in Flecke aufgelöst, verblaßt oder ganz verschwunden sein können. Im Regenurwald auch Schwärzlinge. Unterhalb Ellbogen u. Knie je 2 stets erkennbare, blaßbraune bis schwarze Querstreifen, Schwanz mit ebensolchen Querringen, Spitze schwarz. Sohlen bräunlich bis schwarz. Stirn mit 4 dunklen Längsstreifen oder Kleinfleckenreihen, Wangen mit 2 waagerechten, blaßbraunen bis schwarzen, Unterkehle z. T. mit 2 ebensolchen Querstreifen. Jugend- wie Alterskleid, wegen eng sitzenden Musters dunkler wirkend. Gb $3 \cdot 1 \cdot 2\text{–}3/2 \cdot 1 = 28\text{–}30$, P^2 u. M^1 rückgebildet, ersterer kann auch fehlen. Zirkumanaldrüsen bei ♂ u. ♀, 2 Analbeutel beim ♂, Penisknochen vorhanden, 6–8 Zitzen. – **M&G** KR ♂ 50–73, ♀ 45–60; SL ♂ 25–33, ♀ 21–38; KH 30–36; G ♂ 2,5–6, ♀ 1,5–4. ♂ etwas größer u. schwerer als ♀. – **V** ganz Afrika außer reinen Wüsten, außerhalb Afrikas auf Mittelmeerinseln, in ganz Europa außer Skandinavien u. Irland (Waldkatzen), in Vorderasien von Kleinasien bis Arabien u. Vorderindien sowie Turkmenien (Steppenkatzen). 23 UA, davon 11 in

Afrika. – **Lr** Alle Landschaften von Halbwüste bis Regenwald, im Gebirge bis 4000 m. Oft in Siedlungsnähe. Jung aufgezogene Kätzchen werden zahme Hausgenossen. – **W** Standorttreu, W je nach Beutedichte einige ha bis km^2 (Einzelheiten nicht bekannt), von ♂ wohl als Tr markiert u. verteidigt. – **Tt** In Dämmerung u. Nacht, bei kühlem, bedecktem Wetter auch tagtätig, sonst tagsüber versteckt in Baum-, Erd-, Felshöhlen, -spalten u. ä. Schlupfwinkeln. – **Kp** Fellsäubern u. -glätten durch Lekken, Waschbewegungen mit Vorder- u. Kratzen mit Hinterpfoten, Pfotenabschütteln, Fellschütteln, Krallenschärfen. – **Lt** Miauen, Knurren, Fauchen, »Spucken«, Schreien u. Schnurren wie Hauskatze. – **S** Seh- u. Hörvermögen sehr gut, Riechvermögen mäßig. – **Fd** Serval, Karakal, Goldkatze, Leopard, Honigdachs, Großeulen; Lagerjunge auch von Schakalen, Zibet-, Ginsterkatzen u. a. kleinen Raubtieren sowie Schlangen bedroht. Klettert gut, flieht auf Bäume. Verteidigungsstellung mit Katzbuckel u. gesträubtem Fell begleitet von Knurren, Fauchen u. »Spucken«. Abwehr durch Pfotenschläge mit gezückten Krallen. – **N** Kleine bis mittelgroße Säuger u. Vögel, Eidechsen, Schlangen, Schildkröten, Frösche, Fische, Kerbtiere, Skorpione, Hundertfüßer, Jungwild, Schaflämmer, Ziegenkitze, Hausgeflügel, Früchte. – **Gs** Einzelgänger. – **Fp** ♂ wirbt um ♀ mit »Gesang« wie Hauskater. ♀ alle 6 Wochen 2–3 Tage in Ranz, wenn nicht gedeckt. Bei Begattung sitzt ♀. Junge in Subtropen im Frühling, in Volltropen in allen Monaten. Tragzeit 56–60 Tage. 2–3 (5) behaarte, blinde Kätzchen im Versteck. Geburts-G 40–55, G nach 1 Monat rd. 500, nach 2 Mon. rd. 1000, nach 3½ Mon. rd. halbes Erwachsenen-G, letzteres erreicht ♀ mit 1–1½, ♂ mit 1½–2 Jahren. Augenöffnen nach 9–11 Tagen, 1. Festnahrung mit rd. 1, Säugezeit rd. 3, Mutterverlassen mit 4–5, **Gr** mit rd. 10 (♀) – 12 (♂) Monaten. 2 Würfe im Jahr möglich oder Regel. – **Ld** 12–15 Jahre. – Die Falbkatze ist die Stammform der Hauskatze u. wurde in Mesopotamien – Palästina im 6. Jahrtausend v. Chr. domestiziert.

Rohrkatze oder **Sumpfluchs,** *Felis (Chaus) chaus* Güldenstaedt, 1776. E: Jungle Cat, Swamp Cat; F: Le Chat des marais, le Chat de jungle 43/2

Kn Gestalt wie sehr große u. auffallend hochbeinige Falbkatze mit nur kurzem Schwanz (reicht nur bis Ferse). Ohren spitz, mit kleinem dunklen Haarpinsel. Sandfarbig gelbbraun bis gelbrötlich oder gelbgrau, Falbkatzenmuster nur an Kopf, Beinen u. Schwanz verwaschen vertreten, dabei Schwanzspitze braunschwarz bis schwarz. Rumpf einfarbig bis fein dunkler gesprenkelt oder verwaschen gefleckt. Unterseite gelblich. Rückenmitte u. Ohrrückseite bräunlich. Junge dunkel mit deutlichem Falbkatzenmuster. Hautdrüsen, Penisknochen u. Gb wie Falbkatze (S. 230). – **M&G** KR ♂ 65–90, ♀ 60–85; SL ♂ 25–30, ♀ 20–28; KH 40–48; G ♂ 5–12, ♀ 2,5–7,5; ♂ größer u. schwerer als ♀. – **V** Nildelta u. -tal sw bis Quena Provinz Ägyptens (rd. 26° n. Br.), ww bis Masah-Matruch u. Fajum (UA *nilotica* De Winton, 1898) sowie im Ahaggar- u. Tassili N'Adjer-Bergland, S-Algerien (UA nicht beschrieben). Außerhalb Afrikas in Vorderasien mit Palästina, S-Kleinasien, Mesopotamien, Transkaukasien (nw bis Wolgaunterlauf), Turkmenistan, Tadjikistan, Kasachstan, Chinesisch Turkestan, Afghanistan, Iran, Belutschistan, Vorderindien u. Ceylon, Burma, Thailand, Indochina u. W-Jünnan. 9 UA, davon 1 bzw. 2 in Afrika. – **Lr** Sumpfige oder feuchte Gebiete mit hohem Gras, Schilf oder Binsenbestand, daher gern an Gewässerrändern, in Uferwaldungen, aber auch in trockenerem Buschgelände, als Siedlungsfolger auch in Getreide-, Zuckerrohr-, Baumwoll- und Maisfeldern, in Gärten und dgl. – **W** Standorttreu. W bis einige km^2 groß, jedoch Einzelheiten nicht bekannt. – **Tt** vorwiegend in Dämmerung u. Nacht, doch auch öfter am Tage zu sehen. Läuft, klettert u. schwimmt gut. Unterschlupf auf trockenen Stellen im Schilf u. dergl., unter dichtem Gebüsch, in vorgefundenen (selten selbstgegrabenen) Erdbauten, in Felsspalten, Ruinen, verlassenen Gebäuden u. ä. – **Kp** Wie Falbkatze (S. 231). – **Lt** Wie Falbkatze. Junge schnurren wie Hauskätzchen, Erwachsene haben ein mehrfaches, lautes, hartes Maunzen als Partnerruf. – **S** Seh- u. Hörvermögen sehr gut, Riechvermögen mäßig. – **Fd** Wenig, höchstens Leopard (in Ägypten nicht mehr vorhanden). Lagerjunge sind durch kleinere Raubtiere (Schakale, Schleichkatzen u. a.) gefährdet. Mutig, ♀ verteidigt Junge heftig, greift in Enge getrieben auch Menschen an. Abwehrverhalten wie Falbkatze. – **N** Kleine bis mittelgroße Säuger u. Vögel, Wassergeflügel, Eier, raubt oft Hausgeflügel, reißt Lämmer, Kitze u. Jungwild, manchmal auch Wild bis Reh- u. Gazellengröße, frißt auch Schlangen, Eidechsen, Frösche u. Fische. – **Gs** Einzelgänger. – **Fp** Werbung u. Paarung ähnlich Falbkatze. Ranzzeit Februar–März, Tragzeit 66 Tage, Wurfgröße 3–5, Wurfplatz Versteck im Schilf, unter Gebüsch, in Erdbau oder Felsspalte. Geburts-G 45–55, Augenöffnen nach 10–12 Tagen, Säugezeit rd. 2 Monate, selbständig mit 5 Monaten. – **Gr** Mit 1½ Jahr. – **Ld** 12–15 Jahre.

43/3 **Goldkatze,** *Profelis aurata* (Temminck, 1827). E: Golden Cat, African Tiger-Cat; F:
43/4 Le Chat doré

Kn Mittelgroß (doppelte Falbkatzengröße), Beine ziemlich kurz u. stämmig, Ohren kurz u. rundlich, Schwanz lang. Fell kurz u. weich, Nackenhaare von Schulter bis Scheitel nach vorne gerichtet. Grundfarbe oberseits von wein- oder braunrot bis dunkel schiefergrau wechselnd, unterseits (Wangen, Kinn, Kehle, Brust, Bauch, Beininnenseiten) weiß bis grauweiß oder leicht kremfarben. Ohrrückseite schwarz, Augenrandflecken weißlich. Breite Oberseitenbahn von Scheitel bis Schwanz mehr oder

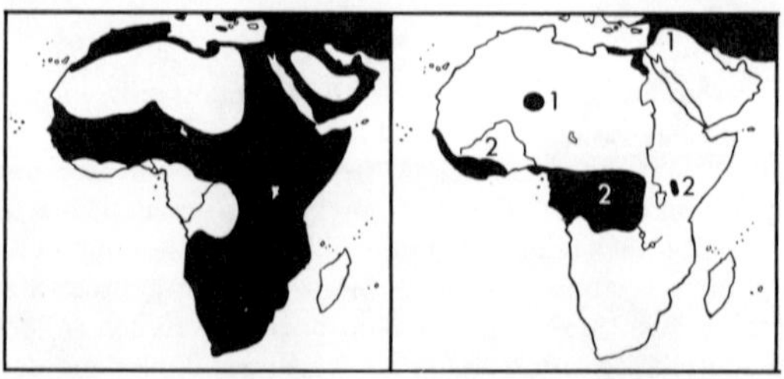

Falbkatze 1 Rohrkatze 2 Goldkatze

minder verdunkelt. Muster als große dunkelbraune bis schwarze Flecken Ober- u. Unterseite bedeckend oder auf Nacken u. Rücken z. T. mit dunkler Bahn verschmelzend oder oberseits kleiner u. schwächer bis fein getupft oder oberseits ganz fehlend u. nur unterseits erhalten. Schwanz mit bis zu 12 kräftigen bis schwachen Querringen, Schwanzspitze wie -oberseite verdunkelt. Starke Fleckung vorwiegend bei Guineawald-G. (*aurata*), Gambia bis Togo, Verschmelzung mit dunklem Untergrund bei Kongowald-G. (*cottoni*), Kamerun bis W-Kenia. Schwärzlinge bei beiden nicht selten. Junge wie Erwachsene gefärbt. Penisknochen vorhanden, Zitzenzahl?, Gb wie Falbkatze, M^1 sehr klein, P^2 sehr klein oder fehlend. – **M&G** KR 72–93, SL 35–45, KH rd. 50, G 8–16. – **V** Äquatorial-Afrika von Gambia bis W-Kenia, in Nigeria fehlend. N-Grenze um 8° n. Br., S-Grenze um 5–7° s. Br. 2 UA (s. Kn). – **Lr** Regenwald in Ebene u. Gebirge bis über 2000 m. auch am Regenwaldrande u. im Galeriewald. – **W** Nicht bekannt. – **Tt** In Dämmerung u. Nacht, vorwiegend baumbewohnend, schläft auch tagsüber auf Baum. – **Kp** Wie Falbkatze (S. 230). – **Lt** Junge schnurren bei Wohlbehagen, fauchen u. spucken bei Wut. – **S** u. **Fd** Nicht bekannt. – **N** Säuger bis Kleinantilopengröße, Vögel bis Perlhuhngröße, bei Gelegenheit auch Hausgeflügel. – **Gs** Einzelgänger. – **Fp** Einzelheiten nicht bekannt. Junge werden vermutlich in Baumhöhlen geworfen. – **Gr** u. **Ld** Nicht bekannt.

Herrentiere, Primates

Halbaffen, Prosimii

Lemuren, Lemuridae

Maus- bis katzengroße Halbaffen. Kopf rundlich, Schnauze mehr oder minder spitz. Augen groß. Ohren klein bis mittelgroß. Fell dichtwollig. Gliedmaßen mittellang, Beine etwas länger als Arme. Strahlenzahl 5/5, Finger- u. Zehenkuppen verbreitert, 1. Strahl mehr oder minder gegenüberstellbar, 2. Zehe mit Krallennagel, sonst spitzendige Kuppennägel. Schwanz lang, lampenputzerartig. Gb 0–2/2 · 1/1 · 3/3 · 3/3 = 32–36. Untere I u. C schräg nach vorn gerichtet, Backenzähne spitz, davon M dreihöckerig. 2–6 Zitzen, Penis hängend, er u. Kitzler mit Knochen. Meist einmal, selten zweimal im Jahr 1, manchmal 2–3 Tragjunge mit bei Geburt offenen Augen nach 54–150 Tagen Tragzeit. Meist nachts, einige Arten auch tags tätig, Boden- u. Baumbewohner, Pflanzen- u. z. T. auch Kleintierfresser. Gesellig in Familien oder Sippen, z. T. auch Einzelgänger u. Mutter-Kind-Gruppen. (Außer *Hapalemur*) Nichtschwimmer. Sehr sauber, ohne Außen- u. fast ohne Innenschmarotzer u. Körpergeruch. Fellpflege ohne Hände, mit Zähnen, Zunge u. Putzkralle. 6 Gattungen mit zusammen 14 Arten, nur in Madagaskar.

44/1 **Mohren-, Schwarzkopf-, Weißkopf-, Rotstirn-** oder **Brauner Maki,** *Lemur (Prosimia)*
44/2 *macaco* Linné, 1766 (= *fulvus* E. Geoffroy St. Hilaire, 1812). E: Black Lemur, Brown
44/8 Lemur, Fulvous Lemur, White-fronted Lemur, Red-fronted Lemur; F: Le Maki
44/9 dimorphisme, Le Lémur macaco, Le Lémur brun; MA: Akomba, Varika, Varikoz
44/10 **Kn** Katzengroß. Fell dicht, weich, Gesicht kurzhaarig, Schwanz dickbuschig, länger als KR, Beine länger als Arme. Schnauze spitz (fuchsartig), Augen groß, Ohren klein, rundlich, mit kurzen bis langen Randfransen, Wangen mit langem oder kurzem oder ohne Backenbart. Daumen u. Großzehe kurz, abspreizbar, letztere doppelt so breit wie übrige Zehen, 2. Zehe mit Krallen- statt Plattnagel. Finger- u. Zehenendglieder mit breiten Tastpolstern, ebenso Handfläche u. Fußsohle mit mehreren solchen, Haut dazwischen körnig, Ferse behaart. Hand- u. Fußoberfläche behaart. Hautbezirk um After u. Scheide nackt. Penis u. Kitzler mit Knochen, Eichel mit Hornstacheln, Hoden behaart u. hängend, Kitzler schmal u. hängend, 2 brustständige Zitzen. Lange Tasthaare am Handgelenk. Gb 2 · 1 · 3 · 3 = 36, obere I nur winzige Stifte, untere I u. C sehr schmal, lang u. schräg vorstehend (kammartig), obere C lang u. scharfkantig, P_2 c-artig. Junge (♂ u. ♀) zuerst gleichartig dunkel gefärbt, nach 6 Wochen Umfärbung in Erwachsenenkleid. Fellfarbe der Erwachsenen wechselnd von weiß bis schwarz u. grau bis orange oder rot- oder dunkelbraun, z. T. Geschlechter verschieden. 8 UA[1)]: 1. Mohrenmaki, *macaco* Linné, 1766, NW-Madagaskar, Ambanja-Gebiet mit Ampasindava-Bucht u. Nosy-bé (Nossi-Be)-Insel. Mit langen Ohrfransen. ♂ völlig schwarz, ♀ rotbraun, Ohrfransen, Backenbart u. Steißfleck weiß, Unterseite weißgrau bis kremfarben, Schwanz wie Rücken oder gelbbraun, gelbweiß oder weiß. Junge schwarz, ♀ färbt mit ½ Jahr in Braun um. 2. Sandford-Maki *sanfordi* Archbold, 1932; Ambre-Gebirge, nördlichstes Madagaskar. Ohrfransen kurz. ♂ oberseits braungrau, Unterseite blaßgrau, Nase u. Schwanz schwarz, Stirn u. Steißfleck grau, Ohrfransen weiß,

[1)] Von manchen Autoren werden *macaco* u. *flavifrons* als eigene Art *macaco* angesehen.

Backenbart orange, Schwanzspitze weiß. ♀ braungrau, ohne Backenbart u. Steißfleck. 3. Sclater-Maki, *flavifrons* Gray, 1867. NW-Madagaskar, Maromandia-Gebiet, fast ausgerottet. Wie 1, jedoch ohne Ohrfransen; kurzer Stirnschopf. 4. Weißstirnmaki, *albifrons* E. Geoffroy St. Hilaire, 1796. NO-Madagaskar zwischen Andapa u. Mananara. Ohne Ohrfransen. Oberseite graubraun, Unterseite grauweiß, Schnauze u. Schwanzende schwarz, Ring um Gesicht (Scheitel, Ohren, Backenbart) weiß (♂) oder grauweiß (♀). Öfter Weißlinge. 5. Brauner Maki, *fulvus* E. Geoffroy St. Hilaire, 1812. O-Madagaskar sl von 4, sw bis Andovoranto. Mit langen Ohrfransen. Oberseite olivbraun, Unterseite gelbweiß. Beim ♂ Oberkopf, Ohren u. Schnauze schwarz, Ohrfransen weiß. 6. Halsbandmaki, *collaris* E. Geoffroy St. Hilaire, 1812. SO-Madagaskar sl von 5, sw bis Fort Dauphin. Ohne Ohrfransen. Oberseite dunkelbraun, oft schwarzer Aalstrich, Unterseite schmutzig weißgrau bis weißgelb, Wangen orange, helle Überaugenflecke, Gesicht schwärzlich, Schwanz rotbraun, schwarz überhaucht. 7. Rotstirnmaki, *rufus* Audebert, 1800. Hauptteil W-Madagaskars zwischen Marindo-Bucht im N u. Fiherenana-Fluß im S. Ohne Ohrfransen. ♂ Oberseite grau, rötlich überflogen, Unterseite ocker, Schnauze schwarz, weiße Augenringe, Oberkopf u. Schwanz rot, Schwanzende schwarz. ♀ Oberseite rotbraun, Unterseite blaßrot, Kopf grau, Wangen orange. 8. Majotte-Maki, *mayottensis* Schlegel, 1886. Insel Majotte, Komoren. Ohne Ohrfransen. Oberseite blaßoliv, Unterseite heller, Gesicht u. Steißfleck schwarz, Überaugenflecke weiß. – **M&G** KR 35–40, SL 45–50, G rd. 2. – **V** Madagaskar u. Komoreninsel Majotte. UA 1, 2 u. 7 äußerst bedroht, 7 ausgerottet. – **Lr** Wald, je nach Landschaft immergrüner Regenwald oder jahreszeitlich laubabwerfender Wald. – **Tr** Je Trupp ein Waldgebiet von 5–40 ha je nach Waldbeschaffenheit, bei *fulvus* sehr klein (0,75–1 ha). Tr wird von ♂ u. ♀ mit Harn, von ♂ mit Unterarm u. mit nackter Afterumgebung (an beiden Stellen zerstreut sitzende Hautdrüsenzellen) markiert. ♂ reibt Flanken u. Stirn an von ♀ beharnten Stellen. Bei *fulvus* starke Tr-Überschneidung. Verteidigung gegen Nachbartrupps durch Laute u. Drohgesten. Tagsüber in getrennten Tr sich aufhaltende Nachbartrupps können nachts gemeinsamen Schlafplatz benutzen. Siedlungsdichte bei *fulvus* hoch, 900–1200 Tiere je km^2. – **Tt** Morgens u. spätnachmittags u. abends, zur Paarungszeit auch über Mittag, manchmal auch in hellen Nächten. Baum- (*fulvus*) u. bodenlebend. Sehr gewandt im Bewegen in Bäumen, sehr gut springend (bis 6 m weit), Ast- u. Zweigflächen-Laufen auf allen Vieren, Schwanz als Balancierstange, Aufwärtsklettern aufrecht Hand über Hand. Bei großer Gefahr Zubodenfallenlassen u. Flucht ins Unterholz. – **Kp** Fellpflege durch Belecken u. Beknabbern, Schwanz wird dabei mit Händen gehalten; wo Schnauze nicht hinlangt, Kratzen mit bekrallter 2. Zehe (Putzzehe). Gegenseitige Fellpflege häufig. – **Lt** Kurzes, abgehacktes, oft wiederholtes Grunzen beim Umherlaufen, Sich-Begrüßen u. gegenseitiger Fellpflege, wechselt mit Stimmung von tief zu hoch u. leise zu laut, wird zum Bellen beim Drohen, zum Kreischen bei Angst, Schreck, Feindbedrohung u. a. höchster Erregung. Junges schnurrt beim Saugen, winselt bei Verlassenheit, quiekt bei Angst. – **S** Hör- u. Sehvermögen sehr gut, Farben- u. Scharfsehen, da Netzhaut mit Fovea centralis u. vielen Zapfen, Riechvermögen gut, ermöglicht Geschlecht- u. Einzeltiergeruch-Erkennen. – **Fd** Frettkatze, Fanaloka u. Höhlenweihe (*Polyboroides radiatus*). – **N** Vor allem Blätter, nebenher Früchte, Beeren, Knospen u. ä. pflanzliche Stoffe, ob in Freiheit auch tierische Kost (z. B. Vogeleier, Jungvögel, Kerbtiere u. ä.) ist fraglich, obwohl in Gefangenschaft gern Fleisch gefressen wird. Trinken durch Tau- oder Regenwasser – oder Handablecken nach Eintauchen in Baumhöhlenwasser. – **Gs** In Familientrupps aus ♂♂, ♀♀ u. Jungen unter Führung eines Alt-♀, Kopfzahl bis 17. – **Fp** Begattung im Stehen von hinten, Paarungszeit April–Juni, Tragzeit 120–133

Tage, Setzzeit August–Oktober. Meist 1 Junges, rd. 10% der Geburten Zwillinge, Drillinge sehr selten. Junges hat Augen offen, ist voll behaart, wiegt rd. 80 g, klammert sich quer vor ♀-Bauch am Fell fest. ♀ leckt es nach Geburt trocken, frißt Nachgeburt. Junges wechselt mit 3 Wochen auf ♀-Rücken, frißt mit 1 Monat erste Festnahrung, verläßt mit 2 M. erstmals zeitweilig ♀, ist mit 5 M. entwöhnt, mit 6 M. selbständig, mit 1½ Jahr geschlechtsreif, kommt als ♂ aber erst mit 2½ Jahren, wenn stark genug 1 ♀ zu erobern, zur Begattung. – **Ld** In Gefangenschaft 30 Jahre nachgewiesen.

44/11 **Rotbauchmaki,** *Lemur (Prosimia) rubriventer* I. Geoffroy St. Hilaire, 1850. E: Red-bellied Lemur; F: Le Lémur à ventre rouge; MA: Soaemeria
Kn Gestalt, Fell, Hand, Fuß, Gebiß, Zitzen u. Hoden wie *L. macaco* (S. 234), nur Nägel (außer Daumen, Groß- u. Zweitzehe, die wie bei *mongoz*) gekielt u. zugespitzt. After- u. Scheidenumgebung behaart, zwischen After u. Scheide nackte, gefaltete Haut, Kitzler hängend mit eichelartiger Spitze, Penis?. ♂ fast einheitlich kastanienbraun, Schwanz braunschwarz, Unterseite kupferrot, Bauch gelbrot, Hoden braun-

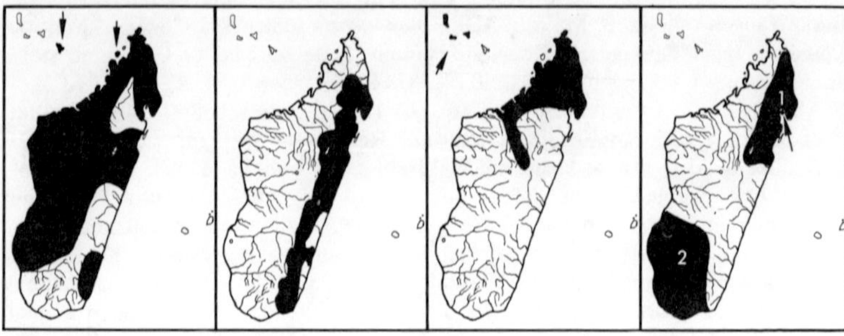

Mohrenmaki Rotbauchmaki Mongozmaki 1 Vari 2 Katta

schwarz, Hände u. Füße rötlich, schmaler Augenring graublau, manchmal weißlicher Fleck im inneren Augenwinkel. ♀-Oberseite umber, Schwanz braunschwarz, Unterseite kremfarben, Gesicht u. Mittelstirn dunkelbraun, Wangen gelblichweiß. Junge wie Erwachsene, jedoch Kopf kupferrot mit schwarzen Nasenstreifen. – **M&G** KR 40–45, SL 42–50, G 1, 8–2,2. – **V** Regenwälder O-Madagaskars. Keine UA. – **Lw** In Hauptzügen (Tt, N, Gs, Fp) wie *mongoz,* genauere Einzelheiten jedoch nicht bekannt.

62/1 **Mongozmaki,** *Lemur (Prosimia) mongoz* Linné, 1766. E: Mongoose Lemur; F: Le Lémur mongoz, Le Maki mongoz; MA: Akomba, Ankomba, Gidro
Kn Gestalt, Fell, Hand, Fuß, Gebiß, Zitzen, Penis, Hoden u. Kitzler wie *L. macaco* (S. 234), nur Schnauze etwas kürzer u. Haut um After u. Scheide behaart. Kleine Hautdrüsen um After. 2 UA: 1. Eigentlicher M., *mongoz* Linné, 1766; W-Madagaskar sl Betsiboka-Fluß, 15–90 km breiter Gebietsstreifen von Küste bis Ankaratraberge u. auf Komoreninseln Grande Comore, Anjouán u. Mohéli. Beim ♂ Scheitel, Nacken, Schultern dunkelgrau, Rücken, Keulen, Arm- u. Beinaußenseiten rotbraun bis braungrau, Wangen, Oberkehle u. Halsseiten rotbraun, Nasenrücken, Unterkehle, Vorderbrust, Hände u. Füße weißgrau, übrige Unterseite rotgelb, vordere Schwanzhälfte rotbraun, hintere grau mit dunkler Spitze. ♀ wie ♂, nur Schwanz, Hände, Füße u.

Gesicht schwärzlich, Wangen u. Körperunterseite weiß. 2. Kronenmongoz oder -maki, *coronatus* Gray 1842; N-Madagaskar, nl einer Linie zwischen Bombétoka-Bucht im W u. Antongil-Bucht im O. Bei ♂ Oberseite braungrau bis rötlichgrau, Unterseite grauweiß bis blaßrot, Hoden braunschwarz, Schwanz rotbraun, Hände u. Füße blaß rotbraun, Schnauze mit Augenumgebung u. Ohren weißgrau, schwarzer Ring um helle Augenumgebung, Scheitel schwarzes Dreieck (Krone), Wangen rötlich. Bei ♀ Oberseite hell- bis mittelgrau, Ohren, Nasenrücken, Wangen u. Körperunterseite weißlich, Stirnvorderrand leuchtend orange (Krone, Haare etwas verlängert). Junges als ♀ grau wie Mutter, als ♂ rötlichgrau mit dunklem Scheitel, Ohren u. Augenumrandung hellgrau, Nasenspiegel u. Vorderschnauze schwarz, heller Nasenstirnstrich, dunkler Überaugenfleck mit langen Tasthaaren wie an Schnauze. An Unterarminnenseite kleine Drüse mit 4 Tasthaaren. – **M&G** KR 40–45, SL 40–45, G 1,8–2,2. – **V** Madagaskar u. Komoren, s. Kn. Bedroht. – **Lr** Trockene Wälder u. Savannen, im Gebirge bis 800 m, auch in einigen Gebieten mit dichtem, niedrigem Busch. – **Tr** Nicht bekannt. – **Tt** Ausgesprochenes Tag- u. Baumtier, stiller u. unauffälliger im Benehmen als *L. macaco.* Klettert und springt sehr geschickt, landet beim Springen auf allen Vieren, hält beim Laufen Schwanz senkrecht, beim Drohen eingerollt. ♂ u. ♀ markieren viel mit Afterdrüsen. – **Lt** Schnell wiederholtes Grunzen als Stimmfühlungslaut, »kru-kru-kru«-Schrei bei steigender Erregung. Junges quietscht bei Unbehagen, summt bei Wohlbehagen. – **Kp**, **S**, **Fd** u. **N** Wie *macaco.* – **Gs** In Familientrupps von 4–8, mit 1 Alt-♂, mehreren ♀♀ u. Jungen. – **Fp** Paarungs-, Setzzeit u. Begattung wie *macaco.* Tragzeit 114–128 Tage, meist 1 Junges je Geburt, 8% Zwillinge. Jungenpflege wie *macaco.* Junges mit 14 Tagen auf Mutterrücken, mit 18–20 T. erstmals Mutter verlassend, mit 30 T. 1. Festnahrung, mit 2 Monaten sehr selbständig, Säugezeit 5 M., – **Gr** Mit rd. $1^1/_2$ Jahr. Geburts-G 55–61,-KR 10–14,-SL 13–14. Weitere Entwicklungsdaten nicht bekannt. – **Ld** In Gefangenschaft 26 Jahre nachgewiesen.

Vari, *Lemur (Varecia) variegatus* Kerr, 1792. E: Ruffed Lemur; F: Le Vari, Le Maki vari, Le Lémur variable, Le Lémur vari, Le Vari commun; MA Varikandra, Varimena, Varikossi 44/4–7

Kn Gestalt, Fell, Hand, Fuß u. Gebiß wie *L. macaco* (S. 234), nur größer u. Fell etwas länger. Gesicht außer Stirn von langer Halskrause, die oberhalb Ohren beginnt u. diese wie bei *L. catta* gestalteten umhüllt, umrahmt. After-, Scheidenumgebung u. Hoden kurz behaart. Penisknochen rd. 1 cm, Kitzlerknochen rd. 0,3 cm, Eichel ohne Hornstacheln, 6 Zitzen (2 brust-, 4 bauchständig). Handgelenk mit langen Tasthaaren. Färbung sehr gegensatzreich schwarz u. weiß oder braunschwarz u. weiß oder braun u. weiß oder fuchsrot u. weiß. Meist Gesicht (z. T. außer Wangen), Hände, Füße, Unterseite u. Schwanz schwarz oder braunschwarz, Halskrause, Unterarme u. Beine weiß. 3 UA: 1. Schwarzer oder Schwarzweißer V., *variegatus* Kerr, 1792 (Abb. 44/4), daneben im gleichen Gebiet rote Vertreter, Roter V. (*ruber* E. Geoffroy St. Hilaire, 1812), Gesicht einheitlich wie Hände, Füße u. Schwanz braunschwarz, Halskrause, Rumpf, Arme u. Beine fuchsrot, Nackenfleck u. Fesselring weiß (Abb. 42/7); NO-Madagaskar, von Port Loky-Bucht im N sw bis Antongil-Bucht, in letzterer auf Insel Mangabé. 2. Weißgürtelv., *editorum* O. Hill, 1953, wie Schwarzer Vari, jedoch Schwarzteile rot- bis dunkelbraun (Abb. 44/5); NO-Madagaskar wl von 1 u. 3, bis Hochplateaurand. 3. Brauner V., *subcinctus* (A. Smith, 1833), ähnlich Schwarzem Vari, jedoch Rücken olivbraun (Abb. 44/6); O-Madagaskar von Antongil-Bucht sw bis Perinet (18° s. Br.). Innerartliche Farbabänderung groß, daher Unterarten noch nicht gesichert. – **M&G** KR rd. 60, SL rd. 60, G 4–5. – **V** NO- u. O-Madagaskar,

Einzelheiten s. Kn. – **Lr** Regenurwald. – **Tr** Wenig bekannt, außer Lt (s. dort), kein Markieren weder mit Körper noch Harn u. Kot. – **Tt** Hauptsächlich in Dämmerung u. 1. Nachthälfte, frühmorgens gerne sonnend (im Aufrechtsitz mit ausgebreiteten Armen u. Beinen), am Tage weniger tätig, in Mittagshitze ruhend. Geschickter Springer, Astläufer u. Kletterer, selten am Boden. – **Kp** Fellbelecken u. -beknabbern. – **Lt** Grunzen bei Aufmerksamkeit, wird öfter wiederholt, steigert sich bei zunehmender Erregung. Junges hat Angstpiepen, das Mutter sofort herbeiruft, Mutter antwortet oder lockt mit ähnlichem, jedoch tieferem Ton. Weithin hallender Brüllgesang als Tr-Markierung, begonnen vom ♂, andere Familienmitglieder fallen ein, Nachbarfamilien antworten im Chor, steigert sich über mehrere Sekunden u. bricht plötzlich ab. Eingeschaltet in Gesang ist manchmal sehr lautes Glucksen. – **S** u. **Fd** Nicht bekannt. – **N** Früchte, Blätter, Rinde. – **Gs** In Familien 2–5 Tiere. – **Fp** Tragzeit 99 Tage, Setzzeit um November. 1–3 Junge (rd. 30% Zwillinge u. rd. 30% Drillinge). ♀ reißt sich Keulen- u. Flankenhaare aus, polstert damit Baumhöhlung oder Astgabel oder Epiphytenmulde, leckt Junge trocken, frißt Nachgeburt, legt Junge im Nest ab, bedeckt sie erste Tage mit Körper, kommt dann regelmäßig zum Säugen, Afterbelecken, Harn- u. Kotablecken u. Wärmen, trägt nestverlassende Junge erste Zeit stets im Maul zurück. Junge sind fein behaart (bei Schwarzvari schwarz u. hellgrau, letztere Farbe wird später weiß), haben Augen offen, wiegen rd. 50 g. ♂ hält sich erste Zeit fern, spielt später mit Jungen. Nach 1 Woche 1. Nestverlassen, nach 3½ Wochen 1. Festnahrung, nach 4 Wochen lebhaft in Nestumgebung turnend. Säugezeitdauer, weitere Entwicklungseinzelheiten u. **Ld** nicht bekannt.

44/3 **Katta** oder **Katzenmaki,** *Lemur (Lemur) catta* Linné, 1758. E: Ring-tailed Lemur; F: Le Lémur catta, Le Maki gidro; MA: Varikia, Gidro, Hira

Kn Gestalt, Fell, Hand, Fuß, Gebiß, Zitzen u. Penis wie *L. macaco* (S. 234), jedoch Ferse nackt. Nur Ohren dreieckiger mit abgerundeten Spitzen, ohne Fransen, Backen ohne Bart, Haut um After u. Scheide kurz behaart u. Hoden nackt. ♂ u. ♀ mit Unterarmdrüse, bei ♂ als 2 cm lange u. 1,8 cm breite, nackte Hautfläche auf Innenseite mit seitlich ansitzendem, kurzen Hornsporn u. nacktem Hautstreifen bis Handgelenk, bei ♀ Drüse nur halb so groß u. ohne Sporn. ♂ mit Oberarmdrüse als eingesenktem Drüsensack u. kurzhaariger Oberfläche dicht unter Achselhöhle, ferner mit Drüsenfläche am Hoden unter Peniswurzel u. Kinndrüse, ♀ mit Schamlippen- u. Kitzlerdrüse. Nasenspiegel, Schnauze, Ring um Auge, Hand- u. Fußsohlen, Hoden u. 12–14 Schwanzringe nebst Schwanzspitze schwarz, übrige Schwanzringe, übriges Gesicht, Ohren, Hand- u. Fußoberseite u. Körperunterseite weiß, Hals-, Schulter- u. Rückenoberseite dunkelgrau, übrige Körperoberseite perlgrau. Junge wie Erwachsene. – **M&G** KR rd. 45, SL rd. 55, G 2,4–3,7. – **V** SW-Madagaskar vom Morondava-Fluß sw bis Cap Ste. Marie u. Fort Dauphin, ow bis an Hochgebirgsfuß. Keine UA. – **Lr** Trockenwaldlandschaften mit 7–8monatiger Trockenzeit u. Jahresniederschlag bis höchstens 1000 mm. Boden kann auch sandig oder felsig sein. – **Tr** Ähnlich *macaco.* 4–24 ha je Trupp. Siedlungsdichte z. T. 150–350 Tiere je km², je nach N-Reichtum. Tr wird von ♂♂ mit Unterarm, Hodendrüsen, Handflächen u. lautem »Uhu«-Geschrei markiert, von ♀♀ mit Schamlippen (auch wie ♂ mit Hodendrüsen im Handstand) mit waagerecht vorgestrecktem Schwanz an dünnen glatten Stämmen am Boden oder solchen niedrigen Ästen; Sekretmarke bis 70 cm lang, weit sichtbar. Ranghohe ♂♂ u. ♀♀ markieren mehr als rangniedere. Bei jeder Art Erregung wird markiert. Trupp bleibt jeweils einige Tage im Tr-Teil, zieht dann zum nächsten. Tr-Umfang bleibt durch viele Jahre unverändert. – **Tt** Hauptsächlich frühmorgens u. spätnachmittags, mittags im Schatten einer Baumkrone ruhend. Abends im Schlafbaum noch lebhaft bis in Dunkelheit hinein, manchmal auch noch nachts, besonders zur Paarungszeit häufig rufend. Im Wald in allen Stockwerken. Auch viel am Boden tätig, Schwanz senkrecht. Dort auch aufrecht stehend. Klettert sehr geschickt waagerecht u. senkrecht, springt weit, landet mit Hinterfüßen zuerst, übersteht 15 m tiefen Fall zu Boden ohne weiteres. Morgens gerne Sonnenbad im Aufrechtsitz mit ausgebreiteten Armen. Schlafstellung mit Kopf u. Armen zwischen angehockten Beinen u. vorn herum übergeschlagenem Schwanz. Tagesrast im unteren, Schlaf im oberen Waldstockwerk. – **Kp** Fellbelecken u. -beknabbern (auch gegenseitig), -bekratzen mit Fingern oder Putzkralle am 2. Zeh. Schwanzeinreiben s. Fp. Harnen u. Koten auf allen Vieren (keine Markierung damit), dient auch gezielt zum Verscheuchen unter Baum stehender Hunde oder Menschen. – **Lt** Kurzes Grunzen zur Stimmfühlung innerhalb Trupp (seltener als bei *macaco*), schnellfolgende Bell-Laute bei Erregung, auch im Chor, 1–2 schwache Beller bei Zorn, Grunzerreihe mit Endschrei bei Drohgeste gegen Artgenossen, lautes Schreien u. Kreischen bei großer Angst u. Gefahr, lautes »Uhu«-Geschrei der Alt-♂♂ als Tr-Markierung (hallt 1 km weit), Winseln des Jungen bei Verlassenheit, Quieken beim Betteln, Miauen in verschiedener Form, Schnurren bei Behagen. – **S** Sehvermögen gut, auch nachts, Netzhaut mit Zapfen u. Fovea centralis für Farben- u. Scharfsehen. Hör- u. Riechvermögen ebenfalls gut. – **Fd** Großgreifvögel, Frettkatze. – **N** Früchte, Blüten, Blätter, Rinde, Gräser, Kräuter. Wasserbedarfdecken durch Tau- oder Regenauflecken, Handeintauchen in Baumhöhlentümpel u. Ablekken, Trinken aus Fluß oder nur durch Früchtesaft. – **Gs** In Familien- bzw. Sippentrupps von meist 1–2, manchmal bis 4 Dutzend Tieren. ♀♀mit Jungen bilden Truppkern, sind ranghöher als ♂♂, verbleiben lebenslang in Trupp, während ♂♂wechseln. Nachbartrupps nicht direkt feindlich zueinander. – **Fp** Paarungszeit April-Juni. ♂♂ machen viele Reiz- u. Springkämpfe. Erstere als Herausforderung mit Drohgesten, Anstarren, Zähneblecken (stehend auf Hinterbeinen Schwanzeinreiben mit Ober- u. Unterarmdrüsensekret u. Wedeln in vierfüßiger Stellung mit Schwanz über Rücken), letztere am Boden unter aufgerichtetem Umeinanderhüpfen mit Eckzahnzuschlagen von oben herab. ♀-Hochbrunst $^1/_2$ Tag, mehrmalige Begattungen von 1 oder mehreren ♂♂, Begattung im Stehen, ♂ mit Oberkörper auf ♀-Rücken, Dauer 3 Minuten. Tragzeit 132–136 Tage, meist 1 vollbehaartes Junges mit offenen Augen, jedoch rd. 15% Zwillinge u. ab u. zu Drillinge. Mutter frißt Nachgeburt u. leckt Junges trocken. Geburts-G 50–85,-KR rd. 15,-SL rd. 18. Junges sitzt senkrecht am ♀-Bauch, nach 2–3 Wochen kriecht es auf ♀-Rücken, nach 3 Wochen neben ♀ umherkletternd, nach 4 Wochen 1. Festnahrung, mit 6 Monaten entwöhnt u. völlig selbständig, mit $1^1/_2$ Jahren voll ausgewachsen u. **Gr**, doch kommt ♂ erst mit $2^1/_2$ Jahren zur Begattung. – **Ld** In Gefangenschaft 20 Jahre nachgewiesen.

Wieselmaki, *Lepilemur mustelinus* I. Geoffroy-St. Hilaire, 1851. E: Weasel Lemur, 45/1
Sportive Lemur; F: Le Lepilémur mustélin; MA: Fitiliki, Hattock, Repahaka, Bo- 45/2
henglié

Kn Ähnlich Lemur-Vertretern, jedoch kleiner u. Schnauze kürzer. Ohren ziemlich groß, oval, häutig u. nackt, nur bei UA *dorsalis* kurz-rundlich u. fast im Fell verborgen. Schwanz körperlang u. dichtbuschig, Hinterbeine länger als Vorderbeine, Hand- u. Fußbau dem von *Lemur rubriventer* sehr ähnlich (S. 236). Schnurrhaare u. Überaugentasthaare gut entwickelt, Handgelenk ohne Tasthaare, Hautdrüsen nur am Hoden, sonst fehlend. Hoden (bis auf unterseitige Drüsenfläche), After- u. Scheidenumgebung behaart, Penis mit Knochen, Eichel mit kleinen Hornspitzen, Kitzler blattförmig. 2 Zitzen. Gb wie bei *Lemur* (S. 234), obere I als Dauerzähne meist fehlend, P^1 ein-, M^3 dreispitzig, P^2 spatelförmig, P^3 u. P^4 einspitzig, untere M schmal u. vierspitzig. Fell dicht u. wollig, Oberseite braun oder rotbraun oder graubeige, manchmal dunkler Aalstrich, z. T. nur auf Nacken. Bei braunen u. rotbraunen Tieren Gesicht hellbraun bis graubeige, Unter- u. Beininnenseite hellgrau, Endteil des Schwanzes dunkler als Anfang. Manchmal Halsseiten bis Schulter beige. Bei graubeigen Tieren Wangen, Augenringe, Unter- u. Beininnenseite weiß. Schwanz bräunlich bis rötlich, Spitze manchmal weiß. Junge wie Erwachsene. – **M&G** KR 25–35, SL 20–30, G 600–800. – **V** Regen- u. Trockenwald Madagaskars. 5 UA[1]: 1. Großer W., *mustelinus* I. Geoffroy-St. Hilaire, 1851; O-Mad. ab Tamatave nw bis unweit Vohémar. 2. Hellhals-W., *microdon* Forsyth Major, 1894; sl von 1, ab Tamatave sw bis unweit Fort Dauphin. 3. Trockenbusch-W., *leucopus* Forsyth Major, 1894; Trockenbusch ganz im S zwischen Fort Dauphin u. Ambovombe. 4. Kleiner W., *ruficaudatus* Grandidier, 1867; ganzer W, vom äußersten N sw bis Tulear. 5. Insel-W., *dorsalis* Gray, 1870; Insel Noy-Bé vor NW Küste. – UA 3 u. 4 stark bedroht, 5 selten. – **Lr** Regen- u. Trockenwälder, im Gebirge bis 1200 m aufwärts. – **Tr** Klein, nur einige Zehntmeter um Schlafhöhle. Jedes ♀ (meist mit Jungem) hat eigenes Tr u. verteidigt es gegen andere ♀♀. 1 ♂ hat Tr von 0,2–0,5 ha, das 2–5 ♀♀-Tr überschneidet, verteidigt es gegen andere ♂♂. Verteidigung durch Drohrufe (s. Lt) u. -haltung oder schnelle Armschläge in Boxerstellung (englischer Name!) u. Bisse. ♂♂ sitzen sich oft lange rufend gegenüber. *Leucopus*-Siedlungsdichte im Galeriewald rd. 400–450 Tiere je km^2, im Trockenbusch rd. 200–300. – **Tt** Nur nachts, am lebhaftesten nach Dunkelheitsanbruch, dann auch am meisten rufend, jedoch Futtersuchzeit nur kurz. Viel Aufwand für Tr-Bewachung, trotzdem Hauptteil der Nacht untätig. Tags in Baumhöhle (*dorsalis* in Laubbüscheln) ruhend. Schlafstellung sitzend, Kopf zwischen Vorderbeine gesteckt, Schwanz vorn herum übergeschlagen. Bei Kühle u. Regen wenig tätig. Zur Paarungszeit viel schreiend. Rein baumlebend, kurze Wegstrecke auf allen Vieren, sonst eine Reihe schneller Sprünge mit Hinterbeinen, auch von Baum zu Baum, meist aufrecht sitzend. – **Kp** Nicht bekannt. – **S** Sehvermögen bei Tag u. Nacht sehr gut, großes Tapetum lucidum, selbst nachts sichere weite Sprünge; vermutlich farbtüchtig. Aufstehen u. Schlafengehen werden durch enge Lichtmengenbereiche festgelegt: 4^{30}–$4^{45\,h}$ morgens u. 18^{02}–$18^{23\,h}$ abends (im offeneren Buschwald um $18^{08\,h}$, im dichteren Wald um $18^{16\,h}$). Hörvermögen sehr gut, Riechvermögen gut. – **Lt** Tr-Markierung u. -Verteidigungsruf »he-he-he-hui« oder »o-o-o-o-ai«, laut, plötzlich abbrechend, oft als Duett oder Trio sich nicht weit gegenübersitzender ♂♂, Warnruf vor Angriff »oui-oui-oui«, ♀-Lockruf für Junges »iok«, leiser Verlassenheitsruf des Jungen. Bei Begegnung von ♂ u. ♀ »hiii«. Ferner Knurren u. a. Laute. Z. T. Rufe unterartlich bzw. artlich verschieden. – **Fd** Nachtgreifvögel u. Frettkatze. – **Gs** s. Tr. – **N** Hauptsächlich Blätter u. Rinde, ferner Blüten u. Früchte. Coecotrophie (Wiederfressen des Blinddarmkotes wie bei Nage- und Hasentieren). – **Fp** Paarungszeit Mai–Juli, Setzzeit September–Oktober, Tragzeit 4½–5 Monate. Jeweils 1 behaartes Junges mit offenen Augen, das sich im Bauchhaar der Mutter festhält, in Baumhöhle zurückgelassen wird, aber auch schon früh selbständig frei sitzt, wenn Mutter auf Nahrungssuche. Bei Gefahr trägt ♀ Junges im Maul fort. 1. Festnahrung mit 1½ Monat, mit 1 M. sicheres Klettern, mit 2 M. auch Springen, Säugezeit 4 M. Geburts-KR 12, -SL 8; nach 1 Woche dito, G 49, nach 2 W. 13; 8,5; 68, nach 4 W. 13; 10; 110; ausgewachsen u. **Gr** mit 1½ Jahr. Junges bleibt 1 Jahr bei Mutter. – **Ld** Nicht bekannt.

[1] Nach Rumpler & Albignac (1975) zerfällt *Lepilemur* karyologisch in etliche, vorerst 7 Arten, darunter die nachfolgend genannten UA u. dazu *rufescens* Lorenz-Liburnau, 1898 u. *septentrionalis* Rumpler & Albignac, 1974.

Kleiner Halbmaki, *Hapalemur griseus* (Link, 1795). E: Grey Gentle Lemur; F: Le Hapalémur gris; MA: Bokombouli 45/3

Kn Gedrungen, kurzköpfig, langschwänzig, ziemlich kurzbeinig. Kopf rund, Schnauze kurz, mopsartig eingedrückt, mit Querfalte darüber. Augen mittelgroß, Ohren kurz, rund, behaart. Schwanz buschig, etwas länger als KR. Beine nur etwas länger als Arme. Hand u. Fuß fast wie bei *Lemur macaco* (S. 234), nur Nägel zugespitzt (2. Zehe auch mit Krallennagel). Fell dicht u. weich. Lange Schnurrhaare, Tasthaarbüschel hoch über jedem Auge u. am Handgelenk, After-, Scheidenumgebung u. Hoden behaart, Penis mit Knochen, ohne Hornstacheln. ♂ u. ♀ mit streifenförmiger (0,5 cm breit, 2–3 cm lang), verhornter Unterarmdrüse, ♂ mit achselnaher Oberarmdrüse (beide ähnlich *Lemur catta*). 4 Zitzen, (2 brust-, 2 achselständig). Gb $2 \cdot 1 \cdot 3 \cdot 3 = 36$, obere kleine I bleibend, untere I sehr schmal, schräg vorstehend (dienen als Schaber), C kurz kräftig, kaum länger als P^2, P mit gezackten Schneidekanten. Oberseite graugrün bis olivbraun, Wangen, Ohren, Ring um Auge u. Schwanz grau, Hände u. Füße schwarzbraun, Unterseite gelbgrau bis graubraun, Bauch u. Beininnenseiten orange. Junge wie Erwachsene. – **M&G** KR 32–36, SL 32–36, G? – **V** 3 UA. 1. Westlicher K. H., *occidentalis* Rumpler & Albignac, 1975; W- u. N-Madagaskar ab Ampasindava-Bucht u. Tsaratanana sw bis Cap Ste. Marie u. Fort Dauphin, ow bis Hochgebirgskamm. Gefährdet. 2. Östlicher K. H., *griseus* (Link, 1795); SO-Madagaskar ab Hochgebirgskamm bis Küste von Fort Dauphin nw bis Fianarantsoa. 3. Großwüchsiger K. H., *alaotrensis* Rumpler & Albignac, 1975. Alaotrasee-Gebiet; mittleres O-Madagaskar; größer als 1 u. 2. – **Lr** Regen- u. Trockenwald, im ersteren bevorzugt im Bambusdickicht. Am Alaotra-See (mittleres O-Madagaskar) im breiten Schilfgürtel. Im Gebirge bis 1000 m u. mehr aufwärts. – **Tr** 1 Trupp (s. Gs) wohnt in

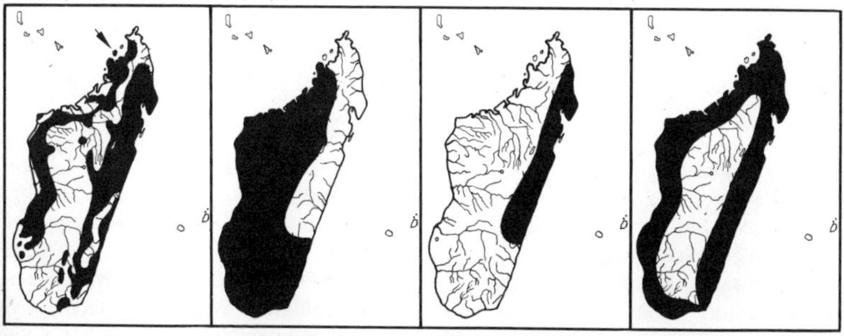

Wieselmaki — Kleiner Halbmaki — Großer Halbmaki — Mausmaki

3–4 Bambushorsten; weitere Einzelheiten nicht bekannt. – **Tt** Frühmorgens Erklettern der Bambuszweiggipfel, dort fressend, mit Höhersteigen der Sonne Absteigen in Schatten, dort schließlich ruhend bis gegen 16^h, danach wieder Aufsteigen u. Fressen bis Nachtanfang (20^h), Rest der Nacht schlafend. Körpertemperatur schwankt innerhalb weniger Tage zwischen 32 u. 36° C. Im Schilfdickicht gleicher Rhythmus. Schlafstellung sitzend mit Kopf zwischen Beinen, Schwanz vornherum übergeschlagen. Sitzt viel aufrecht (auch beim Fressen am Boden), klettert geschickt, macht weite Sprünge in senkrechter Haltung wie Indri. Springt auch am Alaotra-See senkrecht durchs Schilf oder läuft schnell auf allen Vieren über dichten Wasserpflanzenteppich, schwimmt gut. ♂ u. ♀ markieren alle Gegenstände der Umgebung mit Harntröpfchen, ♀ drückt dabei Kitzler u. Bauch auf Unterlage, ♂ reibt außerdem Unterarm- an Oberarmdrüse u. dann mit ersterer Unterlage (Zweig) oder Schwanz ein. – **Kp** Wie *Lemur macaco.* – **Lt** Schnurren bei Wohlbehagen, leises Grunzen bei Tätigkeit als Stimmfühlung, geht manchmal in Art Blöken über, schwaches »ko-dot« als Partnerruf, »u-aiie« als Antwort, lautes scharfes »ko-dot« als Drohen, lautes »u-aiie« als Alarm, »öh-öh« bei Schreck, »kre-e-e« als Angstkeckern, lautes Fiepen-Trällern-Fiepen abends als Tr-Markierungsruf. Brünstiges ♀ fiept und schreit bei jeder Aufregung, ♂ u. ♀ schreien spitz bei Begattung. Angriffslustiges ♀ bleckt Zähne u. kreischt. – **S** Seh- u. Hörvermögen sehr gut (Netzhaut mit Zapfen u. Fovea centralis, daher vermutlich farbensehend). Geruchssinn wichtig zur Nahorientierung (eingehendes Umgebungsbeschnüffeln). – **Fd** Ringelschwanzmungo, Höhlenweihe, Madagaskar-Bussard, Todesotter, Hundskopfotter. Beim Drohen Ohrenanlegen, Aufrichten, Schwanz schwenkend an Unterarmdrüse vorbeiziehend u. Drohruf. Bei Verfolgung langes regloses Verharren im Blattwerk oder Springflucht von Ast zu Ast, in großer Not Fallenlassen u. Verstecken am Boden. Junges an Mutter läßt sich bereits im Alter von 2 Wochen fallen, wenn Mutter flieht. – **N** Bambusschößlinge u. -blätter. Feine Zweige werden abgebissen, mit Hand durchs Maul geführt u. entblättert, danach Zweig zerbissen u. nach Blättern gefressen. Am Alaotra-See Schilf- u. Papyrustriebe gleicherweise behandelt. – **Gs** In kleinen Trupps; 1 Alt-♂, 1–2 ♀♀ u. 1–2 Junge leben in 3–4 benachbarten Bambushorsten dicht beieinander; ebenso im Alaotra-See-Schilf, dort jedoch zur Regenzeit bei hohem Wasserstand jeweils mehrere Trupps zu Horden von 30–40 vereinigt, machen viel Lärm. – **Fp** Paarungszeit September–Oktober, am Alaotra-See Oktober–November. Begattung im Stehen von hinten, ♂ umfaßt mit Füßen ♀-Beine. Dauer rd. 5 Minuten. Tragzeit rd. 140 Tage. Setzzeit Dezember–Januar, bzw. Januar–Februar. Je Geburt 1 voll behaartes, schokoladenbraunes Junges mit offenen Augen u. voll entwickeltem Schwanz. Geburts-G rd. 50. Junges wird in Nesthöhle oder dichtem Blattwerk abgesetzt (verhält sich dann reglos u. stumm) u. nur zeitweise getragen (an Brust oder auf Hüfte oder quer über Rücken). ♀ leckt Junges fleißig, ♂ auch, ist jungefreundlich. Säugezeit ½ Jahr. – **Gr** 2 Jahre. – **Ld** Nicht bekannt.

45/4 **Großer Halbmaki,** *Hapalemur simus* Gray, 1870. E: Broad-nosed Gentle Lemur, Reed Lemur; F: Le Hapalémur à nez large; MA: Bandro
Kn Gestalt, Fell, Hand, Fuß, Gebiß, Penis, Hoden u. Zitzen wie *H. griseus,* jedoch etwas größer, Schnauze breit u. stumpf u. ohne Unter- u. Oberarmdrüse. Oberseite dunkel rotgrau, Kruppe u. Schenkel dunkler, Steißfleck über Schwanzwurzel ocker, Schwanzende braunschwarz, Kinn, Kehle, Brust weißgrau, Wange u. Augenring u. Bauch gelbgrau, Schnauze u. Stirn dunkelbraun. Jugendkleid nicht bekannt. – **M&G** KR rd. 45, SL rd. 45, G?. – **V** O-Madagaskar, von Vohémar im N bis Fianaranta im S. Selten. Keine UA. – **Lr** Bambusdickichte, Schilfwälder, Zuckerrohrbestände. – **Lw** Kaum bekannt. Frißt Bambus, Schilf, Zuckerrohr, Gräser u. faserreiche Pflanzen, keine Früchte. Bringt größten Teil des Tages mit Fressen zu. Gemächlich in Bewegungen. Normale Stimme entenartiges Quaken. Bei Angst laute Schreie. Ein Tier wurde in Gefangenschaft 12 Jahre alt.

46/2 **Mausmaki,** *Microcebus murinus* (J. F. Miller, 1777). E: Lesser Mouse-Lemur; F: Le Chirogale mignon, Le Microcèbe nain; MA: Tilg, Tsidy, Kely-be-ohy
Kn Lemurenartig, jedoch nur mausgroß. Kopf rund, Schnauze kurz, Augen u. Ohren groß, letztere fast nackt, Spitze abgerundet, bei UA *smithii* Ohren kürzer, halb im Fell versteckt, Beine länger als Arme, mit verlängerter Ferse. Hand u. Fuß ähnlich *Lemur*

macaco (S. 234), Hand- u. Fußfläche zwischen Tastpolstern behaart. Schwanz meist länger als KR, buschig, spitzendig, am Anfang weniger dicht behaart. After-, Scheidenumgebung u. Hoden behaart, letzterer klein, sitzend, zur Brunstzeit jedoch sehr groß. Penis u. Kitzler lang u. dünn, mit einzelstehenden langen Haaren, ersterer gabelendig. 6 Zitzen (2 brust-, 4 bauschständig). Schnurrhaare u. Tasthaarbüschel über Auge, an Wange, Kinn u. Handgelenk vorhanden. Gb $2 \cdot 1 \cdot 3 \cdot 3 = 36$, Zahnformen sehr ähnlich *L. macaco,* jedoch P^2 spatelförmig. Fell dicht u. weich. Oberseite grau oder graurötlich (*murinus*) oder rotbraun (*smithii*) mit weißem Nasenstreifen (mit schwarzem Rand bei *smithii*) u. dunklem Aalstrich (undeutlich bei *smithii*). Wangen braun (*murinus*) oder weiß (*smithii*). Unterseite weiß, bei *murinus* z. T. grau überhaucht. Schwanz oberseits wie Rücken (bei *murinus* rot überhaucht), unterseits blasser. Junge wie Erwachsene. – **M&G** KR 10–15, SL 12–17, G 40–75, wenn sehr fett bis 100. – **V** Küstengebiete Madagaskars. 2 UA: 1. Westlicher oder Miller-M., *murinus* (J. F. Miller, 1777); W- u. S-Küstengebiete von Bombétoka-Bucht im N bis Fort Dauphin im S. 2. Östlicher oder Smith-M., *smithii* (Gray, 1842); übrige Küstengebiete. – **Lr** Regen-, Trocken- u. Buschwald (auch in kleinen Waldstücken), d. h. Groß-, Sekundärwald u. Hochgebüsch. – **Tr** Ähnlich *Lepilemur.* Tr-Größe nur bis rd. 50 m um Schlafplatz. ♂-Tr überlappt oder liegt zwischen ♀♀-Tr. Jeweils Einzelbestände von mehreren Dutzend Tieren mit Kerngebiet u. mehreren Schlafplätzen, in dem genannte Tr (viel ♀♀, wenige ♂♂), u. Randgebiet, in dem übrige ♂♂. ♂ u. ♀ markieren mit Harn (einige Tropfen in Hand, dann Einreiben der Fußsohle der gleichen Körperseite, anschließend andere Hand u. anderer Fuß). Als Schlaf- u. Wurfplatz selbstgebaute Kobel von 17–20 cm ∅ in 2–4 m Höhe oder blattgepolsterte Baumhöhlen; im Regenwald O-Madagaskars bevorzugt die Höhlen der gewölbten Blattstielwurzeln des »Baumes der Reisenden« (*Ravenala madasgascariensis*), einem Bananenverwandten u. -ähnlichen. – **Tt** Nachts, ab Nachtanbruch. Schnell u. geschickt auf allen Vieren oder hüpfend oder bis 3 m weit springend oder kletternd oder an Hinterbeinen hängend, auch aufrecht sitzend. Schlafstellung zusammengerollt wie Kugel. Kein Trockenzeitschlaf, jedoch wechselt Körpertemperatur innerhalb weniger Tage zwischen 25 u. 34° C. – **Kp** Kopfreiben mit beiden Händen, Fellbelecken u. -beknabbern (auch gegenseitig), Kratzen mit Putzzehe. – **Lt** 1. Reihe langer, hoher, meist im Ultraschallbereich liegender Schreie zur Stimmfühlung, Dauer bis 1 Sek., Hörweite 15–20 m. 2. 3–4 hohe, noch hörbare Schreie bei Erschrecken u. Warnen. 3. Reihe vieler kurzer, an Stärke zunehmender hörbarer Schreie (18 je Sek.) bei großer Erregung. 4. hohes »Fit-si, fit-si, fit-si«-Fiepen des ♂ bei Verfolgen brünstigen ♀. 5. Keckern bei Wut u. Drohen. 6. Junge schnurren leise bei Wohlbehagen u. 7. fiepen durchdringend bei Mißbehagen. – **S** Seh- u. Riechvermögen gut, Hörvermögen sehr gut, erfaßt Ultraschall von Artgenossen u. Kerbtieren u. ortet Quelle genau, jedoch keine Echopeilung (wie z. B. Fledertiere). – **Fd** Nachtgreifvögel. – **N** Kleine, süße Früchte, ferner Blätter, Blüten u. Kerbtiere. Wl UA speichert in Regenzeit (Dezember–April) Fett in Haut u. Schwanz, verbraucht es in Trockenzeit (Mai–November), – **Gs** s. Tr. Bei Tt oft einzeln oder paarweise, in Kobel oder Schlafhöhle jedoch meist zu mehreren (bis 15). Unverträglich nur ♂♂ zur Paarungszeit, wenn brünstiges ♀ dabei u. wenn Fremdling in Tr kommt. – **Fp** ♂ markiert zur Paarungszeit auch mit harneingeriebenen Hoden. ♀-Zyklus 35–108, meist 50–60 Tage. Paarungszeit Ende August bis Anfang Februar. ♀ kommt 2–4mal in Hitze in Abstand von rd. 50 Tagen, wenn nicht befruchtet. 1 ♀ kann in 1 Saison mit Abstand von 71–75 Tagen 2mal Junge bringen. Tragzeit 54–68 Tage. Setzzeit Ende Oktober–Anfang März, Hauptzeit Januar. Jungezahl 1–3, meist 2, Geschlechtsverhältnis 1:1. Säugezeit 40–45 Tage. Junges dickköpfig, dünn behaart, Augen geschlossen, Öffnen nach 4 Tagen. Junges kann sich gleich an Zweig festhalten. ♀ frißt Nachgeburt, leckt Junge trocken, verläßt erste Tage Nest wenig. Junge springen mit 12, klettern mit 15, laufen mit 20, fressen Festnahrung ab 21–25 Tagen, sind mit 2 Monaten selbständig. – **Gr** Mit 7–10 Monaten, Mutterverlassen mit 1, Paarung mit 1¼ Jahr. Geburtsmaße: G 2,7–5, KR 3,7–5, SL 2,5–3,2, 1. Woche: 12; 5,6; 4,4; 2. W. 14; 6,5; 5,5; 1. Monat 20; 8,5; 7,5; 2. M. 30; 10,2; 8,8; G mit ½ Jahr 35–48. – **Ld** In Gefangenschaft 6 Jahre nachgewiesen.

46/1 **Rattenmaki,** *Microcebus coquereli* (Grandidier, 1867). E: Coquerel's Mouse-Lemur, Coquerel's Dwarf-Lemur; F: Le Microcèbe de Coquerel, Le Mirza de Coquerel; MA: Sisiba, Sìetui, Setohy, Tsitsihy, Tsitilivaha

Kn Gestalt ähnlich Mausmaki (S. 242), jedoch doppelt so groß. Kopf rund, Schnauze kurz u. zugespitzt, Augen groß, Ohren ziemlich klein, oval-rundlich, nackt, Nägel gekielt u. spitz. (2. Zehe mit Krallennagel), Gb mit kleineren oberen I u. größeren oberen C, Schwanz auch an Wurzel dichtbuschig, übrige Merkmale wie Mausmaki. Oberseite graurötlich, goldgelb gestichelt, Gesamteindruck olivbräunlich, Rückenmitte dunkler, Schwanz schwarz gestichelt, gegen Ende zunehmend. Augenumgebung u. Nasenrücken gelbgrau, Wangen, Kinn, Kehle, Brust, Bauch u. Beininnenseiten grauweißlichgelb. Jugendkleid nicht bekannt. – **M&G** KR 23–25, SL 28–32, G 380–400. – **V** Sl W-Madagaskar zwischen Flüssen Onilahy, Fierenana u. Mahavavy sowie NW-Madagaskar sl Ambanja. Keine UA. Gefährdet. – **Lr** Trockenwald, wirft zur heißesten Trockenzeit (September–Mitte Dezember) Laub ab, besteht aus 15 m hohen Großbäumen, mittelhohen Bäumen u. dichtem Gesträuch. – **W** Wohngebietgröße nicht bekannt. Kein Markieren (fehlen auch jegliche Organe dafür). W-Mittelpunkt Kobel, aus dichtem Laub geflochten, 25–30 cm ∅, hängt meist in Lianen. Zur Setzzeit Junge auch in Baumhöhle. Bestandsdichte 250–300 Tiere je km^2. – **Tt** In Dämmerung u. Nacht von 18^{15} bis 5^h, zuerst lebhaft, in 2. Nachthälfte viel weniger. Aufenthalt hauptsächlich in unteren Waldstockwerken. Springt senkrecht von Stamm zu Stamm. – **Kp, S** u. **Fd** Nicht bekannt. – **Lt** Ziemlich stumm, leise »Hen«-Rufe beim Umherlaufen. Wutkeckern ähnlich Mausmaki. – **N** Früchte, Blätter, Kerbtiere, gerne auch Saftausflüsse aus Bäumen. Fettspeicherung s. Mausmaki. – **Gs** Nicht bekannt. – **Fp** 1–4 Junge in Kobel oder Baumhöhle in 2. Novemberhälfte (Regenzeitbeginn). Weitere Einzelheiten sowie **Gr** u. **Ld** nicht bekannt.

46/4 **Großer Katzenmaki,** *Cheirogaleus (Cheirogaleus) major* E. Geoffroy St. Hilaire, 1812. E: Greater Dwarf-Lemur; F: Le Cheirogale de Milius, Le Chirogale grand

Kn Größe, Gestalt, Hand, Fuß, Fell wie oder fast wie Rattenmaki (S. 244). Hoden, After- u. Scheidenumgebung behaart, Kitzler u. Penis mit Knochen, 4 Zitzen (2 brust-, 2 bauchständig). Gb wie Rattenmaki, jedoch P^2 u. P^3 lanzettförmig. Oberseite graubraun, braungrau oder braunrot, meist Hinterkörper ab Rückenmitte mit Schwanz dunkler als Vorderkörper, Unterseite (Kinn u. Wangen, Kehle, Brust, Bauch u. Gliedmaßeninnenseite) grau- bis gelbweiß, manchmal Kehle orange. Nasenrückenstreifen weiß bis grau, manchmal fehlend, Augenring schwarz oder rotbraun oder nur angedeutet, manchmal Ohrrand schwärzlich. Junges dunkelgraubraun mit braunschwarzem Rückenaalstrich. – **M&G** KR 25–27, SL 23–25, G?. – **V** O-Madagaskar. 2 UA: 1. Eigentlicher G. K., *major* E. Geoffroy St. Hilaire 1812; nl Teil O-Madagaskars. 2. Crossleys G. K., *crossleyi* Grandidier, 1870; sl Teil O-Madagaskars. Genauere Arealgrenzen beider UA nicht bekannt. – **Lr** Regenwald. – **W** Größe nicht bekannt, kein Territorialverhalten, kein Markieren, jedoch Kotverreiben mit Hintern auf Astflächen u. Harnen auf Äste u. Zweige, wodurch deutliche Duftspur. – **Tt** Tags in Baumhöhlen, manchmal auch in Kobeln von rd. 30 cm ∅ wie

Microcebus. Tiere liegen gern zu mehreren sehr eng zusammen. Abends Kobelverlassen u. Nahrungssuche auf Bäumen (waagerechte Äste u. Zweige). Fortbewegung meist gemächlich u. eher schleichend, wenig springend u. aufrecht sitzend, etliche Zeit nachts auch ruhig sitzend, bei Nachtende Rückkehr zum Schlafplatz, Schlafstellung eng zusammengerollt. Körpertemperatur schwankt normal zwischen 25 u. 32° C, dazu im Winter (September–Februar) öfter Einschaltung lethargischer Tage (2–3) mit Absinken der Körpertemperatur auf fast Umgebungstemperatur. In einigen Gebieten auch wochenlanger Winterschlaf in Erde oder Baumstamm-, oder -stubbenmoder eingegraben. Dazu starke Fettspeicherung unter Haut u. am Schwanz in vorhergehenden Monaten. – **Kp** Fellbelecken u. -beknabbern (auch gegenseitig), Kratzen mit Putzzehe. – **Lt** Schweigsam. Manchmal kurze Grunzer beim Umherlaufen. Bei Ärger, Verteidigung u. Angriff schnelle sich steigernde Grunzerreihe. »Kuiii-kuiii-kuiii« bei Erregung. Junge zirpen durchdringend bei Unbehagen, grummeln bei Behagen. ♂ zwitschert bei Begattung. – **S** Wie *Hapalemur griseus* (S. 242). – **Fd** Nachtgreifvögel, Frettkatze. Verteidigung durch Beißen. – **N** Früchte, Blüten, Kerbtiere, kleine Wirbeltiere, vielleicht auch nestjunge Vögel? – **Gs** Oft einzeln oder mit Jungen, seltener zu zweien. – **Fp** Paarungszeit September–Oktober, Setzzeit Dezember–Januar, Tragzeit 70 Tage. Bei Begattung hockt ♀ niedergeduckt,

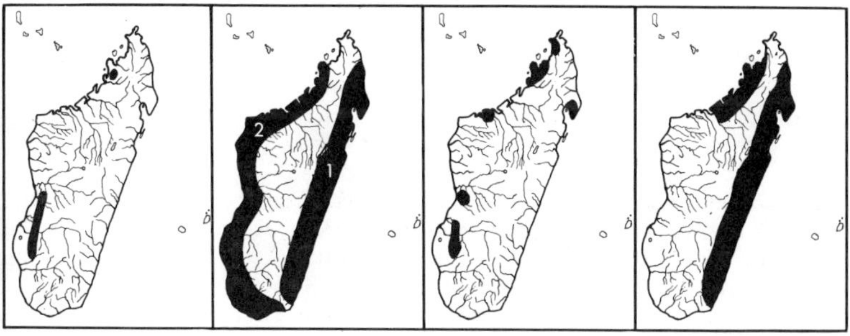

Rattenmaki | 1 Großer Katzenmaki, 2 Mittlerer Katzenmaki | Gabelkatzenmaki | Vliesmaki

Dauer 2–3 Minuten, mehrmalige Wiederholung in 10 Minuten-Abstand. Setzplatz blättergepolsterte Baumhöhle. Jungezahl 2–3, meist 2. Junge behaart (s. Kn), Augen geschlossen (öffnen sich am 2. Tag), können schon kriechen, mit 3 Wochen Klettern, mit $3^1/_2$ 1. Festnahrung, mit 4 bereits Mutter folgend, mit 6 Entwöhnung. Geburts-KR 7,3–8,2, – SL 6,7–7,5, – G 17,2–19,5. G mit 1 Woche rd. 27, 2 W. 65–87, 4 W. 113–123, 8 W. 176–183. Weitere Entwicklungsdaten u. **Gr** nicht bekannt. – **Ld** In Gefangenschaft 5 Jahre nachgewiesen.

Mittlerer Katzenmaki oder **Fettschwanzmaki,** *Cheirogaleus (Opolemur) medius* E. 46/3
Geoffroy St. Hilaire, 1812. E: Fat-tailed Dwarf Lemur, Lesser Dwarf-Lemur; F: Le Cheirogale ou Chirogale à queue grasse; MA: Kely behoy

Kn Gestalt u. Körperbaumerkmale wie *Cheirogaleus major* (S. 244), jedoch kleiner. Oberseite grau mit rötlichem Überhauch oder graubraun, Unterseite einschließlich die der Schwanzwurzel weiß, weißgelb oder orange. Nasenrückenstreifen weiß, Augenringe schwarz. Kehlweiß stößt hinter Kopf beidseitig keilförmig in Nackenbraun vor.

Junge ähnlich Erwachsenen. – **M&G** KR 19–24, SL 17–22, G? – **V** Küstenlandwälder ganz W-Madagaskars, jedoch nirgends häufig. Gefährdet. 2 UA: 1. Südöstlicher M. K., *medius* E. Geoffroy St. Hilaire, 1812, Umgebung von Fort Dauphin, S-Küste. 2. Westlicher M. K., *samati* Grandidier, 1868; übriges W-Madagaskar. UA-Gültigkeit zweifelhaft. – **Lr** Regen- u. Trockenwälder. – **W** Größe nicht bekannt, kein Territorialverhalten, kein Markieren. – **Tt** Wie *Ch. major.* Fast nur in Baumhöhlen schlafend. In Trockenwäldern von August bis September Trockenzeitschlaf, in übrigen Wäldern Winterschlafperioden von 1 Woche bis 1 Monat von September bis Februar. Im übrigen schwankt Körpertemperatur normal zwischen 21 u. 32° C. Dazu starke Fettspeicherung besonders an Beinen, Schwanz u. unter Schwanzwurzel. – **Kp, S, Fd, N, Gs, Fp** u. **Lt** Wie *major,* manchmal noch kurzer, hoher, lauter Ruf unbekannter Bedeutung. Entwicklungsdaten u. **Gr** nicht bekannt. – **Ld** In Gefangenschaft 7½ Jahre nachgewiesen.

46/5 **Kleiner Katzenmaki** oder **Büschelohr-Katzenmaki,** *Cheirogaleus (Allocebus) trichotis,* Günther, 1875. E: Hairy-eared Dwarf-Lemur; F: Le Cheirogale ou Chirogale aux oreilles velues

Kn Gestalt u. Körperbaumerkmale wie *Ch. medius,* nur kleiner u. kurze Ohren lang behaart. Oberseite braungrau, Hände u. Füße grau, Schwanz braunrot, Unterseite grau, weiß überhaucht. Schwarze Augenringe, Wangen u. Nasenrücken weiß. Schwanz nicht so dickbuschig wie bei *major* u. *medius,* jedoch im letzten Drittel dicker als in ersten ⅔. Nägel (außer Großzehe) schmal gekielt u. spitzendig, 2. Zehe mit Krallennagel, im Gb P^2 C-artig ähnlich *Phaner* (S. 246). – **M&G** KR 13,5–15, SL 15–17, G?. – **V** O-Madagaskar, nähere Angaben fehlen. Bisher nur 4 Exemplare bekannt. – **Lw** Nachts tätig, tags in Baumhöhlen schlafend. Weitere Einzelheiten unbekannt.

46/6 **Gabelkatzenmaki** oder **Gabelstreifiger Katzenmaki,** *Phaner furcifer* (De Blainville, 1841). E: Fork-crowned or Fork-marked Dwarf-Lemur; F: Le Phaner à fourche, Le Maki à fourche; MA: Walouvy, Tantaroué-lela, Tanta

Kn Größe u. Gestalt ähnlich Großem Katzenmaki (S. 244), jedoch Beine länger u. Ohren größer, nackt, Oberrand abgerundet. Schnurr- u. Tasthaare wie Mausmaki (S. 243). Hand u. Fuß wie Mohrenmaki (S. 234), Nägel leicht gekielt u. zugespitzt, Fuß verlängert, letztes Sohlendrittel behaart. Schwanz dichtbuschig, länger als KR. Zitzenzahl? Penis u. Kitzler mit Knochen, Eichel mit 4 großen u. mehreren kleinen Hornstacheln. Hoden, After- u. Scheidenumgebung behaart. ♂ mit nacktem, pfenniggroßem Hautdrüsenfleck an Kehle. Gb ähnlich Großem Katzenmaki, jedoch I^1 groß, schräg nach vorn gerichtet u. unmittelbar vor langem, dolchartigem C stehend, P^2 C-artig, ⅔ C-Länge, P_2 lanzettförmig. Oberseite braungrau bis gelbbraun mit schwarzem Aalstrich, der sich auf dem Scheitel gabelt u. jederseits mit schwarzem Augenring verschmilzt. Gliedmaßen u. Schwanz dunkler, letzterer braunschwarz, Spitze schwarz (Spitze oder Enddrittel manchmal weiß). Unterseite gelbweiß, Wangen u. Nasenrükken bis Stirn graugelb. Jugendkleid? – **M&G** KR 22–28, SL 30–37, G 400–450. – **V** W-Madagaskar nl Flüsse Onihaly u. Fierenana bis N-Spitze mit Ambre-Gebirge (bis über 1000 m aufwärts) sowie im NO die Halbinsel Masoala nl Antongil-Bucht. Nördliche Tiere größer als andere, vielleicht eigene UA. Gefährdet. – **Lr** Feucht-, Trocken-, Sekundär-, Galeriewald. – **W** Größe rd. 1 ha, darin Schlafhöhlen u. Nahrungsbäume. Tiere leben meist einzeln, sind ziemlich unverträglich, markieren durch laute Rufe, ♂ auch Äste mit Kehlfleck, verfolgen, beschreien u. bekämpfen sich bei Begegnung, fressen trotzdem zu mehreren auf ein u. demselben Nahrungsbaum. Bei günstigem Gelände Bestandsdichte bis 850 Tiere je km². – **Tt** Nur nachts von

Sonnenuntergang (um 18^{20h}, wenn Lichtmenge unter 2 Lux gefallen) bis zum 1. Morgengrauen. Abends am lebhaftesten. Tier verläßt Schlafplatz stürmisch, rennt 20–30 m weit über Äste u. fängt dann laut an zu rufen. Da alle gleichzeitig, großer Lärm. Tags schlafend in Baumhöhlen oder Kobel von Rattenmaki. Schlafplatzaufsuchen um 4^{15h}. Schlafstellung im Sitzen mit Kopf zwischen Beinen u. nach vorn übergeschlagenem Schwanz. Tier sitzt aufrecht, läuft (Schwanz senkrecht) u. springt waagerecht (bis 5 m weit) sehr gewandt, klettert auf u. ab (letzteres kopfabwärts), – **Kp** Fellbeknabbern u. -belecken, Kratzen mit Hinterfuß. – **Lt** »Kui«, einzeln oder bis 1600 mal wiederholt, ist Stimmfühlungs-, Droh-, Warn- u. allgemeiner Erregungslaut, meist laut u. scharf, z. T. mit leisen Grunzern dazwischen. Sich begegnende Tiere führen Duette aus, verfolgen u. kabbeln sich (letzteres begleitet von »Tsi-tsi-tsi«-Rufen). – **S** Sehvermögen sehr gut, großes Tapetum lucidum, auch nachts sichere Sprünge. Munterwerden u. Schlafengehen innerhalb engem Lichtmengenbereich (s. Tt). Hörvermögen sehr gut, Riechvermögen gut. – **Fd** Nicht bekannt. – **N** Früchte, Blätter, Blüten, besonders gern Nektar, Baumsaft u. von Kerbtieren (z. B. Blattläusen) ausgeschiedene Säfte, ferner Kerbtiere. – **Fp** 1 Junges zum Regenzeitbeginn (Mitte November) in einer Baumhöhle, das vom ♀ zuerst am Bauch, später auf dem Rücken getragen wird. Weitere Einzelheiten, **Gr** u. **Ld** nicht bekannt.

Indris, Indriidae

Affenartig, schlankgliedrig, Beine rd. 1/3 länger als Arme, Schwanz kurz bis lang, Kopf rundlich, Schnauze kurz bis mittellang. Augen groß. Ohren mäßig groß. Fell dichtwollig, Gesicht nackt. Strahlenzahl 5/5. Daumen u. Großzehe sehr groß, Mittelhand u. -fuß schmal u. lang. Strahlenkuppen verbreitert, mit spitzen Kuppennägeln, 2. Zehe mit Krallennagel. Gb 2/2 · 1/0–1 · 2/2 · 3/3 = 30–32, obere I u. C groß, untere I schräg nach vorn gerichtet, Backenzahnspitzen in V-Stellung. Penis hängend, mit Knochen, 2 brustständige Zitzen. 1 Tragjunges mit offenen Augen nach 120–130 Tagen Tragzeit. Pflanzenfresser. Bodengehen u. Klettern meist in aufrechter Stellung. Tags, nur Vliesmaki nachts tätig. Meist in Paaren oder Trupps. 3 Gattungen mit zusammen 4 Arten, nur in Madagaskar.

Vliesmaki oder **Wollmaki,** *Avahi laniger* (Gmelin, 1789). E: Avahi, Woolly Avahi, Woolly Lemur, Woolly Indris, Flocky Lemur; F: L'Avahi, L'Avahi langière, Le Lémur laineu; MA: Avahy, Ampongi, Fotsi-fé, Fotsiefaka, Vareka 47/2
Kn Gestalt ähnlich Mohrenmaki, nur Schnauze kurz u. Ohren im Fell versteckt. Kopf kurz u. rund, Augen groß, mit Nickhaut u. Wimpern, zusammengezogene Pupille senkrechter Schlitz. Gesicht außer Nasenspiegel mit kurzen Haaren bedeckt. Ohren kurz u. rund, rückseitig behaart, im Fell verborgen. Beine länger als Arme, Schwanz lang. Hände u. Füße lang u. schmal, Daumen kurz, Großzehe mittellang, doppelt so breit wie übrige Zehen. Daumen u. Großzehe abspreizbar, alle Strahlenendglieder mit Tastpolstern, ebenso Handfläche u. Fußsohle mit 3–4 schmalen, Haut dazwischen körnig. 2. Strahl am kürzesten, 4. am längsten, 3.–5. Strahl bis Mitte miteinander verwachsen. Nägel schmal, gewölbt, leicht gekielt, etwas spitzendig, 2. Zehe mit Krallennagel. Hände u. Füße oberseits völlig behaart. Fell kurz, dichtwollig, Schwanz dickbuschig. Schnurrhaare kurz, klein, Tasthaarbüschel an Wange, über Auge vorhanden, an Handgelenk fehlend. Am Kinnwinkel 2 kleine weiße (♀) oder rotbraune (♂) Hautdrüsen mit kurzen zur Mitte gerichteten Haaren. Auch Hodenrückseite mit

Hautdrüsenbezirk. After-, Scheidenumgebung u. Hoden behaart, letzterer zweiteilig, nackt, Penis hängend, Eichel mit Knochen u. 4 großen u. mehreren kleinen Hornstacheln, Kitzler lang u. hängend mit Knochen. 2 brustständige Zitzen. Winkelfortsatz des Unterkiefers sehr groß, abgerundet. Gb 2/2 · 1/0 · 2/2 · 3/3 = 30. Obere I klein, obere C kurz u. kräftig, M^3 halb so groß wie M^1 u. M^2. Untere I sehr lang u. schmal u. schräg nach vorn gerichtet, untere C fehlen, M_1 u. M_3 fünfhöckerig. Oberseite oliv bis hell graubraun (UA *occidentalis*) oder dunkelbraun (UA *laniger*), Unterseite weißgrau bis weißgelb, Hände u. Füße gelbbraun bis braunrot, Oberschenkelrückseite weißlich oder rötlich, Schwanz gelbrot, Stirnregion weißlich; ein besonders kurzhaariger Steißfleck blaßrötlich. Jugendkleid ähnlich Erwachsenenkleid. – **M&G** KR 30–45, SL 33–40, G? – **V** O- u. NW-Madagaskar. 2 UA: 1. Östlicher V., *laniger* (Gmelin, 1788); O-Madagaskar von Vohémar im N bis Fort Dauphin im S. 2. Westlicher V., *occidentalis* Lorenz, 1898; NW-Madagaskar von Bombétoba-Bucht nw bis Landschaft sl Amberberge. Gefährdet. – **Lr** Bergregenwald. – **W** Nicht bekannt. Bestandsdichte gering. – **Tt** Nachts, tags ruhend im dichten Laub der Baumzweige u. Hochsträucher, sitzend, Kopf zwischen Beinen, Schwanz vorn übergeschlagen, meist zu zweit oder dritt eng beieinander. Baumlebend, Fortbewegung springend, selten auf Boden, dort aufrecht gehend. – **Lt** Schwaches Grunzen; klagendes Pfeifzwitschern bei geringerer Erregung; ansteigend hoher lauter Schrei bei großer Erregung; kurzes tiefes »tuif« ab u. zu als Stimmfühlungslaut. – **Kp, S,** u. **Fd** Nicht bekannt. – **N** Blätter, Knospen, Rinde, Früchte. – **Gs** Paarweise in Dauerehe mit jeweils 1 Jungen. – **Fp** Setzzeit August–September, Tragzeit?, 1 schwach behaartes Junges mit offenen Augen, das sich quer am ♀-Bauch festhält, später auf Rücken sitzt. Auch ♂ trägt Junges. Trag- u. Säugezeit ½ Jahr. Weitere Einzelheiten, **Gr** u. **Ld** nicht bekannt.

47/3 **Larvenmaki** oder **Larvensifaka,** *Propithecus verreauxi* Grandidier, 1867. E: Verreaux's Sifaka; F: Le Propithèque de Verreaux, Le Simpoune, Le Chimpo; MA: Sifaka, Simpona

Kn Gestalt ähnlich Vliesmaki (S. 247), nur größer u. Schwanz im Verhältnis zum Körper länger. Fell dicht u. seidig. Gesicht, Hand- u. Fußsohlen nackt u. schwarz, auf Nasenrücken feine weiße Haare. Schnurrhaare klein u. kurz. Tasthaarbüschel an Wange u. über Auge vorhanden, am Handgelenk fehlend. ♂ mit ovalem, rd. 8 cm langem Hautdrüsenbezirk an Kehle. 2 achselständige Zitzen. Augen groß mit Nickhaut. Ohren mittelgroß, rückseitig behaart, fast im Fell verborgen. Spannhaut mit langen Haarfransen zwischen Achsel u. Oberarm u. entlang Unterarm. Hände u. Füße schmal u. lang, 2.–5. Strahl am Grunde mit kleiner Spannhaut verwachsen, Großzehe doppelt so breit wie übrige Zehen, Daumen u. Großzehe abspreizbar, Strahlenendglieder mit runden Tastballen, auch Hand- u. Fußfläche mit 5–6 Tastpolstern. 2. Zehe mit Krallennagel. Nägel abgerundet, schwach gekielt. After- u. Scheidenumgebung behaart, Hoden schwarz, spärlich behaart, Penis hängend, Eichel mit kleinen Hornstacheln, mit Knochen, Kitzler kurz, große Schamlippen, hodenartig gewulstet. Gb 2 · 1 · 2 · 3 = 32, wie Vliesmaki, nur obere C lang u. dolchartig, untere C P-artig u. untere M vierhöckerig. Hauptfellfarbe weiß, von den 4 UA ist der Decken-S., *deckeni* Peters, 1870 (mittleres W-Madagaskar zwischen Manhavavi-Fluß im N u. Mania-Fluß im S) ganz weiß. Coquerel-S., *coquereli* A. Milne-Edwards, 1867 (nl W-Mad. zwischen Betsiboka-Fluß im S u. Narinda-Bucht im N) ist weiß mit braunen Armen u. Oberschenkelinnenseiten. Der Kronens., *coronatus* A. Milne-Edwards 1871 (zwischen den beiden vorher genannten) hat Scheitel u. Nacken schwarzbraun, Rücken perlgrau, Unterseite oder mindestens Brust rostrot, übrigen Körper u. Gliedmaßen weiß. Ebenso gefärbt, allerdings mit weißer Unterseite, ist der Verreaux-S., *verreauxi* Grandidier, 1867 (sl W- u. S-Madagaskar von Mania-Fluß im N bis Fort Dauphin im S). Von letzterer gibt es im S eine schwärzliche Abänderung (früher als eigene UA *majori* Rothschild, 1894 betrachtet), die Scheitel, Nacken, Rücken, Arm- u. Beininnenseiten schokoladenbraun bis schwarz u. den übrigen Körper weiß hat. Die Farbabweichungen innerhalb der UA sind groß. Junges zuerst nur auf Kopf u. Rücken so dünn behaart (meist weiß), daß schwarze Haut durchscheint. Mit 1½ Monat setzt volle Behaarung in UA-Farbe langsam ein. – **M&G** KR rd. 45,SL rd. 55, G 550–600. – **V** s. Kn. Stark bedroht. – **Lr** Regen- u. Trockenwald. – **Tr** Je Trupp (2–10 Tiere) eigenes Tr von 0,5–2,5 ha je nach Waldbestand u. Siedlungsdichte. Tr-Grenzen verschieben sich zwar etwas jahreszeitlich, gebietsweise u. örtlich, jedoch sind Trupps sehr ortstreu u. Tr über viele Jahre beständig. Benachbarte Tr überlappen sich etwas. Sich an Grenzen begegnende Trupps bedrohen u. jagen sich, in Paarungszeit auch ernste Kämpfe. Trupp zieht im Turnus alle 2–3 Tage Tr-Teil wechselnd in 7–10 Tagen durchs ganze Tr. Im Tr wachsen Hochbäume (13–21, ev. 30 m), Niedrigbäume 7–13 m u. Büsche. ♂ markiert mit Kehldrüse Äste u. harnt aus Sitzhocke gegen senkrechten Stamm, reibt manchmal mit Hodenrückseite u. After Ast. ♀ reibt Scheide gegen senkrechten Stamm u. harnt ebenfalls gegen einen solchen. – **Tt** Geringer Bewegungsdrang. Nach Sonnenaufgang Trupp 20–50 m weit zu Sonnplatz (Sonnen im Sitzen mit ausgebreiteten Armen u. Beinen), danach 20–50 m bis Freßplatz. Mittags ruhend im Schatten der laubreichen Niedrigbaumkronen. Nachmittags 20–50 m bis Freßplatz, spätnachmittags 50–100 m bis Schlafplatz. Schlafen in hochliegenden Astwinkeln, einzeln oder zusammengedrängt. In Bäumen Fortbewegung auf großen Ästen auf allen Vieren, an kleineren Ästen manchmal kurz hangelnd, sonst zweifüßig mit Ästeergreifen der Hände. Bis 10 m weit waagerecht springend von Baum zu Baum mit Landung senkrecht, Füße voran. Ab u. zu auf Boden abgefallene Früchte suchend, dort Fortbewegung in großen Hopsern mit rudernden in Kopfhöhe gehaltenen Armen. – **Kp** Fellkämmen mit Unterkieferzahnkamm (s. Mohrenmaki S. 235) (auch gegenseitig), Schwanz wird dabei mit Händen gehalten. Fellbelecken. Fellkratzen u. Ohrenreinigen mit Putzzehe. – **Lt** Stimmfühlungslaut leises »ku« bei geschlossenem Maul. Erregungslaut »ombtsit«, öfter wiederholtes Warngrunzen in Sekundenabstand (»omb« beim Aus-, »tsit« beim Einatmen). Eingeborene deuten Ruf »shi-fak« (umgekehrte Lautfolge), woher Name Sifaka. Ist Warnruf für Bodenfeinde. Bei Greifvogelanblick lautes Alarmröhren als o-Laut mit himmelwärts gestreckter Schnauze, 3–4 mal hintereinander. Beide Rufe werden von Artgenossen, Alarmröhren auch von Nachbartrupps aufgenommen. Bei Verfolgungsjagden kurzes »on-on«. Junges quiekt bei Unbehagen. – **S** Sehvermögen sehr gut. Stereoskopisches Sehen bei gesenkter Schnauze, Erkennen auch bewegungsloser Gegenstände. Vermutlich farbentüchtig. Riechvermögen scharf, Erkennen individueller Geruchsmarken. Hörvermögen gut. – **Fd** Greifvögel, Frettkatze. – **N** Blätter, Knospen, Blüten, Früchte. Wasser wird nicht getrunken. – **Gs** In Trupps von 2–10, meist 4–6 Tieren, meist gleichviel ♂♂ u. ♀♀ oder einige ♂♂ mehr in Trupps, doch überwiegen insgesamt ♂♂. Im Normaltrupp meist jährlich nur 1 Junges. Truppmitglieder ziemlich gleichberechtigt, jedoch 1 Alt-♂ oder -♀ hat Vorrang am Futterplatz. Tiere sitzen meist dicht beieinander oder hintereinander. Nasenberühren als Gruß. Kleine Streitereien häufig, jedoch nur zur Paarungszeit viele ernsthafte ♂♂-Kämpfe. – **Fp** Paarungszeit Ende Januar bis Anfang März, Setzzeit Ende Juni bis Anfang August. ♀-Zyklus 33–45 Tage, Begattung aufrecht stehend von hinten, ♂ umfaßt mit Füßen ♀-Unterschenkel. ♀ läßt sich nur vom kampftüchtigsten ♂ begatten. Dauer 3–5 Minuten. Tragzeit rd. 130 Tage. Je Geburt 1 behaartes Junges (s. Kn) mit offenen Augen, das sich am Bauchhaar des ♀ quersitzend festhält. Geburtslänge (KR u. SL) rd. 13 cm. ♀ leckt Junges trocken, läßt nach 2 Wochen auch andere

Truppmitglieder Junges tragen u. fellpflegen. Mit 1 Monat krabbelt Junges auf ♀-Rücken, verläßt ihn mit 1½ M. erstmals kurzfristig, ist mit 2 M. ziemlich voll behaart, nimmt mit 3 M. 1. Festnahrung, saugt ½ Jahr, wird 6–7 Mon. getragen. – **Gr** Mit 2–2½ Jahren. Geburts-G 35–40, G mit 1 Mon. rd. 80, mit 2 rd. 150, mit 3 rd. 190, mit 4 rd. 230, mit 5 rd. 300, hat mit 6 M. ⅔ Erwachsenengröße. – **Ld** In Gefangenschaft 7 Jahre nachgewiesen.

47/4 **Diademmaki,** *Propithecus diadema* Bennett, 1832. E: Crowned Sifaka, Diademed Sifaka; F: Le Propithèque diadème, Le Simpoune, Le Chimpo; MA: Sifaka, Simpona
Kn Gestalt u. körperliche Einzelheiten wie Vliesmaki (S. 247), jedoch größer, Haar seidiger, Nasenrücken nackt u. Schwanz im Verhältnis zum Körper kürzer. Färbung s. V. – **M&G** KR 50–53, SL 45–48, G ? – **V** O-Madagaskar, von N nach S 5 UA: 1. Perrier-D., *perrieri* Lavauden, 1931; Analamera-Wald, äußerstes NO-Mad.; ganz schwarz. 2. Seidend., *candidus* A. Grandidier, 1871, NO-Mad., von Sahambave im N bis Antongilbucht im S.; seidig-weiß, manchmal schwach gelb überhaucht u. Schwanzwurzel rostrot. Gesicht schwarz mit fleischfarbenen Flecken. 3. Eigentlicher D., *diadema* Bennett, 1832, mittleres O-Mad., von Antongilbucht im N bis Masorafluß im S; Gesicht, Scheitel u. Hände schwarz, weißes Stirnband, Nacken, Rücken, Flanken u. Oberarme hell- bis dunkelgrau oder dunkelbraun, Beine, Füße u. Unterarme gelb bis orange, Afterumgebung rötlich, Schwanzwurzel orange, -mitte gelb, -spitze grauweiß.

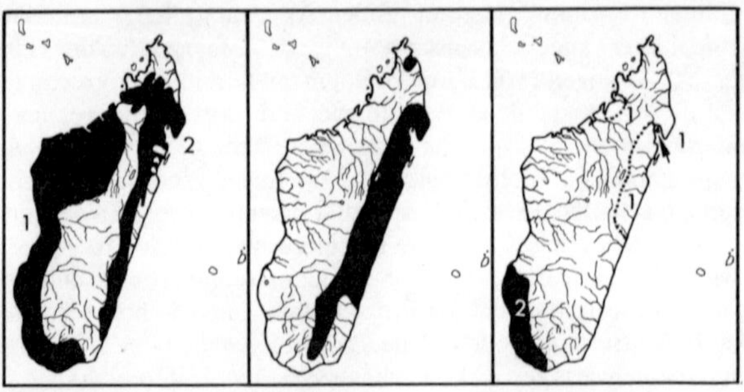

1 Larvenmaki
2 Indri

Diademmaki

1 Fingertier
2 Großfingertier

Brust dunkelbraun, Bauch gelbweiß. Junge wie Erwachsene, jedoch blasser u. mit gelbem Stirnband. 4. Milne-Edwards-D., *edwardsi* A. Grandidier, 1871, mittleres O-Mad., sl von 3, vom Masora-Fluß im N bis zum Matitanana-Fluß im S. Oberseite mit Flanken weiß oder gelbweiß oder rötlichweiß, Unterseite grauweiß, Steiß dunkelbraun, Rückenmitte, Arme, Beine u. Schwanz schwarz. 5. Schwarzer D., *holomelas* Günther, 1875, Mittelteil des söl Mad., sl von 4, sw bis Antandroy; ganz schwarz, nur Steißfleck braun, manchmal Kehle weiß u. Unterseite braun. Stärkere Farbabweichungen innerhalb UA vorhanden. – **Lw** Einzelheiten nicht bekannt, jedoch Vliesmaki sehr ähnlich.

47/5 **Indri,** *Indri indri* (Gmelin, 1788). E: Indris, Short-tailed Indris, Endrina; F: L'Indri; MA: Endrina, Babakota, Amboanala
Kn Gestalt wie Larven- u. Diademmaki, nur größer, Schnauze länger u. Schwanz nur Stummel. Gesicht nackt u. schwarz, Schnurr- u. Tasthaare verkümmert, Ohren kurz,

rundlich, weitgehend im Fell versteckt, Außenseite behaart. Augen mit Nickhaut u. runder Pupille. Beine länger als Arme, Handgelenk ohne Tasthaarbüschel. Hände u. Füße lang u. schmal, gebaut wie beim Vliesmaki (S. 247), nur Hand- u. Fußflächenpolster nicht scharf getrennt. ♂ mit Drüsenzellenfleck an Oberkehle u. vermutlich auch Hoden. After-, Scheidenumgebung u. Hoden behaart. Penis hängend, mit Knochen, Eichel mit rd. 28 mittelgroßen Hornstacheln, Kitzler kurz. 2 brustständige Zitzen. Gb 2/2 · 1/0 · 2/2 · 3/3 = 30, obere I mittelgroß, obere C kräftig hakenförmig, M^3 erheblich kleiner als M^1 u. M^2, untere I sehr lang u. schmal, schräg nach vorn gerichtet, untere C fehlen. Fell dicht u. weich. Haarkranz um schwarzgraues Gesicht, Kehle, Unterarme, Beinaußenseiten, langer, mit Spitze bis Hüfte reichender dreieckiger Steißfleck u. Schwanzstummel weißgrau. Scheitel, Ohrfransen, Nacken, Schultern, Oberarme, Rücken, Schenkelvorderseiten, Hände u. Füße schwarz, ebenso Band von Schultern über Vorderbrust. Unterseite grau, Bauch braun überhaucht. Manchmal Unterarme, Steißfleck u. Schwanz rötlich oder orange oder brauner Flankenstreifen. Farbabänderungen häufig, fast ganz weiße bis fast ganz schwarze Tiere möglich. – **M&G** KR 61–71, SL 3–6,5, G ? – **V** Nl Hälfte O-Madagaskars von Masora-Fluß im S bis Vohémar im N, im Gebirge bis 1800 m aufwärts. Keine UA. Gebietsweise ausgerottet, bedroht. – **Lr** Bergregenwald. – **Tr** Jeder Trupp aus Eltern u. 1 (manchmal auch 1–2 älteren dazu) Jungem hat größeres Gebiet von rd. 17–18 ha (= 8–16 Tiere km^2) als Tr für sich u. markiert es mit Kehle u. Hoden durch Geheul »uai-uai-uai«, das durch häutigen Kehlsack verstärkt weithin hallt, von allen Truppmitgliedern angestimmt, schließlich als langgezogener Dauerton mehrmals wiederholt wird. Ist Gibbongeheul vergleichbar, zu allen Tagesstunden, jedoch bevorzugt morgens, manchmal auch nachts, bei gutem Wetter häufiger als bei schlechtem, am meisten im Dezember-Januar u. über 1 km weit zu hören. Tr Wird gegen Nachbartrupps verteidigt. – **Tt** Aufenthalt in allen Stockwerken bis Boden. Tagesstrecke nur bis 500 m. Ganztags auf N-Suche ohne Mittagsruhe. Spätnachmittags Fellpflege mit Zähnen (auch gegenseitig an Kopf u. Nacken) u. Putzkralle. – **Lt** Warnruf vor Greifvögeln, als lauter, mehrmals widerholter Schrei unter Kopfhochwerfen, vor Bodenfeinden »uut«. Leises Grunzen bei neutraler Stimmung, Fauchen bei Ärger. – **Fd** Greifvögel, Frettkatze. – **N** Blätter, Knospen, Früchte. – **Fp** Begattung von hinten ohne längeres Vorspiel. Paarungszeit Januar – Februar. Jährlich 1 Junges im Mai oder Juni nach rd. 4½–5½-monatiger Tragzeit, das sich zuerst quer am Bauchfell des ♀ festhält u. mit 4–5 Monaten auf Rücken wechselt. 1. Festnahrung mit 2, Säugezeit 9 M., 1. Mutterkörperverlassen mit 4–6 Wochen, 1. selbständiges Nachfolgen mit ½ Jahr. Junges schläft über 1 J. bei Mutter. – **Gr** u. **Ld** Nicht bekannt.

Fingertiere, Daubentoniidae

Nur 1 Gattung und Art in Madagaskar, s. nachfolgende Artbeschreibung.

Fingertier oder **Aye-Aye,** *Daubentonia madagascariensis* (Gmelin, 1788). E: Aye-Aye; F: Aye-Aye; MA: Hai-hai, Ahay, Aiay 47/1

Kn Kopf rund, Schnauze kurz, Augen groß, mit Nickhaut, zusammengezogene Pupille als senkrechter Schlitz. Ohren groß, löffelförmig, nackt, häutig-dünn. Schnurrhaare, Tasthaare an Wange u. über Auge kurz, am Handgelenk fehlend. Beine länger als Arme. Hände u. Füße schmal, Daumen u. Großzehe doppelt so breit wie übrige Strahlen, abspreizbar. Alle Strahlenendglieder mit runden Tastpolstern u. Krallennägeln, nur Großzehe mit Plattnagel. Hand- u. Fußflächen nur mit kleinen Tastpolstern, übrige Fläche u. Strahlenunterseite körnig. 2.–5. Strahlen dünn u. lang, an Hand 3. u. 4. Finger fast doppelt so lang wie 2. u. 5., 3. besonders dünn mit sehr tief sitzendem 1. Gelenk. Am Fuß 2.–5. Zehe ungefähr gleich lang. Gb 1/1 · 0/0 · 1/0 · 3/3 = 18, nagetierartig, I sehr groß (besonders untere) u. meißelförmig, C fehlend, P sehr klein, M viereckig, niedrig, Höcker kaum ausgeprägt, große Lücke zwischen I u. P bzw. M. Hoden nackt, Penis hängend, mit Knochen, Eichel mit vielen kleinen Hornstacheln, Kitzler kurz, After- u. Scheidenumgebung behaart. 2 tief bauchständige Zitzen. Hoden, Hand-, Fußflächen u. Ohren schwarz, Nasenspiegel u. Lippen fleischfarben. Fell aus kurzer Unterwolle u. langen, etwas steifen Grannen. Haargrund weiß, -oberteil schwarz, Weiß scheint durch im Gesicht, an Kehle, Brust u. Bauch, lange Scheitel- u. Nackenhaare mit weißer Spitze. Schwanz dicht, buschig, Haare 10–12 cm lang, schwarz. Junges wie Erwachsene. – **M&G** KR 36–44, SL 50–60, G rd. 2. – **V** Früher nl O-Madagaskar von etwa Mangoro-Fluß im S bis Antongil-Bucht im N sowie Bezirk um Narinda-Bucht in NW-Mad. Keine UA. Heute praktisch überall ausgerottet u. nur noch auf der Schutzgebietinsel Nosy Mangabé in Antongil-Bucht, wohin letzte Tiere (höchstens 1 Dutzend) eigens gebracht wurden. In vielleicht noch geschichtlicher Zeit lebte in SW-Mad. zwischen Mangoky-Fluß im N u. Cap Ste. Marie eine um rd. ⅓ größere Art, Großf., *D. robusta* (Lamberton, 1934), die nur durch Zahn- u. Knochenfunde bekannt ist. – **Lr** Regenwald mit Bambusdickichten des Küstengebietes bis rd. 200 m aufwärts. – **W** Ziemlich groß, bis 5 km im Umkreis, darin mehrere (2–5) Kobel, jedoch überlappen sich W benachbarter Tiere. ♂ u. ♀ markieren Äste mit Harn durch Penis- bzw. Kitzlerlangstreifen auf Unterlage (bis mehrere m). – **Tt** Rein nächtlich, Kobelverlassen in Dämmerung, zuerst eingehende Körperpflege, dann Nahrungssuche bis rd. 23 h, dann bis 3 h weniger tätig, von 3–5 h wieder munterer. Mondschein fördert, Regen stört kaum Munterkeit. Laufen u. Springen auf allen Vieren, Schwanz leicht bogig getragen, auch öfter am Boden, dann Schwanz senkrecht. Dank bekrallter Hände u. Füße leichtes Klettern an senkrechten Stämmen. Auch Hängen an Hinterfüßen möglich. Tags fest schlafend (Körpertemperatur abgesunken) in Kobel, der aus Blättern u. Zweigen 5–20 m hoch in dichtem Laub der Baumkronen rd. 50–70 cm im ∅ oder 60 × 100 cm, mit einem Eingang u. mit Moos ausgepolstert gebaut. Jedes Tier hat 2–5, ältere werden mit frischen Zweigen instand gehalten. Schlafstellung zusammengerollt u. mit Schwanz bedeckt. – **Kp** Fellkämmen u. -kratzen, Augenwinkel-, Ohren- u. Nasenreinigen mit 3. Finger. – **Lt** Lautes schrilles »kreee« als Stimmfühlungslaut, wird öfter wiederholt u. von entfernten anderen Tieren beantwortet. »Rrron-tsit« als Zorn- u. Drohruf. Durchdringendes Quieken als Schmerzschrei. – **S** Seh- u. Hörvermögen sehr gut, Riechvermögen gut. – **Fd** Frettkatze. Mutig, faucht u. beißt u. stößt Drohlaut aus, wenn fremder Mensch zunahe kommt. – **N** Bambusschößlinge u. -mark, Zuckerrohr, feine Spitzentriebe, Früchte aller Art, in Schale (auch von Kokosnuß oder Vogelei) wird Loch gebissen u. Fruchtfleisch bzw. Inhalt mit 3. Finger herausgeholt. Große im Holz sitzende Käferlarven werden besonders gern gefressen. Holz wird mit 3. Finger trommelnd beklopft u. abgehorcht, dann aufgebissen u. Larve mit 3. Finger herausgeholt. Erwachsene Kerbtiere werden nicht gefressen. Trinken direkt mit Zungenauflappen des Wassers oder durch schnelles Eintauchen u. zum Maul führen des 3. Fingers. – **Gs** Einzeln oder ♀ mit Jungem, jedoch Tiere in Stimmfühlung (s. Lt). – **Fp** 1 Junges (wahrscheinlich nur jedes 2. oder 3. Jahr) im Oktober-November; KR rd. 15–17, behaart, Schwanz schon mit langen Haaren, mit 6 Monaten ⅓, mit 12 Mon. ⅔ Erwachsenengröße. Junges wird im Kobel geboren, schläft dort über 1 Jahr bei ♀, Säugezeit vermutlich 1 Jahr oder länger. – **Gr** Vermutlich erst im 3. Lebensjahr. – **Ld** In Gefangenschaft 23 Jahre nachgewiesen.

Loris, Lorisidae

Rd. 10–40 cm (KR) große Halbaffen ohne oder mit stummelartigem oder mit langem Schwanz, rundem Kopf, kleinen bis großen Ohren, großen Augen, gleichlangen Armen u. Beinen oder längeren Beinen als Armen. Strahlenzahl 5/5, z. T. Finger verkürzt oder Tarsus verlängert, Strahlen mit Plattnägeln, 2. Zehe mit Krallennagel. Penis mit oder ohne Knochen. Gebiß 2 · 1 · 3 · 3 = 36, untere I schräg nach vorn gerichtet, C lang, Backenzähne 3–4-spitzig. Fell dichtwollig. 4–6 Zitzen, Tragzeit 3½–6½ Monate. 1–3 Junge mit offenen Augen. Nachttätige einzelgängerische oder gesellige Langsam- oder Springkletterer. Kleintier- u. Pflanzenfresser. 2 Unterfamilien, 6 Gattungen mit 11 Arten in Südasien u. Afrika, davon 3 Gattungen mit 8 Arten in Afrika.

Ohrenmakis, Galaginae

KR 10–40 cm, Schwanz lang u. buschig. Kopf rund, Schnauze etwas spitz, Augen u. Ohren groß, letztere nackt, häutig, einfaltbar. Beine länger als Arme, Tarsus verlängert, Strahlen schlank, Kuppen verbreitert, mit Plattnägeln, 2. Zehe mit Krallennagel. Penis mit Knochen, 4 Zitzen. Tragzeit 108–146 Tage, 1–3 Tragjunge mit offenen Augen. Nachts tätige, gesellige kleintierfressende u. räuberische Springkletterer mit weicher Pflanzenkost nebenher. 1 Gattung mit 6 Arten, nur in Afrika.

Riesengalago, *Galago (Galago) crassicaudatus* E. Geoffroy St. Hilaire, 1812. E: 48/7
Thick-tailed Galago, Thick-tailed Bushbaby, Large Grey Bushbaby; F: Le Galago à queue épaisse ou trouffue; A: Bosnaagaap, Grys Lemur; K: Komba

Kn Rattengroß. Kopf rund, Schnauze mittellang, kräftig. Augen groß, vorwärts gerichtet, zusammengezogene Pupille senkrechter Spalt. Ohren groß, löffelförmig, nackt, häutig, einzeln beweglich, Muschel nach hinten zusammenfaltbar. Schnurrhaare mittellang, Tasthaarbüschel über Auge u. auf Wange vorhanden, an Handgelenk fehlend. Beine länger als Arme. Fußwurzelknochen verlängert. Daumen u. Großzehe abspreizbar. Strahlen mittellang, alle mit rundem Tastpolster an Endglied u. mit Plattnägeln außer 2. Zehe, die Krallennagel trägt. Hand- u. Fußfläche mit 6 Tastpolstern, das am Großzehengrund sehr groß, Fläche dazwischen gekörnt, dahinter behaart. Hoden behaart, untere Rückseite nackt u. rauh, in Brunst rosa, After- u. Scheidenumgebung behaart, Penis hängend, mit Knochen, Eichel mit vielen Hornstacheln, Kitzler kurz und dick. Zitzenzahl wechselnd: 2 brustständige oder 2 brust- u. 2 bauchständige oder 2 achsel-, 2 brust- u. 2 bauchständige Zitzen. Brustmitte bei ♂ u. ♀ mit nacktem Drüsenlängsstreif bis Kehle. Gb 2 · 1 · 3 · 3 = 36, obere I sehr klein, obere C kräftig, obere M breiter als lang, untere I u. C lang, schmal u. schräg nach vorn geneigt, P_2 C-artig, untere M länger als breit. Fell weich, dicht-wollig, Schwanz dickbuschig. Innerhalb der weiten Verbreitung Farbe von hell silbergrau mit weißem Schwanz bis dunkelbraun mit schwarzendigem Schwanz wechselnd. Unterseite stets heller als Oberseite, von weiß über gelbweiß bis grau wechselnd. Schwanz einfarbig (weiß, kremfarben, grau, graubraun, dunkelbraun) oder oberseits dunkel, unterseits hell oder im Endteil verdunkelt. Hände u. Füße rückenfarbig oder hellbraun bis braunschwarz oder schwarz. Gesicht scheitelfarben oder deutlich heller (ocker bis weiß), mit dunkler Augenumrandung u. Schnauzenspitze sowie hellem Nasenrücken. Manchmal graue Oberseite rotbraun überflogen oder Schenkelrückseite orange oder Ohr schwarz. Auch Schwärzlinge kommen im Bergwald vor. Junges oberseits behaart, etwas dunkler als Erwachsene, Schwanz bereits buschig, Körperunterseite nackt, dort

Behaarungsbeginn mit 1 Woche. – **M&G** KR 27–47, SL 33–52, G 1–1,8. – **V** Afrika zw. Äquator u. sl Wendekreis. In O-Afrika von S-Somalia, S-Kenia u. S-Uganda sw bis Zululand. In M- u. W-Afrika N-Grenze bei 5° s. Br. (Tanganjikasee-N-Ufer bis Kongomündung). S-Grenze von S-Angola, O-Caprivi, S-Rhodesien bis O-Transvaal, Swasi- u. Zululand. Auch auf Inseln Pemba, Sansibar u. Mafia. 9 UA. – **Lr** Wald verschiedener Art, von Galerie- bis Bergregenwald, ferner Baumsavanne, Buschwald, Bambusdickicht, Eukalyptus-, Zypressen-, Gummi-, Kaffee-, Mango- u. a. Pflanzungen, Vorstadtgärten u. ä. Im Gebirge bis 3500 m aufwärts. – **Tr** Jedes Tier bzw. Familie hat Tr von einigen ha mit Schlafhöhlen u. gewohnten Wechseln, Tr mehrerer Tiere können sich überschneiden u. auch mehrere Tiere in einer Höhle schlafen. Tr wird von ♂ u. ♀ durch Bruststreifenreiben an Ästen u. Stämmen sowie durch Analflächen- u. Fußereiben an Unterlage markiert. Beim Markieren Schnüffeln u. Astbeißen. Größe, Form u. Anzahl der Tr einer Gruppe wechselt jahreszeitlich. Junge errichten nach Gr eigene Tr. Stärkste ♂♂ haben größte Tr mit mehreren ♀♀-Tr, schwächste ♂♂ kleinste am W-Rande. Tr einer Familie rd. 7 ha groß. Siedlungsdichte rd. 70–125 Tiere je km^2. – **Tt** Tags in Zweiggestrüpp, Blätterhorst o. Baumhöhle (5–12 m hoch) zusammengerollt mit Schwanz überdeckt u. Ohren zusammengefaltet tief schlafend (daher häufig Tod durch Gras- u. Buschbrand), mit beginnender Dunkelheit munter werdend. In 1 Tr bis 12 Schlafplätze. Haupttätigkeit in ersten Nachtstunden, dann Ruhezeit (stumm sitzend u. dösend), gegen Nachtende nochmals tätig. Bei Nässe, Kälte u. Wind wenig außerhalb Höhle. Läuft auf allen Vieren, Schwanz waagerecht, springt, wo er durch Laufen nicht hinkommt. Bei Tt-Beginn mehrmals schnelles Anfeuchten der Fußfläche mit Harn, dann mit Fuß- die Handfläche derselben, anschließend dasselbe auf anderer Körperseite, später nur ein paar mal in der Stunde, um Geschmeidigkeit u. Haftfähigkeit der Flächen zu erhalten, wenn Luftfeuchtigkeit zu niedrig. Bei hoher Luftfeuchtigkeit entfällt diese Tätigkeit, die ursprünglich nicht der Markierung dient, nachträglich jedoch das Wiederfinden der Wechsel erleichtert. Bei Erregung vermehrtes Harnwaschen u. hörbares Füße-auf-Ast-Reiben, Harnwaschen oft mit seitwärtigem Körperschaukeln. Bei Bodenaufenthalt Schwanz senkrecht, bei schnellerem Fortbewegen Hüpfen auf Hinterbeinen wie Känguruh. – **Kp** Gesichtwaschen mit beleckten Händen u. Unterarmen, Fellkämmen mit Zähnen u. Fellbelecken (auch gegenseitig), Ohrreinigen mit Finger. – **Lt** Abends lautes kinderartiges Schreien (daher englischer Name bushbaby) als Stimmfühlungslaut 50–150 mal in der Stunde, ist jahreszeitlich gebunden an Zeit vor, während u. nach der Paarung bis Jungegeburt, sonst nur selten zu hören. Schnattern als Droh-, Kreischen als Zorn- u. Alarmschrei, Junges hat hohen Klicklaut als Mißbehagensruf, Mutter antwortet mit tiefem Brummen. Erwachsene haben ähnlichen Klicklaut als Mißbehagensausdruck. ♂ hat Knacklaut bei geschlechtlicher Erregung. – **S** Seh- u. Hörvermögen sehr gut (auch nachts sichere Weitsprünge), Riechvermögen gut u. zum Wechsel- u. Artgenossen-Erkennen sehr wichtig. – **Fd** Nachtgreifvögel u. Kletterräuber (z. B. Ginsterkatzen, Schlangen). – **N** Früchte, Nüsse, Samen, Beeren, Blätter, Knospen, Baumsäfte, Kerbtiere, kleine Kriechtiere, Kleinvögel, Jungvögel u. Eier. Beute wird blitzschnell auch im Sprung gegriffen, totgebissen u. zerkaut. Trinkt mit Zunge oder eingetauchter u. abgeleckter Hand. – **Gs** Z. T. Einzelgänger, sonst ♀ mit Jungem oder Jungen u. ♂ in Nähe (2–6 Tiere). Familie schläft zusammen, zerstreut sich nach Aufwachen, findet sich zum Schlafen wieder zusammen. Alt-♂ ist ranghöchst, danach Alt-♀, Jung-♂♂ u. -♀♀. Rangniedere Tiere tragen Schwanz nach unten eingerollt u. Ohren nicht voll entfaltet. Bei Begegnung berühren sich Partner mit Nasen u. schnüffeln oder sie berühren Anogenitalregion, gehen ev. zu gemeinsamer Fellpflege über, wobei ♂ Knacklaute von sich gibt. Wirbt ♂ um ♀, folgt es ihm mit Knacklauten, leckt ihm Gesicht u. Genitalregion u. begattet es, wenn es in Brunst. Lehnt ♀ ♂ ab, wehrt es drohend mit Maulaufreißen ev. auch Aufrichten mit Ausstoßen von Spuck- u. Kreischlauten ab. Abwehr kann ansonsten durch Schlagen mit Händen u. Beißen verstärkt werden. Überlegenes Tier kann auch unterlegenes jagen. Bei seltenem Ernstkampf (hauptsächlich zwischen ♂♂) Ringen, Schlagen, Beißen in Gesicht, Hände u. Füße sowie Fellausreißen, tödlicher Ausgang möglich. – **Fp** Paarungszeit Mai–Oktober, Hauptzeit in S-Afrika Juli; Setzzeit August–November, in S-Afrika Anfang November. ♀-Zyklus 44 Tage, davon 1 Woche brünstig, davon 2. u. 3. Tag Hochbrunst. Begattung dauert mehrere Stunden (♂ besteigt ♀ von hinten), Tragzeit 126–136 Tage. Je Satz 1–3, meist 1–2 Junge mit offenen Augen u. behaart (s. Kn). Junges hängt sich in ♀-Bauchhaaren an, wird jedoch meist in Wurfhöhle oder vom ♀ gebauten offenen Nest abgesetzt, bei Gefahr im Maul fortgetragen. 1. Nestverlassen u. Krabbeln auf ♀-Rücken mit 2 Wochen, mit 1 Monat freies Bewegen u. 1. Festnahrung, Säugezeit 3 Monate, Junges schläft bis zu neuer Geburt bei ♀ (rd. 1/2 Jahr), aber einige Tage danach auch weiterhin. ♀ hält ♂ nur einige Tage nach Gebären vom Jungen fern. Geburtsmaße: KR 10–12, SL 12–13, G 51–73, nach 1 Woche 14/15/105, nach 3 W. 16/18/160, nach 5 W. 20/24/211, nach 7 W. 20/26/270. – **Gr** 1 Jahr. – **Ld** In Gefangenschaft 14 Jahre nachgewiesen.

Steppengalago oder **Senegalgalago,** *Galago (Galago) senegalensis* E. Geoffroy St. 48/1
Hilaire, 1796. E: Lesser Galago, Senegal Bushbaby; F: Le Galago du Sénégal, Le Galago gris; A: Nagapie, Moholi Lemur; K: Komba

Kn Gestalt u. Körperbau wie Riesengalago (S. 253), nur halb so groß, Schnauze kürzer (bei UA *zanzibaricus* Nase etwas aufgebogen, Stupsnase) u. Schwanz (der länger als KR) im Wurzelteil kürzer behaart u. erst zum letzten Drittel zu dickbuschig werdend (oder auch nicht wie z. T. bei UA *moholi*). Ohrenoberrand etwas zugespitzt. Ohren, Handflächen u. Fußsohlen fleischfarben. Kitzler (mit Knochen) lang u. dünn. 6 Zitzen (2 brust-, 4 bauchständig). ♂ mit nacktem dreieckigem Drüsenfeld auf Brustmitte. Im Gb obere C mit kleinem Höcker, M^3 dreieckig. Fell dicht, weich, wollig, Hauptfarbe der Oberseite grau (hellgrau bis schmutziggrau oder dunkelblaugrau), manchmal Scheitel u. Nacken bräunlich oder gelber bis zimtfarbener Überflug der ganzen Oberseite. Schwanz meist rückenfarbig, manchmal im Endteil bräunlich u. Spitze schwarz. Gesicht grau, Augenumrandung u. Schnauzenseiten braun bis schwarz, Nasenrücken bis zwischen Augen weiß. Unterseite weiß bis kremfarben, manchmal Kehle u. Brust hellbräunlich. Hände u. Füße grau, weißgrau oder weiß. Manchmal Arme oder Schenkel gelb überhaucht. Ab u. zu treten Weißlinge auf. Junges bei Geburt oberseits mit langen feinen grauen Haaren bedeckt, Schwanz schon dicht behaart, dunkler als Oberseite, Gesichtszeichnung erst angedeutet, Unterseite nackt, dort Behaarungsbeginn nach 7–10 Tagen. – **M&G** KR 14–21, SL 20–30, G 150–300. – **V** Afrika sl Sahara außer Guinea- u. Zentralafrikanischem Regenwald sowie Gebieten sl Oranje, Vaal u. Limpopo. N-Grenze bei rd. 15° n. Br. (Senegambien bis Äthiopien). Auch auf Sansibar u. Pemba. 9 UA. – **Lr** Savanne, Busch- u. Waldland (Akazienwald u. -buschland, Mopanewald) in trockeneren Landschaften, Ufer-, Berg- u. Küstenwald bevorzugt. Bis 2000 m aufwärts. – **Tr** Ähnlich Riesengalago. Tr-Größe 1,25–3 ha, wird durch Alt-♂-Tr bestimmt. Benachbarte Tr überschneiden sich, Alt-♂♂-Begegnungen unterbleiben jedoch durch Markierungsrufe. Tr-Markierung durch Brustfleckreiben an Ästen, Kobeln, Wohnhöhlen u. Stämmen, begleitet von Schnauzenreiben mit Speichelfluß, Kopfreiben u. Harntropfenabsetzen, Harntropfen werden mit Bauch verrieben. Markierungsabschluß durch Astbeißen. ♂ markiert mehr als ♀. Laufstrecke des Alt-♂ in 1 Nacht rd. 2 km, dabei rd. 500 Bäume besuchend. Siedlungsdichte je nach Gelände 100–500 Tiere je km². – **Tt** Wie Riesengalago. Springt jedoch mehr (Sprungweite bis 7 m). Tt wechselt zwischen lebhaftem Umherlaufen u. -springen, Fressen, Ruhen, Körperpflege u. Beschäftigung mit Artgenossen. Haupt-Tt nach Aufstehen u. vor Schlafengehen. Bei Flucht Schwanz auf Rücken. Schläft in Astgabeln, Baumhöhlen oder selbstgebauten Kobeln oder offenen Nestern je nach Landschaft u. Jahreszeit oder in Schattenvogel- u. a. Nestern, aber auch unter Dächern, in Höhlen. Nester u. Kobel sind mit Blättern u. feinen Zweigen ausgepolstert, Höhlen- oder Kobeleingang wird vor Schlafengehen verschlossen. In 1 Tr bis 12 Schlafstätten. Familien schlafen zusammen (bis 9 Tiere in 1 Höhle oder Kobel), zur Paarungszeit paarweise, ♀ ab kurz vor Setzen alleine bzw. dann mit Jungem schlafend. Schlafstellung sitzend, Kopf zwischen Beinen (Ohren eingefaltet) oder seitlich liegend, stets Schwanz von vorn überm Kopf. Schlafhöhlen, Nester, Kobel, Wechsel, feste Nahrungsquellen, ♀♀ u. Tr-Grenzen werden harnmarkiert unmittelbar oder mittels beharnter Hand- u. Fußflächen u. Füßereiben am Ast (s. Riesengalago). – **Kp** Nach Aufwachen u. vor Schlafengehen Fellpflege mit Putzkralle, Schwanz besonders. Kein Gesichtwaschen mit Händen. Häufig gegenseitige Fellpflege mit Fingern einer Hand, andere hält Kumpan am Rücken fest. ♂ hält auch ♀ mit beiden Händen u. benutzt seine Putzkralle. – **Lt** Lautes Quäken »tschak-tschak« als Stimmfühlungslaut, lautes Schnattern bis zu schrillem Pfeifen bei Ärger u. Wut, leisere Klicklaute gegen fremde Artgenossen, ♂ hat lauten Schrei in Paarungszeit beim ♀-Verfolgen, u. Tr-Abgrenzungsruf wie Riesengalago; Zwitschern als Stimmungsausdruck, schrilles Schreien in höchster Angst, weiches Grunzen bei Wohlbehagen. Junge haben hohen Klickruf bei Unbehagen, sanftes Grunzen beim Saugen u. Fellbepflegen. Junge klicken u. krächzen

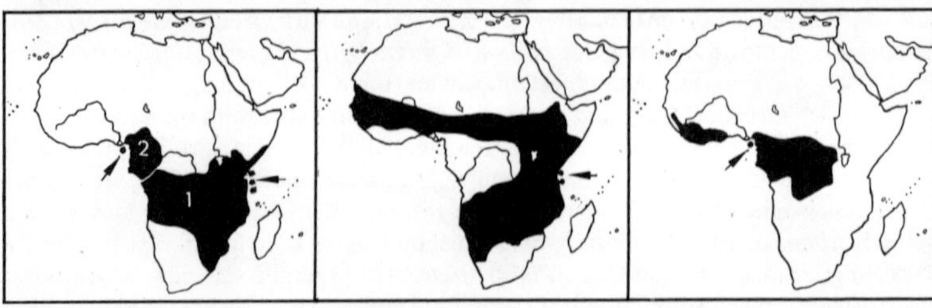

1 Riesengalago
2 Buschwaldgalago

Steppengalago

Urwaldgalago

bei Unsicherheit in neuer Umgebung. ♀ hat sanften Lockruf für Junge, die darauf antworten. – **S** u. **Fd** Wie Riesengalago. – **N** Spinnen, Skorpione, Kerbtiere, Jungvögel, Eidechsen, Chamäleons, Blütennektar, Blütenblätter, Baumsäfte, Früchte, Samen, junge Triebe. Beutefangweise wie Riesengalago. Wasser wird mit Zunge aufgeleckt. – **Gs** ähnlich Riesengalago. Teils als Einzelgänger, teils in Familien mit 1 Alt-♂, 1 ♀ u. 2–3 Jungen. Familie schläft zusammen, nach Aufwachen Zerstreuen, zum Schlafen sich wieder zusammenfindend. Alt-♂ ist ranghöchst, danach Alt-♀, danach Jung-♂♂ u. -♀♀. Alt-♂ ist angriffslustig gegen fremde ♂♂ u. geschlechtsreif gewordene Jung-♂♂, besonders zur Paarungszeit, ♀ ist aggressiv nur kurz vor u. nach Gebären. Begrüßen sich fremde Tiere durch Nasenberühren, folgt kurzes Schnüffeln u. Fellbekratzen am Kinn u. Kopf oder Streit. Bei letzterem Aufrichten, Augen-, Maulaufreißen, Ohrenfalten u. -anlegen, Fäusteheben zum Zuschlagen. Leichte Auseinandersetzung mit Boxen, Ringen u. Umeinanderrollen aber ohne Beißen. Bei seltenem Ernstkampf Anspringen, Ringen, Beißen in Gesicht, Hände u. Füße u.

Fellausreißen, tödlicher Ausgang möglich. Demuthaltung: flach auf Unterlage, Kopf eingezogen, Ohren angelegt, Maul u. Augen fast geschlossen. – **Fp** Setzzeiten im Sudan (geogr.) März–Juni u. Dezember, in S-Tansania u. Sambia August–Dezember mit Hauptsetzzeit September–Oktober, in N-Uganda März–Juni u. Dezember–Februar, in Rhodesien u. Botswana Junge in fast allen Monaten, in S-Afrika November–Dezember u. Mai. Wo nur 1 Regenzeit meist nur 1 Setzzeit im Jahr u. viele Zwillingsgeburten, wo 2 Regenzeiten meist 2 Setzzeiten mit meist je 1 Jungem je Geburt. ♀-Zyklus ist umweltabhängig, variiert von N nach S zwischen 40 und 20 Tagen, ♀-Hitze 3–5 Tage. Begattungsdauer 3–10 Minuten, manchmal 1 ♀ von mehreren ♂♂ begattet. Tragzeit bei nl UA *senegalensis* u. *braccatus* 144–146 bzw. 136–142 Tage, bei sl UA *moholi* 120–126 Tage, 1–2 sehende u. behaarte (s. Kn) Junge je Satz. ♀ wird gleich nach Setzen wieder gedeckt. ♀ leckt und putzt Junges eifrig, bleibt erste 3 Tage fast ganz in Wurfhöhle, danach läßt es Junges in Höhle oder trägt es am Bauch, später auch Rücken, mit, wenn es auf Nahrungssuche geht, setzt es auf Ast ab, besucht es kurz zwischendurch u. holt es morgens wieder ab. Bei Beunruhigung wechselt ♀ Kobel oder Höhle, trägt dabei Junges im Maul. Junges kann nach Geburt kriechen u. sich im ♀-Fell festhalten, mit 4 Tagen klettern, verläßt nach 10 T. erstmals Höhle, kann springen, frißt mit 20 T. erste Festnahrung, mit 30 T. alles, hat dann bereits ²/₃ Erwachsenengröße, springt u. klettert sehr gut, wird mit 6 Wochen entwöhnt, hat mit 4 Monaten Erwachsenengröße u. wird mit 7–9 M. geschlechtsreif. Geburts-G bei *braccatus* 15,6–22,6, bei *senegalensis* im ∅ (n = 42) 11,5, bei *moholi* 8,5–13; Geburts-KR rd. 6, – SL rd. 7,5, nach 1 Woche G 22–26, KR 7,5, SL 10, nach 2 W. G 39–48, KR 9,5, SL 10, nach 3 W. G 50–55, KR 10, SL 12, nach 4 W. G 60–65. – **Ld** In Gefangenschaft 14 Jahre nachgewiesen.

Urwaldgalago, Demidoffgalago oder **Zwerggalago,** *Galago (Galagoides) demidovii* G. Fischer, 1808. E: Pygmy Galago, Dwarf Galago, Demidoff's Galago, Demidoff's Bushbaby; F: Le Galago de Demidoff; K: Komba 48/3

Kn Gestalt u. Körperbau wie Riesengalago (S. 253), nur viel kleiner (¹/₃), Schnauze kurz u. stupsnasig, Ohren ziemlich kurz u. kegelförmig, Schwanz lampenputzerartig, Hände u. Füße schlanker, Strahlen dünner, Haut zwischen Tastballen auf Hand- u. Fußfläche fein gefaltet, im Gb obere C kurz, kaum länger als P^2 u. P^3, P_2 u. P_3 lang, C-artig, obere M breiter als lang, untere umgekehrt. Penis lang mit Knochen, Eichel dicht mit Hornstacheln besetzt, Kitzler mittellang mit Knochen. Zitzenzahl? Oberseite dunkelgrau oder graubraun bis braunrot u. rot, Schwanz manchmal grauschwarz, Unterseite grauweiß bis gelb, Augenumrandung u. Fleck an Schnauzenseite dunkelbraun bis schwarz, Nasenrücken weiß. Hand- u. Fußfläche, nackter Fersenfleck u. Umgebung des Geschlechtsorgans bei jüngeren Tieren auffallend gelb (sind Schnüffelstellen bei Begegnung). Junge zimtfarben bis dunkelbraun, im übrigen s. Steppengalago (S. 255). – **M&G** KR 11–16, SL 14–22, G ♂ 50–90, manchmal bis 120, ♀ 50–80, manchmal bis 95. – **V** Guinea-Urwald bis W-Nigeria, mittelafrikanischer Urwald von O-Nigeria bis N-Uganda u. O-Zaire, N-Grenze um 10° n. Br. im W u. 5° n. Br. im O, sw bis Kongo-Mündung u. NO-Angola (6°–11° s. Br.) u. weiter ow 3–5° s. Br. Auch auf Fernando Poo. 7 UA. – **Lr** Primär-, Sekundär-, Überschwemmungs-, Galeriewald, auch bei menschlichen Siedlungen u. in Pflanzungen. Gebüschreiche Waldstraßenränder sehr beliebt. Im Gebirge bis über 2000 m. Vom niedrigen Gebüsch bis Kronen (2–40 m u. mehr) überall dort, wo Belaubung am dichtesten. – **Tr** Größe: ♀♀ 0,5–1,5 ha, Tr der einzelnen ♀♀ überschneiden sich z. T.; Alt-♂♂ (wenige schwerste Tiere) 1,5–3 ha, 1 Tr umfaßt 2–5 ♀♀-Tr; mittelalte ♂♂ 0,5–2 ha, Tr liegen am Rande (größer) oder inmitten Population (kleiner), Tiere haben keine Verbindung zu ♀♀, ersetzen ausfallende Alt-♂♂; jungerwachsene ♂♂ leben unstet am Populationsrande ohne Tr; noch nicht geschlechtsreife junge ♂♂ u. ♀♀ leben einzeln am Populationsrande, mit Gr gehen ♂♂ auf Wanderschaft, ♀♀ begründen eigene kleine Tr. Zwischen den einzelnen Populationen (10–50 Tiere) größere Abstände. Siedlungsdichte je km² zwischen 50 u. 300 je nach Waldbeschaffenheit. – **Tt** Wie Riesengalago. Tiere laufen, klettern u. springen sehr geschickt u. schnell, Sprungweite bis 2 m. Tags im dichten Lianen- u. Blätterfilz in selbstgebauten Kobeln aus Blättern im dichten Laub in Zweiggabel oder Lianennetz. Kobel wird täglich mit frischen Blättern ergänzt u. 2–3 Wochen benutzt. Im Kobel ♀ mit Jungem oder Jungen, manchmal ♀ u. ♂, ♂ meist allein. Harnen auf Hand u. Fuß (wie Riesen- u. Steppengalago) 4–8mal in der Stunde, dadurch Markieren aller belaufenen u. bekletterten Zweige. Von Gruppenfremden markierte Zweige werden erkannt u. gemieden. Zur Paarungszeit Markieren durch Reiben der Anogenitalregion auf Zweigen. – **Kp** Fellbelecken u. -kämmen mit Zähnen (auch gegenseitig), Hauptzeiten nach Aufwachen u. vor Schlafengehen. – **Lt** 1. Stimmfühlungslaut, »jä-äh« kurz, hoch, 1–10mal hintereinander alle 5–20 Minuten, am häufigsten abends nach Aufstehen, wenn Tiere Kobel verlassen u. einzeln auf Nahrungssuche gehen (Zerstreuungsruf). 2. Drohschrei, hoch, kurz, laut u. durchdringend, auch Alarmruf. 3. Knurren u. Zwitschern, wenn in Wildbahn Mensch neugierig u. angstvoll angegangen u. angestarrt wird. 4. Girren, wenn ♂ u. ♀ sich treffen. 5. leises Knurren des ♀ auf 6. klickartigen Verlassenheitsruf des Jungen. 7. tiefes Knurren bei Zorn (Streit). 8. Angstgeschrei in höchster Not, schrill u. laut. 9. Keckern bei Streitereien. 10. Sammelruf bei Nachtende (2–3 Sek. dauernde, sich steigernde Reihe spitzer Schreie) stoßen alle Schlafgenossen eines Kobels aus, um sich zusammenzufinden u. im Gänsemarsch zum Kobel zu marschieren. Ist auch Verlassenheitsruf von Jung- u. Alttieren. – **S** u. **Fd** Wie Riesengalago. – **N** Mindestens 4/5 Anteil Kerbtiere, 1/5 Baumsäfte, Früchte, zarte Blätter u. Knospen. Fangweise wie Riesengalago. – **Gs** s. Steppengalago. – **Fp** Geburten in allen Monaten, Hauptzeit Dezember–Februar. Tragzeit 108–110 Tage. Begattung von hinten, Dauer 3–15 Minuten. Je Geburt 1–2 Junge (50% Zwillinge) im Setzkobel. Jungebehaarung s. Kn. Geburts-G 7–10, -KR rd. 7,5, -SL rd. 9. ♀ bleibt erste Tage im Kobel, geht dann abends auf Nahrungssuche, trägt Junges im Maul, setzt es im Blätterhorst ab, holt es später an Hand Verlassenheitsrufs wieder ab. Junges kann nach 2 Wochen ♀ selbständig begleiten, läuft mit 3 Wochen schnell u. macht 1. Sprünge, frißt mit 3½ Wochen 1. Festnahrung, wird mit 6 W. entwöhnt, ist mit 3 Monaten selbständig, wird von ♀, das wieder trächtig, abgewehrt, schließt sich Altersgenossen an, ist mit 6 M. ausgewachsen, hat mit 7–9 M. **Gr**. – **Ld** In Gefangenschaft 10 Jahre nachgewiesen.

48/2 **Buschwaldgalago** oder **Allengalago,** *Galago (Galago) alleni* Waterhouse, 1837. E: Allen's Galago, Allen's Bushbaby; F: Le Galago d'Allen

Kn Gestalt u. Körperbau wie Steppengalago (S. 255), nur etwas größer, Schnauze etwas spitzer u. länger, Schwanz gleichmäßig buschig u. Finger u. Zehen länger. Penis lang u. schmal, mit Knochen, Eichel dicht mit Hornstacheln besetzt, Kitzler lang, penisartig, mit Knochen, Schamlippen hodenartig geschwollen, Damm nackt. 6 Zitzen (2 achsel-, 2 brust-, 2 bauchständig). Im Gb P^2 lang, durch Lücke von P^3 getrennt, M^3 so groß wie M^2. Fell dicht, weich, wollig. Oberseite hellbraun bis dunkelrotbraun, meist Arm- u. Beinaußenseiten leder- bis rostfarben, Schwanz braun bis schwarz oder an Wurzel dunkelschiefergrau, am Ende schwarz, manchmal äußerste Spitze weiß. Hände u. Füße schiefergrau bis grauschwärzlich, Hand- u. Fußfläche fleischfarben. Unterseite grauweiß bis gelb, manchmal roter Bruststreifen. Gesicht grau mit schwarzer Augenumrandung u. hellgrauem Nasen-Stirnstreifen. Jugendkleid nicht bekannt.

– **M&G** KR 20–28, SL 22–28, G 260–410. – **V** Wl M-Afrika vom Niger u. Benue in Nigeria ow bis S-Tschad, W-Zentralafrikanische Republik u. O-Kongo (Brazzaville), Grenze um 15–18° ö. L. entlang Kongo- u. Ubangilauf. Sw bis Kongomündung. Auch auf Fernando Poo. 2 UA. – **Lw** Im Primärwald in 0–2 m Höhe des Unterwuchses, auch öfter am Boden, Kerbtiere u. abgefallene Früchte suchend. Springt meist in senkrechter Haltung. Schläft in Baumhöhlen. Siedlungsdichte rd. 15 Tiere je km^2. Geburten anscheinend in allen Monaten. ♀ trägt Junges im Maul wie Zwerggalago. – **N** Rd. 70% Kerbtiere u. 30% Pflanzenstoffe. – **Lw** Bewegungsweise langsamer als, Harnwaschen wie Zwerggalago. Stimmfühlungslaut langgezogenes, öfter wiederholtes »üh«. Weitere Einzelheiten nicht bekannt.

Heller oder **Westlicher Kielnagelgalago,** *Galago (Euoticus) elegantulus* Le Conte, 48/5
1857. E: Western Needle-clawed Galgo or Bushbaby; F: Le Galago mignon clair, Le Galago élégant clair

Kn Größe, Gestalt u. Körperbau wie Buschwaldgalago (S. 258), nur Schnauze kurz. Ohren lang, schmal, abgerundet. Schwanz dickbuschig, länger als KR. Finger- u. Zehennägel (außer Daumen, 1. u. 2. Zehe) mit Mittelkiel, der in scharfe Spitze ausläuft. Hoden oben behaart, unten nackt, Haut gekörnt, zapfenförmig. Zitzenzahl? Penis mit Knochen, Eichel dreispitzig, mit vielen kleinen Hornstacheln. Im Gb C lang u. spitz, P^2 C-artig verlängert, P^3 M-artig, obere M breiter als lang, untere umgekehrt. Fell dicht, weich, wollig, Schwanz dickbuschig. Oberseite blaßgrau-zimtfarben bis leuchtend zimtfarben, Rückenmittellinie dunkler, dunkelbraune bis schwarze Augenringe, Nasenrückenstreifen hellbraun oder grau bis schwarz, Gesicht graubraun, Arme u. Beine rostfarben, Hände u. Füße braun, Schwanz rückenfarben, manchmal am Ende dunkler oder grauer, manchmal Spitze weiß. Unterseite schiefergrau bis grau, manchmal gelb überflogen. Jugendkleid nicht bekannt. – **M&G** KR 17–24, SL 26–32, G 200–350. – **V** Wie Buschwaldgalago. 2 UA. – **Lw** Ähnlich Buschwaldgalago. Am Kamerunberg bis über 1000 m. Läuft, klettert u. springt sehr geschickt. Lebt im Kronendach bis 50 m aufwärts, steigt bei Nahrungssuche manchmal auf 3–4 m herab, selten am Boden. Benutzt starke Äste u. Lianen zum Klettern, hat mit seinen spitzen Nägeln Kletterhalt an glatten Stämmen, auch kopfab. Schläft in dichtem Blätterhorst u. Lianenfilz. Siedlungsdichte rd. 15 Tiere je km^2. Frißt hauptsächlich nur Baumsäfte (75%), daneben Kerbtiere (20%) u. Früchte (5%). Angeblich 2 Hauptsetzzeiten: November–Januar u. Juni–Juli. ♀ trägt Junges rd. 1 Monat im Maul, danach auf Rücken. Weitere Einzelheiten nicht bekannt.

Dunkler oder **Östlicher Kielnagelgalago,** *Galago (Euoticus) inustus* Schwarz, 1930. E: 48/4
Eastern Needle-clawed Galago or Bushbaby; F: Le Galago mignon sombre, Le Galago élégant sombre

Kn Gestalt u. Körperbau wie Heller Kielnagelgalago (S. 259), nur kleiner, Ohren größer u. Schwanz dem Ende zu zunehmend dicker behaart. Im Gb P^2 nicht C-artig. Oberseite dunkelbraun, schwarze Augenringe, heller Nasenstreifen, Unterseite graubraun, Schwanz dem Ende zu dunkler. Jugendkleid nicht bekannt. – **M&G** KR 16–20, SL 19–26, G 170–250. – **V** O-Zaire-Grenzgebiet vom Mobuto-(Albert-)See bis Tanganjikasee sowie W-Uganda. – **Lr** Wie Heller Kielnagelgalago u. Zwerggalago. – **Lw** Ähnlich beiden, sehr schweigsam, weitere Einzelheiten nicht bekannt. Hauptsetzzeit anscheinend November-Dezember.

Faulmakis, Lorisinae

KR 17–40 cm, Arme u. Beine gleichlang, Schwanz stummelartig oder fehlend, Kopf rund, Augen groß, Ohren klein u. rundlich. 2. (manchmal auch 3.) Finger verkürzt oder stummelhaft. 2. Zehe mit Krallennagel, übrige Strahlen mit verbreiterten Kuppen u. Plattnägeln. 4–6 Zitzen, kein Penisknochen. Tragzeit 3½–6½ Monate, 1 (selten 2) Junge. Fell dichtwollig. Einzelgängerische, nachttätige, langsam kletternde Kleintierfresser u. Räuber mit weicher Pflanzenkost nebenbei. 4 Gattungen mit zusammen 5 Arten in Afrika und Südasien, davon 2 Gattungen mit je 1 Art in Afrika.

48/8 **Potto,** *Perodicticus potto* (P. L. S. Müller, 1766). E: Potto, Bosman's Potto; F: Le Potto, Le Potto de Bosman

Kn Gestalt gedrungen. Kopf rund, Schnauze kurz, Augen groß, Ohren kurz, rundlich, halb im Fell verborgen. Mit Hornkappe versehene Dornfortsätze der 2 letzten Hals- u. 2 ersten Brustwirbel ragen aus umgebender nackter, nervenreicher Nackenhaut. Wenige kurze Schnurrhaare, lange Tasthaare auf Nacken. Nacken sehr muskulös u. dickhäutig. Arme u. Beine gleichlang. Hände u. Füße kurz u. stämmig. Daumen weitwinklig, Großzehe um 180° abgespreizt, beide kurz u. breit; 2. Strahl nur Stummel, 3. u. 5. Strahl gleichlang, am Grunde verwachsen. Haut zwischen den 6 Tastballen der Hand- u. Fußfläche nackt. Plattnägel, nur 2. Zehe mit langem Krallennagel. Schwanzstummel lampenputzerartig behaart. Penis kurz, mit Knochen, Eichel ohne Hornstacheln, Hodenunterhälfte mit Hornplatten u. Hautdrüsen dazwischen ebenso Unterhälfte der hodenartig angeschwollenen, Hautdrüsen enthaltenden Kitzlerwurzel, Kitzler lang, mit Knochen. 6 Zitzen (2 brust-, 4 bauchständig). Gb $2 \cdot 1 \cdot 3 \cdot 3 = 36$, obere I kleine Stummel, untere zusammen mit C lang u. schmal, schräg nach vorn stehend

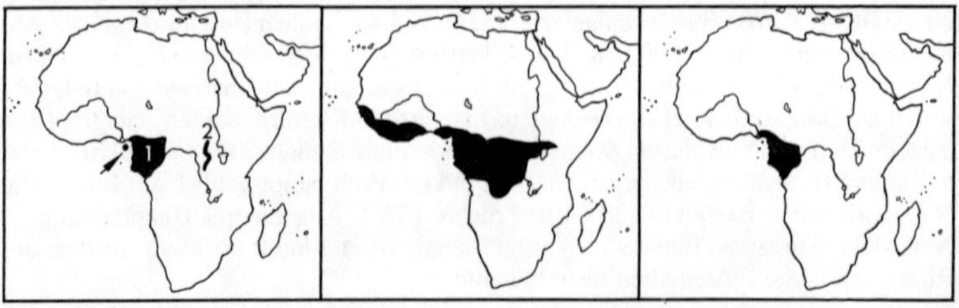

1 Heller Kielnagelgalago Potto Bärenmaki
2 Dunkler Kielnagelgalago

(Putzkamm), obere C lang u. kräftig, P_2 C-artig, obere M breiter als lang, untere umgekehrt. Fell dicht, weich, wollig, Grannen hervorstehend. Oberseite schiefergrau, zimt-, rot-, mahagonibraun bis braunschwarz, meist dunkler Rückenaalstrich u. Augenumrandung. Hände u. Füße heller oder dunkler als Rücken. Unterseite hell- bis schiefergrau oder beige. Manchmal Vorderkörper braunschwarz, Hinterkörper graubraun. Neugeborenes schütter behaart, Haut fleischfarben, Ohren gelb, Nase braun. Junges heller oder dunkler als Erwachsene, hell weißlich, weißgrau, zimtfarben oder dunkelrotbraun, Unterseite weißlich oder grau oder kremfarben. Weißliche Tiere nach 4 Tagen, andere nach 7 Wochen Umfärbung in Grau bis Silbergrau, Aalstrich erscheint, nach 8 Wochen Umfärben in Erwachsenenfarbe, nach ½ Jahr beendet, dann auch Scheitelschopf, der Junges kennzeichnet, ausfallend. Nackenwirbelfortsätze treten mit 1 Monat hervor. – **M&G** KR 30–40, SL 5–10, G 0,6–1,6. – **V** Guinea- u.

Mittelafrikanischer Waldgürtel von Sierra Leone im W bis W-Kenia im NO u. M-Zaire im O (rd. 25° öl L.), sw bis Kongo-Unterlauf u. -Mündung. Auch in NO-Angola. 5 UA. – **Lr** Primär- (10–30 m hoch) u. Sekundärwald (5–15 m hoch), gern an Lichtungs- u. Waldrändern, von dort auch auf einzelstehende hohe Bäume davor bzw. Schattenbäume in Pflanzungen. Im Gebirge bis 2000 m u. höher. – **Tr** ♀-Tr ∅ 7,5 ha, Alt-♂-Tr ∅ 12 (7,5–15) ha, 1 Alt-♂-Tr überdeckt mehrere ♀♀-Tr, Alt-♂ kontrolliert regelmäßig ♀♀-Tr, hält Verbindung zu ♀♀, verfolgt 1 ♀ tage- bis wochenlang, bis es in Hitze, begattet es dann, vertreibt andere geschlechtsreife ♂♂ aus seinem Tr. ♀♀ vermeiden Begegnungen untereinander. Verbindung durch Harnmarkierung, an der Geschlecht, Geschlechtszustand u. Einzeltier erkannt wird. Markierung durch in Abständen Beckensenken beim Schreiten u. rd. 1 m lange Harnspur auf Zweig setzend. Jedes Tr hat bevorzugte Schlaf- u. Futterplätze. Siedlungsdichte rd. 8–10 Tiere je km². – **Tt** Nur nachts munter. Baumlebend. Bewegungen bedächtig, ohne Zweigerschütterung (Schutz vor Feinden, Annäherungsmöglichkeit an Beute), auf allen Vieren, manchmal auch hängend entlang Zweigunterseite, um Frucht zu greifen, auch an Hinterbeinen allein hängend. In großer Bedrängnis Fallenlassen. Selten auf Boden, meist nur, wenn anderer Baum sonst nicht erreichbar. Schlafstellung sitzend in Lianenfilz, Blätterhorst oder Astgabel, Kopf zwischen Beinen, sich dabei mit Händen u. Füßen festhaltend oder zusammengerollt in Baumhöhle. Rauhe Baumhöhlenwand wird mit Dornfortsätzen geglättet. Körpertemperatur schwankt normal zwischen 30–35° C innerhalb weniger Tage. – **Kp** Fellbeknabbern u. -belecken, Kratzen mit Putzzehe. Gegenseitige Fellpflege bei ♂ u. ♀ zur Paarungszeit u. ♀ u. Jungem. Bei ♂ u. ♀ einander mit Köpfen zugekehrt, ♂ pflegt empfindlichen Bereich um Dornfortsätze, ♀ danach beim ♂, wobei ♂ ♀-Genitalien, ♀ Hoden leckt. ♂ u. ♀ markieren sich dabei gegenseitig Dornfortsatzbereich mit Harn mittels Hand. Fellpflege kann zu engem gegenseitigem Begreifen u. dann Paarung führen, wenn ♀ in Hitze. – **Lt** Sehr schweigsam. Junges hat hohen Klickruf bei Unbehagen, Mutter antwortet in gleicher Weise, auch Erwachsene haben es als Stimmfühlungsruf. ♂ ruft so beim Verfolgen brünstigen ♀. Knurren, Schreien u. »Errr-errr-errr« bei Kampf u. Wut (Feindangriff). – **S** Riech- u. Hörvermögen sehr gut, Sehvermögen gut. – **Fd** Pardelroller, Ginsterkatzen, Großeulen, Schlangen, Warane. Verteidigung: Kopf zwischen Arme, Dornfortsätze zum Gegner, plötzliches Vorschnellen des Kopfes mit Beißen, dabei Knurren u. Zwitschern; notfalls Fallenlassen. Kämpfe in Wildbahn selten, nur unter Gleichgeschlechtlichen, mit Umklammern, Umherrollen, Beißen, Quieken u. Schnattern. Kämpfende ♂♂ schlagen auch Nacken (mit Dornfortsätzen) gegeneinander. Bei Angst heftige Hoden- bzw. Kitzlerdrüsenausscheidung u. damit Ausströmen eines Angstgeruchs. – **N** Früchte, Blätter, Knospen, Baumsäfte, Moos, Flechten, Pilze, Kerbtiere, Vögel, Eidechsen, Eier, Schnecken. Rd. 80% der N pflanzlicher, rd. 20% tierischer Herkunft. Beute wird langsam angegangen, größere schnell mit beiden Händen gegriffen u. sofort totgebissen. Hautdrüsen an Hoden u. Kitzlerwurzel locken stark Fliegen an. Kleinvögel hassen auf schlafende Pottos. Ausgiebiges Fressen anscheinend nur jeden 2. Tag. – **Gs** Jedes Tier für sich in seinem Tr, Alt-♂ besucht regelmäßig seine ♀♀ (s. Tr). Jung-♂ wandert bei Gr aus, Jung-♀ läßt sich in Mutternähe nieder. Eindringling in Fremd-Tr hält sich bei Inhabernähe regungslos, um nicht entdeckt zu werden. – **Fp** In O-Zaire u. Uganda-Kenia Setzzeit November–Februar u. April–Juni, in Gabun August–Januar. Nur 1 Junges jährlich. Hoden- u. Kitzlerhornhaut riechen stark zur Paarungszeit. ♀-Sekret erregt ♂ stark. ♂ u. ♀ sitzen so, daß Dornfortsätze (mit empfindlicher Umgebungshaut) des einen an Hoden oder Kitzlerhornhaut des anderen reiben, wodurch dort stark Sekret abgegeben wird. Hitzezyklus 34–38 Tage. Begattung von hinten (auch an allen Vieren kopfunter hängend) oder vorne. Tragzeit 6–6½ Monate. Geburtsauslösung durch vorhergehende Begattung. Meist 1, selten 2 Junge. ♀ frißt Fruchthäute u. Nachgeburt u. leckt Junges ab. Junges benutzt alle 6 Zitzen, klammert sich in Körperlängsrichtung des ♀ am Bauch fest. ♂ putzt u. hütet Junges mit. Nach 1 Woche setzt ♀ Junges auf Zweigen ab, das sich dort festhält u. geht auf Nahrungssuche, findet es durch dessen Klickruf (Unbehagenruf) wieder. Nach 1 Monat reitet Junges auf ♀-Rücken, folgt nach 2 Monaten ♀ vorsichtig, mit 4 M. sehr behende, geht mit 5–6 M. allein auf Futtersuche, trifft ♀ morgens wieder. 1. Festnahrung mit 2–3 M., Säugezeit 2–3 M. Mit ¾ Jahr ausgewachsen. Haarkleidentwicklung s. Kn. Mutterverlassen s. Gs. Geburts-G 35–50, G nach 1 Woche 70–80, nach 2 W. rd. 100, 3 W. rd. 150, 4 W. rd. 170, 2 Monaten rd. 350, 3 M. rd. 500; Geburts-GL 9–11, nach 1 W. rd. 18, 2 W. rd. 23, 3 W. rd. 26, 4 W. rd. 28, 2 M. rd. 35, 3 M. rd. 42. – **Gr**? – **Ld** In Gefangenschaft 11 Jahre nachgewiesen.

48/6 **Bärenmaki** oder **Calabar-Potto,** *Arctocebus calabarensis* (A. Smith, 1860). E: Golden Potto, Angwantibo; F: Le Potto de Calabar, Le Potto doré, L'Angwantibo
Kn Gestalt ähnlich Potto (S. 260), nur kleiner, Nase u. Ohren etwas schlanker, Augen etwas größer u. dichter zusammenstehend, freie Dornfortsätze, Zeigefinger u. äußerer Schwanz fehlen. Ohrenrand mit Fransenhaaren. Daumen u. Großzehe weit abgespreizt, erheblich länger u. fast doppelt so breit wie übrige Strahlen. Zeigefinger fehlt, 2. Zehe stark verkürzt, mit Krallennagel. Von übrigen Strahlen 4. am längsten. 3.–5. Finger u. 2.–5. Zehe am Grunde verwachsen. Tastballen oberhalb Daumen u. Großzehe sehr groß, alle Tastballen ohne Papillenmuster. Penis mit Knochen, Eichel ohne Hornstacheln, nur mit Papillen, Hoden behaart bis auf kleine, hautdrüsenhaltige Hornplattenfläche am Grunde. Kitzler lang u. dick, Wurzel rübenartig verdickt, im Schamlippenwinkel kleine, hautdrüsenhaltige Hornplattenfläche. 6 Zitzen (2 achsel-, 2 brust- u. 2 bauchständig). Gb wie Potto, P^2 länger, obere M rechteckiger. Fell wie Potto, ohne Aalstrich, Oberseite gelbbraun bis hellbraun oder rotgolden, Unterseite hellgrau bis aschgrau, graubraun oder gelb, z. T. Kinn u. Kehle weißlich. Schwanzstummel mit oder ohne schwarze Spitze. Augenumrandung u. Schnauze verwaschen bis deutlich dunkler als Gesicht. Junges viel dunkler als Erwachsene, Haare lang u. strubbelig, Spitzen weiß, innerhalb ¾ Jahr allmähliches Umfärben in Erwachsenenfarbe. – **M&G** KR 25–40, SL 1–1,8, G 200–470. – **V** S-Nigeria (öl Cross-Fluß), M- u. S-Kamerun einschließlich Kamerunberg, ow bis Sanagar-Fluß, Rio Muni, Gabun, ow bis Ubangi- u. Kongo-Fluß im O u. S. 2 UA. – **Lr** Primär-, Sekundärwald, niedriger, dichter Bewuchs (auch in Schonungen u. Pflanzungen) bevorzugt. Meist in niedrigen Baumhöhen (bis 5 m), manchmal auch in höheren Stockwerken (bis 10 m u. mehr). – **Tr** Vermutlich territorial, da Markieren durch Harntropfenabsetzen. Einzelheiten nicht bekannt. Siedlungsdichte rd. 2 Tiere je km^2. – **Tt** Nachts, Bewegungen etwas bedächtig, kann aber auch schnell auf Ästen gehen u. schnell klettern, springt jedoch nicht. Flüchtet baumaufwärts. Geht auch auf Boden, z. B. um abgefallene Früchte zu fressen oder von einem Baum zum anderen. Tagesschlaf leicht lethargisch. Schlafstellung wie Potto im Sitzen mit Kopf zwischen Beinen in Blätterhorst oder Lianenfilz. – **Kp** Nach Aufwachen rd. ½ Std. Fellbelecken, -beknabbern (mit Putzzähnen), -bekratzen (mit Putzzehe). – **Lt** Sehr schweigsam. Knurren bei Ärger. Junges hat Klickruf. – **S** u.**Fd** Nicht bekannt. Verteidigung durch Aufrichten auf Hinterbeine, Kopf mit knurrendem offenen Maul unter einem Arm haltend. – **N** Zu rd. 90% Kerbtiere (besonders gern Raupen), daneben Schnecken, Eidechsen, Früchte. – **Gs** Vorwiegend einzeln, paarweise zur Paarungzeit u. ♀ mit Jungem. – **Fp** ♂ markiert ♀ durch Überkriechen in Längsrichtung von hinten oder manchmal auch von

vorn mit Andrücken der Hodendrüsen an ♀-Rücken. ♂ prüft bei Treffen eines ♀, ob es seinen Geruch trägt. Erwachsene ♀♀ markieren sich auch so mit ihren Genitaldrüsen gegenseitig, jedoch nie mit ♂. Genitaldrüsen beider Geschlechter erzeugen bei Beunruhigung u. Gefahr starken Sekretfluß u. damit Angstgeruch wie Potto. Hitzezyklus 36–45 Tage. Tragzeit 131–136 Tage. Je Geburt 1 behaartes Junges mit offenen Augen, das langsam im Fell des ♀ klettert u. meist am ♀-Bauch sitzt. ♀ leckt Junges sauber. Junges verläßt mit 11 Tagen erstmals ♀-Körper u. hängt sich an Zweig, geht mit 17 Tagen auf Zweig, fängt mit 1½ Monaten Kerbtiere u. frißt sie, ist mit 2 M. sehr beweglich, wird mit 4 M. entwöhnt, ist mit 7½ M. ausgewachsen u. wird von Mutter kurz vor deren neuem Gebären verjagt. Ab 2 Wochen läßt ♀ Junges allein auf Zweig zurück, wenn Nahrung suchend, findet es nachher durch Klickruf wieder. Geburts-G 24–30, G mit 1 Monat 60, 2 M. 90, 3 M. 140, 4 M. 160, 5 M. 170, 6 M. 190, 7 M. 210, 7½ M. 235, dann ausgewachsen. – **Gr** Nicht angegeben. – **Ld** In Gefangenschaft 4½ Jahre nachgewiesen.

Affen, Anthropoidea

Hundsaffen, Cercopithecidae

Klein bis mittelgroß. KR 30–110 cm, SL 20–100 cm, G 1,5 – 50 kg. Nasenlöcher dicht beieinander. Strahlzahl 5/5, Plattnägel, Daumen u. Großzehe gegenüberstellbar, Daumen der Colobinae klein oder fehlend. Gb 2 · 1 · 2 · 3 = 32, obere C lang, M 3–5höckerig. 2 bruständige Zitzen, Penis hängend mit Knochen. Tragzeit 5–9 Monate, 1 Tragjunges mit offenen Augen. Gesellige boden- und oder baumlebende, hauptsächlich Pflanzen fressende Tagtiere vorwiegend der Subtropen und Tropen der Alten Welt von Afrika u. Arabien über Vorder- u. Hinterindien, China u. Japan, südwärts bis Timor, Borneo, Java, Sumatra, Celebes, Philippinen, Hainan, Formosa u. Ceylon. 3 Unterfamilien, 20 Gattungen, 62 Arten, davon 8 Gattungen mit zusammen 32 Arten in Afrika.

Bodenaffen, Papiinae

KR 40–110 cm, Schwanz fehlend oder Stummel oder lang (20–80 cm). Kopf rundlich, Schnauze wenig bis stark vorspringend. Augen eng beieinander. Ohren nackt, klein bis mittelgroß. Gesicht größtenteils nackt, z. T. mit Wulsten. Backentaschen vorhanden. Fell kurz bis mittellang, weich bis storr, oft mit Sonderbildungen (vorwiegend bei ♂): Scheitel- oder Schläfenschopf, Bartkranz oder Schultermähne. Schwanz mit oder ohne Quaste, z. T. nackte Brust- oder Steißfläche, letztere mit Sitzschwielen. Gesicht, Brust, Steiß- u. Genitalgegend oft grellfarbig (vorwiegend bei ♂). Arme u. Beine ungefähr gleich- oder wenig unterschiedlich lang, bei Mangaben teilweise Fingerverwachsung. Vorwiegend Bodengänger. Schlafplatz auf Bäumen u. Felsen. Gesellig in Trupps bis Horden. Allesfresser mit Hauptanteil Pflanzenkost, z. T. auch gelegentlich Räuber. Verbreitung s. Familie. 10 Gattungen mit zusammen 22 Arten, davon 3 Gattungen mit 10 Arten in Afrika.

50/1–4 **Steppenpavian,** *Papio (Papio) cynocephalus* (Linné, 1766). E: Baboon; F: Le Babouin, Le Papion; A: Bavian, Bobbejaan; K: Niani, Nyani

Kn Großer, auf allen Vieren gehender Hundsaffe mit langer Schnauze u. mittellangem bis langem Schwanz. Schnauze gegen Hirnschädel mehr oder minder deutlich abgewinkelt. Ohren klein, nackt, rundlich, mit angedeuteter oder ausgezogener Spitze, hoch sitzend, manchmal im Fell verborgen. Augen klein, eng zusammenstehend, Überaugenwülste stark ausgeprägt. Große Backentaschen. Hals kurz. Rumpf mit tiefer Brust u. hoch eingezogenen Weichen. Rücken mehr oder minder abfallend. Schwanz kurz behaart, mit mehr oder minder ausgebildeter Endquaste, gleichmäßig gebogen oder im 1. Drittel abgeknickt getragen. Arme länger als Beine. Beim Gehen werden von den Händen hauptsächlich die Finger, die Füße jedoch mit ganzer Sohle aufgesetzt. Hände u. Füße schlank, Daumen u. Großzehe verkürzt. Alle Endglieder mit Nägeln. Papillarlinien tragende Tastballen an allen Strahlen, Hand- u. Fußfläche. Gesäßfläche nackt, mit 2 kleineren bis größeren nierenförmigen Gesäßschwielen. Hoden u. Penis hängend, letzterer mit Knochen u. großer Eichel. Kleine u. große Schamlippen ausgebildet, Kitzler kräftig, jedoch nicht hervortretend. Beim ♀ starke Gesäßhautanschwellung während Brunst. 2 brustständige Zitzen. Gb $2 \cdot 1 \cdot 2 \cdot 3 = 32$, I groß u. kräftig, C lang u. dolchartig, P_1 mit langschmaler Schneidekrone, M 4–5höckerig. Gesicht nackt, mit zahlreichen Tasthaaren. Fell dicht u. harsch, z. T. beim ♂ mit Backenbart, Hals- u. Schultermähne. Unterseite dünner behaart, z. T. fast nackt. Oberseite olivgelb, rötlichbraun, olivgrau, olivbraun oder olivbraunschwärzlich, z. T. Gesicht, Hände u. Füße schwärzlich. Unterseite wie Oberseite oder heller oder kremfarben bis weißlich. Gesäßschwielen schiefergrau, purpurgrau oder purpurrot. Junge schwarz mit rosa Gesicht, nach 4 Monaten grau bis braun, Gesicht dunkel, mit 1 Jahr volle Erwachsenenfarbe. – **M&G** KR ♂ 65–110, ♀ 50–80; SL ♂ 45–75, ♀ 35–50; KH ♂ 50–75, ♀ 40–60; G ♂ 25–50, ♀ 10–30. – **V** Afrika sl Sahara außerhalb Guinea- u. mittelafrikanischem Regenwald sw bis Kap. Im N abgelegene Vorkommen noch in Air, Tibesti u. Ennedi, sonst N-Grenze um 15° n. Br. Fehlt im NO (Eritrea, Ogaden, N-Somalia), im S u. SW (W-Transvaal, Oranje, nl Kapprovinz u. Klein-Namaland). Von den bisher beschriebenen rd. 30 UA bleiben auf jeden Fall folgende 7 gültig (die sich in ihren Grenzgebieten mischen u. daher keine selbständige Arten sind): 1. Sphinxpavian, Rotbrauner oder Roter oder Guineapavian (E: Guinea or Western Baboon, F: Le Babouin de Guinée, Le Cynocéphale rouge), *papio* (Desmarest, 1820); KR bis 75, rotbraun, starke Mähne, Schwanz bogig, rote breite Gesäßschwielen; wl Senegalgebiet (O-Senegal, O-Gambia, N-Guinea, W-Mali, S-Mauretanien). Bedroht. 2. Anubispavian, Grauer Babuin, Grüner Pavian (E: Olive Baboon, Anubis Baboon, F: Le Papion anubis, Le Babouin doguera), *anubis* (Lesson, 1827); KR bis 100, olivgrün-bräunlich, mit Mähne, Schwanz knickbogig, Gesicht u. Gesäßschwielen schwarzgrau, letztere breit; öl anschließend an 1, vom Senegal ow bis Äthiopien, Kenia, Uganda, u. N-Tansania. 3. Babuin, Gelber Babuin, Küstenpavian (E: Yellow Baboon, F: Le Babouin cynocéphale, Le Babouin jaune, Le Papion proprement dit), *cynocephalus* (Linné, 1766); KR bis 100, gelblichbraun bis -grau, ohne Mähne, schlankgliederig, Schwanz knickbogig, Gesäßschwielen breit, purpurgrau; ostafrik. Küstengebiete von M-Somalia sw bis Sambesi (O-Kenia, -Tansania, Malawi, N-Mozambique). 4. Zwergpavian (E: Kinda Yellow Baboon, F: Le Babouin de Kinda), *kindae* Lönnberg, 1919; KR bis 65, wie verkleinerter Babuin; Sambia u. Katanga. 5. Kalahari-Bärenpavian, Kalahari-Tschakma (E: Kalahari Chacma, F: Le Chacma de Damara, A: Kaokoveld Bobbejan), *ruacana* Shortridge, 1942; KR bis 85, ockergrünlich bis bräunlich, langer Haarkamm auf Widerrist, Schwanz knickbogig, Gesäßschwielen klein, grau; S-Angola, SW-Afrika, W- u. N-Botswana. 6. Großer

Tschakma, Graufuß-Bärenpavian (E: Rhodesian Chacma, F: Le Chacma grand, A: Boombobbejaan), *griseipes* Pocock, 1911; KR bis 110, braungelblich, dunkler als 5, Füße grau, sonst wie 5; zwischen Sambesi u. Limpopo (Rhodesien, Mozambique, S-Sambia). 7. Schwarzer Tschakma, Schwarzfuß-Bärenpavian (E: Cape Chacma, F: Le Chacma de Cap, A: Kaapse Bavian, Kaapse Bobbejaan), *ursinus* (Kerr, 1792); KR bis 100, schwarzbraun, Hände u. Füße schwarz, sonst wie 5; Südafrikan. Union (s. V.). – **Lr** Offene Landschaften (Halbwüste, Steppe, Savanne), Galeriewälder, offenes Waldland, aufgelockerter Wald, zerklüftetes Gelände mit Felsen, Lavafelder, Einzelfelsen (Kopjes) u. ä. Im Gebirge bis 3000 m u. mehr. Wasser muß ganzjährig verfügbar sein. – **W** Je Horde ein W von rd. 2–30 km² je nach Gelände. W benachbarter Horden können sich in Randgebieten überschneiden, in Kerngebieten (Schlaf-, Trink-, Nahrungsplätze) kaum. Bei Trockenheit jedoch Verträglichkeit benachbarter Horden an Tränke. Bei Verweilen der Horde am Ort sitzen einige ♂♂ mit Rücken zur Horde Wache unter Penispräsentieren gegenüber Nachbarhorden, obwohl direkte Begegnung selten u. an sich kein W-Teil als Tr verteidigt wird. – **Tt** Nachts schlafend auf Bäumen oder Felsen. Morgens Aufbruch der Horde zur Nahrungssuche. Bewegungsradius meist nur 1–2 km um Schlafplatz, jedoch Wanderungen bis 10 km möglich. Mittags ruhend im Schatten, nachmittags wieder Nahrungssuche (diese jeweils 2–3 Std.) u. Rückkehr zum Schlafplatz. Bei Wanderungen der Horde laufen ältere Jung-♂♂ voraus, gefolgt von ♀♀ u. Jungtieren u. danach Alt-♂♂ mit Müttern u. Säuglingen. Beim Verweilen bilden Alt-♂♂ u. Mütter die Mitte. Bei Gefahrmeldung gehen Alt-♂♂ ihr entgegen u. stellen sich zum Kampf, dem sich alle erwachsenen ♂♂ anschließen. Lange Eckzähne u. wilde Kampfwut machen Paviane zu gefährlichen Gegnern. – **Kp** Fellpflege mit Fingern u. Zähnen, auch viel gegenseitig, da wichtiges Verbindungsmittel im Hordenleben (Zuneigung, Beruhigung, Beschwichtigung, Belohnung). – **Lt** Lautfreudig, reiche Töneabstufung: 1. Bellen, sehr häufig, ein- u. mehrsilbig, bei Warnung u. Erregung, mit Erregungssteigerung Silbenvermehrung. 2. Grunzen, häufig, allgemeine Stimmfühlung, Zufriedenheit, aber auch als Warnung (z. B. Alt-♂ gegenüber sich entfernen wollendem ♀), bei Erregung Steigerung zu scharfem Schnarchen. 3. »oah-oah« mit Kopfwiegen u. Schwanzschlagen bei großer Freude. 4. »ooo-ooo« bei Jungen, wenn Hunger, bei Vergnügtsein im Spiel, bei Alten in Sorge u. Zorn. 5. Keckern bei Erschrecken. 6. sanftes »ihk-ihk« u. Schwirrlaut bei Erstaunen. 7. Schmatzen bei Fellpflege (freundschaftlich). 8. Kreischen bei Angst. 9. Laute Schreie bei Schmerz. – **S** Seh- u. Hörvermögen sehr gut (voll farbtüchtig), Riechvermögen gut. – **Fd** Hauptfeind Leopard, der zwar fähig, einzelnes Alt-♂ zu reißen, meist aber Jungtiere vom Rande der Horde holt. Weitere gelegentliche Pavianfresser: Löwe, Hyänenhund, Krokodil, Python, Kaffernadler. Lockere Gesellung mit Antilopen nicht selten. In SW-Afrika auf Farmen vereinzelt zahme ♀♀, die selbständig Schafherde hüten. – **N** Allesfresser. Gras (meist Hauptteil der pflanzlichen Nahrung), Kräuter, Samen, Wurzeln, Knollen, Zwiebeln, Blätter, Knospen, Früchte, Rinde, Baumsäfte, Flechten, dazu Feldfrüchte in Ackerbaugebieten; ferner Kerbtiere u. ihre Larven, Bienenwaben, Weichtiere, Würmer, Krebse, Spinnen, Skorpione, Eier, Jungvögel von Bodenbrütern, Eidechsen, junge, noch abliegende Gazellen, Antilopen u. Junghasen sowie Hausschaflämmer. Gelegentlich Kannibalismus (Alt-♂ tötet u. frißt Jungtiere der eigenen Horde) u. Raub u. Tötung kleiner Menschenkinder (mehrere Fälle in Transvaal). – **Gs** Gesellig in Horden von 10–150 Tieren je nach Landschaft u. Nahrungsangebot. In Steppen O- u. S-Afrikas meist 20–80, in Halbwüsten SW-Afrikas bis 150 Tiere (spalten sich tagsüber in mehrere Horden auf). Innerhalb Horde mehr ♀♀ als ♂♂, da erstere erheblich früher geschlechtsreif. Je Horde mit fester Rangordnung: ♂♂ stets ♀♀ überlegen, innerhalb ♂♂ nach Stärke, innerhalb ♀♀ nach Alter (jedoch ♀♀ mit kleinen Säuglingen ranghoch). Ranghöchste(s) ♂ oder ♂♂ (bei großen Horden meist 2–4) führen, verteidigen Horde, halten in ihr Ordnung (Warnen mit strengem Blick, Augenbrauenheben, Drohen mit Gebißentblößen oder Vorderkörperniederducken mit Grunzen, Strafen durch Verfolgen u. Nakkenbiß) u. schlichten Streitigkeiten. Werden mit Fellpflege u. Überlassen bester Nahrungsstellen verwöhnt. – **Fp** ♀ hat Brunstzyklus von 23–42, meist 30–35 Tagen. Zu Beginn Anschwellen der Damm- u. Gesäßhaut innerhalb 1 Woche bis Höchststand, gut 1 Woche so verbleibend, dann Eisprung (18.–19. Tag) u. danach schnelles Abschwellen. Zur Eisprungzeit begattet u. befruchtet nur ranghöchstes ♂, danach dürfen auch andere ♂♂ ♀ begatten. Begattung stehend von hinten, ♂-Füße umfassen ♀-Unterschenkel. Tragzeit-∅ 187 (173–193) Tage. Keine begrenzte Fortpflanzungszeit, in O- u. SO-Afrika Geburtenhäufung Oktober–Dezember. Je Geburt 1 sehendes u. behaartes Junges (Haarkleid s. Kn), Zwillinge sehr selten. ♀ leckt Junges sauber u. frißt Nachgeburt. Junges klammert sich am ♀-Bauchfell fest, beginnt mit 5 Wochen auch auf Rücken aufgelegt zu reiten. Mit 1 Monat 1. kurze Entfernung von Mutter, mit 3 Monaten größere Erkundungen u. längeres Spielen mit Altersgenossen, mit 5–6 M. 1. Festnahrung, mit 8 M. Entwöhnung u. Selbständigwerden, wird bis 2 Jahre noch von Mutter verteidigt, mit 2½ J. fest in Rangordnung. Durchbruch des M^1 beim ♂ mit 1½, beim ♀ mit 2 J. (von da ab Jugendliche), der oberen Dauer-C beim ♂ mit 4¾ J., beim ♀ mit 4 J. (von da ab Erwachsene). G bei Kindern ♂ 1–4, ♀ 1–3,5, Jugendlichen ♂ 3,5–14, ♀ 3,2–9. – **Gr** ♀ mit 3½–4, ♂ 4–6 J. – **Ld** In Gefangenschaft mehrfach 30, u. mehr, einmal 45 J. nachgewiesen.

49/5 **Mantelpavian,** *Papio (Papio) hamadryas* (Linné, 1758). E: Hamadryas Baboon, Sa-
49/6 cred Baboon; F: L'Hamadryas, L'Hamadryas d'Abyssinie, Le Papion à perruque, Le Tartarin

Kn Gestalt, Körperbau u. Gb wie Steppenpavian (S. 264). Rücken etwas abfallend, Schnauze nicht gegen Hirnschädel abgewinkelt. Ohren rund mit kleiner Spitze. Schwanz rd. ⅔ KR, mit Endquaste, gleichmäßig gebogen getragen. ♂ mit starkem Backenbart, starker Hals- u. Schultermähne (Haarlänge bis 25 cm). Gesäßschwielen als mäßig breites Querband mit erweiterten Enden, beim ♂ von ausgedehnten nackten Hautpolstern umgeben. ♀ mit starker Gesäßhautanschwellung während Brunst (wie Steppenpavian). Beim ♂ Gesicht, Gesäß, Hoden u. Penis fleischfarben bis rot, Haut an Brust u. Bauch blau überhaucht, an Hand- u. Fußfläche dunkelbraun, -oberseiten schwarzbraun. Beim ♀ Hand- u. Fußflächen, Gesäßschwielen u. Gesicht dunkelbraun. ♂-Fell aschgrau, bräunlich überflogen, ♀-Fell grau- bis olivbraun, grünlich überflogen. Neugeborenes schwarz behaart, Gesicht rosa, nach 4 Monaten Beginn der Umfärbung in ♀-Farbe, nach 12 Mon. vollendet, ♂-Kleid bei Geschlechtsreife. Schwärzliche, silbergraue u. weiße Tiere kommen gelegentlich vor. – **M&G** KR ♂ 70–95, ♀ 50–65; SL ♂ 42–60, ♀ 37–41; KH ♂ 50–65, ♀ 40–50; G ♂ 15–20, ♀ 10–15. – **V** NO-Afrika u. SW-Arabien: Rotes Meerufer ab Suakin sw, Eritrea, NO- u. O-Äthiopien mit Ogaden, N- u. M-Somalia, SW- u. S-Küstengebiete Arabiens von rd. 20° n. Br. bis rd. 50° öl L. Keine UA. Im Grenzgebiet zu Steppenpavian gemischte Horden möglich. Der Mantelpavian wurde in Altägypten als Figur des Schreibergottes Thot verehrt. – **Lr** Savanne, Halbwüste, trockene Felsgebiete. Felsklippen u. steile Bergwände als Schlafplätze wichtig. – **Lw** Wie Steppenpavian. Schlafplätze s. Lr. Gesellungseinheit Trupp aus 1 Alt-♂ u. mehreren ♀♀ u. deren Jungen. Alt-♂ hält ♀♀ eng zusammen, bestraft sich zu weit entfernende durch Nackenbiß mit Schneidezähnen. Mehrere Trupps bilden Horde, deren Größe 20–150, manchmal 200–300 Tiere. Erwachsene Jung-♂♂ halten sich in Truppnähe, um ev. Haremsbesitzer (Pascha) ♀ abspenstig zu machen u. eigenen Harem zu gründen oder Pascha zu vertreiben. Horde verläßt Schlafplatz in Richtung Futterplatz, unterwegs Auflockerung in Trupps. Brunstzyklus des ♀ rd. 33 Tage. Tragzeit 154–185, meist 170–175 Tage. – **Ld** In Gefangenschaft bis 33 Jahre nachgewiesen.

Drill, *Papio (Mandrillus) leucophaeus* (F. Cuvier, 1807). E: Drill; F: Le Drill 49/1
Kn Gestalt ähnlich Mantelpavian (S. 266), jedoch Kopf im Verhältnis zum Körper 49/2
größer. Schwanz nur kurzer, spitzendiger, senkrecht getragener Stummel. Nasenflügel groß, aufrichtbar, Nasenrücken scharfgratig, beiderseits ein gleichlaufender Wangenwulst. Gesäßschwielen etwas länglich, verwachsen. Damm breit, nackt. Bei ♀ in Hochbrunst Gesäßhaut u. Kitzler stark geschwollen. Gb wie Steppenpavian (S. 264), P_1 jedoch erheblich länger. Daumen u. Großzehe abgespreizt, letztere sehr lang u. kräftig. ♂ mit lockerem Schnauzenbart, mit Kinnbart u. Schifferkrause, schmalem Stirnscheitelschopf u. Hals- u. Schultermähne. Beim ♂ Gesicht, Ohren u. Damm schwarz, Stirnscheitelschopf braunschwarz, Bärte, Schifferkrause u. Hinterohrfleck weiß, Unterlippe mit rotem Querstrich, Gesäßschwielen rosa, drumherum blauviolettes Feld. Körperoberseite olivbraungrau, -unterseite grauweiß. Hand- u. Fußflächen rotbraun. Brustmitte mit Büschel graubrauner Haare über Hautdrüse. Geschlechtsorgane u. Ohrrückseite rosa gefleckt. Beim ♀ Gesicht u. Ohren schwarz, Zitzenumgebung lila, Gesäßschwielen fleischfarben, Scheide u. Kitzler rötlich, Brunstschwellung rot. Oberseite grüngrau, Unter- u. Kopfseiten weißlich. Neugeborenes: Haut (Gesicht, Ohren, Hand-, Fußfläche) fleischfarben, Scheitel schwarz, Rücken, Arme u. Beine silbergrau, Flanken u. Schwanz grauweiß, Unter- u. Schultervorderseite spärlich weiß behaart. – **M&G** KR ♂ 75–90, ♀ 45–60; SL ♂ u. ♀ 6–12; KH ♂ 55–60, ♀ 45–50; G ♂ 15–20, ♀ 10–15. – **V** W-Afrika vom Cross-Fluß in SO-Nigeria ow durch M-Kamerun mit Fernando Poo, Gabun (außer N u. O), Kongo (Brazaville) u. Cabinda

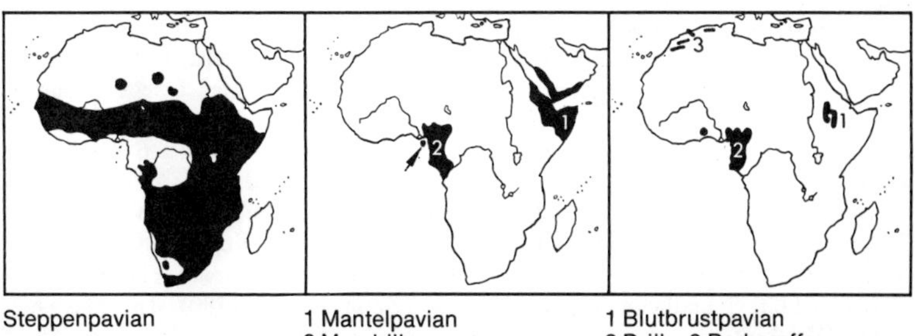

Steppenpavian — 1 Mantelpavian, 2 Mandrill — 1 Blutbrustpavian, 2 Drill 3 Berberaffe

sowie westlichstem Zaire sw bis Unterlauf des Kongo; nw bis rd. 7° n. Br., ow bis rd. 13–15° öl L. 3 UA.: 1. Nördlicher D., *mundamensis* Hilzheimer, 1906; nl Sanaga-Fluß. 2. Südlicher D., *leucophaeus* (F. Cuvier, 1807); übriges Festlandsvorkommen sl Sanaga-Fluß. 3. Fernando-Poo-D., *poënsis* (Zukowsky, 1922); Fernando Poo. – **Lr** Vorwiegend Regenwald mit wenig Bodenbewuchs, gelegentlich auch im Wald offeneren Felsgeländes, manchmal in Pflanzungen. Im Gebirge bis 1000 m. – **W** Nur wenige km^2 groß, darin langsames Umherziehen. – **Tt** Tags auf Nahrungssuche am Waldboden, nachts schlafend auf unteren Ästen der Waldbäume. Fortbewegung auf allen Vieren. Klettert geschickt. – **Kp** Wie Steppenpavian. – **Lt** Tiefes Grunzen, wird mehrmals wiederholt, nur wenn Trupp sich bewegt, dient Zusammenhalt. Schnelles Grunzen des Alt-♂ bei Verfolgen von Jungtieren, letztere kreischen dann. Eine

Art Krähruf des Alt-♂ zur Stimmfühlung bei größerem Abstand der Tiere (rd. alle 4 Min.) u. Wiedervereinigungen von Trupps. Scharfes »triiii« als Warn- u. Alarmruf. Lautes »err-err-err« als Verlassenheitsruf der Jungen. – **S** Wie Steppenpavian. – **Fd** Hauptfeind Leopard. – **N** Kleintiere (Spinnen, Schnecken, Würmer, Ameisen, Termiten, kleine Wirbeltiere) des Bodens, Gräser, Kräuter, Schößlinge, Wurzeln, Rinde, Knollen, Früchte. Hartfrüchte werden durch Zubodenschmettern geknackt. – **Gs** Familientrupps aus 1 Alt-♂, mehreren ♀♀ u. ihren Jungen, Truppgröße bis 20 Tiere. Überzählige geschlechtsreife ♂♂ als Einzelgänger. Vereinigung mehrerer Trupps zu Horden bis zu 200 Tieren, die sich bei Futtersuche aufspalten. Trupphüten durch Alt-♂ wie bei Mantelpavian. Drohen durch senkrechtes Kopf- u. Schulterrukken mit Anstarren, Maul geschlossen oder durch Astergreifen u. -schütteln. Freundlichkeitsbezeugung durch seitliches Kopfrucken mit Eckzahnentblößung. – **Fp** Junge in allen Jahreszeiten. Tragzeit 7 Monate. Begattung wie Steppenpavian. Je Geburt 1 Junges. Brunstzyklus des ♀ rd. 33 Tage. – **Gr** Wie Steppenpavian. – **Ld** In Gefangenschaft 28½ Jahre nachgewiesen.

49/3 **Mandrill,** *Papio (Mandrillus) sphinx* (Linné, 1758). E: Mandrill; F: Le Mandrill
Kn Gestalt, Größe u. Körperbau wie Drill (S. 267), jedoch Wangenwulste breiter u. längsgefurcht (beim ♂ bis 11 Furchen jederseits). ♂: obere Lider, Hinterohrfleck u. Schnauzenbart weißlich. Nasenrücken, Nüstern, Unterlippenquerstrich, Gesäßfläche oberhalb Schwielen u. Penis rot. Wangenwulste, untere Gesäßfläche u. Hoden blau. Kinn- u. Backenbart gelb-orange. Ohren rosa, Gesäßschwielen rosa bis violett. Stirnscheitelschopf, Schultern u. Oberarme braunschwarz. Wangen, Hals-, Schultermähne, Rücken, Flanken u. Gliedmaßenaußenseiten olivbraun. Unterseite grau mit gelblichem Anflug. Brusthaarbüschel weiß-schwarz gemischt. ♀: Gesicht schwärzlich, Nasenrücken nur etwas rot, Wangenwulste nur etwas bläulich. Gesäßfläche dunkelrot, Gesäßbacken violett, Brunstschwellung rosa mit violetten Flecken. Schwanzunterseite weiß. Körperoberseite dunkel-olivbraun, Unterseite heller, gräulich. Neugeborenes: Nackte Haut (Gesicht, Ohren, Gesäß, Hand- u. Fußflächen) fleischfarben. Körperoberseite dunkelolivbraun behaart, Unterseite nur spärlich blaß behaart. Wangen bereits gefurcht. Mit 11 Wochen vollbehaart im Farbton des ♀, nur Nase noch fleischfarben. ♂ erlangt volle Erwachsenenfarbe erst mit Gr (5–6 Jahren). – **M&G** KR ♂ 70–95, ♀ 55–70; SL ♂ u. ♀ 7–10; KH ♂ 55–60, ♀ 45–50; G ♂ 20–30, ♀ 10–15. – **V** Wie Drill, jedoch dazu abgelegenes Vorkommen öl des Volta-Flusses (Togo, Benin, SW-Nigeria) u. S-Grenze bei rd. 4° s. Br. (Kongo-Unterlauf nicht erreichend). Nicht auf Fernando Poo. 2 UA: 1. Nördlicher M., *sphinx* (Linné, 1758); nl Sanaga-Fluß. 2. Südlicher M., *madarogaster* (Zimmermann, 1780); sl Sanaga-Fluß. – **Lw** Wie Drill, Lr dichter Regen-, Sekundär- u. Bergwald, zur Trockenzeit in Pflanzungen. Schlafplatz in Baumkronen. Grunzen als Stimmfühlung u. bei Zufriedenheit, Schreie bei Erregung (hauptsächlich ♀♀ u. Junge). Geburten zu allen Jahreszeiten, in Gabun jedoch bevorzugt Dezember–Februar. Tragzeit 7½ Monate. – **Ld** In Gefangenschaft bis 46 Jahre nachgewiesen.

49/4 **Blutbrust-** oder **Nacktbrustpavian** oder **Dschelada,** *Papio (Theropithecus) gelada* (Rüppell, 1835). E: Gelada, Gelada Baboon; F: Le Gelada, Le Theropithèque
Kn Gestalt wie Mantelpavian, gedrungen, Schwanz mittellang, mit Endquaste, bogig getragen, ♂ mit langer Mähne. Schnauze hoch, vorn abgerundet, Nasenrücken konvex, jederseits von mehreren (5–6) feinen Wangenlängsfalten u. -furchen begleitet. Nasenlöcher klein, etwas aufwärts gestülpt, erreichen Schnauzenende nicht. Wangen unterhalb Falten grubig vertieft. Ohren klein, rundlich, Spitze angedeutet, nackt.

Hände, Füße u. Gb fast wie Mantelpavian. Gesäßfläche nackt, Gesäßschwielen getrennt, rundlich bis viereckig, beim ♂ quergeteilt. Nackte Hautfläche an Kehle, halbmondförmig, 2 solcher Flächen auf Brust, meist dreieckig, Spitzen oben, mit Kehlfläche schmal bis breit verbunden. 2 Zitzen, bei ♀ nebeneinander an Brustflächenmittelrand. Bei ♀ in Brunst Kehl-, Brust- u. obere Gesäßfläche perlenkettenartig mit Kranz heller Flüssigkeitsbläschen umsäumt. ♂ mit braunem bis hellgelbem Bakkenbart (Haare lang, sichelförmig rückwärts gerichtet), hell- bis schwarzbrauner oder teilweise schwarzer Nacken-, Hals- u. Schultermähne (Haare bis 40 cm). Gesicht nackt, rötlich oder dunkelbraun bis schwärzlich, obere Lider weiß. Übriger Körper grau- bis dunkelbraun, Armvorder-, Hand- u. Fußoberseiten braunschwarz, Schwanz braun, Quaste schwarz, Gesäßschwielen purpurgrau, Hoden, Kehl- u. Brustfläche rot. Brust u. Gliedmaßeninnenseiten weißgrau, Bauch blaßbraun, Hand- u. Fußsohlen schwarz. ♀ dunkelbraun (obere Lider weiß, nackte Kehl-, Brust- u. Gesäßflächen rot), unterseits grau. Neugeborene rauchgrau bis schwarz behaart, Mähnenausbildung u. Hautflächenausfärbung erst mit Gr. – **M&G** KR ♂ 70–75, ♀ 50–65; SL ♂ 45–55, ♀ 40–50; KH ♂ 55–65, ♀ 40–50; G ♂ 15–20, ♀ 10–15. – **V** M-Äthiopien, Gebirge um Tanasee, nw bis rd. 14° n. Br., sw bis rd. 9° n. Br. 2 UA: 1. Nördlicher B., *gelada* (Rüppell, 1835); Gebirge nl Tanasee. 2. Südlicher B., *obscurus* (Heuglin, 1863); Gebirge wl, öl u. sl Tanasee. – **Lr** Gebirge zwischen 2000 u. 5000 m, aufwärts bis alpine Matten, bevorzugt Schluchten u. Steilhänge am Rande grasiger Tafelflächen ohne Bäume u. mit nur wenigen Sträuchern. – **W** Eine Horde wandert tags 3–7 km am Tafelrand entlang. Kein ausgesprochenes Tr-Verhalten. – **Tt** Morgens vom Schlafplatz im Steilhang (Fels-, Grasbänder) aus auf Nahrungssuche auf Tafelmatten am Schluchtenrand (♀♀ u. Junge am Schluchtenrand, ♂♂ außen um sie herum). Flucht stets in Steilhang. Abends Rückkehr zum alten oder Aufsuchen neuen Schlafplatzes. – **Kp** Wie Mantelpavian. – **Lt** Grunzen bei Stimmfühlung u. Zufriedenheit. Sehr hoher, scharfer Bell-Laut Erwachsener bei Erregung. Keckern u. Kreischen bei Angst u. Wut; Kreischen, Jaulen u. Bellen bei sich jagenden Jungen, langgezogenes Klagen bei Verlassenheit, zweisilbiger Schrei bei Alarm, tiefes Grunzen des ♂beim Begatten. – **S** Seh- u. Hörvermögen sehr gut, Riechvermögen gut. – **Fd** Vielleicht Leopard, sonst nur Mensch. – **N** Gräser u. deren Samen, Früchte, Strauchblätter. Daneben Klein- besonders Kerbtiere. In Trockenzeit (September–Juni) auch Ausgraben von Wurzeln u. Knollen. Nahrung in Trockenzeit nährstoffarm, daher lange Freßzeiten. Gelegentlich angebaute Felder plündernd. – **Gs** Grundeinheit Familientrupp aus Alt-♂ mit mehreren ♀♀ u. Jungen, daneben Junggesellentrupps. Etliche Trupps bilden Horde (bis 300 Tiere u. mehr). Alt-♂ hält Familientrupp durch Laute, Mimik u. Gesten zusammen (Drohen: Augenbrauenheben, Kopfhautzurückschieben, Anstarren u. Maulöffnen). Begrüßung u. Freundlichkeitszeichen durch Oberlippehochklappen u. Sichtbarmachen der roten Schleimhaut. Gelegentliches Zusammentreffen mit Mantel- u. Anubispavianen ohne Feindseligkeiten, manchmal sogar tagsüber Hordenvermischung. – **Fp** ♀-Brunstzyklus 32–36 Tage, Begattung durch Alt-♂ (wie Steppenpavian). Tragzeit 147–192 Tage. Je Geburt 1 Junges, sehr selten 2. Setzzeit hauptsächlich Februar–April. Jungetragen wie bei Steppen- u. Mantelpavian. Säugezeit 1½–2 Jahre. 1. Hitze 1–2½ J. nach Gebären. – **Gr** ♀ 5, ♂ 6–7 Jahre. – **Ld** In Gefangenschaft 22 Jahre nachgewiesen.

Berberaffe oder **Magot,** *Macaca sylvanus* (Linné, 1758). E: Barbary Ape; F: Le Magot, Le Singe de Barbérie, Le Macaque de Barbérie 51/1

Kn Gedrungen, stämmig, schwanzlos. Kopf rund, Schnauze u. Hals kurz, Ohren klein rundlich, mit angedeuteter Spitze. Große Backentaschen. Arme etwas länger als

Beine. Daumen kurz, Großzehe etwas länger u. dicker, 3. Finger u. Zeh am längsten. Hand- u. Fußsohle nackt. Gb wie *Papio*, ♂ auch mit langen C, P_2 jedoch kürzer. ♂-Gesäßschwielen rundlich, um Unterrand etwas zusammenhängend, Hoden u. Penis ähnlich *Papio*, Penisknochen kurz u. dick. Kitzler etwas vorstehend. ♀-Gesäßschwielen schmal-rundlich, durch Scheide getrennt, Brunstschwellung der Gesäßfläche mäßig. Fell oberseits dicht, mit kurzer Unterwolle u. längeren harschen Grannen, Scheitelhaare etwas verlängert. ♂ mit buschigem Backen- u. kurzem Kinnbart. Unterseite spärlich behaart, bläuliche Haut durchscheinend, Arm- u. Beininnenseiten fleischfarben. Oberseite gelbbraun, Scheitel ocker, Hand- u. Fußoberseite braunschwarz. Unterseite gelbgrau bis gelbweiß. Gesäßfläche, Penis, Hoden, 2 Zitzen, Hand- u. Fußfläche rosa, Gesäßschwielen beim ♂ bräunlich, beim ♀ schiefergrau, Gesicht nackt, dunkelrosa. ♀ wie ♂, jedoch Scheitelhaare nicht verlängert. Neugeborenes oberseits dicht schwarz, unterseits nur spärlich behaart, Kinnbart angedeutet, Haut blaßrosa. Nach ½ Jahr Umfärbung in Erwachsenenfarbe. – **M&G** KR ♂ 65–75, ♀ 55–65; KH ♂ rd. 50, ♀ rd. 45; G ♂ 7–10, ♀ 4–7. – **V** Im Pleistozän in SW-Europa u. NW-Afrika. Vom europäischen Vorkommen heute nur noch Restbestand auf Gibraltar, wo seit englischer Besetzung (1704) von Zeit zu Zeit Ergänzung mit nordafrikanischen Tieren. In NW-Afrika in Libyen u. Tunesien ausgestorben, nur noch in Algerien im Bergland zwischen Algier u. Constantine u. in Marokko, im Er-Rif-Gebiet Spanisch-Marokkos u. im Mittleren u. Hohen Atlas, sw bis zum Sous-Fluß in SW-Marokko. Gesamtbestand nur noch 1200–2000, nimmt ständig ab infolge Lebensraumzerstörung. – **Lr** Flachland u. Gebirge bis 2000 m. Im Flachland als Felder- u. Gartenschädling stark verfolgt. Im Gebirge im Wald mit wenig Unterwuchs u. auf Lichtungen. Gern an u. auf Felsen u. in ihren Schluchten u. Höhlen. Wasser muß stets erreichbar sein. – **W** Jeder Trupp hat sein W mit bevorzugter Nahrungs- u. mehreren Schlafplätzen. W-Größe einige km^2. W benachbarter Trupps können sich überschneiden, in Trockenzeit gemeinsame Benutzung einer Tränke. Trupps friedlich zueinander. Bei Truppbegegnungen nehmen Alt-♂♂ zur gegenseitigen Beschwichtigung Kleinkinder mit. – **Tt** Schlafplätze auf Felsen, in Felshöhlen oder auf Bäumen. Schlafstellung Sitzen mit Kopf zwischen Knien oder auf Seite liegend. Fortbewegung auf allen Vieren, Aufrichten auf Hinterbeinen zum Erkunden. Springt u. klettert gut. Trupptagesstrecke ½–3 km. – **Kp** Wie *Papio*. – **Lt** Grunzen bei Zufriedenheit u. als Stimmfühlung. Schreien u. Kreischen bei Erregung (Angst, Wut). Junge keckern bei Unmut. – **S** Wie *Papio*. – **Fd** Früher Leopard (heute ausgerottet); Stein-, Kaiser-, Raubadler u. Uhu (heute selten). Wachen warnen vor Gefahr. Alt-♂♂ greifen Feind mutig an, töten z. B. Hunde. – **N** Gräser, Kräuter, Beeren, Früchte, Blätter, Triebe, Wurzeln, Knollen, Kerb- u. Spinnentiere. Garten- u. Feldfrüchte sehr beliebt. – **Gs** Trupps von 10–30 Tieren aus mehreren Alt-♂♂, ♀♀ u. Jungen, Alt-♂♂ unter sich friedlich (s. W.), auch freundlich zu Jungen, dürfen als einzige ersten 14 Tage Junge von ♀ übernehmen u. herumtragen, danach darf das auch 1 Jung-♂. Demuthaltung durch Vorderkörpersenken, Zähneentblößen u. hohes Schreien. Bei Wohlbefinden Zurückziehen der Mundwinkel u. Falten der unteren Lider. Zähneschnattern als Zeichen für Annähern zur Fellpflege u. ä. Angstgeschrei wird begleitet von schnellem Auf- u. Abbewegen des Unterkiefers. Andere Mimik u. Gesten ähnlich *Papio*. – **Fp** Begattung wie Steppenpavian. Brunstzyklus des ♀ ganzjährig, alle 27–33 Tage, Menstruation 3–4 Tage, Paarungszeit vorwiegend November–März Tragzeit rd. 7 Monate, Setzzeit nicht beschränkt, jedoch bevorzugt Mai–September, je Geburt 1 Junges, selten 2, G rd. 400. Tragweise wie *Papio*, Junges lernt bei Alt-♂ am 4.–8. Tag laufen u. Rückenreiten. Säugezeit 3, Schlafen bei Mutter 6 Monate, dann selbständig. – **Gr** 3–4 Jahre. – **Ld** In Gefangenschaft 20 Jahre u. mehr nachgewiesen.

Schopfmangabe, *Cercocebus aterrimus* (Oudemans, 1890). E: Black or Black-crested Mangabey, Congo Mangabey; F: Le Mangabé ou Cercocèbe noir 51/2
Kn Gestalt, Gebiß u. Körperbau wie Halsbandmangabe (S. 271). Scheitel mit hohem, spitzem Haarschopf. Langer nach hinten gerichteter Backenbart. Fell, Gesicht, Ohren, Hand- u. Fußflächen schwarz, Gesäßschwielen u. Geschlechtsorgane rosa. Neben jeder Gesäßschwiele kleiner farbloser Fleck. Junge schwarz, Fell noch weich, Schopf fehlt noch. Weißlinge verschiedener Ausprägung häufig. 2 UA: 1. Eigentliche S., *aterrimus* (Oudemans, 1890); Schopf hoch spitz, Spitze etwas nach vorn geneigt. Backenbarthaare nach vorn-, außen- u. aufwärts gerichtet. Backenbart u. Halsseiten sepia, Unterseite braunschwarz bis schwarz, sonst schwarz. 2. Opdenbosch-S., *opdenboschi* Schouteden, 1944. Schwarz. Schopf setzt bereits über Augenbrauen an, bildet leicht rückwärts geneigten Mittelkamm. Backenbart lang, aus- u. rückwärts gerichtet. – **M&G** KR 60–65, SL 80–85, G 4–11. – **V** Kongobecken sl Kongo-Fluß. 2 UA (s. Kn): 1. *aterrimus*, von Kasai-Einmündung in Kongo im W bis Kongo-Oberlauf (Lualaba) im O, S-Grenze um 5° s. Br. 2. *opdenboschi*, zwischen Kasai u. Kwango, sw bis N-Angola, S-Grenze um 9° s. Br. – **Lw** Rein baumlebender Urwaldbewohner. Lw u. Lt wie Mantelmangabe. Schwanz wird senkrecht oder im Bogen über Rücken getragen.

Halsband- oder **Rotkopfmangabe,** *Cercocebus torquatus* (Kerr, 1792). E: White-eyelid Mangabey; F: Le Mangabé ou Cercocèbe enfumé 51/3
Kn Schlank, Rücken gerade, Schwanz länger als KR. Schnauze mittellang, rundlich, tiefe Wangengruben, große Backentaschen. Gesicht u. Ohren nackt, letztere klein u. rundlich, Augen tiefliegend, kurze Nickhaut. Finger etwas kürzer als Handfläche, Daumen sehr kurz. Fuß lang u. schmal, Zehen kurz, 2. u. 3. am Grunde verwachsen, Großzehe sehr groß, weit abspreizbar. Kurze Spannhäute zwischen allen Fingern u. Zehen. Nägel schmal, nur an Daumen u. Großzehe breit. Gesäßschwielen als breiter,

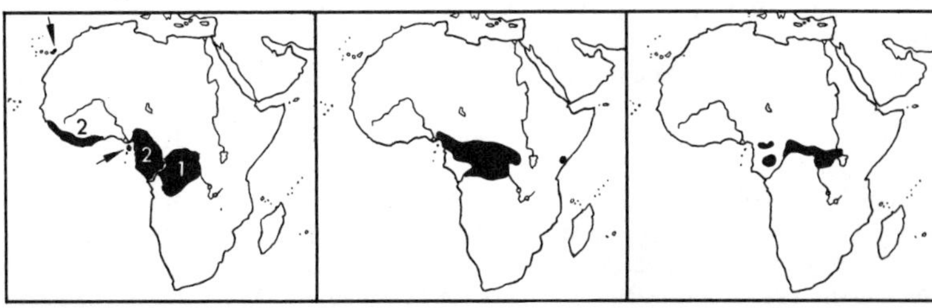

1 Schopfmangabe
2 Halsbandmangabe

Kappenmangabe

Mantelmangabe

nach oben offener Halbbogen, beim ♂ miteinander verwachsen, beim ♀ durch Scheide getrennt. Brunstschwellung der Gesäßfläche beim ♀ hoch, zweiteilig, oberer Teil um After rund, unterer um Scheide mehr rechteckig. Penis lang, hängend, mit Knochen, Hoden groß. Gb ähnlich Steppenpavian (S. 264), obere C sehr groß, obere I groß, schräg vorstehend, M vierhöckerig. Fell mittellang, seidig, Unterseite nur dünn behaart, rosa Haut durchscheinend. Kurze Schnurrhaare in 3 Reihen, Unterlippe u. Kinn mit kurzen Sinneshaaren. Schwanz kurzhaarig. 2 bruständige Zitzen, keine Hautdrüsenorgane. 3 UA: 1. Mohren- oder Rauchgraue M. (E: Sooty Mangabey, F: Le Mangabé enfumé ou fuligineux), *atys* (Audebert, 1797). Oberseite dunkel schiefergrau, Unterseite heller, oft dunkler Aalstrich, Unterarm- u. -schenkelvorderseite u. Schwanzoberseite schwarzgrau, Hand- u. Fußfläche schwarz, Gesicht, Gesäß mit Schwielen, Hoden u. Penis fleischfarben, Ohren grau, obere Lider weiß, Backenbart hellgrau, Schläfenstreifen u. Nackendreieck schwarz. Junge wie Erwachsene. 2. Weißscheitelm. (E: White-crowned Mangabey, F: Le Mangabé couronné), *lunulatus* (Temminck, 1853). Oberseite hell schiefergrau, dunkler Aalstrich, Unterseite weiß, scharfe Grenze zwischen Ober- u. Unterseitenfarbe. Scheitel schwarzbraun, hinten gelbweiß bis weiß, schwarzes Schläfenband vorhanden oder fehlend. Junge oberseits gelbrötlich überhaucht, Scheitel rostfarben. 3. Halsband- oder Rotkopfm. (E: White-collared oder Cherry-crowned Mangabey, F: Le Mangabé à collier blanc ou couronné), *torquatus* (Kerr, 1792). Oberseite wie *atys*, Unterseite wie *lunulatus*, Schwanz fast schwarz mit weißer Spitze. Arme u. Beine nach unten zu dunkler. Scheitel schokoladenbraun, Backenbart weißgrau, schmaler Schläfenstreifen u. breites Halsband weiß. Gesicht u. Ohren schwarz, oberes Lid weiß, Gesäßschwielen fleischfarben. Junges ohne Kappe, erscheint erst nach einigen Monaten. – **M&G** KR ♂ 47–67, ♀ 46–59; SL ♂ 52–79, ♀ 40–65; KH ♂ 40–45, ♀ 38–42; G ♂ 7–12,5, ♀ 4,5–7. – **V** W-Afrika von S-Guinea bis Kongoflußmündung: 1. *atys*: S-Guinea bis Sassandra-Fluß, W-Elfenbeinküste. 2. *lunulatus*: Sassandra-Fluß bis Afram- u. Volta-Fluß, O-Ghana. 3. *torquatus*: Cross-Fluß (SO-Nigeria) bis Ubangi- u. Kongo-Fluß bis Kongomündung (N-Grenze zwischen 7° u. 5° n. Br.). – **Lr** Primär-, Sekundär-, Sumpfwald, Palmsümpfe, Reisfelder, Pflanzungen und Gärten in Waldnähe. – **W** Jeder Trupp hat W mit ständig wieder aufgesuchten Schlafbäumen und Nahrungsplätzen. W der einzelnen Trupps können sich überschneiden (W-Größe einige km^2, genauere Angaben fehlen), Lärm der Trupps läßt jedoch unmittelbares Zusammentreffen vermeiden. – **Tt** Am Tage (auch über Mittag), in Morgen- u. Abenddämmerung. Sehr lebhaft u. neugierig. Fortbewegung auf allen Vieren mit vollem Aufsetzen der Hände. Schwanz wird spitzwinklig über Rücken getragen, weiße Spitze bei *torquatus* wichtiges Signal für Artgenossen u. je nach Höhe über Kopf Stimmungsausdruck. Bei Astsitzen schlingt sich Schwanz herum, ist jedoch kein richtiger Greifschwanz. Fortbewegung auf Boden u. Bäumen, auf letzteren in niederen Stockwerken. – **Kp** Fellpflege wie *Papio*. – **Lt** Grunzen, Schnattern, Schreien, Bellen u. kollerndes Schreien. Grunzen als Stimmfühlung u. bei Auffallendem. Schnattern »tschoa-tschoa-tschoa« bei Alarm. Schreien u. Bellen bei Kampf u. Verfolgung, ♂ hat Kehlsack als Tonverstärker, Angreifer bellt, Angegriffener schreit. Abgehacktes Bellen u. kollerndes Schreien als Tr-Markierung des Alt-♂, aber auch der übrigen Truppmitglieder. Gesten u. Mimik: Anstarren, Gähnen, Lidklappern u. Zähneblecken. – **S** Sehvermögen sehr gut (scharfes Sehen auch im Dämmerlicht, farbtüchtig), Hörvermögen sehr gut, Riechvermögen gut. – **Fd** Leopard, Adler, Großeulen für Junge. Bei Gefahr Verstummen, Ruhigverhalten, Beobachten, wenn Flucht, dann baumabwärts zu Boden u. dort möglichst in einen Sumpf. – **N** Hauptsächlich Früchte u. Nüsse, auch Kokosnüsse (Gebiß stark zum Nüsse- u. Fruchtkernknacken), daneben Blätter u. Triebe, gern Feldfrüchte (auch Erdnüsse). – **Gs** In Trupps von rd. 12–20 Tieren, mit 2–3 Alt-♂♂, einer Reihe geschlechtsreifer ♀♀ u. Jungen verschiedenen Alters. Truppleben ziemlich friedlich, Alt-♂♂ zu Jungen freundlich. Öfter Vergesellung mit Meerkatzen (*cephus, nictitans, pogonias*, seltener *talapoin*). – **Fp** Keine festgelegte Fp-Zeit. ♀ Zyklus 24–46, ∅ 33 Tage. Begattung wie *Papio*. Tragzeit 7 Monate. Je Geburt 1 Junges (s. Kn). Junges hält sich zuerst an Bauch des ♀ fest, ringelt dabei seinen Schwanz um dessen. Genauere Einzelheiten der Jugendentwicklung nicht bekannt. – **Ld** In Gefangenschaft über 20 Jahre festgestellt.

51/4 **Kappen-** oder **Haubenmangabe,** *Cercocebus galeritus* Peters, 1879. E: Crested Mangabey; F: Le Mangabé ou Cercocèbe à crête

Kn Gestalt, Gebiß u. Körperbau wie Halsbandmangabe (S. 271). 3 UA: 1. Tana-M.

(E: Tana-River-Mangabey, F: Le Cercocèbe de la fleuve Tana), *galeritus* Peters, 1879. Fell mittellang, etwas harsch. Oberseitenhaare geringelt, Gesamteindruck gelblich-braun-oliv. Scheitel mit Matte flacher Haare, die von Mittelwirbel ausstrahlen u. Ohren fast ganz bedecken. Unterarme schwarzbraun, Gesicht u. Ohren blauschwarz. Wangen, Kehle u. Unterseite gelbweiß. ♀ wie ♂, jedoch Nacken u. Schultern blasser mit ungeringelten Haaren. Jugendkleid nicht bekannt. 2. Olivm. (E: Olive or Agile Mangabey, F: Le Cercocèbe agile), *agilis* Rivière, 1886. Fell etwas kürzer als bei *galeritus*, Backenbart kurz, nur Vorderscheitel mit Haarwirbel. Oberseite dunkelgrau-braun bis dunkeloliv, goldgelb gestichelt. Hände, Hand-, Fußflächen, Gesicht u. Ohren schwarz, Füße braun. Obere Lider weißlich, Gesäßschwielen fleischfarben. Unterseite grauweiß, am Bauch braunrot überhaucht, durchscheinende Haut gelb-braun. ♀ wie ♂. Junges wie ♀, Fell dünner, blasser, weicher, Scheitel rötlich überhaucht. *Galeritus* u. *agilis* farblich abändernd, vereinzelt Weißlinge. 3. Goldbauchm. (E: Golden bellied Mangabey, F.: Le Mangabé à ventre doré), *chrysogaster* Lydekker, 1900. ♂ sehr kräftig. Keine Scheitelkappe. Obere Lider weißlich, Backenbart gold-gelb. Scheitel, Nacken, Rücken goldbraun, schwarz gestichelt (Gesamteindruck etwas grünlich). Arme u. Beine dunkler als Rücken. Hand-, Fuß- u. Schwanzrücken braun-schwarz. Unterseite ab Kinn goldocker. Gesäßschwielen rosa, Penis scharlachrot, Hoden blau. ♀ wie ♂, Zitzen korallenrot. Jugendkleid nicht bekannt. – **M&G** KR ♂ 51–65, ♀ 44–55; SL ♂ 56–79, ♀ 45–70; KH ♂ 40–45, ♀ 37–42; G ♂ 7–13, ♀ 4,5–7. – **V** Mittelafrikanischer Regenwald von SO-Nigeria bis Mobuto-(Albert-)See u. in O-Kenia. 3 UA (s. Kn): 1. *galeritus*: Galeriewald am rd. 75 km langen Tana-Fluß-Unterlauf in O-Kenia. War stark bedroht, jetzt eigenes »Tana River Primate Reserve« (175 km^2). 2. *agilis*: Urwaldgürtel von SO-Nigeria (öl Cross-Fluß) bis Mobuto-(Albert-)See zwischen rd. 5° n. Br. u. 1° s. Br. im W u. 2° n. Br. im O. 3. *chrysogaster*: Urwaldgebiet sl Kongo-Fluß, sw bis Lukenie-, ow bis Lomami-Fluß. – **Lr** Regen-, Galerie-, Sumpfwald, gern an Flußläufen, im Bergland bis 1000 m u. mehr aufwärts. – **Lw** Einzelheiten wenig bekannt, ähnlich Rotkopfmangabe (Truppgröße u. Zusammensetzung, Tätigkeitszeiten, Bodenaufenthalt, Fliehweise, Schlafplatzwahl, Lautgebung). – **N** Blätter, Triebe, Früchte, Kerbtiere, Feld- u. Gartenfrüchte. Schwanz wird meist bogenförmig nach hinten getragen, von *agilis* manchmal schrägwinklig über Rücken, von *chrysogaster* manchmal senkrecht u. oben eingebogen (henkelartig). In Gabun Hauptsetzzeit Dezember–Februar.

Mantel- oder **Grauwangenmangabe,** *Cercocebus albigena* (Gray, 1850). E: Cloaked Mangabey; F: Le Mangabé à gorge blanche 51/5

Kn Gestalt, Gebiß u. Körperbau wie Halsbandmangabe (S. 271). Fell etwas lang u. rauh. Hinterschädel mit schräg rückwärts gerichtetem Haarschopf. Augenbrauen stark, Nacken-, Hals-, Brust- u. Schulterhaare zu kurzem (10–15 cm) Mantel verlängert. Schwanz lang, Haare ziemlich lang zottelig u. flaschenbürstenartig abstehend, der Spitze zu kürzer werdend. Gesicht nackt bis Ohren. Gesicht, Ohren, Hand-, Fußflächen u. Hoden schwarz, Gesäßschwielen, Penis u. Brunstschwellung der Gesäßhaut rosa-fleischfarben. Brüste u. Zitzen des säugenden ♀ lang. Gesamtfärbung schwarz, weiße Oberlider fehlen, je nach UA graue oder sepiafarbene Stellen. Weißlinge kommen gelegentlich vor. 3 UA: 1. Grauwangenm. (E: Grey-cheeked Mangabey, F: Le Mangabé à joues grises), *albigena* (Gray, 1850). Kehle grauweiß, Unterseite rauchgrau, Unterarme braun, Mähne u. Wangenrand grau. 2. Zenker-M. (E: Zenker's Mangabey, F: Le Mangabé de Zenker), *zenkeri* Schwarz, 1910. Mantel lang, braun-grau, Scheitelschopf braun, Unterarme grau. 3. Johnston-M. (E: Johnston's Mangabey, F: Le Mangabé de Johnston), *johnstoni* (Lydekker, 1900), Scheitelschopf bis 10 cm. Mantel mittelbraun bis dunkelsepia, manchmal Unterseite sepia. – ♀ wie ♂. Junges: Nackte Stellen fleischfarben. Fell schwarz, Unterseite spärlich behaart. Scheitelschopf u. Mantel nur angedeutet. Bei *johnstoni* erscheinen sepiafarbene Stellen nach einigen Monaten. – **M&G** KR ♂ 54–73, ♀ 44–61; SL ♂ 73–100, ♀ 73–93; KH ♂ 40–45, ♀ 38–43; G ♂ 6–11, ♀ 4–7. – **V** Ähnlich Kappenmangabe. Mittelafrik. Regenwald von M-Kamerun bis W-Uganda. 3 UA (s. Kn): 1. *albigena*: S-Gabun u. W-Kongo (Braz.). 2. *zenkeri*: M-Kamerun. 3. *johnstoni:* N-Zaire zw. Ubangi- u. Uelle-Fluß im N u. Kongo-Fluß im S., sw im O bis 3° s. Br., ow bis Kioga- u. Victoriasee. – **Lr** Primär-, Sekundärwald, dichter lianendurchwachsener Wald, Sumpfwald, Flußnähe bevorzugt. Nur gelegentlich einmal in Pflanzungen. Im Gebirge bis 1500 m. – **W** Größe je Trupp rd. 100–200 ha. In günstigem Gelände 80–150 Tiere je km^2. Benachbarte Trupps halten durch Lautgebung Abstand. Kürzere jahreszeitliche Wanderungen nach Plätzen mit jeweils reifenden Früchten. – **Tt** Wie Rotkopfmangabe, Freßzeiten frühmorgens, mittags u. spätnachmittags bis Abend. Schlafplatz 15–20 m hoch im Geäst. Rein baumlebend, selten am Boden. Beim Sitzen Vorstrecken der Beine. Beim Stehen u. Gehen Schwanz senkrecht, oben leicht nach vorn gebogen, sonst abwärts gehalten. Schwanz greift im Geäst um Zweige (halb greifschwanzartig), wird an Griffstellen kahl. – **Kp** Gegenseitige Fellpflege. – **Lt** Lautreich, Verbindunghalten u. Verständigung durch Lt. Grunzen bei Ungewohntem u. als Stimmfühlung. »Hon-hon« oft wiederholt als Warnruf des Alt-♂ bei Gefahr. Abgehacktes Bellen mit tiefem Kichern endend als Tr-Markierung des Alt-♂, aber auch der übrigen Truppmitglieder. Außerdem Bellen, Schreien u. Kreischen bei Auseinandersetzungen. Mimik u. Gesten: Anstarren mit gehobenen Brauen, Gähnen u. Schmatzen als Drohung, Hinternpräsentieren bei geducktem Vorderkörper als Beschwichtigung u. Unterwerfung. – **S** Wie Rotkopfmangabe. – **Fd** Leopard, Goldkatze, Kronenadler. Flucht in dichtes Laubwerk u. höchste Baumkronen unter lautem Rufen. – **N** Früchte, Nüsse, harte Fruchtkerne, Blätter, Knospen, Rinde, Kerbtierlarven in morschem Holz. – **Gs** In Trupps von 10–30 Tieren, bei kleinen Trupps 1, bei großen 2–3 Alt-♂♂, Rest ♀♀ u. Junge. Erwachsene zu Vertretern eigenen Geschlechts weniger duldsam, meist Paarbildung, keine feste Rangordnung, Alt-♂ zu ♀♀ u. kleinen Jungen freundlich. Jung-♂♂ bilden kleine Gruppen im Trupp. Drohen durch Anstarren u. Gähnen, Unterwürfigkeitsbezeugung durch Kopfschütteln u. Zähneblecken. Oft in Gesellschaft mit Meerkatzen. – **Fp** Meist keine festgelegte Fp-Zeit, in Gabun Hauptsetzzeit Dezember–Februar. Begattung wie *Papio.* ♀-Zyklus 30 Tage, darin stärkste Schwellung 8./10.–13./15. Tag. Tragzeit 174–180 Tage. Junges klammert sich an ♀-Brustfell fest, klettert mit 2 Monaten auf ♀-Rücken. Säugezeit 8–10 Monate. – **Gr** ♀ rd. 4, ♂ rd. 5 Jahre. – **Ld** In Gefangenschaft über 20 Jahre nachgewiesen.

Meerkatzen, Cercopithecinae

KR 30–90 cm, langschwänzig. Kopf rund, Schnauze kurz, Ohren nackt, mittelgroß, Augen eng beieinander, Backentaschen vorhanden. Beine meist etwas länger als Arme. Fell dicht, weich, nur Augen- u. Nasengegend nackt. Kranz-, Backen-, Schnurr- u. Kinnbärte verschiedenster Ausbildung, sowie oft bunte Färbung, auch von Penis u. Hoden, vorhanden. Gesellige Lauf- u. Springkletterer, nur Husarenaffe ausgesprochener Bodenläufer. Pflanzenfresser mit manchmal Kleintierbeikost. Afrika südlich Sahara mit Fernando Poo u. Sansibar. 4 Gattungen mit zusammen 18 Arten.

Zwergmeerkatze, *Miopithecus talapoin* (Schreber, 1774). E: Dwarf Guenon, Talapoin; F: Le Talapoin, Le Singe des paletuviers, Le Singe mélarhine 52/5

Kn Gestalt klein, etwa eichhörnchengroß. Kopf rund, im Verhältnis zum Körper groß, Schnauze kurz, Beine länger als Arme, Schwanz länger als KR. Ohren rund, groß. Augen groß, mit kleiner Nickhaut. Backentaschen klein. Handfläche schlank, Finger mittellang, Daumen kurz, Fuß lang u. schmal, Zehen ziemlich kurz, Großzehe kurz, tief angesetzt, wie Daumen weit abspreizbar. Nägel schmal, gewölbt, am 1. Strahl kurz u. breit. Hoden groß, nackt, Penis hängend, mit großer Eichel, Gesäßschwielen klein, oval, Kitzler groß, rundlich, vorstehend, in Brunst Anschwellen des nackten schmalen Dammgebietes von Schwanzunterseite über After bis Scheide u. Kitzler, Scheide am meisten. 2 brustständige Zitzen. Gb: Zahnzahl wie *Papio,* I kräftig, obere schräg vorstehend, P_1 kurz, M vier-, nur M^3 dreihöckerig. Gesicht um Augen weißlich, Maul gelblich, Nase etwas mit kurzen, schwarzen Haaren oder ganze Nase, Zwischen- u. Unteraugenfeld schwarz. Ohren fleischfarben oder schwarz, Damm violett oder grau, Hoden bläulich, Penis purpur, Gesäßschwielen graurosa, Nägel, Hand u. Fußflächen farblos. Backenbart goldgelb, rückwärts oder abwärts, z. T. vor Ohr radiär gerichtet, z. T. Ohr verdeckend, Oberrand mit schmalem schwarzen Schläfenband. Oberseite (Scheitel, Nacken, Rücken, Flanken) olivgelb, Rückenmitte dunkler (Einzelhaarwurzel grau, -mitte gelb, -spitze schwarz), Beinaußen-, Hand- u. Fußoberseiten goldgelb, Schwanz oberseits olivgelb oder aschgrau, Spitze dunkler oder gelb oder 1. Drittel schwarzbraun u. Rest braun, unterseits gelb bis goldgelb. Unterseite weiß, z. T. gelb überhaucht. ♀ blasser als ♂, Junges wie ♀, manchmal Gesäßschwielen schwärzlich. – **M&G** KR ♂ 30–40, ♀ 25–37; SL ♂ 36–53, ♀ 26–46; G ♂ 1,2–1,9, ♀ 0,8–1,2. – **V** Mittelafrikanischer Regenwald von S-Kamerun bis M-Angola u. am Ruwenzori.

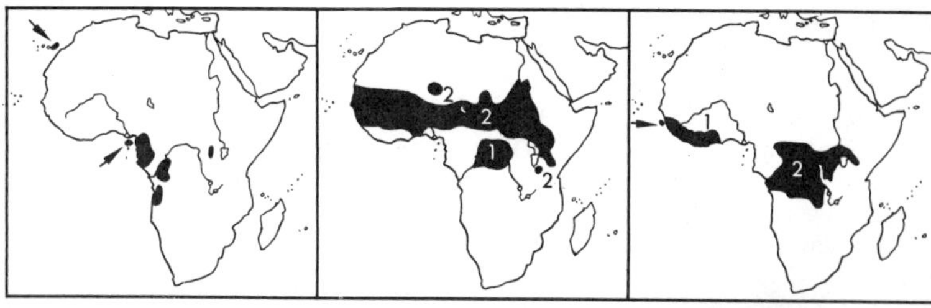

Zwergmeerkatze — 1 Sumpfmeerkatze, 2 Husarenaffe — 1 Helle Weißnase, 2 Kongo-Weißnase

4 UA: 1. Gabun-Z., *talapoin* (Schreber, 1774); Kamerun sl Sanaga-Fluß sw bis S-Gabun, ow etwa bis O-Grenze Kameruns u. Gabuns. Eingeführt auf Fernando Poo u. Kanarischen Inseln. 2. Zaire-Z., *vleeschowersi* Poll, 1940; S-Ufer des Kongo-Unterlaufs in W-Zaire zw. Kongo-, Kasai- u. Kwango-Fluß, sw bis Angola-Grenze. 3. Angola-Z., *ansorgei* Pocock, 1907; NW-Angola, sw bis rd. 12s. Br., ow bis rd. 15° öl. L. 4. Ruwenzori-Z., *pilettei* Lönnberg, 1919. Zaire-seitiger Hang des Ruwenzori in 2500 m Höhe. Bisher nur 1 Exemplar bekannt. – **Lr** Sumpfwald, Überschwemmungswald, Mangroven, Flußuferwald, Sekundärwald, oft in Nähe menschlicher Siedlungen (Pflanzungen, Gärten), stets in Wassernähe. – **W** Je Trupp rd. $^1/_2$ Dutzend km², feste Wechsel durch Bäume u. Schlafplätze in Büschen oder Mangroven. Benachbarte Trupps friedlich zueinander. – **Tt** Tags, Freßzeiten frühmorgens u. nachmittags, geschicktes Laufen u. Klettern, Bewegung oft ruckweise. Bei großer Gefahr Fallenlassen in Wasser u. forttauchend. Sitzen aufrecht. Freiwilliges Schwimmen und

Tauchen beim Spiel. – **Kp** Fellpflege (auch gegenseitig) wie *Papio*, Kratzen mit Hand oder Fuß. – **Lt** Ziemlich schweigsam, schwaches »ti-ti-ti« bei Erschrecken, scharfes, häufiges »tscherrk« als Alarmruf, »oakh« bei Beunruhigung, kurzer Ruf bei Ortsveränderung zum Truppzusammenhalt, langer abends am Schlafplatz u. bei Verlassensein, ♀ gibt scharfen Laut bei Begattung. – **S** Seh- u. Hörvermögen sehr gut, Riechvermögen mäßig. – **Fd** Leopard, Goldkatze, Ginsterkatzen, Großgreifvögel, Großschlangen, Nilwaran. – **N** Blätter, Samen, Früchte, Wasserpflanzen, Kerbtiere, Larven, Eier, kleine Wirbeltiere; gerne in Pflanzungen, aber scheu u. schwer zu fangen (in Gabun u. Rio Muni daher Landplage), beliebt sind in Wasser zum Auslaugen gelegte Maniokknollen. Weiche Früchte werden beidhändig auf Unterlage gerollt u. so entsaftet, um Kerne besser fressen zu können. – **Gs** In Familientrupps von 12–20, manchmal mehrere Trupps zu Horden von 60–80 vereinigt, am Schlafplatz Gruppierung in Familien (♀mit kleinen u. größeren Jungen). Öfter in Gesellschaft von Blaumaul- u. Monameerkatzen. Keine straffe Rangordnung. Imponierhaltung: Vorderkörper niedergeduckt hin u. her, auf- u. abschwingend; Drohhaltung ebenso mit Maulaufreißen; bei Angriffslust mit Schwanzende wie Katze zuckend. – **Fp** Paarungszeit Mai–September, Tragzeit 6½ Monate, Setzzeit November–März, je Geburt 1 behaartes u. sehendes Junges. Geburts-G 150–175, G mit 1 Mon. 200–220. ♀-Brunstzyklus 27–43, Menstruation 1–4 Tage. Begattung wie Steppenpavian, jedoch ¼–½ Std. Vorspiel mit Jagen u. Beriechen. Junges entwickelt sich schnell, sieht ab 3. Tag nach außen u. mustert Umwelt, verläßt mit 2 Wochen erstmalig ♀-Körper, frißt mit 3 W.1. Festnahrung, ab 6. W. fast nur noch solche (Säugezeit 4–5 Monate), ist mit 3 Mon. weitgehend selbständig u. schließt sich als ♂ mit rd. 6 M. Jung-♂♂-Trupps an. – **Ld** In Gefangenschaft 28 Jahre nachgewiesen.

52/2 **Sumpfmeerkatze,** *Allenopithecus nigroviridis* (Pocock, 1907). E: Swamp Guenon, Blackish-green Guenon, Allen's Baboon-like Monkey, Allen's Monkey; F: Cercopithèque noir et vert

Kn Makakenartig untersetzt, mittelgroß, kräftig, Arme, Beine u. Schwanz ziemlich kurz, letzterer nur etwas länger als KR, an Wurzel verdickt, etwas steif. Kopf rund, Schnauze makakenartig vorspringend, mit Backentaschen. Ohr rund, mit kurzer Spitze. Augen mit Nickhaut. Handfläche u. Finger mittellang, Daumen kurz, abspreizbar. Fuß lang u. schmal, Großzehe tief angesetzt, groß, weit abspreizbar, Zehen mäßig lang. Kurze Spannhäute zwischen 2.–5. Strahl. Nägel schmal, gewölbt, am 1. Strahl kurzbreit. Gesäßschwielen länglich, bei ♂ sich fast oder ganz berührend, darüber Gewebskissen, das bei ♀ in Brunst anschwillt. Hoden groß, nackt, Penis mit großer Eichel, Kitzler klein, 2 engstehende Zitzen. Gb ähnlich *Papio*, P_1 jedoch kurzkronig. Fell etwas rauh oberseits, unterseits weicher u. dünner. Gesicht, Ohren, Hoden u. Gesäßfläche nackt, erstere beide u. Hand- u. Fußflächen dunkel graubraun, Lider hell, Gesäßkissen rosig-rot, Gesäßschwielen hornfarben, Hoden hellblau, Penis purpur. Kinn weißgrau, Backenbart grau, oben schwarz begrenzt, rückwärts gerichtet, mit senkrechtem Mittelkamm. Augenbrauen schwarz. Oberseite dunkelolivgrün (Einzelhaar dunkel mit 2 goldgelben Ringen), Unterseite von Kinn bis Bauch weißgrau, Bauchrand rötlich überflogen, Brustfleck mit weißen steifen Haaren (über Hautdrüse). Flanken etwas heller, Schenkel etwas goldener als Rücken. Schwanz oben u. unten wie Rumpf. Neugeborenes wie Erwachsene, nur Vorderscheitel weißgrau u. Gesamtfellton etwas gelblicher, Haar seidig, Schwanzspitze schwarz, scharfe Trennlinie zwischen Flanken u. Bauchhaar. Nach 10 Wochen Wechsel zur vollen Erwachsenenfarbe beendet. – **M&G** KR ♂ 45–50, ♀ 40–45; SL ♂ 50–55, ♀ 45–50; G 2,5–5. – **V** Öl Kongo-Brazaville u. M- u. N-Zaire zw. Kongo-, Ubangi- u. Uelle-Fluß im N u. Kasai-,

Fini- u. Lukeni-Fluß im S, O-Grenze zwischen 26 u. 27° öl L. Keine UA. – **Lw** Wenig bekannt. In Trupps. Klettert, läuft u. schwimmt sehr gut. Frißt Blätter, Früchte, Nüsse, aber auch Schnecken, Kleinkrebse u. -fische, Kerbtiere. Je Geburt 1 vollbehaartes Junges (s. Kn), klammert sich an ♀-Bauchhaar, verläßt mit 2 Wochen erstmals Mutterkörper kurzfristig, frißt mit 5 Wochen 1. Festnahrung, wird nach 2½ Monaten entwöhnt. Geburts-G rd. 200, -KR u. -SL rd. 15. ♂ ist zu Jungen freundlich. – **Ld** In Gefangenschaft 15 Jahre nachgewiesen.

Husarenaffe, *Erythrocebus patas* (Schreber, 1775). E: Patas Monkey, Red Guenon, Dancing Red Monkey, Hussar Monkey; F: Le Singe rouge, Le Singe pleureur, Le Patas, Le Nisnas 52/1

Kn Sehr schlank, langgliedrig u. -schwänzig. Kopf rund, Schnauze kurzrundlich, starke Augenbrauen, Augen tiefliegend, eng beieinander. Nase schmal u. flach, Ohren klein, rundlich, hochsitzend. Hände länger als breit, Finger kürzer als Handfläche, Füße lang u. schmal, Zehen ziemlich kurz. Daumen u. Großzehe sehr kurz, erreichen knapp Ansatz des 2. Strahls. Nägel länglich, an Daumen u. Großzehe breit, Gesäßschwielen oval, Hoden nackt, Penis hängend, mit großer Eichel. Scheide u. Kitzler klein. Gb wie *Cercocebus.* Fell rauhhaarig, Augenbrauen stark verlängert, Nase kurz behaart, Gesicht u. Ohren nackt, rosa. Kräftiger rückwärts gerichteter Backenbart. Schwanz kurzhaarig. Gesäßschwielen gelb- bis grauweiß. Hoden blaßblau, Penis rosa. An Unterseite scheint bläuliche Haut durch spärliche Behaarung. Augenbrauen schwarz, als Band zum Ohr fortgesetzt. Nasenhaare schwarz (*patas, villiersi*) oder weiß (*pyrronotus, baumstarki*). Backenbart grauweiß bis gelbweiß, -vorderrand schwarz (*patas, vielliersi*) oder weiß (*pyrronotus, baumstarki*). Scheitel vorn rotorange, hinten braunrot, schwarzbraunes Band trennt Vorder- von Hinterscheitel (*pyrronotus*) oder nicht (übrige UA). Nacken u. Schultern rotgrau (*pyrronotus*), eisengrau (*patas, villiersi*) oder grauweiß (*baumstarki*). Übrige Oberseite ziegelrot, Unterseite, -arme u. -schenkel grau- bis gelbweiß. Schwanz oben rötlich, unten gelbweiß bis weiß. Junges: zuerst dunkelbraun, später Kopf u. Oberarme dunkelgrau, übrige Oberseite gelblich, Unterseite grauweiß, Haut scheint bläulich durch, Gesäßschwielen dunkelblau. – **M&G** KR ♂ 60–75, ♀ 50–60; SL ♂ 62–74, ♀ 50–60; G ♂ 7,5–13, ♀ 4–7,5. ♂ fast doppelt so groß u. schwer wie ♀. – **V** Geographischer Sudan von Senegal u. Mauretanien bis Nil u. Atbara im O; N-Grenze zwischen 18° u. 15° n. Br., S-Grenze in W u. M um 10° n. Br., in O um 8° s. Br. 4 UA: 1. Westafrikanischer H., *patas* (Schreber, 1775); geogr. Sudan wie Art bis W-Kordofan, N-Grenze wie Art, S-Grenze N-Rand des Guinea- u. Mittelafrik. Regenwaldes. 2. Air-H., *villiersi* Dekeyser, 1950; Air-Massifgebiet, Niger. 3. Nil-H. oder Nisnas, *pyrronotus* (Hemprich & Ehrenberg, 1829); W-Kordofan bis Nil u. Atbara, sw im W bis Uelle-Fluß, im O am W-Rand Äthiopiens bis M-Kenia. 4. Ikoma-H., *baumstarki* Matschie, 1905; N-Tansania sl Victoriasee, S-Grenze um 8° s. Br. – **Lr** Hochgrasgelände (Savanne, Flußufer); manchmal am Rande von Waldstücken zum Schlafen oder Trinken, manchmal auf Felsplateaus (*villiersi*) auch im Felsgelände, manchmal in Siedlungsnähe auf Feldern. Nicht wasserscheu, da in Regenzeit Gelände oft weithin überschwemmt. – **W** Je Trupp rd. 20–30, manchmal bis 80 km², darin ständig umherziehend (Tagesstrecke ½–12 km). W benachbarter Trupps überschneiden sich kaum. – **Tt** Hauptsächlich morgens u. spätnachmittags, in Mittagshitze dichtbeieinander ruhend. Nachts zum Schlafen auf Bäumen (gern am Waldrand), weit (bis auf 400 m) verteilt. Morgens sich zu gemeinsamer Futtersuche im Grasland sammelnd. Bei Futtersuche hält stets ein älteres Tier auf Termitenhaufen oder Baum Wache u. warnt vor Gefahr, dann Flucht mit Alt-♂ als Nachhut. Bei großer Gefahr werden noch langsame Junge im hohen

Gras versteckt, später wieder abgeholt. Hohe Laufgeschwindigkeit (bis 50 km/Std.). Schwanz wird im Bogen über Rücken getragen, Füße ganz, Hände halb aufgesetzt. Klettert gut, doch werden Bäume nur zum Wachen u. Ruhen aufgesucht. Aufrichten auf Hinterbeine zum Erkunden, zweibeiniges Laufen bei Nahrungtragen mit Händen, Aufrechtsitzen mit Stützen auf Schwanz. Bei Erregung Prellsprünge, schaukelartig abwechselnd auf Händen u. Füßen landend. – **Kp** Eigene u. gegenseitige Fellpflege mit Fingern, Lippen u. Zähnen. Wo Hände nicht hinreichen, Kratzen mit Zehen. – **Lt** In der Wildbahn schweigsam u. meiste Laute bei geschlossenem Maul. Erstaunen: »ooo-ooo-ooo«; Furcht: schrille Schreie; Angst: knalliges »aa-aa-aa«; Freude: Zwitschern u. Pfeifen; Zufriedenheit: langer u. zitternder, auf- u. abschwingender Ton; Stimmfühlung leises »muu«. Junges hat Wunschlaut »oä«, schreit u. keckert bei Unbehagen u. Angst. Warnen: hoher Bell-Laut; Drohen des Alt-♂ Bellreihe. Gesten: bei Angst Brauenheben u. Mundwinkelherabziehen, Furcht: Eckzähne zeigen u. Knurren, stärkere Furcht: Niederducken u. Ohrenanlegen u. ev. Ohroberendesenken, Drohen: Kinnheben, Maulaufreißen, Körperversteifen u. Händeaufschlagen. – **S** Seh- u. Hörvermögen sehr gut, Riechvermögen leidlich gut. – **Fd** Gepard, Leopard, Hyänen, Hyänenhund (ersterer u. letzterer im Husarenaffengebiet weitgehend ausgerottet), Kronenadler. – **N** Früchte, Samen, Blätter, Triebe, Wurzeln, Erdnüsse aus Pflanzungen, Kerbtiere, kleine Eidechsen u. Vögel, Eier, mineralhaltige Erde. Trinkbedürfnis gering. – **Gs** In Trupps mit 1 Alt-♂ u. bis zu 1 Dutzend ♀♀ u. deren Junge, meist 6–20, manchmal bis 30 Tiere, manchmal mehrere Trupps an einer Wasserstelle vereinigt. Trupps halten sonst Abstand, große vertreiben kleine. Alt-♂ erkundet bei Umherziehen des Trupps neues Gelände (Vorhut), deckt Trupp im bekannten Gelände (Nachhut), wacht abseits, wenn Trupp sich zur Nahrungssuche zerstreut u. lenkt Feindangriff von ♀♀ u. Jungen ab, indem es sich stellt u. Feind schnell entflieht. Alt-♂ also ständig am Rande des Trupps, eigentliche Trupp-Führung durch ranghöchstes Alt-♀. Überzählige ♂♂ in eigenen Trupps oder einzeln, da Alt-♂ Gr-erreichende Jung-♂♂ vertreibt. – **Fp** Paarungszeit in Uganda Juli–August. ♀ ohne Brunstschwellung, Brunstzyklus 30 Tage, ♀ bietet Hintern an, bläst Backen auf u. Luft zischend ab; nur Alt-♂ begattet, Begattung stehend von hinten, ♂ mit Füßen auf Boden. Hauptsetzzeit Dezember–Februar. Tragzeit rd. 170 Tage. Je Geburt 1 Junges (KR 21–25, SL 24–27), das sich an Brust-Bauchfell des ♀ festhält u. bereits mit 2 Wochen anfängt, Umgebung um Mutter zu erkunden, jedoch 3 Monate am Bauch getragen wird, danach 1. Festnahrung. – **Gr** ♀ 3, ♂ 3½ Jahre. – **Ld** In Gefangenschaft 20 Jahre nachgewiesen.

Eigentliche Meerkatzen, *Cercopithecus.* E: Guenons; F: Cercopithèques
Kn Schlank, Schwanz länger als KR, Beine länger als Arme. Kopf rund, Schnauze kurz u. rund. Ohren klein rund, nackt. Backentaschen mittelgroß. Zitzen, Hand, Fuß u. Gb wie *Miopithecus,* nur P_1 ähnlich *Papio.* Hoden nackt, Penis hängend, mit Knochen u. großer Eichel, Kitzler klein, ♀ ohne Brunstschwellung des Gesäßes. Gesäßschwielen klein, rundlichoval bis birnförmig. Hautdrüsenorgane fehlen. Fell dicht u. glatt, öfter Backen- und/oder Vollbart. Einzelhaar helldunkel geringelt (agoutifarbig). 15 Arten nur in Afrika sl Sahara, davon 14 waldbewohnende in Lebensweise ähnlich (Waldmeerkatzen), 1 Art in Savanne u. Steppe.

Lebensweise der Waldmeerkatzen

Lr Tropischer Waldgürtel. Meist baumlebend, außer *l'hoesti* selten am Boden. Im Wald in allen Stockwerken, z. B. *erythrotis, nictitans, mitis* u. *diana* im Oberstock, *cephus, petaurista, pogonias* u. *wolfi* im Unterstock, *mona* im Unter- u. Mittelstock. Ferner in allen Waldformen, z. B. *cephus* u. *mona* im Primär-, Sekundär- u. Galeriewald, *mitis, nictitans, pogonias, wolfi* u. *diana* im Primärwald, *ascanius* im Sekundärwald, *l'hoesti* im Bergwald, *neglectus* (wie *Alleno-* u. *Miopithecus*) in Sumpfwald u. Mangrove, in letzterer auch *mona.* Im Gebirge bis 4000 m u. mehr. – **Tr** Jeder Familientrupp seßhaft in $^1/_2$–2 km^2 großen Gebiet mit festen Wechseln, Schlaf- u. Nahrungsplätzen. Alt-♂ markiert Tr durch Rufe, benachbarte Trupps halten Abstand von meist 200–1000 m, sind sich meist feindlich. – **Tt** Tags, von Sonnenaufgang bis 9–10^h 1. Nahrungssuche, dann ruhiger, ab 15–16^h bis Sonnenuntergang 2. Nahrungssuche. Nur *hamlyni* scheint auch nachts tätig zu sein. – **Kp** Fellpflege (auch gegenseitig) mit Fingern, Zähnen, Lippen, ferner Kratzen mit Hand u. Fuß. Kein Lecken außer Trockenlecken des Neugeborenen. – **Lt** Gellen, Bellen, Krächzen, Kichern, Zwitschern, Tschippen, Tschirren u. a. je nach Art u. Stimmung. Kleiner Kehlsack zur Lautverstärkung bei ♂ u. ♀ vorhanden. Alt-♂-Tr-Markierungsruf artlich verschieden, dient auch Truppzusammenhalt. – **S** Seh- u. Hörvermögen sehr gut (Farbensehen), Riechvermögen mäßig. – **Fd** Kronenadler, Python, manchmal Leopard u. Goldkatze. Warnrufe stoßen meist ♀♀ u. Jungtiere, seltener Alt-♂ aus. Feinde werden bedroht mit Geschrei, Schwanzheben, Kopfniederducken, Zweigeschütteln oder -werfen u. mit Harn- u. Kotfallenlassen. Kleinkinder im auffälligen 1. Jugendkleid werden heftig verteidigt (bei Muttertod auch adoptiert), was mit Wechsel zum 2. Jugendkleid (zwischen 2. u. 4. Monat) aufhört. – **N** Blätter, Triebe, Früchte, Blüten, Beeren, Samen, Baumsäfte, gelegentlich Kerbtiere. Feld- u. Pflanzungsfrüchte werden gern gefressen, dazu oft Vereinigung mehrerer Trupps zu Horden (100–200 Tiere), die großen Schaden anrichten. Trinken wegen saftiger Nahrung nicht nötig. – **Gs** In Familientrupps aus 1 Alt-♂, einigen ♀♀ u. Jungen (6–10, bei *ascanius* bis 15, bei *erythrotis* bis 30), bei *neglectus* u. *l'hoesti* nur 1 ♂, 1 ♀ u. 1–2 Junge. Keine strenge Rangordnung. Trupp ist feste Schlafgemeinschaft. Tags manchmal mehrere Trupps als Horden in Pflanzungen einfallend (s. N). Im Primärwald häufiger Vergesellung mehrerer Arten zu Mischtrupps, die oft monatelang bestehen (z. B. *cephus* mit *nictitans* und/oder *mona, mona* mit *nictitans*) u. besseren Schutz vor allem gegen Kronenadler gewähren (mehr Augen, höhere, den Angreifer verwirrende Individuenzahl). Auch Vergesellung mit Mangaben u. Stummelaffen kommen vor. Neben Familientrupps oft Einzelgänger (♂ oder ♀, gesund, nicht vom Trupp verstoßen). Zur Verständigung neben Lauten auch Mimik u. Gesten (Augenbrauenbewegen, Kopfwerfen oder -schütteln, Maulaufreißen beim Drohen u. a.). – **Fp** Fp-Zeit nicht beschränkt. Begattung auf Schlafbaum, meist nachts, selten tags, ohne Vorspiel, Art wie Steppenpavian. ♀-Brunstzyklus rd. 30 Tage, keine Monatsblutung. Tragzeit 7–7$^1/_2$ Monate. Je Geburt 1 behaartes u. sehendes Junges, selten 2. ♀ frißt Nachgeburt u. leckt Junges trocken, dieses hält sich an ♀-Bauchhaar fest, durch ♀-Hand unterstützt. Geburts-G rd. 300. Haarkleid s. Fd. 1. Gehen mit 1, Laufen u. Klettern mit 4 Wochen, 1. Festnahrung mit 2, Entwöhnung u. Selbständigwerden mit 6 Monaten. – **Gr** Mit 2–3$^1/_4$ Jahren. – **Ld** In Gefangenschaft bis 31 Jahre nachgewiesen.

Helle oder **Kleine Weißnase,** *Cercopithecus petaurista* (Schreber, 1775). E: Lesser White-nosed Monkey or Guenon; F: Le Hocheur blanc-nez, Le Pétauriste 52/3

Kn Ziemlich klein mit rückwärts gerichtetem Backenbart. ♂: Gesicht, Ohren u. Hoden bläulich, Schnauze rosa, Hände u. Füße schwarz. Schwarzer Augenbrauen-Stirnstreifen bis Ohren u. weiter bis Nacken, wo sich beide Seiten vereinigen (bei *büttikoferi* nur bis Ohren). Von schwarzem Augenbrauenstreifen Abzweigung auf Nasenmittelrücken u. um Augenunterrand, bei *büttikoferi* oberhalb schwarzen Randes

Meerkatzenköpfe in Vorderansicht zum Aufzeigen ihrer Verschiedenartigkeit in der Kopf- und Gesichtshaarbildung und Zeichnung 1 Monameerkatze, *Cercopithecus mona* 2 Kronenmeerkatze, *Cercopithecus pogonias* 3 Große Weißnase, *Cercopithecus nictitans* 4 Blaumaulmeerkatze, *Cercopithecus cephus* 5 Eulenkopfmeerkatze, *Cercopithecus hamlyni* 6 Büttikofers Kleine Weißnase, *Cercopithecus petaurista büttikoferi* 7 Brazza-Meerkatze, *Cercopithecus neglectus* 8 Gelbgrünmeerkatze, *Cercopithecus aethiops sabaeus* 9 Tantalusmeerkatze, *Cercopithecus aethiops tantalus* 10 Südafrika-Grünmeerkatze, *Cercopithecus aethiops pygerythrus* 11 Malbrouck-Grünmeerkatze, *Cercopithecus aethiops cynosurus* 12 Äthiopien-Grünmeerkatze, *Cercopithecus aethiops aethiops*

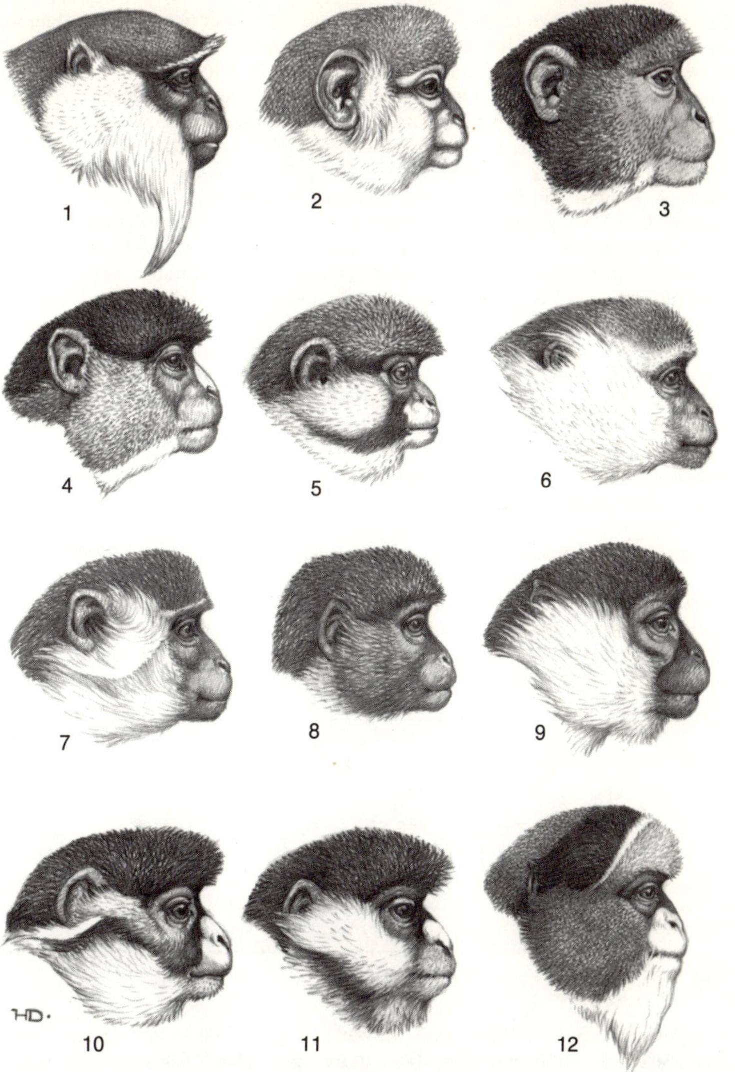

Meerkatzenköpfe in Seitenansicht zum Aufzeigen ihrer Verschiedenartigkeit in der Kopf- und Gesichtshaarbildung und Zeichnung 1 Dianameerkatze, *Cercopithecus diana* 2 Zwergmeerkatze, *Miopithecus talapoin* 3 Silbermeerkatze, *Cercopithecus mitis doggetti* 4 Martins Große Weißnase, *Cercopithecus nictitans martini* 5 Rotnase, *Cercopithecus erythrotis* 6 Tantalusmeerkatze, *Cercopithecus aethiops tantalus* 7 Gelbgrünmeerkatze, *Cercopithecus aethiops sabaeus* 8 Sumpfmeerkatze, *Allenopithecus nigroviridis* 9 Vollbartmeerkatze, *Cercopithecus l'hoesti* 10 Büttikofers Kleine Weißnase, *Cercopithecus petaurista büttikoferi* 11 Schmidt-Weißnase, *Cercopithecus ascanius schmidti* 12 Brazza-Meerkatze, *Cercopithecus neglectus*

gelbe Halbmondfläche unter Auge. Vordernase mehr oder minder herzförmig weiß, Backenbart u. Körperunterseite weiß, bei Unterseite bläuliche Haut durchscheinend. Schwarzer Backenbartunterrand bis Ohr, letzteres im unteren Teil von Backenbart verdeckt. Körperoberseite dunkel grünlich, z. T. bräunlich überflogen. Unterarme außen schwarz. Schwanz oben bräunlich, Spitze schwarz, Unterseite weißlich. ♀ wie ♂. Jugendkleid blasser, sonst wie Erwachsenenkleid. – **M&G** KR ♂ 44–48, ♀ 40–44; SL ♂ 60–68, ♀ 57–66; G ♂ 2,5–3,5, ♀ 2–3,1. – **V** Regenwald (Oberguineawald) W-Afrikas von Guinea Bissau (Cassamanca-Fluß) bis O-Ghana. 2 UA: 1. Eigentliche Kl. W., *petaurista* (Schreber, 1775); Cassamanca- bis Sassandra-Fluß (wl Elfenbeinküste). Auch auf Insel Bubaque des Bissago-(Bijagos)Archipels vor der Küste Guinea-Bissaus. 2. Büttikofers Kl. W., *büttikoferi* Jentink, 1886; Sassandra-Fluß bis O-Ghana. – **Lw** Lr Sekundärwald, Sumpfwald, Küstenbusch, Jungwald, Waldlichtungen mit dichtem Unterwuchs, Waldränder, Gehölze u. Dickungen in Feuchtsavanne. Aufenthalt im Walduntergeschoß. Reichhaltige Speisekarte an Pflanzenteilen u. -arten. Klettert u. springt schnell u. gewandt. Schwanz wird waagerecht mit nach unten abgebogenem Ende getragen. In Wildbahn ziemlich schweigsam, jedoch lautreich. Alt-♂-Tr-Ruf »kijurr-kijurr-kijurr«, abgehackt, oft wiederholt. Imponier- u. Drohhaltung: Vorderkörper niedergeduckt, Arme weit gespreizt, schnelles Auf- u. Abbewegen des Kopfes, um weißen Nasenfleck zur Geltung zu bringen; Maulaufreißen u. abgehackter Tschirr-Laut.

52/4 **Blaumaul-** oder **Schnurrbartmeerkatze,** *Cercopithecus cephus* (Linné, 1758). E: Moustached Monkey, Moustached Gueonon; F: Le Moustac

Kn Mittelgroß. Buschiger, nach unten u. hinten gerichteter Backenbart, oft auffälliges Haarbüschel am Ohr. ♂: Gesicht blaugrau bis violett, Oberlippe weißbläulich bis hellblau, schwarzer Haarsaum am Unterrand, setzt sich fort zu schwarzem Wangenfleck u. Streifen bis unter Ohr. Ohrrand schwarz, Muschel blau, Ohrhaarbüschel gelb

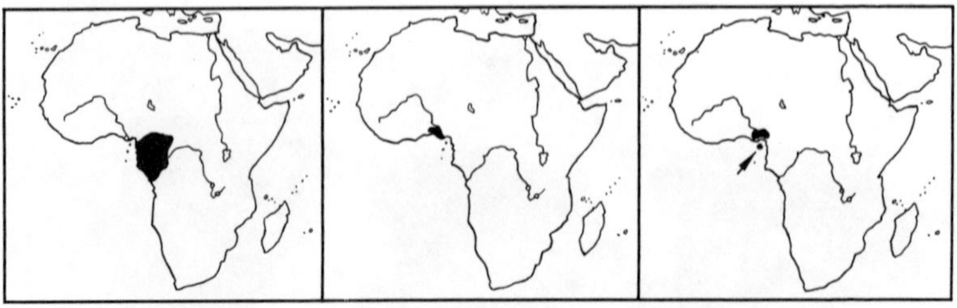

Blaumaulmeerkatze — Rotbauchmeerkatze — Rotnase

bis gelbweiß, Backenbart dottergelb. Schwarzer Stirnstreifen bis Ohr. Oberseite grünbraun, Scheitel etwas heller, Beinaußenseiten dunkler, Hände u. Füße schwarz. Unterseite aschgrau. Schwanz kupferrot (*cephus*) oder oben olivbraun, unten graugelb (*cephodes*). Gesäßschwielen schwarz, Damm u. Hoden himmelblau, Penisschaft kobaltblau, Eichel braunschwarz. ♀ wie ♂, Damm purpur. 1. Jugendkleid nicht bekannt. – **M&G** KR ♂ 50–58, ♀ 44–50; SL ♂ 70–99, ♀ 66–80; G ♂ 4–5, ♀ 3–4. – **V** S-Kamerun, Rio Muni, Gabun u. Republik Kongo (Brazaville), N-Grenze Sanga-Fluß, O- u. S-Grenze Ubangi- u. Kongounterlauf. 2 UA: 1. Rotschwanz-Bl., *cephus* (Linné, 1758); Gabun sl Ogawe-Fluß. 2. Grauschwanz-Bl., *cephodes* Pocock, 1917; übrige Verbreitung. – **Lw** In Primär-, Sekundär- u. Galeriewald, weitgehend an

Vorkommen der Ölpalme (*Elaeis*), deren Früchte lebenswichtig, gebunden. Da sehr neugierig, gern am Waldrand u. an Waldstraßen. Aufenthalt im dichten Blätterdach. Springt bis 20 m weit von Baum zu Baum. Je Trupp 6–10 Tiere. Tiere ziehen auf festen Astwechseln im Gänsemarsch. ♂-Tr-Ruf scharfes, oft wiederholtes »hohon«, ♀-Warnruf »ke-ke«, Angstkeckern »ke-ke-ke« u. Angstpfeifen, sowie »karaon« u. »miak-miak« (Bedeutung?) stoßen beide Geschlechter aus. Weißhaubennashornvogel (*Tropicranus albocristatus*) oft als Begleiter u. Nutznießer der Blaumaul-Futtersuche. Vergesellung mit *Cercopithecus nictitans* u. *mona* nicht selten. In Gabun Hauptsetzzeit Dezember–Februar.

Kongo-Weißnase, *Cercopithecus ascanius* (Audebert, 1799). E: Black-cheeked White-nosed Monkey; F: Le Cercopithèque ascagne, L'Ascagne 54/3 54/4

Kn Mittelgroß. 5 UA: 1. Schwarzbacken-W. (E: Black-cheeked White-nosed Monkey), *ascanius* (Audebert, 1799). ♂: Gesicht bläulich, Nasenfleck herzförmig, weiß, Schnurrbart schwarz, Backenbart weiß, Unterrand breit, schwarz, verschmälert fortgesetzt bis Ohr, Stirnstreif schmal, schwarz, Haarwirbel unter Ohr gelb, Ohr fleischfarben. Körperoberseite dunkeloliv mit rötlichem Überhauch, Unterschenkel, Füße u. Hände schwarz. Körperunterseite weiß. Schwanzwurzel körperfarbig, restlicher Schwanz rot. Hoden u. Damm blau, Penis blaugrau. ♀ wie ♂. 2. Katanga-W. (E: Katanga B.-c. W.-n. Monkey), *katangae* Lönnberg, 1919. ♂: Schwarzes Stirnband fehlt, schwarzes Wangenband anfangs sehr breit, dann plötzlich sehr schmal. Nasenfleck unten weiß, oben gelb überhaucht. Scheitel gelbbraun, übrige Oberseite rotbraun überflogen, Unterarme u. Hände schwarz, Unterschenkel u. Füße grauschwarz. Unterseite weiß. Schwanz anfangs körperfarbig, dann schwarz. ♀ wie ♂. – 3. Gelbnase (E: Yellow-nosed Monkey, Whiteside's Guenon), *whitesidei* Thomas, 1909. ♂: Oberseite braunoliv, Unterseite gelbweiß, Unterarme, -schenkel, Hände u. Füße grauschwarz, Schwanz vierfarbig (Anfang rückenfarbig, Mitte dunkelbraun, Ende rot, Spitze schwarz). Stirnband fehlt, Wangenband schmal, Nasenfleck u. Unterohrhaarwirbel orangerot. ♀ wie ♂. 4. Schwarznase (E: Black-nosed Monkey), *atrinasus* Machado, 1965. ♂: Stirnband, breites Wangenband u. Nasenfleck schwarz, Augenumgebung hellblau, Unterohrhaarbüschel orange, Oberseite olivgrüngrau, Gliedmaßenunterteil schwarz, Unterseite grau, Schwanzanfang körperfarbig, Mitte rotbraun, Ende dunkelbraun, Spitze schwärzlich. ♀ wie ♂. 5. Schmidt-W. (E: Schmidt's Monkey, Uganda Red-tailed Guenon), *schmidti* Matschie, 1892. ♂: Oberseite sehr dunkelbraunoliv, Gliedmaßenunterteile schwarz, Unterseite grau, Schwanzwurzel körperfarben, übriger Schwanz rotbraun. Ohroberrand mit kleinem weißen Haarbüschel, Nasenfleck weiß, Wangenbart zwischen schwarzem Stirn- u. Wangenband grauweiß, Schnauze rosa, Gesicht bläulich. Hoden u. Penis wie 1. Gebirgstiere mit dichterem u. längerem Fell u. bis Nacken verlängertem Stirnband. ♀ wie ♂. 1. Jugendkleid weich, einheitlich dunkelgrau, Rücken dunkler, Scheitel u. Aalstrich schwarz, Unterseite u. Wangen heller, Schwanz dunkelgrau, etwas gelb gestichelt, Nasenfleck angedeutet. Umfärbung beginnt mit 3 Wochen, mit 3 Monaten vollendet, Junges dann wie Erwachsene, nur etwas blasser u. stumpfer. – **M&G** KR ♂ 43–63, ♀ 34–49; SL ♂ 60–92, ♀ 54–79; G ♂ 3,2–14, ♀ 1,8–8,5. – **V** Zaire (außer nl Kongomündung, SO-Katanga u. N-Zaire nl Kongo- u. Telz-Fluß), N-Angola sw bis 9° s. Br. im W u. 11° im O, Uganda, SW-Kenia. 5 UA (s. Kn): 1. *ascanius*, N-Angola u. W-Zaire, ow bis Kasai-Fluß. 2. *katangae*, Katanga ow bis Lualaba, S-Grenze um 11° s. Br. 3. *whitesidei*, N- u. O-Zaire (s. Art). 4. *atrinasus*, mittleres N-Angola u. benachbartes Zaire (Verbreitungsgebiet klein). 5. *schmidti*, Bergland wl N-Tanganjika- bis Idi Amin-(Eduard-)See, Uganda, SW-Kenia. – **Lr** Sekundär-, Galerie-, Sumpf-, Bergwald, Waldränder, Waldlichtungen, dichter Busch. Im Wald im Mittel-, manchmal im Oberstock. – **N** Blätter, Triebe, Blüten, Früchte, Baumsaft, gern in Pflanzungen (nebenbei Ameisen u. Grashüpfer), je Mahlzeit ½–1 kg. – **Gs** In Familientrupps (1 Alt-♂, 1–2 ♀♀ mit Jungen) als Schlafgemeinschaft. Trupp-W rd. 130 ha (in Uganda), darin umherziehend u. Schlafbäume wechselnd. Einzelgänger nicht selten. An günstigen Nahrungsplätzen mehrere Trupps, in Pflanzungen zu Horden bis 200 Tiere. Friedlich, kaum ernsthafte Kämpfe. Drohen: Niederducken des Vorderkörpers, schnelles Kopf-Aufundabbewegen, dazu abgehacktes Tschirpen. Oft tags Vergesellung mit *Cercopithecus mona, mitis, albigularis* u. *aethiops, Cercocebus albigena, Colobus polykomos, guereza* u. *badius.* Weißhaubennashornvogel (*Tropicranus albocristatus*) u. Turakos oft als Begleiter. – **Lt** Tschirpen (♀♀ u. Junge bei Alarm), Zwitschern (Junge bei Unterwerfung u. Beschwichtigung), ♀ lockt Junges mit hellem Pfeifen, Junges schreit bei Angst. Alt-♂-Warnruf knalliges Husten, – Tr-Markierungs- u. Zusammenhalteruf meist oft wiederholtes »heck«, auch abends. Bei Truppbewegung Grunzen. – **Fd** Kronenadler, Leopard. Wo viel vom Menschen bejagt, heimliches Verschwinden, sonst bei Alarm prasselnde Flucht durch Laubwerk, manchmal auch am Boden. – **Fp** In O-Afrika Geburtenhäufung Dezember–April. Geburts-G rd. 230, 1. Gehen mit 1 Woche, 1. Festnahrung mit 2, Entwöhnung, Milchgebißvollständigkeit u. Selbständigwerden mit 6 Monaten. Junges hält sich erste 5 M. auch mit Schwanz fest.

54/5 **Rotbauchmeerkatze,** *Cercopithecus erythrogaster* Gray, 1866. E: Red-bellied Guenon or Monkey, Jentink's Guenon; F: Le Cercopithèque à ventre rouge, Le Hocheur à ventre rouge
Kn Größe wie Kleine Weißnase (*petaurista*). ♂: Augenumgebung blau, Schnauze graurosa, oberer Nasenrücken schwarz, untere Nase weiß oder schwarz, Wangenrandstreifen von Mundwinkel bis Ohr unten schwarz, oben grau. Scheitel goldgrün, schwarzes Stirnband breit bis Nacken, dort Vereinigung beider Seiten. Backenbart (rückwärts gerichtet) u. Kehle weiß oder weißgelb, Vorderbrust, Arm- u. Beininnenseiten grauweiß, Brust u. Bauch rostrot, manchmal (individuell) grau. Oberseite olivbraun, Arme nach Händen zu schwarz werdend, Hände u. Füße schwarz. Schwanz oberseits wie Rücken, am Ende dunkler, unten grauweiß, Ober- u. Unterseite scharf getrennt. ♀ wie ♂, nur Arme u. Beine grau u. Unterseite grauweiß. Junges: Nase schwarz, färbt meist in Weiß um. – **M&G** KR rd. 45, SL rd. 60, G rd. 2–3. – **V** W-Afrika, vermutlich SW-Nigeria, jedoch nicht erwiesen, da bisher nur einige Stück aus dem Handel bekannt sind. – **Lw** Unbekannt.

54/1 **Rotnase** oder **Rotohrmeerkatze,** *Cercopithecus erythrotis* (Waterhouse, 1838). E: Red-eared Monkey, Red-nosed Monkey or Guenon; F: Le Moustac à oreilles rousses, Le Hocheur roux nez. Wird von manchen Forschern als UA von *cephus* angesehen.
Kn Größe wie Kleine Weißnase (*petaurista*). ♂: Augenumgebung blau, Schnauze rosa, Kinn u. Kehle weiß, bei *camerunensis* grauweiß. Nasenfleck dreieckig, ziegelrot, bei *sclateri* weiß. Backenbart weißlichgelblich, bei *camerunensis* gelb. Stirnschläfenband u. Backenbartunterrand schwarz. Ohr rosa, Haarbüschel davor rot, bei *sclateri* weiß. Körperoberseite dunkelolivgrün, bei *camerunensis* Hände u. Füße schwarz, bei *sclateri* Kruppe rotbraun, Unterarm u. Hände schwarz, Unterschenkel grau. Unterseite grauweiß, Damm u. Hoden rot, Penis rosa, Scheide blau, Gesäßschwielen braun. Schwanz rot, oben mit schwarzer Mittellinie, bei *camerunensis* letztere kurz, bei *sclateri* Ober- u. Unterseite scharf getrennt, Oberseite erst rot, dann gelb, Ende grauschwarz, Spitze schwarz, Unterseite erst rot, dann grau. ♀ wie ♂. 1. Jugendkleid unbekannt. – **M&G** KR ♂ 45–55, ♀ 40–45; SL ♂ 56–77, ♀ 46–65; G ♂ 3–4,25, ♀ 2,25–3,5.

– **V** Fernando Poo u. angrenzendes Festland. 3 UA: 1. Fernando-Poo-R. (E: Fernando-Po Red-eared Guenon), *erythrotis* (Waterhouse, 1838); Fernando Poo. 2. Kamerun-R. (E: Cameroon Red-eared Guenon), *camerunensis* Hayman, 1940; nl Kamerun etwa zwischen Sanga- u. Benue-Fluß, doch genaue Verbreitung unbekannt. 3. Nigeria-R. (E: Sclater's White-nosed Monkey), *sclateri* Pocock, 1904; S-Nigeria: Nigerdelta und Umgebung und Niger-Unterlauf ungefähr bis Benue-Einmündung. – **Lw** Lr Regen-, Galerie-, Bergwald (bis obere Waldgrenze um 2400 m), Waldränder, Waldinseln vor Hauptwald. Trupps aus 4–30 Tieren mit 1 Alt-♂. – **Ld** In Gefangenschaft bis 18½ Jahre nachgewiesen.

Dunkle oder **Große Weißnase,** *Cercopithecus nictitans* (Linné, 1766). E: Greater 54/2
White-nosed Monkey or Guenon, Putty-nosed Monkey, Hocheur Monkey; F: Le Hocheur, Le Cercopithèque hocheur, La Guenon à nez blanc prominent

Kn Groß, kräftig. 3 UA: 1. Eigentliche G. W. (E: Greater-White-nosed Monkey), *nictitans* (Linné, 1766); Gesicht grauschwarz, ovaler Nasenfleck weiß, Oberlider fleischfarben, Backenbart (rückwärts gerichtet), Oberkopf u. Körperoberseite dunkelolivgrün. Stirn-Schläfenband, Arme, Hände, Beine, Füße, Schwanz u. Gesäßschwielen schwarz, Kinn u. Kehle hellgrau, übrige Unterseite schwarz. 2. Martins G. W. (E: Martin's White-nosed Monkey, Ludic Monkey), *martini* Waterhouse, 1838: wie 1, jedoch Körper etwas rötlich überhaucht, Arme, Hände u. Füße schwarz, Beine schwärzlich-oliv, Kinn, Kehle, Brust u. Arminnenseiten weißgrau, grauschwarzes Querband zwischen Kehle u. Brust, Bauch u. Beininnenseiten rauchgrau. 3. Stampflis G. W. (E: Stampfli's Guenon), *stampflii* Jentink, 1888; wie 1, Stirn, Wangen u. Flanken etwas rötlich überflogen. Kinn, Kehle, Brust, Arminnenseiten weiß. Jugendkleid der Art verwaschener, Nasenfleck kaum angedeutet. – **M&G** KR ♂ 55–70, ♀ 43–53; SL ♂ 95–100, ♀ 56–72; G ♂ 5,5–8, ♀ 2,7–4,1. – **V** Ober- u. Niederguinea-Wald. 1. *nictitans*: Vom Unter- u. Mittellauf des Kongo nw bis Zentralafrik. Republik,

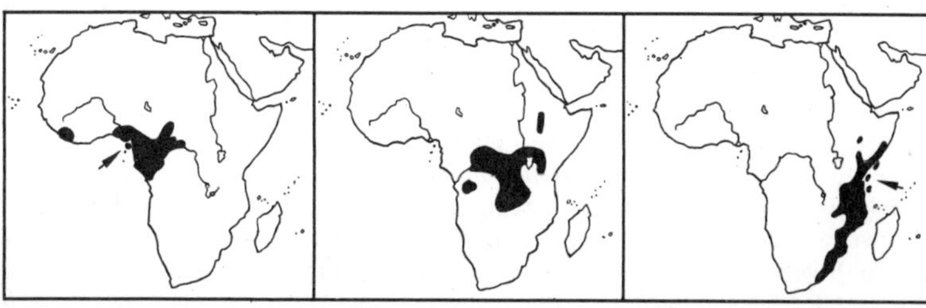

Dunkle Weißnase Diademmeerkatze Weißkehlmeerkatze

SW-Tschad u. N-Kamerun, mittleres Ubangital im O u. Benuetal im W. N-Grenze um 10° n. Br., östlichster Punkt um 22° öl L. 2. *martini*: Fernando Poo u. angrenzendes W-Kamerun (O-Grenze um 10° öl L.) u. S-Nigeria bis Benin (N-Grenze um 8° n. Br.). 3. *stampflii*: Elfenbeinküste ww ab Bandama-Fluß u. Liberia. – **Lr** Für *nictitans* Sekundär- u. Buschwald, für *martini* Sekundärwald, Buschwald, Hochwald, Bergwald u. seine Inseln nl Waldblock, für *stampflii* Oberstock des Primärwaldes. Trupp-W überschneiden sich nicht, Trupps halten Abstand. – **Tt** morgens bis gegen 10^h, nachmittags ab 15 oder 16^h, dazwischen im Schatten ruhend. – **Fd** Leopard, Goldkatze, Kronenadler, Python. – **N** Blätter, Triebe, Früchte, gelegentlich Ameisen, Pflanzungen werden öfter geplündert, manchmal stehlen Spezialisten Hühner u. fressen sie. –

Lt Tr-Markierungsruf des Alt-♂ rauhes »ho-ho«, Alarmruf des ♂ für Kronenadler »hon-hon-hon« (übrige Truppmitglieder erstarren dann), anderer Alarmruf (♂ u. ♀) scharfes metallisches Pfeifen. Drohgeste Vorderkörperniederbeugen u. schnelles Kopfwackeln (französisch hochement, daher Name Hocheur), um weißen Nasenfleck zur Geltung zu bringen. – **Gs** in Trupps von 7–20 mit 1 Alt-♂, manchmal auch Horden bis 60 u. mehr. Oft in Gesellschaft mit Mantelmangaben. – **Fp** in Gabun Hauptsetzzeit Dezember–Februar.

52/6 **Diademmeerkatze,** *Cercopithecus mitis* (Wolf, 1822). E: Diademed Guenon or Mon-
54/6 key; F: Le Cercopithèque à diadème, K: Kima. Wird von manchen Forschern mit *albogularis* zu einer Großart zusammengefaßt.

Kn Groß, kräftig, Fell dicht u. dick, z. T. ziemlich lang, Brauen u. Stirnhaare nach vorn gerichtet (Diadem), Backenbart ziemlich anliegend, schräg rück- u. abwärts gerichtet. Schwanz lang, sanft bogig mit Spitze in Fersenhöhe, bei schneller Bewegung höher als Rücken getragen. 8 UA: 1. Angola-D. (E: Pluto Monkey, Angolan D. G.), *mitis* (Wolf, 1822): Gesicht schwarzblau, um Augen heller, Nase u. Schnauze fein weiß behaart, Diadem weißgelb, Ohr mit weißem Haarbüschel, Backenbart grauschwarz, Scheitel, Nacken, Schultern, Arme, Hände, Beine, Füße, Schwanz, Gesäßschwielen u. Unterseite schwarz, Rücken u. Kruppe grauschwarz. 2. Kongo-D., *maesi* Lönnberg, 1919: schwarz, Hinterrücken u. Flanken grau überhaucht, Schwanz an Wurzel rotbraun, Rest grau, Kehle weiß, übrige Unterseite schiefergrau, Diadem schmal, schwarz, gelb gestichelt. 3. Uganda-D. (E: Stuhlmann's Monkey), *stuhlmanni* Matschie, 1893: Diadem unscharf, weißes Ohrhaarbüschel, Kinn u. Kehle weiß, schwarzes Brustband, sonst wie 1. 4. Silbermeerkatze (E: Silver Guenon, Doggett's Guenon, Ankole Blue Monkey; F: Le Singe argenté), *doggetti* Pocock, 1907: Diadem schwarz, olivgrau gestichelt, Scheitel, Nacken, Schultern schwarz, Vorderrücken grünschwarz, Flanken grau, Kruppe u. Schwanzwurzel rotbraun überhaucht. Arme, Beine, Schwanzende schwarz, Kehle weiß, Unterseite schiefergrau. 5. Goldmeerkatze (E: Kongo Red Monkey; F: Le Singe doré, Le Singe du Kivu), *kandti* Matschie, 1905: Fell lang. Diadem, Backenbart, Halsseiten u. Schultern olivgrauschwarz. Scheitel, Nacken, Arme, Beine u. Schwanzende schwarz. Rücken graugrünrotgelb, Keulenrückseite, Schwanzwurzel u. Körperunterseite rostrot. 6. Kwidji-D., *schoutedeni* Schwarz, 1928: Fell lang, wie *kandti*, jedoch ohne alles Rot, Unterseite mausgrau. 7. Katanga-D. (E: Rump-spotted Guenon), *opisthostictus* Sclater, 1894: Diadem, Backenbart u. Halsseiten grau, Scheitel, Nacken, Schultern, Arme, Beine u. Schwanzende schwarz, Unterseite schwarz, Schwanzwurzel grauschwarz. 8. Äthiopien-D. (E: Boutourlini's Guenon), *boutourlinii* Giglioli, 1887: Fell lang. Diadem unscharf, Scheitel u. Nacken schwarzgelb, Schultern, Arme, Beine, Schwanz u. Unterseite schwarz, Rücken schwarz mit graugelber Stichelung. – ♀ wie ♂. 1. Jugendkleid: Haut an Körper, Hand- u. Fußflächen, Hoden u. Gesäßschwielen noch ungefärbt rosa, Körper fein dunkelgrau oder schwärzlich behaart, Diadem noch nicht erkennbar, falls Ohrbüschel diese weiß. – **M&G** KR ♂ 48–67, ♀ 44–52; SL ♂ 55–109, ♀ 64–102; G ♂ 5–7, ♀ 3,5–4,5. – **V** Von NW-Angola ow durch Kongobecken bis Uganda u. W-Äthiopien einerseits u. Katanga u. N-Sambia andererseits. 8 UA (s. Kn): 1. *mitis*, NW-Angola; 2. *maesi*, Zaire zwischen Kongo-Fluß im W u. N, Lomami-Fluß im O u. Lukenie-Fluß im S; 3. *stuhlmanni*, NO-Zaire, Uganda u. W-Kenia; 4. *doggetti*, S-Uganda, Ruanda-Urundi u. W-Tansania ow bis Victoriasee; 5. *kandti*, Gebirgswälder um Kiwusee; 6. *schoutedeni*, Kwidji-Insel im Kiwusee; 7. *opisthostictus*; Katanga u. NW-Sambia; 8. *boutourlinii*, W-Äthiopien zwischen Tana- u. Rudolfsee. – **Lr** Regen-, Galerie-, Savannen-, Sumpf-, Bergwald. *Stuhlmanni* im Laubbergwald, *kandti* im Bambusgürtel des Bergwaldes, *doggetti* in sumpfigen Talsenken mit Papyrusbeständen. Im Bergwald bis 3300 m. Schattengebunden, verträgt starkes Sonnenlicht nicht. – **W** Eines Trupps rd. $^1/_4$–$2^1/_2$ km^2, ortstreu, feste Wechsel u. bevorzugte Schlafbäume. – **Tt** Morgens u. spätnachmittags Nahrungssuche in höheren Waldstockwerken, mit Heißerwerden der Sonne Abstieg in schattenreichen Unterwuchs u. auf Boden. Bewegungsweise ruhiger als kleine Meerkatzen. – **Kp** Aufforderung zur Fellpflege durch halbkriechende Annäherung mit Abwenden des Kopfes u. Schwanzhalten über Rücken. – **Lt** Alt-♂ gibt Alarm durch rauhes Husten, ♀ u. Jungtier durch Tschirpen. Tr-Markierung durch lautes, oft wiederholtes »piuh«, besonders bei Sonnenauf- u. -untergang. Ein weiches Brummen unbekannter Bedeutung. Jungtiere trillern bei Unterwerfung u. Beschwichtigung. *Kandti* hat ständiges Zwitschern zur Stimmfühlung bei Futtersuche am dichtbewachsenen Boden (ähnlich Zwergichneumon, *Helogale*). Gesten: Drohen durch Anstarren u. Brauenbewegen, verstärkt durch Maulaufreißen u. Kopfsenken. – **Fd** Leopard, Goldkatze, Kronenadler, Python. – **N** Blätter, Triebe, Blüten, Früchte, Beeren, Rinde, Jungvögel, Eier, Kerbtiere, im Bergwald Bambusschößlinge, Gräser, Kräuter, Pilze, Flechten, Moose, im Sumpf weiche Papyrusstengel. Manchmal in Pflanzungen, gelegentlich Hühner- u. Entenküken stehlend. – **Gs** In Familientrupps mit 1 Alt-♂ u. mehreren ♀♀ u. Jungen, meist 4–6, öfter bis 1 Dutzend Tiere, manchmal größere Trupps, je nach Unterart u. Gelände. Vergesellung mit anderen Arten nicht selten, je nach Vorkommen mit Grünmeerkatze (*aethiops*), Vollbartmeerkatze (*l'hoesti*), Kongoweißnase (*ascanius*), Stummelaffe (*Colobus abyssinicus*), Mantelmangabe (*Cercocebus albigena*), Großschimpanse (*Pan troglodytes*). – **Fp** Fp-Zeit meist nicht beschränkt, in Uganda Juli–November. Tragzeit 120–130 Tage. Geburts-G rd. 400, -KR rd. 20, -SL rd. 23. Junges wächst langsamer als andere Arten, 1. Mutterverlassen nach 1 Monat, dann auch Beginn der Umfärbung (s. Kn).

Weißkehlmeerkatze, *Cercopithecus albogularis* (Sykes, 1831). E: White-throated Guenon, F: Le Cercopithèque à collier blanc, A: Samangoaap; K: Kima, Nchima. Wird von manchen Forschern mit *mitis* zu einer Großart zusammengefaßt. 62/4

Kn Gestalt wie *mitis*. Gesicht, Gesäßschwielen u. Hoden grau, bei *schwarzi* u. *samango* schwarz, Oberlider heller, Schnauze mit kurzen, Ohrbüschel mit langen, weißen Haaren, Ohrbüschel bei *erythrarchus* gelbweiß, bei *francescae* rot. Backenbart rückwärts gerichtet. Kein Diadem. Kopf, Nacken, Rücken, Flanken, obere Gliedmaßen olivgrün oder blaßolivgrün (*erythrarchus*) oder gelbolivgrau (*monoides*) oder schwarz (*schwarzi, samango*). Kruppe goldgelb (*albotorquatus*) oder rotbraun (*phylax*) oder dunkelbraun (*monoleyi*) überhaucht. Unterarme, -schenkel, Hände, Füße, Schwanz oder dessen hintere Hälfte schwarz. Oberarme, -schenkel, Schwanzwurzel u. Körperunterseite grau. Kinn, Kehle u. Halsseiten, bei *kolbi* auch Schultern u. Brust, bei *phylax* u. *erythrarchus* auch Unterseite weiß. ♀ wie ♂. 1. Jugendkleid: Gesicht rosa, Backenbart u. Brauen noch nicht vorhanden, Schwanz noch ziemlich kurz, Oberseite nebst Schwanz schwarz, Unterseite ab Kinn weiß. Nach 4 Tagen 1. graue Backenbarthaare. – **M&G** KR ♂ 50–62, ♀ 45–60; SL ♂ 66–94, ♀ 62–83; G ♂ 5–7, ♀ 3,5–5. – **V** O- u. SO-Afrika (meist ow Großem Graben) von S-Somalia bis öl Kapprovinz. 12 UA: 1. Somalia-W. (E: Pousargue's White-throated Guenon), *albotorquatus* Pousargue, 1896; S-Somalia zwischen Webi-Schebeli u. Juba. 2. Tansania-W. (E: Maritime W.-t. Monkey), *monoides* I. Geoffroy St. Hilaire, 1841; südlichstes Somalia bis Rovuma-Fluß (Grenze Tansania-Mozambique), ow bis Großen Graben u. M-Sambia. 3. Potto-W., *phylax* Schwarz, 1927; Insel Potto vor NO-Küste Kenias. 4. Keniaberg-W. (E: Mt. Kenya W.-t. Guenon), *kolbi*, Neumann 1902; O-Hänge des Keniaberges bis Aberdares, aufwärts bis 3300 m. 5. Kilimandjaro-W. (E: Kilimandjaro Blue Monkey), *kibonotensis* Lönnberg, 1908; Kilimandjaro, Meru, Pare- u. Usambaraberge, ow bis S-Tsavo u. Tanga. 6. Sansibar-W. (E: Syke's Monkey, Zanzibar W.-t. Guenon), *albogularis* Sykes, 1831; Sansibar, Mafia u. Tumbatu. 7. Sambia-W. (E: Moloney's Monkey), *moloneyi* Sclater, 1893; NO-Sambia. 8. Malawi-W., *francescae* Thomas, 1902; Malawi außer S. 9. Nyassa-W. (E: Nyasa-W.-t. G.), *nyasae* Schwarz, 1928; S-Malawi sl Nyassasee. 10. Mozambique-W. (E: Mozambique M., Beira M., Stair's M.); *erythrarchus* Peters, 1852; M-Mozambique. 11. Transvaal-W., *schwarzi* Roberts, 1931; S-Rhodesien u. Transvaal. 12. Pondoland-W. (E: White-lipped Guenon, Samango-Monkey, F: Le Cercopithèque aux lèvres blanches, A: Samangoaap), *samango* I. Geoffroy St. Hilaire, 1841; Pondoland, öl Kapprovinz (Natal u. Pondoland ww bis Großen Fisch-Fluß). – **Lw** Lr Regenwald, Galeriewald, Küstenwald, Bergwald bis 3300 m aufwärts. Lw ähnlich *mitis* (S. 286).

62/3 **Brazza-Meerkatze,** *Cercopithecus neglectus* Schlegel, 1876. E: De Brazza's Monkey, Neglectus Monkey, Schlegel's Guenon, Chestnut – browed Guenon; F: Le Cercopithèque de Brazza; K: Kalasinga

Kn Mittelgroß, stämmig, Rücken nach hinten ansteigend, Schwanz ziemlich dick, nur wenig länger als KR, abwärts gebogen getragen, beim Laufen hängend. Gesicht außer enger Augenumgebung behaart, Haut darunter leuchtend blau. Brauen u. Stirnhaare bilden breites schräg vorstehendes Diadem. Fellhaare fein u. weich. Backen- u. langer Kinn-Kehlbart zusammenhängend u. abwärts gerichtet. Oberlid braunrot, Unterlid schiefergrau, oberer Nasenrücken, breites Band hinter Diadem, Unterarme, Streifen von Armbeuge bis Stirnband, Hände, Füße u. Schwanz schwarz. Unterer Nasenteil, Schnauze, Kinn, Kehle, Beininnenseiten, Gesäßfläche u. schräger Oberschenkelstreifen weiß. Diadem hell-ocker bis rötlich. Backenbart, Scheitel, Nacken, Rücken, Oberarme, Flanken u. Beine olivgrau. Brust u. Bauch rußgrau. Dammfläche kobaltblau,

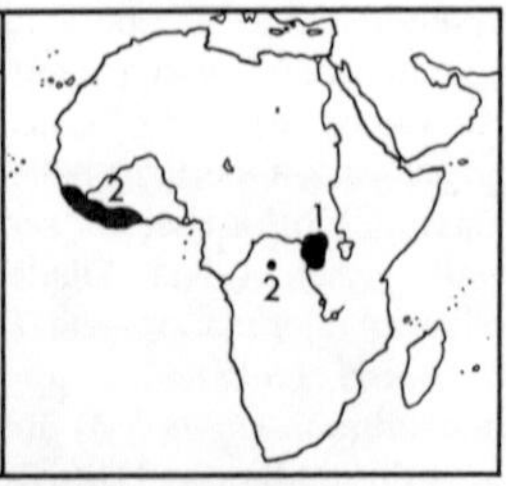

Brazza-Meerkatze

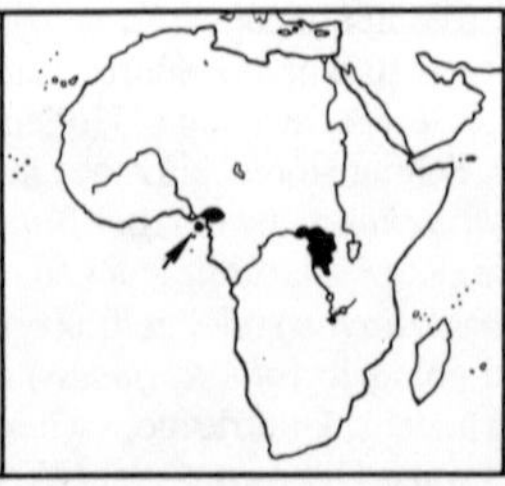

Vollbartmeerkatze

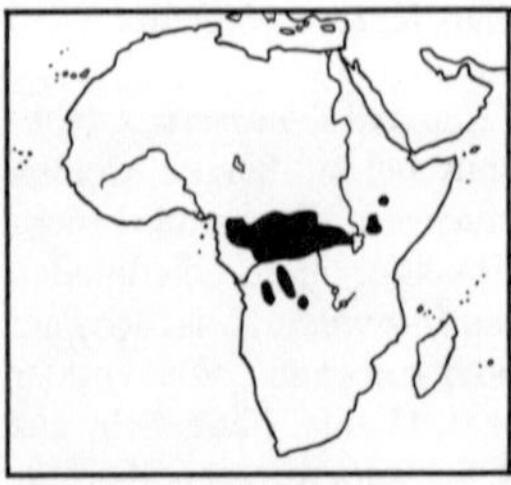

1 Eulenkopfmeerkatze
2 Dianameerkatze

Hoden dunkelblau, Penis rosa. ♀ wie ♂, jedoch Dammfläche rotbraun. Neugeborenes: Gesicht, Hand- u. Fußflächen nackt, rosa, Kinn mit kleinem weißen Haarfleck, Körper gold- oder gelbbraun bis braun, Beine u. Unterseite gelb. Beginn der Umfärbung mit 2–3 Wochen, dabei zuerst Brauen, Wangen, Nacken, Rumpf u. Schwanzwurzel nußbraun, danach Ausbildung weißer Bart- u. Diademfläche, dunkler Diademumrandung u. weißen Schenkelstreifens. Letzter Schritt zur Vollendung Erwachsenenkleides Schwarzwerden der Unterarme. Erwachsenenkleid mit rd. 14 Monaten voll erreicht, jedoch Umfärbungsstufen beim ♂ unabhängig von Größe u. Alter des Tieres, so daß noch milchzähnige Junge bereits fast volles Erwachsenenkleid tragen, andererseits bereits Ausgewachsene noch Jugendkleid haben können. – **M&G** KR ♂ 50–60, ♀ 40–50; SL ♂ 63–85, ♀ 53–63; G ♂ 5–8, ♀ 4–5. ♀ rd. 1/4 kleiner u. leichter als ♂. –

V Kongobecken. Von SO-Kamerun u. O-Gabun (zwischen Nyong-Fluß im N u. Ogowe-Fluß im S) ow bis Uganda, westlichstes M-Kenia, südlichster Sudan u. SW-Äthiopien bis Oma-Mittellauf (ganze N-Grenze zw. 3 u. 7° n. Br.). Weiter sl O-Grenze am unteren Lualaba- u. oberen Lomamilauf, S-Grenze um 11° s. Br., untere W-Grenze um 17° öl L. entlang Kwango, obere um 14° öl L. Keine UA. – **Lr** Regen-, Berg-, Sumpfwald, besonders Bambuswald u. Palmensumpf, im trockneren Bergwald entlang der Flüsse. Im Gebirge bis 2000 m u. mehr. – **N** Blätter, Triebe, Früchte, Beeren, Wurzeln, Kerbtiere, Eidechsen, Geckos. Fällt in Pflanzungen ein. N-Suche großenteils am Boden. Geht weite Strecken über offenes Gelände zu Pflanzungen. – **Tt** Tags, besonders vor- u. nachmittags. Gute Kletterer, Bodenläufer u. Schwimmer. – **Fd** Leopard, Goldkatze, Kronenadler, Python. Flucht am Boden, dabei »hooon-hooon« rufend. Bei Gefahr Erstarren u. Verstummen. – **Gs** In Familientrupps mit 1 Alt-♂ u. mehreren ♀♀ u. Jungen, auch größere Trupps bis 3 Dutzend Tiere möglich. Daneben Einzel-♂♂. Truppgröße wird durch Stärke der Alt-♂-Überlegenheit gegenüber Jung-♂♂ bestimmt. Ab gewisser Truppgröße spalten kräftige Jung-♂♂ eigene kleine Trupps ab. Vergesellung mit Grünmeerkatzen (*aethiops*) u. Mantelmangaben (*Cercocebus albigena*) möglich. – **Lt** Ruhig, wenig lautfreudig. Grunzen bei Wohlbehagen. Alt-♂-Alarmruf »tschi-tschi-tschi-arrh« gefolgt von einzelnen Bellern. Bei Drohen »tschi-tschi«. Bei Erregung »ow-awoo«. Junge: schwacher Verlassenheitsruf »iiu«, starker »wu wu«, Keckern bei Ärger, Zwitschern, Schreien bei Angst; Gesten: Drohen des Alt-♂ in milder Form: weites Schenkelspreizen im Sitzen mit Vorzeigen blauen Hodens, roten Penis' u. weißer Schenkelinnenseite sowie weißen Bartes; in starker Form: Maulaufreißen u. Vorzeigen von viel Weiß, nämlich Bart, Kehle u. Beininnenseiten, dabei auf Hinterbeinen stehend u. Hintern u. Bart heftig ruckweise auf- u. abbewegend. Ergebenheit des Jung-♂ vor Alt-♂: Niederlassen auf Ellenbogen, Kopf auf Brust (Bartverbergen), Hinterteil u. Schwanz erhoben, so rückwärts gehend u. mit Hinterteil u. Schwanz wackelnd, dann flach auf Seite legend u. Alt-♂ braunen (Neutralfarbe) Rücken zeigend. Aufforderung zur Fellpflege durch scheues abgewandtes Nähern in geducktem Seitwärtsgang (auch des Alt-♂) unter Vorzeigen des neutralfarbenen Rückens u. Verbergens des aggressiv wirkenden Weiß, dann Hinlegen mit Rücken zum Partner. – **Fp** Jahreszeitlich meist nicht gebunden, in Gabun Hauptsetzzeit Dezember–Februar. Tragzeit 177–187 Tage, Geburts-G rd. 250, -KR rd. 11, -SL rd. 22, nach 12 Tagen G rd. 330. Nach 1 Woche 1. Mutterkörperverlassen u. 1. Klettervarsuche, nach 3 Wochen Herumlaufen u. -hüpfen.

Vollbartmeerkatze, *Cercopithecus l'hoesti* Sclater, 1898. E: L'Hoest's Monkey, Mountain Monkey or Guenon; F: Le Cercopithèque de l'Hoest, Le Cercopithèque à barbe en collier 53/5

Kn Mittelgroß, schlank, Rücken nach hinten ansteigend, Schwanz wie bei Halsbandmangabe (*Cercocebus torquatus*) Teilgreifschwanz, wird senkrecht henkelförmig mit Spitze nach außen-unten getragen. Bei *insularis* Schwanz nur knapp körperlang. Fell ziemlich lang, weich u. dicht. Gesicht schwarz (bei *preussi* grau), um Auge heller, Ohr schwarz (bei *preussi* grau), Nase u. Schnauze schwarz. Backenbart rückwärts-aufwärts bis hinter Ohr (dieses z. T. verdeckend) gerichtet, Unterrand übergehend in lange Kehl-Vorderbrust-Haare. Backenbart u. Kehlhaare weiß (bei *preussi* dunkelgrau), Oberseite dunkelgrau, ebenso Schwanzwurzel, Schwanzende schwarz, Gliedmaßen schwarz, Unterseite schwarzgrau bis schwarz, Gesäßschwielen schwarzbraun, Hoden blaßviolett. *L'hoesti* mit orange-roter, schwarz gestichelter langovaler Schabracke von Widerrist bis Schwanzwurzel. ♀ wie ♂, Kitzler rot, Damm blaugrau. Neugeborenes einheitlich braun, nach 2–3 Monaten Umfärbung in Erwachsenenkleid. – **M&G** KR

♂ 54–70, ♀ 45–55; SL ♂ 50–76, ♀ 46–67; G ♂ 6–8, ♀ 3–4,5. – **V** 3 UA: 1. Ostafrika-V. (E: L'Hoest's Monkey, F: Le Cercopithèque de l'Hoest), *l'hoesti* Sclater, 1898; NO-Zaire (ow ab Lualaba-Fluß, sw bis 4° s. Br., nw bis 3° n. Br.) u. SW-Uganda. 2. Westafrika-V. (E: Preuss's or Cross's Monkey, F: Le Cercopithèque de Preuss), *preussi* (Matschie, 1898); SO-Nigeria ab Cross-Fluß u. anschließendes NW-Kamerun mit Kamerunberg, sw bis Sanga-Fluß. 3. Fernando-Poo-V., *insularis* Thomas, 1910. N-Gebirge von Fernando Poo. – **Lr** Bergwald (in Kamerun aufwärts bis 1800 m, in O-Afrika bis 2500 m), besonders dichter Sekundärwald auf Lichtungen, ebenso im Tieflandwald. Aufenthalt dicht über oder auf Boden, fällt auch in Pflanzungen ein, steigt dazu von hochgelegenen Schlafplätzen zum Tal herab u. überquert offenes Gelände am Boden. – **W** Ein Trupp 5–15 km² je nach Gebiet, weit umherschweifend, unternehmungslustig. Bevorzugte Schlafbäume oben am Berg. – **N** Blätter, Triebe, Früchte, Gräser, Kräuter, Flechten, Pilze, gelegentlich Kerbtiere. – **Lt** Wenig, ziemlich ruhig, Alt-♂ ruft abends »uooo« (vermutlich Tr-Markierung), sonst bei Begegnung dunkles Gemurmel, Alarmlaut scharfes Bellen, andere Laute tiefes Tschirpen. – **Kp** Wird als gegenseitige Fellpflege bevorzugt an Kinn, Wangen, Nacken u. Achseln viel betrieben. – **Fd** Leopard, Goldkatze, Kronenadler, Python. Tiere sehr wachsam, ständig eines auf erhöhtem Punkt umherspähend. Bei Alarm Alt-♂ als Nachhut. – **Gs** In kleinen Trupps, ½–1½ Dutzend Tiere mit 1, selten 2 Alt-♂♂, die sich am Trupprande aufhalten. Einzelgängerische ♂♂ nicht selten. Tiere an sich friedlich. Auffälliges Vorzeigen von weißem Bart u. Kehle als Drohung. Manchmal Vergesellung mit Großer Weißnase (*C. ascanius*) u. Stummelaffe (*Colobus abyssinicus*). – **Fp** Zeit nicht beschränkt, in O-Afrika Geburtenhäufung im Februar. Junges klammert sich zuerst an ♀-Bauch fest, wickelt seinen Schwanz um ♀-Schwanz wie Halsbandmangabe, reitet später auf ♀-Rücken. 1. Jugendkleid s. Kn. – **Ld** In Gefangenschaft bis 16½ Jahre nachgewiesen.

53/3 **Eulenkopfmeerkatze** oder **Hamlyn-Meerkatze,** *Cercopithecus hamlyni* Pocock, 1907, E: Owl-faced Guenon, Hamlyn's Monkey; F: Le Cercopithèque d'Hamlyn, Le Cercopithèque à tête de hibou

Kn Mittelgroß, gedrungen, dicker Kopf mit flachem Gesicht, Schwanz kaum länger als KR, an Wurzel verdickt, am Ende etwas quastig, wird abwärts gebogen getragen u. als Halbgreifschwanz wie bei Vollbartmeerkatze (*l'hoesti*) u. Halsbandmangabe (*Cercocebus torquatus*) benutzt. Gesicht dreieckig (Nasenspitze als Spitze), pflaumfarbig, mit großen Augen u. schmalem senkrechten weißen Nasenstreif von Brauen bis Nasenspitze. Ganzes Gesicht umrahmt von langen dichten rückwärts gerichteten Haaren, die dunkelbraune Ohren bedecken; schmales gelbes Stirnband. Kopf wirkt schleiereulenartig. Kopf u. Körperoberseite mit Oberarmen dunkelolivgrün, Schwanzende, Körperunterseite ab Kinn, Schenkelinnenseiten, Unterarme, Unterschenkel, Hände u. Füße schwarz, Kruppe, ⅔ Schwanz u. Schenkelrückseiten grau. Gesäßschwielen schwarzbraun, bei ♂ miteinander verwachsen, Gesäßfläche grünblau, Penis fleischfarben, Hoden malachitgrün, Zitzen rosa mit weißlichem Hof. Neugeborenes einheitlich goldgelb, Gesicht fahl, Haarkranz noch nicht entwickelt. Nach einigen Wochen Beginn langsamer Umfärbung in Erwachsenenfarbe. – **M&G** KR rd. 55, SL rd. 57. – **V** Öl Kongobecken, O-Zaire, ab Lualaba-Fluß ow bis O-Grenze des Landes, nw bis Aruwimi-Fluß (rd. 2° n. Br.), sw bis Höhe der Flüsse Elila u. Kindi (rd. 3° s. Br.). Keine UA. – **Lw** Lebt im Regenwald der Ebene u. der Berge bis 4200 m aufwärts, Hauptaufenthalt im Bergwald im Bambusgürtel. Frißt auch bevorzugt Bambusschößlinge. Bewegt sich viel auf Boden. Angeblich auch nachts tätig.

Dianameerkatze, *Cercopithecus diana* (Linné, 1758). E: Diana Monkey, Bearded 53/1
Guenon; F: Le Cercopthèque diane, Le Diane

Kn mittelgroß, schlank, Beine länger als Arme, Schwanz lang, im nach unten offenen, engen Bogen getragen. Gesicht braunschwarz bis schwarz, Ohren dunkelgrau, Brauen- u. Stirnhaare nach vorn gerichtet (Diadem), Diademkamm weiß, Unter- u. Oberrand, letzterer mitsamt Scheitel schwarz, ebenso Armrückseite u. Hände, Hinterbrust u. Bauch, Unterschenkel, Füße u. Schwanz schwarz. Backenbart (rückwärts gerichtet, Ohren fast verdeckend), kurzer bis langer, spitzer Kinnbart, Halsseiten, Kehle, Armvorder- u. Innenseiten, Schenkelinnenseiten, Gesäßfläche u. schräg nach vornunten ziehender Oberschenkelstreifen weiß. Nacken, Schultern, Flanken u. Oberschenkelaußenseiten grauschwarz. Von Schultern bis Schwanzwurzel lang dreieckige (Spitze an Schulter) leuchtend kastanienrote Schabracke. Schenkelinnenseiten u. Gesäßfläche können auch gelblich oder rötlich sein. Gesäßschwielen braunschwarz, Zitzen rosa. ♀ wie ♂. Neugeborenes oberseits hellgrau oder bräunlich mit gelblichem Anflug, unterseits nackt, weiße Kehl- u. Brusthaare ab 1–1½ Monat, weißes Diadem ab ½ Monat u. mit 1½ Monaten fertig. Mit 2 Monaten Beginn, mit 4–5 Monaten Abschluß des Wechsels zum Jugendkleid, welches Erwachsenenkleid ähnlich. 3 UA: Eigentliche D. (E: Diana Monkey, F: Le Diane), *diana* (Linné, 1758); Bart kurz, mit schwarzer Wurzel, weißes Ohrhaarbüschel, Schenkelinnenseiten u. Gesäßfläche rotbraun, Diadem gelb überhaucht. 2. Roloway-D. (E: Roloway Monkey, Palatine Guenon, F: Le Roloway, La Palatine), *roloway* (Schreber, 1774); Bart lang u. spitz, Ohren ohne Haarbüschel, Diadem weiß, Schenkelinnenseiten u. Gesäßfläche orangegelb. 3. Kongo-D. (E: Congo Diana Monkey, Dryas Guenon; F: Le Cercopithèque diane du Congo, Le Cercopithèque dryade), *dryas* Schwarz, 1932; Diadem weiß, mit weißen, rückwärts-abwärts gerichtetem Backenbart verbunden, Kinnbart kurz u. breit, Ohr mit weißem Haarbüschel, weißer Oberschenkelstreifen fehlt. Nacken, Schultern, Flanken, Oberschenkelaußenseiten u. Schwanzvorderhälfte grüngrau, Hände u. Füße grauschwarz, Schwanzende schwarz. – **M&G** KR ♂ 50–57, ♀ 40–48; SL ♂ 76–82, ♀ 52–60; G ♂ 3,5–7,5, ♀ 2,2–3,5. – **V** W-Afrika u. Kongobecken. 3 UA (s. Kn): 1. *diana,* Sierra Leone, Liberia u. W-Elfenbeinküste bis Sassandra-Fluß. 2. *roloway,* Sassandra-Fluß (W-Elfenbeinküste) bis O-Ghana (bis 60 km vor Volta-Fluß). 3. *dryas,* Lomela am oberen Lomela- oder Tschuapa-Fluß, Zentral-Zaire. Nur 1 Exemplar bekannt. – **Lw** Im Primärregenwald, rein baumlebend, Aufenthalt im mittleren u. oberen, selten unteren Stockwerk, reiner Früchtefresser, Truppgröße bis 30, W ½–1 km^2, neugierig, lebhaft, lautreich, außer üblichem Meerkatzenzwitschern u. -kreischen hat Alt-♂ langgellenden Tr-Markierungsruf »ki-ki-ki-ki-kiu-ki-ki-kiu«. Imponiergehabe als Vorzeigen der leuchtenden Kehr- u. Unterseite durch breitbeiniges Hängen am Ast (Hände innen, Füße außen, Schwanz hängend). Junges wiegt mit 2 Wochen rd. 140, hat KR rd. 9, SL rd. 18, Säugezeit ½ Jahr, Milchgebiß vollständig mit 20 Monaten, Dauergebiß mit 3¼ Jahr, dann **Gr**, ausgewachsen mit 4½ Jahren. – **Ld** In Gefangenschaft 19 Jahre nachgewiesen.

Monameerkatze, *Cercopithecus mona* (Schreber, 1774). E. Mona Monkey; F: Le 53/4
Cercopithèque mona, La Mone 54/9

Kn Mittelgroß, kräftig, dünner langer Schwanz, oft über Rücken getragen, dichter 54/10
rückwärts gerichteter Backenbart, der Ohren weitgehend verdeckt. 7 UA: 1. Campbellmeerkatze (E: Campbell's Guenon, F: La Mone de Campbell, Le Singe des palétuviers), *campbelli* (Waterhouse, 1838); Gesicht blau, Schnauze rosa, Ohr blauschwarz, breites weißes Stirnband, Backenbart weißgrau, Haarschopf vor Ohr gelb, Scheitel schwarz, gelb gestichelt, Nacken, Schultern, Rücken goldgrün, Kruppe dun-

kelgrau, Arme u. Beine außen grau, nach unten zu mit Händen u. Füßen schwarz, Kinn, Kehle, Brust, Bauch, Gliedmaßeninnenseiten weiß, scharf von Außenseiten abgesetzt, Schwanzwurzel u. Spitze schwarz, Schwanzmitte u. Gesäßschwielen dunkelgrau, Hoden blau, Penis rosa. 2. Lowemeerkatze (E: Lowe's Guenon), *lowei* Thomas, 1923; wie 1, nur Stirnband gelb bis gelbgrün, Backenbart dunkelgrau, Kruppe u. Schenkel schwarzgrau, Arme schwarz, Schwanz oben dunkel-, unten mittelgrau. 3. Eigentliche Monameerkatze (E & F s. oben), *mona* (Schreber, 1774); wie 1, nur breites, schwarzes Schläfenband vom weißen Stirnband zum Ohr, Scheitel, Nacken u. Schultern gelbgrün, Rücken u. Flanken rostrot, Schwanzansatz u. -oberseite schwarz, -unterseite grau, beidseits Schwanzansatz ovaler weißer Fleck, dessen Form u. Größe abändert, Arme u. Beine außen fast bis ganz schwarz. Damm blaugrün. 4. Wolfmeerkatze (E: Wolf's Guenon, F: La Mone de Meyer), *wolfi* Meyer, 1891; wie 1, nur Schwanz mit schwacher Endquaste, weißes Stirnband mit vorstehenden Brauen (Diadem) reicht bis Ohren, Ober- u. Unterseitenfärbung durch orangeroten Flankenstreifen scharf getrennt, Oberseite schiefergrau, Flanken blaugrau, Kruppe graubraun, Backenbart u. Aalstrich gelbbraun, Schultern u. Arme schwarz, Beine rotbraun. 5. Feuerbauchmeerkatze (E: Fire-bellied Guenon), *pyrogaster* Lönnberg, 1919; wie 4, Ohrbüschel rot, Diadem schwarzweiß gemischt, Scheitel, Nacken, Schultern, Armaußenseiten, Hände u. hintere Schwanzhälfte schwarz, vordere graubraun, Aalstrich nußbraun, Beine rostrot, Kinn u. Kehle hell rötlichgelb, restliche Unterseite leuchtend rostrot. 6. Lomanimeerkatze, *elegans* Dubois & Matschie, 1912; wie 4, nur Backenbart u. Ohrbüschel weiß u. Oberschenkel hellgrau. 7. Dentmeerkatze (E: Dent's Guenon, F: La Mone de Dent), *denti* (Thomas, 1907), wie 1, nur Ohrbüschel gelb. Scheitel u. Nacken olivgrau, Rücken nußbraun, Unterarme, Hände u. Füße, Schwanzwurzel u. bequastete -spitze schwarz, Schwanzmitte grau, Beine gelboliv, Unter- u. Beininnenseiten weißgelb. – ♀ wie ♂. 1. Jugendkleid nicht bekannt, Halberwachsene bereits mit

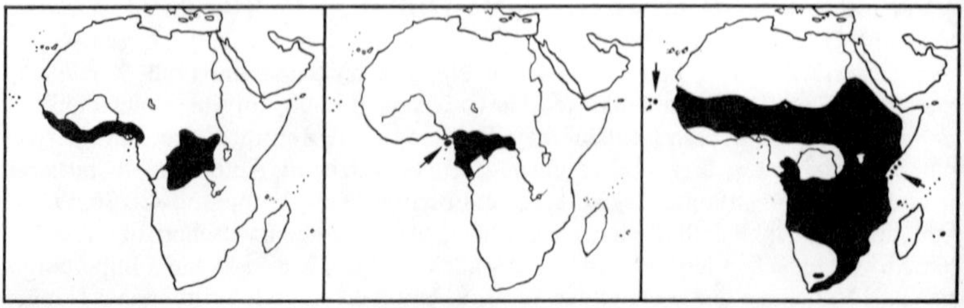

Monameerkatze Kronenmeerkatze Grünmeerkatze

Erwachsenenkleid. – **M&G** KR ♂ 48–60, ♀ 40–50; SL ♂ 70–80, ♀ 54–70; KH ♂ rd. 35, ♀ rd. 32; G ♂ 4,5–7,5, ♀ 2,5–4. – **V** W- u. M-Afrika, Ober-, Niederguinea- u. Kongowald. 7 UA (s. Kn): 1. *campbelli.* Von Casamance-Fluß in S-Senegal ow durch Gambia, Guinea-Bisseau, Guinea u. Sierra Leone bis O-Grenze Liberias (Covally-Fluß). 2. *lowei.* Von Covally-Fluß ow durch Elfenbeinküste bis Volta-Fluß (O-Ghana). 3. *mona.* Von O-Ghana ow bis Nyong-Fluß, M-Kamerun, außer Nigerdeltagebiet. Eingeführt in St. Kitts (St. Christopher) u. Grenada, Kleine Antillen. 4. *wolfi.* W-Zaire öl Kongo-Fluß zwischen Kongo- u. Kasai-Fluß, ow bis etwa 22° öl L. 5. *pyrogaster.* W-Zaire sl 4, zwischen Kasai- u. Kwango-Fluß, sw bis NO-Angola. 6. *elegans.* O-Zaire zwischen Lomami- u. Lualaba-Fluß, sw bis 6° s. Br. 7. *denti.* O-Zaire nl Kongo-Fluß bis SO-Zentralafrikanische Republik u. SW-Sudan, ow bis Bahr el Dschebel-Oberlauf u.

Seenkette (Mobuto- oder Albert-, Idi-Amin oder Eduard- u. Kiwusee), sw bis 6° s. Br. – **Lw** Lr Primär-, unterer Berg-, Sekundär-, Galerie-, Küstenwald, z. T. Mangrove. N Blätter, Triebe, Früchte, mitunter auch in Pflanzungen. Gs in Familientrupps von 3–18 Tieren, daneben Einzelgänger, tagsüber z. T. mehrere Trupps zusammen. Vergesellung mit *Cercopithecus ascanius* möglich. Hauptaufenthalt im unteren u. mittleren Waldstockwerk. Bewegung im Geäst sehr schnell, weite Sprünge. Lt: Alt-♂ ruft morgens u. abends bellendes »wo-hu« als Tr-Markierung, bei Rückzug »uaha« oder »ué«, daneben tiefes, lautes Brummen; »uiu« häufig, Stimmfühlung; außerdem andere z. T. melodische Laute. Alt-♂ ist Wächter u. Aufpasser, – sitzt stets etwas höher als Trupp, wird bevorzugt von ♀♀ fellgepflegt. Keine strenge Rangordnung. Tragzeit rd. 6 Monate. Fp-Zeit nicht beschränkt, nur in Gabun Hauptsetzzeit Dezember–Februar. Junges wird rd. 1 Jahr von »Tanten« mitbetreut, Säugezeit 1 Jahr. 1. Mutterkörperverlassen mit 2 Wochen, 1. Springen mit 1 Monat, dann auch 1. Festnahrung. Geschlechtsreife ♂♂ gründen eigene Trupps, fangen dann mit Tr-Markierungsruf an.

Kronenmeerkatze, *Cercopithecus pogonias* Bennett, 1833. E: Crowned Guenon, Golden-bellied Guenon; F: Le Cercopithèque pogonias 54/8

Kn Gestalt wie Monameerkatze. 4 UA: 1. Fernando Poo-K., *pogonias* Bennett, 1833; Gesicht schwarz, Schnauze fein gelb behaart. Backenbart rückwärts gerichtet, hellgelb, Ohrbüschel gelb, schmaler schwarzer Brauenstrich, Stirn u. Scheitel olivgrün, 3 breite schwarze Bänder von Brauen über Scheitel zum Nacken, mittleres mit Haarkamm. Oberseite gelbgrün, schwarzer Aalstrich von Schulter bis Schwanz u. auf Schwanz fortgesetzt, Schwanzende schwarz, vordere Schwanzunterseite oliv. Oberarme wie Oberschenkel etwas heller als Rücken, Unterarme u. -schenkel dunkler, Hände u. Füße schwarz. Gesäßfläche u. Hoden blau, Gesäßschwielen dunkelgrau, Unter- u. Gliedmaßeninnenseiten goldgelb. ♀ wie ♂. 1. Jugendkleid nicht bekannt. 2. Gray-K. (E: Gray's Guenon, F: La Mone de Gray), *grayi* Fraser, 1850; wie 1, jedoch Gesicht fleischfarben, Scheitel gelblich, Ohrbüschel orange, Oberseite kastanienbraun ohne Aalstrich. 3. Graue K. (Black-footed Guenon, F: La Mone à pieds noirs), *nigripes* du Chaillu, 1860; wie 1, jedoch Backenbart gelbrot, Scheitel gelbweiß, Oberseite eisengrau, Kruppe schwarz. 4. Schwarz-K., *schwarzianus* Schouteden, 1946; wie 2, jedoch Rücken dunkler u. Unterseite weißgelb. – **M&G** KR ♂ 50–66, ♀ 38–46; SL ♂ 60–87, ♀ 50–68; KH ♂ rd. 35, ♀ rd. 32; G ♂ 3–6, ♀ 1,8–3. – **V** W-Kamerun mit Fernando Poo sw bis Kongo-Mündung, ow bis 25° öl L., N-Grenze Linie Sanaga- u. Ubangi-Fluß, S-Grenze Kongo-Mittellauf bis Ubangi-Mündung u. ww O-Grenze Gabuns. 4 UA (s. Kn): 1. *pogonias*, Fernando Poo (S-Teil) u. anliegendes W-Kamerun sw bis Sanaga-Fluß. 2. *grayi*, Verbreitung wie Art außer 1, 3 u. 4. 3. *nigripes*, W-Gabun zwischen Ogowe-Fluß im N u. Chiloanao-Fluß im S. 4. *schwarzianus*, sl von 3, ev. bis Kongo-Mündung. Nur 1 Exemplar bekannt. – **Lw** Lr Primär-, Sekundär-, Tiefland- u. Bergwald (bis 1000 m u. mehr), im Primärwald im obersten Stockwerk. N Früchte, Blätter, Triebe, Kerbtiere, geht auch in abgelegene Pflanzungen. In Familientrupps, tags oft mehrere zusammen. Vergesellung mit *Cercopithecus mona, nictitans* u. *cephus* möglich. Tr-Markierungsruf des Alt-♂ tiefes Bellen, Stimmfühlungslaut kibitzartiges »piwitt«, außerdem melodisches Zwitschern.

Grünmeerkatze, *Cercopithecus aethiops* (Linné, 1758). E: Savannah Monkey, Green Monkey, Tantalus Monkey, Grivet, Vervet, Callithrix, Malbrouck; F: Le Grivet, Le Vervet, Le Malbrouck, Le Callitriche, Le Singe vert, Le Tantale; A: Blauaap; K: Tumbili, Ngedere 53/2

Kn Mittelgroß bis groß. Arme u. Beine meist gleichlang, Schwanz lang, beim Laufen im Geäst schräg aufwärts mit abgebogener Spitze, am Boden fast senkrecht getragen. Backenbart kurz bis lang. Haarbüschel unter Schwanzwurzel, manchmal Oberschenkelrückseitenhaarkamm. Gesicht, Ohren, Gesäßschwielen schwarz, bei *pygerythrus* braunschwarz, bei *cynosurus* fleischfarben. Hoden weiß bis leuchtend blau. 21 UA: 1. Gelbgrünmeerkatze (E: Green Monkey, F: Le Singe vert), *sabaeus* (Linné, 1766); Backenbart gelb, bildet mit Vorohrhaarbüschel halbmondförmigen Kamm, weißes Stirnband fehlt. Oberseite goldgrün, Unterarme, -schenkel, Hände u. Füße grauer, Oberschenkelrückseite mit gelbem Haarkamm, Unter- mit Gliedmaßeninnenseite weißgrau, Hoden blaßblau, Schwanz oben wie Rücken, unten gelb, Haarbüschel unter Schwanzwurzel (= H. u. S.) fehlt. 2. Äthiopien-G. (E: Ethiopian Grivet, F: Le Grivet d'Éthiopie), *aethiops* (Linné, 1758); schmales Stirnband, Backenbart lang, Körper-, Schwanzunterseite, H. u. S. u. Schwanzspitze weiß, Oberseite graugrün, Beinaußenseite mausgrau, Hände u. Füße hellgrau. 3. Galla-G. (E: Abyssinian Grivet, F: Le Grivet de Neumann), *hilgerti* Neumann, 1902; wie 2, jedoch Oberseite rötlicher, Hände u. Füße dunkelbraun, H. u. S. rotbraun. 4. Suai-G. (E: Matschie's Grivet, F: Le Grivet de Matschie), *ellenbecki* Neumann, 1902; wie 2, jedoch Oberseite dunkelkastanienbraun, H. u. S. rotbraun. 5. Omo-G. (E: De Beaux's Grivet, F: Le Grivet de Zavattari), *zavattarii* De Beaux, 1943; wie 2, jedoch Oberseite olivrötlich, Arme u. Beine mausgrau, Hände u. Füße schwarz, H. u. S. weißrötlich. 6. Tantalusmeerkatze (E: Tantalus Monkey; F: Le Cercopithèque tantale), *tantalus* Ogilby, 1841; wie 2, jedoch schwarzes Schläfenband am Backenbartoberrand, Oberseite goldgrün, Beine mausgrau, H. u. S. weiß, Gesäßfleck rostrot. 7. Dschebel-Mara-G. (E: Jebel Marra Tantalus, F: Le Grivet de Darfur), *marrensis* Thomas & Wroughton, 1923; wie 6, Oberseite goldoliv, Backenbart gelbweiß, Schwanzende hellgelb. 8. Budgett-G. (E: Budgett's Tantalus, F: Le Grivet de Budgett), *budgetti* Pocock, 1907; wie 7, Oberseite braungrün, roter Gesäßfleck. 9. Uganda-G. (E: Black-faced Vervet, Bukoba, Green Monkey, F: Le Vervet de Bukoba), *centralis* Neumann, 1900; Backenbart kurz, Ohr nicht bedeckend. Gesicht, Ohren, Hände, Füße, Schwanzspitze, Gesäßschwielen schwarz, Stirnband, Backenbart, Unterseite weiß, Oberseite grünoliv, Beine grau, H. u. S. rötlich, Hoden türkisblau, Schwanz oben grau, unten weiß. 10. Marsabit-G. (E: North-eastern Vervet, Heller's Vervet, F: Le Vervet de Heller), *arenarius* Heller, 1913; wie 9, jedoch H. u. S. braun u. Schwanzspitze schwarz. 11. Naivasha-G. (E: Naivasha Vervet, F: Le Vervet de Naivasha), *callidus* Hollister, 1912; wie 10, jedoch Oberseite blaßolivgrün. 12. Mashi-G. (E: East African Vervet, Yellow Monkey, F: Le Vervet de Moshi), *johnstoni* Pocock, 1907; wie 10, jedoch Fell länger, Oberseite gelbgrau, Unterseite grauweiß. 13. Manda-G. (E: Manda Vervet, F: Le Vervet de Manda), *excubitor* Schwarz, 1926; wie 9, jedoch Oberseite ockerbraun, Unterseite gelbweiß, Stirnband u. Backenbart graubraunweiß, schwarzer Kinnfleck, Hände u. Füße braunschwarz, Schwanzspitze schwarz, Gesäßflecken neben Schwanzwurzel rostrot. 14. Pemba-G. (E: Pemba Vervet, F: Le Vervet de Pemba), *nesiotes* Schwarz, 1926; wie 13, jedoch oberseits dunkler, Backenbart hellbraun, Kinnfleck, Hände u. Füße schwarz. 15. Mozambique-G. (E: Reddish-green Guenon, F: Le Vervet de Mocambique), *rufoviridis* I. Geoffroy St. Hilaire, 1842; wie 13, jedoch Oberseite rotbraun, Unterseite weißgelb. 16. Nyassa-G. (E: Mt. Chiradzulu Vervet, F: Le Vervet du Mont Chiradzulu), *whytei* Pocock, 1907; wie 9, jedoch Unterseite rötlichweiß u. rostroter Fleck unter Schwanzwurzel. 17. Mariepskop-G. (E: Cloet's Vervet, F: Le Vervet de Mariepskop), *cloeti* Roberts, 1931; wie 9, nur kleiner. 18. Okawango-G. (E: Okavango Vervet, F: Le Vervet de la fleuve Okavango), *ngamiensis* Roberts, 1932; Oberseite gelb, Unterseite weiß, Gliedmaßen blaßgrau. 19. Kuruman-G. (E: Bradfield's Vervet, F: Le Vervet de Kuruman), *marjoriae* Bradfield, 1936; wie 17, nur blasser. 20. Südafrika-G, Lalandes-G. (E: South African Vervet, Blue Monkey; F: Le Vervet bleu), *pygerythrus* F. Cuvier, 1821; wie 9, jedoch Backenbart lang u. Oberseite grauoliv. 21. Malbrouck-G. (E: Malbrouck Monkey, F: Le Malbruck), *cynosurus* (Scopoli, 1786); Gesicht, Ohren, Hand- u. Fußflächen u. Gesäßschwielen rosa, Stirnband u. kurzer Backenbart weiß, Oberseite olivgrün, Beine grau, Hände, Füße u. Schwanzspitze schwarz, Unterseite grauweiß, Hoden azurblau bis violett. – ♀ wie ♂. Neugeborenes gleichmäßig fein grau bis braunschwarz behaart, Gliedmaßen heller, Gesicht, Ohren, Hand-, Fußfläche u. Gesäßschwielen rosa, Unterseite spärlich behaart, blaue Haut durchscheinend. Beginn der Umfärbung ins Erwachsenenkleid mit 3–4, Ende mit 16–17 Monaten. – **M&G** KR ♂ 45–83, ♀ 40–61; SL ♂ 55–114, ♀ 50–65; G ♂ 3,5–7,7, ♀ 2,5–5,3. – **V** Afrikas Savannen u. Steppen sl Sahara etwa ab 18 bis 15° nl. Br., außer großen Teilen SW-, S- u. SO-Afrikas. 21 UA (s. Kn): 1. *sabaeus*, wl Sahel vom Atlantik bis rd. 2° wl L. (M-Niger- u. Volta-Fluß), N-Grenze um 18° n. Br., S-Grenze Regenwald. Eingeführt auf Kapverdischen u. Westindischen Inseln (letztere: St. Christopher oder St. Kitts u. Barbados). 2. *aethiops*, Gebiet des Weißen, Blauen Nils u. Atbaras (O-Sudan, W-Äthiopien). 3. *hilgerti*, mittleres O-Äthiopien. 4. *ellenbecki*, W-Äthiopien sl Tanasee sw bis Zuaisee. 5. *zavattarii*, Omo-Flußgebiet, SW-Äthiopien. 6. *tantalus*, geographischer Sudan von Volta-Fluß im W bis W-Grenze M-Äthiopiens. 7. *marrensis*, Dschebel Mara, Darfur. 8. *budgetti*, SW-Sudan u. NW-Uganda mit äußerstem NO-Zaire. 9. *centralis*, Uganda wl Victoriasee. 10. *arenarius*, SW-Somalia wl Juba-Fluß u. NO-Kenia. 11. *callidus*, Gebiete um Victoriasee außer W-Ufer. 12. *johnstoni*, SO-Kenia u. N-Tansania zwischen Tana- u. Rufiji-Fluß. 13. *excubitor*, Inseln Manda u. Patta, Kenia-Küste. 14. *nesiotes*, Inseln Pemba u. Fundu nl Sansibar. 15. *rufoviridis*, öl S-Tansania u. N- u. M-Mozambique. 16. *whytei*, Mt. Chiradzulu, S-Ufer des Nyassasees. Nur 1 Exemplar bekannt. 17. *cloeti*, Mozambique u. O-Rhodesien zwischen Sambesi u. Limpopo. 18. *ngamiensis*, Okawango-Gebiet, N-Botswana u. NO-SW-Afrika. 19. *marjoriae*, Kuruman-Gebiet, nl Oranje-Fluß, nl Kapprovinz. 20. *pygerythrus*, Küstengebiete sl Drakensberge von Zululand bis Nadelkap. 21. *cynosurus*, Angola, Zaire, Sambia u. Rhodesien, zwischen Kongo-, Kasai-Fluß, NW-Tanganjika-, Bangweolosee u. Kunene. – **Lr** Offene Parklandschaft, Feucht- u. Trockensavanne, Buschland, Galeriewald, buschbestandene Felshaufen u. Kopjes. Wassernähe erforderlich. Nicht in Regenwald u. Halbwüste. Im Gebirge bis 4000 m. – **W** Größe richtet sich nach Truppstärke u. Landschaftsform, ½ bis einige km². – **Tt** Tagtätig. Schlafen in Bäumen, Fressen oft am Boden, laufen viel am Boden umher, auch weit zu Futterplätzen. Fallen gern in Gärten, Felder u. Pflanzungen ein, werden oft zur Plage. Klettern geschickt u. springen weit von Baum zu Baum, schwimmen gut. – **Lt** In Wildbahn nicht sehr lautfreudig, ziemlich still. ♂ ruft hartes »kek-kek-kek« zur Tr-Markierung. Zirp- u. Zwitscherlaute, Schreien bei Angst. Lebhafte Mimik (Augenbrauen- u. Lippenbewegungen). Alt-♂ droht gegen ♀ u. Junge mit Zähneblecken bei seitlicher Kieferbewegung oder Zähneaufeinanderschlagen. Beim Insaugefassen eines Beobachters seitliches Kopf- u. Schulterschwingen. Bei Wut Rütteln an Zweigen. Imponieren des ♂ durch Aufrechtsitzen mit erigiertem Penis oder Aufrechtstehen mit erigiertem u. auf- u. abschlagendem Penis (um blaue Hoden u. roten Penis vor Weiß von Bauch u. Schenkeln zur Geltung zu bringen) oder durch vierbeiniges Umherschreiten mit senkrechtem Schwanz u. Präsentieren der blauen Hoden. Brünstiges ♀ präsentiert blaue Scheidenumgebung u. roten Kitzler. – **N** Früchte, Beeren, Blüten, Knospen, Triebe, Rinde, Baumsaft, Grassamen, Feldfrüchte, Kerbtiere, Spinnen, Eidechsen, Vogeleier, Jungvögel. – **Fd** Leopard, Karakal, Serval, Paviane, Kampf-, Kronen-, Kaffernadler, Krokodil, Python. – **Gs** In Trupps von 6–60, meist Familientrupps aus 1 Alt-♂, mehreren ♀♀ u. Jungen, tagsüber mehrere Trupps zusammen, im Ø 20–30 Tiere, doch in Guinea- u. Sudansavanne auch größere Horden bis 100. Feindseligkeiten mehr zwischen als innerhalb Trupps. – **Fp** Zu allen Jahreszeiten, örtliche Geburtenhäufung möglich (Uganda z. B. April–Oktober). ♀-Zyklus 31 Tage, Tragzeit 175–203 Tage. Geburts-G 300–400. ♀ leckt Junges trocken, frißt Nachgeburt, beißt Nabelschnur ab. Junges klammert sich an ♀-Bauch fest, ♀ hält es zusätzlich mit 1 Hand erste 10 Tage. Mit 3 Wochen erstes ♀-Körperverlassen, mit 4 Wochen erstes Klettern. Mit 2 Monaten erste Festnahrung. Jugendkleid s. Kn. Säugezeit ½ Jahr. – **Gr** mit 2–2½ Jahren. – **Ld** In Gefangenschaft bis 24 Jahre nachgewiesen.

Stummelaffen, Colobinae

KR 40–85 cm, langschwänzig. Kopf rundlich, Schnauze kurz, Gesicht u. Ohren nackt, letztere klein. Z. T. Stups- oder große Fleischnase. Gliedmaßen lang u. schlank, Finger u. Zehen verlängert, Großzehe kurz. Daumen stummelhaft oder fehlend. Schwanz mit kleiner bis sehr großer Quaste. Fell dicht, kurz bis mittellang, Scheitelschopf, Backenbart, Schulter- oder Flankenmähne möglich. Gesellige baum-, z. T. auch teilweise bodenlebende Blätter- u. Früchtefresser mit gekammertem Magen. Afrika u. Südasien von Vorderindien bis Ceylon, Westchina mit Hainan u. Lombok. 6 Gattungen mit zusammen 22 Arten, davon 1 Gattung mit 4 Arten in Afrika.

55/3 **Weißbartstummelaffe, Bärenstummelaffe** oder **Mantelaffe,** *Colobus (Colobus) poly-*
56/8 *komos* (Zimmermann, 1780). E: King Colobus, Western Pied Colobus, Western
56/9 Black-and-White Colobus; F: Le Colobe blanc et noir d'Afrique occidentale; A:
56/10 Mbega, Kuluzu

Kn Groß, schlank, kräftig, langschwänzig, Beine merkbar länger als Arme, Gesicht u. Ohren nackt, letztere klein u. rundlich. Nase etwas erhaben, breit, Spitze zur Oberlippe herabgezogen. Hände u. Füße mit Strahlen lang u. schmal. Daumen bis auf kurzen Stummel verkümmert (daher Artname). Großzehe kurz, abspreizbar. Gebiß wie *Cercopithecus,* jedoch M_3 5höckerig. Backentaschen fehlen. Magen sehr groß, sakkuliert. Luftsack unter Zungenbein. Gesäßschwielen mittelgroß. Penis mit kleinem Knochen. Fell lang, seidig, Scheitelhaar nicht haubig verlängert. Gesichtsumrahmung (Stirnband, Backen-, Kinnbart) kurz bis lang. Schultern ohne oder mit schmaler bis breiter Mähne (Mantel), Schwanz ohne oder mit Endquaste. Nackte Haut (Gesicht, Ohren, Hand- u. Fußflächen, Gesäßschwielen, Hoden) schwarz, Fell schwarz. Bart mit Bakkenbart weiß oder grau; Stirnband Schultermähne u. Schwanz weiß bis gelbweiß, letzterer auch grau oder schwarz, Endquaste weiß; Schenkel schwarz oder schmal bis breit weiß auf Hinterhälfte. Neugeborenes weiß, Ohren, Gesicht, Hand- u. Fußflächen rosa, nach 1 Tag dunkelgrau, nach 1 Woche schwarz. Fell färbt ab 14 Tage um in Grau, ab 2.–3. Monat um in Erwachsenenfarbe. 10 UA: 1. Guinea-W., *polykomos* (Zimmermann, 1780); Gambia bis wl Elfenbeinküste bis Sassandra-Fluß; Gesichtsumrandung locker u. mittellang, zusammen mit Schultervorderseiten grau, Schenkel schwarz, Schwanz weiß, ohne Quaste. 2. Bandama-W., *dollmani* Schwarz, 1927; Sassandra- bis Bandama-Flußgebiet, Elfenbeinküste; Gesichtsumrandung lang, dicht weiß, Mantel klein u. weiß, Schenkel neben Schwanzwurzel u. Schwanz weiß, letzterer ohne Quaste. 3. Ghana-W., *vellerosus* (I. Geoffroy-St. Hilaire, 1834); Bandama-Flußgebiet, mittlere Elfenbeinküste bis W-Nigeria unweit Niger-Unterlauf; wie 2, jedoch Mantel nur aus einigen weißen Haaren u. ganze hintere Schenkelhälfte weiß. 4. Schwarzer Stummelaffe, *satanas* Waterhouse, 1838; Fernando Poo, Kamerun, Gabun u. Teile Kongo-Brazavilles; langer Backenbart u. Mantel, Schwanz ohne Quaste, völlig schwarz. 5.

Mantelaffe, *angolensis* Sclater, 1860; Zaire sl Kongo-Unter- u. Mittellauf sowie N-Angola sw bis Kuanza-Fluß u. rd. 10° s. Br.; Backenbart u. Bart sehr lang u. sichelförmig, weißer Mantel sehr breit u. lang, weißes Stirnband fehlt, Schenkelrückseite mit weißem Streifen, Schwanz schwarz mit weißer Quaste. 6. Cordier-W., *cordieri* Rahm, 1959; Maniema-Gebiet, mittleres öl Zaire; Mantel spärlich weiß, Schenkel schwarz, Schwanz grau, ohne Quaste. 7. Cotton-W., *cottoni* Lydecker, 1905; Uelle-, Ituri- u. Aruwimi-Distrikt, n-öl Zaire; wie 6, jedoch Schwanz schwarz. 8. Kabobo-W., *prigoginei* Verheyen, 1959; Kabobo-Berge wl Tanganjikasee, SO-Zaire; wie 6, jedoch Schwanz weiß. 9. Ruwenzori-W., *ruwenzorii* Thomas, 1901 (= *adolfi-friderici* Matschie, 1904); Ruwenzori, O-Zaire u. W-Ruanda-Urundi; Fell u. Backenbart sehr lang, letzterer sichelförmig, Mantel weiß u. klein, Schenkelhinterrand breit weiß, Schwanz schwarz mit kurzer weißer Spitze, ohne Quaste. 10. *palliatus* Peters, 1868 (= *sharpei* Thomas, 1902); SW-Tansania mit NW-Malawi, durch M-Tansania bis NO-Tansania (Uluguru- u. Usambaraberge); wie 5. – **V** Von Gambia bis W-Nigeria, Zaire, bis O-Grenze u. W-Ruanda-Urundi, N-Angola sw bis Kuanza-Fluß u. rd. 10° s. Br. Ferner Bergwälder vom NO-Ufer des Tanganjika-Sees im SW bis Uluguru- u. Usambaraberge im NO Tansanias (s. UA). – **M&G** KR ♂ 50–67, ♀ 50–61; SL ♂ 65–90, ♀ 63–88; G 9–20. – **Lr** Regen-, Bergregen-, Bambus-, Galerie-, Sumpf-, Küstenwald, Waldinseln, Feuchtsavanne. Im Gebirge bis 3000 m u. mehr. – **Tr** Ortstreu; je Trupp 8–15 ha, Größe richtet sich nach Grünfuttermenge u. Truppkopfzahl. Tr hat feste Wechsel u. Schlafbäume, letztere in Tr-Mitte. Tr wird gegen Nachbartrupps durch Bewegungen u. Rufe verteidigt (s. Lt). – **Tt** Tagtätig. Aufwachen mit Sonnenaufgang, dann Sonnenbaden, dann Abmarsch zum Freßplatz. Mittags bis gegen 15^h

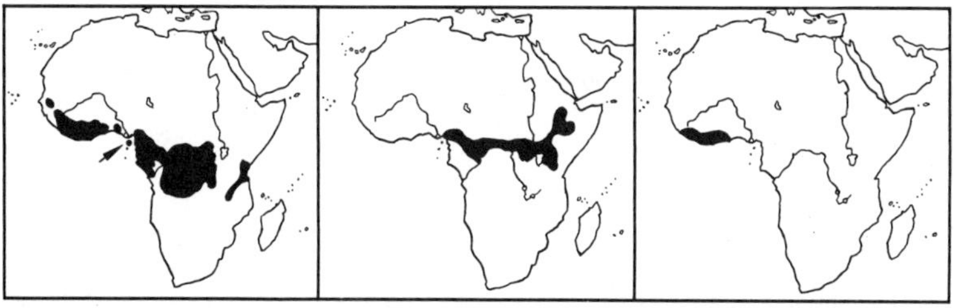

Weißbartstummelaffe Guereza Grüner Stummelaffe

Ruhen, Fellpflegen u. Schlafen. Danach Fressen bis Abend, Rückmarsch zum Schlafbaum. Täglich zurückgelegte Strecke meist nur 80–150 m. Hauptaufenthalt in u. auf Kronendach, bei Gefahr Flucht in tiefere Stockwerke; selten am Boden. Auf Ästen schnell vierbeinig laufend, weite Sprünge von Baum zu Baum unter Ausnutzung der Astfederkraft als Katapult, Landen mit Füßen voran. Gelegentlich auch kurzes Schwinghangeln. Tiefsprünge mit Kopf voran (Flatternlassen des Mantels u. der Schwanzquaste) als Imponiergehabe u. bei Gefahr. – **Kp** Wie *Cercopithecus,* sehr viel auch gegenseitig, besonders in Mittagspause u. nach Sturm. Schwanzquaste wird besonders sorgfältig gepflegt. – **Lt** Alttiere, besonders Alt-♂ hat weithallendes Brüllen als Tr-Markierungs- u. Zusammenhaltsruf. Wird tagsüber 3–4mal für 15–20 Minuten ausgestoßen: 1. in Morgendämmerung auf Schlafbaum bis Sonnenaufgang, Nachbartrupps fallen ein, 2. bei Ankunft an Freßplatz, dabei auffällige Bewegungen (Laufen, Springen) auf höchsten Zweigen, Nachbartrupp folgt, wenn 1. Trupp aufhört. Bewegungen entfallen, wenn Nachbartrupp nicht zu sehen, 3. nachmittags nach Ende der Mittagsruhe, 4. abends nach Rückkehr zum Schlafbaum. Bei Regen u. Nebel keine Rufe. Bei Grenzbegegnungen zweier Trupps: Anstarren, Nicken, Scheinkauen, Händeklatschen, Alt-♂♂ fangen an zu brüllen, umherzuspringen, sich fallen zu lassen u. wieder hochzuklettern. Rückzug des vom Mittelpunkt des eigenen Tr am weitest entfernten Trupps mit brüllendem Alt-♂ als Nachhut. Alt-♂ schnaubt bei Drohung u. Alarm. Bei Truppbewegungen leises Grunzen. Bei Unbehagen weiches Krächzen. Streitende Junge quieken u. schreien. – **S** Seh- u. Hörvermögen sehr gut, Riechvermögen mäßig. – **Fd** Kronen-, Kaffern-, Kampfadler. Alarmruf ziegenartiges Meckern, Flucht durch Fallenlassen in tiefere Stockwerke. Alarmgeben durch Handschlagen auf Ast bei Bodenfeinden. Alt-♂ beobachtet dann Störenfried regungslos mit Zähnefletschen u. Scheinkauen, wiederholt Handschlagen, nickt mit Kopf, schüttelt Zweige, reißt Zweige ab u. wirft sie auf Feind, läßt Kot auf ihn fallen, ruft laut, bei Nichtweichen des Störenfrieds Flucht. – **N** Frische grüne Blätter, Früchte, Palmnüsse, Rinde, Bartflechte (im Bergwald), Grassamen, Kerbtiere, Mineralerde. Taulecken im Gezweig oder Wassertrinken aus Gewässer. Hände ziehen Zweig heran, Lippen pflücken Blätter ab. – **Gs** In Familientrupps, 1 Alt-♂, mehrere ♀♀ u. Jungtiere, überzählige erwachsene ♂♂ als Einzelgänger oder in eigenen Trupps oder gründen eigene Familientrupps. Truppgröße normal 3–12 oder 18, manchmal bis 50, dann mehrere Einzeltrupps beieinander. Alt-♂ ist Wächter, Alarmgeber, Tr-Markierer u. Rückzugdecker. Tiere sind untereinander friedlich, keine ernsthaften Kämpfe, Abbau von Spannungen durch Scheinkauen bei geschlossenem Maul. – **Fp** Ganzjährig. Brünstiges ♀ hat keine Dammhautschwellung, bietet sich mit Schwanz über Rücken an, wird von Alt-♂ u. jüngeren ♂♂ begattet, ♂ steht dabei mit Füßen auf Ast. ♀ zum Gebären in Begleitung eines ♂ für 1 Tag abseits. Tragzeit 147–178 Tage. Junges weiß (s. Kn), Geburts-G rd. 450, klammert sich sofort an ♀-Bauch (♀ unterstützt zuerst mit 1 Hand), Augen offen, baldiges Saugen. Selbständiges Sitzen u. 1. Stehversuche mit Festhalten mit 1, 1. Kletterversuche u. kleine Sprünge am Ort mit 3 Wochen, freie Sprünge über 1 m weit mit 4, von Baum zu Baum mit 6 Monaten, jedoch bei Furcht noch Herumtragen durch Mutter bis zu 1 Jahr u. länger, Säugezeit bis 1¼ Jahr u. länger, obwohl 1. Festnahrung bereits mit ¼–½ Jahr. Andere ♀♀ des Trupps, aber auch ♂♂, drängen sich, Junges zu tragen, lenken Mutter notfalls durch Fellpflege ab u. stehlen es. Junges kennt nach 3 Wochen Mutter persönlich, wehrt sich dann durch Strampeln u. Schreien gegen Fremdtragen. Säugende ♀♀ lassen auch andere Junge zu (wichtig, falls eine Mutter stirbt). – **Gr** ♀ 2, ♂ 4 Jahre. – **Ld** In Gefangenschaft 20 Jahre nachgewiesen.

55/2 **Guereza** oder **Seidenaffe,** *Colobus (Colobus) guereza* Rüppell, 1835 (= *abyssinicus* Oken, 1816, ungültig). E: Eastern oder Abyssinian Black-and White Colobus, Eastern Pied Colobus, Guereza; F: Le Colobe Guereza; K: Mbega, Kuluzu

Kn Gestalt, Körperbau u. Jugendkleid wie Weißbartstummelaffe (S. 296). Scheitelhaare als kurze Haube. Schultern, Flanken u. Kruppe mit langem Mantel oder Schleier, Schwanz mit Endquaste. Körper schwarz, nur Gesichtsumrandung, Mantel, Schwanzquaste, breiter Haarring um Gesäßschwielen u. unscharfer Schenkelfleck weiß. Schwanzquaste verschieden lang u. verschieden stark buschig, von einfacher Endquaste bis zu ¾ schwanzlangem Buschen. ♀ wie ♂. Haut des Neugeborenen unter weißem Fell rot, ab 3. Tag rosa werdend, volles Erwachsenenkleid mit 4–7 Monaten erreicht. Kleiner Bestand reiner Weißlinge am Keniaberg bei Nanjuki. 6 UA: 1. Eigentlicher S., *guereza* Rüppell, 1835 (= *poliurus* Thomas, 1901; *dodingae* Matschie, 1912); W- u. S-Äthiopien wl Hawasch-Fluß; weißer Mantel gut entwickelt, Schwanzanfang schwarz, weiß untermischt, Rest halb buschig, weiß. 2. Galla-S., *gallarum*

Neumann, 1902; O-Äthiopien öl Hawasch-Fluß; wie 1, jedoch Schwanzanfang rein schwarz. 3. Matschie-S., *matschiei* Neumann, 1899; Kenia wl Großem Graben; wie 1, jedoch vordere Schwanzhälfte schwarz, hintere weiß. 4. Kikuju-S., *kikuyensis* Lönnberg, 1912 (= *percivali* Heller, 1913); Kenia öl Großem Graben; wie 1, jedoch kurze Schwanzwurzel schwarz, 4/5 des restlichen Schwanzes sehr buschig, weiß. 5. Kilimandjaro-S., *caudatus* Thomas, 1885; Kilimandjaro-Meru-Gebiet; wie 4. 6. Zaire-S., *occidentalis* (Rochebrune, 1886–87) (= *uëllensis* Matschie, 1913); von O-Nigeria u. Kamerun ow durch Ubangi-Schari-Gebiet u. N-Zaire nl Kongo-Fluß bis Lado-Enklave, S-Sudan u. W-Uganda bis Victoriasee; Mantel nur mäßig lang, Schwanz schwarz, lang, mit mäßiger Endquaste. – **M&G** KR ♂ 54–70, ♀ 48–65; SL ♂ 67–90, ♀ 72–83; G 10–23. – **V** Öl M-Nigeria, N- u. O-Kamerun (sw bis Sanga-Fluß), SW-Tschad, Zentralafrikanische Republik, N- u. NO-Zaire nl Kongo-Fluß, S-Sudan, S-Äthiopien, Uganda, W-Kenia, NW-Tansania ow bis Meru u. Kilimandjaro (s. UA). – **Lw** Wie Weißbartstummelaffe. Einleitung zur Fellpflege oft durch scherzhaftes gegenseitiges Beißen in Arme, Schultern u. Nacken. ♀ beharnt oft seinen Schwanz zur Duftverstärkung, ♂ jedoch nicht. Auch Lt wie Weißbartstummelaffe, jedoch bei Truppbegegnungen noch zusätzlich Zungenschnalzen. – **Ld** In Gefangenschaft bis 24 Jahre nachgewiesen.

Grüner Stummelaffe oder **Grüner Colobus,** *Colobus (Procolobus) verus* Van Beneden, 1838. E: Olive Colobus, F: Le Colobe de Van Beneden 55/1

Kn schlank, schmal, langschwänzig, Beine länger als Arme. Kopf klein, rund, Schnauze kurz, Nasenrücken gerade. Nasenlöcher halb seitwärtige Schlitze, durch breite Scheidewand getrennt. Übriger Bau wie Weißbartstummelaffe, M_3 jedoch oft mit 6 Höckern u. Daumen noch weiter zurückgebildet. Stirnunterrand mit 2 Wirbeln steifer Haare, Scheitelmitte mit Haarschopf, Backenbart lang, rückwärts gerichtet, Schwanz ohne Quaste. Gesicht fleischfarben, um Augen blaugrau, Hand-, Fußflächen u. Gesäßschwielen schiefergrau, Stirnwirbel hellgrau, Backenbart, Körperunter-, Beininnen-, Schenkelrückseiten, Hoden, Unterarme, Hände, Füße u. Schwanzunterseite aschgrau. Oberseite von Scheitel bis u. mit Schwanz, Oberarme u. -schenkel oliv, Scheitel, Nacken u. Rücken mit braunem Überflug, Unterschenkel schwach oliv. ♀ wie ♂, jedoch ohne Scheitelschopf, After-Scheidenumgebung u. Damm sichtbar geschwollen, Schwellung vom Monatszyklus unabhängig, jedoch während Trag- u. Säugezeit fast ganz geschwunden. Neugeborenes hat Erwachsenenfarbe. – **M&G** KR ♂ 43–50, ♀ 44–50; SL ♂ 57–64, ♀ 57–64; G ♂ 3,3–5,4, ♀ 2,9–4,4. – **V** Von Guinea u. Sierra Leone bis Benin. Keine UA. Gefährdet. – **Lw** Lr Unterstockwerk des Regenwaldes bis rd. 10 m Höhe, Dickicht, Sekundärwald an Flüssen, Sumpfwälder, Palmsümpfe, aber auch in trockenen Waldgebieten. Flieht vor Feinden ins Mittelstockwerk (10–30 m), schläft dort auch, klettert jedoch nie ins Oberstockwerk. Nur selten am Boden. Tagtätig. N Blätter, manchmal Blüten. In Familientrupps mit 1 Alt-♂ u. mehreren ♀♀ u. Jungen, meist 6–10 Tiere, manchmal bis 20, dann mehr als 1 Alt-♂ im Trupp. Tiere untereinander friedlich, keine Rangordnung. Schweigsam, kein eigener Warnruf, jedoch der der häufig mitlebenden Meerkatzen (*mona* u. *petaurista*) wird beachtet. Bei Gefahr Stillsitzen mit Kopf auf Brust, wodurch Verschmelzen mit Umgebung. Außer Grunzen kein anderer Laut (außer Schreien in höchster Gefahr) bekannt. Fp nicht bekannt. Junges wird wie bei den Halbaffen *Lemur variegatus, Galago demidovii, alleni* u. *elegantulus* vom ♀ rd. 1 Monat im Maul, dann am Bauch getragen.

55/4 **Roter Stummelaffe** oder **Roter Colobus,** *Colobus (Piliocolobus) badius* (Kerr, 1792).
56/1–7 E: Red Colobus, F: Le Colobe bai

Kn Groß, schlank, langschwänzig, Beine länger als Arme. Kopf klein, rund, Schnauze kurz, Nase gerade, etwas breitrückig (bei *badius* u. *temmincki* etwas aufgebogen), Nasenlöcher halb seitwärtige Schlitze, durch breite Scheidewand getrennt. Übriger Bau wie Weißbartstummelaffe, jedoch Daumenstummel sehr klein oder fehlend. ♀ mit starker, schwacher oder ohne Genitalbereichschwellung je nach Unterart u. Individuum. Auch ♂ mit ständiger Schwellung der Afterumgebung u. des Dammes zwischen den ovalen Gesäßschwielen. Fell oberseitig etwas verlängert, strähnigseidig, am längsten bei *kirki.* Backenbart mittellang bis lang, rückwärts gerichtet; Stirnscheitelhaare manchmal etwas haubig (*tephrosceles*) oder langer Stirnschopf (*foai, kirki*). Schwanz ohne Quaste. Gesamtfarbe orange bis dunkelrote Oberseite mit teils oder ganz verdunkeltem bis schwarzem Rücken u. heller rotgelber bis weißer Unterseite je nach UA. Die Tiere im W der Verbreitung haben mehr Schwarz als die zentral- u. ostafrikanischen, bei denen das Oberseitenschwarz weitgehend durch Braun oder Rotbraun ersetzt ist. Gesicht blau bis schwarz mit fleischfarbener Brillenzeichnung oder Nase u. Maul. Farbabänderung z. T. auch innerhalb der 13 UA groß: 1. *temmincki* Kuhl, 1820; S-Senegal, Gambia, Guinea-Bissau, NW-Guinea; Oberseite grauschwarz, übriger Körper orange. 2. *badius* (Kerr, 1792); S-Sierra Leone, Liberia, Elfenbeinküste bis Bandama-Fluß; Oberseite schwarz, übriger Körper rotbraun, Schwanz rötlichschwarz. 3. *waldroni* Hayman, 1936; Elfenbeinküste ow Bandama-Fluß u. W-Ghana; Stirn u. Schenkel dunkelrot, Rücken u. Schwanz schwarz. 4. *pennanti* Waterhouse, 1938; Fernando Poo; Oberseite rotbraun, Scheitel, Nacken u. Schultern schwärzlich überflogen, Backenbart weiß, Unterseite gelbrötlich. 5. *preussi* Matschie, 1900; W-Kamerun gegenüber Fernando Poo, mit Kamerunberg; Rücken dunkelbraun, Scheitel schwarz, Backenbart weiß, Seiten orangerötlich, Unterseite kremweiß, Schwanz im 1. $^{2}/_{3}$ rot,

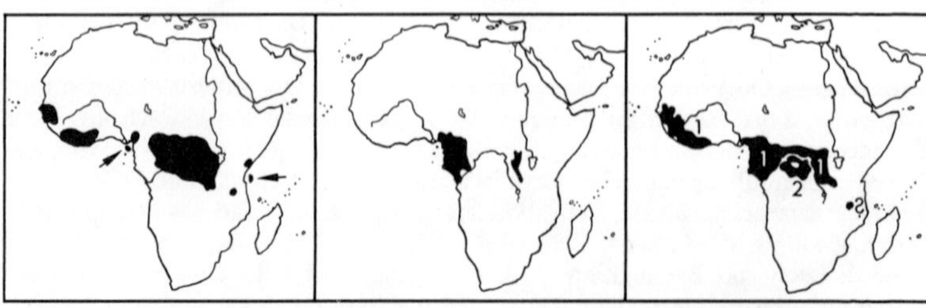

Roter Stummelaffe | Gorilla | 1 Großschimpanse 2 Zwergschimpanse

Rest schwarz. 6. *oustaleti* Trouessart, 1906; von SW-Kamerun u. N-Kongo (Brazzaville) bis NO-Zaire nl Kongo-Fluß; Backenbart grau, Scheitel wie Rücken dunkelbraun, sonst wie 5. 7. *tholloni* Rivière, 1886; Zaire zwischen Kongo- u. Kasa- u. Sankuru-Fluß, ow bis Lualaba-Fluß (Kongo-Oberlauf); leuchtend rotbraun, oben dunkler, unten heller. 8. *ellioti* Dollman, 1909; Ituri-Gebiet, O-Zaire bis W-Uganda; Vorderkörper rötlich, Hinterkörper dunkelbraun. 9. *foai* Pousargues, 1899; ow Kongo-Oberlauf (Lualaba) bis Tanganjikasee; roter Stirnschopf, sonst wie 7 oder 8, sehr veränderlich. 10. *tephrosceles* Elliot, 1907; Ruwenzori bis söl u. swl Tanganjikasee, O-Zaire, W-Uganda, W-Tansania; Scheitel rotbraun, Backenbart weiß, Rücken dunkelbraun oder heller braun, Arme u. Beine graubraun, Hände u. Füße schwarz, Schwanz wie Rücken; sehr veränderlich. 11. *gordonorum* Matschie, 1900; Iringa-Gebiet, SW-Tansania, bedroht; sehr veränderlich, Oberseite schwarz bis Schultern, von da ab rotbraun, Scheitel meist rotbraun, Arme u. Hände schwarz bis braunschwarz, Beine bis Füße hellgrau, doch Füße stets dunkel bis schwarz, Backenbart u. Unterseite weiß oder grau. 12. *kirki* Gray, 1868; Iozaniwald auf Sansibar, zwar jetzt geschützt, jedoch noch stark gefährdet; Scheitel, Rücken u. Schwanz rotbraun, Backenbart u. Stirnschopf, Unterseite u. Beine weiß; Schultern, Arme, Hände u. Füße schwarz. 13. *rufomitratus* Peters, 1879; Tana-Unterlauf u. Küstenwald sl davon, SO-Kenia, stark bedroht; Scheitel rotbraun, Rücken u. Schwanz schwarz, Arme, Hände, Beine, Füße, Backenbart grau, Unterseite weißlich. – ♀ wie ♂, Junges oberseits schwarz, unterseits grau, Fell seidig. Umfärbung in Erwachsenenfarbe mit 1½–3½ Monaten. – **M&G** KR ♂ 46–70, ♀ 47–62; SL ♂ 55–80, ♀ 42–80; G ♂ 9–13, ♀ 7–9. – **V** Von Senegambien bis W-Uganda, SO-Kenia, SW-Tansania u. M-Zaire, auch auf Sansibar u. Fernando Poo. Verbreitung nur teilweise zusammenhängend. 13 UA, Einzelheiten s. Kn. – **Lr** Regen-, Galerie-, Sumpf-, Berg-, Sekundär- u. z. T. laubabwerfender Wald, Waldinseln, Dauergewässer in Nähe erforderlich. Im Gebirge bis 1500 m. In W-Afrika Aufenthalt meist im Waldober-, in Uganda auch -unterstock, manchmal auch im dichten Sekundärwaldunterwuchs u. dessen Boden, *temmincki* u. *tephrosceles* öfter am Boden. – **Tr** Je Truppgröße u. Walddichte 25–150 ha. Sehr ortstreu. Feste Schlaf-, Sonn-, Freßplätze u. Wechsel. Tr benachbarter Trupps können sich überlappen. Tr-Markierungsgesang wie Weißbartstummelaffe (S. 297), Stimme jedoch nicht so weit hallend. – **Kp** wie *Cercopithecus*, sehr viel auch gegenseitig. – **Tr** Tagtätig wie Weißbartstummelaffe, 30% des Tages fressend, 60% untätig. Freßzeiten 1. Morgen-, 2. Nachmittagshälfte u. kurz mittags. Weit- u. Tiefsprünge wie dieser. – **Lt** meist ruhig. Alt-♂-Warn- u. Zusammenhaltruf hohes »keiuph«, sonst noch »ow« bei Streit u. gegen Feinde sowie schrilles »jau« bei Kronenadlerangriff. In höchster Gefahr Schreien. – **N** Blüten, Knospen, Triebe, manchmal weiche Früchte, nebenher Blätter. Frißt sehr wählerisch tagsüber an verschiedenen Baumarten. – **Gs** In Trupps von 50–100 Tieren, je ♂ rd. 3 ♀♀, dazu noch Junge. Trupp bei Futtersuche verstreut, bei Ruhen, Schlafen, starkem Regen u. Alarm Aufteilung in Familientrupps (1 ♂, mehrere ♀♀ u. Junge), dessen Mitglieder eng zusammensitzen, auch Familientrupps dicht beieinander. Alt-♂♂ friedlich zueinander, kleine Kabbeleien zwischen Truppmitgliedern (zwecks Spannungsabbau) häufig. Bei Alarm drohen ♂♂ gegen Feind, während Familien beieinanderhocken, bei Flucht bilden ♂♂ Nachhut. – **Fp** Begattung meist nachts, ♂ steht auf Ast oder umfaßt ♀-Knöchel mit Füßen je nach Unterart, ♀ stumm oder trillernd. Fp-Zeit bei Regenwaldtieren nicht beschränkt, bei anderen jahreszeitlich. Tragzeit 5–5½ Monate, in O-Afrika Hauptsetzzeiten März–Mai u. Juli–November. Junges wird am Bauch hängend getragen, nur von Mutter versorgt, »Tanten« treten nicht auf. 1. Mutterkörperverlassen mit 2–3½, Entwöhnung mit 9–12 Monaten. – **G** ♀2, ♂3–3½ Jahre. – **Ld** In Gefangenschaft bisher nur 2 Jahre.

Menschenaffen, Pongidae

Scheitelhöhe im Stand 100–180 cm, Gewicht 30–300 kg, ♂ meist z. T. erheblich größer u. schwerer als ♀. Schwanz fehlt. Kopf u. Schnauze rundlich, letztere vorspringend. Ohren nackt, klein bis mittelgroß. Gesicht u. z. T. Oberbrust nackt. Orang-♂ mit Backenwülsten u. großem Kehlsack, Gorilla-♂ mit helmartiger Scheitelnackenfetthaube. Arme länger als Beine. Klafterweite 150–275 cm, Daumen kurz, z. T. Finger verlängert. Großzehe als Greifzehe. Gb 2 · 1 · 2 · 3 = 32, C größer als I u. P. Haarkleid kurz bis lang, dicht bis schütter. 2 brustständige Zitzen, Hoden u. Penis klein. Tragzeit 7–10 Monate, 1 Tragjunges mit offenen Augen, Geschlechtsreife mit 7–10, Ausgewachsensein mit 10–12 Jahren. Lebensalter bis 30 Jahre u. mehr. Gesellige Bodengeher u. Kletterer oder nur Kletterer (Orang). Pflanzenfresser, Großschimpanse auch Gemischtfresser u. Räuber. Urwälder Borneos u. Sumatras (Orang-Utan, *Pongo pygmaeus*) sowie Afrikas (Gorilla, Groß- u. Zwergschimpanse), insgesamt 3 Gattungen mit zusammen 4 Arten, davon 2 Gattungen mit 3 Arten in Afrika.

58/1 **Gorilla,** *Gorilla gorilla* (Savage & Wyman, 1847). E: Gorilla; F: Le Gorilla; K:
58/2 Makaku

Kn Gestalt kräftig u. gedrungen, Rumpf kurz u. breit, Arme länger als Beine, Schwanz fehlt. Kopf groß u. massig, Stirn niedrig, Augenbrauenwülste stark, Augen engstehend, klein u. tiefliegend. Nase flach, im Flügelteil breit, mit großen, flachen Nasenlöchern (bei *gorilla* Nasenscheidewand als flacher Wulst bis Lippenrand fortgesetzt), gewölbte Schnauze vorspringend. Ohren klein, rundlich, eng anliegend. Alt-♂-Schädel mit hohem Scheitel- u. Hinterhauptskamm als Ansatz für mächtige Kau- u. Nackenmuskulatur. Scheitel durch Muskeln u. Fetthaube kegelförmig erhöht. Arme sehr muskulös, Hände breit, Finger kurz, Daumen schwach u. kurz, erreicht nicht Zeigefingeransatz, Außenhaut der mittleren Fingerglieder verdickt. Beine kurz u. stämmig, Fuß ganzsohlig auftretend, Ferse lang, Zehen kurz, am Grunde verwachsen, Großzehe tief angesetzt, kurz, kräftig abspreizbar. Hoden u. Penis auffällig klein. Manchmal kleine Sitzschwielen. Kehlkopf mit Luftsäcken. I breit, C des Alt-♂ konisch u. besonders stark, obere M 4-, untere 5-höckerig, untere von M_1 zu M_3 größer werdend. Haut schwarz, so auch nacktes Gesicht, Ohr, Hand- u. Fußfläche u. obere Brustfläche. Fell kurz, dicht, u. rauh bei Flachlandtieren, länger u. dichter (besonders an Unterarmen u. -schenkeln) bei Bergbewohnern. Junges bei Geburt rosagrau bis grauschwarz, Kopf, Nacken, Rücken u. Gliedmaßenaußenseiten schwarz bis braungrau, Brust, Bauch u. Gliedmaßeninnenseiten nur spärlich so behaart, Ohren, Gesicht, Hand- u. Fußflächen nackt. Haut wird in wenigen Tagen, braungraues Fell mit Heranwachsen schwarz, kleines weißes Steißhaarbüschel kann vorhanden sein, verschwindet im 4. Jahr. Mit Auswachsen werden Bauch u. Seiten grau, beim ♂ wird ab 10 Jahren Rücken hell- bis silbergrau (»Sattel«), daher Alt-♂♂ als Silberrücken bezeichnet. Bei *gorilla* manchmal Scheitel braunschwarz bis rostfarben oder Fell hellblond, auch wurden verschiedentlich Teil- u. Vollweißlinge gefunden. – **M&G** Körpergröße (aufrecht stehend): ♂ 170–180, ♀ 140–150; G in Wildbahn: ♂ 140–200, ♀ 70–110; G in Gefangenschaft ♂ bis 340, ♀ bis 125. – **V** 2 getrennte Vorkommen, ein wl um Golf von Guinea, ein öl in O-Zaire bis W-Uganda u. W-Ruanda. 3 UA: 1. West-Tieflandgorilla, *gorilla* (Savage & Wyman, 1847): einheitlich graubraun, Silbersattel reicht bis Steiß u. Oberschenkel, Nasenflügelwulst mit unregelmäßigen Grenzlinien; Kamerun, Rio Muni, Gabun, Kongo (Braz.) u. Zentralafrikanische Republik, sw bis Kongomündung, ow bis Sangha-Fluß, N-Grenze Sanaga-Fluß. Ein Bestand auch am oberen Cross-Fluß an Grenze Nigeria-Kamerun. 2. Ost-Tieflandgorilla, *graueri* Matschie, 1903 (= *mayema* Alix & Bouvier, 1877); Silbersattel auf Kurzhaarfläche des Rückens beschränkt. Körper breiter u. stämmiger, Gesicht länger, Nase schlanker, ihre Löcher schmaler, ihr Randwulst regelmäßig begrenzt, Kiefer u. Zähne länger als 1; öl Kongobecken vom Lualaba-Fluß ow bis Berge wl Eduard-(Idi Amin-)See im N u. N-Spitze des Tanganjikasees im S (Mitumbagebirge mit Tshiaberimuberg im N u. Itombweberge im S). Bestand bei Bondo am Uelle-Fluß ausgestorben. 3. Berggorilla, *beringei* Matschie, 1903; Farbe schwarz bis blauschwarz, Sattel ähnlich 1, jedoch Haare, besonders Kopf- u. Armhaare länger, Kiefer u. Zähne größer, Gesicht kürzer u.

breiter, Nase kleiner, ihr Randwulst fast kreisrund u. regelmäßig, Arme deutlich kürzer als bei 1 u. 2. Hochberge nl u. öl Kiwusee (Virunga-Vulkane in O-Zaire u. W-Ruanda, Kigezi- u. Kajonzoberggebiet in SW-Uganda). Bestand stark bedroht, nur noch rd. 500 Tiere. – **Lr** Regenwald mit dichtem kraut- u. buschreichem Unterwuchs, auch im Sekundärwald u. in Pflanzungennähe. *Graueri* bis 1500 m, *beringei* bis 4100 m aufwärts, letzterer im Virungagebiet im Bambusgürtel zwischen 2500 u. 3000 m u. im Baumheidengürtel u. den dichtbuschigen Hängen darüber bis rd. 4100 m, am Kajonzo im Bergwald bis 2500 m, am Kigezi im Bambusgürtel zwischen 2500 u. 3000 m. – **W** Je nach Landschaft u. Truppgröße 10–40 km^2, keine Territorialität, keine Verteidigung, keine Markierung, W benachbarter Trupps können sich überschneiden, bei Begegnung zweier Trupps Mißachtung oder friedliche kurzfristige Mischung, keine Kämpfe. Im W planloses Umherziehen, Nachtlager täglich an anderer Stelle. Täglich durchbummelte Strecke meist nur 1–2 km. Bestandsdichte im Tiefland rd. 1 Tier je km^2, im Virungagebiet rd. 3,5. – **Tt** 6–8^h Aufstehen, 8–10^h Fressen, 10–14^h Ruhen, 14–$17^1/_2{}^h$ Fressen u. Umherziehen, d. h. größerer Ortswechsel (im Gänsemarsch) um diese Zeit. $17^1/_2$–18^h Lagerbau, nachts schlafend. Am Futterplatz Zerstreuung des Trupps. Lager ist eine einfache Schichtung von Zweigen u. Pflanzen am Boden, Baumhorst aus Zweigen u. Ästen zusammengelegt. Jedes Tier macht sich ein eigenes Lager, Kinder bis 3 Jahre schlafen bei Mutter. Lager u. Horste regellos verteilt. Im Bambus- u. Virunga-Baumheidengürtel alle Lager am Boden, im wl u. öl Tiefland haben nur Alt-♂♂ Bodenlager, die übrigen Baumhorste, am Kajonzoberg bauen alle hohe Baumhorste. Jedes Lager wird nur 1 Nacht benutzt. Häufig auch Lager oder Horste für Mittagsruhe, bei Ostgorillas mehr als bei Westgorillas. Ostgorillas koten u. harnen ins Lager. Bewegung meist am Boden auf allen Vieren. Kopf erhoben, Fußsohle voll aufgesetzt, Arme mit Außenseiten der mittleren Fingerglieder abgestützt (Knöchelgang). Zweibeiniges Stehen beim Brusttrommeln des ♂, zweibeiniges Gehen von Erwachsenen in Wildbahn selten. Junge u. ♀♀ klettern häufig, Alt-♂♂ selten. Gorillas können nicht schwimmen. – **Kp** Gelegentlich Fellkratzen, nicht gegenseitig, meist nur Mutter mit Kind. – **Lt** Verständigung untereinander durch Haltung, Gestik, Mimik u. Laute. Rd. 21 verschiedene Laute bekannt. Grunzen als Stimmfühlungslaut, lautes tiefes Schrecken (ähnlich Schirrantilope) als Alarm. Brusttrommeln des ♂ an sich Entladung von Erregung als Schluß von 8 ritualisierten Handlungen: 1. Schreien mit Aufblasen der Kehlsäcke, 2. Blättergreifen u. ins Maul stecken, 3. Aufrichten auf Hinterbeine, 4. Pflanzenausreißen u. -werfen, 5. Betrommeln der Brust mit geballten Fäusten u. Aufstampfen mit Füßen, 6. Niederlassen auf Hände u. vierfüßiger Schräggalopp mit Klapsen (als Scheinangriff) u. 7. Reißen an Pflanzen u. 8. Handflächenschlagen auf Boden. Dient aber auch Stimmfühlung mit anderen Trupps (rd. $1^1/_2$ km weit hörbar), deren ♂♂ angeregt werden u. auch trommeln, dem Zusammenhalt innerhalb des Trupps sowie dem Imponieren u. Drohen gegen Alt-♂♂ anderer Trupps zwecks Kampfvermeidung. Bereits 1jährige ♂♂ trommeln. Auseinandersetzung zwischen älteren ♂♂ beginnt mit Gähnen, Anstarren (letzteres ist Herausforderung, da normalerweise Direktblick vermieden, Gesicht weggedreht u. nur aus Augenwinkeln geblickt wird), folgt dann mit Bellen u. Brüllen (auch fremde Tiere oder Menschen werden angebrüllt) u. Brusttrommeln. Ernsthafte Kämpfe zwischen Alt-♂♂, die sich über Tage hinziehen u. tödlich ausgehen können, sind selten. – **S** Seh- u. Hörvermögen sehr gut, Riechvermögen (Mensch wird auf 20 m Entfernung gewittert) ausgezeichnet. – **Fd** Nur Leopard, der gelegentlich sogar Erwachsene überwältigt. – **N** Rein pflanzlich (über 100 verschiedene Futterpflanzenarten bekannt) in Form von Blättern, Knospen, Trieben, Stengeln, Wurzeln, Knollen, Rinde, Früchten, Farnen u. a. Bananen u. Zuckerrohrpflanzungen werden aufgesucht

u. durch verschwenderische Freßweise verwüstet. Kerbtiere, Vogeleier u. ä. werden nicht gefressen, obwohl in Gefangenschaft Fleischkost gern verzehrt wird. Wegen saftreicher Nahrung Trinken überflüssig. Wegen großer Nahrungsmengen viel Kot in regelmäßigen Abständen ähnlich Pferdeäpfelhaufen. – **Gs** Gesellig in Klein- bis Großfamilien. Im Kamerun-Gabuner Küstengebiet meist nur 1 ♂, 1 ♀ u. 1–3 Kinder, im dortigen Hochland u. O-Zaire meist 1 Alt-♂, 3–4 ♀♀ u. deren Junge, beim Berggorilla 2–3 Alt-♂♂, einige Jung-♂♂ u. bis zu 10 ♀♀ mit deren Kindern (insgesamt 15–30 Tiere), daneben erwachsene ♂♂ als Einzelgänger. An sich verändert sich die Truppmitgliedschaft nur durch Zugänge an Neugeborenen u. Abgänge durch Tod, daneben durch zeitweisen Anschluß von Einzelgänger-♂♂. Verhältnis erwachsener ♂♂ : ♀♀ im Trupp 1 : 2. Alt-♂ ist Truppführer u. Beschützer, zeigt jedoch seine Dominanz nur wenig, Jung-♂♂ unter sich in linearer Rangordnung, ♀♀ unter sich nach Säuglingsbesitz, Jugendliche nach Größe. Begegnung fremder Trupps s. W. – **Fp** Keine feste Fp-Zeit. Begattung von vorn oder hinten. ♀ hat 25- bis 38tägigen Zyklus, in Brunst keine Genitalschwellung, bietet sich in Hochbrunst (3 Tage) mehreren ♂♂ nacheinander an, Alt-♂ nicht eifersüchtig. Tragzeit 236–296 Tage, Zwillinge selten (s. Großschimpanse S. 307). Keine festgelegte Fortpflanzungszeit. Geburtenabstand $3\frac{1}{2}$–$4\frac{1}{2}$ Jahre. ♀ säubert Junges u. frißt Nachgeburt. Aussehen des Jungen s. Kn. Junges klammert sich an Bauchfell des ♀ fest, Griff-Festigkeit bei Teil der Jungen zuerst gering, ♀ unterstützt daher mit 1 Hand. 1. Kriechen des Jungen mit $1\frac{1}{4}$–$1\frac{3}{4}$ Monat, 1. Aufrechtsitzen mit 3–4 M., 1. Aufrechtstehen mit Festhalten mit 4–$4\frac{1}{2}$ M., 1. Gehen auf allen Vieren u. 1. Klettern mit $3\frac{1}{2}$–5 M., 1. freies Aufrechtgehen mit $8\frac{1}{2}$ M., 1. Festnahrung mit 4–5 M., Milchgebißdurchbruch zwischen 1 M. u. $1\frac{1}{2}$ Jahr, Dauergebißdurchbruch zwischen $\frac{1}{2}$ Jahr u. 11 Jahren. Junges verläßt mit $2\frac{1}{2}$–3 M. erstmals Mutterkörper, läuft mit 1 Jahr im Trupp mit, bleibt 3 Jahre bei Mutter. Hauptsäugezeit 1 J., Geburts-G 1,8–2,5, –KR 28–32. G-Entwicklung: 1 Monat rd. 2,8, 2 M. rd. 3,5, 3 M. rd. 5,5, 4 M. rd. 7,0, 5 M. rd. 8, $\frac{1}{2}$ J. rd. 9, 1 J. rd. 15, 6 J. rd. 70, 10 J. 140–190. – **Gr** ♂ 7–11, ♀ 6–9 Jahre. – **Ld** In Wildbahn 25–30, in Gefangenschaft bis 38 Jahre nachgewiesen.

57/1–2 **Großschimpanse,** *Pan troglodytes* (Blumenbach, 1779). E: Chimpanzee; F: Le Chim-
57/4–5 panzé; K: Soko, Soko motu

Kn Gestalt ähnlich Gorilla. Rumpf gedrungen, Schultern u. Brust breit, Arme länger als Beine, Hals kurz, Schwanz fehlt. Stirn niedrig, Augenbrauenwülste stark, Augen tiefliegend u. engstehend. Nase flach, unten breit, Lippen schmal, beweglich. Hände u. Füße lang u. schmal, Finger lang, Mittelgliederaußenhaut verdickt (Knöchelgang), Daumen kurz, Großzehe tief angesetzt, kurz, wie Daumen gegenüberstellbar, Nägel gewölbt. I^1 breit spatelförmig, ♂-C konisch, kräftig, doppelt so lang wie I, ♀-C etwas kürzer, obere M 4-höckerig, von 1–3 kleiner werdend, untere M 5-höckerig. Schädel alter ♂♂ mit Scheitel- u. Hinterhauptskamm. Kehlkopfluftsäcke groß. Hoden u. Penis klein, letzterer lang, dünn u. ohne Eichel, ♀ mit sehr großer zyklischer Genitalschwellung. Gesichtshaut schwarz oder dunkel bis schwarz gefleckt auf bronzefarbenem Grund, Ohren z. T. hell bleibend, Hand- u. Fußhaut dunkel, Körperhaut der Jungen fleisch- bis bronzefarben, wird schwarz. Fell lang u. schütter, vorwiegend schwarz, Erwachsene schwarzgrau gemischt an Hüften u. Schenkeln, Kinn z. T. mit weißem Bart. Erwachsene werden z. T. kahlköpfig. Kinder bis zu 3 Jahren mit weißem Haarbüschel über After. 4 UA[1)]: 1. Echtschimpanse, *verus* Schwarz, 1934; Senegam-

[1)] Reynolds & Luscombe (1971) halten die Unterschiede zwischen den 4 UA nur für individuell u. altersmäßig begründet u. damit UA beim Großschimpansen für unberechtigt.

bien, Sierra Leone u. Guinea bis W-Ufer des unteren Niger (nicht in Togo u. Benin), N-Grenze um 10° n. Br.; Kopf hochschmal, Schnauze nicht stark vorspringend, Ohren groß u. abstehend, Hand- u. Fußflächen fleischfarben mit einigen dunklen Flecken; Gesicht bei Jungen fleischfarben, dunkelbläuliche Maske um Augen u. über Nase, Kopfhaare mit Mittelscheitel, ältere Tiere dunkler, fleckig, mattschwarz werdend, jedoch Flecken noch erkennbar, Ohren bleiben bronzefarbig, Alt-♂ mit weißem Bart, ♂ u. ♀ bekommen Glatze, beginnend bei ♂ als Dreiecksfleck über Stirn, bei ♀ weiter hinten. – 2. Tschego, *troglodytes* (Blumenbach, 1779); O-Ufer des unteren Niger bis Ubangi- u. unteren Kongo-Fluß im O u. S; Kopf flacher u. breiter, Ohr kleiner als bei 1; Gesicht bei Jungen fleischfarben ohne Flecken, Kopfhaar ohne Scheitel, Gesicht bekommt Sommersprossen, die zusammenwachsen zu Braun, später Schwarz, auch Ohren, Hand-, Fußflächen u. Körperhaut schwarz, schmaler Backenbart, frühe Glatzenbildung bei ♂ u. ♀, überzieht halben bis ganzen Kopf. – 3. Koolakomba, *koolakomba* (Du Chaillu, 1860); Bergregenwald SO Kameruns u. O-Gabuns, ow bis Sangha, sw vielleicht bis Kongo-Fluß; wie 2, jedoch Augenbrauenwülste u. Schnauze stark vorspringend, Nasenflügel gorillabreit, Großzehe länger als bei 1 u. 2, Fell lang u. rauh, Backenbart vorhanden, Haut u. Fell schwarz. Wird von manchen Autoren nur als Tschegovariante angesehen. – 4. Schweinfurth-, Ost- oder Langhaarschimpanse, *schweinfurthi* Giglioli, 1872; Zaire zwischen Ubangi- u. Kongo-Fluß sowie ow Lualaba-Fluß bis W-Uganda u. O-Ufer des Tanganjikasees (jetzt Gombe-Nationalpark). – Am NO-Ufer des Nyassasees um die Nkatabucht lebt oder lebte (da wohl nunmehr ausgerottet) ein Restbestand völlig schwarzer, bei voll Erwachsenen mit grauem Kreuzsattel versehener Schimpansen unbestimmter UA, von Eingeborenen »Ufiti« genannt. – **M&G** KR ♂ 77–94, ♀ 64–85; KH 120–170; G ♂ 45–55, ♀ 40–55 in Wildbahn, in Gefangenschaft ♂ bis 90, ♀ bis 80. – **V** S-Senegal, S-Mali, Gambia, Guinea-Bissau, Guinea, Sierra Leone, Liberia, Elfenbeinküste, Ghana (fehlt oder ausgerottet in Togo u. Benin), S-Nigeria, Kamerun, Rio Muni, Gabun, Cabinda, Zentralafrik. Rep., Kongo (Braz.), Zaire, S-Sudan, W-Uganda, Ruanda, Burundi, W-Tansania (O-Ufer des Tanganjikasees) u. NO-Ufer des Nyassasees. Im Kongobekken nur rechtsseitig des Kongo-Flusses. 4 UA (s. Kn). – In Westafrika (Senegal bis Elfenbeinküste weitgehend ausgerottet, in O-Afrika ebenfalls durch menschliche Besiedlung, Wilderei u. Jungenfang für Tierhandel stark gefährdet. – **Lr** Regenwald, walddurchsetzte Savanne, Baumsavanne, Buschland, Galeriewald, laubabwerfender Wald im Hügelland, Sekundärwald, Bergwald bis 3300 m (wo Berggorillas, Schimpansen in tieferen Lagen). Voraussetzung für Schimpansenvorkommen ist ganzjähriges reiches Nahrungsangebot. – **W** Größe richtet sich nach Nahrungsangebot. Im nahrungsreichen Budongo-Regenwald je Horde rd. 20 km^2 (rd. 3 Tiere je 1 km^2), in Baumsavanne des Gombe-Nationalparks (O-Ufer des Tanganjikasees) je Horde 40–60 km^2 (rd. 1 Tier je km^2). W hat feste Wechsel, oft werden Wildwechsel benutzt. Im W Umherziehen von einer N-Quelle zur anderen je nach Jahreszeit, so daß gewisser Jahresturnus. W der einzelnen Horden können sich überschneiden, bei Zusammentreffen zweier Horden viel Getöse, jedoch friedliches Verhalten. Koolakomba mehr einzeln, wenig verträglich, angriffslustig. – **Tt** Mit Morgenlicht Aufstehen, Koten u. Harnen aus Horst u. allmähliches Aufbrechen zu 1. N-Suche, dabei zuerst schnelles Magenvollschlagen, danach ausgewählteres Fressen. Nach rd. 3–4 Std. Sättigung. Mehrstündige Mittagsruhe, z. T. in selbstgebauten Schlafhorsten in Bäumen oder auf Bodenlager. Mittags- u. Nachtschlafhorste werden in wenigen Minuten durch Zusammenbiegen von Ästen u. Zweigen zu einer Plattform mit Rand gebaut. Von 16–18^h nochmals N-Suche. Mit Abenddämmerung Schlafhorstbau (6–20 m hoch), dort, wo Gruppe sich gerade aufhält. Jedes Tier baut eigenen Horst, Kinder bis zu 3

Jahren schlafen bei Mutter. Schlafstellung seitlich mit angezogenen Knieen, manchmal ausgestreckt auf Rücken oder Bauch. Fortbewegung teils am Boden (auf allen Vieren, Füße ganz aufgesetzt, Arme mit äußeren Fingermittelgliedern abgestützt, sog. Knöchelgang), teils in Bäumen laufend oder hangelnd, auch sich bis 10 m von Ast zu Ast fallen lassend. Zweibeiniges Aufrichten am Boden zum Umherspähen oder, wenn Arme mit Früchten beladen, zweibeiniges Laufen über kurze Strecken. Bäche werden auf Bäumen überquert, Flüsse meist nicht überquerbar, da Nichtschwimmer. Werkzeuggebrauch in Form von Grashalmen oder entlaubten Zweigen, um Termiten u. Ameisen aus Bauen zu holen oder Honig aus Hohlbäumen u. Erdnestern. Blätter werden zusammengeknüllt als Schwamm benutzt, um Wasser aus Löchern zu erlangen. Harte Nüsse werden zwischen Wurzeln geklemmt u. mit Stein zerschlagen. Stöcke dienen als Schlag- u. Wurfwaffen gegen Feinde. – **Kp** Gering, hauptsächlich nur bei Mutter u. Kind. – **Lt** Lautfreudig, Hauptlaut »hu-hu-hu«-Ruf in verschiedener Abwandlung. Lautes Rufen mehrmals am Tage, manchmal auch nachts, bis 3 km weit hörbar, oft gleichzeitig weithallendes Trommeln mit Handflächen auf hohlen Bäumen, anderen Bäumen u. Brettwurzeln. Bei Gruppentreffen lautes Rufen der ♂♂, Trommeln, Astschütteln, auf Boden Schlagen. Bei N-Quellenfund bis 10 Min. dauerndes Rufen, auf das andere Gruppen antworten. Auch Rufen morgens beim Aufstehen u. abends beim Schlafengehen. Je größer eine Gruppe, desto lauter u. länger das Rufen. Beim Teilen von Gruppen, Einziehen in ein neues Gebiet Rufen u. Trommeln. Oft auch stundenlange Karnevale, d. h. Ruf-, Schrei- u. Trommelkonzerte mit Bodenstampfen tags oder manchmal auch nachts. Anlaß manchmal Begegnung zweier Trupps, Gewitter oder Erdbeben, oft auch spontan ohne ersichtlichen Anlaß. – **S** Seh- u. Hörvermögen sehr gut, Riechvermögen gut. – **Fd** Außer Mensch nur Leopard, bei dessen Anblick Wutgeschrei, Zusammenrotten der Erwachsenen, Werfen u. Schlagen mit Knüppeln. Bei Menschenauftauchen kurzer tiefer Warnruf des Erstentdeckers, der alle Schimpansen alarmiert, verharren regungslos, nach Menscherkennen schnelles Zu-Boden-Gleiten u. stumme Flucht. – **N** Hauptnahrung Pflanzenteile, in 1. Linie Früchte, daneben Blätter, Blüten, Knospen, Rinde, Stengel, Samen, Palm- u. Kokosnüsse. Harte Früchte werden gegen Stamm geschlagen, oder mit Steinen zerschlagen u. geöffnet; 30–80 verschiedene Futterpflanzen bekannt. Nebennahrung Termiten, Ameisen, Kerbtierlarven u. -puppen, Honig, Fische, Hausziegen-, Antilopenkitze, Kleinantilopen, Meerkatzen, Jungpaviane, Stummelaffen, Schimpansen- u. Menschenkinder. Kitze u. Affen werden gemeinsam gejagt. Jahreszeitlich bedingte längere Eintönigkeit führt (besonders in Baumsavanne) zu Eiweißhunger, damit Tierjagd u. Fleischfresserei, manchmal auch Kannibalismus der Alt-♂♂. Kitze u. Affen werden durch Packen der Hinterbeine u. Kopf auf den Boden oder gegen Baum Schmettern getötet, beste Beutestücke fressen Alt-♂♂. – **Gs** In Horden bis 60, manchmal 80 Tieren, die sich tagsüber in Gruppen teilen, so daß ganze Horde selten beieinander. Im Regenwald Gruppen verschiedener Zusammensetzung, entweder aus erwachsenen ♂♂ u. ♀♀ oder nur aus erwachsenen ♂♂ oder aus ♀♀ mit ihren Jungen oder ♂♂, ♀♀ u. Jungen. Manchmal ♂♂ als Einzelgänger. Gruppenzusammensetzung ändert sich häufig. In Baumsavanne fast nur gemischte Gruppen aus 1 oder mehreren Alt-♂♂, mehreren ♀♀ u. ihren Jungen u. Kindern, Gruppenzusammenhalt u. Nomadismus stärker als im Regenwald. Erwachsene gehen auf Futtersuche u. erheben bei Fund reicher N-Quelle Geheul, Geschrei u. Trommeln, wodurch übrige Tiere benachrichtigt. Innerhalb Gruppe keine feste Rangordnung, Ältere werden von Jüngeren respektiert, besonders ergraute, ♂♂ von gleichaltrigen ♀♀, Mütter von den Kindern. Bei Auseinandersetzungen stampfen Gegner auf u. schütteln zur Einschüchterung Zweige, manchmal kurze harmlose Angriffe. Brünstige ♀♀ sind streitsüchtig. Treffen sich 2 Bekannte ♂♂ wieder, laufen sie aufeinander zu, 1 Arm erhoben u. umarmen sich, meist mit Erektion. Beim Drohen werden Pflanzen ausgerissen, Arme u. Beine lebhaft bewegt u. Haare aufgerichtet, dient zur Bekundung der Überlegenheit, Behauptung des Wohngebietes u. Einschüchterung von Feinden u. anderen Tieren. Unterlegenes Tier begrüßt Alt-♂ durch Berühren von dessen Kopf oder Schulter, Bauch, Hüfte oder Penis, nimmt bei Begegnung unterwürfige Haltung mit offener Hand (Bettelgebärde) ein. Beschwichtigungsgeste: ♀ streckt Alt-♂ Hintern entgegen, Jung-♂ geht zu Alt-♂ u. berührt dessen Lippen oder Penis. Im übrigen Verständigung der Gruppenmitglieder untereinander durch reiche Lautgebung, Mimik u. Gestik. – **Fp** Keine feste Fp-Zeit, im Gombefluß-Nationalpark (W-Tansania) Geburtenhäufung August–November. ♀-Geschlechtszyklus 35–41, meist 37 Tage, davon 7 T. Vorschwellung, 18 rötliche Hauptschwellung der Anogenitalregion, 10 T. Abschwellung u. 3 T. Blutung, Eisprung während der letzten Woche der Hauptschwellung. Brünstiges ♀ wird von allen geschlechtsreifen ♂♂ der Gruppe nacheinander begattet. ♂ fordert durch aufrechten Imponiertanz oder sitzend mit erigiertem Penis u. Armwinken zur Begattung auf, ♀ schiebt sich auf Bauch rückwärts heran, ♂ bei Begattung aufrecht sitzend oder halb über ♀ gebeugt hockend. Begattung selbst dauert nur Sekunden, ♂ grunzt, ♀ quiekt u. schreit. Tragzeit 201–266, ∅ 227–232 Tage. Je Geburt meist 1 Junges, Zwillingsfrüchte nicht sehr selten, doch entweder Abgang durch Frühgeburt, oder 1 Junges kommt nach Geburt um. In Gefangenschaft auch einmal Drillinge nachgewiesen. ♀ reinigt Junges sorgfältig, durchbeißt Nabelschnur, frißt Nachgeburt. Junges öffnet nach 20 Minuten Augen, klammert sich an ♀-Bauchhaar fest, saugt erstmals nach $^3/_4$ oder 1 Tag. ♀ setzt manchmal Junges auf Rücken oder beim Fressen u. Lagerbauen auf Ast. Junges sitzt mit 5 Monaten aufrecht, steht mit Unterstützung mit $^1/_2$ Jahr, geht selbständig mit 1 Jahr, bleibt bis 2 Jahre dicht bei ♀, schläft $2^1/_2$–3 Jahre lang bis Säugezeit- u. Kindesalterende bei ♀ im Schlafhorst, löst sich mit 4 Jahren ganz von Mutter u. schließt sich anderen Jugendlichen an. ♀ gebiert im ∅ alle 3 Jahre 1 Kind, hat bis Lebensende Menstruationszyklus, kann noch mit 30 Jahren gebären. – **Gr** ♂ 8–10, voll erwachsen mit 11–13, ♀ 8–9 Jahren. Durchbruch des Milchgebisses zwischen $2^1/_2$–3 u. $14^1/_2$–15 Monaten, des Dauergebisses zwischen 3 u. 11 Jahren. Geburts-G 1,5–2, -KR 28–30. G-Entwicklung 1 Monat rd. 2,5, 6 M. rd. 5,0, 1 Jahr rd. 7,5, 2 J. rd. 10,5, 3 J. rd. 14, 4 J. rd. 18, 5 J. rd. 21, 6 J. rd. 25, 7 J. rd. 28, 8 J. rd. 30, 9 J. rd. 33, 10 J. rd. 37, 15 J. 47–50. – **Ld** In Gefangenschaft bis 50 Jahre nachgewiesen.

Zwergschimpanse oder **Bonobo,** *Pan paniscus* Schwarz, 1929. E: Pigmy or Dwarf Chimpanzee, Bonobo; F: Le Chimpanzé pygmée ou nain, Le Bonobo 57/3
Kn Gestalt u. Körperbau wie oder ähnlich Großschimpanse (S. 304), jedoch mit folgenden Abweichungen: Körperbau zierlicher, Rumpf schmaler u. schlanker, Arme u. Beine verhältnismäßig länger, Beine schlanker u. gestreckter, Füße schmaler, Großzehe größer, 2. u. 3. Zehe bei rd. Hälfte der Tiere am Grunde verwachsen, Scheidenöffnung mehr nach vorn gerichtet, Augenbrauenwülste schwächer, Stirn etwas gewölbter, Schädel ohne Knochenkamm, Ohren meist kleiner, Nasenflügel stärker gewulstet. Fell eng anliegend, an Brust, Bauch, Achseln u. Schenkelinnenseiten spärlicher, als Backenbart verlängert, keine Glatze. Junge bei Geburt außer Augenumgebung, Ohren, Schnauze, Hand- u. Fußflächen, die fleischfarben, schwarz, manchmal einige weiße Haare am After. Lippen schmutzigrot. Später z. T. Ohren, Gesicht u. übrige genannte Teile schwarz werdend. – **M&G** KR 55–60, KH 90–100, G 25–45, ♂ wenig größer u. schwerer als ♀. – **V** Zaire sl großem Kongobogen, d. h. zwischen Kongo-Mittel- u. -Oberlauf (letzterer = Lualaba) einerseits u. Kasai als sl Kongo-Ne-

benfluß andererseits. Früher überall häufig, heute infolge Vordringen des Menschen in großen Gebieten verschwunden oder selten. Keine UA. – **Lr** Primär-, Sekundär- u. Überschwemmungswald außerhalb Überschwemmungszeiten. – **W** Größe nicht bekannt. Im lichten Hochwald zahlreiche festgetretene Wechsel, da Fortbewegung vielfach am Boden. – **Tt** Morgens u. spätnachmittags Aufenthalt im Kronendach des Primärwaldes 30–50 m hoch, dort Absammeln u. Fressen der Früchte einzelner Bäume u. geschickte, schnelle, z. T. hangelnde Fortbewegung. Mittags, wenn Hitze im Kronendach groß, Absteigen zum Boden u. Aufsammeln u. Fressen von Früchten. Schlafhorste wie Großschimpanse, jedoch in ∅-Höhe von rd. 27 m. Am Boden keine N-Konkurrenz durch Paviane (Drill, Mandrill), Großschimpanse u. Gorilla, die im Bonobo-Areal nicht vorkommen, im Kronendach die N-Konkurrenz der Meerkatzen u. Stummelaffen gering, da Bonobo als Bodengeher leicht weit verstreut stehende Fruchtbäume erreicht. – **Lt** In der Wildbahn schweigsam, keine weithallenden Rufe, kein Tr-Ruf, kein lautes Benehmen wie Großschimpanse, bei Familienbegegnung kein Lärm, nur manchmal hoher Alarmruf gut hörbar. In Gefangenschaft dagegen bewegungs- u. lautfreudig mit hohen Vokalen »ä« u. »e«, reicher Lautskala, oft von Ausstrecken der Arme mit schnellem Schütteln der Hände begleitet. Bei Angst u. Schreck Schreien u. Kreischen. – **Kp** u. **S** Wie Großschimpanse. – **Fd** Eigentlich nur Mensch, ob Leopard von Bedeutung, nicht bekannt. Im Kronendach für Junge ev. auch affenschlagende Adler. Bei Menschen- oder Hundeanblick Warnruf u. stumme Flucht zuerst durch Kronendach, dann am Boden. – **N** Hauptsächlich Früchte, daneben Blätter u. Schößlinge. – **Gs** In Familien, Eltern mit 1–2 Kindern, an N-reichen Plätzen, vor allem in Sekundärwald, auch zeitweiliges Beisammensein mehrerer Familien. – Wesen lebhaft, empfindlich nervös. Bei Auseinandersetzungen in Gefangenschaft kaum Schlagen, Kratzen u. Beißen sondern Austeilen gezielter Fußtritte. – **Fp** ♂ macht kein Imponiergehabe bzw. -tanz vor ♀, das sich dann ♂ anbietet wie beim Großschimpansen, sondern setzt sich mit freundlichen Lauten neben ♀, haut es dann aber mit Hand an Hals um auf Rücken u. begattet es von vorn. Geburts-G 1,2–1,5; Tragzeit, Entwicklung u. Ld s. Großschimpanse.

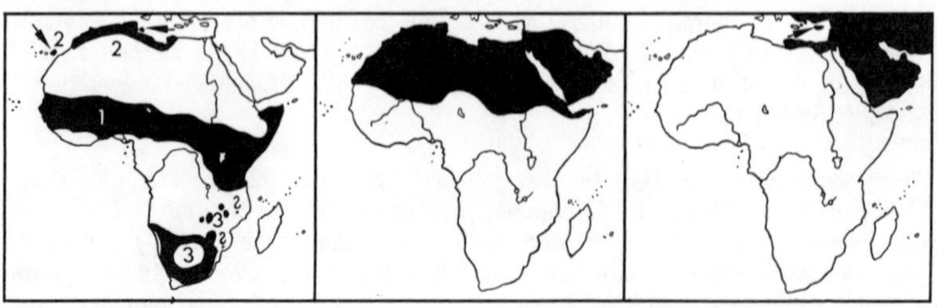

1 Weißbauchigel
2 Wanderigel 3 Kap-Igel

Wüstenigel

Großohrigel

Kerbtierfresser, Insectivora

Igel, Erinaceidae

Ratten- oder igelartige u. -große Kerbtierfresser mit behaarter oder bestachelter Oberseite, langem oder kurzem Schwanz, kleinen Augen, kleinen bis großen Ohren u. spitzer Schnauze. Zehenzahl 5/5 (*Erinaceus algirus* manchmal 5/4). Gb 2–3/3 · 1 · 3–4/2–4 · 3 = 36–44. 4–10 Zitzen. Meist dämmerungs- u. nachttätige Kleintier- oder Gemischtfresser. Gemäßigte Paläarktis u. Südasien bis Sumatra, Java, Borneo, Hainan u. Mindanao sowie in Afrika. 2 Unterfamilien, 8 Gattungen, 13 Arten, davon 3 Gattungen mit zusammen 5 Arten in Afrika.

Weißbauchigel, *Erinaceus albiventris* (Wagner, 1841) (= *pruneri* Wagner, 1841; 59/8
sclateri Anderson, 1895). E: White-bellied Hedgehog, Four-toed Hedgehog, East African Hedgehog; F: Le Hérisson à ventre blanc; K: Kalungujeje
Kn Größe u. Gestalt wie Europäischer Igel (*E. europaeus*), jedoch fehlt bei manchen Tieren Großzehe (Zehenzahl 4–5/4) u. ist I^3 ein- statt zweiwurzelig. Gb 3/2 · 1/1 · 3/2 · 3/3 = 36. 10 Zitzen, Penis lang. Schnauze spitz, Ohren kürzer als Kopfstacheln, rundlich, fein behaart, nackt wirkend. Augen ziemlich klein. Schwanz kürzer, fein behaarter Stummel. Beine kurz, Zehen mit kräftigen Krallen. Oberseite bis Schwanz u. Oberschenkel dicht mit kräftigen 1,5–2,5 cm langen, längsgefurchten Stacheln bedeckt. Stacheln weiß mit braunem bis schwarzbraunem Band, Gesamtfarbe weiß-schwarz-gestichelt. Kein dunkler Rückenmittelstreifen, Kopfstacheln geschlossen stehend. Schnauze bräunlich, übriges Gesicht, Beine u. Unterseite weiß. Jugendkleid s. Fp. – **M&G** KR 17–23, SL 2–5, G 500–700. – **V** Von Senegambien ow durch geogr. Sudan bis Somalia, Kenia u. Tansania. Keine sicher abgegrenzte UA. – **Lr** Bedecktes Gelände mit trockenem Boden (nicht in feuchten Marschen), Baum-, Busch- u. Grassavanne, Gehölze, Buschhorste, Kulturland (Plantagen, Felder, Gärten), in Ebene, Hügel- u. Bergland bis 2000 m. Stellenweise häufig, jedoch gebietsweise auch ganz fehlend. – **W** Klein, meist nur im Radius von 200–300 m um Wohnhöhle. Unterschlupf in Termitenbauten, Erdlöchern, Felsspalten, unter Steinhaufen, in dichtem Gebüsch, in Stallungen, Vorratsspeichern u. a. Gebäuden. – **Tt** In Dämmerung u. Nacht, gegen Nachtanfang u. -ende am lebhaftesten. Bummelt umher im Wackelgang, kann jedoch auch schnell laufen. Schwimmt gut. In Trockenzeit Trockenzeitschlaf, dabei vom angefressenen Fett lebend. Vorzugstemperatur beim Tätigsein 36,78° C, Wachtemperatur 32,9–35,4° C. – **Kp** Kratzen mit Hinterbeinen, Schnauzeablecken nach Fressen, Selbstbespucken s. N. – **Lt** Schnaufen u. Knurren bei Erregung, bei Beunruhigung durch neue Umgebung schwaches (für Menschen kaum hörbares) hohes Zwitschern bei geschlossenem Maul, oft von Schnauben begleitet; bei Eindringen eines fremden Artgenossen in Revier Zischen u. Fauchen (klingt ähnlich dem »Spucken« einer Katze), je stärker Erregung desto lauter u. mehr Fauchen als Zischen, bei geringerer Erregung mehr knurrend in Reihenfolge (ähnlich Tuckern eines Motors); Keckern bei Wut u. Kampf; Schreien bei Schmerz u. großer Angst; ♂ zwitschert beim Werben um ♀ (Zwitschern ist Folge von Pfiffen u. Quiekern), ♀ antwortet mit Zischen, Fauchen u. Ausweichen. – **S** Riech- u. Hörvermögen sehr gut, Beute wird bis 4 cm Tiefe im Boden errochen. Sehvermögen mäßig, jedoch beschränkt farbtüchtig. – **Fd** Blaßuhu, Honigdachs, Schakale, Streifenhyäne, Haus-

hunde in Siedlungen. Igel rollt sich bei Gefahr zu Stachelkugel zusammen. – **N** Regenwürmer, Kerbtiere, Schnecken, Krabben, Frösche, Eidechsen, Schlangen, Jungvögel u. Eier von Bodenbrütern, Kleinsäuger, Früchte, Pilze, Wurzeln, Erdnüsse, Aas. Tages-N-Menge rd. ⅓ Eigengewicht. N-Finden mit Nase u. Gehör. Eidechsen u. Kleinsäuger werden unter Kopfschütteln totgebissen, Schlangen mit vorgezogenen Stirnstacheln an Boden gedrückt u. Rückgrat zerbissen (40× weniger giftempfindlich als Meerschweinchen). Wenig empfindlich gegen Insektenvertilgungsmittel, Blausäure, Chloroform, Arsenik, Opium u. Quecksilberchlorid. Bei ungewöhnlichen Geschmacks- u. Riechstoffen wird ausgiebig mit Jacobsonschem Organ unter starker Speichelbildung geschmeckt, der überschüssige Speichel mit Zunge auf die Flankenstacheln gebracht (sog. Selbstbespucken). – **Fp** ♂ wirbt durch lange hartnäckige Verfolgung des ♀. Begattung von hinten, ♀ legt Stacheln flach, drückt Hinterteil heraus, ♂ hat langen Penis. Wurfzeit zur Regenzeit, Wurfplatz gepolstertes Lager in Versteck. Tragzeit 35–40 Tage, Jungezahl 2–10, meist 5. Junge blind, nackt mit einigen weichen weißen Stacheln. Geburts-G 12–18, -KR 4–7. ♀ leckt Junge ab u. frißt Nachgeburt. Nach 2–3 Tagen erscheinen dunkle Jugendstacheln zwischen den weißen, welch letztere nach 1 Monat ausfallen, wenn dann 1. Erwachsenenkleidstacheln erscheinen. Augenöffnen mit 8–18 Tagen. Nach 1 Monat Aussehen wie kleine Erwachsene, dann auch Begleiten des ♀ auf Futtersuche u. Beginn von Festnahrungsfressen. Entwöhnung u. Beginn des Zusammenrollvermögens mit 40 Tagen. Mit 1½–2 Monaten Mutterverlassen. – **Gr** 1 Jahr. – **Ld** In Gefangenschaft 8–10 Jahre möglich.

Wanderigel oder **Algerienigel,** *Erinaceus algirus* (Duvernoy & Lereboullet, 1842). E: Vagrant Hedgehog, Algerian Hedgehog; F: Le Hérisson d'Algérie, Le Hérisson d'Afrique du Nord

Kn Gestalt u. Körperbau wie Weißbauchigel (S. 309), jedoch Ohren größer, Zehenzahl 5/5, Beine hochläufiger u. Kopfstacheln durch nach hinten vorspringendes Stirnfeld geteilt. Stacheln schwarzweiß gebändert, Gesamteindruck heller als beim Weißbauchigel. Schnauze, Wangen, Ohren u. Pfoten braun, Stirn, Unterseite u. Beine weiß, manchmal Unterseite braun. – **M&G** KR 20–25, SL 2–4, G 900–1600. – **V** Nordwestafrikanische Küstengebiete von Marokko bis Cyrenaica (Benghasi), Küstenstreifen O-Spaniens von Gibraltar bis Pyrenäen sowie Küstengebiete S-Frankreichs öl Rhône (Charente Maritime). Ferner auf den Baleareninseln Mallorca, Minorca u. San Cristobal, auf der Kanareninsel Fuerteventura u. der Insel Djerba vor Tunis. 3 UA, davon *algirus* in Afrika. – **Lw** Wie Weißbauchigel. Tragzeit 35–48 Tage, Jungenzahl 3–7, 2 Würfe im Jahr möglich. Siedlungsfolger. In Europa Winterschlaf haltend. Vorzugstemperatur 36,9° C.

Kap-Igel oder **Südafrika-Igel,** *Erinaceus frontalis* (A. Smith, 1831). E: Cape Hedgehog, South African Hedgehog; F: Le Hérisson d'Afrique du Sud, Le Hérisson du Cap; A: Krimpvarkie

Kn Gestalt u. Körperbau wie Weißbauchigel (S. 309). Zehenzahl 5/5, Zitzenzahl 4–8. Stacheln weiß mit breitem, braunem Band, Kopfstacheln geschlossen. Schnauze dunkelbraun, Stirn mit weißem Querband, das sich über Schultern vor oder hinter Arm bis Kehle oder Brust hinziehen kann. Beine u. Unterseite graubraun bis dunkelbraun. Farbabänderungen nicht selten, öfter auch Weißlinge. – **M&G** KR 15–20, SL 1,5–2,8, G 250–600. – **V** S-Afrika nw bis SW-Angola, W- u. O-Botswana, Rhodesien, S-Sambia, S-Malawi u. M-Mozambique. Vorkommen ungleich, Jahresniederschlag muß mindestens 300 mm betragen, gebietsweise fehlend. Keine UA. –

Lr Offenes Grasland, Buschland, Mopanewald, Baumsavanne mit Büschen, buschumstandene Kopjes, Felder u. Gärten. – **Lw** Wie Weißbauchigel, jedoch oft unsteter u. jeden Tag in anderem Unterschlupf (Strauch-, Grashaufen, Termitenbauten, Erdhöhlen, Felsspalten u. ä.) schlafend. Im Winter (Mai–August) träge oder winterschlafend. Wurfzeit Oktober–März, Tragzeit rd. 40 Tage, Jungenzahl 4–9, meist 4, Geburts-G 9–12.

Wüstenigel oder **Äthiopienigel,** *Paraechinus aethiopicus* (Ehrenberg, 1833). E: Ethiopien Hedgehog, Desert Hedgehog; F: Le Hérisson du désert 59/10
Kn Gestalt u. Körperbau wie Weißbauch- u. Großohrigel (S. 311). Ohren groß, jedoch etwas kürzer, am Grunde aber breiter als beim Großohrigel. 8 Zitzen. Zehenzahl 5/5, Großzehe sehr klein. Gb 3/2 · 1/1 · 2–3/2 · 3/3 = 34–36. Stachelbau u. -farbe wie beim Großohrigel. Kopfstacheln durch 3 cm lange kahle Stirnschneise gescheitelt, Rückenstacheln rd. 2,7 cm lang. Rückenmitte meist einheitlich dunkel braunschwarz, da Stacheln ohne kremfarbene Spitze u. Querbänder, Flankenstacheln helldunkel gestichelt. Gesicht dunkelbraun, Stirn, Ohren, Kinn, Kehle, Vorderbrust weiß, Vorder-, Hinterbeine, Hinterbauch u. Schwanz braunschwarz, Bauch schwarzbraun u. weiß gefleckt. Manche Tiere fast ganz braunschwarz, andere fast ganz weiß (außer Beine u. Schwanz, die braunschwarz). – **M&G** KR 14–23, SL 1,3–4, G? – **V** Marokko, Algerien, Libyen, Ägypten, Sudan, Eritrea, N-Äthiopien, N-Somalia, in Sahara sw bis Timbuktu u. Air, in Libyen bis Fessan, im Sudan bis Sennar. Ferner Sinai, Arabische Halbinsel, Israel, Jordanien u. S-Irak. 4 UA. – **Lr** Steppe, Halbwüste, Wüste. – **Lw** Wie Großohr- u. Weißbauchigel. Gräbt wie ersterer einfachen Erdbau, trägt Futter als Vorrat zu Bau, wirft einmal jährlich 1–4, seltener 6 Junge in Erdbau oder versteckter Bodenmulde. ♀ beleckt Jungen Bauch u. After zwecks Förderung des Harnens u. Kotens, leckt Harn u. Kot auf, verteidigt Junge durch Kopfstachelsenken u. Gegnerberennen, schreit dabei. Säugezeit rd. 2 Monate, 1. Festnahrung mit rd. 40 Tagen (♀ trägt Futter herzu), mit 2 Monaten ½ Erwachsenengröße erreicht. Geburts-KR rd. 5,5, -G 8–9, G nach einer Woche rd. 12, nach 2 W. rd. 23, 3 W. rd. 42, 4 W. rd. 57, 5 W. rd. 71, 6 W. rd. 85, 7 W. rd. 109, 8 W. rd. 136, 9 W. rd. 140, 10 W. rd. 160.

Großohrigel, *Hemiechinus auritus* (Gmelin, 1770) (= *megalotis* Blyth, 1845). E: Long-eared Hedgehog, Long-eared Desert Hedgehog; F: Le Hérisson à grandes oreilles 59/9
Kn Gestalt u. Körperbau wie Weißbauchigel (S. 309), jedoch schlanker, hochbeiniger, Schnauze spitzer, Ohren erheblich größer (überragen Kopfstacheln weit). Kopfstacheln stehen geschlossen. Stacheln längsgefurcht, Furchenkanten mit feinen Verdickungen, Rückenstacheln rd. 1,5 cm lang. Einzelstacheln kremfarben mit 2 dunkelschiefergrauen Querbändern. Oberseite helldunkel gestichelt, Gesicht, Ohren, Unterseite, Beine, Krallen u. Schwanz weiß, Gesicht braun überhaucht. Rückenmitte ohne dunklen Längsstreif. Zehenzahl 5/5. Gb wie Weißbauchigel, jedoch I^1 schräg nach vorn gerichtet. 10 Zitzen, Penis lang. Junge wie Weißbauchigel. – **M&G** KR 14–27, SL 1,3–5, G? – **V** Cyrenaica, Ägypten (Niltal sw bis Fajum), Arabische Halbinsel, Kleinasien, Zypern, Transkaspien, Transkaukasien, Ukraine, Iran, Afghanistan, N-Indien (Pandschab, Kutch, Sind, Radschputana, Palanpur) bis Chinesisch Turkestan u. Mongolei. 17 UA, davon *aegypticus* (Fischer, 1829) in Afrika. – **Lw** Nächtlich tätig, gräbt 60–100 cm langen, einfachen Erdbau, der ständig bewohnt wird. Kann sich bei Gefahr nicht voll zur Kugel zusammenrollen. ♀ erweitert Bauende zu Kessel, wenn es Junge bekommt. 1 Wurf jährlich mit 2–7 Jungen, meist 4. Sonst Lw wie Weißbauchigel.

Otterspitzmäuse, Potamogalidae

Maus- bis rattengroße Kerbtierfresser mit länglich-flachem Kopf, kleinen Augen, kleinen bis mittelgroßen Ohren, langen Schnauzentasthaaren, kurzen Beinen, z. T. spannhautversehenen Händen u. Füßen u. langem, seitlich abgeplattetem oder rundlichem Schwanz. Zehenzahl 5/5, Gb $3 \cdot 1 \cdot 3 \cdot 3 = 40$. 2 Zitzen, Penis mit Knochen. Fell sehr dicht u. weich. In Dämmerung u. Nacht tätige Gewässerränderbewohner in Ebene u. Gebirge mit gutem Schwimm- u. Tauchvermögen. Krabben-, Fisch-, Würmer- u. Kerbtierfresser. 2 Gattungen mit zusammen 3 Arten in West- u. Mittelafrika.

59/5 **Großotterspitzmaus,** *Potamogale velox* (Du Chaillu, 1860). E: Giant Otter Shrew, Giant African Water Shrew; F: Le Potamogale

Kn Gestalt otterartig. Kopf lang, flach u. breit. Nasenlöcher durch verschließbare, herzförmige Hornplatte mit senkrechter Mittelfurche verdeckt. Augen sehr klein. Ohren mittelgroß, aufgerichtet Kopf hoch überragend, verschließbar. Schnauze u. Kopf mit zahlreichen, sehr langen Tasthaaren, 3 Paare auch auf Kehle. Beine kurz, Hände u. Füße lang u. schmal. Daumen u. Großzehe kurz, 2. u. 3. Zehe in halber Länge verwachsen. Handaußenkanten ohne Borstensaum, Hinterfußaußenkanten mit saumartigem Hautwulst. Schwanz sehr dick u. muskulös, seitlich zusammengedrückt, Körper ohne Absatz in ihn übergehend, spitzendig. 2 Zitzen, Penis mit Knochen. Fell otterartig, Unterwolle kurz u. sehr dicht, greift von Kruppe her auf Schwanzwurzeloberseite über, Schwanz selbst sehr fein u. kurz behaart. Oberseite dunkelkastanienbraun, Unterseite weiß bis weißgelblich. Junge wie Erwachsene. – **M&G** KR 30–35, SL 25–30, G rd. 300. – **V** Vom Cross-Fluß in Nigeria ww bis W-Grenze des Großen Grabens (Mobutu- oder Albert- bis Tanganjikasee), nw bis Ubangi- u. Uelle-Fluß, N-Grenze zwischen 8° n. Br. im W u. 3° n. Br. im O, sw bis SO-Katanga u. W-Sambia (Bangweolo- u. Mwinilungasee) im O u. N-Angola im W, S-Grenze um 14° s. Br. Keine UA. – **Lr** Gewässerränder (Gebirgsbäche bis träge fließende Flüsse, Sümpfe u. Teiche im Regenwaldgebiet). Im Gebirge bis 2000 m. – **W** Größe nicht bekannt. – **Tt** In Dämmerung u. Nacht. Fortbewegung an Land hoppelnd wie Fischotter, im Wasser sehr gewandt durch seitliches Schlängeln von Hinterkörper u. Schwanz, Arme u. Beine werden angelegt. Tauchdauer jeweils nur kurz. – **Lt** Beim Jagen Zischen u. Knurren, bei Gegriffenwerden Zischen wie Schlange. – **S** Geruchs- u. Tastsinn stark ausgeprägt, Sehvermögen mäßig. – **Fd** nichts bekannt. – **N** Bevorzugt Süßwasserkrabben, ferner gern Fische, Frösche, Wasserweichtiere u. Kerbtiere. Krabben werden an Land getragen, auf Rücken gedreht, mit schnellen Bissen getötet u. ihre Weichteile (auch aus Scheren) herausgezogen u. gefressen. Je Nacht 20–25 Krabben. – **Gs** Einzelgänger. – **Fp, Gr** u. **Ld** Keine Einzelheiten bekannt.

59/4 **Mittelotterspitzmaus,** *Micropotamogale ruwenzorii* (De Witte & Frechkop, 1955). E: Ruwenzori Potamogale, Ruwenzori Otter Shrew; F: Le Micropotamogale du Mont Ruwenzori

Kn Spitzmausartig. Kopf u. Schnauze flach u. breit wie bei Otterspitzmaus. Nasenlöcher verschließbar durch herzförmigen Hornschild mit senkrechter Mittelfurche. Augen sehr klein. Ohren klein u. rundlich, nur wenig aus Fell ragend, verschließbar. Gb wie Otterspitzmaus. Tasthaare an Schnauze u. Kopf zahlreich u. sehr lang wie bei Otterspitzmaus. Beine kurz, 1. u. 5. Strahl gleichlang, merklich kürzer als 2.–4., alle Finger u. Zehen durch kurze Spannhäute verbunden, 2. u. 3. Zehe ganz miteinander verwachsen, Hand- u. Fußaußenkante mit Saum steifer Borstenhaare, ebenso Handinnenkante. Schwanz spitzmausartig spitz zulaufend, im Querschnitt hochoval, oben u.

unten schwach gekielt, fein u. kurz behaart. Fell desmanartig mit sehr dichter Unterwolle u. kurzen festen Grannen. Oberseite dunkelbraun, grau überhaucht, Unterseite grau, Vorderbrust mit hellbraunem Fleck. Schwanz oberseits wie Rücken, unterseits wie Bauch. Junge wie Erwachsene. – **M&G** KR 16–17, SL 13–15, G? – **V** Ruwenzori (O- u. W-Hang, Uganda- u. Zaire-Seite), Kiwusee-W-Ufer (Zaire) u. ww weiter landeinwärts. Keine UA. – **Lr** Schmale Bäche im Bergwald (aufwärts bis 2200 m), Tieflandwald, Savanne u. Kulturland. Wassertemperatur 12–21° C. – **W** Nicht bekannt. – **Tt** Bauverlassen (baut Ufergänge mit gepolstertem Kessel) zwischen 19^{30} h u. 20^{30} h, dann nachts abwechselnd tätig u. ruhend, tagsüber im Bau. Harn- u. Kotabsatz an festen Plätzen. Benutzt beim Schnellschwimmen alle vier Beine, beim Langsamschwimmen Vorder- u. Hinterbeine abwechselnd, schwimmt auch an Oberfläche mit Kopf u. Oberrücken außerhalb Wasser. Tauchdauer stets kurz. – **Kp** Viel Zeit für Fellpflege, Kratzen mit Hinterfuß, Baugangwände saugen beim Durchzwängen des Tieres Wasser aus Fell. – **Lt, S** und **Fd** Nicht bekannt. – **N** Regenwürmer,

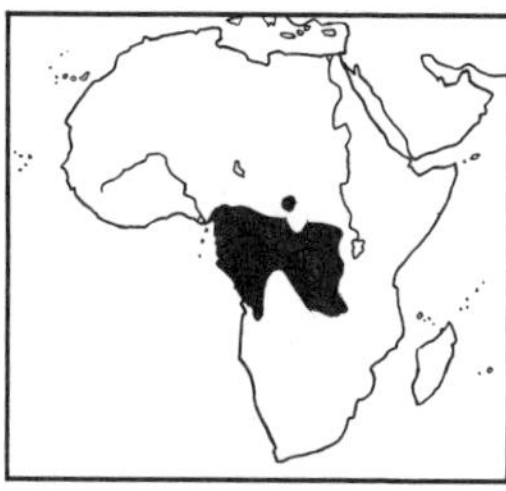

Großotterspitzmaus

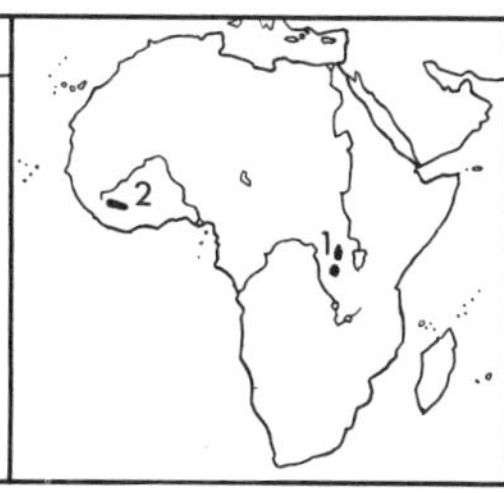

1 Mittelotterspitzmaus
2 Kleinotterspitzmaus

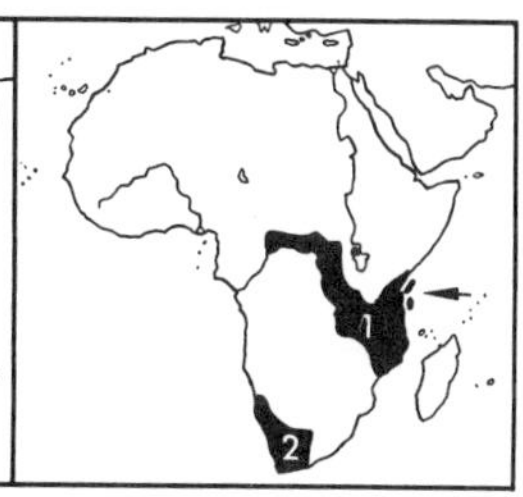

1 Rüsselhündchen
2 Rüsselspringer

Kerbtierlarven, Süßwasserkrabben, Fische, Kröten, Frösche. Krabben (nur bis 5 cm Brustpanzerbreite als Beute, größere wegen Scheren zu gefährlich) werden von hinten mit Biß quer über Panzer gepackt, an Land gezogen, dort umgedreht u. von Unterseite her ausgefressen. Auch Fische werden an Land verzehrt, Kleinbeute im Wasser gefressen, Würmer u. Kerbtierlarven ausgesogen. Tägliche N-Menge bis 80 g. – **Gs** Einzelgänger. – **Fp** 1 ♀ hatte 2 Embryonen. Sonst (auch über **Gr** u. **Ld**) nichts bekannt.

Kleinotterspitzmaus, *Micropotamogale lamottei* (Heim de Balsac, 1954). E: Lesser 59/6
Otter Shrew, Nimba Otter Shrew; F: Le Micropotamogale de Lamotte, Le Micropotamogale du Mont Nimba

Kn Gestalt u. Körperbau wie Mittelotterspitzmaus, jedoch Schwanz rund, Hand u. Fuß wie Großotterspitzmaus (S. 312), jedoch Fuß ohne Hautwulstsaum. Fell graubraun, Unterseite nicht heller als Oberseite. – **M&G** KR 12–15, SL 10–12, G? – **V** Nimbaberg-Gebiet an Grenze von N-Liberia, SO-Guinea u. mittlerer W-Elfenbeinküste. Keine UA. – **Lr** Gräben, Bäche, Sümpfe in Tiefland-, Galerie- u. Bergwald. Im Gebirge bis 1000 m. – **Lw** Ähnlich Mittelotterspitzmaus. – **N** Süßwasserkrabben u. Fische. Guter Schwimmer, bis 15 Min. im Wasser. – **Fp** Tragzeit mindestens 51 Tage, Hauptwurfzeit Trockenzeit, wenn Bäche nicht so voll u. Beute leichter erreichbar. Mehrere Würfe im Jahr wahrscheinlich. Jungenzahl 1–4. Junge nackt u. blind in verstecktem Lager. 1. Haare mit 11, voll behaart mit 20, Augenöffnen 23, Lagerverlassen u. selbständig 40 Tagen. – **Gr** u. **Ld** nicht bekannt.

Rüsselspringer oder Rohrrüßler, Macroscelididae

Maus- bis rattengroße, schlankbeinige, langbeinige u. meist weichfellige Kerbtier-, Kleintier- u. z. T. Gemischtfresser mit rüsselartig verlängerter, beweglicher Nase, großen Augen, mittelgroßen bis großen Ohren u. in Schienbein u. Mittelfuß verlängerten Beinen. Zehenzahl 4–5/4–5. Schwanz nackt, mittellang bis lang. Gb 1–3/3 · 1 · 4 · 2–3 = 36–44. 4–6 Zitzen. Meist tag-, seltener nachtlebende schnelle Renner in Wüsten-, Steppen-, Savannen-, Busch- oder Waldlandschaft. 2 Unterfamilien mit zusammen 5 Gattungen u. 12 Arten, nur in Afrika.

59/7 **Rüsselhündchen,** *Rhynchocyon cirnei* (Peters, 1847). E: Giant Elephant Shrew, Chekkered-backed-Elephant Shrew; F: Le Rhynchocyon, Le Macroscélide tacheté; K: Njule

Kn Spitzköpfig, langbeinig u. langschwänzig. Kopf lang u. spitz, Nase sehr lang, dünn, spitz u. beweglich, Mundöffnung unterständig weit nach hinten gelegen. Zunge lang, weit vorstreckbar. Augen groß. Ohren mittellang, langoval, nackt, überragen Kopf deutlich. Beine lang u. dünn, Hände u. Füße sehr schmal, stark verlängert, Hinterbeine länger als Vorderbeine, Schien- u. Wadenbein am unteren Ende verwachsen. Finger u. Zehen mit langen, flachen, kräftigen Krallen. Strahlenzahl 4/4, Hand: 1. Strahl (Daumen) fehlt, 2.–4. ungefähr gleichlang, 5. sehr klein. Fuß: 1. Strahl (Großzehe) fehlt, 2.–5. ungefähr gleichlang. Schwanz rattenartig, rund, fast nackt u. spitz zulaufend. Fell kurz, etwas rauh. Nase u. Schnauze mit langen Tasthaaren, drei weitere als Büschel auf Wange. Gb: 1(0)/3 · 1 · 4 · 2 = 36, obere I rudimentär oder fehlend, obere C dolchförmig, doppelt so lang wie P^1. Penisende 3teilig. 4 Zitzen. Schwanzwurzelunterseite mit Hautdrüse. Fellfarbe sehr abändernd, je nach Unterarten u. deren Mischung. Oberseite hell- (*reichardi*) oder dunkelolivgrün (*shirensis*) oder hell- (*stuhlmanni*) oder mittel- (*hendersoni*) oder dunkelbraun (*stuhlmanni*) oder Vorderteil gelboliv, Mittelteil dunkelrotbraun, Kruppe gelborange (*chrysopygos*) oder Vorderhälfte gelb- bis rotorange, Hinterhälfte schwarz (*petersi*). Letztere 2 UA ungefleckt, andere mit 6 Längsreihen großer viereckiger, weißer bis hellbrauner Flecke zwischen 6 dunkelbraunen Längsstreifen. Flecke können nur angedeutet oder verschwunden sein. Schwanzanfangsfünftel bis -drittel dunkel, Ende weiß, äußerste Spitze dunkel. Mischlingspopulationen mit etlichen Zwischentönen u. -mustern. Unterseite weiß bis kremfarben. Junge wie Erwachsene. – **M&G** KR 23–32, SL 19–27; G 400–450. – **V** M- u. O-Afrika. N-Zaire zwischen Kongo- u. Ubangi- u. Uelle-Fluß, im N ow bis Victoriasee, öl Kongo-Oberlauf (Lualaba) sw bis Mwerusee (NW-Sambia), ow bis Kiwu- u. Tanganjikasee u. ab letzterem bis Rufideschi-Fluß-Südufer (M-Tansania), sw durch Tansania, Malawi u. Mozambique bis Sambesi und von Rufideschi-Nordufer durch Küstengebiete Tansanias und SO-Kenias bis Malindi einschließlich Sansibar u. Mafia. 6 UA. – **Lr** Bergregenwald, bis 2300 m aufwärts (*hendersoni*), Tieflandregenwald (*stuhlmanni*), Küstenbuschwald (*chrysopygos*), offener Wald, Galeriewald u. Langgrassavanne (in Regenzeit) (*reichardi*). – **Tr** 1½–2 ha groß, wird von ♂ u. ♀ verteidigt, ♂ vertreibt ♂♂, ♀ andere ♀♀, Eindringlinge werden geduckt angegangen (dabei Ohren vorgestellt u. Schwanzschlagen) u. verjagt. ♂ u. ♀ markieren Zweige, Steine u. ä. mit Schwanzdrüse, Sekret riecht nach Moschus. Im Tr Wechsel u. Laublager, für letzteres wird mit Vorderfüßen Sasse ausgekratzt u. großer Laubhaufen darin aufgetürmt. Laub wird durch Rückwärtsgehen mit ausgestreckten Vorderbeinen zusammen- u. in Sasse gekratzt. – **Tt** Tagsüber, besonders über Mittag. Gangarten wie Kleinantilope, kann sehr schnell rennen, trottet ständig am Boden schnüffelnd durchs Revier, saust manchmal im Galopp im Kreis herum oder macht hohe Prellsprünge, trottet dann weiter. Nähert sich abends vorsichtig Laublager, prüft sorgfältig Umgebung, schlüpft dann unter Laubhaufen u. legt sich schlafen. – **Lt** Meist stumm, bei Erregung u. Gejagtwerden Zähneklappern, Schnattern, u. lautes Quieken, bei Alarm Schwanzschlagen u. leise Quieker. – **S** Riech- u. Tastvermögen Hauptsinn, Hörvermögen gut, Sehen auf Bewegungssehen eingestellt. – **Fd** Schlangen, Greifvögel, kleinere Raubtiere. Bei Abwehr Stoßen u. Schlagen mit Hinterbeinen, kein Beißen. – **N** Wird mit Zunge leckend nur vom Boden aufgenommen, z. T. vorher freigekratzt, wenn errochen, auf Zweigen (auch niedrigen) sitzende Beute wird nicht beachtet. Haupt-N Ameisen u. Termiten, daneben Käfer, Spinnentiere, Würmer, Tausendfüßer, Asseln, kleine Eidechsen. Da großes Rüsselhündchen viel Kleintiere braucht, Vorkommen an ganzjährigen Kleintierreichtum (Laubdecke im Wald, dichter Bewuchs an Gewässern der Savanne) gebunden. Schwarze Kotpillen enthalten viel mitaufgeleckte Erde. – **Gs** In Paaren aus ♂ u. ♀ u. ev. 1 Jungen. Manchmal locker in kleinen Trupps gemeinsam auf Suche. – **Fp** 4–5mal jährlich nach rd. 2 Monaten Tragzeit 2, seltener 1 Laufjunge(s), das 3 Wochen im Lager gesäugt wird, dann 1 W. Mutter bei N-Suche begleitet u. Fest-N frißt, sich dann noch 6 Wochen im Elternrevier aufhält, danach **Gr** erlangt u. sich eigenes Revier sucht. Jungtiere tragen Schwanz hoch, Erwachsene gesenkt. – **Ld** 3–4 Jahre, in Gefangenschaft über 4 J. nachgewiesen.

Rüsselratte, *Petrodromus tetradactylus* (Peters, 1846). E: Four-toed Elephant Shrew; 59/2
F: Le Petrodromus, Le Macroscélide à quatres doigts; A: Bosklaasmus, Groot Bosklaasmus, Groot Skeerbekmuis; K: Isanje, Ssanga

Kn Spitzköpfig, rundrumpfig, langbeinig u. -schwänzig. Kopf lang u. spitz, im Verhältnis zum Körper groß, Nase sehr lang, dünn, spitz u. beweglich, Mundöffnung unterständig weit nach hinten gelegen, Zunge lang, weit vorstreckbar. Augen u. Ohren groß, letztere nackt, Spitze abgerundet. Beine lang u. dünn, Hinterbeine länger als Vorderbeine, Schien- u. Wadenbein am Unterende verwachsen, Mittelfuß stark, Mittelhand mäßig verlängert. Hände u. Füße lang u. schmal, Krallen lang u. flach, Daumen sehr klein, Großzehe fehlt, Zehenzahl 5/4. Schwanz rattenartig, rund, fast nackt, spitzendig. Gb $3 \cdot 1 \cdot 4 \cdot 2 = 40$, I^3 2wurzelig, C kurz u. schwach. 4 Zitzen. Schwanzwurzelunterseite bei UA *sultan* mit Hautdrüse, darauf Borstenhaare mit Knopfspitze. Fell sehr dicht u. weich. Schnurrhaare sehr lang. Oberseite sandbraun, gelb oder orange überhaucht oder mittelbraun u. rötlich überhaucht, weißer Ring um Auge, darum kastanienrote Tönung. Oft grauer oder brauner Flankenstreif. Unterseite weiß bis hellocker. ♀ wärmer getönt als ♂, Junge wie Erwachsene. – **M&G** KR 16–22, SL 13–18, G 150–220. – **V** Von Natal nw bis M-Kenia mit Sansibar u. Mafia-Inseln, von M-Kenia bis W-Zaire (nur sl Kongo-Fluß) in Nähe von Kinshasa u. NO-Angola, von dort sow bis O-Ufer des oberen u. N-Ufer des mittleren Sambesi bis Karibasee, von dort sw bis Natal. 9 UA. – **Lr** Dickichte u. dichter Bewuchs an Felsblöcken, auf u. an Kopjes, in steinigem Gelände, im *Brachystegia*-Waldland, an Gewässerrändern, im trockenen Berg- u. Küstenwald u. im Regenwaldgebiet. – **W** Ähnlich Rüsselhündchen (S. 314), wohl Tr, jedoch kleiner, durchzogen von Wechseln, besetzt mit ungepolsterten Unterschlupfen wie Ameisen-, Rennmausbauten, Baumhöhlen in Bodenhöhe, Löcher u. Spalten in, unter u. zwischen Felsen, Felsbrocken u. Steinen. – **Tt** Teils nur tags, teils morgens, abends u. nachts. Läuft hoch- u. vierbeinig im Trott, mit hochgestelltem Schwanz, macht bei Verfolgung weite Sprünge. – **Lt** Häufig schrilles Quieken bei Erregung, leises Schnurren bei Zufriedenheit, Glucksen u. Zirpen bei Gegriffenwerden, Bodentrommeln mit Hinterfüßen nebst Schwanzschlagen als Stimmfühlungssignal. – **S** u. **Fd** Wie Rüsselhündchen. – **N** Scharrt mit Hinterbeinen im Laub, um Kleintiere freizulegen. Hauptnahrung Termiten u. Ameisen, daneben Käfer, Wanzen, Zikaden, Grillen, Heuschrecken u. a. – **Gs** Einzeln oder paarweise. – **Fp** Ganzjährig, je Wurf 1 Laufjunges (Geburts-KR rd. 7,5), weitere Einzelheiten, auch über **Gr** u. **Ld** nicht bekannt, in Gefangenschaft Ld von 1¼ Jahr nachgewiesen.

59/1 **Rüsselspringer,** *Macroscelides proboscideus* (Shaw, 1800). E: Short-eared Elephant Shrew, Black-eared Elephant Shrew, Common Elephant Shrew, Shaw's Elephant Shrew; F: Le Macroscélide de l'Afrique du Sud, Le Macroscélide à oreilles courtes; A: Swartoor-Skeerbekmuis, Koortoorklaasneus

Kn Mausartig u. -groß, Rumpf rundlich, sonst Gestalt u. Körperbau wie Rüsselratte (S. 315), jedoch Kopf (nicht Nase) u. Ohren kürzer. Letztere fast dreieckig mit abgerundeter Spitze, innen behaart. Zehenzahl 5/5, Großzehe sehr hochsitzend, sehr klein u. krallenlos, Daumen klein. Schwanzwurzelunterseite mit nacktem schwarzem Hautdrüsenstreif, Sekretgeruch moschusartig. Gb $3 \cdot 1 \cdot 4 \cdot 2 = 40$, I^2 u. I^3 zweihöckerig, I^3 einwurzelig, C klein. Knöcherne Gehörblasen außerordentlich groß. Backentaschen vorhanden. Penis sehr lang mit dreiteiliger Spitze. 6 Zitzen. Fell weich u. dicht, Schnurrhaare sehr lang. Oberseite beige (sandfarben) bis orangebräunlich, rötlich oder dunkelbraun oder schwärzlich überhaucht. Kein weißer Ring um Auge, Ohraußenseite u. beweglicher Nasenrüssel schwärzlich. Unterseite weiß bis grauweiß. Erwachsene heller als Junge. Nur Haarspitzen hell, übrige Haarteile dunkelgrau bis schwarz. – **M&G** KR 9,5–13, SL 8,3–14, G 35–45. – **V** Kapprovinz (außer SO öl Grahamstown), SW-Afrika (außer N nl Omaruru-Fluß), äußerster SW Botswanas. 10 UA, jedoch Gültigkeit ungeklärt. – **Lr** Wüste, Halbwüste, Fels- u. Felsblockgelände mit kleinen Büschen, offenes Dornbuschgelände, Kies, Granitgrus-, Sandflächen mit Büschen oder Felsbrocken. – **W** Je nach Gelände u. Bestandsdichte $^1/_{10}$–1 km². Jedes Tier hat mehrere Unterschlupfe im sog. Wohnquartier, feste Wechsel zwischen Unterschlupfen u. Wohnquartieren u. Jagdgebieten. In Wüste Abstand benachbarter W 200–800 m, in dichter besiedeltem Gelände erheblich geringer. Als Unterschlupfe dienen unter Büschen selbstgegrabene Erdbaue mit Haupteingang u. verstecktem senkrechten Notausgang, vorgefundene Erdbaue von Rennmäusen, Ohrenratten, Scharrtieren u. a., kleine Höhlungen unter Felsen u. Felsbrocken u. Steinplatten. Tiere können sich sehr schnell eingraben. Unterschlupfe werden von kleinen Steinen, Zweigen u. ä. völlig gesäubert, jedoch nicht gepolstert. – **Tt** Je nach Gelände u. Feindarten tags oder nachts, in Wüste meist nachts, dann mit Dämmerung Aufbruch ins Jagdgebiet (bis 1 km Entfernung), das meist für mehrere Nächte herhält, wenn dort N erschöpf, Aufsuchen neuen Jagdgebietes. Nach Sättigung Überprüfung der Unterschlupfe in Wohnquartieren. Gegen Nachtende zurück zum derzeit bevorzugten Unterschlupf. Unterschlupfwechsel bei stärkerer Störung, Wetterwechsel, Paarungszeit. Schnüffelndes Trotten bei langsamem Gehen, bei schneller Fortbewegung sehr schnelles Laufen auf allen Vieren, bei Flucht lange Laufsprünge mit Geschwindigkeit bis 20 km/Std. Jede Nacht werden etliche km gelaufen, vom Junge versorgenden ♀ sogar bis 15 km. Bei Erregung wird Schwanz hochgebogen getragen, sonst waagerecht. Nach Sonnenaufgang Sonnen, Dösen, Schlafen u. Kp. Wird Unterschlupf über 58° C heiß, dann Wechsel zu kühlerem Platz (Rüssel und Schwanz als Thermometer). – **Kp** Räkeln, Gesichtwaschen mit Vorderpfoten, Belecken der Aftergegend, Fellkratzen mit Hinterpfoten, Seiten- u. Bauchscheuern durch Entlangschieben am Boden. – **Lt** Meist stumm, feine Quieklaute. Junge haben feinen Zirplaut. – **S** Gehör sehr scharf, hört anfliegende Eulen (Schleiereule, Fleckenuhu) u. unterscheidet sogar beim Schlafen alle wichtigen Geräusche (Krabbeln von Beutetieren, die dann gefressen werden, Anschleichen von Schlangen, das sofortige Flucht auslöst) von unwichtigen.

Seh- u. Riechvermögen sehr gut. Orientierungsvermögen u. Ortsgedächtnis selbst in dunkler Nacht unfehlbar. Wärmeregulierungsvermögen sehr gut (erträgt innerhalb 1 Tages Außentemperaturschwankungen von 10°–58° C). – **Fd** Kleine Raubtiere, Tag- u. Nachtgreifvögel, Schildrabe, Strauß, Schabrackenschakal. Vor größeren Feinden Drücken in hintersten Unterschlupfwinkel oder Bau, vor kleinen Feinden u. Schlangen Flucht (auch in Mittagshitze). Bei Gegriffenwerden beißend, bei öfterer Störung Übergang vom Tag- zum Nachtleben. – **N** Ameisen, Termiten, Spinnentiere, Kerbtiere, Kriechtiereier, junge Eidechsen u. Geckos, zarte Schößlinge, Wurzeln sowie Beeren u. Früchte. Bei N-Suche ruckartiger Zickzacklauf. N-Speichern in Backentasche, dann Anhalten u. Verzehr. Kein Wassertrinken. Flüssigkeitsbedarf wird durch Kerbtierfettverbrennung gewonnen. – **Gs** Einzelgänger. Nachbarn halten Abstand möglichst außer Sichtweite, bei Begegnung Gleichgültigkeit, nur wenn ein Tier dem anderen zu nahe kommt, kurze Verfolgung. Paarbildung zur Brunst (wenige Tage) oder ♀ mit 1–2 Jungen (wenige Wochen) oder Zwillingsgeschwister am Aufziehplatz (2–3 Wochen). In Groß-Nama- oder Namaqua-Land zusammen mit Elefantenspitzmäusen (*Elephantulus*) im selben Gelände, beide Gattungen im Felde nicht zu unterscheiden. – **Fp** Je Wurf 1–2 sehr große Laufjunge, Setzzeit September–November, Tragzeit rd. 2 Monate. ♂ wirbt durch Verfolgen u. Beschnuppern des ♀, das Brunstzyklus rd. alle 2½ Monate hat. ♀ zieht Junge(s) allein auf. Falls ♀ einmal Junges trägt, dann im Maul. Wurfplatz ist abgelegener Unterschlupf. ♀ läßt Junge(s) allein, schläft abseits im eigenen Unterschlupf, kommt während seiner Tätigkeitszeit mehrmals kurz zum Säugen, füttert ab 5. Tag Kerbtierbrei aus Backentaschen zu. Säugezeit 1 Woche. Junge verlassen bald Unterschlupf kurzfristig zum Koten u. Harnen, allmählich länger u. weiter entfernt, suchen neue Unterschlupfe, schlafen getrennt, treffen sich nur zum Saugen bei ♀, ab 2½–4 Wochen machen sie sich selbständig u. suchen sich eigenes Revier. – **Gr** 5–6 Wochen. – **Ld** In Wildbahn 1–1½, in Gefangenschaft bis 3¼ Jahre nachgewiesen.

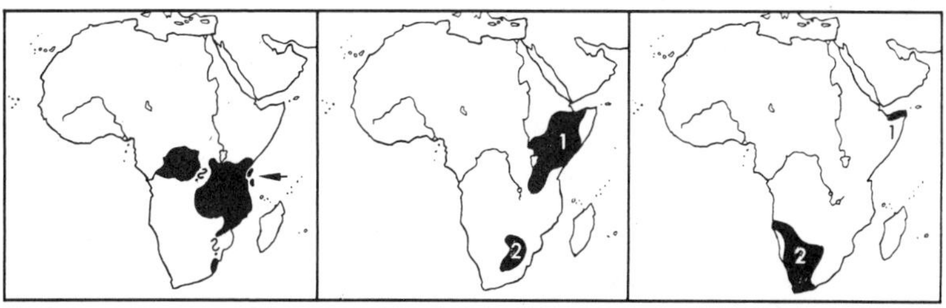

Rüsselratte | 1 Rote Elefantenspitzmaus, 2 Klippen-Elefantenspitzmaus | 1 Somali-Elefantenspitzmaus, 2 Buschfeld-Elefantenspitzm.

Rote Elefantenspitzmaus, *Elephantulus rufescens* (Peters, 1878). E: Rufous Elephant Shrew, Spectacled Elephant Shrew, Long-eared Elephant Shrew; F: Le Macroscélide rouge, Le Macroscélide de l'Afrique de l'Est; K: Sange mdogo 59/3

Kn Gestalt u. Körperbau wie Rüsselspringer (S. 316), jedoch Augen u. Ohren groß, letztere langoval u. nackt. Rüsselunterseite behaart. Zehenzahl 5/5, Großzehe sehr klein u. hochsitzend, Daumen klein. Gb $3 \cdot 1 \cdot 4 \cdot 2 = 40$, I^2 viel kleiner als I^1, I^3 einwurzelig, C klein. Knöcherne Gehörblasen nicht stark vergrößert. 6 Zitzen, Schwanzwurzelunterseitendrüse verkümmert, Hautdrüse über Brustbein gut ausgebildet. SL = KR, Schwanz spitzendig. Fell dicht u. weich. Oberseite graugelb oder beige oder hellbraun oder dunkelbraun oder leuchtend rotbraun. Unterseite weißlich oder grau oder beige. Weißer Ring um Auge, brauner Hinteraugenstreif. Junge wie Erwachsene. – **M&G** KR 10–15, SL 10–16,5, G 25–50. – **V** Steppen- u. Savannengebiete O-Afrikas von (in NS-Richtung) mittlerem Äthiopien ab 10° n. Br. sw, NW- u. S-Somalia, Kenia, M- u. O-Uganda u. (in NS-Richtung) mittlerem Tansania sw bis nahe Malawi- oder Nyassasee-Nordspitze u. sww nahe SW-Ufer des Tanganjikasees. 6 UA. – **Lr** Trockenes Buschgelände (meist über 300 m). – **W** Klein, je Paar 20 m^2 bis $^1/_4$ ha. Wichtig ist gegen Buschfeuer widerstandsfähiger Pflanzenwuchs u. gegen Feinde schlupfwinkelreiches Dickicht um Termitenhaufen, in Gräben, Dornenhecken um Viehkrale u. Gehöfte, Bestände von Aloen, Sanseverien, Euphorbien, Sisal u. a. Unterschlupf in vorgefundenen Höhlungen, unter Felsen, in Felsspalten, Termiten- u. Nagerbauen, zwischen Strauchwurzeln u. a. Baue werden nicht selbst gegraben. Unterschlupfe u. Jagdgebiete sind durch Wechsel verbunden. – **Tt** Tagsüber, manchmal noch bis Nacht hinein. Bewegung auf allen Vieren wie Rüsselspringer, kein Hüpfen. – **Kp** wie Rüsselspringer. – **Lt** Zwitscherquieken bei Streit u. Ärger, schrilles Quieken bei Schreck u. in Not, Bodentrommeln mit Hinterfüßen bei Alarm. – **S** wie Rüsselspringer. – **Fd** Kleine Raubtiere, Tag- u. Nachtgreifvögel, Schlangen. Bei Gegriffenwerden kein Beißen. – **N** Wie Rüsselspringer. Kein Trinken. – **Gs** In Paaren, an Futterplätzen auch mehrere Paare. Oft in Gesellschaft von Feldratten (*Arvicanthis*), Rennmäusen u. Klippschliefern. – **Fp** Wurfzeit vermutlich jahreszeitlich begrenzt, Hauptzeit Mai–Juli, Tragzeit 50 Tage, je Wurf 1, seltener 2 Laufjunge (s), Säugezeit 1 Monat, Ausgewachsensein, **Gr** u. selbständig mit 2 Monaten. – **Ld** $1^1/_2$–3 Jahre.

Somali-Elefantenspitzmaus, *Elephantulus revoili* (Huet, 1881). E: Revoil's Elephant Shrew, Somali Elephant Shrew; F: Le Macroscélide de Revoil
Kn Gestalt u. Körperbau wie Rote Elefantenspitzmaus (S. 317). Rüsselunterseite behaart, Hautdrüse über Brustbein vorhanden, 6 Zitzen, Gb 3 · 1 · 4 · 2 = 40, I^1, I^2 u. I^3 gleichgroß. Knöcherne Gehörblasen normal. SL = 120% KR, Schwanzende etwas quastig. Oberseite graubraun, Unterseite, Hände u. Füße weiß. Weißer Augenring, brauner Hinteraugenstreif. – **M&G** KR 11–12, SL 13–14, G 25–40. – **V** N-Somalia. Keine UA. – **Lw** Wie Rote Elefantenspitzmaus (S. 318).

Buschfeld-Elefantenspitzmaus oder **Trockenland-Elefantenspitzmaus,** *Elephantulus intufi* (A. Smith, 1836). E: Bushveld Elephant Shrew, Pale Elephant Shrew; F: Le Macroscélide jaune; A: Geel Skeerbekmuis, Bosveldklaasmuis
Kn Gestalt u. Körperbau wie Rote Elefantenspitzmaus (S. 317). Rüsselunterseite nackt, keine Hautdrüse über Brustbein, Schwanzwurzelunterseitendrüse vorhanden, 6 Zitzen, Gb 3 · 1 · 4 · 2 = 40, I^2 zweispitzig, P^1 mit 1 lingualem Höcker, P^2 mit 2 lingualen Höckern. Knöcherne Gehörblase normal. SL = 105% KR, Schwanz spärlich behaart. Oberseite gelbbraun bis graugelb, Unterseite heller bis weiß, Hinterfußsohlen hellbraun. Weißer Ring um Auge durchgehend, kein brauner Hinteraugenstreif. – **M&G** KR 10–14, SL 11–15, G 40–55. – **V** S-Rhodesien, W-Transvaal, nl u. wl Kapprovinz, SW-Afrika, S-Angola, M- u. S-Botswana. 10 UA, Gültigkeit jedoch bestritten. – **Lw** Wie Rote Elefantenspitzmaus. Lr sandiges u. felsiges Gebiet mit Büschen, Buschfeld u. Baumsavanne. Tagtätig. Unterschlupf in vorgefundenen oder selbstgegrabenen Bauen unter Büschen, Dornhecken, Steinen, auch in kleinen Höhlungen am Fuße von Felsen u. in Felsspalten. Wechsel zwischen Unterschlupfen u. Futterplätzen. N Kerbtiere. Hinterfußtrommeln als Alarmsignal, sonst nur feines Quieken zu hören. Wurfzeit August–Februar. 2 (selten 1 oder 3) Laufjunge je Wurf. Weitere Einzelheiten nicht bekannt.

Felsen-Elefantenspitzmaus, *Elephantulus rupestris* (A. Smith, 1831). E: Rock-Elephant Shrew; F: Le Macroscélide des roches; A: Klipklaasmuis, Klipskeerbekmuis. – **V** SW-Afrika, W- u. M-Kapprovinz (Klein Namaqualand, Upington, Cradock, Grahamstown). UA-Zahl ungewiß.

Klippen-Elefantenspitzmaus, *Elephantulus myurus* (Thomas & Schwann, 1906). E, F u. A wie bei *rupestris.* – **V** S-Rhodesien, Transvaal, Oranje, MO- u. SO-Botswana, Richmond-Distrikt in M-Kapprovinz. UA-Zahl ungewiß.

Kap-Elefantenspitzmaus, *Elephantulus edwardi* (A. Smith, 1839). E: Cape Elephant Shrew; F: Le Macroscélide du Cap; A: Kap-Klaasmuis. – **V** W-Küste u. Richmond-Distrikt der Kapprovinz. Keine UA.
Die drei Arten sind sich äußerlich u. in Lw sehr ähnlich. **Kn** Gestalt u. Körperbau wie Buschfeld-Elefantenspitzmaus (S. 318). Rüsselunterseite nackt. Keine Hautdrüse über Brustbein, Schwanzwurzelunterseitendrüse vorhanden. 6 Zitzen. Gb $3 \cdot 1 \cdot 4 \cdot 2 = 40$, I^2 einspitzig (*myurus, edwardi*), zweispitzig (*rupestris*), P^1 ohne lingualen Höcker (*my., ed.*), mit (*rup.*), P^2 ohne lingualen Höcker (*ed.*), mit 1 (*my.*), mit 2 (*rup.*). Am Ohrdeckel (Tragus) Oberteil (Supratragus) sehr groß u. dünn (*rup.*), klein u. wenig dick (*my.*), groß u. dünn (*ed.*). Weißer Augenring unvollkommen oder ganz vorhanden, kein dunkler Hinteraugenstreif, Schwanzendhaare etwas verlängert, Schwanz in ganzer Länge zweifarbig (*rup., my.*) oder ganze Endhälfte schwarz (*ed.*). Hinterfußsohlen schwarz (*my.*) oder dunkelbraun (*rup., ed.*) Oberseite heller oder dunkler graubräunlich, gelbbräunlich oder rötlichbräunlich, Unterseite weiß oder weißgrau oder weißlichbeige. – **M&G** KR 10–14, SL 12–16,5, G 40–70. – **Lw** Lr Fels-, Steinhalden-, Kopjesgelände mit Büschen u. einzelnen Bäumen mit Spalten, Löchern u. Höhlungen als Unterschlupfe sowie Sand- u. Kiesflächen mit einzelnen Büschen, unter denen selbstgegrabene oder vorgefundene Erdbaue als Unterschlupfe. Wechsel zwischen Unterschlupfen u. Futterplätzen. Einzellebend in lockeren Familienkolonien. Je nach Landschaft tag- oder nachttätig. Übrige Lw wie Buschfeld-Elefantenspitzmaus.

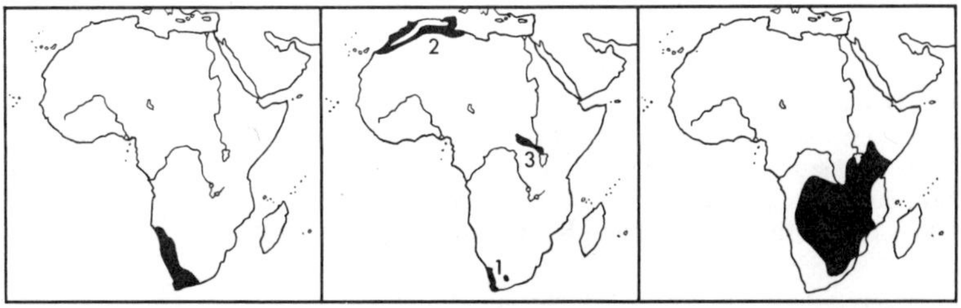

Felsen-Elefantenspitzmaus — 1 Kap-Elefantenspitzmaus, 2 Nordafrika-Elefantenspitzmaus, 3 Kurznasen-Elefantenspitzmaus — Kurzrüssel-Elefantenspitzmaus

Nordafrika-Elefantenspitzmaus, *Elephantulus rozeti* (Duvernoy, 1830). E: North African Elephant Shrew; F: Le Macroscélide de l'Afrique du Nord
Kn Gestalt u. Körperbau wie Rote, Felsen- u. Buschfeld-Elefantenspitzmaus. Hautdrüse auf Schwanzwurzelunterseite vorhanden, auf Brustbein fehlend. Rüsselunterseite nackt. 6 Zitzen. Gb $3 \cdot 1 \cdot 4 \cdot 2 = 40$, I^2 einspitzig, I_2 größer als I_1 u. I_3, P^1 ohne lingualen Höcker, P^2 mit 1 lingualem Höcker. Schmaler weißer Ring um Auge, kein brauner Hinteraugenfleck. Oberseite rötlichbraun, schwärzlich überhaucht (außer hinter Ohren u. an unteren Flanken). Unterseite weißlich. Schwanzoberseite braun,

-unterseite weiß. Junge wie Erwachsene, zuerst noch ohne schwarze Haarspitzen. – **M&G** KR 10–12, SL 9–11, G? – **V** Mittelmeer- u. wüstenseitige Gebiete NW-Afrikas von SW-Marokko bis W-Libyen, dabei UA *rozeti* nl u. *deserti* sl des Atlas. – **Lw** Ähnlich anderen Arten. Lr sandiges, felsiges Gelände, Unterschlupf in Felsspalten u. -höhlungen u. unter Steinen. Einzelgänger in lockeren Kolonien. Tagtätig. Je Wurf 2, selten 1 Junge(s). Ld über 3 Jahre (in Gefangenschaft).

Kurzrüssel-Elefantenspitzmaus, *Nasilio brachyrhynchus* (A. Smith, 1836). E: Short-smouted Elephant Shrew; F: Le Macroscélide à museau court, A: Kortbekklaasmuis, K: Sengi. – **V** M- u. S-Kenia, W-Uganda, Ruanda-Urundi, Tansania (nur an wenigen, verstreuten Plätzen), S- u. SO-Zaire (sl Sankuru- u. öl oberem Kasai-Fluß), M- u. S-Angola, N-SW-Afrika (Ovamboland), Sambia, Malawi, Rhodesien, N- u. O-Botswana, M-Mozambique, Transvaal, N-Oranje. 9 UA.

Kurznasen-Elefantenspitzmaus, *Nasilio fuscipes* (Thomas, 1894). E: Short-nosed Elephant Shrew; F: Le Macroscélide à nez court; A: Kortneusklaasmuis; K: Sengi. – **V** Äußerster NO-Kongo, äußerster S-Sudan, öl Uganda. Keine UA.
Die beiden Arten sind äußerlich u. in Lw sehr ähnlich. **Kn** Gestalt u. Körperbau wie *Elephantulus,* jedoch Nase etwas kürzer, Gb 3 · 1 · 4 · 2/3 = 42, obere I mit Zwischenräumen, einspitzig, C klein. Knöcherne Gehörblase normal. Zehenzahl 5/5, Großzehe sehr klein, hochsitzend, mit Kralle, Daumen klein. Schwanz kürzer, bei *brachyrhynchus* in 1. 2/3 etwas verdickt. 4 Zitzen, Hautdrüse über Brustbein u. an Schwanzwurzelunterseite vorhanden (*fuscipes*) oder erstere fehlend (*brachyrhynchus*). Supertragus einfach (*brach.*) oder gewölbt (*fusc.*). Fell weich u. dicht, bei *brach.* mit langen Grannen, Oberseite rotbraun schwarz überhaucht (*brach.*) oder mittel- bis gelbbraun, z. T. grau überhaucht (*fusc.*), Unterseite weiß bis weißgrau, gelblich oder -bräunlich. Weißer Augenring, kein brauner Hinteraugenstrich. – **M&G** KR 10–14, SL 8–13, G 30–55. – **Lw** Fast wie *Elephantulus.* Lr Sandflächen mit schütterem Gras u. Gebüsch, Grassteppe, Dornbusch, lichte Gehölze mit dichtem Unterwuchs, manchmal in steinigem oder felsigem Gelände. Unterschlupf in Termitenbauten, vorgefundenen oder selbstgegrabenen Erdbauen unter Büschen oder Steinen. Tagtätiger Einzelgänger in lockeren Familienkolonien. Beim Laufen wird Schwanz aufgebogen. N wie *Elephantulus,* Kerbtiere u. weiche Pflanzenteile, darunter Früchte u. Beeren. Hinterfußtrommeln als Warnsignal, leises bis lautes Quieken je nach Stimmung. Wurfzeiten: Mozambique Januar, Angola April, Rhodesien Mai, Botswana Juni, O-Afrika Juni u. November, Sambia Februar u. Oktober. 2 Würfe im Jahr möglich. Je Wurf meist 2, seltener 1 Laufjunge(s). Geburts-KR 6,8, -SL 4,5, nach 2 Wochen 7,2 u. 5,8.

Farbtafeln

1 Pinselohrschwein, *Potamochoerus porcus pictus* 2 Höhenwald-Buschschwein, *Potamochoerus porcus daemonis* 3 Ostafrika-Warzenschwein (♂ mit Frischling), *Phacochoerus aethiopicus aeliani* 4 Ost-Waldschwein, *Hylochoerus meinertzhageni meinertzhageni* (♂)

1 Hirschferkel, *Hyemoschus aquaticus* 2 Berber- oder Atlashirsch, *Cervus elaphus barbarus* 3 Zwergflußpferd, *Choeropsis liberiensis* 4 Ostafrikanisches Großflußpferd, *Hippopotamus amphibius kiboko*

Tafel 3

1 Okapi, *Okapia johnstoni* 2 Netzgiraffe, *Giraffa camelopardalis reticulata* 3 Massaigiraffe, *Giraffa camelopardalis tippelskirchi* 4 Ugandagiraffe, *Giraffa camelopardalis rothschildi*

Tafel 4

1 Rotflankenducker, *Cephalophus rufilatus* 2 Maxwellducker, *Cephalophus monticola maxwelli* 3 Blauducker, *Cephalophus monticola monticola* 4 Zebraducker, *Cephalophus zebra* 5 Schwarzrückenducker, *Cephalophus dorsalis*

Tafel 5

1 Peters- oder Harveyducker, *Cephalophus callipygus* 2 Weißbauch- oder Gabunducker, *Cephalophus leucogaster* 3 Rotducker, *Cephalophus natalensis* 4 Schwarzstirnducker, *Cephalophus nigrifrons* 5 Schwarzducker, *Cephalophus niger*

Tafel 6

1 Ogilbyducker, *Cephalophus obilgyi* 2 Abbotducker, *Cephalophus spadix* 3 Kronenducker, *Cephalophus grimmia* 4 Gelbrückenducker (Jungtier), *Cephalophus sylvicultor* 5 Gelbrükkenducker (Alttier), *Cephalophus sylvicultor* 6 Jentinkducker, *Cephalophus jentinki*

Tafel 7

1 Eritrea-Dikdik, *Madoqua saltiana* 2 Kleinstböckchen, *Neotragus pygmaeus* 3 Lawrances Rotbauchdikdik, *Madoqua phillipsi lawrancei* 4 Kirkdikdik, *Madoqua kirki* 5 Mitschurtin-Kleindikdik, *Madoqua swaynei piacentinii* 6 Kenia-Güntherdikdik, *Madoqua guentheri smithi* 7 Steinantilope, *Raphicerus campestris* 8 Greisböckchen, *Raphicerus melanotis* 9 Beira, *Dorcatragus melanotis* 10 Bleichböckchen, *Ourebia ourebi* 11 Klippspringer, *Oreotragus oreotragus*

Tafel 8

1 und 2 Kamerun-Schirrantilope, *Tragelaphus scriptus knutsoni* (1 = ♂, 2 = ♀) 3 Limpopo-Schirrantilope, *Tragelaphus scriptus roualeyni* 4 Massai-Schirrantilope, *Tragelaphus scriptus massaicus* 5 Nordäthiopien-Schirrantilope, *Tragelaphus scriptus decula*

Tafel 9

1 und 2 Tieflandnyala, *Tragelaphus angasi* (1 = ♀, 2 = ♂) 3 und 4 Westafrika-Sitatunga, *Tragelaphus spekii gratus* (3 = ♀, 4 = ♂) 5 Bergnyala, *Tragelaphus buxtoni*

Tafel 10

1 und 2 Kleinkudu, *Tragelaphus imberbis* (1 = ♂, 2 = ♀) 3 und 4 Großkudu, *Tragelaphus strepsiceros* (3 = ♀, 4 = ♂) 5 Bongo, *Tragelaphus euryceros* 6 und 7 Steppenelenantilope, *Tragelaphus oryx oryx* (6 = ♀, 7 = ♂) 8 Riesenelenantilope, *Tragelaphus oryx derbianus* (♂)

Tafel 11

1 Büschelohrspießbock, *Oryx gazella callotis* 2 Südafrika-Spießbock, *Oryx gazella gazella* 3 Säbelantilope, *Oryx gazella dammah* (Winterfell) 4 Mendesantilope, *Addax nasomaculatus* (Winterfell)

1 und 2 Ellipsenwasserbock, *Kobus ellipsiprymnus ellipsiprymnus* (1 = ♂, 2 = ♀) 3 Defassawasserbock, *Kobus ellipsiprymnus defassa* 4 Weißohrgrasantilope, *Kobus kob leucotis* 5 Ugandagrasantilope, *Kobus kob thomasi* 6 Bangweole-Moorantilope, *Kobus leche smithemani* 7 Sambesi-Moorantilope, *Kobus leche leche* 8 Weißnackenmoorantilope, *Kobus megaceros*

1 Rehbok, *Pelea capreolus* 2 Bergriedbock, *Redunca fulvorufula* 3 Gemeiner Riedbock, *Redunca redunca* 4 Großriedbock, *Redunca arundinum*

Tafel 14

1 Blaubock, *Hippotragus leucophaeus* 2 Ostafrika-Pferdeantilope, *Hippotragus equinus langheldi* 3 Rappenantilope, *Hippotragus niger* 4 Buntbock, *Damaliscus dorcas dorcas* 5 Bleßbock, *Damaliscus dorcas phillipsi*

Tafel 15

1 Topi-Leierantilope, *Damaliscus lunatus topi* 2 Sassaby-Leierantilope, *Damaliscus lunatus lunatus* 3 Hunters Leierantilope, *Damaliscus lunatus hunteri* 4 Weißschwanzgnu, *Connochaetes gnou* 5 Weißbartgnu, *Connochaetes taurinus taurinus*

Tafel 16

1 Tora-Kuhantilope, *Alcelaphus buselaphus tora* 2 Konzi-Kuhantilope, *Alcelaphus buselaphus lichtensteini* 3 Jackson-Kuhantilope, *Alcelaphus buselaphus jacksoni* 4 Somali-Kuhantilope, *Alcelaphus buselaphus swaynei* 5 Kaama-Kuhantilope, *Alcelaphus buselaphus caama* 6 Kongoni-Kuhantilope, *Alcelaphus buselaphus cokii*

Tafel 17

1 Sömmeringgazelle, *Gazella soemmeringi* 2 Grantgazelle, *Gazella granti* 3 Damagazelle (Hellform), *Gazella dama ruficollis* 4 Angola-Schwarzfersenantilope, *Aepyceros melampus petersi* 5 Springbock, *Antidorcas marsupialis* 6 Lamagazelle, *Ammodorcas clarkei* 7 Giraffengazelle, *Litocranius walleri*

Tafel 18

1 Thomsongazelle, *Gazella thomsoni* 2 Spekegazelle, *Gazella spekei* 3 Dorkasgazelle, *Gazella dorcas dorcas* 4 Pelzelngazelle, *Gazella dorcas pelzelni* 5 Heuglingazelle, *Gazella rufifrons tilonura* 6 Echtgazelle, *Gazella gazella cuvieri* 7 Dünengazelle, *Gazella leptoceros*

Tafel 19

1 Mähnenschaf, *Ammotragus lervia* 2 Nubiensteinbock, *Capra ibex nubiana* 3 Rotbüffel, *Syncerus caffer nanus* 4 Kaffernbüffel, *Syncerus caffer caffer*

Tafel 20

1 Somaliwildesel, *Asinus africanus somaliensis* 2 Nubienwildesel, *Asinus africanus africanus*
3 Bergzebra, *Hippotigris zebra zebra* 4 Grevyzebra, *Hippotigris grevyi*

1 Böhmzebra, *Hippotigris quagga böhmi* 2 Burchellzebra, *Hippotigris quagga burchelli*
3 und 4 Quagga, *Hippotigris quagga quagga* (3 = Münchner Tier, 4 = Wiener Tier)

Tafel 22

1

2

1 Spitzmaulnashorn, *Diceros bicornis* 2 Breitmaulnashorn, *Ceratotherium simum*

Tafel 23

1 Bergbaumschliefer, *Dendrohyrax validus validus* 2 Zwergelefant, *Loxodonta pumilio*
3 Steppenelefant, *Loxodonta africana*

Tafel 24

1 Mönchsrobbe, *Monachus monachus* 2 und 3 Zwergseebär, *Arctocephalus pusillus* (2 = ♂, 3 = ♀) 4 Rundschwanzseekuh, *Trichechus senegalensis* 5 Gabelschwanzseekuh, *Dugong dugon*

Tafel 25

1 Langschwanzschuppentier, *Manis tetradactyla* 2 Weißbauchschuppentier, *Manis tricuspis* 3 Riesenschuppentier, *Manis gigantea* 4 Guinea-Quastenstachler, *Atherurus africanus* 5 Südafrika-Stachelschwein, *Hystrix africae-australis* 6 Hamsterratte, *Cricetomys gambianus buchanani* 7 Erdferkel, *Orycteropus afer*

Tafel 26

1 Mähnenratte, *Lophiomys imhausi* 2 Springhase, *Pedetes capensis* 3 Gundi, *Ctenodactylus gundi* 4 Rohrratte, *Thryonomys swinderianus* 5 Kap-Erdhörnchen, *Xerus inauris* 6 West-Erdhörnchen, *Euxerus erythropus*

Tafel 27

1 Sierra Leone-Rotschenkelhörnchen, *Funisciurus pyrrhopus leonis* 2 Temmincks Ölpalmenhörnchen, *Protoxerus stangeri temmincki* 3 Dornschwanzbilch, *Zenkerella insignis* 4 Zenker-Gleitbilch, *Idiurus zenkeri* 5 Pel-Dornschwanzhörnchen, *Anomalurus peli peli* 6 Beecroft-Dornschwanzhörnchen, *Anomalurops beecrofti*

1 Wildkaninchen, *Oryctolagus cuniculus* 2 Südwestafrikanischer Kaphase, *Lepus capensis narranus* 3 Oranje-Smithrothase, *Pronolagus rupestris curryi* 4 Strauchhase, *Lepus saxatilis* 5 Äthiopienhase, *Lepus habessinicus* 6 Buschmannhase, *Bunolagus monticularis* 7 Whyte-Hase, *Lepus whytei* 8 Natal-Rothase, *Pronolagus crassicaudatus*

Tafel 29

1 Rotfuchs, *Canis vulpes* 2 Äthiopienfuchs, *Canis simensis* 3 Streifenschakal, *Canis adustus* 4 Schabrackenschakal, *Canis mesomelas* 5 Goldschakal, *Canis aureus* 6 Hyänenhund, *Lycaon pictus*

Tafel 30

1 Fennek, *Canis zerda* 2 Kapfuchs, *Canis chamaa* 3 Blaßfuchs, *Canis pallidus* 4 Löffelhund, *Otocyon megalotis* 5 Sandfuchs, *Canis rüppelli*

Tafel 31

1 Mauswiesel, *Mustela nivalis* 2 Iltis, *Mustela putorius* 3 Weißnackenwiesel, *Poecilogale albinucha* 4 Streifenwiesel, *Poecilictis libyca* 5 Streifeniltis, *Ictonyx striatus* 6 Honigdachs, *Mellivora capensis* 7 Fleckenhalsotter, *Lutra maculicollis* 8 Fischotter, *Lutra lutra* 9 Fingerotter, *Aonyx capensis*

Tafel 32

1 Gemeine Ginsterkatze, *Genetta genetta* 2 Angola- oder Bürstenginsterkatze, *Genetta angolensis* 3 Haussa-Ginsterkatze, *Genetta thierryi* 4 Sennar- oder Streifenginsterkatze, *Genetta abyssinica* 5 Waldginsterkatze, *Genetta servalina* 6 Großfleckginsterkatze, *Genetta tigrina* 7 Riesenginsterkatze, *Genetta victoriae* 8 Pantherginsterkatze, *Genetta pardina*

1 Afrika-Zibetkatze, *Viverra civetta* 2 Frettkatze, *Cryptoprocta ferox* 3 Ringelschwanzmungo *Galidia elegans* 4 Pardelroller, *Nandinia binotata* 5 Wasserschleichkatze, *Osbornictis piscivora* 6 Kleine Ameisenschleichkatze, *Eupleres goudoti*

Tafel 34

1 Großfleckginsterkatze (Dunkelform), *Genetta tigrina* 2 Schlichtmungo, *Salanoia concolor*
3 Schmalstreifenmungo, *Mungotictis decemlineata* 4 Bändermungo, *Galidictis fasciata*
5 Fanaloka, *Fossa fossana*

Tafel 35

1 Kleinichneumon, *Herpestes pulverulentus* 2 Scharrtier, *Suricata suricatta* 3 Rotichneumon, *Herpestes sanguineus* 4 Gelbichneumon, *Herpestes ochracea* 5 Sumpfichneumon, *Herpestes paludinosus* 6 Langnasenichneumon, *Herpestes naso* 7 Eigentliches Ichneumon, *Herpestes ichneumon*

Tafel 36

1 Zebramanguste, *Mungos mungo* 2 Dunkelkusimanse, *Mungos obscurus* 3 Gambia-Manguste, *Mungos gambianus* 4 Angola-Kusimanse, *Mungos ansorgei* 5 Kongo-Kusimanse, *Mungos alexandri* 6 Schwarzfußichneumon, *Bdeogale nigripes* 7 Weißschwanzichneumon, *Ichneumia albicauda* 8 Buschschwanzichneumon, *Bdeogale crassicauda*

Tafel 37

1 Südliches Zwergichneumon, *Helogale parvula* 2 Östliches Zwergichneumon, *Helogale undulata* 3 Somali-Zwergichneumon, *Helogale hirtula* 4 Listige Manguste, *Dologale dybowskii* 5 Fuchsmanguste, *Cynictis penicillata* 6 Trugmanguste, *Paracynictis selousi* 7 Maushund, *Rhynchogale melleri*

Tafel 38

1 Erdwolf, *Proteles cristatus* 2 Braune Hyäne, *Hyaena brunnea* 3 Streifenhyäne, *Hyaena hyaena* 4 Fleckenhyäne, *Crocuta crocuta*

1 und 2 Massailöwe, *Panthera leo massaica* (1 = ♂, 2 = ♀ mit Jungen) 3 Berberlöwe, *Panthera leo leo*

1

2

1 Botswana-Leopard, *Panthera pardus shortridgei* 2 Äthiopien-Leopard, *Panthera pardus suahelicus*

1 Ostafrika-Serval, *Leptailurus serval hindei* 2 Servalkatze, *Leptailurus serval liposticta*
3 Südafrika-Gepard, *Acinonyx jubatus jubatus* 4 Königsgepard, *Acinonyx jubatus* forma *rex*

Tafel 42

1 Sahara-Sandkatze, *Felis margarita margarita* 2 Nördliche Schwarzfußkatze, *Felis nigripes nigripes* 3 Macchiafalbkatze, *Felis silvestris sarda* 4 Kapfalbkatze, *Felis silvestris cafra*

Tafel 43

1 Magreb-Wüstenluchs, *Caracal caracal algirus* 2 Nil-Rohrkatze, *Felis chaus nilotica*
3 West-Goldkatze, *Profelis aurata aurata* 4 Ost-Goldkatze, *Profelis aurata cottoni*

Tafel 44

1 und 2 Mohrenmaki, *Lemur macaco macaco* (1 = ♀, 2 = ♂) 3 Katta, *Lemur catta* 4 Schwarzer Vari, *Lemur variegatus variegatus* 5 Weißgürtelvari, *Lemur variegatus editorum* 6 Brauner Vari, *Lemur variegatus subcinctus* 7 Roter Vari, *Lemur variegatus ruber* 8 Weißkopfmaki, *Lemur macaco* var. *albifrons* 9 Rotstirnmaki, *Lemur macaco* var. *rufifrons* 10 Schwarzkopfmaki, *Lemur macaco fulvus* 11 Rotbauchmaki, *Lemur rubriventer*

Tafel 45

1 Großer Wieselmaki, *Lepilemur mustelinus mustelinus* 2 Kleiner Wieselmaki, *Lepilemur mustelinus ruficaudatus* 3 Kleiner Halbmaki, *Hapelemur griseus* 4 Großer Halbmaki, *Hapalemur simus*

Tafel 46

1 Rattenmaki, *Microcebus coquereli* 2 Mausmaki, *Microcebus murinus* 3 Mittlerer Katzenmaki, *Cheirogaleus medius* 4 Großer Katzenmaki, *Cheirogaleus major* 5 Kleiner Katzenmaki, *Cheirogaleus trichotis* 6 Gabelkatzenmaki, *Phaner furcifer*

Tafel 47

1 Fingertier, *Daubentonia madagascariensis* 2 Vliesmaki, *Avahi laniger* 3 Larvenmaki, *Propithecus verreauxi* 4 Diademmaki, *Propithecus diadema* 5 Indri, *Indri indri*

1 Steppengalago, *Galago senegalensis* 2 Buschwaldgalago, *Galago alleni* 3 Urwaldgalago, *Galago demidovii* 4 Dunkler Kielnagelgalago, *Galago inustus* 5 Heller Kielnagelgalago, *Galago elegantulus* 6 Bärenmaki, *Arctocebus calabarensis* 7 Riesengalago, *Galago crassicaudatus* 8 Potto, *Perodicticus potto*

Tafel 49

1 und 2 Drill, *Papio leucophaeus* (1 = ♀, 2 = ♂) 3 Mandrill, *Papio sphinx* (♂) 4 Blutbrustpavian, *Theropithecus gelada* (♂) 5 und 6 Mantelpavian, *Papio hamadryas* (5 = ♀ mit Jungem, 6 = ♂)

1 Bärenpavian, *Papio cynocephalus ursinus* 2 Sphinxpavian, *Papio cynocephalus papio* 3 Atbara- oder Anubispavian, *Papio cynocephalus anubis* 4 Babuin, *Papio cynocephalus cynocephalus*

Tafel 51

1 Magot, *Macaca sylvana* 2 Schopfmangabe, *Cercocebus aterrimus* 3 Halsbandmangabe, *Cercocebus torquatus* 4 Haubenmangabe, *Cercocebus galeritus* 5 Mantelmangabe, *Cercocebus albigena*

Tafel 52

1 Husarenaffe, *Erythrocebus patas* 2 Sumpfmeerkatze, *Allenopithecus nigroviridis* 3 Helle Weißnasenmeerkatze, *Cercopithecus petaurista* 4 Blaumaulmeerkatze, *Ceropithecus cephus* 5 Zwergmeerkatze, *Miopithecus talapoin* 6 Silbermeerkatze, *Cercopithecus mitis doggetti*

Tafel 53

1 Dianameerkatze, *Cercopithecus diana* 2 Grünmeerkatze, *Cercopithecus aethiops tantalus*
3 Eulenkopfmeerkatze, *Cercopithecus hamlyni* 4 Wolfs-Meerkatze, *Cercopithecus mona wolfi*
5 Vollbartmeerkatze, *Cercopithecus l'hoesti*

1 Rotnasenmeerkatze, *Cercopithecus erythrotis* 2 Dunkle Weißnasenmeerkatze, *Cercopithecus nictitans nictitans* 3 Schwarznase, *Cercopithecus ascanius atrinasus* 4 Gelbnasenmeerkatze, *Cercopithecus ascanius whitesidei* 5 Rotbauchmeerkatze, *Cercopithecus erythrogaster* 6 Kandtmeerkatze, *Cercopithecus mitis kandti* 7 Kongo-Diademmeerkatze, *Cercopithecus mitis maesi* 8 Kronenmeerkatze, *Cercopithecus pogonias* 9 Monameerkatze, *Cercopithecus mona mona* 10 Campbellmeerkatze, *Cercopithecus mona campbelli*

1 Grüner Stummelaffe, *Colobus verus* 2 Guereza, *Colobus guereza* 3 Schwarzer Stummelaffe, *Colobus polykomos satanas* 4 Eigentlicher Roter Stummelaffe, *Colobus badius badius*

Tafel 56

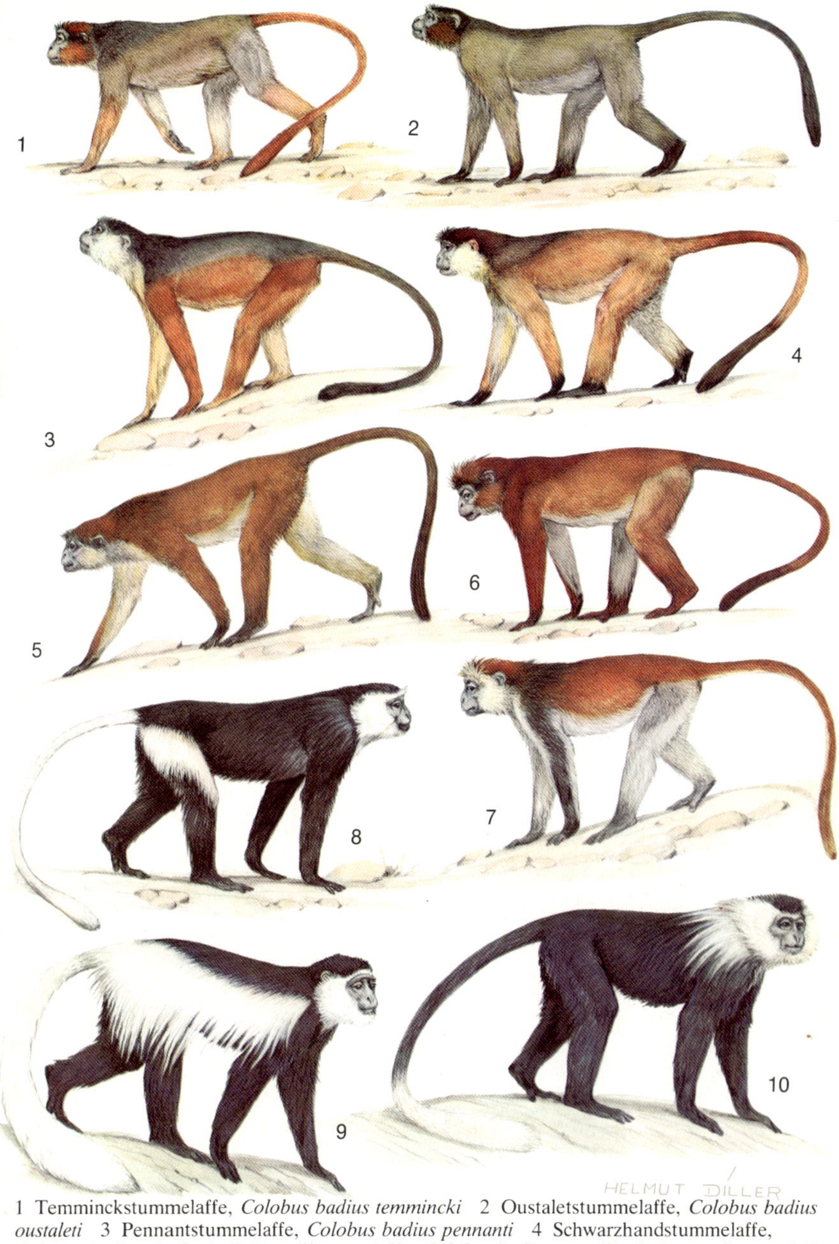

1 Temminckstummelaffe, *Colobus badius temmincki* 2 Oustaletstummelaffe, *Colobus badius oustaleti* 3 Pennantstummelaffe, *Colobus badius pennanti* 4 Schwarzhandstummelaffe, *Colobus badius tholloni* 5 Powellstummelaffe, *Colobus badius powelli* 6 Grauer Stummelaffe, *Colobus badius graueri* 7 Kirkstummelaffe, *Colobus badius kirki* 8 Wollstummelaffe, *Colobus polykomos vellerosus* 9 Buschschwanz-Stummelaffe, *Colobus polykomos caudatus* 10 Angola-Stummelaffe, *Colobus polykomos angolensis*

Tafel 57

1 Echtschimpanse, *Pan troglodytes verus* 2 Schweinfurth-Schimpanse, *Pan troglodytes schweinfurthi* 3 Bonobo, *Pan paniscus* 4 und 5 Tschego, *Pan troglodytes troglodytes* (4 = ♀, 5 = Junges)

Tafel 58

1 Berggorilla, *Gorilla gorilla beringi* 2 Westlicher Tieflandgorilla, *Gorilla gorilla gorilla*

Tafel 59

1 Rüsselspringer, *Macroscelides proboscideus* 2 Rüsselratte, *Petrodromus tetradactylus* 3 Rote Elefantenspitzmaus, *Elephantulus rufescens* 4 Mittelotterspitzmaus, *Micropotamogale ruwenzorii* 5 Großotterspitzmaus, *Potamogale velox* 6 Kleinotterspitzmaus, *Micropotamogale lamottei* 7 Rüsselhündchen, *Rhynchocyon cirnei* 8 Weißbauchigel, *Erinaceus albiventris* 9 Großohrigel, *Hemiechinus auritus* 10 Wüstenigel, *Paraechinus aethiopicus*

1 Klippschliefer, *Procavia capensis* 2 Buschschliefer, *Heterohyrax brucei* 3 Batesböckchen, *Neotragus batesi* 4 Moschusböckchen, *Neotragus moschatus* 5 Rasse, *Viverricula malaccensis* 6 Berber-Wildschwein (♀ mit Firschling), *Sus scrofa barbarus* 7 Äthiopien-Steinbock, *Capra ibex walie*

Tafel 61

1 Afrika-Linsang, *Poiana richardsoni* 2 Liberia-Ginsterkatze, *Genetta johnstoni* 3 Indisches Java-Ichneumon, *Herpestes javanicus auropunctatus* 4 Liberia-Kusimanse, *Liberiictis kuhni*

Tafel 62

1 Mongozmaki, *Lemur mongoz* 2 Uganda-Grashase, *Poelagus majorita* 3 Brazzameerkatze, *Cercopithecus neglectus* 4 Weißkehlmeerkatze, *Cercopithecus albogularis*

Tafel 63

1 Himalaja-Tahr, *Hemitragus jemlahicus jemlahicus* 2 Java-Mähnenhirsch, *Cervus timorensis russa* 3 Wasserbüffel, *Bubalus bubalis*

Eingeführte Säugetiere

(Afrika, Madagaskar und anliegende Inseln)

Hirsche, Cervidae

Spanischer Rothirsch, *Cervus elaphus hispanicus* Hilzheimer, 1909. E: Iberian Stag; F: Le Cerf de l'Espagne
Kn u. **Lw** s. Atlashirsch S. 38. Erwachsene ohne helle Flecke, Geweihendenzahl geht über Achterstufe hinaus. – **V** Mittel- u. S-Spanien mit angrenzendem SO-Portugal. 1952 in Marokko zwischen Ceuta u. Tanger, 1954 auf Fernando Poo eingeführt.

Java-Mähnenhirsch, *Cervus timorensis russa* Müller & Schlegel, 1839–1844. E: Rusa 63/2
Deer of Java; F: Le Cerf Rusa de Java
Kn Kleiner als Atlashirsch, Schwanz gut ausgebildet, Geweih sechsendig (Aug-, Mittel-, Endsprosse), hintere Zinke der Stangenendgabel setzt Stange fort (bildet Endsprosse) u. ist länger als vordere Zinke, die Mittelsprosse bildet. Körperhaar dicht u. etwas lang-zottig, ♂ zur Brunft mit starker Halsmähne. Oberseite dunkel- bis rötlichbraun, Unterseite heller, ♀♀ heller als ♂♂, Junge wie ♀♀, ungefleckt. Voraugen-, Mittelfuß- u. verkümmerte Zwischenzehendrüsen am Hinterfuß vorhanden. 4 Zitzen. Gb wie Atlashirsch. – **M&G** KR ♂ rd. 180, ♀ rd. 170; SL ♂ rd. 25, ♀ rd. 20; KH ♂ rd. 110, ♀ rd. 100, G ♂ 100–120, ♀ 60–70; Geweih bis 85. – **V** der Art: Sundainseln u. Molukken von Java bis Celebes u. NW-Neuguinea (8 UA), der UA *russa*: Java (dort gefährdet). Eingeführt in SO-Borneo, Ambon, Celebes, Mauritius (1639), Komoreninseln Anjouan (1870) u. Madagaskar (1930). – **Lw** Bevorzugt in Savanne, Grasebene u. Parklandschaft, aber auch Sumpf, Regenwald, buschbestandene felsige Berge, Nadelholz-, Eukalyptusforst u. Pflanzungen. Tagtätig. N: Gräser, Kräuter, Laub, Zuckerrohrschößlinge u. a. Getrennt in ♀♀- u. ♂♂-Rudeln von $^{1}/_{2}$ bis mehrere Dutzend Köpfe, zur Brunft im Juli–September vereint (kein Platzhirsch, alle starken ♂♂ kämpfen miteinander). ♂-Brunftruf tiefes heiseres Röhren. Tragzeit 8 Mon., Setzzeit April–Mai, 1 Laufjunges, Säugezeit 3 Monate. Geweihabwurf Dezember–Januar, Fegezeit Mai–Juni, mit 2 Jahren Vier-, mit u. ab 3 Jahren Sechsender. ♂-G mit 1 Jahr 40–50, 2 J. 60–70, 3 J. 80–90, 4 J. 100–110, 5 J. bis 120. – **Gr** ♀ mit $1^{1}/_{4}$, ♂ 2 Jahren. – **Ld** 8–10 Jahre.

Damhirsch, *Cervus dama* Linné, 1758. E: Fallow Deer; F: Le Daim; A: Damhert
Kn Kleiner als Javamähnenhirsch, Schwanz gut ausgebildet, Geweihstangen mit Aug-, Mittelsprosse u. rückseitig schaufelartig verbreitertem Oberteil. Fell im Sommer kurz u. glatt, im Winter dicht, rauh mit dicker Unterwolle. Oberseite hell- bis dunkelbraun mit schwarzem Aalstrich u. weißgefleckten Seiten. Spiegel schmal, weiß, schwarz gerandet, Schwanz oben schwarz, unten weiß. Unterseite weißgrau. Fellfarbe sehr veränderlich von weiß u. isabell bis dunkelbraun u. schwarz, Fleckung fehlend oder verstärkt. Auch Geweihschaufelform sehr abändernd. Junges braunrot, eng weiß gefleckt. Voraugen-, Mittelfuß- u. Hinterfußzwischenzehendrüsen vorhanden. 4 Zitzen. Gb 0/3·0/1·3·3 = 32. – **M&G** KR 130–150, SL 15–20, KH 80–100, G ♂ 85–100, ♀ 35–50. – **V** Kleinasien (fast ausgerottet), von dort durch Mensch nach Europa, N-Amerika (USA, Kanada), S-Amerika (Chile, Argentinien), Australien, Tasmanien, Neuseeland, Madagaskar u. S-Afrika. Einfuhr nach Madagaskar 1932, Bestand im bewaldeten Hochland rd. 60 km sl Tananarive, nach S-Afrika 1897 auf

Groote Schuur Farm am Tafelbergfuß (Bestand z. Zt. 400), nach Middelburg, Sutherland, Bedford, Somerset East, Bredasdorp, Paarl u. Colesburg in der Kapprovinz (Bestand z. Zt. über 1000), auf die Vereenigung-Farm u. im Bezirk Harrismith in Oranje sowie in Transvaal; weitere laufende Verbreitung innerhalb der Südafrikanischen Union als Jagdwild. Ein alter Bestand in N-Afrika im waldigen Küstengebiet von La Calle (an der algerisch-tunesischen Grenze) bei Tripolis ist inzwischen erloschen.– **Lw** Waldige Parklandschaft, wenn ungestört tagtätig, N Gräser u. Kräuter, aber auch Blätter, Knospen u. Triebe. Gesellig in kleinen bis großen Rudeln. Brunftzeit auf N-Halbkugel Ende Oktober, Setzzeit hauptsächlich Juni, auf S-Halbkugel entsprechend verschoben, Brunftruf des ♂ hohes eintöniges Knören, Tragzeit 7½–8 Monate, 1 Laufjunges, selten 2, noch seltener 3, Geburts-G 2,5–3,2. Säugezeit 8 Monate. – **Gr** ♀ 1¼, ♂ 2¼ Jahre. – **Ld** 8–10, in Gefangenschaft bis 16 Jahre nachgewiesen.

Hornträger, Bovidae

63/1 **Himalaja-Tahr,** *Hemitragus jemlahicus jemlahicus* (H. Smith, 1826). E: Himalayan Tahr; F: Le Tahr de l'Himalaya; A: Himalaya-Thar

Kn Ziegenartig u. -groß. Ohr klein, Hals kurz, Widerrist etwas höher als Kruppe, Schwanz kurz, unterseits nackt. ♂ u. ♀ mit stämmig-kurzen, bogig nach hinten geschwungenen Hörnern. Fell dicht u. ziemlich lang, ♂ mit starker Kragenmähne an Hals, Schultern u. Brust. Oberseite schwarzbraun, Unterseite etwas heller, Mähnenfront hellgelb; ♀ wie ♂, ohne Mähne, Junges graubraun. Schwanzunterseite mit Drüsen, Zwischenzehendrüsen nur an Hinterfüßen z. T. verkümmert, 4 Zitzen. Gb 0/3 · 0/1 · 3 · 3 = 32. – **M&G** KR ♂ 150–175, ♀ 140–150; SL 15–20; KH ♂ 90–105, ♀ 80–90; G ♂ 80–90, ♀ 60–70; H ♂ 30–42, ♀ 20–25. – **V** der Art: SO-Arabien, Himalaja, S-Indien (4 UA), *jemlahicus*: Himalaja (Pir Panjal, Kaschmir, Punjab, Kumaon, Nepal). Eingeführt 1904 in Neuseeland, um 1930 auf Groote Schuur-Farm bei Kapstadt, von dort 1937 ein Paar ausgebrochen zum Tafelberg, auf dessen Hängen heute Bestand von rd. 100. – **Lw** Lr hochgelegene, bewaldete Gebirgshänge auch mit Steilabfällen, ♀♀ im Sommer mehr auf freien Gipfelflächen, ♂♂ im Wald unterhalb. Hervorragende Kletterfähigkeit auch im schroffen Fels. Gesellig in größeren Trupps, ♂♂ sommers für sich. N Gräser, Kräuter, Strauchlaub. Morgens u. nachmittags tätig, mittags ruhend. Brunftzeit im Himalaja Dezember, Setzzeit Juli, im Kapland entsprechend verschoben. ♂ brunftet stumm, jeweils mit 1 ♀, solange dieses in Hitze, keine Nebenbuhlerkämpfe. Tragzeit 7 Monate, 1, selten 2 Laufjunge(s), Säugezeit ½ Jahr. – **Gr** ♀ 1¼, ♂ 2¼ Jahre, danach ♂ zu ♂♂-Trupps, ♀ bleibt im Mutterrudel. – **Ld** 10–14, selten 16 Jahre.

Hörnchen, Sciuridae

Grauhörnchen, *Sciurus carolinensis* Gmelin, 1788. E: Grey Squirrel; F: L'Écureuil canadien; A: Grijze Eekhoorn

Kn Größer als Eichhörnchen (*Sciurus vulgaris*), Schwanz buschig wie bei letzterem, jedoch Ohren auch im Winter ohne Haarpinsel. Oberseite grau, Unterseite weißlich, heller Ring um Auge, Flankenunterrand u. Beine rötlich überhaucht (im Sommer deutlicher als im Winter). Schwärzlinge kommen vor. Gb 1 · 0 · 2/1 · 3 = 22. ♂ mit

Penisknochen. 8 Zitzen. – **M&G** KR 24–30, SL 19–25, KH 6–7,5, G 340–750. – **V** O-USA ab 98–96° w. L. ow mit S-Rand O-Kanadas (4 UA). Ausgesetzt in Saskatoon (Saskatchewan), Vancouver (Brit. Kolumbien), Seattle (Washington), England u. Irland. Um 1900 in Kapstadt eingeführt, jetzt in Kapstadt-Umgebung u. wl Kapprovinz. – **Lw** Ähnlich Eichhörnchen. Tagtätig in Parks, Gärten, Laubwald. Schlafplatz Baum-, manchmal Erdhöhle, liederlicher Kobel in Astgabel. Kein Winterschlaf. N Nüsse, Früchte, Knospen, Blätter, Triebe, Blüten, Pilze. Kerbtiere, Eier u. nestjunge Vögel. Lt bei Erregung raspelndes »Whick, whick« mit Schwanzzucken, das mit

rollendem Schnattern endet. Nicht ungesellig, oft in Trupps am Freßplatz. 2 Würfe im Jahr möglich, Tragzeit 44 Tage, Jungezahl 1–6, meist 2–4, Geburts-G 15–18, -GL 11–12, Junge nackt u. blind, Oberseite behaart mit 3, Ohrenöffnen mit 4, Augenöffnen 5, Entwöhnung 5–6, selbständig 8 Wochen. – **Gr** 8–9 Monate. – **Ld** 8–10 Jahre.

Baum- oder Ferkelratten, Capromyidae

Nutria oder Biberratte, *Myocastor coypus* (Molina, 1782). E: Coypu, Nutria; F: Le Ragondin

Kn Bibergroß u. -artig, jedoch Schwanz rattenartig rund, fast nackt u. lang, Augen u. Ohren klein, Zehenzahl 5/5, 1.–4. Hinterfußzehe durch Schwimmhäute verbunden. Fell mit langen Grannen u. feiner dichter Unterwolle. Oberseite dunkel-, hell- oder rötlichbraun (Unterwolle schiefergrau), Unterseite heller, Schnauzenspitze weiß. Junge wie Erwachsene. Gb 1·1/0·0/1·3 = 20. ♂ mit Penisknochen. 8 Zitzen. Analdrüsen vorhanden. – **M&G** KR ♂ 50–60, ♀ 40–50; SL ♂ 30–40, ♀ 25–35; KH 12,5–14; G ♂ 6–9, ♀ 4–7. – **V** S-Amerika von Patagonien u. S-Chile nw bis Bolivien, Paraguay, S-Brasilien u. Uruguay sowie in N-Venezuela. 4 UA. Eingeführt in diesem Jahrhundert als Farmpelztier u. verwildert in S-USA, Europa (Deutschland,

Schweiz, Holland, Frankreich, England, Dänemark u. S-Sowjetunion), Japan u. O-Afrika. In letzterem ab 1960 in Tansania verwildert in Küstensümpfen u. in Kenia im Naivashasee. – **Lw** Gesellig an u. in pflanzenreichen Gewässern, auch Brack- u. Salzwasserlagunen, gräbt Uferhöhlen. Tag- u. dämmerungstätig. Schwimmt u. taucht gut. N Ufer- u. Wasserpflanzen u. Muscheln. Lt Grummeln, Fauchen, Miauen, ♂

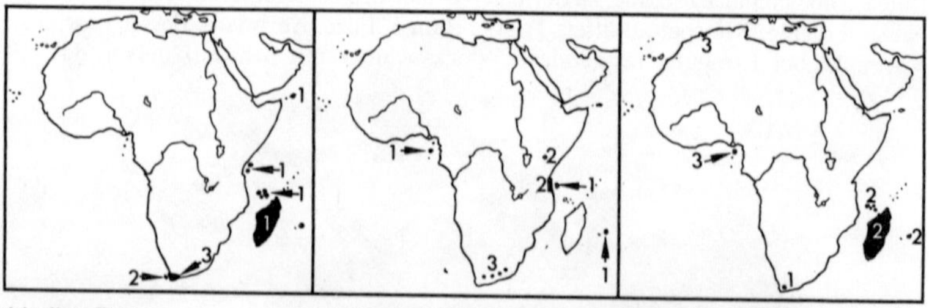

1 Indien-Rasse	1 Indisches Javaichneumon	1 Himalaja-Tahr
2 Wildkaninchen	2 Nutria	2 Java-Mähnenhirsch
3 Grauhörnchen	3 Damhirsch	3 Mittelspanischer Rothirsch

brummt bei Werbung. ♀-Zyklus 28, Hitze 2–3, Tragzeit 110–140, meist 128–132 Tage. Je Wurf 4–13, meist 5–6 vollbehaarte Laufjunge mit offenen Augen, Säugezeit 2 Monate (Zitzen sitzen hoch am Rückenunterrand). – **Gr** ♂ u. ♀ 7–8 Monate, selbständig mit 1/4, ausgewachsen mit 1 1/4–1 1/2 Jahr. Je Jahr 2 Würfe. – **Ld** 8–10 Jahre.

Hasen, Leporidae

Wildkaninchen, *Oryctolagus cuniculus* s. Text S. 163.

Schleichkatzen, Viverridae

60/5 **Indien-Rasse,** *Viverricula malaccensis indica* Desmarest, 1817 E: Rasse; F: La Civette rasse; MA: Jaboady, Alazy

Kn Ginsterkatzenartig u. -groß, jedoch etwas gedrungener, Schnauze nicht ganz so spitz, Ohren etwas kürzer. Fell dicht u. weich, Schwanz lang u. buschig, Oberseite gelbbraun mit 6 dunkelbraunen bis braunschwarzen Fleckenreihen, deren oberste 3 in ihren Flecken meist zusammenfließen, Augen-, Schnauzenfleck, Wangen, Kehle, Brust u. Bauch sowie Schwanzringezwischenräume weiß, 3 Wangenfleckenreihen u. 1–2 Kehlbänder dunkel wie Rumpfflecke. Schwanz mit 7–9 schwarzen Querringen, Junge ähnlich Erwachsene, jedoch Färbung noch kontrastschwach. Zehenzahl 5/5, Daumen u. Großzehe sehr klein. Perianal- u. Analdrüsen vorhanden, 4 Zitzen, Penis mit Knochen. Gb $3 \cdot 1 \cdot 4 \cdot 2 = 40$. – **M&G** ♂ u. ♀ KR 51–57, SL 34–37, G 1,8–2,2. – **V** der Art: Vorderindien mit Ceylon, Hinterindien mit Malaiischer Halbinsel, S-China bis Jangtse, Formosa, Hainan, Sumatra, Java, Bali, Banka, Kangean-Inseln, Madura, Bawean, ?Lombok u. Sumbawa (10 UA), der UA *indica* Desmarest, 1817, sl Vorderindien, eingeführt auf den Philippinen, Komoren, Madagaskar, Sansibar, Pemba u. Sokotra. In Madagaskar mit ersten indomalaiischen Einwanderern eingetroffen, für andere Inseln Zeit nicht bekannt. – **Lw** In allen offenen feuchten bis trockenen Landschaften, im Gebirge bis 2000 m, nicht im geschlossenen Regenwald, gerne in Siedlungsnähe. In Madagaskar Unterkunft sehr versteckt auf dem Boden in dichtem Gebüsch, nicht in Erdbauten. Tätig in Abenddämmerung u. Nacht (19–24 h u. 2–5^{30} h), rein bodenlebend, nicht kletternd, schweigsam, nur Knurren bei Erregung, Einzelgänger oder ♀ mit Jungen. N Regenwürmer, Kerbtiere, Krebse, Fische, Lurche, Kriechtiere, Vögel, Eier, Kleinsäuger u. Früchte. Raubt gern Hausgeflügel. Fp-Zeit in Madagaskar Spätwinter (Juli-August), Tragzeit 8–9 Wochen, Wurfgröße 1–4, meist 2–4 Junge, Wurfzeit Frühling (September–Dezember), Jungentwicklung, **Gr** u. **Ld** wohl ähnlich Afrika-Zibetkatze (S. 194), Einzelheiten nicht bekannt.

Indisches Javaichneumon oder **Indische Goldstaubmanguste,** *Herpestes javanicus auropunctatus* (Hodgson, 1836). E: Small Indian Mongoose; La petite Mangouste des Indes 61/3

Kn Körperbau u. Gestalt wie Eigentliches Ichneumon (S. 202), nur kleiner. Oberseite olivgrau bis braungrau oder hellbraungrau, fein gelblich bis goldgelb gestichelt (Einzelhaar braun bis dunkelbraun mit 2 kremfarbenen bis goldgelben Ringen), Unterseite blasser, Füße etwas dunkler, Schwanz wie Rücken. Zehenzahl 5/5, Daumen u. Großzehe klein, Penis mit Knochen, 4 Zitzen, ein Paar Analdrüsen vorhanden. Gb 3 · 1 · 4 · 2 = 40. Junge zuerst nackt u. dunkelbraun, wenn nach rd. 3 Wochen behaart, dann wie Erwachsene. – **M&G** KR 30–35, SL 25–30, G ♂ 500–1300, ♀ 350–600. – **V** der Art: Irak, Iran, Afghanistan, Belutschistan, Kaschmir bis Nepal u. Bhutan, Assam, nordindisches Tiefland sw bis Sind, Gudjerat u. Orissa, Burma, Hinterindien, Malaiische Halbinsel, Sumatra, Java, S-China bis Kanton u. Hainan (8 UA). UA *auropunctatus* im Vorderen Orient u. Vorderindien bis Burma, eingeführt auf Mafia (vor Küste Tansanias), Mauritius, Trinidad (1870), Jamaika (1872), Martinique u. St. Lucia (nach 1872) u. später auf allen großen u. mittelgroßen Antillen u. nach Britisch Guayana, ferner auf Ambon oder Amboina bei Ceram u. auf Hawai (1883, von Jamaika) u. den Nebeninseln Maui, Molakai u. Oahu. – **Lw** Ähnlich eigentlichem Ichneumon. Lr bevorzugt offene, trockene, schlupfwinkelreiche Busch- u. Savannenlandschaft, ungern im dichten Wald, gern in Siedlungsnähe, im Gebirge bis über 3000 m. Tagtätig, rein bodenlebend, klettert zwar gut, aber selten, schwimmt gut aber ungern. Lt Knurren, Fauchen, Fellsträuben u. Drohbuckeln bei Abwehr, scharfes »Tschak« als Drohung, weiches Muckern bei Zufriedenheit, Querren als Unbehagensruf der Jungen. Nachts in vorgefundenen oder selbstgegrabenen Erdhöhlen, Felsspalten, Lavahöhlungen u. ä. Schlupfwinkeln. Einzeln oder paarweise oder Mutter mit Jungen. Allesfresser: Kerbtiere, Skorpione, Hundertfüßer, Krabben, Fische, Lurche, Kriechtiere (einschließlich Schlangen u. Schildkröten), Vögel bis Gänsegröße, Eier, Mäuse, Ratten u. a. Kleinsäuger, im Notfall junge Haustiere (Kitze, Lämmer, Welpen, Jungkatzen), gerne Hühner u. a. Geflügel, Aas, Früchte, milchiges Getreide, junge Zuckerrohrschößlinge usw. 2 Würfe im Jahr, Tragzeit 43–49 Tage, 1–5, meist 2 Junge im Bau, Augenöffnen nach 16–17 Tagen, 1. Bauverlassen mit 3 Wochen. ♀ zieht Junge allein auf. – **Gr** 1 Jahr. – **Ld** in Gefangenschaft bisher 7 Jahre nachgewiesen.

Es sei erwähnt, daß nach Mauritius, das nicht zum behandelten Gebiet dieses Buches gehört, außer Java-Mähnenhirsch (S. 385), Indischem Javaichneumon (S. 389) u. Feldhase (S. 164) auch noch das Indien-Ichneumon (*Herpestes edwardsi*), der Javaneraffe (*Macaca irus*) u. der Tanrek (*Tenrec ecaudatus*) eingeführt wurden u. das Hausschwein verwilderte. Außerdem wurde aus der hier nicht behandelten Familie der Spitzmäuse (Soricidae) die südasiatische Moschusspitzmaus (*Suncus murinus*) nach Sansibar u. Pemba gebracht.

Schriftenhinweis

Aus Platzgründen wird hier nur auf einige weiterführende Übersichtswerke hingewiesen.

Allen, G.: A Checklist of African Mammals. Bull. Mus. Comp. Zool., Cambridge (Mass.) **83**, 1939.
Best, A. u. M. Raw (Editors): Rowland Ward's Records of Big Game. Africa. 16th Edition. Rowland Ward Publ. Ltd., London, 1975.
Brown, L.: Knaurs Kontinente in Farben. Afrika. Droemersche Verlagsanstalt. Th. Knaur Nachf., München–Zürich, 1966.
Clark, J.: The Prehistory of Africa. Thames & Hudson, London, 1970.
Edmond-Blanc, F. (Éditeur): Le grand livre de la faune africaine et de sa chasse. Deux volumes. Deuxième Édition. Éditions René Kister, Genf, 1957.
Dorst, J. u. P. Dandelot: Säugetiere Afrikas. Deutsche Ausgabe übersetzt und bearbeitet von H. Bohlken u. H. Reichstein. Verlag Paul Parey, Hamburg–Berlin, 1973.
Fachredaktion des Bibliographischen Instituts: Meyers Handbuch über Afrika. Bibliographisches Institut Mannheim. 1. Aufl. 1962.
Fiorenza, P.: Encyclopédie des animaux de grande chasse en Afrique. Librairie Larousse, Paris, 1972.
Fuente, F. De la, et al.: Fauna. Die Tierwelt der Erde in ihren Lebensräumen. Deutsche Ausgabe, bearbeitet von Th. Haltenorth. 11 Bände, Bd. 1–3 Afrika. Novaria Verlag GmbH & Co. KG, München, 1971.
Hagen, H.: Karibuni Afrika. Über das Leben afrikanischer Tiere und die Bedeutung der Wildschutzgebiete. Landbuch-Verlag, Hannover, 1976.
Haltenorth, T. u. W. Trense: Das Großwild der Erde und seine Trophäen. Bayerischer Landwirtschaftsverlag, München, 1956.
Knapp, R.: Die Vegetation von Afrika. Gustav Fischer Verlag, Stuttgart, 1973.
Meester, J. u. H. Setzer (Editors): The Mammals of Africa – an identification manual. Smithsonian Institution Press, Washington, D. C., USA, 1974.
Richard-Vindard, G. u. R. Battistini: Biogeography and ecology of Madagascar. Dr. W. Junk Publ., Den Haag, 1972.
Schiffers, H.: Afrika. Bd. 5 von Harms Handbuch der Erdkunde. Paul List Verlag, München, 1967.
Thenius, E.: Stammesgeschichte der Säugetiere (einschließlich Hominiden). Handbuch der Zoologie Bd. 8, 2. Teil. Walter de Gruyter & Co., Berlin 1969.
Vos, A. de: Africa. The devasted Continent? Dr. W. Junk Publ., Den Haag, 1975.
Walker, E. et al.: Mammals of the World. Third édition, two volumes. Johns Hopkins University Press, Baltimore, 1975.

Register

Wissenschaftliche Namen

Deutsch

Englisch

Französisch

Afrikaans

Kisuaheli

Madagassisch